KB196048

THIS IS
TAIWAN

THIS IS
TAIWAN

초판 1쇄 발행 2013년 10월 21일
개정 1판 1쇄 발행 2015년 10월 16일
개정 2판 1쇄 발행 2016년 11월 15일
개정 3판 1쇄 발행 2018년 1월 30일
개정 4판 1쇄 발행 2019년 12월 18일
개정 5판 1쇄 발행 2023년 7월 20일
개정 6판 1쇄 발행 2024년 4월 2일
개정 7판 1쇄 발행 2024년 12월 10일

글·사진 신서희

발행인 박성아
편집 김민정
내지 디자인 the Cube, onmypaper
표지 디자인·지도 일러스트 the Cube
경영 기획 · 제작 총괄 홍사여리
마케팅 · 영업 총괄 유양현

펴낸 곳 테라(TERRA)
주소 03925 서울시 마포구 월드컵북로 400, 서울경제진흥원 2층(상암동)
전화 02 332 6976
팩스 02 332 6978
이메일 travel@terrabooks.co.kr
인스타그램 @terrabooks
등록 제2009-000244호
ISBN 979-11-92767-21-5 13980
값 21,000원

● 이 책에 실린 모든 글과 사진을 무단으로 복사 · 복제하는 것은 저작권자의 권리를 침해하는 것입니다.
● 잘못된 책은 구입하신 서점에서 교환해 드립니다.

ⓒ2025 신서희
Printed in Korea

THIS IS
디스이즈타이완
TAIWAN

글·사진 신서희

TERRA

PROLOGUE

프롤로그

2013년 10월, <디스 이즈 타이베이>가 처음 세상에 나왔습니다.
총 9쇄를 찍었지요. 2년 후인 2015년 10월, 전면 개정판인 <디스 이즈 타이완>이 나왔고,
총 7쇄를 찍었습니다.
그리고 1년 후인 2016년 11월에 2차 전면 개정판, 2018년 1월에 3차 전면 개정판,
2019년 12월에 4차 전면 개정판을 냈습니다. 물론 개정판 외에도 매번 쇄를 거듭할 때마다
공들여 꼼꼼하게 업데이트했으니 만 6년이 넘는 시간 동안 끊임없이 성장을 거듭해 온 셈입니다.

그러다가 어느 날 갑자기 하늘길이 닫히고 모든 여행이 거짓말처럼 멈추었지요.
여행이 멈춘 3년 동안 그 누구보다 간절히 타이완을 그리워했습니다. 그곳은 여전히 안녕한지,
사람들은 여전히 따뜻하고 소박한지, 마치 오랫동안 만나지 못한 친구를 그리워하듯 그렇게
타이완이 그리웠습니다.
그 간절한 마음으로 하늘길이 열리자마자 타이완으로 향했고, 벅찬 감격과 반가움으로 정성을
다해 오랜만에 5차 개정판을 냈습니다. 여행이 멈춘 시간 동안 변화된 타이완의 모습을 최대한
많이 반영했습니다.

그리고 1년이 채 안 되어 6차 개정판을 냈고, 다시 또 1년이 채 안 되어 7차 개정판을 냅니다.
이번에도 또 새로운 명소와 맛집을 제법 많이 추가했습니다. 타이완의 트렌드를 최대한 잘
반영하기 위해 타이완의 현지 자료와 매체도 열심히 찾아보았으며, 타이완 사람들에게도 많은
도움을 받았답니다.
모두가 똑같이 SNS에 소개된 명소를 방문하고 SNS에서 추천한 맛집에 가서 추천해 준 메뉴를
먹는, 똑같은 일정의 여행이 반복되지 않도록, 조금 특별한 나만의 취향을 지닌 여행을 계획하는
분들을 위해 새로운 명소, 새로운 맛집, 새로운 스폿을 많이 담아보았습니다.

타이완의 모든 도시를 백과사전식으로 조금씩 다루기보다는 여행하기에 좋은 도시들을
집중적으로 자세히 소개했습니다. 타이완은 머물수록 그 매력을 깊이 느낄 수 있는
여행지입니다. 타이베이는 말할 것도 없고 타이중, 타이난, 까오슝, 타이동, 아리샨, 르위에탄
등 머물기에 좋은 곳이 참 많습니다. 그래서 이들 도시에서는 그저 두세 시간 휘리릭
둘러보기보다는 적어도 2~3일 이상 충분히 둘러볼 수 있을 만큼 세심하고 꼼꼼하게 정보를
정리했습니다. 아예 지역별로 각각 한 권의 책을 만들어도 될 만큼 자세하게 소개했으니
여행에 도움이 되셨으면 좋겠습니다.

혹시 이 책에 표기한 중국어 발음이 다른 매체나 인터넷 정보의 그것과 달라 당황하셨는지요?
저는 중국어를 전공한 중국어 교사였기에 모든 발음은 실제 중국어 발음에 가장 가깝고
정확하게 표기했습니다. 책에 표기된 발음을 그대로 읽기만 해도 현지에서 잘 통할 거라
보장합니다.

저는 타이완이 정말 좋습니다. 중국의 전통문화를 잘 계승하고 있는 모습도 보기 좋고,
아시아 여러 나라의 장점들을 잘 흡수하는 열린 태도도 좋습니다. 친일이다, 반한이다 이런저런
비판적인 시각도 있지만, 저는 그저 여행자이자 중국어 전공자로서 타이완을 좋아합니다.
낯선 사람들에게 친절하고 정 많고 따뜻한 타이완 사람들을 사랑합니다. 그 좋아하는 마음을
가득 담아서 이 책을 썼습니다.

돌이켜보니 제가 가이드북을 쓰기 시작한 지 올해로 벌써 만 19년이 되었습니다. 이 정도
경력(?)이면 여러 나라의 가이드북을 골고루 썼을 법도 한데, 지금껏 쓴 여행지는 홍콩, 베이징,
그리고 타이완이 전부입니다. 전업 여행 작가가 아니기에 여러 나라를 취재하기엔 현실적인
어려움도 있지만, 무엇보다 전 제가 정말 잘 안다고 자신할 수 있고, 정말 좋아하는 곳만 책으로
쓰고 싶었습니다. <디스 이즈 타이완>도 그런 마음으로 썼습니다. 단순히 여행 갈 때 잠깐
펼쳐보는 정보서가 아닌, 타이완을 좀 더 깊이 이해할 수 있도록 도와주고 오랫동안 타이완을
함께 추억할 수 있는 친구 같은 책이 되었으면 좋겠습니다.

Special Thanks.
제가 사랑하는 타이완을 잘 나눌 수 있도록 적극적으로 협조해주시는 타이완 관광청, 오랜 시간
동안 한결같이 멋진 예술 작품에 가까운 책을 만들어주시는 테라출판사, 타이완에 갈 때마다
즐겁고 유쾌하게 동행해주는 친구들, 그리고 언제나 저를 믿고 지지해주시는 사랑하는 부모님께
마음을 담아 고마움을 전합니다.

Contents

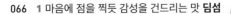

타이난

컨띵

타이동

BEFORE READING

일러두기

➡ 지명 표기 기준은?

이 책에서 지명 표기 기준은 중국어와 한글 표기를 병행해 우리나라 여행자들에게 익숙한 방향으로 통일했습니다. 즉, 우리나라 여행자들에게 중국어 발음으로 많이 알려진 경우에는 중국어 발음으로, 한글 독음이 익숙한 경우에는 한글 독음으로 적었습니다. 중국어 발음으로 표기한 경우 괄호 안에 한글 독음을, 한글 독음을 적은 경우에는 괄호 안에 중국어 발음법을 병기했습니다. 단, 한 지명에 중국어 발음과 한글 독음이 혼재된 경우 괄호 안에 한글 독음과 중국어 발음법을 동시에 적었으니 참고해 주세요.

예)
- 한글 독음 표기 : 국부기념관 國父紀念館(궈푸 지니엔관)
- 중국어 발음 표기 : 쓰쓰난춘 四四南村(사사남촌)
- 혼합 표기 : 청핀 서점 誠品書店(성품서점, 청핀수디엔)

➡ 중국어 발음, 그대로 읽기만 하세요

이 책에 나오는 중국어 한글 표기는 최대한 현지 발음에 가깝게 표기했습니다. 고등학교 중국어 교사였던 저자가 현지에서의 발음을 고려해 가장 알맞은 표기를 찾아 적었으니 믿고 사용해도 좋습니다. 물론 중국어는 발음 외에 음의 높낮이인 성조도 중요하지만, 성조를 글로 표현하는 건 불가능하니 적어도 책에 표기한 표기를 그대로 읽는 것만으로도 최소한의 소통이 가능할 만큼 현지 발음과 유사하게 표기했습니다.

➡ 지도, 이렇게 이용하세요

책 속에 스폿마다 표시한 'MAP ❶~㉗'은 맵북(별책 지도)의 지도 번호를 의미합니다. 지도에는 책에서 소개한 명소, 맛집, 쇼핑 명소는 물론, 기차역, MRT역, 버스 정류장까지 꼼꼼하게 표시했으므로 여행 계획을 세울 때뿐 아니라 현지에서도 큰 도움이 될 것입니다.

[지도 표기의 예]

❶ 🏛 관광·쇼핑·미식 명소	♨ 온천, 스파	🚌 버스터미널
🍴 식당, 카페, 디저트 숍	✈ 공항	🚏 버스 정류장
🏬 쇼핑 상점	🚉 주요 기차역	⚓ 부두(선착장)
H 숙소	🚆 일반 기차역	🚠 케이블카
🎵 엔터테인먼트	Ⓡ MRT(지하철)	🛈 여행안내센터
	出1 MRT 출구 번호	P 주차장

➜ 스마트한 구글맵 활용법

이 책에서 'GOOGLE MAPS'는 온라인 지도 서비스인 구글맵(www.google.co.kr/maps)의 검색 키워드를 의미합니다. 스마트폰에서 한자 입력이 힘든 대부분의 여행자를 위해 가장 짧고 정확한 한글·영어 키워드를 표기했습니다. 단, 한글·영어로 검색되지 않는 경우 구글맵에서 제공하는 '플러스 코드(Plus Code)'로 표기했습니다. 플러스 코드는 '2HM7+JJ 신이구'와 같이 알파벳(대소문자 구분 없음)과 숫자, '+' 기호, 도시명으로 이루어져 있습니다. 현재 내 위치가 있는 도시에서 장소를 검색할 경우 도시명은 생략해도 됩니다.

➜ 이동시간은 참고만 해주세요

교통 및 이동시간, 도보 소요 시간은 대략적으로 적었으며 현지 사정에 따라 다를 수 있습니다. 특히 구글맵의 경로 찾기에서 소개하는 소요 시간 중 시외버스를 교통수단으로 한 결과는 현지 상황과 차이 나는 경우가 많습니다. 이 책에서는 버스 회사의 홈페이지와 저자가 직접 확인한 결과 등을 종합하여 최대한 실제와 가깝게 적었습니다.

➜ 음식 가격과 교통비도 참고만 해주세요

타이완은 우리나라와 마찬가지로 음식점이나 상점의 변동이 꽤 심한 편입니다. 있던 곳이 금세 사라지기도 하고, 또 순식간에 새로운 곳이 생기기도 합니다. 가격 변동 또한 잦아서 책에 제시된 가격과 조금 달라질 수도 있습니다. 매년 꾸준히 업데이트하지만, 아무래도 인쇄 매체의 한계로 실시간 반영하진 못합니다. 그러므로 약간의 가격 변동은 감안하시고 참고만 해주세요.

➜ 교통비 표기 기준

이 책에 나오는 대중교통 요금은 모두 현금 지불을 기준으로 적었습니다. 교통카드(이지카드, 아이패스 등) 사용 시, 이 책에 제시된 금액보다 조금씩 할인받을 수 있습니다. 단, 할인율은 교통수단에 따라 조금씩 다릅니다. 참고로 타이완에서 MRT, 버스(하오싱 버스 포함), 기차(취지엔처에 한함), 페리 등의 대중교통을 이용할 땐 모두 교통카드(이지카드, 아이패스 등)를 사용할 수 있습니다.

이 책에 수록된 정보는 가장 최신의 정보를 담고자 노력했으나 현지 사정에 따라 예고 없이 바뀔 수 있습니다. 여행자의 소중한 체험을 통해 알게 된 잘못된 내용이나 함께 나누고 싶은 이야기를 알려주시면 개정판에 반영해 더욱더 알찬 책으로 만들겠습니다.

NIHAO
TAIWAN

타이완 여행하기

TAIWAN Overview

타이완은 화려하지 않다. 우리나라와 비슷한 경제 규모를 갖고 있지만, 적어도 겉보기에는 우리나라보다 더 소박하고
소탈하다. 비록 화려함은 없어도 그 검소하고 꾸밈없는 모습이 좋아 자꾸만 타이완을 찾게 되는지도 모르겠다.
도시는 도시대로, 자연은 자연대로 저마다의 독특한 매력을 지니고 있는 타이완을 만나러 가는 길은 그래서 더욱 설렌다.

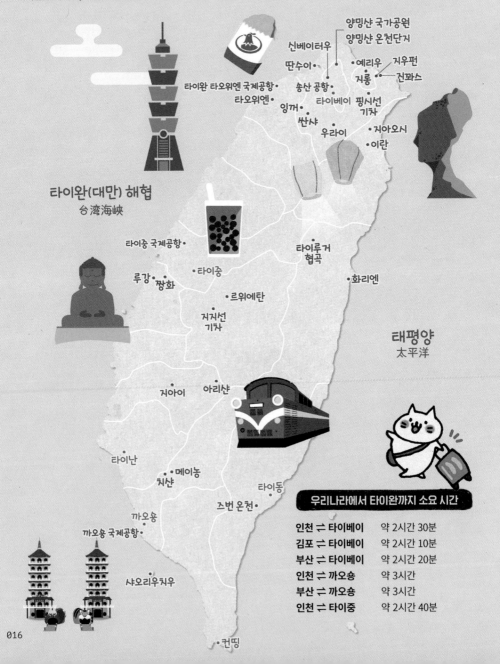

양밍샨 국가공원
양밍샨 온천단지
신베이터우
예리우 · 지우펀
딴수이 ·
송산 공항 · 지룽
타이완 타오위엔 국제공항 · 진꽈스
타오위엔 · 타이베이 핑시선
잉꺼 기차
싼샤
우라이 · 저아오시
· 이란

타이완(대만) 해협
台灣海峽

타이중 국제공항 ·
타이루거
협곡
루강
장화 · 타이중 화리엔
· 르위에탄
지지선
기차

태평양
太平洋

지아이 · 아리샨

타이난
메이농
치샨
타이동
즈번 온천

까오슝
까오슝 국제공항 ·

샤오리우치우

컨띵

우리나라에서 타이완까지 소요 시간

인천 ⇌ 타이베이	약 2시간 30분
김포 ⇌ 타이베이	약 2시간 10분
부산 ⇌ 타이베이	약 2시간 20분
인천 ⇌ 까오슝	약 3시간
부산 ⇌ 까오슝	약 3시간
인천 ⇌ 타이중	약 2시간 40분

타이베이 台北(대북)

명실상부한 타이완의 대표 여행지. 타이베이를 빼놓고는 타이완 여행을 말할 수 없을 정도로 보석 같은 명소들과 맛집이 모여 있다. 근교에도 매력 만점 명소들이 가득하니 첫 타이완 여행이라면 타이베이가 최고의 베이직 코스.
→ 148p

타이난 台南(대남)

고도古都가 주는 매력은 특별하다. 우리나라의 경주가 그러하듯 타이난이 주는 도시 느낌도 무척 단아하고 고즈넉하다. 그중에서도 타이난의 야시장은 타이완 전역에서도 손꼽히는데, 특히 타이난의 애플망고는 눈물 나게 감동적인 수준이다.
→ 552p

타이중 台中(대중)

중부 타이완 여행의 거점이 되는 도시. 도시가 크진 않지만, 소소하게 볼거리가 많아 아기자기한 여행의 재미가 있다. 무엇보다 우리에겐 버블티로 알려진 쩐주나이차의 원조격인 춘수이탕 본점이 타이중에 있어서 제대로 맛있는 쩐주나이차를 만날 수 있다는 사실.
→ 410p

컨띵 墾丁(간정)

이렇게 아름다운 에메랄드빛의 바다라니. 이름난 휴양지가 부럽지 않은 풍경이다. 까오슝에서 두 시간만 가면 이처럼 눈부시게 아름다운 자연을 만날 수 있다는 게 그저 기분 좋을 따름. 도시에만 머물다가 문득 자연 속의 힐링이 간절해진다면 컨띵이 최고의 선택이 될 것이다.
→ 584p

까오슝 高雄(고웅)

남부 타이완 여행의 거점이 되는 도시. 타이베이 못지않게 발달한 타이완 제2의 도시로, 까오슝을 베이스캠프로 삼고 남부 타이완을 돌아보는 것이 일반적이다. 항구도시 특유의 로맨틱한 분위기 가득한 명소가 많고, 사람들은 늘 느긋하고 여유롭다.
→ 498p

타이동 台東(대동)

태평양과 맞닿은 아름다운 해안 도시 타이동은 타이완의 숨은 보석이라고 해도 과언이 아니다. 자연 그대로의 눈부신 정경과 사람들의 따뜻한 정이 살아있는 동부의 중심지 타이동은 꼭꼭 숨겨놓고 나만 알고 싶을 만큼 사랑스럽다. 여기, 정말 매력적이다.
→ 596p

台湾(대만)과 臺灣(대만), 어떤 게 맞을까?

둘 다 맞다. 타이베이도 台北와 臺北 둘 다 맞다. 엄밀히 따져보면 臺가 정확한 한자고, 台는 간화자, 즉 중국 대륙에서 사용하는 한자이므로 臺灣이라고 쓰는 게 정확한 표기다. 하지만 해외의 각종 여행 자료에서 편의상 臺 대신 台라고 표기하기 시작하면서 타이완 현지에서도 台湾과 臺灣, 台北과 臺北을 혼용하고 있다. 이 책에서는 편의상 台湾과 台北으로 표기했다.

타이완 기본 정보

명칭 중화민국 中華民國
(통상적으로 타이완 臺灣(대만)이라 부름)

수도 타이베이 台北(臺北)

통화 NT$(신타이삐 新台幣),
화폐를 부를 때는 '위안'이라고 한다.

환율 NT$1=₩43.4(2024년 12월 현재 매매기준율)

인구 약 2332만 명(2023년 기준)

면적 36,000km²(한국 면적의 1/3 크기)
수도 타이베이 면적은 271.8km²
(서울은 605.2km²)

지리 본토 섬 외에 총 79개의 섬으로 이루어진 섬
나라로, 국토의 2/3가 산으로 이루어져 있다
(해발 3000m 이상의 고산이 219개).

시차 -1시간(한국이 9시이면 타이완은 8시,
서머 타임 없음)

전압 110V(호텔에 따라 프런트에서 빌려주기도 하
지만, 어댑터를 챙겨가는 것이 좋다.)

비자 대한민국 여권 소지자는 여권 유효기간이 6
개월 이상 남은 경우 30일 무비자 체류 가능

민족 타이완인(85%), 본토중국인(13%), 원주민
(2%)

종교 불교, 도교, 기독교, 천주교

언어 만다린어(중국 표준어), 객가어, 원주민 방언 등, 대부
분의 여행명소에서는 영어가 통하고, 현지인 중에서도
젊은 층은 대부분 영어로 의사소통이 가능하다.

국가 번호 886

국경일 & 공휴일

타이완의 공휴일은 우리나라에 비해 전통 명절이 많은 편이
다. 우리나라와 마찬가지로 대체 휴일제를 적용하여 토요일
이 휴일이면 금요일, 일요일이 휴일이면 월요일에 쉰다.

1월 1일 양력설, 중화민국 개국기념일 中華民國開國紀念日
*대만이 공식적으로 건국한 날은 1912년 1월 1일이지만, 개국을 기
념하는 국경일은 쌍십절, 즉 10월 10일이다.
음력 12월 30일~1월 3일 섣달그믐 除夕(추시),
음력 설 春節(춘지에)
*대부분의 상점이 음력 12월 말일 오후부터 4~5일 정도 문을 닫는다.
2월 28일 2.28 평화기념일 和平紀念日(허핑 지니엔르)
춘분 후 15일(대략 4월 4일 전후) 청명절 清明日(칭밍르)
4월 4일 어린이날 兒童節(얼통지에)
음력 5월 5일 단오절 端午節(똰우지에)
음력 8월 15일 추석 中秋節(쭝치우지에)
10월 10일 국경일(쌍십절) 國慶日(구워칭르)

타이완의 통화

타이완의 화폐 단위는 뉴 타이완 달러New Taiwan
Dollar로 NT$로 표기하며, 읽을 때는 금액 뒤에 '위
엔圓' 또는 '위엔元'을 붙인다. 지폐는 총 5종류로
NT$2000, NT$1000, NT$500, NT$200, NT$100
가 있는데, 그중에 NT$1000, NT$500, NT$100
가 주로 사용된다. 환전할 때도 단위 수가 작은
NT$500, NT$100로 준비하는 게 편하다. 동전은
NT$50, NT$20, NT$10, NT$5, NT$1이 있다. 동
전은 한화로 재환전이 안 되므로 타이완에서 다 쓰
고 오는 게 이득이다.

숫자로 보는 타이완

■세계 국가 경쟁력 순위(2024년)

1위 싱가포르
2위 스위스
3위 덴마크
5위 홍콩
8위 **타이완**
20위 **한국**

*자료 출처: 스위스 국제경영개발연구원
 (IMD)

■GDP(1인당 기준, 2024년)

1위 룩셈부르크 US$131,384
5위 싱가포르 US$88,477
6위 미국 US$85,373
30위 일본 US$35,385
31위 **한국** US$34,165
34위 **타이완** US$33,138

*자료 출처: 국제 통화 기금(IMF)

■세계 인구(2024년)

1위 인도 1,428,627,663명
2위 중국 1,409,670,000명
3위 미국 335,893,238명
11위 일본 124,090,000명
29위 **한국** 51,303,688명
57위 **타이완** 23,420,442명

*자료 출처: 미국 중앙정보국 더 월드 팩트
북(CIA The World Factbook)

타이완의 기후

타이완의 북부는 아열대 기후, 남부는 열대 기후에 속한다. 수도인 타이베이는 북부에 위치해 있으므로 아열대성 해양 기후다. 즉, 여름은 길고 무더우며, 겨울은 짧고 습하다. 연평균 기온이 23℃로 여름 평균기온은 30℃, 겨울 평균기온은 11℃다. 1년 내내 따뜻한 날씨가 이어지지만 7~9월에는 태풍이 워낙 많이 와서 여행할 때 날씨 운이 따라주기를 기대해야 한다.

봄 3~5월, 따뜻하고 화창하지만 비가 자주 온다.

여름 6~8월, 덥고 습도가 높으며 태풍이 자주 온다. 단, 어떤 장소나 에어컨 시설이 잘 되어있고, 아주 세게 틀기 때문에 얇은 카디건 정도는 꼭 준비해가야 한다.

가을 9~11월, 하늘이 파랗고 날씨가 늘 화창한 편. 10월 이후가 여행하기에 가장 좋다.

겨울 12~2월, 겨울이라고 해도 영하로 떨어지거나 눈이 오진 않는다. 그러나 타이완은 난방 장치가 없어서 체감상 다소 춥게 느껴질 수도 있다. 매서운 추위는 아니지만, 으슬으슬한 추위를 느낄 수 있으므로 경량 패딩과 핫팩을 준비해 가는 것이 좋다. 단, 까오숑, 타이난 등의 남부 지역은 한겨울에도 얇은 카디건 정도면 충분할 만큼 온도가 높은 편이다. 일반적으로 10~3월이 여행하기에 좋은 계절이다.

타이베이 월평균 최고·최저 기온 & 강수량

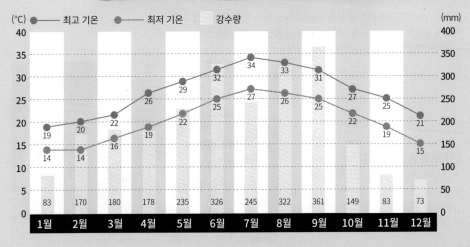

(°C)	● 최고 기온	● 최저 기온	강수량									(mm)
	1월	2월	3월	4월	5월	6월	7월	8월	9월	10월	11월	12월
최고 기온	19	20	22	26	29	32	34	33	31	27	25	21
최저 기온	14	14	16	19	22	25	27	26	25	22	19	15
강수량	83	170	180	178	235	326	245	322	361	149	83	73

놓칠 수 없는 타이완 추천 명소
베스트 오브 베스트

압도적인 스케일에 숨이 턱 막히는 규모는 아니다. 여기가 지구 밖 세상이 아닐까 싶을 만큼
신비롭고 생경한 자연 풍경도 아니다. 하지만, 소박하면서도 따뜻하고, 익숙하면서도 독특하며, 낡았지만 세련된,
촌스러운 듯 감성적인 디테일이 살아있는 곳이 바로 타이완이다. 그리고 타이완의 소도시에서는
그런 매력에 더해서 사람들의 따뜻한 친절함까지 만날 수 있으니 이보다 더 사랑스러울 수 있을까.

타이베이 디화지에 迪化街
근대 타이완과 현대 타이완을 동시에 만날 수 있는 곳. 낡고 오래된 풍경이지만
가장 트렌디한 동네이다. 거기에 따다오청의 백만 불짜리 일몰까지 더해지니
그야말로 타이베이 매력의 끝판왕이라 불릴 만하다. 240p

타이베이 송산 문창원구 松山文創園區
옛 공장이 이토록 드라마틱하게 변신하다니
볼수록 놀랍다. 건물 자체의 멋스러움은 물
론이고 각종 갤러리도, 청핀 서점도, 산책로
도 뭐 하나 빼놓을 게 없다. 168p

예리우 野柳[야류]

태어나서 처음 만나는 낯설고 기이한 풍경에 넋을 잃게 되는 곳. 아주 오랜 세월 동안 변함없이 그 자리에 있었던 기암괴석들을 한껏 감상할 수 있다. 처음 보는 행성에 불시착한 것처럼 신비롭다. 316p

딴수이 淡水[담수]

타이베이에서 가장 아름다운 일몰로 이름난 데이트 명소. 영화 촬영지로 소개된 이후 그 인기가 한층 더 높아졌다. 연인이나 친구와 함께 로맨틱한 반나절을 보내기에 이보다 더 좋을 수 없는 곳. 298p

지우펀 九份[구빈]

영화를 비롯하여 워낙 여러 매체에 소개되어 이젠 타이베이 여행의 필수 코스가 된 작은 마을. 홍등이 넘실거리는 골목을 느릿느릿 걷다 보면 마치 영화 속 주인공이라도 된 것처럼 로맨틱한 감성이 되살아난다. 320p

타오위엔 桃園[도원]

어린이를 동반한 가족 여행객이라면 타오위엔을 놓칠 수 없다. 엑스 파크 아쿠아리움과 고속열차 박물관만으로도 하루가 훌쩍 지나버린다. 비가 와도 영향받지 않아 더욱 반갑다. 308p

진꽈스 金瓜石[금과석]

지우펀 바로 옆에 있는 작은 광산마을 진꽈스는 지우펀에 비해 상대적으로 덜 알려져 있지만 고즈넉한 철길이 한없이 매력적인 곳이다. 황금박물관 등의 볼거리는 물론이고 조용히 걷기 좋은 길이 곳곳에 숨어있는 매력 만점 동네. 330p

지롱 基隆[기룽]

타이베이 근교 소도시로 가는 관문 정도로 여겨졌던 지롱이 주목받기 시작한 건 아마도 허핑다오 공원 덕분일 것이다. 광활한 생태지질공원에 왁자지껄 야시장까지 반나절 코스로 이보다 좋을 수 없다. 338p

잉꺼 & 싼샤 鶯歌[앵가] & 三峽[삼협]

도자기 마을 잉꺼와 예스러운 분위기가 매력적인 싼샤는 부담 없이 당일로 다녀오기에 좋은 여행지다. 타이베이에서도 30분이면 도착하는 가까운 거리가 반갑다. 344p

양밍샨 국가공원 陽明山國家公園

여기가 정말 산이 맞나 싶을 만큼 거대한 초원, 흐드러지게 핀 카라 꽃이 매력적인 호수 등 아기자기한 볼거리가 많아 하이킹하기에도 딱 좋은 곳이다. 348p

이란 宜蘭 [의란]

대중교통은 조금 불편하지만, 렌터카나 택시를 이용하면 하루 코스로 더없이
좋은 곳. 최근 마니아가 많아지고 있는 카발란 위스키 증류소를 비롯하여 볼거
리가 무궁무진한 동네다. 352p

타이루거 협곡 太魯閣峽谷 [태로각협곡]

타이완에서 가장 아름다운 절경이라 하여 꼭 가봐야 할
명소 중 하나로 손꼽히는 곳. 만약 여행 일정이 여유롭
다면 1박 2일 정도 시간을 내서 기차를 타고 다녀오는
것도 좋다. 362p

우라이 烏來 [오래]

맑은 탄산온천과 초록빛 자연으로 명성이 자자하여 힐
링 여행지로 사랑받는 곳. 1년 내내 사람들의 발길이 끊
이지 않는다. 초록빛 내음 속에 머물면서 온천도 즐기고
싶다면 여기가 정답이다. 372p

핑시선 平溪線

느린 여행을 좋아하는 여행자라면 총 길이 12.9km의 작은 시골길 핑시선 기차를 놓치지 말아야 한다. 작고 예쁜 마을 철길 위에서 천등을 하늘 높이 날리는 경험은 그 자체로 감동이다. 402p

신베이터우 新北投[신북투]

타이베이 시내에서 가장 가까운 온천단지. 반나절쯤 훌쩍 다녀오기에 이만한 곳이 없다. 볼거리도 제법 많고 가볍게 온천을 즐기기에도 딱 좋다. MRT로 연결되어 있어서 접근성이 높다는 점도 아주 큰 매력. 384p

지아오시 礁溪[초계]

우라이, 신베이터우와 더불어 타이베이 근교 3대 온천 도시로 손꼽히는 곳. 규모가 큰 리조트 온천이 많은 편이다. 이란과 멀지 않아 같이 둘러보기에도 좋다. 390p

타이중 국가 가극원 國家歌劇院

타이중의 랜드마크 건축물이자 트렌드를 선도하는 핵심 스폿. 외관의 아름다움에 더해 가극원 내부의 공간 또한 세련되고 알차게 구성되어 있다. 433p

짱화 彰化〔창화〕

영화 <그 시절 우리가 사랑했던 소녀>에 짱화 시내 곳곳이 등장했기 때문일까. 시내를 걷다 보면 어릴 적 친구들과 왁자지껄 떠들며 걷던 동네의 골목이 생각난다. 소도시만의 담백한 매력이 있는 짱화는 루강과 묶어 잠시 들르기에 딱 좋은 규모다. 448p

루강 鹿港〔록항〕

근대 타이완의 3대 무역항 중 하나였던 루강은 지금까지도 당시의 모습을 많이 간직하고 있다. 삼륜차를 타고 한가로이 시내를 돌다 보면 마치 타임머신을 타고 근대로 돌아간 듯한 기분이 든다. 452p

지아이 嘉義[가의]

아리산으로 가는 관문 도시로만 알려진 곳이
지만, 알고 보면 볼거리도 적지 않고 하루나
이틀쯤 머물기에 좋은 규모의 여행지다. 특히
고속열차 역이 있어서 당일 코스로도 충분히
다녀올 수 있는 접근성도 뛰어난 편. 아리산에
갈 계획이 있다면 지아이의 매력에도 관심을
가져보길 추천한다. 464p

아리샨 阿里山[아리산]

타이완 여행에서 빼놓을 수 없는 최고의 하이라이트. 아름다운 일출과 일몰, 초록빛 하이킹 코스,
그리고 숲속 삼림열차까지 퍼펙트한 일정을 만들어주는 곳이다. 때로는 아리샨 근처의 작은 마을
에서 고즈넉한 힐링 여행을 해보는 것도 좋을 듯. 472p

르위에탄 日月潭(일월담)

조정석과 진의함이 출연한 타이완 홍보 동영상에 등장하여 더욱 유명해진 타이완 최대의 고산 호수. 자전거를 타도 좋고, 사부작사부작 산책을 해도 좋다. 할 수만 있다면 일주일 쯤 머물며 일상 여행자로 살아보고 싶은 곳. 488p

까오슝 치진 旗津(기진)

명실상부 까오슝을 대표하는 관광명소이자 인증샷 명소. 볼거리도 많고 즐길 거리도 많으며 해산물 맛집골목까지 있어서 오감이 행복해지는 곳이다. 507p

까오슝 보얼 예술특구 駁二藝術特區

원래도 까오슝에서 빼놓을 수 없는 명소였는데, 여기에 하마싱 철도문화공원를 비롯한 까오슝 항구의 여러 스폿들, 그리고 2021년에 오픈한 팝 뮤직센터까지 더해져 스케일이 더욱 커졌다. 513p

타이난 공묘 孔廟

공묘는 타이완 곳곳에 있지만,
그중에서도 타이난의 공묘는 타
이완에서 가장 먼저 지어진 곳이
다. 시내 중심지에 있어서 타이
난 도보 여행의 출발지로 삼기에
도 딱 좋다. 564p

타이난 안핑수우 安平樹屋

안핑 지역의 여러 명소 중에서도
안핑수우는 단연 독특하다. 반얀
트리가 건물을 뒤덮은 기묘한 광
경은 캄보디아의 앙코르와트와
도 많이 닮았다. 559p

컨띵 롱판 공원 龍磐公園
컨띵에서 만나는 수많은 바다 뷰는 우열을 가리기 어려울 만큼 모두 아름답지만, 그중에서도 가장 짙은
에메랄드빛 바다에 그림 같은 풍경을 자랑하는 곳으로 롱판 공원을 빼놓을 수 없다. 590p

컨띵 마오비터우 貓鼻頭
타이완의 남쪽 끝에 위치한 마오비터
우는 고양이가 웅크리고 있는 모양을
닮았다고 해서 붙여진 이름이다. 해
안선을 따라 이어지는 산책길 덕분에
인증샷 명소로 유명하다. 593p

타이동 삼림공원 台東森林公園

타이동을 대표하는 공원. 걸어서 다
돌아보는 건 거의 불가능할 만큼 거
대한 규모를 자랑한다. 자전거를 타
고 둘러보는 공원은 우리 집으로 옮
겨가고 싶을 만큼 구석구석 아름답
다. 608p

타이동 지알루란 加路蘭

타이동의 하이라이트는 태평양을 따라 이어진 동부 해안선 도로다. 그리고 지알루란은
동부 해안선 도로에서도 가장 아름답기로 손꼽히는 해안 공원이다. 전혀 다른 타이완의
풍경을 만날 수 있는 곳. 614p

사람이 힘
친절한 타이완

여행에서 두고두고 생각나는 것 중 하나가 바로 사람이다. 친절하고 상냥한 말투, 진심이 느껴지는 따뜻한 배려, 도움을 주고 싶어 하는 눈빛 등은 그곳에 다시 가고 싶게 만드는 힘이 된다. 타이완이 바로 그런 곳이다.

⋮⋮⋮ 타이완을 다시 찾게 하는 힘, 타이완런 台灣人(대만인)

어느 여행지든지 그곳을 가장 빛나게 해주는 건 아마도 '사람'일 것이다. 아름다운 자연도, 매력적인 쇼핑 품목도, 혀끝을 유혹하는 음식도 더없이 매력적이지만, 두고두고 그곳을 생각나게 하는 건 다름 아닌 그곳 사람들이 전해주는 '마음'일 테니 말이다. 그런 의미에서 타이완은 둘째가라면 서러울 만큼 사람이 매력적인 여행지다.

타이완 사람들은 순박하고 친절하다. 그리고 그 친절함 안에는 따뜻한 정이 있다. 길을 물어보면 모른다고 외면하지 않고 상점 문밖까지 나와 손짓과 발짓으로 열심히 알려준다. 음식점에서 사진을 찍어도 되겠냐고 물으면 차려놓은 음식까지 꺼내주면서 환한 웃음으로 포즈를 취해주는 사람들이 바로 타이완런이다. 사람을 좋아하는 사교성과 친밀함이 깔려 있는 타이완 사람들의 친절이야말로 우리로 하여금 끊임없이 타이완을 그리워하게 하는 가장 큰 매력이 아닐까.

2

낮보다 환한 타이완의 매력 만점
야시장

타이완에서 야시장을 빼놓으면 서운한 일이다. 그곳엔 타이완의 즐거운 에너지가
있다. 굳이 뭘 먹지 않아도 한번쯤은 야시장에 들러 그 생생한 에너지를 느껴보자.
덩달아 밤이 즐거워진다.

❶ 사진 찍기 놀이에도 더없이 즐거운
알록달록 야시장의 풍경
❷❸ 매일 저녁 빈자리 찾기가 쉽지 않
을 만큼 인산인해를 이루는 타이
완의 야시장

⋯ 어둠이 짙어질수록 더욱 빛나는 타이완의 밤

어느 나라든지 소위 저마다의 '밤 문화'가 있게 마련이다. 타이완 역시 다
른 나라와는 다른 타이완만의 독특한 밤 문화를 갖고 있는데, 야시장이 바
로 그것이다. 중국어로 '이예스夜市'라고 부르는 야시장은 타이완 최고의
밤 문화로, 생생하게 살아있는 타이완을 만날 수 있는 곳이다. 늦은 밤에
도 술에 취해 비틀거리는 사람이 없다는 것도 반갑다. 낯선 여행지에서 밤
늦게 돌아다니는 건 긴장감을 유발하기 마련인데, 타이완의 밤은 늦게까지
말갛게 깨어있어 더욱 고맙다.

⋯ 현지인들에게는 즐거운 놀이터

사실 야시장은 관광명소이기 전에 타이완 사람들이 가장 좋아하는 밤 놀이
터이기도 하다. 타이완 사람들에게는 지극히 평범한 일상 속 풍경인 야시
장을 찾는 것은 우리에게는 잠시나마 로컬의 다른 일상을 살아볼 수 있는
스펙터클한 경험이 되어줄 것이다. 조금 이른 저녁을 먹고 산책 삼아 천천
히 야시장에 들러도 좋고, 아예 저녁식사를 야시장에서 먹는 것도 괜찮다.
어느 쪽이든 오감을 활짝 열고 야시장의 갖가지 음식들과 풍경을 섭렵해보
겠다는 확고한 결심만 있다면 그것만으로도 충분하다.

타이완 각지 명물 야시장

타이베이

스린 야시장
여행자들에게 가장 많이 알려져
있는 야시장 282p

라오허 야시장
화려한 입구로 유명한, 걷기 좋은
야시장 284p

닝샤 야시장
맛으로 승부하는 작은 야시장
286p

스따 야시장
볼거리 가득한 대학가의 야시장
287p

타이중

펑지아 야시장
타이중 최대 야시장 445p

타이난

화위엔 야시장
맛으로는 타이완 최고 수준으
로 손꼽히는 타이난의 대표 야
시장 579p

까오슝

리우허 야시장
해산물 종류가 다양하기로 이름난
야시장 524p

루이펑 야시장
구획이 잘 나뉘어 있어 편리한 대규
모 야시장 538p

기차 타고 떠나는
교외 여행 & 천등 날리기

하루쯤 시간을 내어 마치 영화 속 한 장면처럼 철길을 걷고 천등을 날리는
로맨틱 감성 여행을 해보는 건 어떨까. 조금 느리긴 하지만,
그만큼 오래도록 마음에 남는 여행의 추억이 되어줄 것이다.

⋯ 핑시선 기차를 타고 떠나는 타이베이 근교 여행

1920년대 석탄을 수송하기 위해 만들어진 총길이 12.9km의 짧은 철길,
핑시선平溪線은 1980년대 탄광산업이 몰락하면서 쇠락했다가 지금의 관
광기차노선으로 새롭게 탄생했다. 낡고 덜컹거리면서 느린 속도로 움직이
는 핑시선 기차는 그 존재만으로도 우리에게 아날로그 감성을 일깨워준다.
성질 급한 여행자는 답답할 수도 있겠지만, 때로는 이렇게 느린 여행이 우
리의 삶을 느긋하게 만들어준다. 생각해 보면 적어도 여행에서는 급할 게
아무것도 없으니 말이다.

신베이터우

핑시선 기차

타이베이

스펀

우라이

지아오시

⋯ 아름다운 천등 마을, 스펀 十分 406p

핑시선 기차를 타고 1시간 정도면 작은 마을 스펀에 도착한다. 타이베이에
서 택시로 40분이면 닿는 그리 멀지 않은 곳이다. 스펀의 풍경은 소박한 시
골 마을 그 자체다. 사람들이 이 작은 마을을 찾는 이유는 바로 천등天燈 때
문. 커다란 천등에 자신의 소원을 쓴 뒤 기찻길에서 하늘로 날려 보내는 것
이다. 덕분에 이곳 스펀에는 소원을 적은 나만의 천등을 날리기 위한 여행
자들로 늘 인산인해다.

반나절이면 충분한 힐링의 시간
타이완의 온천

타이완 곳곳에 있는 온천은 여행이 주는 힐링을 두 배쯤 업그레이드시켜 주는 고마운
존재다. 계절이나 날씨와 관계없이 하루쯤은 온천에서 완벽한 휴식을 누려보자.
일본에 비해 가격이 착한 것도 더없이 반갑다.

**타이완과 사랑에
빠질 수밖에 없는 이유**

4

❶

❷

❶ 엄청난 연기에 압도되는 지옥온천,
신베이터우의 지열곡

❷ 역 전체가 온천을 테마로 하여 꾸며
져 있는 MRT 신베이터우新北投 역

⋯ 쉬는 것도 여행이다

큰맘 먹고 떠난 해외여행이라고 해서 빡빡한 스케줄을 짜서 부지런히 다녀
야만 하는 건 아니다. 때로는 잠시 걸음을 멈추고 아무것도 하지 않아도 되
는 자유를 누려보는 시간도 꼭 필요하다. 그렇게 나 자신에게 온전한 쉼을
선물해 줄 수 있는 곳 중 하나가 온천이다. 그런 면에서 타이완, 특히 타이
베이는 매우 반가운 곳이다. 시내에서 한 시간 정도만 이동하면 여행의 피
로를 싹 풀어줄 수 있는 온천마을이 곳곳에 있기 때문이다.

⋯ 온천으로 둘러싸인 힐링 도시, 타이베이

환태평양 조산대에 위치한 타이완은 그야말로 온천의 나라라고 해도 과언
이 아니다. 이름난 온천만 100곳이 넘는다니 오로지 온천을 하기 위해 타
이완을 찾는다 해도 고개가 끄덕여진다. 특히 타이베이 근교에는 유황온
천, 탄산온천 등 온천의 종류도 다양할 뿐 아니라 독립적으로 즐길 수 있는
프라이빗 탕을 갖춘 곳도 많아 대중탕을 꺼리는 여행자도 얼마든지 온천을
즐길 수 있다. 부담스럽지 않은 가격으로 반짝 휴식을 누리게 해줄 온천이
야말로 여행이 주는 최고의 선물이 아닐까.

+ Writer's Pick +

타이베이 근교
대표 온천 Best 3

풍부한 지열 자원 덕분에 다양한
수질의 온천이 있는 타이완에 온
이상, 타이베이에 머무르는 동안
적어도 한 번 이상은 온천을 경험
해보자.

■ **신베이터우** 新北投
타이완 최초로 대규모 온천 개
발이 시작된 타이베이 온천의
메카. MRT로 연결되어 더욱 편
리하다. 384p

■ **우라이** 烏來
아름다운 자연 속에서 온천을
즐길 수 있는 곳. 무색, 무미의
투명한 탄산온천이다. 372p

■ **지아오시** 礁溪
타이베이 동쪽에 위치한 온천마
을. 투명한 탄산 온천이며, 프라
이빗 온천도 많다. 390p

오감 만족 마음마저 행복해지는
맛있는 타이완

취향에 따라서는 타이완의 음식이 입에 잘 맞지 않는다는 사람도 있겠지만,
메뉴에 대해 조금만 공부해서 주문하면 대부분의 한국 사람 입맛에는
타이완 음식이 맛있다. 조금만 공부해서 맛있는 타이완을 제대로 누려보자.

딤섬의 대표주자, 샤오룽빠오

⋯ 하루에 일곱 끼쯤 먹었으면 좋겠다

그 나라를 잘 표현할 수 있는 맛을 경험해보는 것은 여행을 기억하는 또 다
른 방법이다. 그런 의미에서 타이완은 여행자들에게 더없이 행복한 곳이
다. 타이완 여행에서 과연 '맛'을 빼고 얘기할 수 있을까? 무엇보다 고급스
러운 궁중 요리부터 소박한 길거리 음식까지 워낙 종류가 다양해 하루에
세 끼밖에 먹지 못함이 아쉬울 정도. 할 수만 있다면 하루에 일곱 끼쯤 먹
으며 타이완의 맛을 경험해보고 싶어진다.

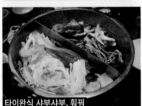
타이완식 샤부샤부, 훠궈

⋯ 타이완의 대표 메뉴

타이완에서 절대 놓쳐서는 안 될 추천 메뉴로는 딤섬(066p)과 훠궈(074p),
쓰촨요리(084p), 그리고 우육면(078p)을 꼽을 수 있다. 종류별로 골라 먹는
재미가 있는 딤섬, 디저트까지 풀코스로 제공되는 뷔페식 훠궈, 우리나라
사람 입맛에 딱 맞는 쓰촨요리, 입에서 살살 녹는 고기와 진한 육수가 일품
인 우육면은 언제 먹어도 감동적인 맛이다. 그 외에 타이완 곳곳에서 만날
수 있는 비건 레스토랑(082p) 역시 미식가들에게는 놓칠 수 없는 추천 메
뉴다.

진한 국물의 우육면, 니우러우미엔

⋯ 주머니 가벼운 여행자도 행복한 샤오츠 열전

타이완 먹거리에서 샤오츠小吃도 빼놓을 수 없다. '샤오츠'는 '간단한 음식
과 간식'을 가리키는 중국어로, 야시장이 발달한 타이완에서는 샤오츠가 맛
의 화룡점정이라고 해도 과언이 아니다. 총좌빙(108p), 루웨이(110p), 옌쑤
지(116p), 샹창(111p) 등 샤오츠의 종류만도 수십 가지에 달해 그야말로 먹
으러 타이완에 왔다고 해도 고개가 끄덕여질 정도. 망고빙수(098p)로 대표
되는 타이완의 디저트도 빼놓을 수 없다. 망고를 한가득 올려주는 망고빙
수와 진한 망고 스무디가 때론 밥보다 더 맛있게 느껴질 정도. 쩐주나이차
(094p), 떠우화(112p), 펀위엔(112p) 등의 전통 디저트류도 반드시 먹어봐
야 할 샤오츠 중 하나다.

타이완 대표 디저트, 망고빙수 망궈삥

한국인의 입맛에 딱, 쓰촨요리

식도락 여행자를 위한 타이완

아시아에서 둘째가라면 서러운 미식 여행지 타이완에서는 좀 더 잘 먹기 위한 요령이 필요하다.
이에 알아두면 힘이 되는 쏠쏠한 먹방 팁을 소개한다.

1 아는 만큼 잘 먹는다

한자문화권인 타이완에서는 대부분 메뉴판이 한자로 되어있다. 읽기 어렵다고 매번 주위 사람들이 먹는 메뉴를 보고 손가락으로 가리켜서 주문할 수도 없는 노릇. 그러므로 가기 전에 메뉴판 보는 법을 조금만 공부해가면 훨씬 더 풍부하고 다양한 식도락을 경험할 수 있다. 이 책의 중국어 메뉴 읽는 법(092p)을 참고해보자.

2 길거리 음식을 즐겨라

사실 타이완 음식의 진짜 맛은 수많은 길거리 음식에 있다. 골목의 작은 분식집이나 야시장의 천막 아래에서 먹었던 소박한 메뉴가 두고두고 기억나는 곳이 바로 타이완이다. 길거리에서 먹는 아침식사 메뉴만 해도 수십 가지가 있으니 부지런히 발품을 팔아보자. 만약 마음에 드는 곳이 있다면 두 번씩 가는 것도 괜찮다. 정 많은 타이완 사람들이 두 번 오는 여행자에게는 특별한 관심으로 더 정성스럽게 음식을 만들어줄지도 모를 테니까 말이다.

3 일단 줄을 서보자

야시장이나 전통거리인 라오지에老街를 다니다 보면 사람들이 길게 줄을 서 있는 광경을 자주 볼 수 있다. 이는 십중팔구 이름난 맛집에서 입장을 기다리는 줄이다. 그러므로 사람들이 길게 줄을 선 것을 보면 일단 대열에 합류해보자. 예상치 못한 순간에 천국의 맛을 경험하게 될지도 모를 일이다.

4 맛의 하이라이트, 디저트의 세계

디저트를 특별히 사랑하는 타이완 사람들 덕분에 시내에는 디저트 전문점이 셀 수 없이 많다. 게다가 종류가 너무 많아서 무엇을 먹을지 행복한 고민에 빠지기 일쑤. 우리에게는 다소 낯선 타이완 전통 디저트부터 세계 각국의 다양한 디저트까지 타이완은 디저트의 천국이라고 해도 과언이 아니다. 그러므로 식사 후 디저트 타임은 필수!

039

중국보다 조용하고 홍콩보다 정감 있는
소확행의 나라

중국과 홍콩, 그리고 타이완은 모두 같은 중화권이자 중국어 문화권이지만
사회 분위기나 문화까지 같은 것은 아니다. 그중에서도 우리가 가장 잘 느낄 수 있는
부분은 바로 타이완은 아주 '조용하다'는 사실이다.
왁자지껄한 중국과는 달리 타이완은 우리나라보다도 훨씬 조용하다.
마치 일본의 어느 도시에 와있는 듯한 느낌이 들 정도.

+ Writer's Pick +

**가장 사랑받는 아시아 국가
2위, 타이완**

2024년 미국 금융정보 매체인 인
사이더 멍키(Insider Monkey)가 발
표한 '가장 사랑받는 아시아 국가'
조사에서 타이완은 조사 대상 20
개국 가운데 말레이시아에 이어
전체 2위를 차지했다. 평가는 친
절함, 존경, 다양성, 민주주의, 외
국인 관광객 수 등의 지표를 바탕
으로 실시되었으며 타이완은 민주
주의 1위를 비롯하여 존경과 친화
력 분야에서도 높은 순위를 기록
했다. 참고로 3위는 싱가포르였으
며 우리나라는 6위를 차지했다.

형제처럼 닮은 홍콩

홍콩은 동양과 서양을 딱 반씩 닮은 코스모 제너레이션의 도시다. 세계를
향해 자유롭게 살아가는 21세기 보헤미안들이 사랑하는 도시가 바로 홍콩
이다. 타이완 역시 홍콩을 많이 닮았지만, 좀 더 깊이 들어가 보면 홍콩보
다 더 많이 친화적이고 정이 넘친다. 홍콩의 친절함과 비슷하지만, 그 안에
는 따뜻한 정이 내재되어 있는 것이다.

무엇보다 홍콩과 타이완이 닮은 것은 음식이다. 맛만 약간 차이가 있을 뿐
거의 모든 메뉴가 동일하여 딤섬, 훠궈 등은 물론이고 디저트 종류까지도
비슷하다. 단지 홍콩은 중국 문화에 서구 문화가 조금 섞여 있고 타이완은
일본 문화가 조금 섞여 있을 뿐 두 곳은 마치 형제처럼 닮아있다.

느긋하지만 탄탄한 소확행

타이완 사람들은 서두르지 않는다. 비가 와도 여간해선 뛰지 않고 거리에
서 자동차 경적도 거의 들리지 않는다. 그 바탕에는 삶의 여유를 아는 단단
함이 깔려 있다. 사회 전반에 걸쳐 소확행을 충분히 누릴 수 있는 기반이
잘 갖추어져 있다는 의미이다. 실제로 타이완에는 작지만 탄탄한 로컬 브
랜드가 넘쳐난다. 매년 3만 개 이상의 스타트업과 스몰 브랜드가 생겨나
며, 이 작은 기업들의 고용률이 전체의 90% 이상을 차지한다. 서둘러 결과
를 만들어 내기 위해 질주하기보다는 과거의 것을 보존하면서 현재가 공존
하는 방향을 모색한다. 타이완이 디자인 산업의 강국으로 떠오를 수 있었
던 기반이 여기에 있는 것이다.

세상에 하나뿐인 나만의 다이어리
여행 스탬프

타이완에 가면 어디에서나 쉽게 스탬프 코너를 만날 수 있다.
처음 한두 번은 그냥 지나쳐도 계속 눈에 띄다 보면 나도 한 번 찍어볼까 싶은
마음이 든다. 그 마음 꼭 놓치지 말고 나만의 스탬프 다이어리를 만들어보자.

 ## 타이완이 마련한 깜찍한 이벤트, 스탬프 투어

타이완의 크고 작은 명소를 비롯하여 MRT 역, 여행안내센터 등 도시 곳곳
에 깜찍한 스탬프 코너를 마련해 놓았다. 타이완의 모든 명소마다 스탬프
가 준비되어 있지만, 그중에서도 타이완 곳곳에 있는 여행안내센터에 예
쁜 스탬프가 가장 많은 편이다. 또한 타이베이의 모든 MRT 역에도 스탬프
가 준비되어 있어서 어딜 가나 중독성 강한 스탬프 투어의 재미를 제대로
만끽할 수 있다. 그저 평범한 스탬프가 아니라 한 지역을 가장 잘 나타내는
특징을 살려 만든 멋진 디자인 스탬프다. 덕분에 새로운 곳을 찾을 때마다
늘어나는 스탬프만큼 여행의 추억도 차곡차곡 쌓여가는 뿌듯함을 느낄 수
있다.

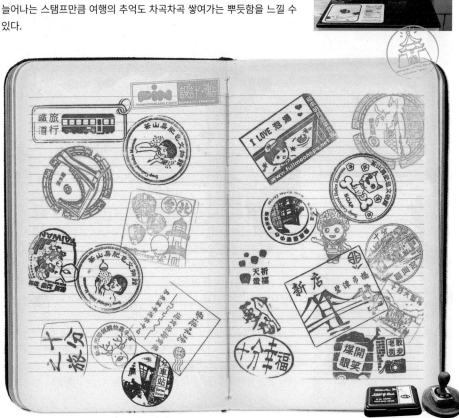

8

가벼운 지갑도 괜찮아
소박한 타이완

여행에서 결코 무시할 수 없는, 어쩌면 상당히 중요한 부분 중 하나가 바로
여행 경비일 것이다. 그런 면에서 타이완은 고마운 여행지이다. 식비도, 숙박비도,
교통비도 우리나라보다 조금이나마 저렴한 수준이니 말이다.

⋯ 물가가 오르긴 했지만, 아직은 소박한 타이완

코로나 이전과 비교하면 타이완의 물가는 꽤 올랐다. 코로나를 겪으면서 전
세계적으로 모든 물가가 일제히 올랐고 타이완도 예외는 될 수 없었다. 예
전에 비하면 항공료도 다소 비싸졌고 가격 대비 만족도가 높았던 숙박비도
훌쩍 뛰었다. 식비 또한 예전만큼 아무런 부담 없이 마음껏 즐기긴 어렵게
되었다. 하지만, 아직 타이완의 물가는 소박함을 유지하고 있다. 많이 오르
긴 했지만, 여전히 숙박비와 식비는 우리나라의 80% 정도 수준이다. 대중
교통 요금은 다행히 아직은 코로나 이전과 동일하다. 미식의 나라답게 음식
의 종류도 가격대도 다양하므로 주머니 사정에 맞게 선택한다면 조금 오른
물가에도 크게 영향받지 않고 만족스러운 여행을 즐길 수 있을 것이다. 물
가는 조금 올랐어도 타이완의 매력과 감성과 분위기는 여전하니 말이다.

⋯ 현금은 얼마나 환전하면 될까?

사실 이 질문처럼 대답하기 어려운 것이 또 있을까 싶다. 여행비용이란 그 야말로 쓰기 나름이니 말이다. 각자의 여행 스타일에 따라 많게는 두세 배 넘게 차이나는 것이 여행비용이므로 평균적인 선을 제시하기란 쉽지 않다. 일단 타이완의 식비와 교통비는 우리나라보다 저렴한 편이다. 지하철은 교통카드 사용 시 NT$16(한화 약 640원)가 기본요금이며, 식사는 평범한 식당에서 할 때 끼니 당 평균 NT$200~300, 아침식사는 NT$100 정도면 충분하다. 즉, 숙박비와 장거리 이동 교통비를 제외하고 하루 평균 NT$1500~1700 정도로 예산을 잡으면 적당하다. 신용카드를 받지 않는 곳이 있음을 고려했을 때, 일부 금액은 현금으로 환전해 오거나 트래블월렛 카드 등 ATM 기기에서의 현금 인출이 가능한 체크 카드를 이용하는 것을 추천한다.

타이베이 vs 서울 물가 비교하기

아시아에서 둘째가라면 서러운 미식 여행지 타이완에서는 좀 더 잘 먹기 위한 요령이 필요하다.
이에 알아두면 힘이 되는 쏠쏠한 먹방 팁을 소개한다.

1NT$ ≒ 43.4원(2024년 12월 매매기준율)

브랜드 생수(2ℓ)
NT$30
(한화 약 1300원)
서울 약 1300원

콜라(330㎖ 캔)
NT$33
(한화 약 1430원)
서울 약 2000원

타이완 맥주(330㎖ 캔)
NT$32
(한화 약 1390원)
서울 약 1800원

맥도날드 빅맥
NT$75
(한화 약 3260원)
서울 6100원

스타벅스 아메리카노
(Tall 사이즈)
NT$95
(한화 약 4120원)
서울 4500원

타이베이 택시 기본요금
첫 1.25km에 NT$85(한화 약 3690원),
이후 200m 또는 1분당 NT$5(한화 약 220원)
서울 첫 1.6km에 4800원
이후 131m 또는 30초당 100원

타이베이 지하철 기본요금
(교통카드 기준)
NT$20(한화 약 870원)
서울 1400원

타이베이 버스 기본요금
(현금 기준)
NT$15(한화 약 650원)
서울 1500원

낡음에 새로운 가치를 입히다
문화예술단지

오래되고 낡은 건물이 애물단지로 전락하기 일쑤인 우리나라와는 달리 타이완은
옛 건물에 새로운 가치를 부여하는 특별한 재주를 지니고 있다.
그리고 그 능력은 도시마다 독특한 문화예술 공간을 창조하는 것으로 발휘되었다.

┉ 타이베이

화산1914 문창원구 189p

술을 만드는 공장지대였던 이곳은 1987년 문을 닫은 이후
한동안 쓸모없는 건물로 방치되다가 2007년 복합문화 창작
공간으로 재탄생했다. 낡은 양조장을 그대로 활용하여 내부
만 리뉴얼한 것이다. 예술단지 내에는 크고 작은 갤러리와
레스토랑, 카페 등이 주를 이루며, 일반인이나 각종 예술단
체에 대여해주는 공간도 많다.

송산 문창원구 168p

화산1914와 더불어 타이베이의 대표적인
문화예술단지로 손꼽히는 곳. 2011년 타이
베이 시정부 산하의 문화기금회가 낡은 담배
공장의 외관을 그대로 살린 채 창의적이면서
독창적인 예술 생산기지로 리노베이션해 거
대한 도심 속 공원으로 재탄생시켰다. 특히
단지 안에 복합문화쇼핑몰인 청핀성훠誠品
生活가 들어서면서 자타공인 타이베이의 트
렌드를 선도하는 핫 스폿으로 떠올랐다.

::: 까오슝

보얼 예술특구 513p

타이완을 대표하는 예술단지 중 하나로 손꼽히는 곳이다.
일제 점령기 때 부둣가의 창고였던 이곳은 예술단지로 말끔
하게 옷을 갈아입은 지금도 여전히 당시의 낡은 창고 분위
기가 고스란히 느껴진다. 다른 도시의 예술단지에 비해 야
외 조각품이 많고 키치한 매력이 돋보이는 곳이라서 카메라
를 들고 나서기에도 더할 나위 없이 좋다.

::: 타이중

심계신촌 427p

1969년에 지어진 타이중 정부 공무원들의 숙소였
던 이곳은 한동안 방치되어 있다가 2015년 젊은 예
술가들의 창작공간으로 재탄생했다. 낡은 숙소를
그대로 둔 채 내부만 리모델링하여 각종 작업실, 소
품 전문점, 카페 등으로 변신한 것이다. 주말에는
마당에서 플리 마켓도 열리니 놓치지 말자.

책을 사랑하는 나라
서점에서 시작되는 문화 트렌드

중국어를 모르는데 굳이 서점에 갈 필요가 있을까 의아할 수도 있겠지만,
타이완에서의 서점은 단순한 서점 이상의 의미를 지닌다.
책을 사랑하는 나라 타이완에서의 서점은 오늘의 타이완 문화를 이끄는
중요한 코드이자 상징이라고 할 수 있다.

중국어를 몰라도 흥미진진한 서점 투어

타이완에서 음식점만큼이나 눈에 많이 띄는 곳이 바로 서점이다. 타이완을 대표하는 청핀서점誠品書店과 최근 들어 무섭게 세를 확장하고 있는 일본의 츠타야 서점 외에도 수없이 많은 독립서점이 타이완의 문화 트렌드를 이끌고 있다. 실제로 타이완의 인구 대비 신간 도서 출간 비율은 영국에 이어 세계 2위를 차지하고 있으며 인구 1만 명당 서점 수는 한국의 3배에 달한다. 김연수 작가는 2023 타이베이 국제도서전에 다녀와서 "타이베이의 서점과 도서관을 둘러보니 탄탄한 글쓰기 문화가 느껴졌다"라고도 했다. 서점이라기보다는 복합문화공간으로서의 의미가 큰 타이완의 서점을 둘러보는 건 그래서 더욱 의미 있는 시간이다.

나만 알고 싶은 타이완의 독립서점

∴ 타이베이

꿔이메이 서점 郭怡美書店 **245p**

1922년에 세워진 옛 건물의 건축 양식을 그대로 살려서 내부만 리모델링하여 만든 서점. 오픈하자마자 디화지에의 핫 플레이스로 떠올랐다. 서점은 물론이고 도서관, 커피숍, 그리고 건축 갤러리의 성격까지 모든 걸 다 갖춘 복합 문화 공간이라고 하는 게 맞는 표현일 것이다.

⋮⋮ 까오숑

샤오팡즈수푸 小房子書舖 **526p**

그림책 서점으로 유명한 곳. 작은 2층 주택을 개조해서 만든 서점은 놀랄 만큼 사랑스럽다. 중국어를 몰라도 온종일 서점에 앉아 그림책에 파묻히고 싶은 마음이 저절로 생겨나는 곳이다. 아이가 있는 가족 단위 여행객이라면 꼭 한번 들러보길 추천한다. 역시 그림은 만국 공통어임이 분명하다.

부킹 Booking **520p**

입구에 들어서는 순간 사방으로 빽빽하게 들어찬 책장에 압도될 수도 있겠지만, 자세히 들여다보면 괜히 기분이 좋아진다. 책장 가득한 책은 모두 만화책이라는 사실. 게다가 우리나라 만화 카페처럼 카페 안에서 간단한 식사까지 할 수 있어서 더욱 반갑다. 카페 분위기만으로도 충분히 만족스러운 곳이다.

⋮⋮ 타이난

우분투 서점 烏邦圖書店 **572p**

타이완에서 딱 한 곳의 서점만 골라야 한다면 이곳을 선택하고 싶다. 안핑 운하가 내려다보이는 테라스 좌석에 앉아 커피 한 잔과 함께 오래도록 시간을 보내고 싶은, 말할 수 없이 사랑스러운 서점이다. 이곳에서는 잠시 시간이 멈추어도 좋겠다.

타이완 추천 일정

낯선 여행지에서 어디를 어떻게 돌아볼지 계획을 세우는 건 쉬운 일이 아니다. 주어진 시간 동안 최대한 알차게 다니고 싶은 여행자를 위해 샘플 일정을 소개한다. 이를 참고하여 나만의 멋진 일정을 만들어보자.

타이완이 처음이라면 일단 타이베이를 중심으로 일정을 잡는 것이 일반적이다. 타이베이는 타이완의 수도답게 볼거리도, 먹거리도 다양한 데다가 근교에 소도시도 많아 기본 3박 4일에 근교 추가 일정을 1박 혹은 2박 더하는 것을 추천한다.

처음 만나는
핵심 타이베이 3박 4일

처음으로 타이베이를 찾는다면 아마도 가고 싶은 곳이 많아 행복한 고민에 빠지게 될 것이다. 하지만 너무 무리한 계획을 짜면 오히려 지칠 수 있으므로 되도록 여유롭게 일정을 짤 것을 권하고 싶다. 타이베이와 근교를 제대로 둘러보려면 적어도 5~6일은 필요하다.

DAY 1 두근두근, 타이베이와의 첫 만남

15:00 국부기념관에서 멋진 인증샷 찍기 200p

도보 10분

16:30 송산 문창원구 산책 168p

도보 10분

18:00 스펑푸 역 근처에서 저녁식사 172p

도보 10분

19:30 타이베이 101까지 걸어가며 타이베이의 밤 즐기기 164p

21:30 숙소 도착 후 휴식

국부기념관

DAY 2 걷고 보고 쉬고 먹고, 이것이 힐링 여행!

09:00 고궁박물원에서 역사 공부 258p

12:00 고궁박물원 근처에서 점심식사

버스 + MRT 20분

14:00 온천마을 신베이터우 산책 및 온천타임 384p

MRT 20분

18:00 딴수이에서 일몰 감상 298p

MRT 40분

19:30 용캉지에에서 저녁식사 후 산책 218p

21:00 숙소 도착 후 휴식

신베이터우

양밍샨 국가공원
양밍샨 온천단지

예리우 · 지우펀
따수이 · 지룽 · 진꽈스
신베이터우 ·

타오위엔 · 타이베이 · 핑시선
잉꺼 · 기차(스펀)
싼샤 · 저아오시
우라이 · 이란

타이루거
협곡

타이중 · 화리엔

르위에탄 ·

지지선
기차

DAY 3 택시 투어로
타이베이 교외 나들이

09:00 숙소에서 출발

택시 1시간

10:00 예리우에서 기암괴석 만나기 316p

택시 1시간

12:30 스펀에서 천등 날리기 406p

택시 1시간

15:00 고즈넉한 황금 도시 진꽈스 걷기 330p

택시 10분

17:00 지우펀에서 홍등 감상하기 326p

택시 1시간

19:30 시먼띵 또는 동취에서 저녁식사 182p, 203p

MRT 20분

20:00 라오허 야시장 구경하기 284p

21:00 숙소 도착 후 휴식

DAY 4 다음을 기약하며
굿바이!

09:00 국립 중정기념당 212p 또는
따안 삼림공원 214p 또는
화산1914 문창원구 189p에서
마지막 산책하기

12:00 공항으로

예리우

부모님 모시고 떠나는

여유만만 타이베이 3박 4일

타이베이는 어른이 좋아하실 만한 매력을 참 많이 갖고 있는 곳이라 어딜 가든 만족도가 높은 편이다. 단, 나이 드신 부모님을 모시고 가는 여행에서 중요한 건 여유와 쉼이다. 욕심 내지 말고 최대한 여유롭게 일정을 잡아보자.

DAY 1 두근두근, 타이베이와의 첫 만남

15:00 중정기념당 둘러보기 212p

　　　도보 15분

16:00 용캉지에 구경하기 218p

18:00 용캉지에서 저녁식사

21:30 숙소 도착 후 휴식

DAY 2 타이베이의 역사를 만나는 시간

10:00 용산사 구경하기 180p

　　　MRT 2분

12:00 시먼띵에서 점심식사 182p

　　　MRT+버스 40분

14:00 고궁박물원 관람 258p

18:00 숙소 근처에서 저녁식사

20:00 발 마사지

21:00 숙소 도착 후 휴식

DAY 3 택시 투어로 타이베이 교외 나들이

09:00 숙소에서 출발

　　　택시 1시간

10:00 예리우에서 기암괴석 만나기 316p

　　　택시 1시간

12:30 스펀에서 천등 날리기 406p

　　　택시 1시간

15:00 고즈넉한 황금 도시 진꽈스 걷기 330p

　　　택시 10분

17:00 지우펀에서 홍등 감상하기 326p

　　　택시 1시간

19:30 스쩡푸 역 근처에서 저녁식사 172p

　　　택시 10분

20:00 라오허 야시장 구경하기 284p

21:00 숙소 도착 후 휴식

DAY 4 다음을 기약하며 굿바이!

09:00 국부기념관 산책하기 200p

12:00 공항으로

양밍샨 국가공원
양밍샨 온천단지
딴수이
신베이터우
예리우　지우펀
지롱
진꽈스
라오위엔
잉꺼　타이베이　핑시선
싼샤　　　기차(스펀)
우라이　지아오시
이란

고궁박물원

아이와 함께 하는 가족 여행

어린이 맞춤 타이베이 3박 4일

어린이를 동반한 가족 여행은 철저하게 어린이의 취향에 맞춰서 일정을 짤 수밖에 없다. 어른의 취향을 우선할 수 없는 건 조금 아쉽지만, 그래도 아이가 행복해야 부모님도 행복한 게 어버이의 마음일 테니 어린이 맞춤 일정을 준비해 보자.

 DAY 1 여기가
타이베이

15:00 청핀성췌 신띠엔 점 구경하고
우더풀 랜드에서 놀기 277p

17:30 청핀성췌 내 푸드코트나 레스토랑에서 저녁식사

도보 10분+MRT 12분

19:00 중정기념당 야경 감상하기 212p

21:00 숙소 도착 후 휴식

 DAY 2 타오위엔
나들이

10:00 타오위엔 행 고속열차 탑승

고속열차 20분

10:30 엑스 파크 관람 310p

13:00 엑스 파크 근처에서 점심식사

도보 10분

14:30 고속열차 박물관 관람 312p

고속열차 20분

16:30 용캉지에 구경하기 210p

18:00 용캉지에에서 저녁식사

20:00 숙소 도착 후 휴식

 DAY 3 동물원,
핑시선 기차 여행

09:00 타이베이 시립동물원에서 판다와 코알라
만나기 269p

12:00 동물원에서 점심

MRT 30분

14:00 핑시선 기차 여행 출발 402p

기차 1시간

15:00 허우통에서 고양이 만나기 405p

기차 30분

17:00 징통에서 천등 날리기 408p

기차 1시간

18:30 숙소 근처에서 저녁식사

20:00 숙소 도착 후 휴식

 DAY 4 짜이지엔
타이베이!

10:00 철도박물관에서 즐거운 체험 187p

12:00 공항으로

양밍샨 국가공원
양밍샨 온천단지
딴수이
신베이터우
•예리우 지우펀
지롱 진꽈스
타오위엔 잉꺼 타이베이 핑시선
싼샤 기차(스펀)
우라이
•지아오시
•이란

타오위엔

혼자 또는 친구와 다시 만난

어게인 타이베이 3박 4일

여행이 멈추었던 3년의 시간이 지나고 다시 만난 타이완은 여전했다. 올드 시티의 감성이
가득한 타이베이는 혼자 여행이나 친구와 함께 떠나는 여행에 제격이다. 여러 번 가도 그때
마다 새로운 모습으로 환대해 주는 타이완은 단언컨대 힐링 여행의 꽃이다.

DAY 1 다시 만난 타이베이,
반가워!

15:00 앤티크한 동네, 디화지에 산책 240p

17:30 따다오청 일몰 감상 244p

　　　　MRT 15분

19:00 스펑푸 역 근처에서 저녁식사 172p

20:30 탭 비스트로 장면에서 맥주 한 잔 174p

22:00 숙소 도착 후 휴식

DAY 2 타이베이의 골목 탐방 또는
교외 나들이

09:30 페이지샹에서 비행기 인증샷 찍기 252p

　　　　버스+MRT 15분

11:30 동취에서 점심식사, 카페 타임 203p, 209p

　　　　도보 15분

14:00 송산 문창원구 둘러보기 168p

　　　　MRT 30분 + 곤돌라 30분

17:00 마오콩 산책 268p

18:30 마오콩에서 저녁식사

20:00 마오콩에서 야경 감상

　　　　MRT 30분 + 곤돌라 30분

21:00 숙소 도착 후 휴식

양밍샨 국가공원
양밍샨 온천단지

딴수이
신베이터우
타오위엔
잉꺼
싼샤
우라이

예리우　저우펀
지룽　　진과스
타이베이
핑시선
기차
지아오시
이란

따다오청

마오콩에서 바라본 타이베이 시내

052

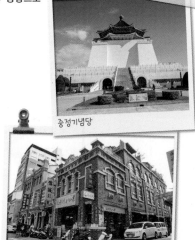

중정기념당

디화지에

우라이 운선낙원

따안 삼림공원

OPTION 1

흥미진진 온천마을 우라이에서 하루 더

우라이는 보들보들 탄산 온천과 볼거리를 모두 갖춘 매력적인 온천마을이다. 타이베이에서 버스로 1시간 정도면 도착하는 거리도 반갑다.

PLUS
1

09:00 우라이 행 버스 탑승

   버스 1시간

10:30 연두빛 온천마을 우라이에서
       온천 타임 372p

   도보 15분

12:00 우라이 라오지에서 점심식사

13:00 우라이 라오지에 골목 산책 후
       미니기차 타고 우라이 폭포로 379p

   미니기차 5분

14:00 케이블카 타고 운선낙원 가서
       초록 산책하기 382p

   버스 1시간

16:30 아름다운 삐탄에서 오후 산책

+ Writer's Pick +

여기도 추천!

- 조금 더 멀리, 타이루거 협곡 362p
- 초록빛 하이킹, 양밍산 하이킹 348p
- 반나절 도자기 마을, 잉꺼 344p
- 작은 온천마을, 지아오시 390p

양밍산 국가공원
양밍산 온천단지

딴수이   예리우   지우펀
신베이터우   지롱   진꽈스

타오위엔   타이베이   핑시선
   잉꺼   기차
   산샤
       우라이   지아오시
             이란

타이루거 협곡

우라이 온천마을   우라이 미니기차

OPTION 2
볼거리 많은 지룽에서 하루 더

부담 없이 훌쩍 다녀오기에 지룽만한 곳이 또 있을까.
교통도 편하고 볼거리에 즐길 거리에 야시장까지, 촘촘
하고 야무진 하루 코스의 대명사인 곳이다.

09:00 지룽 행 기차 탑승

기차 50분

10:00 지룽 역 도착

버스 30분 또는 택시 10분

10:30 정빈 항구에서 인생샷 찍기 340p

11:30 정빈 항구에서 점심식사, 커피 타임

도보 20분

14:00 허핑다오 공원 둘러보기.
여름이면 수영장에서도 놀기 341p

버스 30분 또는 택시 10분

16:00 지룽 야시장에서 간식 타임 342p

도보 15분

17:30 다시 타이베이로

정빈 항구

OPTION 3
핑시선 기차 타고 하루 더

조금 느린 여행을 원하는 여행자에게는 핑시선 기차 여
행을 추천한다. 택시로 휘리릭 돌아보는 것이 아니라
느린 기차로 천천히 작은 마을을 둘러보는 여행은 그
자체로 낭만적이다.

09:00 핑시선 기차 여행 출발! 402p

기차 1시간

10:30 허우통에서 고양이 만나기 405p

기차 + 도보 30분

11:30 스펀 대폭포 산책하기 407p

도보 30분 또는 택시 5분

13:00 스펀 라오지에서 점심식사

기차 20분

15:00 징통에서 철길 산책 및 천등 날리기 408p

기차 + MRT 1시간 30분

17:30 다시 타이베이로

허우통

OPTION 4
렌터카 타고 이란에서 하루 더

국제면허증 사용이 가능해지면서 가장 주목받는 근교 여행지 중 하나가 바로 이란일 것이다. 조금 바쁘게 움직이면 아침부터 저녁까지 꽉 찬 하루 여행으로 마음마저 뿌듯해진다.

09:00 이란 행 버스 탑승

　버스 1시간

10:00 이란 버스 터미널 도착　353p

　도보 3분

10:10 렌터카 빌리기　354p

　자동차 20분

11:00 카발란 위스키 증류소 투어, 둘러보기　357p

12:30 근처에서 점심식사

　자동차 30분

14:30 싼싱 파 문화관 둘러보기　358p

　자동차 30분

16:00 칭수웨이 지열공원 즐기기　359p

　자동차 30분

18:30 렌터카 반납

　도보 10분

19:00 지미 광장에서 인증샷 찍기　356p

19:30 저녁식사

　버스 1시간

21:30 다시 타이베이로

OPTION 5
비가 오면 타오위엔에서 하루 더

비가 자주 오는 타이베이에서 실내 스폿이 많은 타오위엔은 든든한 대비책 같은 느낌이다. 고속열차로 휘리릭 도착할 수 있는 편리함은 감사한 보너스.

10:00 타오위엔 행 고속열차 탑승

　고속열차 20분

10:30 엑스 파크 관람　310p

13:00 엑스 파크 근처에서 점심식사

　도보 10분

14:30 고속열차 박물관 둘러보기　312p

　도보 15분

16:00 서예 예술 공원 산책하기, 티 타임　313p

　도보 15분

17:00 글로리아 아웃렛에서 쇼핑하기　312p

　고속열차 20분

18:00 다시 타이베이로

양밍샨 국가공원
양밍샨 온천단지
딴수이
신베이터우
예리우
지우펀
지룽
진꽈스
타오위엔
잉꺼
타이베이
핑시션
기차
싼샤
우라이
지아오시
이란

이란 카발란 위스키

타오위엔 고속열차 박물관

시크한 도시여행자를 위한

타이완 여행 팁

타이완은 화려함보다는 소박함이 돋보이는 나라이지만, 그 소박함 안에 세련된 감성이 숨어있는 게 진짜 매력이다. 도시 여행자들의 마음에 쏙 드는 타이완의 매력을 뽑아보았다.

감각적인 디자인의 부티크호텔에 묵자

타이완은 다른 나라와 달리 해외 유명 호텔 체인보다 현지의 중급 부티크호텔들이 더 큰 인기를 끌고 있다. 사실 부티크호텔이라고 하면 일단 어마어마한 가격대 때문에 망설여지기 마련이지만 타이완은 다르다. 즉, 사전적 의미 그대로 중류층을 위한 작고 아담한 캐주얼 호텔들이 치열한 경쟁을 벌이고 있는 것. NT$5000~6000(한화 약 20~30만 원) 정도면 감각적인 디자인의 부티크호텔을 이용할 수 있다. 부티크호텔은 타이베이의 쭝샨 역 일대, 까오슝의 메일리다오 역 일대, 타이난의 츠칸러우 주변 등에 많은 편이다. 특히 타이난에는 고택을 그대로 살린 소규모 부티크호텔이 많아 더욱 매력적이다.

숨어 있는 작은 골목을 찾아라

타이완 도시여행의 가장 큰 매력은 뭐니 뭐니 해도 끝도 없이 이어지는 골목길이다. 언뜻 보기에는 별다른 특징을 찾을 수 없지만, 일단 골목으로 들어서면 그곳엔 완전히 다른 세상이 펼쳐진다. 골목들이 갖고 있는 저마다의 매력을 발견하는 것이야말로 타이완 도심여행의 하이라이트. 타이완의 골목은 일본과 비슷한 느낌이면서도 좀 더 아기자기하고 빈티지한 매력이 넘친다. 그중에서도 골목이 특히 매력적인 동네로 타이베이의 쭝샨(228p), 푸진지에(250p), 디화지에(240p), 타이난의 션농지에(571p), 찡싱지에(572p), 타이중의 차오우따오(432p) 등을 추천한다.

카페놀이도 색다른 재미

일본과 홍콩을 조금씩 닮은 타이완은 카페놀이를 하기에도 더없이 좋은 여행지다. 카페 역시 일본과 홍콩의 카페 느낌을 반반씩 가져와 타이완만의 독특한 감성으로 재해석했기 때문. 무엇보다 손꼽히는 커피의 도시답게 커피가 맛있는 카페가 워낙 많아서 커피 애호가들이 행복해지는 곳이기도 하다. 때로는 지극히 동양적인 고즈넉함으로, 때로는 유럽의 노천카페처럼 자유롭게 빛나는 타이완의 카페들을 천천히 만나보자.

중·남부 타이완 기본 코스

중부 타이완은 타이완에서도 초록빛이 가장 아름다운 지역으로 손꼽힌다. 타이완을 대표하는 명소인 아리산과 르위에탄 모두 이 중부 타이완에 있다. 놓치면 아까운 명소가 넘쳐나는 중부 타이완으로 떠나볼까.

처음 만나는
중부 타이완 4박 5일

사실 중부 타이완은 4박 5일의 일정으로는 부족한 게 사실이다. 아리산과 르위에탄은 워낙 볼거리가 많아 오래 머물수록 사랑스러운 여행지이기 때문. 그러므로 4박 5일 일 정이라면 가장 핵심적인 코스만 가볍게 둘러보는 것이 좋겠다.

DAY 1 세련된 도시, 타이중 도보 여행

15:00 국립 타이완미술관 둘러보기 425p

　도보 10분

16:00 심계신촌, 판타시 구경하기 427p

　도보 10분

17:00 차오우따오 걷기 432p

　도보 5분

17:10 친메이 청핀에서 쇼핑하기 432p

　도보 15분

18:00 제6시장 구경하기 431p

18:20 제6시장 근처에서 저녁식사

　버스 20분 또는 택시 10분

20:00 국가 가극원 둘러보기

DAY 2 초록빛 숲속 아리산으로

09:00 지아이 행 기차 탑승

　까오티에 25분 또는 일반기차 1시간 30분

10:30 지아이 역에서 아리산 행 버스 탑승

　하오싱 버스 2시간 40분

13:30 아리산 도착, 점심식사 476p

14:30 아리산 하이킹 481p

18:00 저녁식사

19:00 숙소 도착 후 휴식

국립 타이완 미술관

아리산

타이베이

타이중 국제공항

타이루거 협곡

루강
짱화
타이중

화리엔

르위에탄

지지션 기차

지아이
아리샨

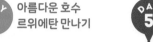

DAY 3 아리샨에서 르위에탄으로

04:30 아리샨 일출 감상 476p

하이킹 1시간

09:00 아침식사

10:30 아리샨 하이킹 481p

12:00 점심식사

13:00 르위에탄 행 버스 탑승

버스 3시간 30분~

16:30 르위에탄 도착, 호텔 체크인 488p

17:30 르위에탄 산책

19:00 저녁식사

20:30 숙소 도착 후 휴식

DAY 4 아름다운 호수 르위에탄 만나기

05:00 새벽 자전거 타고 일출 감상 및 호수 한 바퀴 490p

09:00 아침식사 후 유람선 탑승 및 마을 구경 492p

11:00 케이블카 타고 구족문화촌으로 496p

11:30 구족문화촌 둘러보기 497p

14:00 점심식사

15:30 타이중 행 버스 탑승

하오싱 버스 2시간

17:30 타이중 도착

18:00 저녁식사

20:00 펑지아 야시장 구경하기 445p

21:30 숙소 도착 후 휴식

DAY 5 굿바이, 타이중

10:00 궁원안과에서 펑리수와 아이스크림 맛보기 420p

도보 5분

11:00 타이중 철도문화공원에서 인증샷 찍기 418p 또는 무지개마을 둘러보기 444p

12:30 점심식사

14:00 타이완 다른 도시로 이동

르위에탄

펑지아 야시장

궁원안과

처음 만나는
남부 타이완 4박 5일

까오숑과 타이난은 모두 볼거리가 아주 많기에 4박 5일 일정으로는 주요 스폿만 돌아보기에도 부족하다. 자신의 취향에 따라 두 도시 중 어느 곳을 메인으로 할지 선택하는 게 관건이다.

DAY 1 번화한 바닷가 도시, 까오숑

13:00 치진 해산물 거리에서 점심식사 509p

14:30 치진에서 자전거 타기, 무지개 교회 등에서 포토 타임, 까오숑 등대 508p

페리 10분+도보 15분

17:30 다거우 영국 영사관에서 이국적 정취 느끼기 511p

19:00 저녁식사

20:30 루이펑 야시장 구경하기 538p

21:30 숙소 도착 후 휴식

DAY 2 흥미진진 까오숑 탐방

09:00 메일리다오 역에서 포토 타임 523p

MRT 15분

09:30 하마싱 철도문화공원(철도관 관람, 꼬마기차 탑승) 514p

도보 5분

12:00 짠얼쿠에서 점심식사

도보 10분

13:30 보얼 예술특구 구경하기 513p

도보 10분

17:00 따강대교 앞에서 일몰 감상 517p

도보 5분

18:00 따강창 410에서 저녁 식사 517p

MRT 10분

19:30 아이허 산책 518p 또는 까오숑 시립도서관 총관 525p

21:00 숙소 도착 후 휴식

르위에탄

저지선 기차

↑ 타이베이

지아이

아리샨

타이난

메이농

치샨

타이동

즈번 온천

까오숑

까오숑 국제공항

샤오리우치우

컨띵

하마싱 철도 박물관

치진 등대

DAY 3 앤티크한 도시
타이난

09:00 타이난 행 기차 탑승

10:00 타이난 시립미술관
둘러보기 565p

도보 10분

10:30 공묘에서 산책 564p

도보 5분

12:00 푸쫑지에 걷기 564p

12:30 점심식사

14:00 하야시 백화점 구경 566p

도보 20분

15:30 우분투 서점에서 유유자적
572p

도보 10분

17:30 션농지에, 쩡싱지에 산책
571p, 572p

18:30 저녁식사

20:00 츠칸러우 야경 감상 570p

도보 5분

20:30 TCRC 바에서
칵테일 한 잔 575p

22:00 숙소 도착 후 휴식

션농지에

DAY 4 타이난에서
까오슝으로

09:00 안핑수우에서 자연의 힘
느끼기 559p

도보 10분

10:00 안핑구바오에서
안핑 내려다보기 558p

12:00 점심식사

14:00 옛 골목 옌핑지에 걷기 560p

14:00 점심식사

15:30 BCP 문창원구 구경하며
사진 찍기 573p

버스 15분 또는 택시 5분

17:00 까오슝 행 기차 탑승

기차 35분

18:00 까오슝에서 저녁식사

19:30 숙소 도착 후 휴식

BCP 문창원구

DAY 5 굿바이,
까오슝

10:00 기념품 쇼핑,
MLD 구경하기 527p

12:00 타이완 다른 도시로 이동

MLD 타일뤼

OPTION 1
짱화와 루강에서 하루 더

짱화와 루강은 마치 타임머신을 타고 과거로 돌아간 듯한 올드 시티의 색채가 진한 곳이다. 영화 촬영지로도 사랑받는 두 도시는 당일 코스로 한꺼번에 돌아볼 수도 있다.

PLUS 1

09:00 타이중에서 짱화 행 기차 탑승

버스 30분

09:30 짱화 도착 448p

도보 25분 또는 택시 5분

10:00 빠꽈산에서 짱화의 전경 감상 450p

도보 15분

11:00 낡음의 미학, 공묘 둘러보기 451p

도보 15분

11:30 짱화 선형차고에서 인증샷 남기기 451p

12:30 점심식사

도보 15분

14:00 루강 행 버스 탑승

버스 40분

15:00 루강 삼륜차 투어로 시내 둘러보기 454p

도보 15분

17:00 타이중 행 버스 탑승

버스 1시간 20분

18:30 타이중 도착

OPTION 2
지지선 기차 타고 하루 더

핑시선 기차와 꼭 닮은 지지선 기차는 핑시선보다 좀 더 한적하고 소박한 풍경을 가지고 있다. 눈부시게 찬란한 전경은 아니지만, 힐링하기엔 더할 나위 없는 아기자기하고 예쁜 마을들.

PLUS 1

09:30 지지선 기차 탑승 458p

기차 2시간(르위에탄에서는 버스 30분)

11:30 처청 역 마을 둘러보고 지지 역으로 462p

기차 17분

13:00 지지 역에서 점심식사

도보 15분

14:00 지지 역 마을 구경하기 461p

17:00 기차 타고 타이중으로

기차 33분 + 기차 1시간 5분

19:00 타이중 도착

+ Writer's Pick +
여기도 추천!

• 아리샨 가는 길에 있는 숲속 펜션에서 하룻밤 **486p**
• 까오메이 습지에서 멋진 일몰 사진 찍기 **447p**

OPTION 1

타이완 최남단 도시 컨띵에서 1박 2일

남부 타이완에서 최남단 도시 컨띵을 빼긴 너무 아쉽다. 여유가 된다면 1박 2일 일정으로 컨띵에 다녀오는 것을 추천한다.

PLUS 1

09:00 까오슝에서 출발

하오싱 버스 2시간 10분

11:00 컨띵 도착, 숙소 체크인 584p

12:00 점심식사

13:30 타이완 꽌빠 오후 투어 또는 택시 투어 587p

18:00 저녁식사

19:30 컨띵 야시장(따지에) 구경 592p

21:00 숙소 도착 후 휴식

PLUS 2

08:00 타이완 꽌빠 오전 투어 또는 택시 투어 587p

13:00 투어 종료 후 점심식사

14:30 까오슝으로 출발

하오싱 버스 2시간 10분

16:30 까오슝 도착

OPTION 2

바다거북을 만나러 샤오리우치우

해양 스포츠를 좋아하는 여행자라면 바다거북을 놓칠 수 없다. 가벼운 스노클링으로도 커다란 바다거북을 만날 수 있는 샤오리우치우는 까오슝 여행의 멋진 이벤트가 되어줄 것이다.

PLUS 1

08:00 동류 페리 터미널로 출발 543p

택시 50분

09:10 샤오리우치우 행 페리 탑승 543p

페리 30분

09:40 샤오리우치우 도착, 스노클링 또는 스킨 스쿠버 체험 545p

13:00 점심식사

도보 5분

14:30 화병석, 미인동 등 명소 둘러보기 546p

16:30 카페에서 휴식

17:00 까오슝 행 페리 탑승 543p

페리 30분

18:00 동류 페리 터미널 도착 543p

택시 50분

19:00 까오슝 시내 도착

+ Writer's Pick +

여기도 추천!

- 거대한 불교단지, 까오슝 불광산 539p
- 까오슝 근처의 작은 마을, 치샨과 메이농 548p
- 초록초록한 자연 터널, 타이난 녹색 터널 580p
- 예술 감성 넘치는 반나절 산책, 타이난 치메이 박물관 581p
- 액티비티와 난타 공연의 만남, 텐 드럼 컬처 빌리지 582p

타이완
음식 & 쇼핑
탐구일기

타이완 음식 탐구일기

GOURMET

1

DIMSUM

딤섬
點心(점심)

마음에 점을 찍듯 감성을 건드리는 맛

타이완의 딤섬은 홍콩에 비해 종류가 다양하진 않지만, 대부분 메뉴가 우리나라 사람들 입맛에 잘 맞는 편이어서 만족도가 높다. 담백하고 크게 자극적이지 않은 맛 덕분에 누구나 쉽게 다가갈 수 있어서 더욱 반갑다.

딤섬의 세계화

타이완 여행에서 꼭 먹어야 할 필수 메뉴 딤섬. 사실 홍콩을 포함한 중국 광동廣東 지역의 대표 요리인 딤섬이 타이완을 대표하는 메뉴 중 하나로 자리 잡게 된 데는 딤섬 레스토랑인 딩타이펑鼎泰豊의 역할이 크다고 할 수 있다. 딩타이펑이 샤오롱빠오로 세계적인 명성을 얻게 되면서 타이완을 찾는 여행자들이 너도나도 딤섬을 찾게 된 것. 그러니 타이완의 색깔을 덧입힌 타이완 표 딤섬을 먹어보지 않는다면 그건 정말 서운한 일이다.

이것만은 꼭 먹어보자! 딤섬 필수 메뉴

딤섬 전문점에서 메뉴판을 펼치면 어마어마하게 많은 딤섬 메뉴에 깜짝 놀라게 된다. 50여 가지는 족히 넘는 딤섬 리스트를 보면 뭘 주문해야 할지 정신이 혼미해질지도 모를 일이다. 물론 여행자다운 도전정신을 발휘해 느낌대로 주문해도 좋겠지만, 적어도 다음 메뉴만은 꼭 먹어보자. 놓치면 아쉬운 딤섬 필수 메뉴리스트. 단, 이를 기준으로 음식점마다 약간씩 이름을 변형하거나 수식어를 더하는 경우가 많으니 기본 메뉴명만은 꼭 기억해둘 것.

샤오롱빠오 小籠包[소롱포]

다진 돼지고기를 넣은 만두. 일반적으로
돼지고기가 들어가지만, 다양한 종류가 있으므로
입맛 따라 선택할 수 있다. 게살 샤오롱빠오는
시에황 샤오롱빠오蟹黃小籠包 또는 시에펀
샤오롱빠오蟹粉小籠包라고 부른다.

샤지아오 蝦餃[하교]

아주 얇고 투명하고 쫄깃쫄깃한 찹쌀 만두피 안에
통새우가 꽉 채워 들어 있다. 우리나라 사람들에게
가장 인기 있는 딤섬 메뉴. 음식점마다 부르는 이름이
조금씩 다른데, 참고로 까오지에서는
까오지 샤지아오황高記蝦餃皇이라고 부른다.

샤오마이 燒賣[소매]

달걀로 만든 만두피가 바깥으로 쫀쫀하게 둘려있고,
그 안에 다진 새우나 게살이 꼭꼭 싸여있다.
게살로 속을 만든 샤오마이는 시에황
쩡샤오마이蟹黃蒸燒賣, 새우로 속을 만든 샤오마이는
샤런 샤오마이蝦仁燒賣라고 한다.

창펀 腸粉[장분]

가래떡을 얇게 자른 듯한 쫄깃쫄깃한 찹쌀피가
달걀말이처럼 둘둘 말려있고, 안에는 새우, 부추,
돼지고기 등이 들어 있다. 통새우가 들어있는
샤런 창펀蝦仁腸粉이 우리나라 사람들 입맛에
가장 잘 맞는다.

펑꽈 鳳爪(봉과)

이름은 봉황이지만, 실은 닭발. 그것도 비주얼이 그대로
살아있는 닭발이다. 하지만 일단 먹어보면 지금껏
먹어보지 못한 달콤하고 쫄깃하고 꼬들꼬들한
닭발의 신세계를 만날 수 있다.

나이황빠오 奶黃包(내황포)

겉모습을 보면 특이할 게 없는 하얗고 동그란 만두인데
안에는 고기나 채소 대신 달콤하고 부드러운 커스터드
크림이 들어 있다. 포만감이 느껴질 쯤 마지막 단계에
먹으면 디저트를 먹는 것 같은 느낌이다.

차샤오빠오 叉燒包(차소포)

커다란 만두가 입이 벌어진 채로 나온다. 혹시 잘못 찐 게
아닐까 싶지만, 원래 벌어진 형태의 만두가 맞다. 안에는
아주 달콤한 소스의 바비큐 돼지고기가 가득 들어 있다.
우리나라 사람들이 특히 좋아하는 딤섬 중 하나다.

춘쥐엔 春卷(춘권)

우리나라의 베트남 음식점에서도 쉽게 만날 수 있는
춘권. 즉, 스프링 롤이다. 타이완의 춘권은 베트남의
춘권보다 조금 더 바삭바삭하고 크기도 더 큰 편. 안에는
돼지고기와 버섯, 죽순 등을 갈아 넣어서 식감도 좋다.

셩지엔빠오 生煎包(생전포)

우리나라의 왕만두보다 조금 작은 크기의 만두를
철판 냄비에 넣고 통째로 구운 신개념 군만두. 겉은
군만두처럼 바삭바삭하고, 안은 찐만두처럼 부드러운
맛이 특징이다. 타이베이 대표 딤섬 레스토랑 중
하나인 까오지高記의 대표 메뉴 중 하나이기도 하다.

꾸워티에 鍋貼(과첩)

셩지엔빠오와 비슷한 군만두이긴 하지만,
교자만두라는 점이 다르다. 맛은 우리나라의 군만두와
거의 유사하나 좀 더 바삭바삭한 편.
일본식 군만두와 거의 흡사하다.

타이베이의
필수 코스 맛집

딩타이펑
鼎泰豊(정태풍)

평범한 딤섬 레스토랑이었던 딩타이펑이 지금처럼 타이완을 대표하는 맛집 중 하나가 된 것은 1993년 <뉴욕 타임즈>에 세계 10대 레스토랑으로 선정되면서부터다. 그때부터 본격적으로 유명세를 타기 시작한 딩타이펑은 현재 타이베이는 물론 전 세계의 대도시마다 지점을 둔 유명 레스토랑이 되었다. 2020년에는 본점 격인 타이베이 신이 점(용캉지에)의 대각선 건너편에 신성新生 점이 문을 열었다. 이에 따라 기존 신이 점에서는 포장과 배달만 가능하며 매장에서 식사하려면 건너편의 신성 점으로 가야 한다.

WEB www.dintaifung.com.tw **BRANCH** 타이베이 7곳, 타이중 1곳, 까오슝 1곳 등

대표 메뉴인 샤오롱빠오. 만두 안에 가득 들어있는 육수의 맛이 일품

새우 한 마리를 통째로 넣어 소를 채운 샤런 샤오마이

생강채를 초간장에 살짝 찍어 샤오롱빠오에 얹어서 먹자

반찬으로 곁들이면 좋은 대만식 오이김치, 라웨이황꽈

줄기 속이 비어 있는 채소로 시금치와 맛이 비슷한 콩신차이

딩타이펑 주요 지점

■ 타이베이 101 점 MAP ❷
GOOGLE MAPS 딘타이펑 101점
OPEN 11:00~20:30
MRT 레드 라인 타이베이 101/스마오台北 101/世貿 역 4번 출구와 바로 연결된다. 타이베이 101 지하 1층

■ 타이베이 푸싱 復興 점 MAP ❻
GOOGLE MAPS 타이베이 소고 푸싱점
OPEN 10:00~20:30(금·토·공휴일 ~21:00)
MRT 브라운·블루 라인 쫑샤오푸싱忠孝復興 역 2번 출구에서 바로. 소고 SOGO 백화점 푸싱復興 관 지하 2층

■ 타이베이 신이 信義 점 MAP ❼
GOOGLE MAPS 딘타이펑 신의점
OPEN 11:00~20:30(토·일·공휴일 10:30~)
MRT 오렌지 라인 똥먼東門 역 5번 출구에서 도보 1분

■ 타이베이 신성 新生 점 MAP ❼
GOOGLE MAPS dln lai fung xinsheng branch
OPEN 11:00~20:30(토·일·공휴일 10:30~)
MRT 오렌지·레드 라인 똥먼東門 역 6번 출구에서 도보 3분

■ 타이베이 A4 점 MAP ❸
GOOGLE MAPS 딘타이펑 신의A4점
OPEN 월~목 11:00~20:30, 금 11:00~21:00, 토 10:50~21:00, 일 10:50~20:30
MRT 블루 라인 스쩡푸市政府 역 3번 출구에서 도보 5분. 미츠코시新光三越 백화점 A4관 지하 2층

■ 타이중 台中 점 MAP 428p
GOOGLE MAPS din tai fung taichung branch
OPEN 11:00~21:00(토·일·공휴일 10:30~)
MRT 스쩡푸市政府 역에서 도보 10분, 따위엔바이大遠百 Top City 쇼핑몰 지하 2층

■ 까오슝 高雄 점 MAP ⑲
GOOGLE MAPS 딘타이펑 가오슝점
OPEN 11:00~21:00
MRT 레드 라인 R14 쥐딴巨蛋 역 5번 출구에서 도보 3분. 한선 쥐딴 꺼우 광창 漢神巨蛋購物廣場 백화점 지하 1층

홍콩에서 상하이까지
딤섬의 세레나데

까오지
高記(고기)

1949년에 문을 연 역사 깊은 딤섬 레스토랑. 엄밀히 말하면 이곳은
딤섬 레스토랑이라기보다는 정통 상하이 요리 전문점에 더 가깝다.
메뉴도 딩타이펑보다 훨씬 더 다양한 편. 그러므로 메뉴를 여러 개 주문해 밥과 함께
푸짐한 한 끼 식사를 해결해도 좋고, 딤섬만 다양하게 주문해
가볍게 즐기기에도 좋다.

WEB www.kao-chi.com　　**BRANCH** 타이베이 3곳

상하이식 군만두, 샹하이 티에꿔성지엔빠오 上海鐵鍋生煎包

까오지 주요 지점

■ 타이베이 신성 新生 점 MAP ➐
GOOGLE MAPS kao chi restaurant
ADD 新生南路(신성난루)一段167號
OPEN 월~금 10:00~21:30,
　　　토·일 08:30~21:30
WEB www.kao-chi.com
MRT 레드 라인 따안썬린꽁위엔 大安森林
　　　公園 역 1번 출구에서 도보 3분

돼지고기로 속을 채운
위엔롱 샤오롱빠오 元籠小籠包

투명한 만두피 안에 통새우,
까오지 샤쟈오황 高記蝦餃皇

■ 타이베이 난징똥 南京東 점 MAP ➋
GOOGLE MAPS 3G2H+WV 타이베이
ADD 南京東路(난징똥루)二段51號
OPEN 11:00~21:30(토·일 09:00~)
MRT 오렌지 라인 쏭쟝난징 松江南京 역
　　　8번 출구에서 도보 7분

새우를 넣은 지우황 샤런창편 蝦仁腸粉

새우달걀볶음밥, 샤런딴차오판 蝦仁蛋炒飯

홍콩에서 건너온 딤섬

딤딤섬
點點心(점점심)

2010년 홍콩에서 처음 문을 연 딤섬 레스토랑인 딤딤섬은 <TimeOut>, <Newsweek> 등 세계 여러 매체에 소개되면서 이름을 알리기 시작했다. 그 후 홍콩에서의 인기를 바탕으로 중국, 타이완, 한국 등 세계 각국에 지점을 개설하였고, 현재는 정작 홍콩 현지보다 해외에서 오히려 더 유명한 딤섬 레스토랑 체인이 되었다. 타이완에도 타이베이, 타이중, 까오슝, 타이난 등 주요 도시에 10여 개의 지점이 있어서 접근성이 좋은 편이다.

WEB www.dimdimsum.tw **BRANCH** 타이베이 2곳, 타이중 2곳, 까오슝 2곳, 타이난 2곳 등

거북이와 토끼 만두 龜兔賽跑包.
거북이 안에는 팥 앙금, 토끼 안에는 커스터드 크림이 들었다.

새우가 들어 있는
담백한 창펀 韭黃鮮蝦粉腸

데친 야채 메뉴 白灼時蔬.
시즌에 따라 종류가 달라진다.

딤딤섬 주요 지점

■ 타이베이 웨이펑 신이 微風信義 店 MAP ❸

GOOGLE MAPS 딤딤섬 신의점
ADD 忠孝東路(쭝샤오똥루)五段68號 B1F
OPEN 11:00~21:30(목~토 ~22:00)
MRT 블루 라인 스쩡푸市政府 역에서 도보 3분. 웨이펑 신이 지하 1층

■ 타이베이 웨이펑 타이베이 처짠 微風台北車站 店 MAP ❺

GOOGLE MAPS breeze taipei station
ADD 北平西路(베이핑시루)3號 2F
OPEN 10:00~22:00
MRT 레드·블루 라인 타이베이 처짠 역, 타이베이 기차역 2층

■ 까오슝 드림몰 夢時代 店 MAP ⑲

GOOGLE MAPS 드림몰
ADD 前鎮區中華五路(쭝화우루)789號 B1
OPEN 월~금 11:00~22:00, 토·일 10:30~22:30
LRT 멍스따이夢時代 역에서 도보 1분. 드림몰 지하 1층

■ 타이난 미츠코시 시먼 新光三越西門 店 MAP ㉔

GOOGLE MAPS X5PX+Q8 중시구
ADD 中西區西門路(시먼루)一段658號 B2
OPEN 11:00~22:00
WALK BCP 문창원구 건너편 미츠코시 백화점 지하 2층

홍콩 미슐랭 딤섬 맛집

팀호완

添好運(첨호운, 티엔하오윈)
Tim Ho Wan

홍콩 여행의 필수 코스 중 하나로 명성이 자자한 팀호완이 타이완에 진출하면서 딤딤섬과 더불어 홍콩 딤섬의 인기가 날로 높아지고 있다. 홍콩에서 먹는 것만큼 메뉴가 다양한 편은 아니지만, 인기 메뉴만 모아 놓아서 중국어를 모르는 여행객이 주문하기엔 오히려 더 편하다. 식사 시간에는 대기 시간이 다소 길 수 있으므로 식사 시간을 조금 피해서 가자.

WEB www.timhowan.com.tw　**BRANCH** 타이베이 4곳, 타이중 4곳, 까오슝 2곳, 타이난 1곳 등

징잉 시엔샤지아오

시엔샤 샤오마이황

지우왕 시엔샤창

샹쏭 자떠우푸

+ Writer's Pick +

팀호완 추천 메뉴

- **쑤피쥐 차샤오빠오**
  酥皮焗叉燒包　달달한 돼지고기 바비큐가 들어 있는 만두

- **샹쏭 자떠우푸** 香鬆炸豆腐
  맥주가 생각나는 두부 튀김

- **징잉 시엔샤지아오** 晶瑩鮮蝦餃
  투명한 만두피의 새우만두

- **시엔샤 샤오마이황** 鮮蝦燒賣皇
  새우를 갈아 만든 만두

- **지우왕 시엔샤창** 韭王鮮蝦腸
  부추와 새우를 넣은 창편

팀호완 주요 지점

■ HOYII 베이처짠
北車站(베이처짠) **점** MAP ⑤

GOOGLE MAPS 팀호완 중샤오서점
ADD 忠孝西路(쭝샤오시루)一段36號
OPEN 10:00~22:00
WEB www.timhowan.com.tw
MRT 레드·블루 라인 타이베이 처짠台北
車站 역 M6 출구로 나오자마자 오른쪽에 있다.

■ 타이베이 신이 信義(신의) **점**
MAP ❸

GOOGLE MAPS 타이베이 팀호완 a8 신이
WHERE 미츠코시 백화점新光三越 A8관 3층
OPEN 일~목 11:00~21:30, 금·토 11:00~22:00
MRT 블루 라인 스펑푸市政府 역 3번 출구에서 도보 3분

■ 타이난 신티엔띠 新天地(신천지) **점**
MAP ㉔

GOOGLE MAPS shin kong mitsukoshi tainan ximen store
ADD 西區西門路(시먼루)一段658號 미츠코시 백화점 6F
OPEN 11:00~22:00
WALK BCP 문창원구 건너편

가성비 좋은 딩타이펑

주지
朱記(주기)

1973년에 시작하여 오랜 역사를 자랑하는 주지는 딤딤섬이나 팀호완 등의 홍콩식 딤섬 전문점과는 달리 만두, 면, 죽 등 대만식 딤섬으로 유명해진 곳이다. 특히 만두와 면의 종류가 다양하여 대만식 딤섬을 대표하는 딩타이펑과 비슷한 메뉴로 구성되어 있다. 그중에서도 새우만두 비빔국수인 시엔샤 훈툰 차오셔우 빤미엔鮮蝦餛飩抄手拌麵과 샤오롱빠오鮮肉小籠包 등은 우리나라 사람들 입맛에도 잘 맞는 편이다. 타이베이 곳곳에 지점이 많고 쇼핑몰 푸드코트에도 많이 입점해 있어서 찾기도 쉽다.

WEB www.zhuji.com.tw　**BRANCH** 타이베이 14곳 등

주지 주요 지점

■ 신이 信義 점 MAP ❸
GOOGLE MAPS zhuji renai restaurant
ADD 大安區信義路(신일루)三段124號
OPEN 월~금 11:00~14:00, 17:00~21:00,
　　　　토·일 11:00~21:00
MRT 레드 라인 따안썬린꽁위엔大安森林
　　　公園 역에서 도보 5분

■ 용캉 永康 점 MAP ❼
GOOGLE MAPS zhu ji yongkang
ADD 大安區永康街(용캉지에)6巷10號
OPEN 11:00~14:00, 17:00~21:00
MRT 오렌지·레드 라인 똥먼東門 역에서
　　　도보 5분

■ 신꽝싼위에 타이베이 짠치엔
新光三越 台北站前 점 MAP ❽
GOOGLE MAPS 신광미츠코시백화점 타이베
　　　　　　　이역전점
ADD 中正區忠孝西路(쭝샤오시루)一段
　　　66號 미츠코시 백화점 지하 1층
OPEN 일~목 11:00~21:30,
　　　　금·토 11:00~22:00
MRT 레드·블루 라인 타이베이 처짠台北
　　　車站 역 Z4 출구 바로 앞

훠궈
火鍋(화궈)

타이완식 샤부샤부

최근 들어 우리나라에서도 인기를 끌고 있는 마라 훠궈는 원래 중국의 쓰촨요리였지만, 타이완과 홍콩에서 자극적인 맛을 줄여서 조금 순한(?) 마라 훠궈를 내놓았다. 덕분에 우리나라 여행자들에게도 타이완의 훠궈는 입맛에 아주 잘 맞는 편이다.

부르는 이름만 다른 아시아 공통 메뉴

사실 훠궈는 대부분의 아시아 국가에서 다 만날 수 있는 친근한 메뉴다. 영어로 핫폿Hot Pot이라 불리는 훠궈는 우리나라에서는 샤부샤부, 일본에서는 스끼야끼, 태국에서는 수끼, 그리고 홍콩에서는 다빈로 등 부르는 이름과 먹는 방법은 조금씩 다르지만, 기본적인 형태는 거의 비슷한 동일 메뉴라고 할 수 있다.

타이완에도 역시 타이완식 샤부샤부인 훠궈가 있는데, 이는 중국이나 홍콩의 그것과 거의 비슷한 형태지만 뷔페 형식으로 제공되는 곳이 많다.

왼쪽은 특별한 소스를 첨가하지 않은 맑은 국물, 칭탕 꿔디清湯鍋底, 오른쪽은 혀가 얼얼하도록 매운 마라탕, 마라 꿔디麻辣鍋底

칭탕 꿔디

칭탕 꿔디

마라 꿔디

+ Writer's Pick +

한국에서도 타이완의 훠궈를!

훠궈를 사랑하는 디이완답게 마트에 가면 아예 훠궈 밀 키트 코너가 따로 마련되어 있다. 이 밀키트 소스로 훠궈탕을 만들면 마라 훠궈, 하이디라오 등 유명 훠궈 프랜차이즈 브랜드의 훠궈 맛을 집에서도 그대로 재현해 낼 수 있다는 사실. 훠궈를 좋아하는 여행자라면 까르푸나 PX 마트全聯福利中心 등 대형마트의 훠궈 코너를 꼭 들러보자. 필요하면 반반 탕 훠궈 전용 냄비까지 구입할 수 있다.

훠궈를 먹는 방법

중국어로 '꿔디鍋底'라고 하는 탕은 훠궈 맛의 기본이 된다는 점에서 꽤 중요하다. 타이완에서는 두 가지 탕을 한꺼번에 맛볼 수 있는 반반탕인 '위엔양탕鴛鴦湯'이 가장 일반적이다. 모든 재료를 한꺼번에 넣고 푹 끓여 먹는 우리나라의 샤부샤부와는 달리 타이완의 훠궈는 각자 먹을 만큼의 재료를 조금씩 넣고 살짝 데쳐서 건져 먹는다. 재료의 종류 또한 매우 다양하여 각종 채소는 물론 버섯, 두부, 고기, 해산물, 완자, 생선 등 그야말로 먹을 수 있는 모든 재료가 다 들어간다고 보면 된다.

어떤 소스를 먹는 게 맛있을까?

뷔페식 훠궈 전문점에 가면 아예 소스 코너가 따로 준비된 경우가 대부분이다. 우리나라 사람들 입맛에 맞는 가장 일반적인 소스는 땅콩 소스와 매운 간장 소스. 매운 간장 소스는 간장에 다진 마늘과 빨간색 청양고추를 넣어서 만든 것으로, 입안이 얼얼해질 만큼 매운맛이 특징이다. 처음에는 너무 강렬한 매운맛에 화들짝 놀라지만, 먹을수록 묘한 중독성이 매력. 단, 우리나라의 청양고추보다 더 매우므로 조금만 넣는 게 안전하다.

+ Writer's Pick +

훠궈에서 육개장 맛이 난다?

만약 타이완의 음식이 입에 잘 맞지 않는다면 훠궈로 우리나라 음식 맛을 낼 수 있다는 사실. 개인 그릇에 매운 마라탕과 맑은 채소탕을 1:1 비율로 한 국자씩 넣고, 다진 마늘과 청양고추를 올려 국물 맛을 보면 놀랍게도 육개장에 고춧가루를 탄 것 같은 맛이 난다.

믿고 갈 수 있는 훠궈 체인

한번 먹어보면 절대
잊지 못할 강렬한 중독

마라딩지
마라 위엔양훠궈

馬辣頂級 麻辣鴛鴦火鍋
(마랄정급 마랄원앙화과)

우리나라 여행자들 사이에서 인기가 높은 훠궈 전문점 중 하나. 타이베이 현지인들에게도 유명한 곳이라서 저녁 시간대는 예약이 필수다. 타이베이의 대부분 훠궈 전문점과 마찬가지로 이곳 역시 다양한 재료를 뷔페 형식으로 신선하게 제공한다. 디저트류도 다양하게 준비되어 있으며, 아이스크림도 하겐다즈와 뫼벤픽 두 종류의 브랜드를 모두 먹어볼 수 있다. 맥주를 비롯한 모든 음료 역시 무제한. 한국어 메뉴판도 준비되어 있어서 편리하다. 참고로 2시간의 시간제한이 있으며, 대부분의 지점이 현금 결제만 가능하다.

WEB www.mala.com.tw　**BRANCH** 타이베이 7곳

마라딩지 마라 위엔양훠궈 주요 지점

■ **타이베이 쭝샨** 中山 **점 MAP ⑧**
GOOGLE MAPS 마라훠궈 중산점 22
OPEN 11:30~24:00
MRT 레드·그린 라인 쭝샨中山 역 1번 출구로 나오면 바로 왼쪽에 보이는 건물 1층

■ **타이베이 신이** 信義 **점 MAP ③**
GOOGLE MAPS 마라훠궈 신이점
OPEN 11:30~24:00
MRT 레드 라인 샹샨象山 역 1번 출구에서 도보 6분. 또는 타이베이 101에서 도보 5분

■ **타이베이 푸싱** 復興 **점 MAP ⑥**
GOOGLE MAPS 마라훠궈 중샤오푸싱
OPEN 11:30~24:00
MRT 블루 라인 쭝샤오푸싱忠孝復興 역 1번 출구에서 도보 1분

■ **타이베이 시먼** 西門 **점 MAP ④**
GOOGLE MAPS 시먼 마라훠궈
OPEN 11:30~다음 날 02:00
MRT 그린·블루 라인 시먼西門 역 6번 출구에서 도보 3분

■ **타이베이 난징** 南京 **점 MAP ⑨**
GOOGLE MAPS 마라훠궈 난징점
OPEN 11:30~24:00
MRT 브라운·그린 라인 난징푸싱南京復興 역 6번 출구에서 도보 1분(2층)

확실히 다른
국물 맛

딩왕마라궈

鼎王麻辣鍋
(정왕마랄과)

타이중에 본점이 있는 훠궈 전문점. 맛과 재료의 신선도가 탁월하다는 평이다. 특히 마라탕의 국물이 지나치게 자극적이지 않고, 딱 한국 사람이 좋아하는 만큼의 칼칼함을 낸다. 한편 깍듯하고 세심한 서비스로도 명성이 자자하여 서비스를 받는 우리가 황송해질 정도. 칼칼하게 입맛 돋우는 국물과 신선한 재료에 감동적인 서비스까지 너해지니 반하지 않을 도리가 없다. 뷔페식이 아니라 재료별로 따로 주문하는 방식이다. 자세한 정보는 436p 참고.

WEB www.tripodking.com.tw
BRANCH 타이베이 2곳, 타이중 3곳, 까오슝 2곳

딩왕마라궈 주요 지점

■ **타이베이 쭝샤오** 忠孝 **점 MAP ⑥**
GOOGLE MAPS 2HR2+P7 다안구
OPEN 11:30~다음 날 02:00
MRT 블루 라인 쭝샤오뚠화忠孝敦化 역 5번 출구에서 도보 2분

■ **타이중 징청** 精誠 **점 MAP ⑱**
GOOGLE MAPS 5M44+XW 시툰구
OPEN 11:30~22:00
WALK 스쩡푸市政府 역에서 도보 15분

■ **까오슝 치시엔** 七賢 **점 MAP ㉑**
GOOGLE MAPS J8M2+WF 신싱구
OPEN 11:30~다음 날 05:00
MRT 레드·오렌지 라인 R10·O5 메일리다오美麗島 역 11번 출구에서 도보 4분

혼자여도 괜찮아

스얼궈
石二鍋
(석이과)

만약 일행이 없이 혼자인데 훠궈가 간절히 먹고 싶다면 이곳이 정답이다. 회전 초밥 전문점 같은 일렬형 테이블에서 편하게 1인용 훠궈를 즐길 수 있는 곳이다. 채소, 해산물, 고기 등을 모두 포함한 1인용 세트가 NT$200~300 정도라서 가격 부담도 크지 않으며, 필요하면 단품으로 더 주문할 수 있어서 각자의 양에 맞게 먹을 수 있다.

WEB www.12hotpot.com.tw
BRANCH 타이베이 11곳,
타이중 6곳, 까오슝 10곳,
타이난 7곳 등

스얼궈 주요 지점

■ 타이베이 신이 信義 **점** MAP ❼
GOOGLE MAPS 2GMG+PG 다안구
OPEN 11:30~21:30(금~일 ~22:00)
MRT 레드·오렌지 라인 똥먼東門 역 2번 출구에서 도보 2분

■ 타이베이 까르푸 家樂福 **점**
GOOGLE MAPS 석이과 까르프 꾸이린점
OPEN 11:30~22:30
MRT 그린·블루 라인 시먼西門 역 2번 출구에서 도보 10분(까르푸 4층)

고기가 푸짐한 훠궈

로도도 핫폿
肉多多火鍋
(육다다화과,
러우뚜어뚜어 훠궈)

가성비 좋은 구성으로 입소문이 난 훠궈 전문점. 지점 수가 많아서 어디서나 쉽게 눈에 띈다. 다른 훠궈 전문점에 비해서 고기의 종류가 다양하고 양도 많은 편이어서 고기를 좋아하는 사람들이 많이 찾는 곳이다. 특히 고기의 여러 부위를 모아 종합세트로 만든 고기 케이크도 독특한 비주얼로 인기가 높다. 외국인 여행자들보다 현지인들에게 더 많이 알려진 편. 럭셔리한 분위기는 아니지만 왁자지껄 즐겁고 푸짐하게 먹기에는 충분히 만족스러운 곳이다. 자세한 정보는 204p 참고.

WEB www.twrododo.com
BRANCH 타이베이 8곳, 타이중 8곳, 까오슝 6곳, 타이난 4곳 등

로도도 핫폿 주요 지점

■ 타이베이 구팅 古亭 **점**
GOOGLE MAPS 2GGF+F9 다안구
OPEN 11:30~22:30(토·일 11:00~)
MRT 그린·오렌지 라인 구팅古亭 역 3번 출구에서 도보 1분

■ 타이중 광싼 廣三 **점** MAP ⓲
GOOGLE MAPS 광산 SOGO 백화점 타이중
OPEN 11:00~22:00
WALK 소고백화점 13층

■ 까오슝 싼뚜어 三多 **점** MAP ㉑
GOOGLE MAPS rododo hot pot
OPEN 월~금 12:00~15:30, 17:30~22:00, 토·일 11:30~22:00
MRT 레드 라인 R8 싼뚜어샹취엔三多商圈 역에서 도보 2분. 미츠코시 백화점 12층

■ 타이난 따위엔바이꿍위엔 大遠百公園店 **점** MAP ㉔
GOOGLE MAPS X6W4+5C 중시구
OPEN 11:00~22:00
WALK 츠칸러우에서 도보 6분. 따위엔바이 쇼핑몰 4층

우육면 牛肉麵 (니우러우미엔)

얼큰하면서도 시원한 국물이 매력

중국어로 '니우러우미엔'이라 발음하는 우육면은 진한 국물과 입에서 살살 녹는 소고기, 그리고 쫄깃한 면발이 어우러져 든든한 한 끼 식사로 손색 없는 메뉴다. 우리나라 사람들에게도 비교적 친근한 맛이라 가볍게 즐기기에 딱 좋다.

타이완 사람들의 우육면 사랑

마치 갈비탕과 육개장을 합쳐놓은 듯한 맛이라고 해야 할까. 특히 입에 넣는 순간 녹아버릴 만큼 부드러운 소고기는 우육면의 화룡점정이다. 매년 우육면 미식대회를 개최할 만큼 우육면에 대한 타이완 사람들의 사랑과 자부심은 대단하다. 가격도 그리 부담스럽지 않으니 타이완에 온 이상 꼭 한번 먹어보자. 음식점마다 조금씩 차이가 있지만, 대략 NT$160~300 정도로 큰 부담 없이 한 끼 식사를 즐길 수 있다.

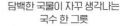

믿고 갈 수 있는 우육면 맛집

미슐랭 가이드 선정
맛집의 위엄

용캉 우육면

永康牛肉麵
(용캉 니우러우미엔)

타이베이 219p

GOOGLE MAPS 용캉우육면
OPEN 11:00~20:50
WEB www.beefnoodle-master.com
MRT 레드·오렌지 라인 똥먼東門 역 3번
출구에서 도보 2분

담백한 국물이 자꾸 생각나는
국수 한 그릇

항원 우육면

港園牛肉麵
(강위엔 니우러우미엔)

까오슝 519p

GOOGLE MAPS 항원우육면
OPEN 10:30~20:00
MRT 오렌지 라인 O2 옌청푸鹽埕埔站 역
4번 출구에서 도보 8분

허름한 식당에서 먹는
진한 우육면 한 그릇

유산동 우육면

劉山東牛肉麵
(리우샨똥 니우러우미엔)

타이베이 195p

GOOGLE MAPS 유산동 우육면
OPEN 08:00~20:00, 일요일 휴무
MRT 레드·블루 라인 타이베이 처짠台北
車站 역 Z6 출구에서 도보 3분

입안에서 살살 녹는 고기가 예술

임동방 우육면

林東芳牛肉麵
(린똥팡 니우러우미엔)

타이베이 206p

GOOGLE MAPS 임동방우육면
OPEN 11:00~다음 날 03:00
MRT 브라운·블루 라인 쭝샤오푸싱忠孝復
興 역 1번 출구에서 도보 10분

미슐랭이 추천한 우육면 명가

천하삼절

天下三絕
(티엔샤싼쥐에)

타이베이 206p

GOOGLE MAPS tien hsia san jyue
OPEN 일~목 11:30~14:30, 17:30~20:30,
금·토 17:30~21:00
MRT 블루·브라운 라인 쭝샤오푸싱忠孝復
興 역 3번 출구에서 도보 8분

신선한 고기에 알싸한 국물

상홍위엔 우육면

上泓園牛肉麵(상홍원우육면,
상홍위엔 니우러우미엔)

타이중 438p

GOOGLE MAPS 상홍원 우육면
OPEN 11:30~14:00, 17:00~20:00, 월요
일 휴무
WALK 자연과학박물관 옆

출출할 때 가볍게

만두
餃子(교자, 쟈오즈)

사실 만두는 우리나라에서도 얼마든지 먹을 수 있는 메뉴이다. 한·중·일 3국 모두 이름만 다를 뿐, 비슷비슷한 형태의 만두를 쉽게 맛볼 수 있다. 그런데도 비슷한 가운데 미묘한 차이를 느끼며 맛보는 만두는 언제 먹어도 질리지 않는 중독성을 지녔다는 게 신기하기도 하다.

비슷한데 왜 맛있을까

타이완의 만두는 한국, 중국, 일본 만두의 장점을 골고루 섞어놓은 맛이 가장 큰 매력이다. 즉, 우리나라 교자만두의 담백함, 중국 왕만두의 푸짐함, 일본 군만두의 바삭함을 모두 갖고 있다. 게다가 만두의 종류도 다양하고 가격도 저렴하다. 맛집으로 입소문 난 만두 전문점도 동네마다 한두 곳쯤은 보유하고 있다. 이쯤 되면 특별할 것 하나 없는 익숙한 메뉴임에도 만두 맛집을 기꺼이 찾아가고 싶을 수밖에.

만두를 중국어로 뭐라고 할까?

우리나라 만두도 만두의 모양과 조리 방법에 따라 각각 이름이 다르듯이 타이완의 만두도 종류가 다양한 편이다. 만두의 종류를 중국어로 알아두면 주문할 때 훨씬 편리할 테니 이 정도는 미리 공부하고 가자.

빠오즈 包子(포자)

포자 만두. 우리나라의 왕만두나 고기만두처럼 동그랗게 만든 만두를 가리킨다. 샤오롱빠오小籠包가 바로 빠오즈의 대표 주자

지아오즈 餃子(교자)

교자만두. 옆으로 길다. 우리나라 냉동식품 만두에서 흔히 만날 수 있는 형태

만터우 饅頭(만두)

안에 아무것도 들어있지 않은 만두. 우리나라 중국 음식점에서 고추잡채와 함께 나오는 꽃빵과 같은 형태

수이지아오 水餃(수교)

물만두

셩지엔빠오 生煎包(생전포)

포자만두를 구워서 만든 군만두. 겉은 바삭하고 안은 말랑말랑한 맛이 일품이다.

쩡지아오 蒸餃(증교)

찐만두. 시엔샤쩡쟈오鮮蝦蒸餃는 새우 찐만두를 가리킨다.

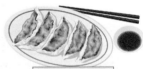

꾸어티에 貼(과첩)

교자만두를 구워서 만든 군만두. 돼지고기 군만두인 주러우 꿔티에猪肉鍋貼, 채소 군만두인 화쑤꿔티에花素鍋貼 등이 있다.

믿고 갈 수 있는 만두 맛집

간판만 봐도 반가워지는

빠팡윈지

八方雲集
(팔방운집)

타이완을 여행할 때 적어도 한두 번은 만나게 될 만두 전문점. 타이완 전역에 체인점이 워낙 많아 오며 가며 간단한 한 끼 식사나 간식을 즐기기에 딱 좋은 곳이다. 가격도 만두 한 개에 NT$7~10으로 아주 저렴한 편. 이곳이 우리나라 여행자들에게 인기 높은 이유 중 하나는 바로 김치만두가 있기 때문이다. 메뉴 이름도 아예 '한국식 김치만두'다. 메뉴마다 군만두와 물만두를 선택해 입맛대로 주문할 수 있다는 것도 장점. 설탕을 넣지 않은 순수 콩물인 '우탕 떠우쟝無糖豆漿'과 함께 주문해 먹으면 든든한 한 끼 식사로 손색이 없다.

WEB www.8way.com.tw

든든하고 푸짐한 한 끼

동문교자관

東門餃子館
(똥먼 쟈오즈관)
타이베이 218p

한 개만 먹어도 든든한 만두

하오지 물만두

正豪季水餃專賣店
(쩡하오지 수웨이지아오)
타이베이 192p

허름해도 알고 보면 제대로 맛집

치지아 찐만두

亓家蒸餃
(치지아 쩡지아오)
타이베이 257p

이예 음식점 이름을 '교자관'이라고 지었을 정도로 만두에 자부심을 갖고 있는 곳. 알고 보면 만두뿐 아니라 여러 중국요리 메뉴를 모두 맛볼 수 있는 곳이다. 가격대도 다양하고 대부분 크게 비싸지 않아 주머니 가벼운 여행자들에게도 인기가 높다.

이연복 셰프가 TV에서 추천해서 유명해진 만두 전문점. 우리나라의 만두와 거의 차이가 없을 만큼 친근한 맛이다. 만두피가 두껍고 만두소가 푸짐해서 우리 입맛에 잘 맞는다는 평. 서비스가 세련되지도 않고 메뉴도 다양하지 않지만, 신기하게도 자꾸만 생각난다.

여행객들에게는 많이 알려지지 않았지만, 현지인들에게는 오래된 만두 맛집으로 입소문이 난 지 오래돼. 허름한 시장 골목에 숨어 있어서 시설도 허름하고 서비스도 투박하지만, 만두의 맛만큼은 감동적. 만두피가 얇고 쫄깃쫄깃해서 끝도 없이 계속 먹게 되는 맛이다.

비건 요리

蔬食(소식, 쑤스)

음식에도 적용되는 다양성의 존중

타이완은 민주주의 지수가 아시아 1위로(2023 영국 이코노미스트 인텔리전스 유닛(EIU) 선정), 다양성을 존중하는 인식이 보편화된 나라이다. 이런 다양성 존중은 음식에도 그대로 적용된다. 미식의 나라답게 시내 어디서나 쉽게 비건 레스토랑을 만날 수 있다는 사실. 쇼핑몰의 푸드코트에서도 비건 요리 전문 코너 한두 곳쯤은 만날 수 있을 정도로 보편화되어 있으며 종류도, 가격대도 다양한 편이다

이게 정말 채식 요리일까?

우리에게 익숙한 채식 메뉴는 기껏해야 콩고기나 두부 요리 정도이지만, 타이완의 비건 요리는 그 종류도 맛도 무척 다양하다. 어떤 요리는 혹시 고기가 들어간 게 아닐까 의심이 생길 만큼 맛있다. 담백하고 깔끔한 채식 특유의 맛을 넘어서 깊고 풍부한 식감을 자랑하는 타이완의 채식 메뉴는 자꾸만 생각나는 메뉴임이 분명하다. 부담스럽지 않고 깔끔한 맛을 좋아하는 여행자라면 타이완의 비건 요리에 반하게 될 것이다.

믿고 갈 수 있는 비건 레스토랑

깔끔하고 세련된 채식 루웨이 전문점 **베지 크릭** 蔬河(쑤허) Vege Creek 타이베이 203p	담백하고 깔끔한 비건 누들 전문점 **베지스 엠** Veges M 타이중 439p	깔끔하고 담백한 비건 레스토랑 **메이수자이** 美蔬齋 Mei Shu Zhai 까오슝 532p

GOOGLE MAPS vege creek da'an
OPEN 11:30~14:00,
　　　17:00~20:00
MRT 블루 라인 궈푸지니엔관國
　　　父紀念館 역 1번 출구에서
　　　도보 5분

GOOGLE MAPS vegesm meicun rd
OPEN 11:30~20:00
WALK 소고 백화점에서 도보 3분

GOOGLE MAPS J8J7+RJ 신싱구
OPEN 11:00~13:30,
　　　17:00~19:30
MRT 오렌지 라인 O6 신이궈샤
　　　오信義國小 역 5번 출구에
　　　서 도보 5분

비건 레스토랑의 재발견

한라이 수스
漢來蔬食(한래소식)
Hi-Lai Vegetarian
Restaurant

자타 공인 타이완 최대의 비건 레스토랑 전문점. 대부분 작은 규모로 운영하는 비건 레스토랑과는 달리 한라이는 도시마다 1곳씩 대형 지점을 보유하고 있다. 다른 비건 레스토랑에 비해 가격대가 조금 높은 편이긴 하지만, 그만큼 종류도 다양하고 음식의 수준도 높다. 딤섬 메뉴도 다양한데, 놀랍게도 딤섬 역시 모두 비건 딤섬이다. 중국 음식 특유의 향도 거의 없어서 우리나라 사람들 입맛에도 잘 맞는 편이다. 현지인들에게도 인기가 많은 곳이라 대기 시간이 긴 편이므로 사전 예약은 필수.

WEB www.hilai-foods.com **BRANCH** 타이베이 1곳, 타이중 1곳, 까오슝 2곳, 타이난 1곳

+ Writer's Pick +

믿고 찾는 한라이 漢來 Hi-Lai

한라이漢來는 비건 레스토랑 외에도 메뉴별 레스토랑 체인을 거느리고 있는 외식 프랜차이즈 기업이다. 해산물 뷔페인 한라이 하이강漢來海港, 상하이 만두 전문 레스토랑인 한라이 상하이탕빠오漢來上海湯包, 광동요리 전문점인 한라이 밍런팡漢來名人坊 등, 종류도 분야도 다양하다. 대부분 가격대가 중급 이상이긴 하지만, 분위기와 맛도 평균 이상이므로 어딜 갈지 고민된다면 한라이漢來 체인을 찾아보자. 단, 현지인들에게도 인기가 높은 곳이 대부분이라 예약을 하고 가는 게 안전하다.

한라이 수스 주요 지점

■ 타이베이 쫑샤오 忠孝 점 MAP ❻
GOOGLE MAPS sogo taipei zhongxiao
ADD 大安區忠孝東路(쫑샤오똥루)四段 45號 소고 백화점 11층
OPEN 11:00~14:00, 14:00~16:00, 17:00~21:00
MRT 블루·브라운 라인 쫑샤오푸싱忠孝復興 역 4번 출구 앞

■ 타이중 꽝싼 台中廣三店 점 MAP ⓲
GOOGLE MAPS hi-lai harbour taichung
ADD 西區台灣大道(타이완따따오)二段 459號 소고 백화점 16층
OPEN 11:30~14:30, 17:00~21:00
MRT 스쩡푸市政府 역에서 도보 20분

■ 까오슝 쥐딴 巨蛋 한신 아레나
Hanshin Arena 점 MAP ⓳
GOOGLE MAPS hi-lai harbour hanshin
ADD 高雄市左營區博愛二路(보아이얼루)777號 한신 아레나 백화점 5층
OPEN 월~금 11:00~14:30, 17:00~21:00, 토·일 11:00~15:30, 17:00~21:00
MRT 레드 라인 R14 쥐딴巨蛋 역 5번 출구에서 도보 5분

쓰촨요리

_{川菜(천채, 찬차이)}

한국 여행자의 입맛 취향 저격

진한 양념에 매콤한 맛을 더한 밥도둑 메뉴를 좋아하는 우리나라 여행자들에게 쓰촨요리는 한식을 대체할 메뉴로 사랑받아 온 지 오래다. 심지어 타이베이 신이에 위치한 키키 레스토랑은 한국 음식점인가 싶을 만큼 우리나라 여행자들로 가득할 정도. 사실 알고 보면 쓰촨요리는 타이완 현지에서도 인기 메뉴이므로 맛있는 쓰촨요리 전문점이 곳곳에 포진해 있다

한식에 가까운 맛

해외여행 중에 가끔 한식이 생각날 때가 있다. 물론 타이완에는 곳곳에 한국 음식점이 있어서 어렵지 않게 한식을 먹을 수는 있지만, 그래도 조금 색다른 음식을 먹고 싶다면 쓰촨요리가 정답이다. 한식과 비슷한 듯 조금 다른 매콤하고 진한 맛이 우리나라 사람 입맛에 딱이다. 단, 조금 느끼하거나 향이 진한 메뉴도 있으므로 미리 메뉴를 공부해 가면 더 맛있게 먹을 수 있다.

믿고 갈 수 있는 쓰촨요리 레스토랑

여기 한국인가요?

키키 레스토랑

KiKi餐廳
(KiKi 찬청, KiKi 찬팅)

우리나라 여행자들에게 절대적 지지를 받는 쓰촨요리 레스토랑. 손님의 90% 이상이 한국인 여행객이라 주위에서 온통 한국어만 들릴 정도이다. 한때는 타이베이에 여러 지점을 두고 현지인들 사이에서도 꽤 인기 있는 레스토랑이었으나 지금은 신이 지역에 딱 한 곳만 운영하고 있다. 다른 쓰촨요리 전문점보다 더 맛있거나 특별한 맛은 아니지만, 우리나라 사람들이 많이 찾는 곳이라 kkday 여행 앱 등을 통한 사전 예약 절차가 편리한 편이다.

키키 레스토랑 ATT 4 FUN 점

GOOGLE MAPS 키키레스토랑 att 4 fun
OPEN 11:00~15:00, 17:15~22:00
　　　(금·토 ~23:00)
MRT 레드 라인 타이베이 101台北101 역
　　　4번 출구에서 도보 7분. ATT 4 FUN
　　　신이 점 6층
MAP ❸

이링이링샹
1010湘(1010상)

엄밀히 말하면 이곳은 쓰촨요리가 아니라 후난 요리 레스토랑이다. 후난 요리는 쓰촨요리와 거의 비슷하면서도 쓰촨요리보다 한 단계 더 높은 매운맛이 특징이다. 이링이링샹은 후난 요리 전문점으로 메뉴 대부분이 맵고 진한 맛이다. 특히 재료가 신선하고, 육류 외에 생선, 해산물 메뉴도 다양해서 선택의 폭이 넓다. 대중적인 쓰촨요리 전문점보다 가격대가 살짝 더 높긴 하지만, 그만큼 고급스럽고 깔끔한 분위기와 플레이팅 덕분에 기분 좋은 식사를 즐길 수 있다.

WEB www.1010restaurant.com **BRANCH** 타이베이 4곳, 타이중 1곳, 까오슝 2곳 등

찬샤오샤

티에반 즈란 니우러우

+ Writer's Pick +

이링이링샹 추천 메뉴

■ **찬샤오샤** 串燒蝦 새우 꼬치구이

■ **시엔샤 펀쓰바오** 鮮蝦粉絲煲
　새우 당면 냄비 요리

■ **파오차이 펀쓰 니우러우** 泡菜粉
　絲牛肉 김치, 당면, 소고기볶음

■ **티에반 즈란 니우러우** 鐵板孜然牛肉 철판 소고기볶음

■ **라즈쉰지띵** 辣子尋雞丁
　고추 닭고기볶음

■ **쏸샹 콩신차이** 蒜香空心菜
　마늘소스 모닝글로리 볶음

■ **진인 만터우** 金銀饅頭
　연유에 찍어 먹는 꽃빵

이링이링샹 주요 지점

■ **타이베이 푸베이** 復北 점 **MAP ❾**

GOOGLE MAPS 1010 restaurant fuxing
OPEN 월~금 11:30~14:30, 17:30~21:30, 토·일 11:30~15:00,
　17:30~21:30
MRT 브라운 라인 쑹산궈중中山國中 역에서 도보 10분

■ **타이베이 딴수이** 淡水 점 **MAP 300p**

GOOGLE MAPS 1010 tamsui branch
OPEN 월~금 11:30~14:30, 17:30~21:30, 토·일 11:00~15:00,
　16:00~21:30
MRT 레드 라인 딴수이淡水 역 1번 출구에서 도보 3분. 시티 플라자 9층

■ **까오슝 소고** SOGO 점 **MAP ㉑**

GOOGLE MAPS sogo kaohsiung
OPEN 월~목 11:00~15:00, 17:00~21:30, 금 11:00~15:00,
　17:00~22:00, 토 11:00~22:00, 일 11:00~21:30
MRT 레드 라인 R8 싼뚜워샹취엔三多商圈 역 4번 출구에서 도보
　3분

■ **타이난 시먼 싼위에** 西門三越 점 **MAP ㉔**

GOOGLE MAPS 1010 tainan ximen
OPEN 월~금 11:00~15:00, 17:00~22:00, 토·일 11:00~22:00
WALK BCP 문창원구 건너편, 미츠코시 백화점 6층

가성비 좋고 깔끔한
쓰촨요리 전문점

카이판
開飯川食堂
(개반천식당,
카이판 찬스탕)

귀여운 판다 캐릭터를 내세운 쓰촨요리 전문점. 타이베이를
비롯한 타이완 전역에 많은 지점을 보유하고 있어서 어디서나 쉽게 만날 수 있다.
주로 쇼핑몰이나 백화점에 입점해 있는 경우가 많아 접근성도 좋다.
메뉴 대부분이 향이 강하지 않고 담백해서 우리나라 사람 입맛에도 잘 맞는다.
가격 또한 합리적인 수준이라 만족스러운 한 끼 식사가 되어줄 것이다.

WEB www.kaifun.com.tw
BRANCH 타이베이 6곳, 타이중 4곳, 까오슝 3곳, 타이난 2곳 등

카이판 주요 지점

■ 타이베이 큐 스퀘어 京站 점 MAP ❺
GOOGLE MAPS 카이펀
OPEN 월~금 11:30~15:00, 17:30~21:30,
　　　　토·일 11:00~16:00, 17:00~21:30
MRT 타이베이 처짠台北車站 역 Y3 출구에서 도보 3분. 큐 스퀘어 지하 3층

■ 타이베이 스푸 市府 점 MAP ❸
GOOGLE MAPS kaifun taipei city hall
OPEN 일~목 11:30~21:30, 토·일 11:00~22:00
MRT 블루 라인 스쩡푸市政府 역 2번 출구에서 도보 1분

■ 타이중 따위엔바이 大遠百 점 MAP 428p
GOOGLE MAPS top city taichung
OPEN 월~금 11:30~15:00, 17:30~21:30,
　　　　토·일 11:00~16:00, 17:00~21:30
MRT 스쩡푸市政府 역에서 도보 15분. Top City Taichung 11층

■ 까오슝 드림몰 夢時代 점 MAP ⑲
GOOGLE MAPS 드림몰
OPEN 월~금 11:30~15:00, 17:30~21:30,
　　　　토·일 11:00~16:00, 17:00~21:30
WHERE 드림몰 3층

■ 타이난 시먼 西門 점 MAP ㉔
GOOGLE MAPS X5PX+Q8 타이난
OPEN 월~금 11:30~15:00,
　　　　17:30~21:30,
　　　　토·일 11:00~16:00,
　　　　17:00~21:30
WALK BCP 문창원구 건너편,
미츠코시 백화점 6층

내 마음이 기억하는 여행만큼이나
내 몸이 기억하는 여행의 추억은 강렬하다.

쫄깃한 타피오카가 가득 들어있는 쩐주나이차를 마시며 걸었던
타이완의 골목길,
온몸에 소름이 돋을 만큼 차가우면서도 한없이 달콤한
망고빙수를 매일 먹었던 그 집,
그리고 늦은 밤, 시끌벅적 야시장을 구경하며
친구와 사이좋게 나누어먹었던 간식들.
역시 여행은 즐기는 사람의 몫이다.

철판구이

타이완식 데판야끼

鐵板燒(철판소, 티에반샤오)

음식 향에 예민하거나 한식을 유독 사랑하는 여행자라 해도 누구나 거부감 없이 먹을 수 있는 메뉴 중 하나가 바로 철판구이일 것이다. 타이완의 철판구이는 우리나라의 철판요리 전문점이나 일본의 철판요리인 데판야끼와 크게 다르지 않은 형태에 맛도 비슷하여 입맛 예민한 여행자에게는 더없이 반가운 메뉴다.

주머니 사정에 맞게

우리나라에서의 철판요리는 제법 고가의 메뉴에 속하지만, 타이완의 철판구이 전문점은 가격대가 워낙 다양해서 각자의 주머니 사정에 맞게 고를 수 있다. 럭셔리한 인테리어를 자랑하는 전문 레스토랑이 있는 반면에 왁자지껄 부담 없이 앉을 수 있는 야시장이나 동네 어귀에서도 손쉽게 철판구이 전문점을 만날 수 있다. 물론 가격대에 따라 재료의 종류와 수준이 조금 다르고 서비스의 세련됨에 다소 차이가 있긴 하지만, 맛은 크게 다르지 않아 더욱 반갑다.

믿고 갈 수 있는 철판요리 전문점

누구에게나
맛있는 한 끼 식사

카일린
凱林(개림)
Karen

TV 프로그램 <꽃보다 할배>에 소개되면서 우리나라 여행자들에게 큰 인기를 끈 철판요리 전문점. 일본의 데판야끼를 타이완식으로 재해석한 카렌의 철판요리는 우리 입맛에도 아주 잘 맞는다. 주문은 세트메뉴로 해도 되고, 고기, 채소, 버섯 등 재료별로 따로 해도 된다. 단, 철판요리이니만큼 가격이 아주 착한 편은 아니다. 1인당 NT$500~800 수준.
WEB www.karenteppanyaki.com
BRANCH 타이베이 5곳, 까오슝 2곳, 타이난 1곳 등

카일린 주요 지점

■ 타이베이 101 台北101 점 **MAP ❸**
GOOGLE MAPS 카렌 철판구이
TEL 02 8101 8285
OPEN 일~목 11:00~21:30, 금·토 11:00~22:00
MRT 레드 라인 타이베이 101/스마오台北101/世貿
　　　역 4번 출구와 바로 연결된다.

■ 타이베이 푸싱 소고 復北 SOGO 점 **MAP ❻**
GOOGLE MAPS 타이베이소고백화점 푸싱점
OPEN 11:00~21:00
MRT 블루·브라운 라인 쭝샤오푸싱忠孝復興 역 2번
　　　출구 앞, 소고백화점 지하 2층

■ 까오슝 드림몰 夢時代 점 **MAP ⓳**
GOOGLE MAPS 드림몰
OPEN 11:00~21:30
WHERE 드림몰 지하 1층

타이완에는 이른 새벽부터 오전까지만 문을 여는 식당이 곳곳에 많다. 바로 아침식사 전문 식당이다. 메뉴도 다양하고 가격도 착해 굳이 호텔의 조식 포함 옵션이 필요하지 않을 정도.

타이완 사람들의 아침식사 메뉴

타이완에서는 아침식사를 사 먹는 게 지극히 일상적이다. 심지어 아침에만 문을 여는 아침식사 전문점도 적지 않다. 타이완 사람들이 주로 먹는 아침 메뉴는 매우 심플하다. 기껏해야 만두나 샌드위치, 전병 등이 전부. 가격도 매우 착한 편이라서 메뉴당 NT$40~50 정도이므로 한 끼에 1인당 NT$70~100 정도 예상하면 충분하다. 한화로 3~4천 원 정도인 셈이다. 아침식사 전문점으로는 타이베이의 푸항 떠우쟝(196p)과 용허 떠우쟝 따왕永和豆漿大王, 까오슝의 싱롱쥐(530p) 등이 유명하다. 대중적으로 많이 알려진 용허 떠우쟝은 워낙 곳곳에 체인점이 많아서 찾기에 어렵지 않다.

꼭 먹어봐야 할 타이완의 아침식사 메뉴

떠우쟝 豆漿[두장]

콩을 갈아서 만든 건강음료. 기본적으로는 설탕이 들어있는데, 만약 설탕을 빼고 싶다면 '우탕無糖'이라고 말하면 된다.

여우티아오 油條[유조]

중국식 꽈배기. 손으로 잘라서 떠우쟝이나 죽粥(쩌우)에 담가 먹거나 찍어 먹으면 더 맛있다.

탕빠오 湯包[탕포]

고기만두. 빠오즈包子라고도 한다.

딴빙 蛋餠[단병]

계란 전병. 지엔빙煎餠이라고도 하며, 우리나라의 빈대떡과 비슷한 맛이다.

총좌빙 蔥抓餠[총과병]

딴빙과 비슷하나 파를 넣고 페스츄리페이스트리처럼 결을 만들어서 쫄깃한 맛이 있다.

샤오빙 燒餠[소병]

두툼한 전병 안에 쏸차이와 여우티아오를 넣은 중국식 샌드위치 타이완 음식은 정말 느끼할까?

안전 보장 메뉴 리스트 15

중국어를 할 줄 알거나 중국 음식에 대한 조예가 깊다면 별문제가 없겠지만, 그렇지 않다면 타이완의 음식점에서
주문하는 게 결코 쉬운 일은 아니다. 한자가 가득한 메뉴판을 보면 뭘 주문해야 할지 막막해지기 마련.
이럴 때를 위해 타이완 음식점 대부분에 다 있으면서도, 우리나라 사람들의 입맛에도 잘 맞는 안전 보장 메뉴를
소개한다. 우리나라로 치면 김치찌개나 제육볶음 등에 해당하는 보편적인 메뉴로, 음식점마다 이름이 조금씩
달라지기도 하지만, 대체로 비슷한 메뉴명을 갖고 있어 뭘 주문해야 할지 모를 때 참고하면 도움이 될 것이다.

마포어떠우푸
麻婆豆腐〔마파두부〕

우리나라에서도 흔히 먹는 마파두부.
물론 맛도 우리나라에서 먹는 것과
거의 비슷하다.

탕추리지
糖醋里肌〔당초리기〕

우리나라의 탕수육과 거의
비슷한 메뉴. '탕추糖醋'가 바로
탕수육 소스를 가리키는 말이다.
'구울라오러우咕嚕肉'라고도 한다.

티에반 니우러우 鐵板牛肉〔철판우육〕
티에반 쮸러우 鐵板猪肉〔철판저육〕
티에반 여우위 鐵板魷魚〔철판우어〕

소고기·돼지고기·오징어 철판 볶음.
뜨거운 철판 위에 채소와 함께 볶은
요리로, 후추 맛이 강하고 담백하다.

칭지아오 니우러우
青椒牛肉〔청초우육〕

피망과 소고기를 함께 볶은 요리로,
후추 향과 피망 향이 어우러져 깔끔한
맛을 낸다.

꽁바오지띵
宮保鷄丁〔궁보계정〕

닭고기를 네모반듯하게 정사각형으로
썰어서 땅콩과 함께 볶은 요리.
쓰촨요리로, 살짝 매콤한 편이다.

차오판
炒飯〔초반〕

볶음밥이란 뜻으로, 주식 메뉴 중 하나다.
추천 메뉴는 새우달걀볶음밥
샤런딴 차오판蝦仁蛋炒飯〔하인단초반〕,
모둠 볶음밥 스진 차오판什錦炒飯〔십금초반〕.

칭차오 까올리차이
青炒高麗菜[청초고려채]

'칭차오青炒'는 다른 소스를 넣지 않고 그냥 담백하게 기름에 볶은 요리를 가리키며, '까올리차이高麗菜'는 양배추를 뜻한다. 한마디로 양배추볶음.

칭차오 콩신차이
青炒空心菜[청초공심채]

'콩신차이空心菜'는 모닝글로리를 뜻하는 말로, 모닝글로리를 담백하게 데쳐서 볶은 요리다.

칭차오샤런
青炒蝦仁[청초하인]

냉동새우를 깨끗하게 볶은 요리. 특별한 소스 없이 새우와 오이만 함께 볶아서 담백한 맛이 난다.

위샹치에즈
魚香茄子[어향가자]

뚝배기에 가지를 넣고 된장 비슷한 소스에 푹 익힌 것. 우리나라 사람치고 이 요리를 싫어하는 사람이 거의 없을 정도로 우리에게도 친근한 맛이다.

라즈지띵
辣子鷄丁[날자계정]

대표적인 쓰촨요리 중 하나로 홍고추와 닭고기를 함께 볶은 것. 고추가 워낙 많아서 닭고기를 골라 먹어야 하는 수준. 알싸하게 자극적인 매운맛이 매력.

닝멍지
檸檬鷄[녕몽계]

우리나라 중국 음식점에서도 먹을 수 있는 레몬 닭고기. 우리나라에서 먹는 것보다 레몬의 상큼한 맛이 훨씬 더 강한 편이다.

시훙스 차오지딴
西紅柿炒鷄蛋[서홍시초계단]

가장 대중적인 중국요리 중 하나. 달걀과 토마토를 함께 볶은 요리로, 특별한 향이 없어 누구나 맛있게 먹을 수 있다.

깐차오 니우허
干炒牛河[간초우하]

소고기 볶음 국수. 칼국수처럼 두툼한 면과 입에서 살살 녹는 소고기를 간장 소스에 볶은 것. 누구나 맛있게 먹을 수 있는 맛이다.

쉬에차이 떠우푸바오
雪菜豆腐煲[설채두부보]

야채와 두부를 넣고 자작하게 끓인 냄비 요리. 향이 거의 없고 담백해서 언뜻 먹으면 우리나라 음식 같을 만큼 친근한 맛이다.

중국어 메뉴판 완전정복

한자라면 본능적으로 거부감과 두려움부터 느끼는 한자 울렁증 여행자라도
결코 피해갈 수 없는 난관이 있다. 바로 음식점의 중국어 메뉴판. 요즘은 한국어나 영어
메뉴판을 준비해놓은 곳이 대부분이지만, 타이완 여행을 하면서 적어도 한두 번쯤은
중국어 메뉴판을 만나게 될 것. 그때마다 다른 사람이 먹고 있는 음식을 가리키며 눈치껏
주문해도 되겠지만, 이왕이면 간단하게나마 중국어 메뉴판 읽는 법을 익혀두는 편이
타이완의 맛을 제대로 누려볼 수 있는 지름길일 것이다.

1 조리법

- □ **차오** [chǎo] 炒(초)
  볶다

- □ **자** [zhá] 炸(작)
  튀기다

- □ **찡** [zhēng] 蒸(증)
  찌다

- □ **루** [lǔ] 滷(로)
  소금물이나 간장에 오향 등을
  넣고 끓이다

- □ **카오** [kǎo] 烤(고)
  불에 굽다

- □ **탕** [tāng] 湯(탕)
  탕, 국

- □ **빤** [bàn] 拌(반)
  무치다, 비비다

2 양념, 소스, 조미료

- □ **칭뚠** [qīngdùn] 淸燉(청돈)
  양념 없이 푹 삶은 것

- □ **홍샤오** [hóngshāo] 紅燒(홍소)
  고기나 생선 등을 살짝 볶은 다음, 간장
  을 넣어 색을 입히고 다시 조미료를 가
  미하여 졸이거나 뚜껑을 닫고 익힌 것

- □ **위샹** [yǔxiāng] 漁香(어향)
  우리나라 된장과 고추장을 섞은 맛

- □ **탕추** [tángcù] 糖醋(당초)
  탕수육 소스

- □ **카리** [kālí] 咖喱(가리)
  커리

- □ **하오여우** [háoyóu] 蠔油(호유)
  오이스터(굴) 소스

- □ **마포어** [mápō] 麻婆(마파)
  마파두부 소스

- □ **이옌** [yán] 鹽(염)
  소금

- □ **탕** [táng] 糖(당)
  설탕

- □ **쟝여우** [jiàngyóu] 酱油(장유)
  간장

- □ **라지아오** [làjiāo] 辣椒(랄초)
  고추

❸ 재료

□ **니우러우** [niúròu] 牛肉(우육)
　소고기

□ **쭈러우** [zhūròu] 猪肉(저육)
　돼지고기

□ **지러우** [jīròu] 鷄肉(계육)
　닭고기

□ **야** [yā] 鴨(압)
　오리

□ **롱샤** [lóngxià] 龍蝦(용하)
　랍스터

□ **샤런** [xiàrén] 蝦仁(하인)
　깐 새우

□ **루어** [luó] 螺(라)
　소라

□ **수차이** [shūcài] 蔬菜(소채)
　채소

□ **샹차이** [xiāngcài] 香菜(향채)
　고수

□ **지딴** [jīdàn] 鷄蛋(계단)
　달걀

□ **떠우푸** [dòufu] 豆腐(두부)
　두부

□ **치에즈** [qiézi] 茄子(가자)
　가지

□ **판** [fàn] 飯(반)
　밥

□ **미엔** [miàn] 麵(면)
　면

❹ 음식점에서 써먹는 서바이벌 중국어 회화

□ **메뉴판을 주세요.**
　칭 게이 워 차이딴 [qǐng gěi wǒ càidān]
　请给我菜單

□ **밥을 먼저 주세요.**
　시엔 샹 미판, 하오마
　[xiān shàng mǐfàn, hǎoma]
　先上米飯, 好嗎?

□ **계산해 주세요.**
　마이 딴 [mǎidān]
　買單

□ **너무 짜지 않게 해주세요.**
　칭 부야오 타이 시엔
　[qǐng búyào tài xián]
　请不要太咸

□ **기름을 너무 많이 넣지 말아주세요.**
　칭 부야오 팡 타이 뚜어 여우
　[qǐng búyào fàng tài duō yóu]
　请不要放太多油

□ **고수는 넣지 마세요.**
　칭 부야오 팡 샹차이
　[qǐng búyào fàng xiāngcài]
　请不要放香菜

□ **차를 더 주세요**
　칭 지아 차 [qǐng jiāchá]
　请加茶

□ **여기에서 먹을 거예요.**
　네이용/쩌비엔 용
　[nèi yòng] 內用/[zhè biān yòng] 這邊用

□ **가져갈 거예요.**
　와이따이
　[wài dài]
　外帶

타이완 샤오츠 탐구일기

'샤오츠小吃'는 우리말로 번역하면 '간식'이나 '분식'쯤에 해당한다. 우리나라에도 적지 않은 분식 마니아가 있듯이 타이완 사람들도 이 샤오츠를 정식 식사만큼이나 사랑한다. 부담스럽지 않은 가격 덕분에 호주머니가 가벼운 날에도 얼마든지 만족스러운 한 끼를 해결할 수 있다. 타이완에서 '샤오츠'라고 불릴 수 있는 음식은 정말 다양하다. 먼저 야시장에서 흔히 만날 수 있는 총좌빙, 지파이, 루웨이, 취두부, 후쟈오빙胡椒餠(화덕 만두), 티엔푸뤄天婦羅(타이완식 어묵) 등이 대표적인 타이완의 샤오츠다. 그 외에 디저트인 망고빙수, 쩐주나이차, 떠우화 등도 모두 넓은 범위에서 샤오츠에 속한다. 한 마디로 정식 식사를 제외한 대부분의 분식, 음료 등이 전부 샤오츠인 셈이다.

SNACK & DRINK

1

PEARL
MILK TEA

쩐주나이차
珍珠奶茶(진주 내다, '버블티)

쫄깃쫄깃 알갱이가 씹히는 매력

타이완 브랜드였던 '공차'가 우리나라에서 현지화에 성공하면서 버블티는 이제 우리에게도 매우 친숙한 음료가 되었다. 그 버블티, 즉 쩐주나이차珍珠奶茶의 원조인 타이완에 왔으니 1일 1쩐주나이차는 기본이다.

진짜 원조 버블티는 타이완에서

우리나라 사람들에게는 '버블티'라는 이름으로 많이 알려진 쩐주나이차는 밀크티의 일종으로, '쩐주珍珠'는 진주, '나이차奶茶'는 밀크티라는 뜻이다. 즉, 버블티 안에 들어 있는, 타피오카 열매에 전분을 입혀서 쫄깃쫄깃하게 만든 알갱이가 마치 진주 같다고 해 붙여진 이름. 우리나라에도 버블티 매장이 부쩍 많아졌지만, 아무래도 타이완에서 먹는 버블티는 차원이 다르다. 타이완의 쩐주나이차는 훨씬 더 진하고 고소하며, 가격도 훨씬 더 착하다는 사실! 쩐주나이차를 마시러 타이완에 왔다고 해도 고개가 끄덕여질 만큼 부드럽고 달콤한 그 맛은 오래도록 혀끝의 추억으로 남을 것이다.

믿고 갈 수 있는 쩐주나이차 체인

쩐주나이차의
진짜 원조

춘수이탕
春水堂(춘수당)
434p

타이완 최초로 '쩐주나이차'라는 메뉴를 만든 전통 디저트 카페. 타이중에서 처음 문을 열었지만, 이제는 타이완 전역에 수십 개의 매장을 보유하고 있고, 일본에까지 체인점을 개설하는 등 명실상부한 타이완의 대표 쩐주나이차 브랜드가 되었다. 당연히 쩐주나이차가 제일 유명하며, 그밖에 각종 차 종류, 간단한 면류, 토스트, 타이완 전통 디저트, 딤섬류 등 다양한 메뉴가 있다. 겨울에는 뜨거운 생강차인 러쟝차熱薑茶와 생강차와 라테의 만남인 러쟝나이차熱薑奶茶도 맛있다. 쩐주나이차와 각종 음료는 NT$70~100, 전통 간식이나 간단한 식사류는 NT$90~250 선이다. 타이완의 주요 도시마다 많은 지점이 있어 찾기는 어렵지 않다.

WEB www.chunshuitang.com.tw **BRANCH** 타이완 전역 약 40곳

춘수이탕 주요 지점

■ 타이베이 난시 南西 점 MAP ❽
GOOGLE MAPS 춘쉬탕
OPEN 11:00~21:30(토·일 ~22:00)
MRT 레드·그린 라인 쭝샨中山 역 2번 출구 바로 앞, 미츠코시新光三越 백화점 서관 지하 1층

■ 타이중 쓰웨이 챵스 四維創始 점 MAP ⓱
GOOGLE MAPS 춘수당 버블티 원조집 타이중
OPEN 08:00~22:00
WALK 타이중 기차역에서 도보 약 20분. 또는 택시로 약 5분 소요되며 기본요금이 나온다.

쩐주나이차

쩐주홍차 珍珠紅茶

동팡메이런차
東方美人茶

어디서나 만나는
친근한 매력

우스란
50嵐(50람)

타이완에서 가장 대중적인 쩐주나이차 전문점. 타이완 곳곳에 워낙 많은 매장이 있어 쉽게 찾을 수 있다. 무엇보다 노란색 바탕에 파란색으로 '50嵐'이라 쓰여 있는 키치한 느낌의 간판은 멀리서도 쉽게 눈에 띈다.
우스란은 사이즈가 큰 타피오카 펄이 살짝 부담스러운 사람들을 위해 미니 사이즈의 타피오카 펄을 준비해놓고 있어 인기가 높다. 큰 타피오카 펄은 '따쩐주大珍珠', 미니 타피오카 펄은 '샤오쩐주小珍珠'라고 부르며, 주문할 때 쩐주의 크기를 지정할 수 있다.

WEB www.50lan.com **BRANCH** 타이완 전역 수백 곳

우리가 기대한 바로 그 원조의 맛
밀크티 쩐주나이차

타피오카 펄을 넣은
쩐주 홍차

우스란 주요 지점

■ 타이베이 용캉 永康 점 MAP ❼
GOOGLE MAPS 50 lan yongkang
OPEN 10:00~22:00
MRT 오렌지 라인 똥먼東門 역 5번 출구에서 도보 5분

+ Writer's Pick +

세계인이 좋아하는 음료, 쩐주나이차

지난 2018년, 미국 CNN의 여행 사이트 CNN TRAVEL이 선정한 '세계인이 가장 좋아하는 음료 50가지'에서 쩐주나이차가 무려 25위에 랭크되었다. 1위는 물이고 코카콜라, 맥주, 커피, 차가 그 뒤를 이었으니 이런 결과를 통해서도 쩐주나이차의 높은 인기를 짐작할 수 있을 듯하다. 우리나라 음료 중엔 수정과가 44위에 이름을 올렸다.

앞서 언급한 춘수이탕과 우스란 외에도 타이완에는 쩐주나이차 브랜드도, 쩐주나이차의 종류도 정말 다양하다. 일부 브랜드를 제외하고는 수많은 매장이 생겼다 사라지기를 반복하기 때문에 어떤 브랜드가 있는지 기억하기도 쉽지 않을 정도다.

대중적인 맛과 인기

팥을 넣은 신개념 버블티

1 캉칭롱 康靑龍 (강청용) KQ TEA

폭발적인 인기는 아니지만, 타이완 현지인들 사이에서 꾸준하게 인기를 끌고 있는 쩐주나이차 전문점. 타이베이 전역에 많은 체인점을 두고 있다. 흑설탕 버블티 외에도 다양한 종류의 음료를 선보이고 있으며, 특히 과일 주스의 인기가 높은 편. 담백한 음료를 원한다면 쩐주나이차가 아닌 다른 메뉴를 주문해보는 것도 좋다. 당도와 얼음의 양은 조절할 수 없다.

WEB www.kq-tea.com

2 코코 COCO

타이완 전역에 체인을 두고 있는 대중적인 쩐주나이차 대표 브랜드다. 이곳에서도 역시 흑설탕 버블티를 마실 수 있지만, 팥을 넣은 신개념 버블티의 인기가 훨씬 더 높다. 버블티 안에 팥이 함께 들어 있는 홍떠우 쩐주 시엔나이차紅豆珍珠鮮奶茶는 밀크 파우더가 아닌 우유를 넣어서 맛이 담백하고, 팥의 단맛과 밀크티가 아주 잘 어울려 독특한 매력을 자아낸다.

WEB www.coco-tea.com

: MORE :

설탕과 얼음의 양은 입맛대로 조절하자

쩐주나이차를 주문할 때는 설탕과 얼음의 양을 각각 선택할 수 있다. 설탕량 조절은 매장마다 그 분류가 조금씩 다르지만, 일반적으로는 다음과 같다.

설탕 정량 쩡창正常 〉90% 지우펀9分 〉50% 빤탕半糖 〉30% 웨이탕微糖 〉0% 우탕無糖

얼음 정량 쩡창삥正常冰 〉적게 넣는 샤오삥少冰 〉아예 넣지 않는 취삥去冰

QQ하다?

여행을 하다보면 'QQ하다'라는 표현을 많이 듣게 된다. 사람들이 많이 쓰기도 하고, 또 음료의 메뉴에도 QQ가 포함된 이름이 많다. 타이완에서 QQ는 '쫄깃쫄깃하다'는 뜻이다. 중국에서는 QQ가 메신저 이름이지만, 타이완에서는 전혀 다른 뜻으로 쓰이는 것.

고급스러운 이미지에
고급스러운 맛

茶湯會 真心茶

담백한
흑설탕 버블티

3 티피 티 茶湯會[차탕회] TP TEA

타이베이뿐 아니라 타이완 전역에 걸쳐 많은 체인점을 두고 있는 쩐주나이차 브랜드. 흑설탕 버블티는 없지만, 다양한 종류의 차와 주스, 차 라테 등을 선보인다. 다른 곳에 비해 차의 종류가 많고 담백한 맛이 특색이라 진한 밀크티를 선호하지 않는 사람들 사이에서는 매우 평이 좋다. 버블티는 전통적인 맛의 쩐주나이차珍珠奶茶가 가장 인기가 높은 편. 당도와 얼음의 양을 조절할 수 있다.

WEB en.tp-tea.com

4 쩐주단 珍煮丹[진자단] Jenjudan

타이베이 전역에 많은 체인을 보유하고 있으며, 흑설탕 버블티의 인기를 바탕으로 우리나라에도 지점을 두고 있다. 대표 메뉴로는 흑설탕 알맹이에 우유를 넣은 헤이탕 쩐주 시엔나이黑糖珍珠鮮奶가 가장 인기가 높다. 당도와 얼음의 양을 조절할 수 있어서 담백한 맛의 흑설탕 버블티를 원하는 사람들에겐 반가운 곳.

WEB truedan.com.tw

5 행복당 幸福堂[싱푸탕] Xing Fu Tang

2018년에 처음 문을 열자마자 공격적인 마케팅을 벌인 덕분에 빠른 속도로 세를 확장하고 있는 버블티 전문점. 타이완에는 타이베이 시먼딩 본점과 지우펀 지점뿐이지만, 아시아, 유럽, 아프리카 등 세계 곳곳에 지점을 두고 있다. 우리나라에도 서울과 부산 등에 지점이 있다. 비주얼부터 강렬한 흑설탕 버블티는 높은 칼로리에도 불구하고 중독성 강한 맛으로 인기가 높다.

WEB www.xingfutang.com.tw

6 타이거 슈가 老虎堂 [로호당, 라오후탕] Tiger Sugar

우리나라에 흑설탕 버블티의 인기를 견인한 곳이라고 해도 과언이 아닐 정도로, 적어도 우리나라 여행자들 사이에선 가장 유명한 흑설탕 버블티 전문점. 버블티 위에 크림 무스를 얹어주기 때문에 훨씬 더 진하고 달콤하게 느껴지는 게 특징. 해외에는 여전히 지점이 많지만, 안타깝게도 타이완 현지의 지점은 대부분 폐업하고 현재 타이중의 3개 지점만 남아 가까스로 명맥을 유지하고 있다.

7 커부커 可不可[가불가] KEBUKE

엄밀히 말하면 커부커는 버블티 전문점이 아닌 밀크티 전문점이다. 타피오카 펄이 들어간 밀크티는 없고 일반 밀크티만 있다. 하지만, 밀크티 전문점 중에서는 요즘 타이완에서 가장 핫한 브랜드 중 하나로 손꼽힌다. 현재는 타이베이와 근교 소도시에만 지점을 두고 있으며, 빠른 속도로 지점이 늘고 있다. 주력 메뉴인 밀크티 외에도 과일 차, 꽃차 등 음료 메뉴가 워낙 다양하여 갈 때마다 행복한 고민에 빠지게 되는 곳이다.

WEB www.kebuke.com

망고빙수 芒果冰 (망궈삥)

타이의 추종을 불허하는 타이완 대표 디저트

여름 타이완이 반갑다면 그건 아마도 망고 때문일 것이다. 애플망고의 나라 타이완에는 역시나 망고빙수가 자타공인 베스트 디저트 메뉴! 때로는 밥 대신 망고빙수만 먹고 싶어진다.

차갑고 달콤한 디저트의 지존

타이완의 수많은 디저트 중에서 우리나라 사람들이 가장 사랑하는 메뉴는 단연코 망고빙수일 것이다. 무엇보다 통조림에서 꺼낸 듯한 자잘한 고명이 아니라 신선한 생과일을 큼직하게 썰어서 그릇이 넘치도록 담아주는 후한 인심 덕분에 아예 한 끼 식사로도 충분할 만큼의 푸짐한 양을 자랑한다. 아무리 후덥지근하고 뜨거운 날씨라도 빙수 한 그릇이면 이가 덜덜 떨릴 정도로 시원해지니 뜨거운 타이완에서 이보다 더 좋은 디저트 메뉴는 없을 것이다.

망고빙수의
대표 주자

쓰무시
(스무디 하우스)
思慕昔
Smoothie House
223p

타이베이를 대표하는 망고빙수 전문점 중 하나로, 우리나라 여행자들 사이에서도
워낙 유명한 곳이라서 테이블에 앉아있으면 여기저기에서 한국말이 들릴 정도다.
쓰무시 망고빙수의 가장 큰 특징은 바로 얼음. 타이베이의 유명한 빙수
전문점들이 대부분 우유 얼음을 사용하는 반면, 이곳은 우유가 아닌 망고 얼음을
사용한다. 그야말로 순도 100%의 망고빙수다.

WEB www.smoothiehouse.com **BRANCH** 타이베이 2곳

망고빙수 +
망고 아이스크림

망고 빙수의
대항마, 아몬드 빙수

샤수 티엔핀
夏樹甜品(하수첨품)
Summer Tree Sweet
249p

양 많고 푸짐한
빙수 전문점

빙찬
冰讚
(삥짠)
238p

제아무리 애플망고의 나라 타이완이라 할지라도
겨울에는 생망고 대신 냉동 망고에 만족할 수밖에 없다.
냉동 망고가 만족스럽지 않거나 망고 빙수보다
좀 더 깔끔하면서 색다른 맛의 빙수를 원한다면
아몬드 빙수를 추천한다. '여름 나무 디저트'라는
사랑스러운 이름의 샤수 티엔핀夏樹甜品에서는
두부와 아몬드를 함께 갈아 녹두, 팥 등의 토핑을 얹은
건강하고 담백한 아몬드 빙수를 맛볼 수 있다.

비주얼도 세련되지 않았고 가게도 허름한데,
늘 대기 줄이 길다. 대체 얼마나 맛있길래 이렇게까지
사람이 많나 궁금해지겠지만, 일단 먹어보면 그 비결을
짐작할 수 있다. 비록 투박한 비주얼이지만,
재료를 아낌없이 사용하여 푸짐하게 담아주는
빙수 한 그릇에 마음까지 푸짐해진다.

평리수

鳳梨酥 (봉리소)

타이완 국가 브랜드급 아이콘

여행자라면 누구나 한 박스 정도씩은 사가는 타이완의 대표적인 쇼핑 아이템. 워낙 많은 베이커리에서 출시되기 때문에 어느 브랜드의 평리수를 사갈지 행복한 고민에 빠지곤 한다.

타이완을 대표하는 선물 리스트 0순위

우리나라의 커스터드와 비슷한 형태를 지닌 파인애플 케이크로, 명성에 걸맞게 타이완의 거의 모든 베이커리에서 저마다의 특색을 살린 평리수를 내놓고 있다. 심지어 스타벅스, 딩타이펑, 모스버거 등 베이커리가 아닌 곳에서도 자신들의 브랜드를 내세운 평리수 선물세트를 출시할 정도니 마음만 먹으면 타이완 어느 곳에서든 손쉽게 평리수를 만날 수 있다. 브랜드마다 미세하게나마 맛의 차이가 있긴 하지만, 특별히 뛰어난 미각을 가진 사람이 아니라면 큰 차이를 느끼지 못할 것이다. 단, 되도록 마트보다는 전문 베이커리에서 구매할 것을 권하고 싶다. 아무리 맛이 다 비슷하다고 해도 그 정도 차이는 확연히 느껴지니 말이다.

: MORE :

'단짠단짠'의 진수! 누가 크래커

자타공인 타이완 최고의 여행 선물인 평리수의 뒤를 잇는 누가 크래커의 인기가 심상치 않다. 우리가 상상하는 그런 달달함이 아닌 '단짠'의 맛이 강해 호불호가 나뉘지만, 상당히 많은 우리나라 여행자들의 열광적인 호응을 얻고 있다. 여러 베이커리에서 이를 판매하고 있는데, 그중에서도 미미 크래커, 총잉蔥穎 베이커리, 라뜰리에甜滿 L'atelier Lotus, 세인트 피터(216p) 등의 브랜드가 많이 알려져 있다.

보기만 해도
사랑스러운 펑리수

써니힐스

SunnyHills
255p, 443p

타이베이에서 교통이 그리 편리한 편이 아님에도 매장은 늘 여행자들로 붐빈다. 맛도 맛이지만, 포장이 워낙 예쁘고 로맨틱해 선물하기에 더없이 좋다는 평이다. 방문만 해도 따뜻한 차 한 잔과 펑리수 한 개를 주기 때문에 먹어보고 살 수 있어서 더욱 반갑다. 까오슝의 보얼 예술특구와 타이중에도 지점이 있다.

WEB www.sunnyhills.com.tw

진한 버터의 맛

지아더

佳德(가덕) ChiaTe
254p

타이베이 현지인과 여행자의 사랑을 고루 받는 펑리수. 지점이 없고 본점 딱 한 곳만 운영하기 때문에 매장은 늘 인산인해를 이룬다. 최근에는 시내 일부 세븐일레븐에서도 판매를 시작해 일부러 매장까지 찾아가는 수고를 덜게 되었다.

WEB www.chiate88.com.tw

달콤하면서도
부드러운 맛

순청 딴까오

順成蛋糕(순성단고)

타이베이 시내 곳곳에 지점을 두고 있는 대형 베이커리 체인. 거의 모든 번화가마다 매장이 있어 찾기는 어렵지 않다. 지아더의 펑리수보다 단맛은 덜한 대신 파인애플 과육은 더 많이 들어 있다. 전통적인 펑리수의 맛을 가장 잘 보존하고 있다는 게 현지인 평이다. 가격대도 한 세트에 NT$300~500로 다양해 각자의 예산에 맞춰서 살 수 있다는 게 장점이다.

WEB www.bestbakery.com.tw

새로운
펑리수에의 도전

수이신팡
手信坊(수신방)

상당히 큰 규모를 자랑하는 베이커리 체인. 시내 곳곳에 지점이 있으며, 특히 지우펀九份 거리와 송산 공항 1층에 매장이 있어서 쇼핑하기에 편리하다. 수이신팡 펑리수의 가장 큰 특징은 파인애플 과육. 다른 펑리수에 비해 큼직한 파일애플 과육이 많이 들어 있어서 알갱이가 그대로 씹히는 식감이 일품이다. 다른 브랜드보다 포장이 좀 더 세련되고 럭셔리한 편이라 선물로 사기에도 좋다. 초콜릿을 입힌 펑리수, 찹쌀떡처럼 부드러운 맛의 펑리수, 얼려 먹는 녹두 케이크 등 끊임없는 신메뉴 개발로 다른 곳에서 볼 수 없는 참신한 제품군을 만날 수 있다는 것도 강점이다.

WEB www.3ssf.com.tw

: MORE :

DIY 펑리수 체험, 곽원익 박물관 郭元益糕餅博物館
(곽원익고병박물관, 꾸워위엔이 까오빙 보어우관)
Kuo Yuan Ye Museum of Cake and Pastry

최근 들어 펑리수를 사는 데 그치지 않고, 아예 한발 더 나아가 펑리수 만드는 과정을 직접 체험해보려는 적극적인 여행자가 늘고 있다. 그 중심에는 바로 곽원익 펑리수가 있다. 이곳은 말 그대로 직접 펑리수를 만들어보는 체험의 장. 체험 프로그램은 매일 2~4회 진행되며, 약 2시간 정도 소요된다. 어린이도 쉽게 따라 할 수 있을 만큼 쉽고 간단한 코스로, 1인당 총 10개의 펑리수를 만들어 그중 1개는 그 자리에서 시식하고, 나머지 9개는 상자에 예쁘게 담아준다. 자신이 만든 펑리수에 이름도 새길 수 있어서 그야말로 세상에 하나뿐인 나만의 펑리수가 만들어지는 것.
사전 예약은 필수이며, 타이완 액티비티 앱 'kkday'를 통해 예약할 수 있다. 체험은 영어나 중국어로만 진행되지만, 어차피 요리 체험이기 때문에 큰 불편함은 없다. 펑리수가 구워지는 동안에는 5층에 있는 펑리수 박물관을 둘러보는 것도 좋겠다. 볼거리가 풍부한 편은 아니라 일부러 박물관에 찾아갈 필요까진 없지만, 기다리는 동안 잠시 둘러보기에는 그만이다.

MAP ❷

GOOGLE MAPS wenlin kuo yuan ye museum
ADD 文林路(원린루)546號 4F
PRICE NT$450(박물관 입장료 NT$50 포함)
OPEN 09:00~17:30
WEB www.kuos.com/museum
MRT 레드 라인 스린士林 역 1번 출구에서 도보 7분

+ Writer's Pick +

어느 브랜드의 펑리수가 제일 맛있을까?

마트에서 파는 저가 제품이 아니라면 펑리수 맛은 대체로 비슷하다. 어느 브랜드의 펑리수가 더 맛있는지는 전적으로 개인의 취향. 타이완 현지인들 사이에서의 인지도는 지아더 펑리수가 제일 높은 편이며, 포장 디자인을 중시하는 여행자들은 써니힐스 베이커리의 펑리수를 선호한다. 사실상 우열을 가리기 힘들 만큼 비슷한 맛이므로 만약 특별히 예민한 입맛의 소유자가 아니라면 굳이 일부러 특정 베이커리를 찾아갈 필요는 없다는 게 개인적인 생각이다.

중국, 타이완, 홍콩은 모두 차를 즐겨 마시는 중화권 국가에 속하기 때문에 차의 종류도 다양하고 품질도 좋은 편이다. 그중에서도 타이완의 차는 품질은 물론이고 포장도 고급스러워 지인에게 줄 선물로도 안성맞춤이다.

중국차 茶(차)

깊게 음미하는 만큼 울림도 커지는 매력

고급스러운 쇼핑 아이템

타이완은 차를 키우기에 매우 좋은 환경을 갖춘 땅이다. 강수량이 높고 연평균 기온이 20℃를 넘는 온화한 날씨 덕분에 예로부터 좋은 차가 많이 재배되었다. 그만큼 타이완에는 좋은 찻집도 아주 많은데, 특히 지우펀九份이나 마오콩猫空 등에는 일종의 전통찻집인 '차관茶館'이 곳곳에 자리하고 있어서 유유자적 여행자들의 아지트가 되고 있다. 시내에도 난지에더이南街得意(249p) 등 품격 있고 고즈넉한 차관들이 곳곳에 있어서 도심 속 휴식을 즐길 수 있다. 단, 전문적인 차관은 상대적으로 가격이 조금 높은 편이므로 춘수이탕春水堂, 티엔런밍차天仁茗茶처럼 전통 디저트와 중국차를 함께 즐길 수 있는 곳을 방문하는 것도 괜찮은 선택이다.

+ Writer's Pick +

어떤 차가 좋을까?

모든 차는 각각 그 나름의 독특한 맛과 멋이 있지만, 그중에서도 우리나라 사람들에게 인기가 높은 건 우롱차의 일종인 똥딩우롱차凍頂烏龍茶와 티에꽌인鐵觀音, 홍차의 맛을 닮은 우롱차 똥팡메이런東方美人, 녹차의 한 종류인 롱징차龍井茶, 자스민 차로 많이 알려진 모리화차茉莉花茶 등이다.

믿고 갈 수 있는 차 전문점

로맨틱한
패키지의 차 세트

야오양차항
嶢陽茶行(요양차항)
Geow Yong
Tea Hong

1842년 타이완의 중부 도시 루강鹿港에서 처음 문을 연 유서 깊은 차 전문점. 매장은 아주 럭셔리한 분위기지만, 상품 대부분이 NT$350~500 정도로 크게 부담스럽지 않은 가격대다. 차의 품질이 뛰어나고 포장이 워낙 고급스러워서 선물하기에도 더없이 좋다. 타이베이 쭝샨中山, 용캉지에永康街, 타이베이 101 등에 지점이 있다.

WEB www.geowyongtea.com.tw
BRANCH 타이베이 3곳, 타이중 1곳 등

야오양차항 타이베이 지점

■ **타이베이 쭝샨** 中山 **점 MAP ⑧**
GOOGLE MAPS geow yong tea hong taipei changchun store
OPEN 10:30~21:00
MRT 레드·그린 라인 쭝샨中山 역 4번 출구에서 도보 8분

■ **타이베이 용캉지에** 永康街 **점 MAP ⑦**
GOOGLE MAPS geow yong tea shop yongkang store
OPEN 10:30~21:00
MRT 레드·오렌지 라인 똥먼東門 역 5번 출구에서 도보 2분

■ **타이베이 101** 台北101 **점 MAP ③**
GOOGLE MAPS 타이베이 101
OPEN 11:00~21:30
MRT 레드 라인 타이베이 101/스마오 台北101/世貿 역 4번 출구와 바로 연결된다. 타이베이 101 지하 1층

부담 없는 가격,
부담 없는 분위기

티엔런밍차
天仁茗茶(천인명차)
Ten Ren's Tea

타이완에서 가장 많이 눈에 띄는 대중적인 차 전문점. 1961년 처음 문을 열어 50년이 넘도록 타이완 사람들의 한결같은 사랑을 받고 있다. 시내 곳곳에 지점이 있어서 찾기도 어렵지 않고, 함께 운영하는 차 레스토랑 차포티Cha for Tea도 높은 인기를 끌고 있다. 타이완 토종 브랜드로서 중국 전역에 티엔푸밍차天福茗茶라는 이름의 체인점도 갖고 있는데, 중국에서의 높은 인지도 덕분에 오히려 중국 브랜드로 알고 있는 사람도 있다.

WEB www.tenren.com.tw   BRANCH 타이완 전역 약 190곳

티엔런밍차 주요 지점

■ **타이베이 용캉** 永康 **점 MAP ⑦**
GOOGLE MAPS 2GMH+FJ taipei
OPEN 09:30~21:00
MRT 레드·오렌지 라인 똥먼東門 역 5번 출구에서 도보 3분

■ **타이중 따뚠** 大墩 **점 MAP ⑱**
GOOGLE MAPS 5J3X+QQ 타이중
OPEN 09:30~21:00
MRT 수이안꿍水安宮 역에서 도보 6분

■ **까오슝 따위엔바이** 大遠百 **점 MAP ㉑**
GOOGLE MAPS fe21 kaohsiung
OPEN 11:00~22:00
MRT 레드 라인 R8 싼뚜워샹취엔' 메가 쇼핑몰FE21' Mega 大遠百 12층

타이완 차의
품격을 높이다

차차테
Cha Cha Thé

타이완의 럭셔리 차 전문점 브랜드로, 타이완 전역에 지점을 두고 있다. 그중에서도 가장 유명한 곳은 타이베이 동취에 위치한 따안大安 플래그십 스토어. 호주 출신의 세계적인 건축가 요하네스 하트푸스Johannes Hartfuss와 디자이너 자야 이브라힘Jaya Ibrahim이 설계한 매장은 멋진 갤러리를 연상시키는 분위기로 유명하다. 매장에서 직접 차를 마실 수도 있고, 구매할 수도 있다. 차 외에도 월병이나 쿠키류를 갖추고 있으므로 고급스러운 선물을 구매하기에도 더없이 좋다. 타이중, 타이난의 미츠코시 백화점에도 지점이 있다.

WEB www.chachathe.com   **BRANCH** 타이베이 6곳, 타이중 2곳, 까오슝 2곳, 타이난 1곳 등

차차테 주요 지점

■ **타이베이 따안** 大安 **플래그십 스토어**
GOOGLE MAPS cha cha the da'an
ADD 復興南路(푸싱난루)一段219巷23號
OPEN 11:00~22:30
MRT 브라운·블루 라인 쭝샤오푸싱忠孝復興 역 3번 출구에서 도보 5분

■ **타이베이 용캉** 永康(영강) **점**
GOOGLE MAPS cha cha the yongkang
ADD 大安區永康街(용캉지에)13巷6號
OPEN 11:00~20:30
MRT 레드·오렌지 라인 똥먼東門 역 5번 출구에서 도보 5분

마음도 건강해지는
담백한 한 끼

차포티
喫茶趣(츠차취)
Cha for Tea

타이완의 차 브랜드 티엔런밍차가 오픈한 차 전문 웰빙 레스토랑. 녹차 전골, 녹차 국수, 녹차 만두 등 모든 메뉴에 차를 식재료로 썼다. 덕분에 음식이 자극적이지 않고 담백한 편. 메뉴판이 큼직한 사진으로 되어 있어 중국어를 몰라도 주문하기에 어렵지 않을 뿐 아니라 대부분 메뉴가 세트로 구성되어 있어 더욱 편리하다. 타이완의 주요 대도시에 체인점을 보유하고 있으며, 타이베이에만 5개 지점이 있는데, 스린士林 역 근처의 쭝샨中山 점이 가장 접근성이 좋은 편. 음식점 안에 티엔런밍차 상점도 함께 있어서 식사하면서 지인들에게 줄 차 선물을 사기에도 편리하다.

WEB www.chafortea.com.tw   **BRANCH** 타이베이 6곳, 타이중 1곳, 까오슝 3곳 등

차포티 주요 지점

■ **타이베이 쭝샨** 中山 **점** MAP ❷
GOOGLE MAPS 3GWH+28 taipei
OPEN 11:00~21:30
MRT 레드 라인 스린士林 역 2번 출구에서 도보 5분

■ **타이베이 푸싱** 復興 **점** MAP ❾
GOOGLE MAPS cha for tea fuxing
OPEN 11:00~21:30
MRT 브라운·그린 라인 난징푸싱南京復興 역 8번 출구에서 도보 2분

■ **까오슝 따위엔바이** 大遠百 **점** MAP ㉑
GOOGLE MAPS fe21 kaohsiung
OPEN 11:00~21:30
MRT 레드 라인 R8 싼뚸뭐 샹취엔三多商圈 역 2번 출구 바로 앞. FE21' 메가 쇼핑몰FE21' Mega 大遠百 12층

지파이

한국엔 치맥, 타이완에는

鷄排(계배)

우리나라만큼이나 타이완 사람들도 치킨을 사랑한다는 사실. 간식으로도 간단한 한 끼 식사로도 손색이 없는 타이완의 치킨은 가격도, 그 크기도 높은 가성비를 자랑해 더욱 반갑다.

비슷한 듯 조금 다른 타이완의 치킨

타이완 사람들 역시 우리나라 사람들 못지않게 치킨을 즐겨 먹는다. 덕분에 치킨 체인점도 상당히 많아서 인기 브랜드의 경우 번화가 곳곳에 지점이 있고 가격도 저렴하여 주머니 가벼운 여행자들이 치킨으로 한 끼 식사하기에도 손색이 없다. 다만 우리나라는 양념치킨, 파닭, 불닭 등 종류가 다양한 데 비해 타이완은 오로지 프라이드 치킨만 일편단심 사랑한다. 그러니 우리나라 치킨과 타이완의 치킨이 어떻게 다른지 비교해보는 것도 흥미로운 경험이 될 것이다.

스린 야시장 대표 메뉴
초대형 치킨가스

하오따 따지파이
豪大大鷄排(호대대계배)
Hot-Star Restaurant
283p

치킨과 버섯튀김의
기막힌 조합

지꽝 샹샹지
繼光香香雞
(계광향향계)

타이베이의 스린 야시장土林市場에 가면 제일 먼저 지파이鷄排를 파는 곳이 눈에 들어온다. 무엇보다 지파이의 어마어마한 크기부터 놀랍다. 하오따 따지파이는 치킨가스 하나만으로 최고의 인기를 누리게 되었고, 스린 야시장을 비롯하여 타이완 전역에 여러 곳의 지점을 오픈했다. 홍콩에도 무려 12개의 점포가 있어 홍콩에 다녀온 사람은 하오따 따지파이를 홍콩 브랜드로 알고 있을 정도. 단, 이곳은 테이블이 따로 없고, 포장만 가능하다.
이곳이 지파이의 원조 격이라서 가장 유명하긴 하지만, 이젠 굳이 이곳 아니어도 야시장마다 지파이 맛집이 적지 않다. 그러니 일부러 이곳을 찾지 않아도 사람들이 길게 줄을 서 있다면 그곳이 지파이 맛집이다.

WEB www.hotstar.com.tw
BRANCH 타이베이 3곳, 타이베이 근교 7곳 등

타이완에서 가장 많이 알려진 치킨 체인점 중 하나. 거리를 걷다가 지꽝 샹샹지의 트레이드마크인 빨간색 간판만 봐도 치킨이 먹고 싶어질 만큼 유혹이 강렬하다. 다른 치킨 브랜드에 비해 맛이 더 독특하거나 놀랄 만큼 감동적이진 않지만, 체인점 수가 월등히 많고 튀김 기름이 위생적이라는 것이 가장 큰 강점이다. 치킨과 함께 판매하는 버섯 튀김도 인기가 높은 편. 단, 좌석이 따로 없어서 포장만 가능하다.

WEB www.jgssg.com.tw
BRANCH 타이완 전역 약 40곳

무게를 달아서
판매하는 방식

버섯의 고소함이
그대로 살아있는
버섯 튀김

지꽝 샹샹지 지점

■ **타이베이 시먼띵**西門町 **점** MAP ❹
GOOGLE MAPS j&g fried chicken hanzhong
OPEN 11:00~22:00
MRT 그린·블루 라인 시먼西門 역 6번 출구로 나와 오른쪽 보행자 거리 입구로 들어서면 바로 보인다.

107

총좌빙 蔥抓餅(총과병)

타이완의 국민간식

타이베이의 용캉지에를 걷다 보면 길게 줄을 선 풍경을 쉽게 만날 수 있다. 바로 총좌빙을 판매하는 곳이다. 저렴한 가격에 든든한 간식으로 손색이 없는 총좌빙은 외국인 여행자들에게도 환영받는 샤오츠 메뉴라고 할 수 있다.

쫄깃쫄깃 씹을수록 고소한 맛

총좌빙은 우리나라 '호떡'쯤에 해당하는 길거리 메뉴로, 총여우빙蔥油餅이라고도 한다. 전문적으로 총좌빙만 파는 가게가 따로 있는 경우는 드물고, 일반적으로 분식집 한쪽 코너나 포장마차 같은 이동식 가판대에서 살 수 있다. 가게마다 총좌빙의 스타일이 각기 다른 점도 특이한데, 어떤 곳은 빈대떡처럼 쫄깃쫄깃 차진 느낌이 더 강하고, 어떤 곳은 쫄깃한 맛은 덜하지만 아주 얇아서 파이처럼 결대로 찢어 먹는 재미가 있다. 곳곳의 총좌빙을 비교해보는 것도 재미있을 듯. 입맛에 따라 달걀을 덧입힐 수도 있는데, 달걀을 더할 때는 '칭 지아딴請加蛋'이라고 말하면 된다.

달걀을 더한
총좌빙

용캉지에 최고의 총좌빙 전문점

티엔진 총좌빙
天津蔥抓餅(천진총과병)
219p

바글바글 스린 역 총좌빙집!

스린짠 총좌빙
士林站 蔥抓餅
(사림참 총과병)

우리나라 여행자들 사이에서 가장 인기 있는 총좌빙 전문점. 맛집 많기로 유명한 용캉지에를 걷다 보면 문득 사람들이 길게 줄을 서 있는 풍경을 만날 수 있다.

총좌빙과 연두부 디저트 떠우화豆花를 함께 파는 곳. 원래 가게 이름은 '지우롱 떠우화 리엔즈 짠마이디엔 九龍豆花蓮子專賣店'이지만, 사람들은 그냥 '스린짠 총좌빙'이라고 부른다. 워낙 사람이 많다 보니 아예 입구에 '줄을 서주세요'라는 팻말을 세워두었을 정도. MRT 스린士林 역에 내려 고궁박물원에 가기 전, 가볍게 먹기에 더 좋을 수 없는 메뉴다. 용캉지에의 티엔진 총좌빙이 파이처럼 결이 살아있는 맛이라면 이곳의 총좌빙은 빈대떡처럼 쫀쫀하게 차진 맛이 매력적이다.

GOOGLE MAPS 스린역 임가 총좌빙
ADD 中正路(쫑쩡루)235巷10號
OPEN 09:00~22:00
MRT 레드 라인 스린士林 역 1번 출구 바로 오른쪽
MAP ❷

: MORE :

타이완의 포차, 러차오 熱炒(열초)

술 마시는 밤 문화가 상대적으로 덜 발달한 타이완에서 부담 없이 밤에 술 한잔하기 좋은 곳 중 하나가 '러차오熱炒'다. 일본식 선술집인 이자카야와 더불어 타이완의 저녁 음주 타임을 책임지고 있는 러차오는 도시 곳곳에서 쉽게 찾을 수 있다. 우리나라로 치면 포차와 비슷한 개념으로, 안주 메뉴 대부분이 NT$100~200 정도라서 '100원 술집'이라는 별명으로 불리기도 한다. 부담 없는 가격대에 즐길 수 있는 대중적인 술집이라 흥겨운 밤을 기대하는 여행자들 사이에서도 인기가 높다. 특별히 유명한 러차오가 있는 건 아니므로 사람들이 시끌벅적 많이 모여 있는 러차오를 찾으면 된다.

루웨이

滷味 (로미)

백만 가지 재료로 만든 백만 가지 맛

타이완의 대표적인 서민 음식인 루웨이는 총좌빙蔥抓餅과 더불어 타이완 사람들이 가장 사랑하는 샤오츠 메뉴 중 하나다. '루웨이'는 달콤하면서도 담백하게 식감을 자극하는 타이완의 전통 조리법을 가리키는 말이다.

한번 먹어보면 계속 생각나는 맛

루웨이를 즐기는 방법은 간단하다. 판매대에 놓여있는 고기, 채소, 면, 어묵, 버섯 등의 여러 재료 중에서 먹고 싶은 재료를 바구니에 담아 건네면 주인이 루웨이 국물에 재료들을 자작하게 데쳐주는 방식. 바구니에 담은 재료의 종류와 양에 따라 가격이 정해지기 때문에 무엇을 얼마나 담느냐에 따라 다르지만, 대략 1인당 NT$100~130이면 넉넉하게 먹을 수 있다. 또한 각자의 입맛에 따라 매운맛의 강도와 루웨이 국물의 양도 조절할 수 있다.

모든 야시장과 맛집 골목마다 루웨이 전문점을 쉽게 만날 수 있는데, 그중에서도 타이베이 스따 야시장師大夜市의 루웨이가 특히 유명하다. 참고로 매운맛을 원할 때는 영어로 '스파이시'를 외치거나 중국어로 '칭 뚜어 라 이디엔請多辣一点!'이라고 말하면 된다.

최근에는 루웨이를 현대적으로 재해석하여 업그레이드한 유기농 비건 루웨이 전문점이 인기를 끌고 있다. 타이베이의 베지 크릭Vege Creek(203p), 타이중의 베지스 엠Veges M(439p) 등이 대표적이다.

+ Writer's Pick +

알아두면 좋은 루웨이 Tips!

❶ 채소와 버섯 위주로 고르는 게 가장 맛있는 루웨이를 만드는 방법!
❷ 어묵 중에는 고수가 들어 있는 것도 있으니 만약 고수를 못 먹는다면 조심해서 고를 것!
❸ 고른 재료를 바구니에 담아주면 된다.

타이완의 서민들이 예로부터 즐겨 먹었던 국민 간식인 탄카오 샹창은 집집마다 돼지를 직접 잡아서 소시지로 만들어 놓고 먹던 풍습이 현대에까지 이어진 것. 이제는 야시장마다 흔히 찾아볼 수 있는 인기 메뉴가 되었다.

탄카오 샹창 炭烤香腸 (탄고향장)

그냥 지나치기 힘든 유혹적인 비주얼

고소한 향에 먼저 반하다

샹창香腸은 '소시지'란 뜻이다. 탄카오 샹창은 숯불 소시지를 가리키는 말로 숯불의 고소함과 소시지의 쫄깃쫄깃함이 어우러져 외국인 여행자들에게도 큰 인기를 끌고 있다. 최근 들어서는 소시지의 칼집 사이사이에 마늘이나 피망 등을 끼워서 먹거나, 케첩, 머스타드, 레몬즙, 칠리소스 등 각종 서양식 소스를 듬뿍 발라서 먹는 게 유행이다. 그래 봤자 소시지인데 뭐 특이할 게 있겠냐고 생각한다면 큰 오산. 일단 먹어보면 우리나라의 소시지와는 차원이 다른 쫄깃쫄깃함과 숯불의 불맛이 입안 가득 느껴져 반하지 않을 수 없을 것이다. 모든 야시장이나 라오지에마다 파는 곳이 아주 많아서 찾기엔 어렵지 않으나, 개인적으로는 우라이 라오지에烏來老街에서 파는 야꺼 샨주러우샹창雅各 山猪肉香腸(379p)을 최고로 꼽고 싶다.

야꺼 샨주러우샹창

떠우화 & 펀위엔 <small>豆花(두화) & 紛圓(분원)</small>

깊게 음미하는 만큼 울림도 커지는 매력

타이완의 여러 디저트 중에서도 전통적이면서 건강한 디저트로 떠우화와 펀위엔을 빼놓을 수 없다. 우리나라에서는 반찬으로 먹는 두부가 타이완에서는 건강 디저트로 인기를 끌고 있으니 신기하기도 하다.

초특급 건강 만점 디저트, 떠우화

떠우화나 펀위엔은 타이완의 전통 간식으로 우리나라의 연두부쯤에 해당한다. 즉, 그릇에 연두부를 담고 그 위에 녹두, 콩, 팥 등의 토핑을 얹어서 먹는 디저트다. 여름에는 차가운 렁冷 떠우화, 겨울에는 뜨거운 러熱 떠우화가 인기. 위장에도 부담이 없고 맛있으면서 몸에도 좋은 건강 디저트라고 할 수 있겠다. 타이완뿐 아니라 중국, 홍콩, 싱가포르 등 화교권 국가에서 폭넓은 인기를 누리고 있는 떠우화는 토핑 종류도 다양하고 부드럽게 넘어가는 식감도 뛰어나서 입맛 까다로운 외국인 여행자들에게도 인기가 높은 편이다.

떠우화의 짝꿍, 펀위엔

떠우화와 함께 타이완 사람들이 사랑하는 건강 디저트인 펀위엔. 펀위엔은 쩐주나이차 안에 들어가는 알갱이인 타피오카 펄에 찹쌀을 조금 더해 만든 일종의 경단이다. 펀위엔 역시 타이완 사람들의 오랜 사랑을 받은 전통 디저트로, 야시장이나 거리 곳곳에서 쉽게 펀위엔 전문점을 만날 수 있다. 떠우화보다 조금 더 달달한 디저트를 먹고 싶다면 펀위엔이 정답이다.

믿고 갈 수 있는 떠우화 & 펀위엔 전문점

더위를 식혀주는
시원한 건강 간식

안핑 떠우화
安平豆花(안평두화)
563p

타이난에서 손꼽힐 만큼 이름난 떠우화 전문점이라 늘 사람들의 발길이 끊이지 않는 곳. 50년의 역사를 자랑하며, 세계적인 영화감독 이안이 좋아하는 곳으로도 유명하다. 워낙 종류가 다양해 골라 먹는 재미가 있다. 타이난에만 6개의 매장이 있다.

WEB www.tongji.com.tw

계절 과일을 토핑한
타이베이의
싸오떠우화(209p)

타이완을 대표하는 열대과일

북부는 아열대기후, 남부는 열대기후에 속하는 타이완은 과일, 즉 수웨이구워水果(수과)의 종류가
아주 풍부하고 가격도 저렴해, 그야말로 '과일 천국'이다. 우리나라에서는 보기 힘든 과일도 많아서
하나씩 먹어보는 재미가 쏠쏠하다. 단, 야시장에서 파는 과일은 관광객들을 상대로 하는 만큼
마트보다 가격도 훨씬 비싸고 그다지 신선하지 않은 경우도 많으므로 주의해야 한다.
그러니 시간만 된다면 대형마트나 재래시장에서 신선한 과일을 제대로 구매해 맛보길 권하고 싶다.

빠알러 芭樂

우리에게는 구아바라는 이름으로 더 많이 알려진 과일.
파파야와 살짝 비슷한 맛이지만, 파파야보다 좀 더
사각거리고 달다. 파파야와 사과의 중간쯤 되는 맛.
무엇보다 시원한 맛이 일품이라 덥거나 갈증 날 때 먹기에
가장 좋다.

리엔우 蓮霧

언뜻 보면 빨간 사과 같기도 하지만, 사과는 아니다.
사과보다는 단맛이 훨씬 덜한 대신 좀 더 상큼하고
사각사각한 편. 타이완을 대표하는 과일로 빨간 호리병
모양이 독특하다. 녹색과 빨간색 두 종류가 있고, 영어
이름은 워터 애플Water Apple 또는 왁스 애플Wax Apple이다.

스지아 釋迦

타이동台東 지방을 대표하는 과일. '스지아'는 '석가모니'의
'석가'를 중국어로 쓴 것으로 과일의 겉모양이 석가모니의
머리를 닮았다고 해 붙여진 이름이다. 겉은 단단해
보이지만, 껍질을 까면 쫄깃쫄깃하고 맛도 달콤해 우리나라
사람들이 특히 좋아한다.

아이위 愛玉

엄밀히 말해 아이위는 과일이라기보단 열매라고 부르는 게
맞다. 그리고 이 열매는 그냥 통째로 먹는 게 아니라 젤리로
만들어서 먹는다. 녹차에 넣으면 아이위 녹차, 라임 주스에
넣으면 아이위 라임 주스처럼 말이다. 무엇보다 여름철
갈증을 해소하는 데는 아이위 만한 게 없다.

망궈 芒果

자타공인 타이완을 대표하는 과일. 그중에서도 애플망고의
한 종류인 아이원 망궈愛文芒果가 가장 유명하다. 1954년에
미국에서 건너온 품종이지만, 타이완으로 온 뒤에
본격적으로 유명해졌다. 6~7월이 제철이며, 우리나라보다
훨씬 더 저렴한 가격으로 마음껏 먹을 수 있어서 인기가 높다.

롱궈 龍果

우리에게는 영문명인 드래곤 프룻Dragon Fruit으로 더 많이
알려진 열대 과일. 용이 여의주를 물고 있는 모습을 닮았다
하여 붙은 이름이다. 우리나라에서도 쉽게 살 수 있는
과일이지만, 껍질 안이 붉은색인 홍롱궈紅龍果는 타이완이
특히 더 맛있다. 6~12월이 제철이다.

타이완의 다양한 샤오츠는 이게 끝이 아니다. 앞에서 소개한 샤오츠 외에도 타이완의 거리나 야시장에서
맛볼 수 있는 샤오츠 종류를 다 소개하려면 책 한 권으로도 부족하다. 낯선 거리에서 현지인들과 함께
일상의 소소한 먹거리인 샤오츠에 도전해보는 것은 아마도 꽤 흥미진진한 경험이 될 것이다.
무엇보다 타이완의 샤오츠들은 놀랍도록 맛있고 꽤나 중독적이다.

달콤한
타이완식 햄버거

1 꽈바오 割包[활포] Taiwanese Pork Belly Buns

타이완 전통 샤오츠 중의 하나로, '거빠오'라고 발음하는 게 맞지
만 옛날 타이완 방언인 '꽈바오'라는 이름으로 더 많이 알려져 있다. 대
부분의 야시장에서 쉽게 만날 수 있으며, 그중에서도 르위에탄日月潭
의 이다샤오伊達邵 거리에 특히 많은 편이다. 꽈바오에 들어가는 재료
는 매우 간단하다. 속에 아무것도 들지 않은 하얀 빵 사이에 돼지고기
와 채소, 땅콩가루, 소스 등을 푸짐하게 넣으면 끝. 이때 돼지고기는
말랑말랑 삼겹살을 주로 사용한다. 꽈바오 특유의 향은 삼겹살을 재
운 달달한 특제 소스와 땅콩가루 덕분에 갖게 된 것. 가격도 저렴하여
NT$70~100 정도면 큼직한 꽈바오 한 개를 먹을 수 있다. 단, 기본적으
로 고수를 넣는 곳이 많으니 원치 않으면 고수를 빼달라고 미리 얘기해
두자. 중국어로 '칭 부야오 팡 샹차이请不要放香菜'라고 말하면 된다.

2 쫭위엔까오 狀元糕[장원고]

중국 고대로부터 전해오는 전통 떡. 한동안 사라졌다
가 몇 년 전부터 다시 야시장과 전통 거리에 등장하기 시
작했다. 우리나라의 백설기와 비슷한 맛으로, 백설기보다
쫄깃함은 덜한 대신 식감은 더 부드럽다. 대나무 통에 쌀
가루를 넣고 뜨거운 스팀으로 빠르게 익혀내며 안에 검은
깨나 땅콩 가루가 고명으로 들어 있다. 떡을 빠르게 만드
는 과정이 하나의 퍼포먼스가 되어 판매대 주위에는 늘 사
람들이 몰려서 동영상과 사진을 찍기에 바쁘다.

이 떡은 '장원떡狀元糕'이라는 이름 그대로 우리나라의 찹
쌀떡처럼 시험 직전에 먹는 떡으로 알려져 있다. 이 이름
의 유래는 고대로부터 시작되었다. 당나라 6대 황제인 현
종이 저쟝浙江 성으로 시찰을 나갔다가 우연히 거리에서
이 떡을 맛보고 그 맛을 잊지 못해 급기야 '民以食為天
(백성은 먹는 것으로 하늘을 삼는다)'는 제목과 이 제목에 맞는
떡을 실제로 만드는 문제로 과거 시험을 열게 되었다. 다
행히 현종이 맛보았던 그 떡을 만든 청년이 장원 급제를
하게 되었고, 그때부터 이 떡은 '장원떡' 즉, '쫭위엔까오狀
元糕'라고 불리게 되었다는 유래가 전해진다. 가격도 저렴
하고 떡 만드는 퍼포먼스도 흥미진진하니 야시장에 가면
꼭 한번 구경해 보자.

3 루러우판 滷肉飯 (로육반)

엄밀히 말하면 루러우판은 샤오츠이라기보다는 주식 메뉴에 속한다. 하지만, 야시장을 포함하여 타이완 어디에서나 쉽고 간단하게 먹을 수 있는 메뉴라는 점에서 샤오츠로 분류해도 될 정도. 실제로 타이완의 국민 메뉴라고 불릴 정도로 타이완 현지인들의 사랑을 받고 있다. 우리나라로 치면 간장 계란밥 정도에 해당하는 메뉴다. 사실 루러우판은 매우 간단하다. 삼겹살을 깍둑썰어서 양념을 넣고 볶은 다음 밥 위에 얹으면 끝이다. 특별할 게 없어 보이지만, 뒤돌아서면 자꾸 생각나는 맛이라 우리나라 여행자들 사이에서도 루러우판을 좋아하는 사람이 적지 않다.

가슴 깊은 곳까지
시원해지는 건강음료

젤리로 만들기 전의
아이위 열매

4 닝멍아이위 檸檬愛玉 (녕몽애옥)

타이완에는 건강에 좋은 음료가 꽤 많다. 그중 대표적인 닝멍아이위는 아리샨阿里山 일대가 주요 산지인 아이위 열매를 잘라서 말린 다음, 얼려서 젤리 형태로 만든 것에 레몬즙을 더한 천연 주스다. 투명한 젤리처럼 보이는 아이위는 더위와 갈증을 해소하는 데 효과적이어서 더운 타이완 날씨에 더할 나위 없이 잘 어울린다. 덕분에 타이완 사람들에게 사랑받는 천연 음료로 자리를 잡았고, 타이완의 야시장이나 라오지에老街마다 팔지 않는 곳이 없을 정도로 인기가 높다. 모르고 보면 특별히 관심이 가지 않는 비주얼이지만, 막상 마셔보면 그 시원함에 반하지 않을 수 없다.

5 떠우쟝 豆漿 (두장)

닝멍아이위와 더불어 타이완 사람들에게 사랑받는 국민 음료. 언뜻 보면 우리나라의 두유와 비슷하지만, 두유보다 훨씬 더 진한 순수 콩즙이라서 한 잔만 마셔도 마치 미숫가루나 선식을 마신 것처럼 속이 든든해진다. 보통 차갑게 해서 마시지만, 입맛에 따라서는 뜨거운 러떠우쟝熱豆漿으로 먹어도 된다. 또한 설탕을 넣지 않은 '우탕無糖'을 선택할 수도 있는데, 개인적으론 우탕이 훨씬 더 맛있다. 따로 말하지 않으면 떠우쟝에 설탕을 타주니 주문하면서 미리 설탕을 넣지 말아 달라고 하는 것을 잊지 말 것. 중국어로 '워 야오 우탕더我要無糖的'라고 말하면 된다.

마시는 순간
저절로 건강해질 것 같은
순수 콩물, 떠우쟝

5 차오미펀 炒米粉(초미분)

야시장이나 라오지에의 분식집을 지나다 보면 커다란 프라이팬 위에 가는 쌀국수 볶음이 산처럼 쌓여있는 모습을 흔히 만날 수 있다. 차오미펀, 또는 미펀차오 米粉炒라고 불리는 이 볶음 쌀국수는 타이완 근교의 신주新竹라는 마을에서 처음 만들어진 음식으로, 서민들이 부담 없이 쉽게 먹을 수 있는 메뉴로 인기를 끌기 시작했다. 사실 차오미펀에는 특별한 재료를 넣는 것도, 특별한 조리법이 있는 것도 아니다. 눈에 보이는 대로 그냥 평범하고 담백한 맛이 전부.

일반적으로 밥 대신 가볍게 먹을 수 있는 주식의 한 종류로 인기가 있는 편이며, 돼지고기와 양배추, 숙주나물, 목이버섯 등의 재료와 함께 넣고 볶는 경우도 많다. 담백한 맛이니만큼 어느 곳에서 먹든 맛의 차이가 크지 않은 편. 무엇을 주문해야 할지 잘 모르겠거나 마땅한 주식 메뉴가 없을 때 선택하기 좋은 만만한(?) 메뉴다.

6 옌쑤지 鹽酥雞(염소계)

야시장이나 라오지에를 지나다 보면 어김없이 뷔페처럼 각종 재료가 가득 전시된 포장마차를 만나게 된다. 바로 옌쑤지를 파는 곳이다. 겉보기에는 루웨이 전문점과 거의 차이가 없지만, 뜨거운 물에 데쳐서 국물을 자작하게 하는 루웨이와는 달리 옌쑤지는 각종 재료를 넣고 튀겨서 담아주는 형태다.

옌쑤지의 메인 메뉴는 이름에 들어 있는 대로 닭고기다. 단, 우리나라 치킨처럼 통째로 튀기는 게 아니라 닭고기를 먹기 좋은 크기로 자른 다음 다른 재료와 함께 뜨거운 온도에서 단시간에 튀긴다. 가판 위에 진열된 재료 중에서 먹고 싶은 재료를 바구니에 담아서 주인에게 주면 치킨과 함께 튀겨준다. 모든 야시장마다 옌쑤지 전문점을 쉽게 찾아볼 수 있지만, 그중에서도 스따 야시장師大夜市의 옌쑤지가 특히 유명한 편이다.

달콤 짭짜름한 뷔페식 치킨

타이완에서 먹는 쫄깃쫄깃 어묵 | 피할 수 없는 강력한 냄새가 먼저!

7 티엔푸루워 天婦羅[천부라]

사실 티엔푸루워는 중국어가 아니라 '빨리빨리'라는 뜻의 포르투갈어 'Tempura'에서 음을 따서 만든 말이다. 16세기 포르투갈 사람들이 배고픔을 빨리 달래기 위해 고기 대신 생선을 갈아서 튀김으로 먹던 음식이 일본으로 전해졌고, 그것이 일본 간사이 지방에서 '덴부라'로 불리며 크게 인기를 끌다가 타이완에까지 전해진 것. 일제 점령기 때 타이완으로 들어온 티엔푸루워는 초기에는 고급 일식집에서만 먹을 수 있던 메뉴였으나 지금은 모든 야시장에서 찾아볼 수 있는 메뉴 중 하나가 되었다.

티엔푸루워는 곱게 간 생선에 쫄깃쫄깃한 전분을 입혀서 튀겨내는 것이 일반적인 방법이다. 튀김으로 먹을 때는 볶은 오이, 각종 채소 등을 얹은 다음 소스를 뿌려서 먹으면 가장 맛있다. 어느 야시장에서나 쉽게 맛볼 수 있지만, 그중에서도 타이베이 북부 지롱基隆의 미아오커우 야시장廟口夜市와 타이베이 스따 야시장師大夜市의 티엔푸루워가 특히 유명한 편이다.

8 취두부 臭豆腐[처우[더우푸]

지우펀九份 골목이나 야시장을 걷다 보면 나도 모르게 저절로 인상이 찌푸려질 만큼 고약한 냄새가 진동할 때가 있다. 냄새의 주인공은 바로 발효시킨 두부인 취두부! 타이완 관광청이 '타이완 10대 야시장 메뉴' 중 하나로 선정한, 타이완이 보장하는 야시장 음식이다. 취두부의 유래에는 여러 가지 설이 있지만, 어쨌거나 시발점은 청나라 강희제 때 중국 안후웨이성安徽省의 어느 작은 마을에서였다. 이후 중국 전역에 이 메뉴가 전해지기 시작했고, 멀리 타이완까지 건너와 인기를 끌게 된 것.

사실 생각해보면 우리에겐 더없이 구수한 청국장도 외국인들에게는 인상 찌푸려지는 냄새일 수 있듯이, 취두부의 냄새도 기꺼이 받아주는 게 예의일 듯싶다. 용기가 있다면 한 번쯤 새로운 음식에 도전해보는 것도 나쁘지 않다. 어쩌면 한번 먹어보고 생각보다 괜찮은 맛에 반해 취두부가 또 생각날지도 모를 일이니 말이다.

+ Writer's Pick +

편의점의 샤오츠

알고 보면 타이완의 편의점 또한 빼놓으면 서운한 샤오츠 천국이다. 우리나라 여행자들 사이에서 인기가 높은 우육면 컵라면인 '만한대찬滿漢大餐'을 필두로 하여 다양한 샤오츠들이 사람들의 입맛을 유혹하고 있다. 물론 편의점에서 판매하는 샤오츠 대부분이 야시장에서도 먹을 수 있는 메뉴이고 맛도 야시장보다는 한 수 아래이지만, 오히려 편의점이 더 맛있는 샤오츠 메뉴도 있다. 바로 군고구마와 삶은 계란. 특히 삶은 계란은 '차예딴茶葉蛋'이라고 하는 타이완의 전통 샤오츠 중 하나로, 간장과 찻잎에 오래 삶아서 부드럽고 은은한 차 향이 일품이다.

타이완을 대표하는 커피 전문점

우리나라 사람들에게 커피는 끊으려야 끊을 수 없는 기호 식품으로 자리 잡은 지 오래다. 커피에 대한 이런 열기는 타이완도 예외가 아니다. 원래부터 차 문화를 향유하던 타이완 사람들에게 커피는 또 다른 차로 인식되면서 절차가 다소 까다로운 차보다 부담 없이 간편하게 즐길 수 있는 커피를 선호하는 사람이 빠르게 늘어난 것이다. 이러한 흐름 덕분에 타이베이는 아시아에서 유일하게 '세계 10대 커피 도시'로 선정되기도 했으며, 거리마다 수많은 커피 전문점들이 넘쳐난다.

1 스타벅스 Starbucks

세계적인 인지도를 바탕으로 타이완에서도 역시 수많은 스벅 마니아를 보유하고 있으며, 우리나라에 버금가는 많은 매장을 확보하고 있다. 메뉴는 우리나라와 큰 차이가 없으며, 가격대도 거의 비슷한 수준이다. 무엇보다 낯선 여행지에서 친근한 분위기를 만나 심리적인 안도감(?)을 취할 수 있다는 게 가장 큰 장점이다. 굿즈도 우리나라와 다른 디자인이 꽤 많아서 굿즈 쇼핑의 재미 또한 쏠쏠한 편이다.

2 카마 Cama

2004년 처음 문을 연 이래 빠른 성장세를 나타내고 있는 커피 체인. 누구나 한 번쯤 걸음을 멈추고 뒤돌아볼 만큼 귀여운 캐릭터에 노란색 인테리어가 강렬하다. 하지만 이곳의 진짜 매력은 인테리어가 아니라 바로 카마에서 자체적으로 로스팅 작업을 한다는 사실이다. 게다가 가격도 저렴한 편이어서 이쯤 되면 더 빨리 유명해지지 않은 게 이상할 정도다. 특히 타이베이 송산 문창원구 내에 오픈한 플래그십 스토어 '카마 커피 로스터스誠品文書(두류분청, 떠울리우 원청) Cama Coffee Roasters'는 감각적인 인테리어와 분위기로 송산 문창원구의 핫플레이스로 주목받고 있다.

WEB www.camacafe.com I camacoffeeroasters.com

3 루이자 커피 路易莎咖啡
[로이사가빼, 루이샤 카페이]
Louisa Coffee

현재 타이완에서 가장 많은 매장을 보유한 로컬 커피 브랜드 중 하나. 2007년에 첫 매장을 오픈했으나 초기에는 그리 많이 알려지지 않았다가 몇 년 전부터 빠른 속도로 인기가 높아지고 있다. 대규모 로스팅 공장을 운영하고 있으며, 다양한 식사 및 디저트 메뉴도 끊임없이 개발하면서 매장 수도 지속적으로 늘어가는 추세다. 커피 메뉴도 다양할 뿐 아니라 간단한 식사까지 가능하다는 게 가장 큰 장점이다.

WEB www.louisacoffee.com.tw

4 미스터 브라운 카페
伯朗咖啡館(백랑가배관)
Mr. Brown Café

우리나라에는 인스턴트 커피믹스와 밀크티 믹스브랜드로 주로 소개됐지만, 알고 보면 타이완 전역에 여러 개의 지점을 두고 있는 커피전문점이다. 이곳은 커피도 맛있지만, 다양한 디저트 메뉴로 특히 유명하다. 샌드위치, 단호박 치즈 타르트, 와플, 케이크 등 각종 디저트 메뉴가 매우 풍부해 일정이 바쁜 여행자에게는 더없이 반가운 곳이다.

5 도너츠 多那 Donutes

1989년에 타이완 남부 까오슝에서 처음 문을 연 커피&베이커리 전문점. 처음에는 베이커리에 치중했다가 2006년부터 커피 로스팅까지 시작하며 공격적으로 매장을 확대하기 시작했다. 특히 베이커리와 케이크의 종류가 다양한 편이라 현지인들 사이에서 인기가 높은 베이커리 브랜드 중 하나로 손꼽힌다. 아직까지 타이베이에는 매장이 없으며, 까오슝, 타이난 등의 남부와 타이중, 짱화 등의 중부 도시에만 지점이 있다. 참고로 북부에는 타오위엔에 2개의 지점이 운영 중이다.

WEB donutes.com.tw

: MORE :
편의점 커피의 재발견

타이완에는 그 어떤 커피 전문점 못지않게 훌륭한 맛과 향을 보장하는 곳이 있다. 다름 아닌 편의점. 그중에서도 타이완의 양대 편의점인 세븐일레븐과 패밀리마트의 커피가 가장 유명한데, 세븐일레븐의 브랜드명은 시티 카페City Cafe, 패밀리마트는 렛츠 카페Let's Cafe다. 크레마가 짙게 덮인 커피는 그 어떤 유명 커피 전문점에도 뒤지지 않는 수준이다. 가격도 더없이 착해서 아메리카노 한 잔에 NT\$35, 한화로 1000원이 조금 넘는 가격이다.

타이완 쇼핑 탐구일기

SHOPPING

1
DRUG STORE

소소한 쇼핑의 즐거움

드럭 스토어 & 마트 & 편의점

뭔가를 특별히 사지 않아도 드럭 스토어는 재미있다. 우리나라보다 훨씬 일찍부터 인기를 끌기 시작한 타이완의 드럭 스토어는 매장 수도 많고, 브랜드와 제품군도 다양해서 이것저것 구경하다 보면 시간이 훌쩍 지나버리기 일쑤. 타이완의 드럭 스토어도 우리에겐 더없이 즐거운 놀이터이다.

타이완의 드럭 스토어 브랜드

코스메드
康是美 COSMED

타이완에서 가장 흔하게 만날 수 있는 드럭 스토어. 타이완 전역에 무려 400개에 가까운 지점을 보유하고 있는 타이완 토종 브랜드다. 다른 브랜드에 비해 행사를 자주 진행하기 때문에 운이 좋으면 파격적인 가격으로 득템할 수 있는 곳이기도 하다. 물론 그만큼 품절되는 경우도 많기 때문에 매장이 보일 때마다 일단 들어가 보는 게 득템의 비결.

WEB www.cosmed.com.tw

왓슨스
屈臣氏 Watsons

홍콩에 본사를 두고 있는 드럭 스토어. 코스메드의 뒤를 이어 많은 매장을 보유하고 있으며, 판매하는 제품군도 상당히 다양한 편이다. 실제로 코스메드에 없는 제품이 왓슨스에는 있는 경우도 종종 있다. 또 가격도 시기나 제품의 종류에 따라 각각 다르므로 두 브랜드의 가격 비교는 필수다.

WEB www.watsons.com.tw

재팬 메디컬
日藥本舖 Japan Medical

오로지 일본 제품만 판매하는 드럭 스토어. 실제로 판매하는 품목의 95% 이상이 일본 제품이다. 종류도 상당히 다양해 흔히 드럭 스토어에서 볼 수 있는 뷰티 아이템 외에도 식품, 약품, 생활용품 등을 모두 만날 수 있다. 한 마디로 일본을 통째로 옮겨놓은 듯한 분위기. 어떻게 이런 것까지 수입했을까 싶을 만큼 다양한 종류의 제품이 있다.

WEB www.jpmed.com.tw

토모즈
Tomod's

재팬 메디컬과 더불어 일본의 뷰티 아이템과 식품, 약품, 생활용품 등을 판매하는 드럭 스토어. 일본에 본점을 두고 있는 드럭 스토어로서 작은 일본이라 불려도 과언이 아닐 만큼 판매하는 제품 대부분이 메이드 인 재팬이다. 다른 드럭 스토어에 비해 아직 매장 수도 많지 않고 인지도도 상대적으로 낮은 편이지만, 공격적인 마케팅으로 연일 매장을 늘려가고 있다.

WEB www.tomods.com.tw

워낙 먹거리 쇼핑 품목이 다양하기로 유명한 타이완이기에 마트와 편의점 쇼핑만큼은 아무리 해도 질리지 않는다. 특히 우리나라에서는 볼 수 없는 음료가 많아서 편의점이 보일 때마다 들어가 한 개씩 사서 마셔보는 재미가 쏠쏠하다.

차 음료

차의 나라답게 차 음료가 다양하다. 설탕이 들어 있는 '띠탕低糖'과 무설탕인 '우탕無糖'이 있으니 병에 적혀있는 글자를 잘 보고 살 것. 우리나라 사람들 입맛에는 대체로 설탕 없는 우탕이 잘 맞는다.

구아바 주스

열대과일인 구아바로 만든 주스. 우리나라에서는 구아바도 먹기 쉬운 과일이 아닌데 구아바 주스라니 보기만 해도 신기할 따름.

죽순 주스

중국 음식에 자주 등장하는 죽순을 갈아 만든 음료. 달콤하면서도 쌉싸름한 주스를 마시면 저절로 건강해질 것만 같다.

파파야 우유

딸기 우유나 초코 우유는 봤어도 파파야 우유는 정말 낯설다. 맛이 궁금하면 한번 도전해 보시라. 나름 매력적인 맛이다.

녹차 맛, 딸기 맛 요구르트

타이완에는 각종 재료를 배합한 요구르트가 다양하다. 특히 녹차 맛 요구르트는 단맛을 좋아하지 않는 사람에게는 최고의 선택이다.

요구르트

타이완 요구르트의 가장 큰 특징은 대용량이라는 점. 심지어 덕용 사이즈까지 나온다는 사실. 그야말로 요구르트의 천국이다.

과일 맥주

망고 맥주, 포도 맥주, 바나나 맥주 등 맥주와 과일 주스를 합한 맛은 묘한 중독성이 있다. 개인적으로는 망고 맥주에 한 표.

밀크티

우리나라 여행자들 사이에서는 '화장품 통 밀크티'로 통하는 밀크티. 맛은 특별할 게 없는데, 텀블러처럼 생긴 독특한 디자인의 병이 예뻐서 기념으로 사가는 여행자가 많다.

여행자들의 알뜰 선물 쇼핑 스폿, 마트

가족이나 직장 동료 여럿에게 줄 소소하고 부담 없는 선물을 구입하기에는 마트가 최적의 장소이다. 특히 까르푸는 우리나라 여행자들의 필수 방문 코스가 된 지 오래다. 부담 없는 가격으로 젤리, 과자류 등을 다양하게 구입하고 마트 구경도 할 수 있으니 귀국 전, 시간을 내어 꼭 들러보자.

까르푸
家樂福(가락복, 지알러푸) Carrefour

우리나라 여행자들에게 가장 많이 알려진 마트 체인. 프랑스 브랜드이지만, 타이완에서의 인지도는 현지 브랜드를 능가한다. 타이완 곳곳에 지점이 많고 접근성도 좋은 편이다. 닥터큐 곤약 젤리와 이메이IMEI 義美義美 IMEI 브랜드 과자류의 인기가 가장 높다. 카발란 위스키와 금문 고량주도 까르푸에서 구입할 수 있다.

PX 마트
全聯福利中心 Pxmart

현지인들이 가장 자주 이용하는 마트. 까르푸보다 규모는 조금 작지만, 지점 수는 훨씬 더 많아서 굳이 시간을 따로 내지 않고 오며 가며 잠시 들르기에 좋다. 우리나라 마트처럼 할인 행사를 자주 해서 때로는 까르푸보다 더 저렴한 경우도 종종 있다.

타이완은 명품이나 고가의 쇼핑 품목보다는 부담 없는 금액으로 살 수 있는 쇼핑 아이템이 대부분이기 때문에 실속을 차리는 여행자들에게 반가운 곳이다. 부담 없는 쇼핑의 재미도 만끽하고 선물 고민도 속 시원하게 해결할 수 있는 쇼핑 아이템을 소개한다.

타이완의 쇼핑 아이템 Best 11

1 펑리수 鳳梨酥

자타가 공인하는 타이완의 대표 간식, 파인애플 미니 케이크. 겉은 커스터드 케이크와 비슷하지만 이보다 살짝 더 파삭파삭한 느낌으로, 한 입 베어 문 순간 파인애플 과육이 입 안 가득 퍼진다. 타이완의 대표적인 쇼핑 아이템인 데다가 많이 비싸지 않고 제법 고급스러워 직장 상사나 친지들을 위한 선물로 준비하기에 좋다. 시내 대부분의 브랜드 베이커리에서 판매한다. 자세한 내용은 100p 참고.

2 금문 고량주 金門高粱酒(진먼 까오량지우)

고량주의 한 종류로, 타이완을 대표하는 술이다. 타이완의 작은 섬인 금문도金門島에서 만든 술이라서 금문고량주라는 이름을 갖게 되었다. 화학첨가물을 넣지 않고 오로지 수수로만 만들어 숙취가 전혀 없는 것으로도 유명하다. 알코올 도수 38도와 58도, 두 종류가 있다. 무엇보다 가장 큰 매력은 우리나라에서 사는 것의 1/4 정도의 가격으로 구매할 수 있다는 것. 시내 마트에서 사는 것이 가장 저렴하며, 공항면세점은 조금 비싼 대신 포장이 고급스럽다.

3 위스키

최근 위스키의 인기가 높아지면서 덩달아 주목받고 있는 타이완 쇼핑 아이템 중 하나가 바로 위스키이다. 애주가들 사이에서는 '위스키의 성지'라 불리며 위스키를 사러 타이완에 간다는 말이 나올 정도. 실제로 타이완의 주류세가 낮은 덕분에 위스키의 가격이 우리나라보다 훨씬 더 저렴하고 종류도 다양한 편이다. 특히 타이완 브랜드 위스키인 '카발란KAVALAN'은 우리나라 절반 수준의 가격으로 구매할 수 있어서 인기가 높다. 위스키 등의 주류는 시내 곳곳에 있는 주류 전문 판매점인 리쿼샵과 마트, 면세점 등에서 구매할 수 있다. 브랜드마다 가격대가 조금씩 다르므로 비교를 해보고 구매하는 게 좋다. 참고로 우리나라 입국 시 1인당 주류 면세 한도는 2리터, US$400 이하 2병이다.

4 망고 젤리 芒果凍[망궈똥] & 곤약 젤리 蒟蒻[쥐루어]

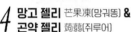

망고 젤리와 곤약 젤리는 타이완의 마트에서 그리 비싸지 않은 가격으로 쉽게 구매할 수 있는 쇼핑 아이템이다. 망고 젤리는 박스 포장이 되어 있어서 지인에게 줄 선물로도 좋다. 곤약 젤리는 닥터 큐Dr. Q 브랜드 제품이 부담 없는 가격에 멈출 수 없는 맛으로 가장 인기가 많은 편. 참고로 패션 푸르츠와 리츠 맛이 제일 맛있다는 평이다.

5 누가 크래커 牛軋餅[니우야빙]

기껏해야 크래커인데 뭐 특별한 맛이 있을까 싶겠지만, 막상 한번 먹어보면 쉽게 멈출 수 없는 중독적인 맛이다. 달콤하고 말랑말랑 쫀득쫀득한 누가 크림과 짭짤한 크래커가 기막히게 어울리는 덕분. 그야말로 단짠의 대표주자라고 할 수 있다. 시내 대부분의 베이커리에서는 물론이고 아예 누가 크래커만 전문적으로 파는 매장에서 입맛에 따라 고를 수 있어 선택의 폭이 넓다. 참고로 전자레인지에 5초 정도 돌려서 먹으면 더욱 맛있다. 최근에는 누가 크래커의 확장 버전인 커피 맛 누가 크래커도 등장해서 인기를 끌고 있다.

6 디자인 소품

디자인 강국인 타이완에는 독특하고 아기자기한 소품을 비롯한 잡화 아이템이 셀 수 없이 다양하다. 일단 구경을 시작하면 개미지옥처럼 헤어날 수 없을 정도. 송산 문창원구나 화산1914 문창원구 등의 예술단지와 청핀 서점이 대표적인 쇼핑 스폿이다. 대기업의 브랜드가 아닌 디자이너들의 개인숍도 많아서 몇 군데를 가도 매번 새로운 디자인의 소품들을 만날 수 있으니, 세상 예쁜 아이템은 타이완에 모두 모여 있다는 생각이 들 정도다.

7 차 茶

우리나라 사람들이 타이완에서 많이 사는 차 종류 중 하나인 동방미인東方美人[동팡메이런]은 홍차의 맛이 느껴지는 우롱차로, 포장도 세련되고 고급스러워 어르신들을 위한 선물로 안성맞춤이다. 찻잎뿐 아니라 티백 형태의 차 종류도 다양하기 때문에 취향대로 선택할 수 있다. 티엔런밍차天仁茗茶(104p), 야오양차항嶢陽茶行(104p), 차차테Cha Cha Thé(105p) 등의 차 전문점이나 백화점 지하 차 코너에서 구매할 수 있다.

8 우드 오르골

누구나 살 수 있는 물건 말고 세상에 딱 하나밖에 없는 나만의 선물을 하고 싶다면 우드 오르골을 추천한다. 청핀 서점 전국 지점이나 타이베이 화산1914 문창원구, 타이중 국가가극원, 까오슝 보얼 예술특구 등의 우더풀 라이프Wooderful Life 매장에서는 직접 피규어를 골라 나만의 우드 오르골을 제작할 수 있다. 가격도 썩 저렴하진 않고 공도 많이 들어가지만, 그만큼 정성스럽고 독특한 선물이 될 수 있을 것이다.

9 기념품

여행지에서의 기념품은 여행 초보자나 사는 것으로 생각한다면 오산이다. 타이완의 기념품은 '기념품'이라고 말하는 게 미안해질 만큼 디자인이 세련되고 종류도 다양하다. 너무 흔해서 지나치기 쉬운 키링이나 마그넷, 와펜조차도 높은 품질과 디자인을 자랑한다. 이처럼 웬만해서는 잘 사게 되지 않는 사소한 여행 기념품 하나에까지 공을 들여 준비하는 디자인 강국 타이완이 새삼 놀랍기까지 하다. 그러니 관광명소마다 기념품 숍에 들르는 걸 잊지 말자. 지명이 쓰여있는 작은 유리컵 하나에도 감각적인 디자인을 적용한 세심한 디테일을 만날 수 있다.

10 밀크티 믹스 Milk Tea

타이완을 대표하는 커피 브랜드 중 하나인 미스터 브라운Mr.Brown Coffee은 밀크티 믹스로도 인기가 높다. 이 밀크티 믹스를 우유에 넣고 잘 저어주기만 하면 쩐주나이차와 똑같은 맛이 난다는 사실. 시내 대형마트에서 사는 게 가장 저렴하다. 최근 들어 경쟁 브랜드인 싼디엔 이커3點1刻의 인기가 높아지면서 미스터 브라운이 오히려 추월당한 분위기다. 싼디엔 이커의 맛이 좀 더 진하고 달달하다는 평.

11 스타벅스 자몽 시럽

스타벅스에서 판매하는 자몽 시럽은 우리나라 여행자들 사이에서 입소문이 나면서 인기 쇼핑 품목으로 급부상했다. 우리나라에서는 판매하지 않기 때문에 직구를 하는 사람까지 있을 정도. 블랙티에 이 자몽 시럽 3~5스푼을 넣으면 스타벅스의 자몽 허니 블랙 티와 똑같은 맛을 구현해 낸다. 블랙티가 없다면 그냥 탄산수에 자몽 시럽만 넣어도 맛있다. 스타벅스 지점 대부분에서 쉽게 구할 수 있으며, 자몽 시럽 한 병으로 10잔 정도 만들 수 있다.

타이완으로
떠나기 전

꼭 알아야 할
10가지

타이완 기초 정보

설레는 마음으로 여행지에 대한 정보를 하나둘씩 모으고 일정을 계획하는 시간은 실제 여행만큼이나 즐겁고
신나는 과정이다. 많이 준비하고 많이 공부할수록 여행지에서 느끼는 감동과 추억은 배가되기 마련이니 말이다.
좀 더 쫀쫀한 타이완 여행을 위해 미리 알고 가면 좋은 소소한 정보들을 소개한다.

타이완의 역사

처음 타이완이 외부에 알려지게 된 건 15세기 중반, 포르투갈 항해사들에 의해서였다. 그들은 타이완의 아름다
움에 반해 타이완을 '일랴 포르모사Ilha Formosa' 즉, '아름다운 섬'이라고 칭했고 그 이후 타이완은 서양인들에
게 '포모사Formosa'라는 이름으로 불리게 되었다. 1700년대 초, 여전히 신비로운 섬이었던 타이완에 중국 남방
의 푸지엔성福建省 사람들과 광동성廣東省 하카족客家族들이 이주해오면서 본격적으로 외부인의 유입이 시작
되었다. 그 후 1895년 청일전쟁에서 청나라가 일본에 패하면서 맺은 시모노세키 조약에 의해 타이완은 일본의
식민지가 되었다. 우리나라의 대통령실에 해당하는 타이완 총통부를 포함한 타이베이의 수많은 건물이 바로 이
때, 일본 점령 시기에 지어진 것이다.

1945년 일본의 패망과 함께 독립국가가 된 타이완을 지배한 건 다름 아닌 장제스蔣介石(장개석)였다. 1949년,
공산당과의 내전에서 패한 장제스는 국민당을 지지하는 백만 명 이상의 중국인들과 함께 타이완으로 건너와 중
화민국中華民國을 수립한 뒤 현재 제14대 차이잉원蔡英文 총통까지 이르게 되었다. 국가 수립과 함께 수도로
선포된 타이베이는 성장과 번영을 거듭하여 1960년대 초 인구 100만 명을 넘어섰고, 1970년대에 이미 200만
명을 넘어 현재 세계에서 인구밀도가 매우 높은 도시 중 하나로 손꼽히고 있다.

현재 타이완의 인구 구성을 보면 순수 타이완 원주민은 2%에 불과하고, 푸지엔성 사람들과 하카족이 약 85%,
그리고 장제스의 국민당 정권과 함께 중국에서 건너온 사람들이 약 13%를 차지하고 있다. 푸지엔성 사람들과
하카족들은 지금도 자신들을 '타이완인臺灣人(대만인)' 또는 '본성인本省人'이라 부르며 강한 자부심을 갖고 있으
면서 장제스와 함께 중국에서 타이완으로 건너온 사람들을 '외성인外省人'이라 부른다. 비록 타이완인과 외성인
사이에 눈에 보이는 감정적인 갈등이 존재진 않지만, 그럼에도 정치적으로 미묘한
교류를 형성하고 있는 것도 사실이다.

타이완의 언어

타이완의 공식 국어는 푸통화普通話, 즉 우리가 알고 있는 중국 표준어인 만다린어다. 어휘나 어조의 미세한 차이가 있긴 하지만, 기본적으로 중국 본토에서 사용하는 언어와 동일하다. 또한 대부분 사람은 표준어인 만다린어와 함께 자신들의 방언, 즉 민난어閩南語나 하카어客家語도 할 줄 알아서 가족이나 가까운 친구 간에는 만다린어가 아닌 자신들의 방언을 쓰기도 한다. 심지어 MRT 내의 안내방송도 만다린어, 민난어, 하카어로 각각 나오기 때문에 정차할 역 하나를 방송하기 위해 영어까지 무려 4개의 언어가 연달아 나오는 재미있는 현상이 벌어지기도 한다.

타이완의 경쟁력

처음 타이베이를 방문한 사람은 생각보다 소박한 타이베이의 거리를 보고 타이완을 가난한 나라라고 지레 단정 짓기도 한다. 하지만 타이완은 세계 수출 규모 15위의 경제 대국이다. 2024년 스위스 국제경영개발연구원(IMD)이 평가한 <세계경쟁력연감(WCY)>, 즉 '2024년 국가 경쟁력 보고'에 의하면 우리나라가 20위를 차지한 데 비해 타이완은 국가 경쟁력 세계 8위로 평가되어 1위 싱가포르와 5위 홍콩에 이어 아시아 국가 중 3번째로 높은 순위를 차지하고 있다.

아이러니한 것은 그런데도 여전히 타이완은 중국의 반대로 UN에 가입조차 못하고 있다는 사실이다. 한때 타이완은 영국, 미국, 프랑스, 러시아와 함께 UN 상임이사국 자리까지 올랐으나 중국이 상임이사국이 되면서 자연스럽게 UN에서 퇴출당했다. 뿐만 아니라 수많은 나라가 중국과 수교를 맺기 위해 타이완과 국교를 단절했기 때문에 현재 타이완과 공식 수교를 맺은 나라는 겨우 13개국에 불과하다. 중국과의 미묘한 관계는 앞으로 타이완이 세계무대에 적극적으로 나서는 데 있어서 반드시 해결해야 할 숙제일 것이다.

+ Writer's Pick +

타이완의 연호

조금만 관심 있게 보면 타이완은 각종 공지나 안내문에 우리와 다른 연호를 함께 표기함을 알 수 있다. 우리나라처럼 네 자리 숫자가 아닌 세 자리 숫자로 연도를 표기하는 것이다. 이는 바로 쑨원이 신해혁명으로 중화민국을 세운 해인 1912년을 원년으로 하는 타이완만의 달력이다. 즉, 우리가 흔히 쓰는 연도에서 1911을 빼면 타이완의 연호가 된다. 참고로 지난 2011년이 바로 중화민국 건국 100년이었다.

: MORE :

곳곳에 남은 2.28 사건의 상처

1945년 패전 후 일본이 항복한 뒤, 국민당은 타이완을 통치하기 시작했지만 부정부패가 만연하고 인플레이션으로 경제가 급속히 악화되면서 정부에 대한 국민들의 불신은 날로 높아져 갔다. 그러다가 1947년 2월 28일, 밀수 담배를 팔던 한 여인이 경찰에게 무자비하게 폭행당하는 사건이 발생하였다. 이로 촉발된 시위는 타이베이를 중심으로 하여 전국적인 민중봉기로 이어졌으며, 타이완 정부는 군대까지 동원하여 시위 군중을 무자비하게 탄압했다. 이때 희생된 인원이 무려 2만 명이 넘는다고 하나 정확한 희생자의 수는 아직도 밝혀지지 않았다.

1988년 리덩후이李登輝(이등휘) 정권이 출범하면서 희생자와 그 가족들에 대한 배상이 시행되었다. 1995년 리덩후이 총통은 희생자 가족에게 공식적인 사죄의 뜻을 표하며, 2월 28일을 평화의 날로 제정하였다. 그리고 1997년, 타이완 정부는 2.28 사건 50주년을 맞아 과거 정권의 잘못에 대해 정부 차원에서 공식 사과문을 발표하고 2.28 기념탑과 기념관을 건립하였다. 이처럼 타이완 정부에서는 다각도로 화합의 노력을 기울였지만 2.28 사건의 상처는 아직도 여전히 완벽하게 치유되지 못한 채 남아있다.

타이완 여행의 시작

항공권 예약

여행을 계획했을 때 제일 먼저 해야 할 일이 바로 항공권을 예약하는 것이다.
언제, 어떻게, 어느 도시로 가는 항공권을 예약해야 할지 기본적인 정보를 소개한다.

항공권은 언제 예약해야 할까?

+ Writer's Pick +

10월 첫째 주와
음력 설은 피하자!

타이완의 여행 성수기는 중화민국 건국기념
일인 10월 10일, 쌍십절雙十節 전후와 음력
설 기간이다. 특히 중국 본토 역시 중화인민
공화국 건국기념일이 10월 1일이라 10월 첫
째 주와 음력 설 기간은 중국 관광객과 타이
완 현지인들 모두에게 여행 성수기인 셈이
다. 이 기간에는 항공권이나 숙소도 구하기
힘들 뿐 아니라 타이완에도 중국인 관광객들
이 몰려서 이래저래 여행하기가 쉽지 않다.
게다가 음력 설 기간에는 문을 닫는 상점도
많으므로 가능하면 10월 첫째 주와 음력 설
기간은 피하는 게 좋다.

타이완 행 항공권은 상대적으로 구하기가 쉬운 편이다. 항공편이
워낙 많은 데다 김포공항과 타이베이의 송산 공항을 잇는 노선까
지 있어서 그야말로 언제든 마음이 동할 때 훌쩍 떠날 수 있는 수
준이 되었다. 하지만 모든 항공권이 그러하듯 타이완 행 항공권
역시 미리 살수록 저렴할 뿐 아니라 비수기와 성수기의 요금 차
이도 꽤 크다. 특히 우리나라 연휴 기간이나 성수기에 여행을 떠
날 예정이라면 적어도 3~4개월 전에 항공권을 예매해 두는 것이
안전하다. 만약 조금만 늦어지면 눈물을 머금고 평소의 2~3배에
달하는 요금을 지급해야 할 테니 말이다. 하지만, 그럼에도 다른
항공권에 비해 비교적 저렴한 수준의 요금 덕분에 타이완에 대한
여행 호감도는 오늘도 여전히 급상승 중이다.

이동이 편리한 김포-송산 라인

아직까지 한국에서 타이완으로 가는 항공편이 코로나19 이전 수준으로 회복되진 않았지만, 편수나 취항지가 점차 늘어나는 추세다. 저가 항공도 빠른 속도로 복귀하고 있으므로 머지않아 예전의 수준을 회복할 수 있을 것으로 기대한다.

현재 운행하고 있는 노선 중에서는 김포공항과 타이베이의 송산 공항을 잇는 노선이 짧은 이동시간으로 가장 인기가 높다. 타이베이 시내 한가운데 위치한 송산 공항은 MRT로 바로 연결되어 있어서 시내로의 이동시간을 대폭 단축시킬 수 있다. 또한 김포공항 국제선도 인천공항에 비해 이용자가 훨씬 적어서 출국 수속에 필요한 시간이 많이 줄어든다. 단, 안타깝게도 김포-송산 라인은 취항하는 항공사도 적고 편수도 많지 않아 예약하기가 쉽지 않다는 사실. 그러므로 김포-송산 라인을 이용하고 싶다면 조금 서둘러 예약하자. 참고로 인천에서 타이베이까지의 비행시간은 약 2시간 30분, 김포에서는 약 2시간 10분, 부산에서는 약 2시간 20분이다.

타이베이 타오위엔 국제공항

타이베이 송산 공항

까오슝도 좋은 기회

아직은 타이베이로 입국하는 경우가 더 많지만, 까오슝행 항공권의 인기도 점차 높아지고 있다. 현재 우리나라에서 까오슝까지는 중화항공, 에바 항공, 티웨이 항공 등이 운항 중이며, 비행시간은 인천과 김해공항에서 모두 약 3시간 소요된다.

까오슝 국제공항

: MORE :

항공권 예약은 어디서 할까?

항공권 예약은 온라인 여행사나 항공사 홈페이지를 통해 할 수 있다. 저가항공은 항공사 홈페이지에서 직접 예약하는 경우가 대부분이며, 일반 항공권은 시기마다, 항공사마다 요금이 조금씩 다를 수 있으므로 여러 홈페이지를 비교해보고 사는 게 조금이라도 저렴하게 살 수 있는 방법이다.

• 항공사
대한항공 KE   kr.koreanair.com
아시아나 항공 OZ   www.flyasiana.com
케세이 퍼시픽 CX   www.cathaypacific.com/kr
중화항공 CI   www.china-airlines.co.kr
타이 항공 TG   www.thaiairways.com(영문)
에바 항공 BR   evakitty.evaair.com/kr
           (예약은 영문 홈페이지 이용)

• 저가항공
티웨이 항공 TW   www.twayair.com
이스타 항공 ZE   www.eastarjet.com
스쿠트 항공 TZ   www.flyscoot.com(영문)
제주항공 7C   www.jejuair.net

• 항공권 검색 해외 사이트
스카이 스캐너   www.skyscanner.co.kr
카약   www.kayak.co.kr

타이완에서 머물

숙소 예약하기

적합한 숙소를 구하는 것은 항공권 예약만큼이나 중요한 절차다. 무엇보다 가격이 여행 예산에 맞게 합리적이어야 하고, 이동하기 쉽도록 위치도 좋아야 하며, 가격 대비 깔끔하고 친절한 곳이면 금상첨화다. 타이완은 여행자들의 다양한 요구를 충분히 고려하여 다양한 숙박 형태를 제공하므로 예산대로, 스타일대로 숙소를 골라보자.

: MORE :

숙소 예약은 어디서 할까?

숙소 예약은 일반적으로 숙소 예약 사이트를 통해 하지만, 한인 민박이나 일부 호스텔은 해당 홈페이지에서 직접 하기도 한다. 예약 사이트마다 가격이 조금씩 다르고 별도로 프로모션을 진행하여 특별 요금을 적용할 때도 있으니 가격을 충분히 비교해 결정하는 게 좋다. 또한 시기별로 호텔 홈페이지에서 자체적으로 특별 요금을 내놓는 경우도 있으므로 같은 숙소라고 할지라도 발품을 많이 파는 만큼 저렴하게 예약할 수 있다. 단, 호텔 예약 사이트 대부분은 외국에 본사를 둔 외국계 기업이라 가격이 저렴한 대신 환불이나 예약 변경 등의 결제 관련 절차가 매우 까다롭고 그만큼 클레임도 많이 발생하는 편이므로 신중하게 잘 알아보고 선택하는 것이 중요하겠다.

• 가격 비교 사이트
트립 어드바이저 tripadvisor.co.kr

• 숙소 예약 사이트
부킹닷컴　　www.booking.com
아고다　　　www.agoda.com/
　　　　　　ko-kr
호텔스닷컴　kr.hotels.com
익스피디아　www.expedia.co.kr
호스텔월드　www.korean.
　　　　　　hostelworld.com
에어비앤비　www.airbnb.co.kr

도심에서 즐기는 쾌적한 휴가, 최고급 호텔

타이완에는 세계적인 체인을 비롯한 최고급 호텔이 많다. 특히 타이베이에는 타이완을 상징하는 그랜드 호텔The Grand Hotel을 비롯하여 그랜드 하얏트 타이베이Grand Hyatt Taipei, 쉐라톤 그랜드 타이베이 호텔Sheraton Grande Taipei Hotel, 르 메르디앙 타이베이Le Meridien Taipei 등 시설과 서비스 면에서 최고를 자랑하는 호텔이 즐비하다. 가격이 만만치 않은 건 사실이지만, 우리나라에 비하면 저렴한 편이니 이참에 호사를 누려보는 것도 괜찮을 듯.

스타일리시함이 중요하다면, 부티크호텔

타이완에는 부티크호텔이 매우 다양한 편이다. 타이베이에서 핫하다고 소문난 호텔들 중 대부분이 디자인으로 승부하는 부티크호텔이다. 호텔 인디고Hotel Indigo, 실크스 플레이스Silks Place, 암바 호텔 타이베이Amba Taipei, 탱고 호텔 타이베이The Tango Hotel Taipei 등 미니멀하면서도 감각적인 디자인이 돋보이는 부티크호텔은 특별함을 추구하는 여행자에게는 더 좋을 수 없는 선택이다. 비록 가격은 최고급 호텔 못지않게 높지만, 쾌적성과 만족도를 생각하면 기꺼이 하룻밤쯤은 투자하고 싶어진다.

반면 까오슝, 타이난, 타이중 등의 다른 도시들에는 중급 수준의 부티크호텔이 많은 편이다. 특히 타이난에는 우리나라의 한옥 호텔처럼 옛 건물을 그대로 두고 내부만 리모델링하여 앤티크한 멋이 있는 작은 부티크호텔이 곳곳에 숨어있다. 가격도 합리적인 편이어서 만족도가 매우 높다.

호텔의 편리함과 가격의 합리성을 모두 갖춘, 이코노미호텔

쾌적하고 깔끔한 호텔의 편리함이 좋지만 숙소에 지나친 경비를 쓰고 싶지 않은 실용적인 여행자에게는 이코노미호텔이 답이다. 합리적인 가격으로 쾌적함과 편리함을 모두 누릴 수 있는 이코노미호텔은 타이완을 찾는 직장인 여행자들에게 가장 인기 있는 숙소일 것이다. 실제로도 타이완에서 여행자들에게 인기 있는 호텔 대부분은 이런 3~4성급의 이코노미호텔이다. 가격대는 NT$3000~5000, 한화로 12만~22만 원 선으로 시설 대비 가격도 합리적인 수준이다.

세계 각국의 친구들과 만나는 진짜 여행, 호스텔

타이완이 배낭여행자들 사이에서 매력적인 여행지로 손꼽히게 된 것은 아마도 타이완만의 독특한 매력과 더불어 저렴한 항공권과 싸고 좋은 호스텔 덕분일 것이다. 그만큼 타이완의 호스텔은 저렴한 가격, 호텔 못지않게 깔끔한 시설, 친절한 서비스로 명성이 자자하다. 호스텔에 묵으면 타이완 사람 특유의 친근함과 정이 듬뿍 묻어나는 스태프의 배려 덕분에 한결 여행이 즐거워질 것이다. 덕분에 입소문 난 호스텔들은 그 어떤 럭셔리 호텔보다도 예약이 힘들 만큼 인기가 높다. 낯선 사람들과 만나 친구가 되는 여행을 좋아한다면 호스텔이 정답이다.

여행을 일상처럼 즐기는 생활 여행자라면, 렌트 하우스

일정이 긴 여행이거나 가족 단위로 여행하는 사람에게는 호텔보다 내 집 같은 아파트가 더 편할 수 있다. 타이베이에는 아파트를 통째로 빌릴 수 있는 렌트 하우스가 적지 않다. 통상적으로 사람 수가 아닌 한 채당 가격으로 계산하기 때문에 인원이 많다면 오히려 아파트를 빌리는 것이 호스텔보다 더 저렴할 수 있다. 장기간 묵을 때는 추가할인까지 해주는 곳도 있으므로 꼼꼼하게 조사해보면 만족할 만한 숙소를 저렴한 가격에 구할 수 있을 것이다. 렌트 하우스 예약은 호스텔월드(www.hostelworld.com)나 에어비앤비(www.airbnb.co.kr) 같은 숙소 전문 예약사이트에서 할 수 있다. 최근 들어 에어비앤비를 이용하는 여행자가 많은데, 에어비앤비의 경우 아직 타이완에서 정식 영업 허가를 받지 못했으며 숙소의 호불호도 많이 갈리는 편이니 반드시 후기를 꼼꼼히 읽고 신중하게 예약해야 한다.

타이완에서

인터넷 사용하기

우리나라만큼은 아니지만 타이완 역시 IT 산업이 상당히 발달했기 때문에 타이완의 인터넷 사정은 꽤 괜찮은 편이다. 기본적으로 인터넷 속도도 빠르고 곳곳에 무료로 와이파이가 되는 지역도 많은 편이다. 여행 기간이나 개인적인 상황에 따라 로밍, 유심, 포켓 와이파이 중 하나를 선택하면 불편함 없이 인터넷을 사용할 수 있다.

로밍

여행 기간이 짧을 경우, 가장 편리한 방법이다. 현지에 도착해서도 특별한 조치를 취할 필요가 없어서 누구나 쉽게 사용할 수 있다. 최근에는 통신사마다 다양한 할인 혜택을 제공하면서 비용도 예전보다는 많이 낮아졌다. 하지만, 데이터 사용량이 많거나 여행 기간이 길다면 아무래도 비용 부담을 무시할 수 없으니 잘 고려하여 선택하자.

전화를 걸고 받는 방법
• 한국에서 타이완의 휴대폰 번호로 걸 때 :
  886-9X-XXX-XXXX
• 타이완에서 타이완으로 걸 때 :
  09X-XXX-XXXX

유심 USIM & 이심 eSIM

인터넷 사용을 많이 한다면 유심을 구매하는 것이 가장 경제적인 방법이다. 최근에는 유심을 교체할 필요 없이 바로 QR코드로 등록해서 사용할 수 있는 이심 eSIM의 인기가 높아지는 추세다. 한국에서 미리 유심 또는 이심을 구매해도 되고, 타이완 공항의 통신 서비스센터에서 신청해도 된다. 가격은 큰 차이가 없다. 일반적으로 타이완 공항에서 신청할 경우에는 데이터 무제한, 시내 통화 NT$100 조건으로 3일 기준 약 NT$300 전후다. 또한 대부분 호텔은 물론 호스텔이나 한인 민박 등도 와이파이를 무료로 제공하며, 속도도 빠른 편이다.

포켓 와이파이

일종의 이동식 데이터 공유기 형태로, 하나의 와이파이를 여러 명이 함께 사용하는 방식이다. 현지에서 유심을 구매하면 한국에서 오는 전화나 문자를 받을 수 없지만, 포켓 와이파이는 기존 전화번호를 그대로 쓰기 때문에 가능하다.

가격은 포켓 와이파이가 유심보다 조금 더 비싼 편이다. 그러므로 일행이 여러 명이고 현지에서 통화 없이 인터넷만 사용한다면 포켓 와이파이를, 빠르고 저렴한 게 좋으나 홀로 여행자라면 유심을 선택하는 것이 좋다. 한국에서 미리 인터넷 검색을 통해 우리나라 타이완 브랜드의 포켓 와이파이를 쉽게 대여할 수 있으며, 타이완 각 도시 공항의 포켓 와이파이 데스크에서도 타이완 브랜드의 포켓 와이파이를 대여할 수 있다.

유심과 이심 사용하기

인터넷 속도가 비교적 빠른 타이완에서는 데이터 로밍의 활용도가 상당히 높은 편이다. 언제든 필요한 정보를 찾을 수 있고, 무엇보다 구글맵을 사용할 수 있어서 길 잃을 염려가 없기 때문. 하지만 여행 기간이 길거나 인터넷 사용량이 많다면 로밍보다는 유심USIM이나 이심eSIM을 사용하는 게 훨씬 더 경제적이다. 이 경우 로밍 신청 가격의 1/2 수준으로 데이터를 무제한 사용할 수 있다. 단, 유심을 사용할 경우에는 휴대폰 번호가 바뀌게 되므로 한국에서 걸려 오는 전화는 받을 수 없다.

✚ 유심과 이심, 어떤 게 좋을까

유심은 휴대폰에 심카드를 바꿔 끼는 방식이라서 타이완 유심을 끼운 동안에는 한국 휴대폰 번호를 사용할 수 없으므로 한국에서 걸려오는 전화와 문자를 받을 수 없다. 그러므로 안 쓰는 스마트폰이 있다면 가져와서 하나는 한국 유심을, 다른 하나는 타이완 유심을 끼워서 사용하는 것도 좋은 방법이다.

반면, 이심은 휴대폰에 이심을 미리 등록해놓고 타이완에 도착한 뒤, 설정만 바꿔서 활성화시키면 심카드 교체 없이 바로 사용할 수 있다. 한국 휴대폰 번호가 사라지는 유심과는 달리 이심은 한국에서 오는 전화와 문자 수신도 그대로 가능하다. 그러므로 편리성에 있어서는 이심이 비교 불가 수준. 단지 모든 휴대폰이 다 이심을 사용할 수 있는 것은 아니므로 이심을 사용할 수 있는 휴대폰인지를 확인할 것. 이심 등록 방법은 휴대폰 기종마다 조금씩 다르므로 이심 구입처의 설명서를 잘 읽어보는 게 좋다.

참고로 한국에서 미리 구매하는 이심은 타이완 공항에서 사는 것보다 조금 더 저렴한 대신 데이터만 이용할 수 있고 현지 통화는 불가능하므로 만약 현지 통화 기능도 필요하다면 조금 비싸도 타이완 공항에서 구매하는 게 좋다.

✚ 어디에서 살 수 있을까?

한국에서 미리 인터넷으로 구매하거나 타이완에 도착한 뒤, 공항에서 구매할 수 있다. 타오위엔 공항, 송산 공항, 까오슝 공항, 타이중 공항의 입국장에 있는 '띠엔신 푸우電信服務' 데스크를 찾으면 된다. 친절하게 한국어로 '전화 통신 서비스'라고도 쓰여 있어서 찾기 쉽다. 여기에서 유심이나 이심을 구매하면 된다. 공항 외에도 시내 곳곳에 있는 통신사 대리점에서 신청해도 되지만, 파격적인 가격 할인 혜택은 공항에서만 가능한 경우가 많으니 되도록 공항에서 신청하자. 부득이하게 시내에서 신청할 경우에는 여행자가 많은 타이베이 처짠台北車站 근처의 매장이 좋다.

✚ 가격 정보

통신사마다 약간의 금액 차이는 있지만, 중화 텔레콤을 기준으로 4G 무제한 이용 3일은 NT$300, 7일은 NT$500다. 1일부터 30일까지 기간이 다양하므로 여행 기간에 맞춰 구매하면 된다. 그리고 공항 데스크에서는 여기에 약간의 전화 통화 시간을 보너스로 더 얹어준다. 예를 들어 3일용 NT$300 유심이나 이심을 구매하면 3일 동안 데이터 무제한 이용 외에 NT$100의 통화 시간을 보너스로 주는 것. 미리 준비하는 걸 선호하는 여행자라면 우리나라 인터넷 쇼핑몰을 통해서도 구매할 수 있다. 다만, 우리나라에서 이심을 미리 구매할 경우에는 데이터 사용만 가능하고 전화 통화는 불가능하다.

✚ 세세한 유심 이용 팁

• **준비물** 여권
• **사용법** 유심을 교체하면 한국에서 쓰던 휴대폰 번호 대신 새로운 타이완의 번호, 즉 숫자 09로 시작하는 10자리 전화번호가 부여된다.

알아두면 편리한
여행도우미

여행을 떠나기 전, 또는 여행을 하면서 꼭 필요한 정보를 시기적절하게 제공해줄 수 있는 곳은 그리 많지 않다.
하지만 다행히 타이완에는 여행자를 위한 알짜배기 정보 제공처가 곳곳에 있다는 사실.
타이완 여행을 준비하면서, 그리고 타이완 여행 중에 꼭 들러야 할 필수 도우미만 쏙쏙 뽑아 소개한다.

여행 준비의 필수 코스, 타이완 관광청

+ Writer's Pick +

타이완 여행 강연회에서 생생한 정보를!!

친절한 타이완 관광청에서는 정기적으로 여행 강연회를 개최하고 있다. 주로 타이완 가이드북 저자들이 강연을 맡고 있으며, 강연 소식은 관광청 홈페이지를 통해 알 수 있다. 무료 강연회이며 선착순 마감이므로 공지가 뜨면 서둘러서 신청해야 한다.

친절한 타이완 사람들을 꼭 닮은 타이완 관광청 서울사무소는 타이완 여행을 떠나기 전에 꼭 들러야 할 필수 코스다. 또한 관광청 홈페이지에도 유용한 정보가 많아서 홈페이지만 꼼꼼히 읽어도 기본적인 여행 계획은 세울 수 있을 정도다. 무엇보다 정기적으로 열리는 여행 강연회에 가면 여행 정보는 물론이고 추첨을 통해 다양한 기념품도 받을 수 있으니 여행 떠나기 전, 관광청과 최대한 많이 친해지는 게 좋겠다.

■ **서울 사무소**

ADD 서울특별시 중구 삼각동 115번지 경기빌딩 902호
TEL 02 732 2358
OPEN 월~금 09:00~15:30(점심시간 11:30~13:30)
WEB www.taiwantour.or.kr
METRO 2호선 을지로입구역 3번 출구

■ **부산 사무소**

ADD 부산 중구 중앙대로 72 유창빌딩 9층 907호
TEL 051 468 2358
OPEN 화·목·금 09:00~15:30(점심시간 11:30~13:30)
METRO 1호선 중앙역 8번 출구

: MORE :

쏠쏠한 팁을 주는 참고 사이트 & 전화번호

• 유용한 사이트
타이완 관광청 서울사무소 www.taiwantour.or.kr
타이완 관광청 www.talwan.net.tw
타이베이 여행안내센터 www.taipeitravel.net
즐거운 대만여행 카페 cafe.naver.com/taiwantour

• 기타 전화번호
범죄, 사고신고 110
화재/구급차 119
경찰 서비스 02 2381 7475
24시간 여행 정보(영어·중국어·일본어 지원) 0800 011 765
타이베이 비지터센터 핫라인 02 2717 3737
주 타이베이 한국대표부 02 2758 8320~5
(근무시간 외 0912 069 230)
대한민국 영사 콜센터 00-800-2100-0404

• 교통 정보
타이베이 버스 노선 www.taipeibus.taipei.gov.tw
타이베이 MRT www.trtc.com.tw
까오숑 MRT www.krtco.com.tw
타이완 투어 버스 www.taiwantourbus.com.tw
구워꽝 커윈國光客運 www.kingbus.com.tw
유 바이크Youbike(자전거 대여) www.youbike.com.tw
이지카드 www.easycard.com.tw
아이패스 www.i-pass.com.tw
타이완 일반기차交通部臺灣鐵路管理局(철도관리국)
　　Taiwan Railways Administration
　　www.railway.gov.tw/tw
타이완 고속열차台灣高鐵 Taiwan High Speed Rail
　　www.thsrc.com.tw
하오싱 버스台灣好行 www.taiwantrip.com.tw

나름대로 준비를 철저히 했다고 해도 막상 낯선 나라에 도착하면 깜빡 잊고 준비하지 못한 정보도 한둘이 아니고 궁금한 것도 많아진다. 여행자에게 한없이 친절한 타이완은 여행자의 마음을 충분히 헤아려 관광명소 외에도 시내 지하철역이나 기차역 곳곳에 안내센터를 마련해놓았다. 궁금하거나 필요한 정보가 있으면 언제든 가까운 지하철역 또는 기차역의 안내센터를 찾아가면 된다. 게다가 안내센터에 가면 그 역 주변의 볼거리들에 대한 안내 자료는 물론 타이완 전역의 여행 자료도 모두 받을 수 있으니 특별히 볼 일이 없어도 눈에 보일 때마다 한 번씩 들러보자. 도움 되는 자료는 물론이고 아무리 사소한 질문이라도 웃는 얼굴로 꼼꼼하게 대답해주는 타이완 사람들의 친절함에 여행의 긴장이 싹 풀릴지도 모를 일이다.

+ Writer's Pick +

**월요일은
문 닫는 곳이 많다!**

들뜬 마음으로 힘들게 찾아간 곳이 문을 닫는 바람에 맥없이 발길을 돌려본 경험이 있는지? 주말을 끼고 여행을 떠나는 사람에게는 아쉬운 소식이지만, 타이완에서는 월요일이 바로 그런 날이다. 타이완의 명소 중 많은 곳이 매주 월요일에 문을 닫으며, 매월 첫째 월요일에 쉬는 곳도 적지 않다. 그러므로 일정을 짤 때는 반드시 월요일 휴무 여부를 미리 알아보고 가자.

타이완 여행을 더욱 편리하게 해줄 추천 앱 리스트

IT 기술의 발달 덕분에 이젠 인터넷 상의 수많은 정보들이 더해져 한층 더 풍부한 여행을 즐길 수 있게 되었다. 그리고 한 걸음 더 나아가 최근 들어서는 각종 모바일 앱을 통해 실시간으로 도움을 받아 더욱 쉽고 효율적으로 여행을 하는 시대가 되었다. 우리나라 못지않게 인터넷 강국인 타이완도 예외는 아니어서 타이완 여행을 더욱 편리하게 해줄 유용한 모바일 앱이 적지 않다. 물론 그중에서도 가장 절대적인 필수 앱은 역시 구글맵이다. 지도를 저장하여 오프라인에서도 볼 수 있는 구글맵의 강력한 장점 덕분에 이제는 길을 몰라 헤매는 시행착오의 시간을 대폭 줄일 수 있게 된 것.
전 국민의 여행 필수 앱이 되다시피 한 구글맵 외에 우리의 타이완 여행을 도와줄 추천 앱을 몇 가지 소개한다. 워낙 시시각각으로 변하는 인터넷 세상이라 언제 또 새로운 모바일 앱이 등장할지는 모르나 최소한 이 정도 앱만 깔고 가도 여행의 시행착오는 한층 줄어들 게 분명하다.

❶ **Taiwan Weather 氣象局**
영어/중국어. 타이완 날씨 정보

❷ **台灣高鐵 Express** 중국어. 고속열차 까오티에高鐵 THSR 시간표, 요금 조회 및 예매

❸ **台灣公車通** 중국어. 타이완 전 지역 버스 노선, 시간표, 도착 예정시간, 소요 시간 등 조회

❹ **BusTracker Taiwan** 영어. 타이완 전 지역 버스 노선, 시간표, 도착 예정시간, 소요 시간 등 조회

❺ **台鐵列車動態** 중국어. 타이완 기차 시간표, 요금 등 조회

❻ **YouBike 微笑單車** 중국어. 유바이크 자전거 대여 회원 가입, 대여 장소 검색 등

❼ **라인 LINE** 신용카드 사용이 우리나라보다 덜 대중화되어 있는 타이완에서는 라인 페이가 현금을 대신할 수 있는 수단 중 하나로 널리 쓰이고 있다. 메신저도 사용률이 높으므로 미리 깔아두면 유용하다.

❽ **파파고 Papago** 이제는 중국어를 몰라도 걱정할 필요 없는 든든한 번역 앱

: MORE :

높은 당첨률을 자랑하는
여행 지원금
**遊臺灣金福氣
Taiwan the Lucky Land**

코로나 직후인 2023년 5월 1일부터 2025년 6월 30일까지 한시적으로 운영하고 있는 타이완 관광청의 여행 지원금. 당첨금이 NT$5,000, 한화로 20만 원이 조금 넘는 데다가 당첨 확률도 50% 정도에 육박한다. 타이완 국적이 아닌 해외 여행객이라면 누구나 참여할 수 있다. 여행 기간은 3~90일이어야 하며, 단체 여행객이 아닌 자유여행객에 한한다. 출국 1~7일 전까지 인터넷으로 응모하면 도착 당일 공항에서 당첨 여부를 확인할 수 있다. 지원금 사용처를 비롯한 자세한 사항은 홈페이지를 참고하자.

WEB 5000.taiwan.net.tw

타이완 특성에 맞게

짐 꾸리기

여행을 떠나기 전, 여행 가방을 꾸리는 것은 한편으로는 가슴 두근거리는 설렘이기도, 한편으로는 누가 대신 싸줬으면 좋겠다 싶은 귀찮은 일이기도 하다. 설렘과 귀찮음이 공존하는 짐 꾸리기를 위한 체크리스트를 소개한다.

이것만은 꼭 챙기자!

가장 필요한 건 여권과 항공권이다. 여권은 유효기간이 6개월 이상 남아있어야 한다. 유효기간이 6개월 미만인 경우 타이완 입국 자체가 불가능하다. 여권 복사본과 항공권 복사본, 증명사진도 1~2장 준비해가는 것이 만일의 사태에 대비하는 방법이다.

사계절 내내 비가 많이 오는 타이완에 갈 때 여권과 항공권 다음으로 꼭 챙길 것은 바로 우산이나 우비. 이왕이면 가방에 쏙 넣고 다닐 수 있는 컴팩트한 사이즈의 우산이면 더 좋을 듯. 더불어 선글라스와 모자, 선크림도 필수다. 맑은 날이면 자외선의 강도가 상당하기 때문. 이밖에 가이드북과 이런저런 소지품을 넣을 수 있는 작은 가방을 따로 준비해가는 것이 편리하다. 백팩이나 크로스백 둘 중 편한 걸로 가져가면 되지만, 야시장이나 관광지 등에서는 아무래도 소매치기의 위험에 노출되어 있으므로 이를 고려해 안전한 쪽으로 선택하자. 또한 감기약, 소화제, 진통제, 밴드 등 비상약품도 잊지 말자. 그밖에 꼭 챙겨야 할 준비물은 여행용 멀티 어댑터. 타이완은 우리처럼 220V를 쓰지 않고 110V를 사용하므로 11자 형의 멀티 어탭터가 꼭 필요하다. 물론 현지에서도 살 수 있지만 미리 챙기자.

계절별 옷 필수품

우리나라보다 평균 온도가 높긴 하지만, 타이완 역시 사계절이 있는 나라다. 한여름이라면 반소매 옷을, 봄과 가을에는 긴 소매 옷을, 겨울에는 두툼한 재킷을 준비해야 한다. 단, 여름에는 어딜 가나 에어컨 바람이 강하므로 얇은 카디건 하니쯤 준비하면 좋다.

타이완이 아열대 기후라는 것만 믿고 겨울에도 그다지 춥지 않을 거라 생각할 수도 있겠지만, 타이완에는 난방 시설이 따로 없기 때문에 체감온도는 우리나라 초겨울 정도로 춥다. 특히 습하면서 추운 날씨이기 때문에 오히려 더 춥게 느껴질 수도 있다. 물론 그렇다고 해서 손발이 시릴 정도의 추위는 아니니 너무 걱정하지 말 것. 그러므로 겨울에 간다면 얇은 점퍼부터 두꺼운 외투까지 골고루 준비해가는 게 가장 안전하다. 또한 아리산阿里山에 갈 계획이라면 여름에도 얇은 바람막이 재킷은 필수. 아리산은 한여름에도 덥기는커녕 서늘하다고 느껴질 정도다.

이것까지 준비하면 금상첨화

주로 도시 여행이니 예쁜 구두를 신고 가야겠다고 생각하면 오산이다. 생각보다 걷는 시간이 길고 또 교외로 가는 일정이 많으며, 시간 여유가 있다면 자전거를 타게 될 수도 있으므로 편한 신발 또는 운동화는 필수. 비가 와서 양말이 젖을 수도 있으므로 지퍼백을 몇 장 준비해 가면 편리하다. 젖은 옷을 넣는 용도 외에도 지퍼백은 각종 소지품을 정리하거나 이런저런 기념품을 담는 등 다양한 용도로 쓸 수 있으므로 여유 있게 몇 장 준비해가자.

스탬프 코너가 곳곳에 준비되어 있는 로맨틱 여행지 타이완을 충분히 즐기기 위해서는 미리 스탬프 다이어리용 작은 수첩을 준비해가는 게 좋다. 스탬프를 하나씩 찍으면서 감성 만점의 여행 추억을 만들어갈 수 있을 테니 말이다. 12~2월에 타이베이로 간다면 핫팩을 넉넉하게 챙겨가는 것도 좋다. 타이완은 난방 시설이 전혀 없기 때문에 핫팩이 생각보다 훨씬 유용하게 쓰인다.

: MORE :

면세 한도 관련 규정

- **주류** 2병(2리터 US$400 이하)까지 면세(20세 이상 여행자에 한함)
- **담배** 200개비 10갑까지 면세 (20세 이상 여행자에 한함)
- **향수** 60ml 이하까지 면세
- **면세 한도 금액** US$800까지 면세
- **외국환 신고** NT$60000(초과 금액은 입국 전 중앙은행의 허가를 받아야 함), 외화 반입에는 제한이 없으나 US$10000 이상 휴대, 반입, 반출하는 경우에는 입국 시 세관에 신고해야 함
- **의약품** 본인이 사용할 의약품은 6가지로 제한. 제한 성분이 포함되지 않은 경우 종류별로 2병(케이스)으로 제한하며 합계 6종류 초과 불가. 복용 비타민은 12병(총 1200알) 미만, 알약과 캡슐 식품은 종류별 12병, 총 개수 2400개 초과 불가
- **식품농산품** 6kg으로 제한. 식물과 생과일은 휴대 금지이나 가공된 것은 휴대 가능. 육류는 가공 여부 관계없이 반입 금지
- **반입 불허 품목** 마약류, 총포류, 탄약류, 칼, 위조지폐, 기타 법률 규정에 따라 수입이 제한되거나 금지된 물품

어떻게 준비하면 좋을까

현금 & 신용카드·체크카드

여행지에서 지나치게 많은 현금을 들고 다니면 아무래도 신경이 쓰이는 게 사실이다.
미국이나 유럽과는 달리 타이완은 카드 결제가 불가한 곳이 아직 적지 않으므로 현금이 필요할 때가 종종 있다.
그래도 트래블월렛 카드의 사용이 보편화되면서 환전의 부담이 줄어든 건 반가운 소식이다.

현금과 신용카드는 둘 다 준비하자

우리나라와 마찬가지로 타이완 역시 쇼핑몰이나 대형 상점, 편의점 등에서는 신용카드를 사용할 수 있다. 하지만 전반적으로 볼 때 타이완의 신용카드 사용률은 그다지 높은 편이 아니다. 야시장이나 작은 분식집은 물론이고 중간 규모의 음식점이나 상점에서도 신용카드를 쓸 수 없는 경우가 꽤 있다. 심지어 타이완 대표음식점 중 하나인 딩타이펑의 몇몇 지점도 신용카드를 받지 않으므로 결국 타이완에서는 현금과 신용카드를 50:50 정도로 사용한다고 생각하면 적당하다. 신용카드는 분실하거나 에러가 날 때를 대비하여 최소 두 장 이상 가져가는 게 안전하다.

여행 스타일에 따라 다소 차이가 있겠지만, 일반적으로 숙박비는 신용카드, 교통비는 현금, 음식은 현금을 사용하되 필요에 따라 신용카드를 쓰는 정도로 계획하는 것을 추천한다. 신용카드를 사용할 때에는 여권과 신용카드 명의자 이름을 확인하는 등의 엄격한 절차를 거치진 않지만, 상점에 따라서 PIN 코드를 입력해야 하는 경우도 있다.

트래블월렛, 편리한 글로벌 지불 결제 서비스

환전 수수료와 신용카드 결제 수수료에 대한 부담과 현금을 들고 다니는 번거로움 등을 해결해주는 결제 서비스로 트래블월렛 카드를 빼놓을 수 없다. 트래블월렛은 ATM 기기를 통해 현금을 인출하고 VISA 카드 가맹점에서 직접 결제할 수 있는, 일종의 충전식 체크카드다. 기존의 신용카드나 체크 카드와 달리 환전 수수료와 결제 수수료가 모두 무료이고, 실시간 환율(매매기준율 적용)로 충전하여 사용할 수 있는 것이 장점이다. 여행 후에 잔액이 남으면 수수료 없이 다시 원화로 재환전(현찰 팔 때 환율 적용)할 수 있다. 단, 타이완에서는 일부 은행만 출금 수수료가 무료이므로 주의해야 한다. 2024년 3월 현재 출금 수수료가 없는 은행은 케세이 유나이티드 은행國泰世華銀行 Cathay United Bank과 타이완 은행臺灣銀行 Taiwan Bank 등이 있다. 참고로 하나은행에서 발행하는 트래블로그 역시 트래블월렛와 거의 같은 유형의 카드이며, 앞으로 이와 유사한 카드가 점차 많아질 것으로 예상된다.

+ Writer's Pick +

트래블월렛 카드 사용법

❶ 스마트폰에서 트래블월렛 앱을 검색해 설치한 뒤, 카드 발급 신청을 한다. 만 17세 이상으로 본인 명의의 휴대폰과 은행 계좌가 있으면 누구나 신청할 수 있으며, 어느 은행이든지 본인 명의의 계좌와 연동할 수 있다. 연회비는 따로 없다.

❷ 카드 수령 후 앱에서 등록하면 바로 사용할 수 있다.

❸ 앱을 통해 트래블월렛 연결 계좌에서 필요한 금액만큼 환전하여 외화를 충전한다.

❹ 카드 잔액과 이용 내역을 바로 확인할 수 있고, 잔액을 다시 원화로 환전할 수 있다.

❺ 현지 ATM 기기에서 현금을 인출하거나 VISA 카드 가맹점에서 결제할 수 있다. 이 경우 현지 통화로 바로 인출·결제되며, 환전 수수료 및 결제 수수료는 없다.

❻ 타이베이 타오위엔 공항 철도 이용 시 교통카드처럼 태그하여 사용할 수 있다. 향후 트래블월렛의 사용 범위가 확대될 것으로 예상된다.

타이완 여행의 필수품

이지카드

타이완의 대표적인 교통카드인 이지카드는 타이완 여행의 필수 준비물이라고 해도 과언이 아니다.
중국어로 '여우여우카'라고 불리는 이지카드Easy Card 悠遊卡(유유잡)는 MRT와 시내버스는 물론
기차(취지엔처 區間車)와 시외버스, 페리 등 타이완의 모든 교통수단에서 사용할 수 있는 교통카드다.

할인 혜택에 체크카드 기능까지

타이베이를 비롯한 타이완의 모든 도시에서 이지카드를 사용할 수 있다.
이지카드를 이용하면 요금을 20% 할인받을 수 있을 뿐 아니라 1시간 이내
에 다른 교통수단으로 환승할 때도 할인 혜택이 적용된다.

이지카드에 교통카드의 기능만 있는 건 아니다. 이지카드는 편의점, 백화
점, 스타벅스, 청핀 서점 등 수많은 상점에서 체크카드처럼 결제 수단으로
사용할 수 있으며, 자동판매기에서도 이지카드로 결제할 수 있다. 카드 가
격은 NT$100, 한화로 약 4000원 정도. 카드를 창구에 반환하면 카드에
남아 있는 잔액은 돌려받을 수 있지만, 카드 구매 금액 NT$100은 환급되
지 않는다. 충전은 MRT 역 안내 카운터나 이지카드 전용 자동판매기Easy
Card Add-Value Machine 悠遊卡加值機에서 NT$50~100 단위로 할 수 있
다. 사용 방법은 우리나라의 교통카드와 동일하다.

이지카드 외에 까오슝을 비롯한 타이완 남부에서 많이 사용하는 '아이패스
ipass'도 있다. 중국어로 '이카통一卡通'이라 불리는 아이패스 역시 이지카
드와 기능이 동일하므로 둘 중 아무 카드나 사용해도 된다.

이지카드

아이패스

이지카드 서비스 센터 Easy Card Service Center
WHERE 타이베이 시정부 버스터미널市府轉運站(스푸 좐윈짠) 1층
OPEN 화~금 11:30~19:30, 토·공휴일 10:00~17:00, 일·월요일 휴무
WEB www.easycard.com.tw

이지카드 구매처
MRT 역의 안내 카운터와 자동판매기, 시내 세븐일레븐 등의 편의점 등

이지카드 자동판매기. 충전도 가능하다.

이지카드 서비스 센터

우리나라 교통카드처럼
개찰구의 단말기에 터치한다.

타이완 여행의 핵심

기차 예약 A to Z

소도시가 매력적인 타이완에서는 기차를 탈 일이 무척 많다. 고속열차는 물론이고
타이베이 근교를 연결하는 노선까지 합하면 아무리 짧은 일정이라도 한두 번쯤은 기차를 타게 된다.
알아두면 힘이 되는 기차 예약 관련 팁을 정리해보았다.

고속열차, 까오티에 高鐵 Taiwan High Speed Rail(THSR)

우리나라의 KTX나 SRT에 해당하는 고속열차. 타이베이에서 남부의 까오
슝까지 1시간 40분밖에 걸리지 않는다. 요금도 우리나라보다 조금 더 저
렴한 수준이다. 단, 고속열차라서 정차역이 많지 않기 때문에 타이중, 타이
난, 까오슝 등 주요 도시로 이동할 때만 이용할 수 있다. 좌석은 지정석과
자유석이 있어서 서서 갈 수도 있는 부담을 감수하고 조금 저렴하게 티켓
을 사고 싶다면 자유석을 구매하면 된다.

기차는 고속열차역의 매표소나 티켓 자동판매기에서 구매할 수 있으며, 출
발 28일 전부터는 인터넷을 통한 예매 및 결제도 가능하다. 미리 예매할 경
우 최대 35%까지 할인받을 수 있는 얼리버드 티켓을 구매할 수 있다. 시간
마다 4~5대가 운행하므로 운행 편수가 많아 굳이 예약하지 않아도 조기 예
매 할인 혜택을 받지 못할 뿐, 이용에는 불편함이 없다. 단, 명절이나 연휴
에는 표를 구하기 힘든 구간도 있으므로 미리 예매하는 게 안전하다.

타이베이를 제외하고는 고속열차역과 일반기차역이 서로 떨어져 있고, 까
오슝은 고속열차역과 일반기차역의 이름도 다르다는 사실을 기억해 둘 것.
같은 목적지, 또한 같은 요금이라도 열차 편에 따라 소요 시간이 조금씩 다
르므로 미리 검색해보거나 직원에게 소요 시간을 확인하고 구매하는 걸 추
천한다.

■ 까오티에 정보
WEB www.thsrc.com.tw

■ 타이티에 정보
WEB www.railway.gov.tw

일반기차, 타이티에 台鐵 Taiwan Railways Administration(TRA)

타이완의 기차도 우리나라처럼 각각 등급이 있다. 우리나라의 새마을호에 해당하는 가장 빠른 기차인 쯔챵하오自强號, 그다음 무궁화호 급의 쥐꽝하오莒光號, 마지막으로 우리나라의 국철과 비슷한, 일종의 통근 기차인 취지엔처區間車 등의 순서다. 이외에 핑시선平溪線이나 지지선集集線 등의 관광용 지선 기차도 있다. 쯔챵하오와 쥐꽝하오는 지정 좌석이 있지만 표가 매진되었을 경우 입석으로도 탈 수 있으며, 취지엔처는 티켓을 따로 구매할 필요 없이 이지카드로도 탑승이 가능하다.

홈페이지를 통해 시간표를 조회하거나 티켓을 예약할 수 있고, 기차역 매표소에서 직접 구매해도 된다. 타이난에서 출발하는 티켓을 타이베이 역에서 예매하는 등 기차표 구매는 어느 역에서나 가능하다. 단, 환불이나 변경은 티켓을 구매한 역에서만 가능하고, 환불 시에는 환불 수수료가 발생한다. 수수료는 남은 날짜에 따라 조금씩 달라지지만, 대략 NT$20~30이다.

타이베이 기차역의 매표소와 티켓 자동판매기

自動售票機 (信用卡／金融卡)
Ticket vending machine (Credit Card / ATM Card)

취지엔처를 포함한 비지정좌석 기차표는 각 역에 비치되어 있는 자동판매기로 구매해도 된다.

일반기차의 종류와 요금 기준

쯔챵하오自强號 Tze-Chiang Limited Express 1km당 NT$2.27
쥐꽝하오莒光號 Chu-Kuang Express 1km당 NT$1.75
취지엔처區間車 Local Train 1km당 NT$1.06~1.46

*쯔챵하오自强號 중에서 일부 노선은 '타이루거太魯閣 Taroko Express', 또는 '푸여우마普悠瑪 Puyuma Express' 등의 이름으로 불리기도 한다.

*취지엔처區間車는 소요 시간에 따라 푸싱하오復興號 Fu-Hsing Semi Express 또는 푸싱/셔틀Fuxing/shuttle, 취지엔콰이區間快 Fast Local Train 등으로 불리기

도 한다. 그러나 굳이 열차의 종류를 세세하게 기억할 필요는 없고 소요 시간을 보고 선택하면 된다.

+ Writer's Pick +

중국어 한 마디!

차표 처 피아오車票
시간표 스커 비아오時刻表
편도 티켓 딴청 피아오單程票
왕복 티켓 라이후웨이 피아오 來回票
지정석 뚜웨이하오 쭈워對號座
자유석 쯔여우 쭈워自由座

: MORE :

세븐일레븐에서 i-bon으로 티켓 예매하기

타이완의 세븐일레븐 편의점에는 i-bon이라는 기기가 있다. 기차표, 하오싱 버스 승차권, 콘서트 티켓 등을 예매, 출력할 수 있는 일종의 키오스크다. 물론 그 외에도 은행 입출금, 복사, 택배, 영화 예매, 콜택시 등 다양한 업무 처리가 가능하지만, 여행자에게 가장 유용한 기능은 기차와 버스 티켓 예매, 콜택시 정도일 것이다. 굳이 기차역까지 가지 않아도 고속열차와 일반기차 티켓을 모두 이곳에서 예약할 수 있으며, 하오싱 버스도 전 구간 예약이 가능하다. 단, 모든 세븐일레븐마다 i-bon이 있는 건 아니고 규모가 비교적 큰 매장에만 비치되어 있으며, 일부 기기는 한국어도 지원된다. 만약 사용하는 데 어려움이 생기면 점원에게 도움을 청하자. 친절하게 예약을 도와줄 것이다.

타이완을 여행하는 또 다른 방법

렌터카 이용하기

2022년 2월 17일, 타이완과 우리나라가 '국제운전면허 상호인정 양해각서'를 체결했다.
즉, 타이완과 우리나라 국민이 국제운전면허증을 소지하면 상대 국가에서 렌터카를 이용할 수 있게 된 것이다.
타이완의 도로 상황이나 교통 체계가 외국인이 운전하기에 썩 좋은 편은 아니지만,
그래도 렌터카 여행을 합법적으로 할 수 있게 되었으므로 필요한 경우 렌터카를 슬기롭게 이용해보자.

렌터카를 이용하기에 좋은 도시는 어디일까?

타이완은 한국과 마찬가지로 운전석이 좌측에 있긴 하지만, 오토바이도 많고 신호 체계도 우리나라와 달라서 운전하기가 썩 좋은 편은 아니다. 구글맵보다는 현지 내비게이션의 정확도가 더 높은데, 대부분의 내비게이션은 중국어만 제공되는 경우가 많다. 또한 동부 지역은 산세가 험해서 산사태도 자주 발생하기 때문에 현지인들조차 운전을 조심하는 편이다. 그러므로 운전 실력이 특별히 뛰어나거나 중국어 표지판과 내비게이션을 확인하는 게 가능한 수준이 아니라면 되도록 운전하기 쉬운 일부 도시에서만 렌터카를 이용하기를 추천한다.

도로가 복잡하지 않아 외국인 여행자들이 운전하기에 좋은 도시, 대중교통 인프라가 덜 촘촘해서 렌터카를 이용하는 게 여행 효율을 높여주는 도시로는 이란(352p), 타이동(598p), 컨띵(584p) 등이 대표적이다. 단, 이 경우에도 도시 간 이동보다는 대중교통을 이용하여 해당 도시까지 간 뒤, 거기에서 1~2일 정도만 렌트하는 걸 권한다.

어디에서 빌릴까?

타이완에는 많은 렌터카 업체가 있지만, 되도록 대형 업체를 이용할 것을 추천한다. 공항이나 기차역, 대도시 등에 지점을 두고 있는 업체를 이용하는 게 여러모로 편리하기 때문이다. 또한 대형 업체들은 인터넷을 통해 사전에 예약할 수 있으므로 한국에서 미리 인터넷으로 충분히 검토한 뒤, 예약을 해놓고 가는 게 편리하다. 예약할 때는 해당 도시에 지점이 있어서 그곳에서 차를 픽업하고 반환할 수 있는지 미리 확인해야 한다. 지점 개설 여부와 지점의 위치도 인터넷에서 확인이 가능하다. 차량의 종류는 일본 차가 대부분이지만, 현대 차도 꽤 많고 가격도 저렴한 편이어서 더욱 반갑다. 만약 영어나 중국어 모두 어려움이 있다면 여행 액티비티 앱을 이용하여 렌터카를 예약하는 것도 괜찮은 방법이다.

■ **쭝주주처** 中租租車 Chailease Auto Rental
Hertz의 대만 협력 파트너. 현대 차를 많이 보유하고 있다.
TEL 0800-588-508
WEB www.rentalcar.com.tw

■ **허윈주처** 和運租車 Hotai Leasing Corporation
TOYOTA의 파트너 업체. 일본 차를 많이 보유하고 있다.
TEL 0800-024-550
WEB www.easyrent.com.tw

알아두면 힘이 되는 정보

◆ 준비물: 여권, 국제운전면허증. 우리나라 운전면허증, 운전자 명의의 신용카드

◆ 일반적으로 하이패스eTag는 기본적으로 장착되어 있다. 내비게이션은 기본 장착은 아니며, 예약 시 추가할 수 있다. 유료(약 NT$50 전후)이긴 하지만, 이벤트 기간에는 무상으로 제공하는 경우도 있다.

◆ 픽업 장소와 반환 장소는 다르게 지정할 수 있다.

◆ 우리나라와 마찬가지로 플러스 자차 보험을 추가할 수 있다. 1일 기준으로 NT$600~700 정도지만, 차량의 종류나 업체별로 가격 차이가 있으므로 잘 알아보고 선택할 것. 플러스 자차 보험은 차를 픽업할 때 계약서를 쓰면서 추가할 수도 있다.

◆ 업체마다 차이는 있지만, 일반적으로 연료를 100% 채워서 제공하며 차를 반환할 때도 채워서 반환한다.

◆ 타이완의 주유소는 CPC中油와 FPCC臺塑石油 브랜드가 가장 많으며, 전국 모든 주유소의 휘발유 가격이 같으므로 가격 비교는 하지 않아도 된다. 참고로 중국어로 일반 휘발유는 지우우九五, 경유는 차이여우柴油라고 한다.

신호 체계 및 교통 법규

◆ 모든 교차로에는 자동차 정차선 앞에 오토바이 대기 구역이 별도로 마련되어 있다. 자동차는 반드시 오토바이 대기 구역 뒤에 정차해야 한다.

◆ 대부분의 교차로에는 좌회전 신호가 따로 없으므로 오고 가는 차를 살펴서 비보호 좌회전을 한다. 즉, 녹색등에서는 직진, 좌회전, 우회전이 모두 가능하다. 단, 좌회전 신호가 따로 있거나 좌회전 금지, 유턴 금지 표시가 있는 교차로에서는 신호등의 지시를 따라야 한다.

◆ 불법 주차는 절대 금지다. 주차 금지 구역 관리가 매우 엄격하게 이루어지고 있으며 견인 조치도 빈번하게 시행되므로 차는 꼭 주차 구역이나 주차장에 주차하자. 참고로 빨간색 실선이 그어져 있는 도로는 주차 및 정차 금지, 노란색 실선이 있는 도로는 주차 금지, 3분 정차 가능 구역이다.

+ Writer's Pick +

**렌터카 이용에 필요한
중국어 한마디**

렌터카 주처 租車
일반 휘발유로 가득 채워주세요
　지우 우, 지아만 九五, 加滿
내비게이션 다오항 셔베이
　導航設備
카시트 얼퉁 안취엔 쭈어이
　兒童安全座椅

알고 보면 정말 쉬운

주소 읽는 법

타이완에서 택시를 타면 기사가 주소만 보고 기가 막히게 목적지를 찾아내는 걸 보면서 놀랄 때가
한두 번이 아니다. 길을 잘 아는 건 택시기사만이 아니다. 오가는 사람들에게 길을 물어도 대부분의 사람은
주소만 보고 금세 어느 쪽인지 알고 방향까지 정확히 일러준다.
그건 바로 타이완의 주소 읽는 방법이 매우 규칙적이면서도 간단하기 때문이다.

깔끔하게 정리된 주소 단계

타이완의 주소는 크게 '루路(로), 뛴段(단), 샹巷(항), 농
弄(농), 하오號(호), 허우樓(루)'의 여섯 단계로 이루어져
있다. 그중에서 가장 큰 단위인 '루路'는 '지에街'라고도
하며 우리나라로 치면 대로에 해당한다. 즉, 강남대로,
테헤란로처럼 큰 도로를 의미하는 단위. 대로인 '루路'
안의 구역은 '뛴段'으로 구분하는데, 이 때 段은 타이완
각 시의 중심을 기준으로 하여 중심에서 가까운 구역부
터 1段, 2段, 3段… 이렇게 이어진다. 그리고 段 안의
작은 골목은 '샹巷', 이보다 더 좁은 골목은 '농弄'이라
고 표기한다. 이렇게 좁은 골목까지 모두 표기하고 난
뒤, 마지막 번지수를 '하오號', 층을 '러우樓'로 표기하
면 누구나 찾아갈 수 있는 쉽고 명쾌한 주소 표기가 완
성된다. 마지막 번지수인 '하오號'는 길 한쪽 편은 1, 3,
5號의 홀수 번지로, 건너편은 2, 4, 6號의 짝수 번지로
길을 따라 순서대로 이어진다.

한자 울렁증이어도 괜찮아

아무리 주소가 체계적으로 알아보기 쉽게 구성되어 있
다고 해도 한자 울렁증이 있는 사람에게는 그야말로 피
하고 싶은 부분일 것이다. 하지만 타이완에는 절반 이
상의 상점들이 꽤 큼직한 초록색 표지판으로 주소를 명
확하게 표기하고 있기 때문에 아무리 한자 울렁증이 있
는 사람이라도 주소 읽는 법을 조금만 익히면 여행이
한결 편해지고 길을 헤매는 시행착오를 줄일 수 있을
것이다.

만약 그런데도 여전히 주소 찾기가 어렵다면 지나가는
타이완 사람들에게 주소가 적힌 종이를 보여주면 된다.
친절한 타이완 사람들은 우리를 외면하지 않고 어떻게
든 그곳을 찾아줄 테니 말이다.

146

'가구가락可口可樂'이란 말을 들어본 적이 있는지? 이는 '코카콜라'라는 뜻의 중국어로, 중국어 발음으로는 '커커우 컬러'라고 한다. 즉, '코카콜라'의 음을 따서 표기한 것이다. 중국과 타이완 등의 중화권 국가들은 중국어에 대한 꼿꼿한 자부심으로 모든 외래어를 중국어로 바꾸어 사용하고 있다.

✦ 중국어의 외래어 표기법

중국어로 외래어를 표기하는 방법은 단어마다 조금씩 달라서 어떤 단어는 음을 따서 쓰고, 어떤 단어는 뜻을 따서 쓴다. 예를 들어 '커피'는 중국어로 '카페이咖啡'라고 하는데, 이는 음을 따서 표기한 방법으로 글자 자체는 아무런 의미가 없다. 한편 '핫도그'는 중국어로 '러거우熱狗'라고 한다. 이는 '뜨거운 개'라는 뜻으로, '핫도그Hot Dog'의 음이 아닌 뜻 자체를 따서 만든 단어다. 다소 웃기긴 하지만 뜻을 있는 그대로 살린 표현이다. 한편 뜻과 음을 반반씩 섞어서 표기하는 방법도 있다. 예를 들어 '햄버거'는 중국어로 '한바오빠오漢堡包'라고 하는데, 여기에서 '한바오漢堡'는 '햄버거'라는 음을, '빠오包'는 '빵'이라는 뜻을 의미하는 것. 심지어 사람 이름인 오바마 전 미국 대통령도 '아오빠마奧巴馬'로 바꾸어 표기할 정도니 어떤 방법을 채택하든 정말 강력한 초절정 자존심을 드러내는 외래어 표기법이 아닐 수 없다.

✦ 타이완의 간판 표기 예

타이완도 예외가 아니어서 많은 상점이 영어 대신 중국어 표기를 쓴 간판을 사용하고 있다. 물론 중국 대륙보다는 상대적으로 덜 엄격해 스타벅스의 경우 '싱바커星巴客'라는 중국어 이름 대신 영문 간판을 그대로 사용하고 있다. 맥도날드는 음을 딴 표기법을 채택하여 중국어로 '마이땅라오麥當勞'라고 부르는데, 실제로 '맥도날드'라고 말하면 어르신 중에는 알아듣지 못하는 분이 꽤 많다. KFC 역시 '켄터키 프라이드치킨'의 '켄터키'라는 음을 따서 '컨더지肯德基'라고 부르며, 타이완에서는 맥도날드보다도 훨씬 더 높은 인기를 누리고 있는 일본의 모스버거도 중국어 표기인 '모쓰한바오摩斯漢堡'를 함께 쓰고 있다. 반면 편의점 '패밀리마트'는 음을 따르지 않고 뜻을 따르는 방식을 택했다. 즉, 간판에 커다랗게 '취엔지아全家'라고 표기해놓은 것이다.

그러고 보면 아는 만큼 보인다는 말은 여행에도 예외 없이 적용되는 것 같다. 그냥 느낌으로 즐기는 여행도 매력적이지만, 이처럼 조금 준비해 퍼즐 맞추듯 하나하나 확인해나가는 여행 또한 우리에겐 선연한 추억의 조각들이 되어줄 테니 말이다. 문득 영어 간판으로 뒤덮인 서울의 번화가가 생각나면서 유난스럽다 싶을 정도로 중국어를 고집하는 중화권 국가들의 자존심이 어찌 보면 융통성 없어 보이기도 하지만, 또 한편으로는 대단하기도 하다. 이제는 중화권으로 진출하는 모든 업체가 알아서 미리미리 중국어 브랜드명을 짓는 추세가 되었으니 우리나라도 이런 꼿꼿한 자존심을 조금만 발휘해주면 한글의 존엄성과 가치가 한층 높아질 것 같은 아쉬움도 생기는 게 사실이다.

PUTONG PUTONG
TAIPEI

푸퉁푸퉁(두근두근)
타이베이

TAI PEI
台北
IN TAIWAN

타이베이 가는 법

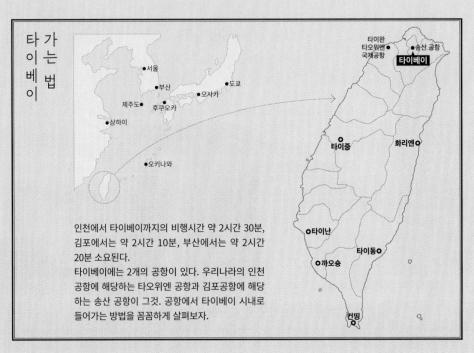

서울
부산
제주도 후쿠오카 오사카 도쿄
상하이

오키나와

타이완
타오위엔
국제공항 송산 공항
타이베이

타이중 화리엔

타이난
타이동
까오숭

컨띵

인천에서 타이베이까지의 비행시간 약 2시간 30분, 김포에서는 약 2시간 10분, 부산에서는 약 2시간 20분 소요된다.
타이베이에는 2개의 공항이 있다. 우리나라의 인천공항에 해당하는 타오위엔 공항과 김포공항에 해당하는 송산 공항이 그것. 공항에서 타이베이 시내로 들어가는 방법을 꼼꼼하게 살펴보자.

타이완 타오위엔 국제공항

타이완 타오위엔 국제공항臺灣桃園國際機場(대만도원국제기장, 타이완 타오위엔 궈지 지창)Taiwan Taoyuan International Airport은 타이베이 중심가에서 약 40km 떨어진 타오위엔 시에 위치한다. 타오위엔 공항에는 2개의 터미널이 있는데, 시기별로 조금씩 달라지지만 일반적으로 에바 항공(BR)과 아시아나 항공(OZ), 에어 부산(BX)은 제2터미널, 그 외의 항공사는 제1터미널로 도착한다.

GOOGLE MAPS 타이완 국제공항
ADD 桃園縣 大園鄉航站南路(타오위엔시엔 따위엔샹 항짠난루)9號
TEL 03 398 3728
(24시간 긴급전화 03 398 2050)
WEB www.taoyuan-airport.com

타오위엔 공항에서 시내가기

공항철도 Airport MRT

2017년 3월 개통한 타오위엔 공항철도桃園機場捷運 Taoyuan Airport MRT는 타오위엔 공항에서 타이베이 시내로 가는 가장 빠른 방법이다. 공항에서 타이베이 처짠台北車站 역까지 총 22개 역에 모두 정차하는 파란색 일반 라인과 7개 역에만 정차하는 보라색 급행 라인이 있다. 일반 라인은 공항에서 타이베이 처짠 역까지 약 50분, 급행 라인은 약 37분 소요된다. 요금은 동일하므로 여행자는 보라색 급행 라인을 타는 것이 시간을 절약하는 방법이다.

TIME 공항 제1터미널 출발 기준 06:13~23:22, 타이베이 처짠 역 출발 기준 06:00~23:36/급행·일반 라인 각각 약 15분 간격 운행
PRICE NT$150(이지카드, 트래블월렛 카드 사용 가능)
WEB www.tymetro.com.tw

개찰구 옆 인포메이션 센터　　공항철도 티켓 판매기　　공항철도 열차 내부

공항버스

공항버스는 제1터미널 지하 1층, 제2터미널 입국장 밖 오른쪽 버스 정류장에서 탈 수 있다. 총 4개 회사에서 9개 노선을 운행하고 있으며, 각 회사의 창구에서 버스 노선을 확인한 뒤 목적지와 가장 가까운 노선을 선택하면 된다. 요금은 노선마다 조금씩 다르며, 매표소에서 티켓을 구매할 수 있다. 버스를 탈 때는 기사에게 숙소의 이름이나 숙소 근처의 중요한 스폿을 미리 얘기해두는 게 안전하다. 노선마다 조금씩 다르지만, 직행 노선인 1819번 버스를 탈 경우 타이베이 처짠 역까지 50분~1시간 소요된다.
공항버스는 번호가 같아도 공항에서 시내로 갈 때와 시내에서 공항으로 갈 때의 노선이 서로 다른 경우가 많다. 시내에서 공항으로 가는 노선의 정류장 수가 좀 더 많은 편. 또한 노선은 비슷해도 버스 정류장 위치가 바뀌는 경우도 많으므로 호텔 프런트의 직원에게 정류장 위치를 미리 물어보는 게 가장 확실한 방법이다. 여행자들이 가장 많이 이용하는 노선은 타이베이 처짠台北車站 행 구워꽝 커윈國光客運 1819번 버스로, 배차 간격도 가장 짧은 편이다. 1819번 버스의 시내 하차 위치는 타이베이 기차역 동3문東3門 옆 버스 정류장이다.

◆ 공항버스 주요 노선

회사명	노선번호	종착역	요금	운행 시간/간격
구워꽝 커윈 國光客運	1819	타이베이 처짠 台北車站 Taipei Station	NT$135	24시간/15~20분
	1840	송산 공항松山機場	NT$135	06:25~24:00/25분
따여우 버스 大有巴士	1960	시정부 버스터미널 市府轉運站 City Hall Bus Station	NT$145	06:10~다음 날 01:00/ 약1시간 간격

: MORE :

알아두면
유용한
팁

❶ 공항버스로 시내에서 타오위엔 공항 가기

타오위엔 공항 행 버스는 시내 주요 호텔과 거리 곳곳에 정차
한다. 만약 공항버스 타는 곳을 못 찾겠다면 MRT 레드·블루
라인 타이베이 처짠台北車站 역 M2 출구 옆에 있는 구워꽝
커윈國光客運 버스터미널에서 타는 게 가장 편리하다. 물론
소요 시간은 공항철도보다 다소 긴 편이다.

TIME 약 1시간 소요, 24시간/15~20분 간격 운행
PRICE NT$135

❷ 시내에서 체크인 수속을, 인 타운 체크인 預班登機 In-Town Check-In(ITCI)

비행기 출발 당일 오전 6시부터 출발 시각 3시간 전까지 타이
베이 처짠台北車站 역에서 체크인 수속을 밟을 수 있다. 현재
는 타오위엔 공항에서 출발하는 중화 항공, 에바 항공, 만다린
항공만 가능하나, 앞으로 점차 확대될 예정이다.

WHERE MRT 타이베이 처짠台北車站 역 지하 1층 인 타운 체크인 카
운터
OPEN 06:00~21:30

송산(국제)공항

송산 공항松山(國際)機場(송산국제기장, 쏭산(궈지)지창) Songshan
International Airport은 우리나라의 김포공항과 참 많이 닮았다. 1979
년 타오위엔 국제공항이 완공되기 전까지는 송산 공항이 타이완을 대
표하는 국제공항이었으나 타오위엔 국제공항이 생긴 후부터는 국내
선 전용 공항으로 운영되기 시작했다. 그러다 우리나라의 이스타 항
공과 티웨이 항공, 타이완의 에바 항공과 중화항공 등 몇몇 항공사가
김포-송산 노선에 취항하면서 송산 공항의 진가가 드러나기 시작했
다. 송산 공항은 타이베이 시내에 위치해 있어서 MRT 역이 바로 연결
될 뿐 아니라 택시를 타도 부담 없는 요금으로 시내 중심까지 이동이
가능해 매우 편리하다. 정식 명칭은 타이베이 쏭산지창臺北松山機場
(타이베이 송산 공항) Taipei Songshan Airport이다.

WEB www.tsa.gov.tw

송산공항에서 시내가기

도심에서 가까운 송산 공항의 경우 MRT나 택시를 이용하면 된다. 공
항의 규모도 크지 않은 편이라 MRT 타는 곳을 찾는 것도 쉽다. 청
사 밖으로 나가면 택시 승차장과 MRT 역 표지판이 한눈에 들어온다.
MRT 브라운 라인 쏭산지창松山機場(송산 공항) 역에서 시내 중심까지
15분 정도면 도착한다.

TIME 공항 출발 기준 06:02~00:25,
쏭산지창 역 출발 기준 06:00~00:45(블루 라인)/
5~10분 간격 운행
WEB www.metro.taipei

타이베이 시내교통

타이베이는 시내 교통이 매우 발달해 있다. 무엇보다 매우 쉽다. 우리나라와 비슷한 시스템에 이용 방법도 거의 동일한데, 훨씬 간단하기 때문에 누구나 어렵지 않게 이용할 수 있다.

타이베이 대표 교통수단, MRT 捷運(첩운, 지에윈)

타이완에서는 지하철을 '지에윈捷運', 즉 '민첩한 운송수단'이라고 부른다. 영어로는 MRT(Metro Rapid Transit system). 타이베이 시내에서는 버스나 택시를 탈 일이 거의 없을 만큼 대부분 명소가 MRT 역에 인접해 있다. 그야말로 완벽하리만큼 친절한 교통수단이다. 따라서 여행 계획을 짤 때 MRT 노선을 기준으로 동선을 정하는 것이 가장 효과적이다.

타이베이 MRT는 2개 역으로만 이루어진 작은 미니라인까지 포함해 총 12개의 라인이 운행하고 있으며, 주로 이용하는 라인은 레드·블루·오렌지·그린·브라운 5개 라인이다. 그중에서 브라운 라인은 지상으로 다니는 4량짜리 무인 모노레일로 맨 앞에 타면 멋진 도심 드라이브를 즐길 수 있다. 특히 중간에는 거대한 호수인 네이후內湖 위를 지나가는 환상적인 장면도 연출되므로 시간이 있으면 무인 MRT를 타고 멋진 깜짝 드라이브를 즐겨보는 것도 좋다.

- **브라운 라인** 원후시엔 文湖線(문호선)
- **레드 라인** 딴수이·신이시엔 淡水·信義線(담수·신의선)
- **그린 라인** 쏭산·신띠엔시엔 松山新店線(송산신점선)
- **오렌지 라인** 쭝허·신루시엔 中和新蘆線(중화신로선)
- **블루 라인** 반난시엔 板南線(판남선)

TIME 06:00~24:00/역과 노선에 따라 조금씩 다름
PRICE 구간에 따라 NT$20~60(이지카드 사용 시 할인)
WEB www.metro.taipei

: MORE :

용도별로 다양한 MRT 티켓

이지카드와 아이패스 외에도 MRT 티켓은 용도별로 다양한 편이다. 먼저 1회용 티켓은 플라스틱 토큰으로 되어 있으며, MRT 역사에 있는 기기를 통해 구매할 수 있다. 언뜻 보면 장난감 같지만 교통카드와 동일하게 터치해서 들어가고, 나올 때는 토큰 넣는 구멍에 넣으면 된다.

정해진 기간 동안 MRT와 시내버스를 무제한으로 탈 수 있는 타이베이 펀 패스Taipei Fun Pass도 짧은 일정으로 방문한 여행자들 사이에서 인기가 높다. 1일권부터 5일권까지 있으며, 요금은 1일권 NT$180, 2일권 NT$310, 3일권 NT$440, 5일권 NT$700이다.

MRT를 타는 횟수가 많은 날은 하루 동안 MRT만 무제한으로 탈 수 있는 MRT 원데이 카드One Day Card(NT$150)를 이용하는 것도 하나의 방법이다. 이외에 일종의 월 정기권인 TPASS(NT$1,200) 등 다양한 종류의 패스가 있지만, 여행자가 이용할 일은 많지 않으며, 가장 편리한 건 일반 충전식 교통카드(이지카드, 아이패스)다.

타이베이 MRT는 우리나라의 지하철과 시스템도, 분위기도 거의 비슷해 쉽게 이용할 수 있다. 하지만 소소한 부분에서 차이가 있으므로 미리 알아두고 실수하는 일이 없도록 하자.

❶ MRT 플랫폼에는 하얀 선이 그려져 있다. 바로 줄을 서는 라인이다. 플랫폼의 폭과 기둥 위치 등에 따라 옆으로 나란히 그려져 있기도 하고 길게 앞으로 그려져 있기도 하다. 어떤 형태든 플랫폼에서 줄을 설 때는 반드시 이 하얀 선을 따라 서야 한다. 빨리 타겠다고 선 밖에 아무렇게나 서 있는 일이 없도록 주의하자.

❷ 우리나라와 마찬가지로 거의 모든 MRT 역사에 화장실이 있다. 비교적 깨끗하게 관리되고 있어서 화장실을 찾는 게 급선무인 여행자들에게는 더없이 반가울 듯.

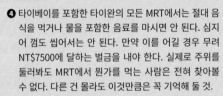

❸ 타이베이의 에스컬레이터에서는 오른쪽 한줄서기가 꽤 엄격하게 지켜진다. 에스컬레이터의 왼쪽은 걸어서 이동하는 사람들을 위해 항상 비워놓는다. 멋모르고 왼쪽에 서 있다가 무안해지는 일이 없도록 오른쪽 한줄서기를 늘 기억하자.

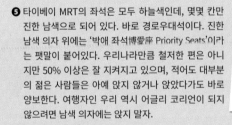

❹ 타이베이를 포함한 타이완의 모든 MRT에서는 절대 음식을 먹거나 물을 포함한 음료를 마시면 안 된다. 심지어 껌도 씹어서는 안 된다. 만약 이를 어길 경우 무려 NT$7500에 달하는 벌금을 내야 한다. 실제로 주위를 둘러봐도 MRT에서 뭔가를 먹는 사람은 전혀 찾아볼 수 없다. 다른 건 몰라도 이것만큼은 꼭 기억해 둘 것.

❺ 타이베이 MRT의 좌석은 모두 하늘색인데, 몇몇 칸만 진한 남색으로 되어 있다. 바로 경로우대석이다. 진한 남색 의자 위에는 '박애 좌석博愛座 Priority Seats'이라는 팻말이 붙어있다. 우리나라만큼 철저한 편은 아니지만 50% 이상은 잘 지켜지고 있으며, 적어도 대부분의 젊은 사람들은 아예 앉지 않거나 앉았다가도 바로 양보한다. 여행자인 우리 역시 어글리 코리언이 되지 않으려면 남색 의자에는 앉지 말자.

❻ 평일 출퇴근 시간에는 승객이 매우 많다. 물론 배차 간격이 짧아서 우리나라만큼 혼잡진 않지만, 그래도 다른 시간대보다는 더 복잡한 편이다. 만약 내려야 하는데 사람이 많아서 헤치고 나가야 한다면 "지에구어借過(실례합니다. 길 좀 비켜주세요)"라고 말하면 된다.

타이베이 사람들의 일상, 버스(꽁처 公車)

타이베이는 여행자들에게는 더할 나위 없이 편리한 도시다. 명소는 거의 모두 MRT로 연결되어 있고 MRT가 닿지 않는 근교의 명소들도 대부분 환승 없이 한 번에 이동할 수 있도록 버스 노선이 완벽하게 갖추어져 있다.

사실 타이베이는 MRT 노선이 워낙 꼼꼼하게 잘 되어 있어서 시내버스를 탈 일이 많지 않다. 하지만 버스에서 바라보는 타이베이의 모습이 궁금하다면 한 번쯤은 짧은 시내버스 체험을 해보는 것도 재미있는 경험일 것이다. 버스 기본요금은 NT$15부터 시작해 거리에 따라 요금이 추가된다. 우리나라와 마찬가지로 이지카드는 버스를 탈 때와 내릴 때 두 번 다 찍는다. 단, 버스에서는 잔돈을 거슬러주지 않으므로 현금을 지불할 때에는 반드시 잔돈을 준비해야 한다. 그러므로 가능하면 교통카드를 이용하는 게 편하다. 또한 정류장 안내방송이 나오지 않는 경우도 종종 있으므로 미리 운전기사에게 내릴 곳을 말하고 정류장에 도착하면 알려달라고 부탁하는 게 안전하다.

©台北市雙層觀光巴士 台北市雙層餐車

: MORE :

이층 시티 투어 버스, 홉 온 홉 오프 hop-on hop-off

타이베이 시내에서 이층 투어 버스인 홉 온 홉 오프 버스가 운행하고 있다. 타이베이 처짠台北車站 역 M4 출구 앞에서 출발해 시내 중심을 도는 레드 라인과 타이베이 북쪽 고궁박물원(258p)까지 다니는 블루 라인으로 운행한다. 다른 도시의 시티 투어 버스와 마찬가지로 무제한 승하차가 가능하며, 티켓 종류도 다양하다.

TIME 레드 라인 09:10~20:20/1일 7회(타이베이 역 출발 기준), 블루 라인 09:40~16:30/1일 7회(타이베이 역 출발 기준)
PRICE 4시간권 NT$330, 24시간권(탑승 후 24시간) NT$660, 48시간권(탑승 후 48시간) NT$1100, 주간 1일권 9시간 NT$450
BUY 타이베이 처짠 역 M4 출구 앞 또는 세븐일레븐 ibon 판매기에서 구매
WEB www.taipeisightseeing.com.tw

여럿이 이용하면 괜찮은 선택, 택시(지청처 計程車)

타이베이의 택시 요금은 우리나라에 비해 다소 저렴한 수준이다. 일행이 3명 이상이라면 크게 부담스럽지 않은 가격으로 택시를 이용할 수 있기 때문에 가족 단위 여행자들이 자주 이용한다.

무엇보다 타이베이 택시의 좋은 점은 시내에 택시가 많고 승차거부도 거의 없다는 것이다. 정말 부득이한 경우를 제외하고는 승차거부를 하지 않으며, 목적지의 위치를 자세히 말하지 않아도 주소가 적힌 종이를 보여주면 알아서 찾아간다. 지우펀九份이나 예리우野柳 등 타이베이 외곽으로 당일 나들이를 가는 여행자들이 버스 대신 편리하게 택시를 이용하는 경우도 적지 않다.

PRICE 기본요금 첫 1.25km에 NT$85, 이후 200m 또는 60초마다 NT$5 부과/23:00~다음 날 06:00에는 심야할증료 NT$20 추가

로맨틱하게 타이베이 즐기기, 유바이크 Youbike 자전거(지아오타처 脚踏車)

타이베이는 자전거를 타기에 참 좋은 도시 중 하나로, 시정부 교통국에서 '유바이크'라는 이름의 공공자전거 시스템을 운영하고 있다. 물론 지하철이 워낙 잘 되어 있어서 자전거를 탈 기회는 많지 않겠지만, 특별한 기분을 느껴보고 싶을 때 한 번쯤 이용해보는 것도 재미있을 듯. MRT 스펑푸市政府 역 3번 출구 앞을 비롯하여 똥먼東門 역 4번 출구 앞, 시먼西門 역 3번 출구 앞 등 타이베이 시내 곳곳에 총 200여 개의 유바이크 자전거 대여소가 있으며, 아무 지점에서나 자유롭게 대여·반환할 수 있다. 대여료는 일반적으로는 신용카드로 지불하지만, 인터넷에서 회원 가입하면 이지카드도 사용할 수 있다.

시내 외에도 딴수이淡水, 빠리八里, 삐탄碧潭 등이 자전거를 타기 좋은 곳으로 손꼽히며, 자전거도 근처에서 대여할 수 있으니 시간 여유가 된다면 잠시 틈을 내 싱그러운 자전거 드라이브를 즐겨보는 것이 어떨까. 자세한 정보는 유바이크 홈페이지를 참고하자.

PRICE 4시간 이내 30분당 NT$10,
4~8시간 30분당 NT$20
WEB www.youbike.com.tw

도심 곳곳에서 찾아볼 수 있는 대여쇼.
MRT 스펑푸 역 근처에 특히 많은 편이다.

+ Writer's Pick +

비가 와도 괜찮아.

사계절 내내 비가 많이 오는 타이베이에서는 2023년부터 공유 우산 서비스가 시작되었다. 각 MRT 역 입구마다 설치되어 있는 민트색 공유 우산 'raingo'가 바로 그것. 'raingo' 앱을 설치하면 누구나 이 공유 우산을 이용할 수 있다. 대여료는 1시간에 NT$19, 2시간에 NT$29, 24시간에 N$39이며, 그 이후에는 24시간마다 NT$20씩 추가된다. 신용카드나 애플 페이, 라인 페이 등으로 지불할 수 있다. 갑자기 비가 쏟아지면 당황하지 말고, MRT 역 입구의 민트색 공유 우산을 찾아보자.

WEB www.raingo.com.tw

시외로 가는 법

대중교통 인프라를 잘 갖춘 타이완답게 근교나 다른 도시로 이동하는 방법도 매우 쉽고 간단하다. 일부 도시는 고속열차로, 그 외 대부분 도시는 일반기차로 이동할 수 있으며, 지역에 따라서는 버스가 더 빠르고 편리한 곳도 있다.

때로는 빠르게 때로는 느리게, 기차(훠처 火車)

고속열차와 일반기차로 나뉘는 타이베이의 기차 등급은 우리나라와 크게 다르지 않다. 타이베이의 근거리 노선은 특별한 시기를 제외하고는 굳이 예약할 필요가 없지만, 만약 예약을 원한다면 인터넷이나 기차역 창구에서 할 수 있다. 예약 사이트는 영어와 중국어로 되어 있으며, 요금은 기차 등급에 다르지만 일반적으로 1km당 NT$1.06~2.27, 10km 미만의 거리일 경우 10km로 계산된다. 예를 들어 타이베이에서 약 34km 떨어진 루이팡瑞芳 역까지 쯔창하오는 NT$76, 쥐꽝하오는 NT$59, 취지엔처는 NT$49다. 우리나라에 비하면 매우 저렴한 수준이다.

: MORE :

타이베이의 기차 등급 & 예약처

- **까오티에** 高鐵 THSR 우리나라의 KTX와 SRT에 해당하는 고속열차
- **타이티에** 台鐵 TRA 일반기차
  - **쯔창하오** 自强號, **푸여우마** 普悠瑪 우리나라의 새마을호에 해당하는 가장 빠른 기차
  - **쥐꽝하오** 莒光號 그다음으로 빠른 기차
  - **취지엔처** 區間車 일종의 통근 열차. 자유석이며, 이지카드로 탑승 가능
- **예약** 타이완 교통부 관리국交通部臺灣鐵路管理局 Taiwan Railways Administration
  WEB www.railway.gov.tw

: MORE :

타이베이 타오위엔 공항에서 고속열차 타고 다른 도시로 이동하기

타오위엔 공항에서 아예 시내로 들어가지 않고 곧바로 다른 도시로 이동하는 경우 공항 근처의 까오티에 타오위엔高鐵桃園 역에서 고속열차를 탈 수 있다.

❶ 공항철도 파란색 일반 라인을 타고 까오티에 타오위엔高鐵桃園 역에서 내린다. 요금은 NT$35. 약 20분 소요. 또는 공항버스 정류장에서 705번 U버스를 타고 까오티에 타오위엔 역으로 이동한다. 요금은 NT$30. 약 25분 소요.

❷ 까오티에 타오위엔 역에 도착한 뒤 사전에 인터넷으로 예매했다면 인터넷 예약자 전용 창구에서 발권을, 예매하지 않았다면 일반 창구에서 티켓을 구매한다. 모바일 앱으로 예약했다면 발권 없이 모바일 탑승권으로 바로 탑승하면 된다.

❸ 안전하게 기차에 탑승하면 출발!

근교로 가는 또 다른 방법, 시외버스

타이베이에서 근교 도시나 다른 도시로 여행할 때 기차 못지않게 자주 이용하게 되는 교통수단이 바로 시외버스다. 요금도 착하고 노선도 다양해서 오히려 기차보다 편리할 때가 많다. 타이베이에는 시정부 버스터미널市府轉運站(스푸 좐윈짠), 타이베이 버스터미널台北轉運站(타이베이 좐윈짠), 구워꽝 커윈 버스터미널國光客運 台北車站(구워꽝커윈 타이베이 처짠) 등 3개의 대표적인 시외버스터미널이 있다. 시정부 버스터미널과 타이베이 버스터미널은 종합 버스터미널이며, 구워꽝 커윈 버스터미널은 타이완의 대표적인 버스회사인 구워꽝 커윈國光客運에서 운영하는 곳이다. 공항버스를 비롯하여 타이베이 근교로 가는 노선 일부가 구워꽝 커윈 버스터미널을 이용한다. 세 곳 모두 시내 중심에 있어서 찾기에 어렵지 않고 이동도 편리한 편. 단, 터미널마다 운행 도시와 출발 시간대, 소요 시간 등이 조금씩 다르므로 미리 검색해보고 가는 것이 안전하다.

◆ 터미널별 주요 운행 도시 및 버스 회사

▪ 시정부 버스터미널
- 따여우 빠스 大有巴士   타오위엔 공항(1960번)
- 구워꽝 커윈 國光客運   지룽(1800번)
- 푸허 커윈 福和客運   지룽(1551번)
- 메트로폴리탄 스타 大都會客運   지룽(2088번)
- 셔우뚜 커윈 首都客運   이란(1571, 1572번),
　　　　　　　　　　　지아오시(1572번), 화리엔(1570번)
- 쫑싱 빠스 中興巴士   루이팡(2025번)
- 타이중 커윈 台中客運   타이중(9012번)
- 통리엔 커윈 統聯客運   타이난(1612번)

▪ 타이베이 버스터미널
- 구워꽝 커윈 國光客運   타이중(1826, 1827번),
　　　　짱화(1828번), 르웨에탄(1833번),
　　　　아리샨(1835번), 타이난(1837번),
　　　　까오슝(1838번)
- 통리엔 커윈 統聯客運   까오슝(1610번), 타이
　　　　난(1611번), 짱화(1615번), 지아이
　　　　(1618번), 타이중(1619, 1620번)
- 카마란 커윈 葛瑪蘭客運   지아오시·이란·뤄둥
　　　　(1915번), 이란(1916번), 뤄둥(1917번)
- 허신 커윈 和欣客運   타이난(7500번)

▪ 구워꽝 커윈 버스터미널
- 지룽(1813번), 타오위엔 공항(1819번) 등

구워꽝 커윈

■ 시정부 버스터미널
市府轉運站
Taipei City Hall Bus Station

GOOGLE MAPS taipei city hall bus
station
ADD 忠孝東路(쭝샤오똥루)五段6號
TEL 02 8780 6252
OPEN 05:00~다음 날 01:00
WEB www.facebook.com/tchbs
MRT 블루 라인 스쩡푸市政府 역
2번 출구와 연결
MAP ❸

■ 타이베이 버스터미널
台北轉運站
Taipei Bus Station

GOOGLE MAPS 타이베이 버스 스테이션
ADD 大同區市民大道(스민따따
오)一段209號
TEL 02 7733 5888
OPEN 05:00~다음 날 01:00
WEB www.taipeibus.com.tw
MRT 레드·블루 라인 타이베이 처짠
台北車站 역 Y1 출구 바로 앞
MAP ❺

■ 구워꽝 커윈 버스터미널
國光客運 台北車站
Kuo-Kuang Bus Taipei
Terminal

GOOGLE MAPS 국광버스타이베이역
ADD 中正區市民大道一段168號
TEL 02 2361 7965
OPEN 24시간
MRT 레드·블루 라인 타이베이 처짠
台北車站 역 M2 출구 바로 옆
MAP ❺

: MORE :

버스 회사, 커윈 客運

중국이나 한자 울렁증이 있는 여행자라면 타이완 곳곳에 있는 중국어가 다소 부담스러울 것이다. 하지만 그래도 꼭 참고 알아두면 힘이 되는 단어들이 몇 개 있다. '커윈客運'도 그중 하나다. 타이완의 버스 회사들을 보면 꼭 뒤에 '커윈'이라는 말이 붙는다. 이는 우리나라로 치면 '~여객'쯤 되는 말이다. 타이완에서 가장 큰 커윈은 단연 구워꽝 커윈國光客運. 타이완의 황금 노선은 거의 다 갖고 있다고 해도 과언이 아닐 정도로 타이완 전역을 운행하고 있다. 심지어 타이베이 기차역 근처에는 아예 구워꽝 커윈 전용 버스터미널까지 있다는 사실. 그 외에도 까오송 커윈高雄客運, 통리엔 커윈統聯客運, 허신 커윈和欣客運 등 도시마다 여러 버스 회사들이 치열한 각축전을 벌이고 있다.
참고로 대도시에는 대부분 따로 종합 시외버스터미널이 있지만, 소도시에는 버스터미널이 따로 없고 그냥 해당 버스 회사의 사무실 앞에서 버스를 타면 된다.

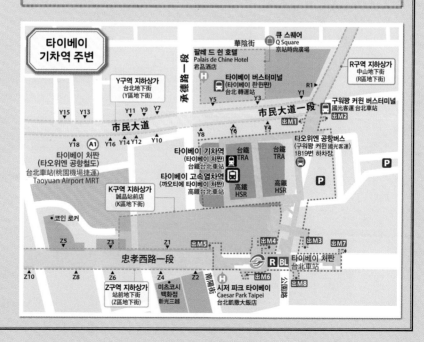

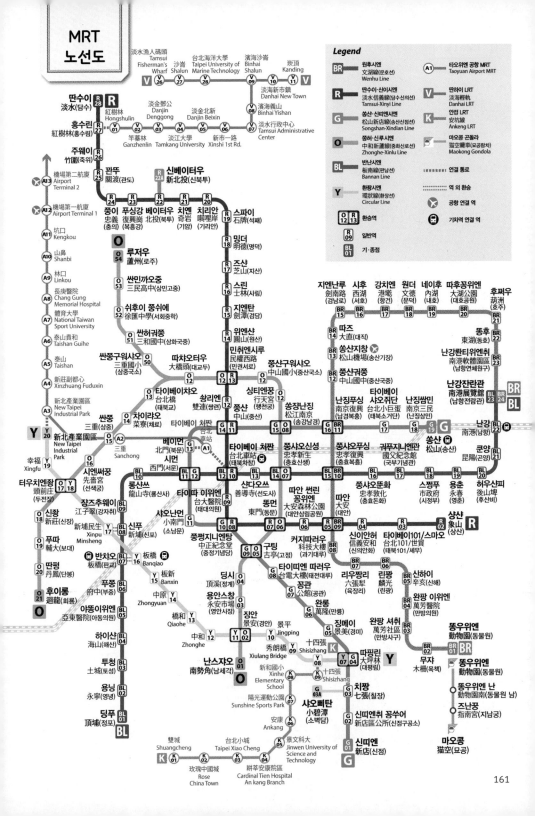

세련미 넘치는 시티 타이베이
신이 信義(신의) Xinyi

타이베이 101이 위치한 MRT 레드 라인 타이베이 101/스마오 역과 블루 라인 스쩡푸 역 일대를 일컬어 '신이'라고 부른다. 신이는 더도 말고 덜도 말고 딱 도시다. 높은 고층빌딩, 럭셔리한 쇼핑몰, 화려한 일루미네이션 등 우리가 상상하는 도시다운 풍경이 모두 모여 있다.

MRT 스쩡푸市政府(시정부) 역, 타이베이 101/스마오台北101/世貿(대북101/세무) 역,
샹샨象山(상산) 역, 궈푸지니엔관國父紀念館(국부기념관) 역

청핀성훠
誠品生活

송산 문창원구
松山文創園區

낫 저스트 라이브러리
不只圖書館
Not Just Library

유니 유스타일 백화점
統一時代百貨
Uni-UStyle Taipei Store

카이판 開飯川食堂

스쩡푸
市政府

웨이펑 신이
微風信義
Breeze Xinyi

忠孝東路五段

忠孝東路四段

궈푸지니엔관
國父紀念館

국부기념관
國立國父紀念館

시정부 버스터미널
(스푸 잔원짠)
市府轉運站

딤딤섬 點點心

신차오 반점 心潮飯菜

인파라다이스 샹샹 INPARADISE 饗饗

미츠코시 백화점 A4관
新光三越 A4館

웨이펑 쏭까오점
微風松高
Breeze Song Gao

딩타이펑 鼎泰豊

미츠코시 백화점 A8관
新光三越 A8館

팀호완 添好運

르 메르디앙 타이베이
Le Meridien Taipei
台北寒舎艾美酒店

탭 비스트로 장먼
掌門精釀啤酒

구름다리

타이베이 탐색관
台北探索館
Discovery Center of Taipei

이링이링샹 1010湘

미츠코시 백화점 A9관
新光三越 A9館

미츠코시 백화점 A11관
新光三越 A11館

타이베이
시정부
台北市政府

신예 欣葉台菜

베지 크릭
蔬河

이치란
一蘭

그랜드 하얏트 타이베이
Grand Hyatt Taipei
台北君悦大飯店

키키 레스토랑
KiKi餐廳

Att 4 Fun

마라딩지 마라 위엔양훠궈
馬辣頂級 麻辣鴛鴦火鍋 信義旗艦店

신이 웨이슈우잉청
信義威秀影城

타이베이 101
台北101

웨이펑 난산
微風南山(미풍남산)
Breeze Nan Shan

타이베이
세계무역센터
台北世界貿易中心

딩타이펑

카일린 凱林

야오양차항 嶢陽茶行

써니힐스 SunnyHills 微熱山丘

信義路五段

지미의 달 버스
幾米月亮公車

信義路五段

타이베이101/스마오
台北101/世貿

쓰쓰난춘
四四南村

하오치우
好丘 Good Cho's

스펑푸 역에서 타이베이 101까지
도심 속 산책코스

타이베이에서 가장 도회적이고 세련된 동네를 꼽으라면 단연 이곳 신이 지역일 것이다. 그중에서도 MRT 스펑푸 역에서 타이베이 101까지 이어지는 길은 그야말로 신이의 하이라이트. 총 길이 약 1km, 도보로 15분 정도 되는 이 길은 스펑푸 역 3번 출구와 연결되는 웨이펑 신이微風信義 Breeze Xinyi 백화점부터 구름다리로도 이어져 있어서 비가 내려도 걱정이 없다. 특히 밤에는 쇼핑몰마다 아름다운 조명이 불을 밝히는 환상적인 야경 덕분에 걷는 것만으로도 즐겁다. 럭셔리하고 야경 예쁘기로 소문난 바와 클럽들도 이 일대에 밀집해 있으니 유니크한 도시 여행자들에게는 더할 나위 없이 즐거운 놀이터가 되어줄 것이다.

MRT 블루 라인 스펑푸 역 2·3번 출구로 나와 타이베이 101을 향해 걸어간다.

타이베이의 상징
타이베이 101
台北101(대북101)

타이베이의 상징이라고 해도 과언이 아닌 초고층 빌딩으로, 총 높이가 무려 509m에 이른다. '타이베이 국제금융빌딩台北國際金融大樓(대북국제금융대루)'이라는 정식 명칭보다는 '101 빌딩'으로 더 많이 알려져 있다.

타이베이 101은 동양적 색채가 뚜렷한 건축 디자인으로도 명성이 자자하다. '돈을 벌다'라는 뜻의 단어인 '發財fācái'의 동사 '發fā'와 발음이 비슷하다는 이유로 숫자 '8 八bā'를 특히 사랑하는 중화권 문화를 바탕으로 하여 빌딩을 8개 층씩 총 8단으로 구성해 겹쳐 핀 연꽃 모양으로 디자인했다. 덕분에 빌딩 전체가 동양의 느낌이 가득한, 세련되고 멋진 외관을 갖게 되었다. **MAP ❸**

GOOGLE MAPS taipei 101
ADD 信義路(신이루)五段7號
OPEN 10:00~21:00
WEB www.taipei-101.com.tw
MRT 레드 라인 타이베이 101/스마오台北101/世貿 역 4번 출구와 바로 연결. 또는 MRT 블루 라인 스청푸市政府 역 3번 출구에서 도보 15분

2

타이베이 101 앞 인증샷 포토존
지미의 달 버스
幾米月亮公車(기미월량공차, 지미 위엘량 꿍처)

옥외 전망대는 계단을
이용해 올라간다.

Spot 타이베이 야경을 한눈에
타이베이 101 전망대
台北101觀景台(타이베이 101 꽌징타이)

타이베이 101빌딩 89층에 위치한 전망대는 타이베이의 도심 풍경을 360° 전 방향으로 한눈에 내려다볼 수 있는 곳이다. 세계에서 가장 빠른 엘리베이터를 타고 올라가는 것으로도 유명한데, 엘리베이터의 분당 속도가 무려 1010m로 5층에서 89층 전망대까지 단 37초면 도착한다. 워낙 속도가 빠르기 때문에 순간적으로 머리가 멍해지거나 비행기를 탔을 때처럼 귀가 먹먹해지는 증상이 나타나기도 한다. 단, 높이가 너무 높아서 조금만 날씨가 흐려도 구름에 가려 아무것도 보이지 않을 수 있으므로 날씨가 좋은 날에만 올라가기를 권한다. 89층에서 2개 층을 더 올라간 91층에는 유리로 가려지지 않은 옥외 전망대가 있는데, 날씨가 좋은 날에 한해서만 개방한다.

WHERE 타이베이 101 89층
PRICE NT$600(89층+101층 NT$980)
OPEN 10:00~21:00(101층 11:00~20:00)

타이완을 대표하는 동화작가인 지미랴오Jimmy Liao의 동화 '달과 소년'을 테마로 조성한 작품. 버스 외관은 물론이고 내부까지 아기자기하게 잘 조성되어 있어서 인증샷 명소로 유명하다. 특히 밤에 가면 타이베이 101의 야경을 배경으로 베스트 인생 샷을 찍을 수 있다는 사실. 타이베이 101 건너편 대로변에 있기 때문에 일부러 찾아가지 않아도 타이베이 101을 방문할 때 잠시 시간을 내어 들러보자. **MAP ❸**

GOOGLE MAPS 지미의 달 버스
ADD 信義路(신일루)五段100號
OPEN 09:00~21:00, 월요일 휴무
MRT 레드 라인 타이베이101/스마오台北101/世貿 역 3번 출구에서 도보 5분

③

신이를 대표하는 야경 맛집 쇼핑몰

웨이펑 난샨

微風南山(미풍남산) Breeze Nan Shan

더이상 화려할 수 없을 것 같은 신이 지역에 화려함 한 스푼을 더해준 쇼핑몰. 타이베이 곳곳에 있는 브리즈 쇼핑몰 중에서 가장 최근에 오픈한 곳이다. 타이베이 101 건너편에 있으며, 건물 외관이 워낙 독특해서 쉽게 눈에 들어온다. 초대형 마트를 비롯해 유명 레스토랑, 카페들이 대거 입점한 지하 1층에서 식사도 하고, 산책 삼아 쇼핑몰을 둘러보는 것도 재미있다. 4층 야외 정원에서는 길 건너 타이베이 101 빌딩과 신이 지역의 스트리트 뷰를 한눈에 감상할 수 있는데, 어쩌면 타이베이 101 전망대보다 더 멋지고 화려한 타이베이의 야경을 만날 수도 있다. MAP ③

GOOGLE MAPS breeze nan shan
ADD 松智路(쏭즈루)17號
OPEN 일~목 11:00~21:30, 금·토 11:00~22:00
WEB www.breezecenter.com
MRT 레드 라인 타이베이101/스마오台北101/世貿 역에서 도보 5분

④

주말에 열리는 즐거운 마켓

쓰쓰난춘

四四南村(사사남촌)

타이베이 신의공민회관信義公民會館이라는 정식 명칭보다는 쓰쓰난춘이라는 이름으로 더 많이 알려진 이곳은 타이완의 근대사를 엿볼 수 있는 의미 깊은 공간이다. 1948년 중국 칭다오에서 타이완으로 이주해온 제44무기공장四十四兵工廠 직원들과 그 가족들이 모여 살던 마을로, 이주민들의 눈물과 애환이 깃든 곳이다. 이후 경제가 발전하면서 1999년 시정부에서 주민들을 이전시키고 문화공원 및 전시관으로 기획하여 2003년 개관했다.

역사전시관, 라이프스타일 숍 하오치우 등 4채의 건물로 구성되어 있으며, 매월 둘째, 넷째 주 토요일 오후에는 일종의 벼룩시장인 플리 마켓Flea Market이, 매주 일요일 오후에는 개인 작가들의 판매가 더해진 프리 마켓Free Market이 열려 현지인들 사이에서도 높은 인기를 구가하고 있다. MAP ③

GOOGLE MAPS 쓰쓰난춘
ADD 松勤街(쏭친지에)50號
TEL 02 2723 7937
OPEN 전시관 09:00~17:00, 월요일 휴무/프리 마켓 일요일
13:00~19:00/
플리 마켓 매월 둘째·넷째 토요일 13:00~19:00
MRT 레드 라인 타이베이101/스마오台北101/世貿 역 2번 출구에
서 도보 5분

 Spot 쓰쓰난춘의 하이라이트
하오치우
好'丘(호구) Good Cho's

각종 생활 소품, 서적, 문구, 가구 등 슬로우 라이프를
실현할 수 있는 공정무역 제품을 주로 판매하는 라이프
스타일 숍. 구경하는 것만으로도 2~3시간은 족히 걸릴
정도로 볼거리가 넘친다. 하오치우가 지금처럼 유명해
진 것은 수제 아이스크림 전문점인 미도리midori와 타
이베이에서 최고로 손꼽히는 하오치우 베이글 덕분. 특
히 주말이면 베이글을 사려는 사람들로 줄이 길게 이어
질 정도다. 워낙 빠른 속도로 팔리기 때문에 계산대에
서는 "OO맛 베이글은 다 팔렸습니다"라는 공지가 쉴
새 없이 들려온다.

GOOGLE MAPS 굿초
ADD 松勤街(쏭친지
에)54號
OPEN 11:00~18:00

167

5

타이베이를 한눈에 조망하다

타이베이 탐색관

台北探索館(대북탐색관, 타이베이 탄쑤어관)
Discovery Center of Taipei

전시관 바닥 전체가 타이베이 시내 전경이다.

타이완이 어떤 나라인지, 어떤 역사를 이어왔
는지, 그리고 타이완의 수도인 타이베이는 앞
으로 어떤 미래를 꿈꾸고 있는지, 그야말로 타
이완과 타이베이의 모든 것을 한눈에 볼 수 있
는 곳이다. 그렇다고 해서 딱딱하거나 지루할
거라고 생각하면 오산이다. 3D 화면을 비롯한
다양한 매체와 시청각 자료를 활용하여 마치
체험학습장처럼 각 섹션을 재미있게 구성해놓
은 덕분에 잠시도 지루할 틈이 없다. 지적 호기
심이 많은 여행자라면 꽤 재미있고 흥미로운
시간이 될 것이다. 한 시간 정도면 충분히 돌아
볼 수 있는 규모이므로 시간 여유가 있다면 잠
시 들러보자. 시정부 청사 1층에 있다. MAP ❸

GOOGLE MAPS discovery center taipei
ADD 市府路(스푸루)一號
PRICE 무료
OPEN 09:00~17:00, 수·공휴일 휴무
WEB discovery.gov.taipei
MRT 블루 라인 스쩡푸市政府 역 2번 출구에서 도보
5분. 또는 타이베이 101에서 도보 8분

> 시정부 청사에
> 위치해 있어서
> 찾아가기 쉽다.

6

타이베이를 이끄는 트렌드 선두주자

송산 문창원구

松山文創園區
(쑹산 원창위엔취)

입구에 있는 TAIPEI 조형물 앞에서 인증샷 찍어주는 센스!

과거 담배 공장을 리노베이션한 복합문화공간이다. 양조장을 재
활용한 화산1914 문창원구(189p)와 더불어 타이베이를 대표하
는 문화예술공간으로 손꼽힌다. 2001년 타이베이 시정부는 이
곳을 시립 고적으로 지정하였고, 이후 종합 문화, 예술, 관광 및
휴식을 위한 공간으로 변모시켰다. 무엇보다 이곳은 연못과 공
원, 그리고 작은 숲이 함께 어우러져 있어 시민들의 도심 속 휴
식 공간으로 사랑받는다. 또 카페, 서점, 쇼핑몰 등의 편의시설
도 다양해 유유자적 나들이를 즐기기에 더 없이 좋은 곳이기도
하다. MAP ❸

GOOGLE MAPS 송산 문창원구
ADD 光復南路(꽝푸난루)133號
OPEN 실내구역 09:00~18:00/실외구역 09:00~22:00
WEB www.songshanculturalpark.org
MRT 블루 라인 궈푸지니엔관國父紀念館 역 5번 출구에서 도보 8분

MRT 궈푸지니엔관 역

타이완을 대표하는 문화 브랜드
청핀성훠

誠品生活(성품생활)

청핀 서점誠品書店(성품서점, 청핀수디엔, 170p)으로 시작할 당시에는 서점 한 켠에 각종 디자인 문구와 음반 코너를 포함시킨 정도였던 청핀은 이제 서점이라고 부르는 게 무색할 만큼 그 규모가 커졌다. 그중에서도 청핀성훠誠品生活는 청핀 서점과 일반 쇼핑몰이 결합한 라이프 스타일 복합 쇼핑몰로서 타이베이의 트렌드를 선도하고 있다. 층별 아이템도 워낙 다양하고, 볼거리도 많아서 한 바퀴 돌아보는 것만으로도 행복해진다. 특히 3층에 있는 청핀 서점은 타이베이의 여러 청핀 서점 중 유일하게 24시간 운영하는 서점으로 명성이 자자하다. 깊은 밤에도 환히 빛나는 서점이라니 듣기만 해도 황홀해진다.

GOOGLE MAPS 성품생활 송어점 **WHERE** 송산 문창원구 내 **OPEN** 쇼핑몰 11:00~22:00, 3층 서점 24시간, 3층 eslite cafe 10:00~24:00 **WEB** artevent.eslite.com

그냥 도서관은 아닌 도서관
낫 저스트 라이브러리 不只是圖書館
(뿌즈스 투수관, 불지시도서관) Not Just Library

3만 권 이상의 디자인 서적을 보유한 디자인 특화 도서관. 이곳이 담배 공장이었던 시절, 여공들의 목욕탕이었던 공간이 도서관으로 탈바꿈한 것이다. 당시의 목욕탕 시설을 크게 바꾸지 않은 채, 내부 리모델링만 해서 타일, 욕조, 낡은 창문 등이 고스란히 남아 있다. 덕분에 오래된 건축물 특유의 감성과 목욕탕의 몽환적인 분위기가 어우러져 어디에서도 볼 수 없는 독특한 매력을 자아낸다. 드라마 '상견니想見你'를 비롯해 드라마, 광고 촬영지로도 사랑받고 있다. 사진 촬영은 가능하나 신발을 벗고 들어갈 만큼 조용한 공간임에 유의하자.

GOOGLE MAPS not just library **WHERE** 송산 문창원구 내 **OPEN** 10:00~18:00, 월요일 휴관 **PRICE** NT$50 **WEB** www.tdri.org.tw/not-just-library

+ Writer's Pick +

송산 문창원구에서
MRT 스쩡푸 市政府 역 가는 길

송산 문창원구의 뒤쪽 출입구로 나와 길 건너 마주보이는 골목인 지룽루基隆路를 따라 걷다가 사거리에서 우회전해 쫑샤오똥루忠孝東路를 걷다보면 대로변에 MRT 스쩡푸 역이 보인다. 약 12분 소요. 무엇보다 가는 길에 오밀조밀 구경할 요소들이 꽤 많아 반갑다. 아주 화려하거나 복잡하진 않지만 작은 소품점, 카페, 핸드드립 커피 전문점 등 골목골목 구경거리가 많은 편이다.

궈푸지니엔관(국부기념관) 역은
지금도 변신 중

송산 문창원구에서 가까운 MRT 궈푸지니엔관(국부기념관) 역은 타이베이 101이 가장 잘 보이는 포토 존으로도 유명하다. 특히 지난 2023년 말, 무려 32년 만에 타이베이 돔 臺北大巨蛋(타이베이 따쥐딴)이 완공되면서 MRT 국부기념관 역 일대는 새로운 핫 플레이스로 떠오르고 있다. 덕분에 송산 문창원구로 가는 진입로도 새롭게 단장했고 야경도 이전의 모습을 찾아볼 수 없을 만큼 화려해졌다. 아직도 상업시설이 모두 입점한 건 아니므로 이 일대는 더욱 핫해질 일만 남았다.

백화점이 부럽지 않은 복합 라이프스타일 쇼핑몰

청핀 서점 誠品書店 (성품서점, 청핀수디엔)

책을 사랑하는 나라 타이완에는 서점 그 이상의 의미를 지닌 서점이 있다. 바로 청핀 서점이 그곳. 이제는 서점을 넘어서 트렌드를 선도하는 복합 라이프스타일 쇼핑몰로 도약하고 있는 청핀 서점은 타이완을 이해하는 중요한 문화 코드다.

청핀성췌 신띠엔 점

불이 꺼지지 않는 서점

청핀 서점은 타이완을 대표하는 서점 브랜드로, 그 규모가 우리나라 교보문고보다 훨씬 거대해 타이완 전역은 물론 중국 대륙과 홍콩에까지 많은 지점을 두고 있다. 쇼핑몰의 성격이 강화된 청핀성췌誠品生活도 같은 계열로, 늘 사람들의 발길이 끊이질 않는다. 특히 청핀 서점은 타이베이의 지점 중 한 곳을 선택하여 24시간 운영하는 것으로도 유명하다. 24시간 불이 꺼지지 않는 서점이야말로 타이완의 문화를 지탱하는 에너지일 것이다. 현재는 송산문화창구 내에 있는 쑹이엔松菸 점이 24시간 운영 중이다.

트렌드를 이해하려면 청핀 서점으로

출판 산업이 발달한 타이완에서 서점이 트렌드를 선도하는 건 어쩌면 당연한 일일 수도 있다. 책을 사랑하고 서점을 좋아하는 타이완 사람들이 만든 멋진 공간인 청핀 서점은 어느 도시에서나 트렌드의 중심지 역할을 한다. 이젠 서점이 아닌 복합 라이프스타일 쇼핑몰이라는 표현이 더 어울릴 만큼 규모가 커졌으니 타이완 어느 도시를 가든 청핀 서점은 꼭 한번 방문해보자. 참고로 타이베이에서는 MRT 쑹산 역 근처의 난시 점과 송산 문창원구 점, 그리고 2023년 9월에 오픈한 신띠엔 점의 규모가 가장 큰 편이다.

*안타깝게도 청핀 서점 신이 점은 임대 계약 종료로 2023년 12월에 문을 닫았다. 대신 2023년 9월 말, MRT 따핑린大坪林 역 근처에 아시아 최대 규모의 청핀성췌 신띠엔新店 점이 오픈했다. 신띠엔 점은 행정구역상으로는 신베이新北지만, MRT로 연결되어 있어서 실질적으로는 타이베이 생활권이다.

📍 청핀 서점 誠品書店

■ 시먼띵 西門町 점
GOOGLE MAPS eslite bookstore ximen
ADD 峨嵋街(어메이지에)52號 3F
OPEN 11:30~22:30
MRT 그린·블루 라인 시먼西門 역 6번 출구에서 도보 4분
MAP ❹

📍 청핀성췌 誠品生活

■ 쑹이엔 松菸 점
(송산문창원구 내)
169p 참고
MAP ❸

■ 난시 南西 점
231p 참고
MAP ❽

■ 신띠엔 新店 점
277p 참고
MAP ❷

誠品書店
www.eslitebooks.com

7

따뜻하고 아름다운 타이베이의 야경

샹산
象山(상산)

타이베이 101에서 내려다보는 타이베이의 야경도 아름답긴 하지만, 문명 (?)의 힘을 빌리지 않고 날것 그대로의 야경을 보고 싶다면 샹산을 추천하고 싶다. 가볍게 하이킹도 즐길 수 있고 타이베이의 야경도 제대로 감상할 수 있으니 일석이조인 셈.

사실 샹산 정상까지 가는 길이 산책 수준의 아주 쉬운 난이도는 아니다. 입구부터 정상까지 오르는 시간은 약 30분밖에 걸리지 않지만, 전부 계단으로만 되어 있어서 상대적으로 힘들게 느껴질 수 있다. 하지만 흘린 땀이 결코 아깝지 않을 정도로 전경만큼은 최고다. 오후 느지막하게 올라가서 일몰과 야경을 보고 내려오면 퍼펙트 코스.

참고로 MRT 샹산 역에서 전망대로 올라가는 계단 입구까지 가는 길의 오른쪽으로는 럭셔리한 아파트 단지가 이어진다. 타이베이 여행을 다니면서 만나게 되는 아파트 단지 중 가장 고급스러운 분위기여서 나름 구경하는 재미도 쏠쏠하다. MAP ❷

GOOGLE MAPS 샹산
ADD 信義區松仁路(쑹런루)
MRT 레드 라인 샹산象山 역 2번 출구로 나와 왼쪽 오르막길로 가면 상산으로 올라가는 계단이 나온다. 도보 10분. 또는 타이베이 101에서 계단 입구까지 도보 10분

171

오감만족
신이의 식탁

신이에는 다양한 메뉴와 가격대, 다양한 분위기의 맛집이 무척 많아 식당 선택의 폭이 넓다. 심지어 딩타이펑도 타이베이 101과 미츠코시 백화점 A9관, A13관 3곳에 지점이 있을 정도. 쉽게 선택하려면 청핀 서점이나 백화점의 푸드코트를 이용하는 것도 좋다. 그 외에도 골목마다, 건물마다 맛집이 넘쳐나서 늘 행복한 고민을 하게 되는 곳이다.

매콤짭짤한 맛이 끌린다면?
이링이링샹
1010湘(1010상)

중국 음식에서 쓰촨요리보다 한 등급 더 매운맛으로 인정받는 후난 요리. 1010은 '모든 면에서 완벽하다'는 뜻의 사자성어 '十全十美'의 뜻을 지닌 후난 요리 전문점이다. 대부분 메뉴에 기본적으로 매콤함이 가미되어 우리나라 사람들 입맛에도 아주 잘 맞는다. 타이완 현지인들에게도 인기가 많은 곳이라 주말에는 대기 시간이 길어질 수도 있다. 가격대는 1인당 NT$400~500선으로 아주 저렴하진 않지만, 만족도는 매우 높은 편. 타이완 전역에 지점이 있으며, 타이베이에도 5개의 지점이 있다. MAP ❸

GOOGLE MAPS 1010 hunan cuisine xinyi
ADD 松仁路(쏭런루)58號 4F(Far Eastern Department Store 4층)
OPEN 월~목 11:00~15:00, 16:30~21:30, 금 11:00~15:00, 16:30~22:00, 토 11:00~22:00, 일 11:00~21:30
WEB www.1010restaurant.com
MRT 블루 라인 스쩡푸市政府 역 3번 출구에서 도보 10분

일본 최고의 라멘을 타이베이에서
이치란
一蘭(일란)

후쿠오카를 대표하는 일본 라멘 전문점으로, 우리나라에도 워낙 많이 소개된 곳이다. 맛은 돼지 등뼈로 국물을 내는 이치란의 맛 그대로다. 주문 방식과 매장 인테리어도 일본과 동일하다. 독서실처럼 칸막이가 있는 1인용 좌석에 앉아서 대기할 때 받았던 주문표에 원하는 맛을 체크한 다음 벨을 누르면 종업원이 와서 주문표를 가져가는 방식. 주문표는 한글로도 적혀 있어서 주문하기에 어렵지 않다. MAP ❸

GOOGLE MAPS ichiran taipei main branch
ADD 松仁路(쏭런루)97號
OPEN 월~금 10:00~다음 날 05:00, 토·일 24시간
WEB ichiran.com
MRT 블루 라인 스쩡푸市政府 역 1번 출구에서 도보 7분. 또는 레드 라인 샹산象山 역 1번 출구에서 도보 5분

라즈쉰지딩

현지인 추천 미슐랭 맛집

신차오 반점

心潮飯店(심조반점, 신차오판띠엔) Sinchao Rice Shoppe

2021~2022년 연속 미슐랭 맛집으로 선정된 볶음밥 전문점. 외국인 여행자보다는 현지인들 사이에서 입소문 난 맛집이다. 립아이 스테이크 볶음밥을 비롯해 볶음밥 종류가 다양한데, 메뉴판에 표시된 인기 메뉴 위주로 주문하면 된다. 음식이 약간 짜다는 평도 있지만, 대부분 메뉴가 중국요리 특유의 향이 적어서 우리 입맛에 잘 맞는다. 가격대가 다소 높은 만큼 재료의 수준과 비주얼이 훌륭하다. 대기시간이 긴 편이므로 예약하고 가는 것이 좋다. **MAP ❸**

GOOGLE MAPS sinchao rice shoppe
ADD 忠孝東路(쭝샤오똥루)5段68號 微風 2F
OPEN 일~수 11:00~21:30, 목~토 11:00~22:00
MRT 블루 라인 스쩡푸市政府 역 3번 출구와 연결된 웨이펑 신이 微風信義 Breeze Xinyi 2층

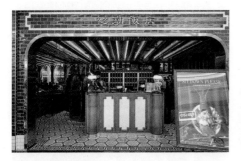

담백하고 깔끔한 맛의 타이완 전통 음식

신예

欣葉台菜(흔엽대채) Shin Yeh

타이완 사람들이 평소에 먹는 보편적인 가정식 메뉴를 맛보고 싶을 때 가기에 가장 좋은 곳. 향신료를 많이 쓰거나 자극적인 요리는 거의 없고, 재료 본연의 맛을 살린 담백하고 깔끔한 메뉴가 대부분이다. 고가의 해산물 요리도 있지만, 메뉴가 워낙 다양하고 그리 비싸지 않은 가정식 메뉴도 많아서 예산에 맞게 주문할 수 있다. 관광객보다는 현지인들이 주로 찾는 곳이라 번잡하거나 시끄럽지 않은 분위기도 장점. 대부분 메뉴가 우리 입맛에 잘 맞고, 메뉴판에 음식 사진이 있어서 중국어를 몰라도 주문하기 쉽다. 타이베이에 총 4개의 지점이 있다. **MAP ❸**

■ **미츠코시 新光三越 A9 점**
GOOGLE MAPS shin yeh a9
ADD 松壽路(쏭셔울루)9號 8F
OPEN 11:00~14:30,
17:00~21:30
WEB www.shinyeh.com.tw
MRT 블루 라인 스쩡푸市政府 역 3번 출구에서 도보 5분

■ **쭝샨 中山 점**
GOOGLE MAPS shin yeh nanxi
ADD 南京西路(난징시루)12號 1館新光三越南西店 8F
OPEN 11:00~14:30,
17:00~21:30
MRT 레드·그린 라인 쭝샨中山 역 2번 출구에서 도보 1분
MAP ❽

최고급 호텔의 루프톱 바가 부럽지 않은 뷰

탭 비스트로 장먼

掌門精釀啤酒(장문정양비주, 장먼 징냥 피지우)
Tap Bistro Zhangmen

타이베이 중심부의 야경을 한눈에 담을 수 있는 수제 맥주 전문점. 맥주 맛도 훌륭하지만, 무엇보다 럭셔리한 루프톱 바가 부럽지 않은 백만 불짜리 뷰를 자랑하는 곳이다. 날씨만 좋다면 잊지 못할 여행의 추억이 되어줄 최고의 뷰와 분위기를 보장한다. 야외 테라스에 앉아 타이베이 101을 바라보며 마시는 맥주 한 잔은 여행의 텐션을 3배쯤 올려줄 것이다. 웨이펑 쏭까오 쇼핑몰 4층에 있는데, 반드시 웨이펑 백화점 안에 있는 엘레이베이터를 타고 4층에서 내릴 것. 에스컬레이터나 다른 엘리베이터는 연결되지 않으므로 주의한다. **MAP ❸**

■ 웨이펑 쏭까오 微風松高 점
GOOGLE MAPS tap bistro zhangmen
ADD 松高路(쏭까오루)16號 4F
OPEN 16:00~24:00
WEB zhangmen-huashan.mystrikingly.com
MRT 블루 라인 스쩡푸市政府 역 3번
　　　출구에서 도보 5분

뷰도 맛도 모두 다 잡은 가성비 최고의 뷔페

인파라다이스 샹샹

INPARADISE 饗饗(향향)

뷔페 가격이 천정부지로 치닫는 우리나라에 비해 인파라이스 뷔페는 그야말로 안 먹으면 손해라는 생각이 들 만큼 가성비가 좋다. 우리나라에서 이 가격으로 이 정도 메뉴 구성, 이 정도 수준의 뷔페를 찾기는 어려울 것이다. 통유리창 밖으로 타이베이 101를 비롯하여 타이베이 시내가 한눈에 보이는 뷰 맛집인 것도 감동적이다. 대략 NT$1,200~2,200 정도로 주중, 주말과 런치, 디너, 애프터눈 티 타임별로 가격대가 조금씩 다르다. 그중에서 가장 가성비가 좋은 시간대는 주중 애프터눈 티 타임. 현지인들에게도 워낙 인기가 많은 곳이리 사진 예약은 필수이며 적어도 약 1개월 전에는 예약하는 게 안전하다. 예약은 이메일, 전화 또는 현장 예약만 가능하다. **MAP ❸**

■ 웨이펑 신이 微風信義 점
GOOGLE MAPS 인파라다이스(시티홀역 3번출구)
ADD 忠孝東路(쭝샤오똥루)五段68號微風信義46樓(브리즈 신이 46층)
TEL 886-2-8780-9988
OPEN 런치 11:30~14:00, 애프터눈 티 14:30~16:30,
　　　디너 17:30~21:00
WEB inparadise.com.tw **E-MAIL** service@eatogether.com.tw
MRT 블루 라인 스쩡푸 市政府 역 3번 출구에서 도보 1분

타이베이의 명동
시먼띵 西門町(서문정) Xi Men District

1950년대부터 이미 타이베이에서 가장 번화한 거리로 손꼽혀온 시먼띵은 전통적인 번화가답게 타이베이 최초의 보행자 거리로 지정되었고 지금도 주말이면 걸음을 옮기기조차 힘들 만큼 어마어마한 인파가 모여 드는 곳이다. 이토록 복잡하고 정신없는 분위기임에도 타이베이 젊은이들의 사랑을 독차지하고 있는 이유 는 바로 시먼띵에는 모든 게 다 있기 때문이다.

MRT 시먼西門(서문) 역, 롱샨쓰龍山寺(용산사) 역

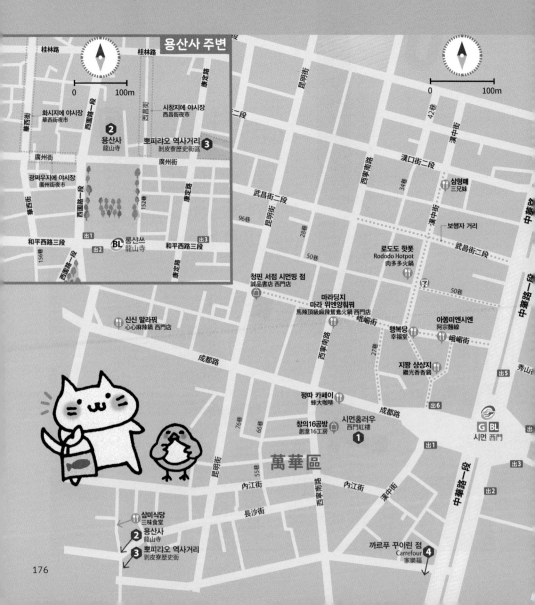

176

왁자지껄 언제나 즐거운
시먼띵의 화려한 풍경

서울의 명동과 도쿄의 하라주쿠를 반반씩 섞어놓은 듯한 시먼띵의 화려한 풍경은 우리에게도 그리 낯설지 않게 다가온다. 외국의 어느 도시가 아닌 마치 그냥 동네에 산책 나온 기분이라고 해야 할까. 시먼띵 중심가는 MRT 시먼西門(서문) 역 6번 출구에서부터 시작된다. 역 밖으로 나오자마자 펼쳐지는 거대한 일루미네이션에 눈이 어지러울 정도. 6번 출구로 나와 오른쪽으로 들어가면 타이베이의 명동, 시먼띵의 본격적인 시작이다.

시먼띵에는 이름난 맛집, 카페, 바, 영화관, 쇼핑몰, 대형 서점, 타투, 마사지 전문점, 노래방 등 그야말로 모든 즐길 거리가 마련되어 있다고 해도 과언이 아니다. 게다가 럭셔리한 분위기보다는 부담 없는 가격으로 승부하는 곳이 대부분이라서 가벼운 지갑으로도 얼마든지 시먼띵의 유쾌함을 누릴 수 있다는 점도 매력적이다. 시먼띵의 입구인 한쭝지에漢中街를 중심으로 마치 미로처럼 연결되어 있는 시먼띵의 골목들은 그냥 걷기만 해도 마음이 들뜨는 신기한 능력을 지니고 있다. 각양각색의 간판을 따라 여기저기 걷다 보면 길을 잃기 일쑤라 골목을 빠져나와 다시 MRT 역으로 돌아가기 위해서는 지나는 사람들에게 길을 물어봐야 할 정도다. 게다가 밤이 되면 낮과는 전혀 다른 화려한 일루미네이션으로 옷을 갈아입고 또다시 우리를 강렬하게 유혹하니 아무래도 시먼띵에 홀릭되는 건 시간문제일 것만 같다.

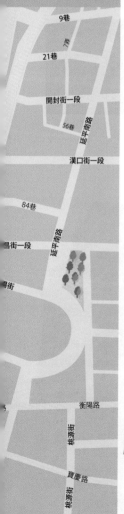

근대와 현대가 만나 예술이 되는 곳

시먼훙러우

西門紅樓(서문홍루) The Red House

1908년 타이완 정부 주관으로 지어진 최초의 공영 시장인 시먼훙러우는 그 역사가 무려 100년이 넘는 유서 깊은 건축물이다. 사람들이 사방팔방에서 모이기를 기원하는 의미에서 팔각형인 8괘 형상으로 이루어져 있으며, 전체 골격은 십자형 구조다. 즉, 앞쪽의 팔각루八角樓(빠지아오러우)와 뒤쪽의 십자형 구조의 건물인 십자루十字樓(스쯔러우), 그리고 북쪽, 남쪽 광장을 모두 합해 시먼훙러우라 일컫는 것.

먼저 입구에 위치한 팔각루 1층에는 전시장과 기념품 판매점이 있으며, 2층에는 극장이 있다. 실제로 1950년대에는 이곳 극장에서 매일 경극과 오페라가 상영되어 사람들이 극장 밖 골목에까지 길게 줄을 서는 진풍경을 이루었다고. 건물 전체를 비추고 있는 불빛 덕분에 시먼훙러우의 야경은 그야말로 환상적이니 놓치지 말고 꼭 인증샷을 남겨보자.

팔각루와 연결되어 있는 십자루의 수직 방향으로는 디자인 공방들이 모여 있는 창의16공방創意16工房(창이 스리우 꽁팡)이, 수평 방향으로는 타이베이를 대표하는 라이브 하우스인 하안류언河岸留言(허안리우옌)이 각각 자리하고 있어 각종 볼거리와 크고 작은 콘서트가 끊이지 않는다. **MAP ❹**

GOOGLE MAPS 시먼훙러우
ADD 成都路(청뚜루)10號
OPEN 화~목 11:00~20:00,
　　　금 11:00~21:00,
　　　토 11:00~22:00, 일 11:00~21:00,
　　　월요일 휴무
WEB www.redhouse.taipei
MRT 그린·블루 라인 시먼西門 역 1번 출구로 나오자마자 바로 보인다.

시먼훙러우의 중심인 팔각루에서 창의16공방으로 이어지는 길

 Spot 1 크리에이티브 트렌드를 선포하다
시먼훙러우 16공방
西門紅樓16工房(시먼훙러우 스리우 꽁팡) Creative Boutique

이토록 아기자기한 곳이 또 있을까. 시먼훙러우의 뒷쪽 건물인 십자루十字
樓(스쯔러우)에 가면 쇼핑의 유혹을 불러일으키는 깜찍한 아이템이 가득하
다. 타이완 정부는 '디자인 타이베이'를 육성하기 위해 이곳 시먼훙러우에
문화창의산업 발전센터文化創意産業發展中心를 설립했고, 유통체계를 갖
춘 디자인 브랜드를 도입함으로써 판매와 전시를 병행하는 아이디어 빌리
지를 형성했다. 타이완 정부의 입장에서도 독창적인 캐릭터를 활용한 디자
인 문구나 아날로그 감성을 자극하는 인테리어 소품 등을 판매, 전시함으
로써 신생 브랜드를 양성할 수 있게 되었으니 그야말로 윈-윈 정책이 아닐
수 없다. 아기자기하고 특이한 소품을 좋아하는 여행자라면 이곳을 사랑하
지 않을 수 없을 것이다.

GOOGLE MAPS 16 creative boutique **OPEN** 화~목 11:00~20:00, 금 11:00~21:00, 토
11:00~22:00, 일 11:00~21:30, 월요일 휴무 **WEB** www.redhouse.taipei

 Spot 2 주말마다 열리는 특별한 시장
시먼띵 주말 플리 마켓
Flea market

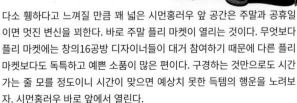

다소 휑하다고 느껴질 만큼 꽤 넓은 시먼훙러우 앞 공간은 주말과 공휴일
이면 멋진 변신을 꾀한다. 바로 주말 플리 마켓이 열리는 것이다. 무엇보다
플리 마켓에는 창의16공방 디자이너들이 대거 참여하기 때문에 다른 플리
마켓보다도 독특하고 예쁜 소품이 많은 편이다. 구경하는 것만으로도 시간
가는 줄 모를 정도이니 시간이 맞으면 예상치 못한 득템의 행운을 노려보
자. 시먼훙러우 바로 앞에서 열린다.

OPEN 토 13:30~22:00, 일 13:00~21:30

여러 종교가 어우러진 다양한 색깔

용산사
龍山寺(롱샨쓰)

GOOGLE MAPS 타이베이 용산사
ADD 廣州街(광쩌우지에)211號
PRICE 무료
OPEN 06:00~21:30
WEB www.lungshan.org.tw
MRT 블루 라인 롱샨쓰龍山寺 역 1번 출
구에서 도보 2분. 또는 시먼홍러우
에서 도보 15분

타이베이에서 가장 오래된 사원. 1740년에 세워져 화재와 자연재해 등으로 파괴되었다가 1957년 재건되어 현재에 이르렀으며, 그 건축양식만으로도 타이완의 건축사상 매우 중요한 위치를 차지하고 있다.

용산사는 우리나라의 절과 달리 불교, 도교는 물론 유교와 민간신앙의 신까지 모두 모신 다종교(?) 사원이라는 점에서 가장 독특하다. 또한 불상 앞에 과일이나 간단한 음식을 올리는 우리나라 절과는 달리 용산사의 제단에는 마트에서 파는 과자나 사탕, 초콜릿이 훨씬 더 눈에 많이 띈다는 사실. 이곳은 관광객이 많이 찾는 명소이기도 하지만, 현지인들도 1년 365일 가득하다. 그들은 엄숙한 자세로 빠이빠이拜拜, 즉 참배를 한 뒤 마당에 빼곡하게 모여 무릎을 꿇거나 바른 자세로 서서 다 같이 한목소리로 크게 불경을 읽곤 한다.

한편 MRT 롱샨쓰 역에서 용산사까지 걸어가는 길에는 어르신들이 삼삼오오 모여서 장기도 두고 담소도 나누고 있어서 마치 여행이 아닌 일상 속 어느 시간을 걷고 있는 느낌이 들기도 한다. 그러고 보면 우리에게는 낯선 여행길인데 그들에게는 매일 반복되는 익숙한 일상인 찰나의 순간과 공간이 그저 신기하기만 하다. **MAP** ❹

3

타이베이의 과거를 걷는 길
뽀피랴오 역사거리
剝皮寮歷史街(박피료역사가, 뽀피랴오 리스지에)

영화 <맹갑艋舺>의 촬영지로 유명한 테마 거리. '뽀피랴오剝皮寮'란 '나무껍질을 깎는 집'이라는 의미로, 청나라 말기에 삼나무 목재를 수입해 온 뒤 이곳에서 나무껍질을 깎았기 때문에 붙여진 이름이다.

무엇보다 뽀피랴오 역사거리는 타이베이에서 청대의 거리를 가장 완벽하게 복원해낸 곳으로 평가받는다. 그리 길지 않은 거리는 마치 타임머신을 타고 청나라 때로 돌아간 듯 옛 정취가 가득하고, 여행사, 병원, 공장, 정미소 등이 옛 모습 그대로 잘 복원되어 있어서 여행자들의 관심을 끌고 있다. 20분 정도면 충분히 둘러볼 수 있을 만한 작은 규모이므로 일부러 뽀피랴오만을 찾아갈 필요는 없으나, 용산사 가는 김에 잠시 들러서 사진 찍기 놀이를 하기엔 더없이 좋다. **MAP ④**

GOOGLE MAPS 보피랴오거리
ADD 康定路(캉띵루)173巷
PRICE 무료
OPEN 전시 공간 09:00~18:00, 거리 09:00~21:00, 월요일 휴무
WEB www.bopiliao.taipei
MRT 용산사 정문을 등지고 왼쪽으로 약 2분간 걸으면 입구가 나온다. 또는 시먼홍러우에서 도보 13분

영화 촬영지였던 골목에 포스터까지 걸어주는 센스!

4

마트 쇼핑의 즐거움을 만끽하다!
까르푸
Carrefour 家樂福(가락복, 지알러푸)

여행에서 마트 쇼핑은 여행의 활력소라고 해도 좋을 만큼 재미있다. 중국어로 '지알러푸'라고 부르는 까르푸는 타이베이에서 아주 잘나가는 마트 체인 중 하나로, 대형 마트답게 가격도 저렴하고 제품군도 다양해 선물을 구매하기에도 좋다. 마트 쇼핑의 매력은 셀 수 없이 많지만, 그중 하나는 여행을 일상처럼 누릴 수 있는 경험일 것이다. 하릴없이 마트를 돌아다니다가 딱 꽂히는 선물 품목을 발견하는 기쁨을 맛보기도 하고, 또 우리나라 제품을 보면서 괜히 뿌듯해지기도 한다.

까르푸는 타이베이에만 9개의 지점이 있는데, 시먼띵에 위치한 꾸이린桂林 점이 교통도 편리하고 24시간 영업해 이용하기에 좋다. **MAP ④**

GOOGLE MAPS 까르푸 꾸이린점
ADD 桂林路(꾸이린루)1號
OPEN 24시간
WEB www.carrefour.com.tw
MRT 그린·블루 라인 시먼西門 역 1번 출구에서 도보 10분. 또는 그린 라인 샤오난먼小南門 역 1번 출구에서 도보 7분

+ Writer's Pick +

'7折'가 뭘까?

쇼핑을 하면 상점에 '7折', '8折'라고 붙어있는 문구를 심심치 않게 만나게 된다. 이것은 세일 폭을 표기하는 중국어 표현으로 '저折(절)'는 10%를 가리킨다. 예를 들어 '치저7折(절)'는 30% 할인. 즉, 원가격의 70%만 지불하면 된다는 의미다. 우리나라와는 표현하는 개념이 조금 다르므로 혹시라도 '치저7折'를 70% 할인이라고 착각하지 말자.

시먼띵의 식탁

시먼띵에는 타이베이의 웬만한 맛집 프랜차이즈가 거의 다 모여 있다. 그만큼 선택의 폭도 넓고 사람도 많다. 이름난 맛집은 대기시간도 꽤 긴 편이므로 식사 시간을 조금 피해 가는 것도 요령이다.

곱창국수의 강렬한 유혹
아쫑미엔시엔
阿宗麵線(아종면선)

시먼띵에서 절대 놓치지 말아야 할 대표 먹거리 중 하나. 테이블도 없고 의자도 거의 없는 작고 허름한 음식점이지만, 그 일대는 그릇을 치켜들고 국수를 폭풍흡입하는 사람들로 인산인해를 이룬다. 곱창을 넣어서 만든 걸쭉한 국물의 국수가 이 집의 유일한 메뉴로, 면이 워낙 가늘고 물러서 아예 수저로 후루룩 떠먹는 게 빠를 정도. 무엇보다 저렴한 가격 덕분에 앉은 자리에서 두세 그릇을 먹는 사람도 적지 않다. 곱창을 좋아하는 사람이라면 아마도 마음에 쏙 드는 맛일 듯. 단, 고수香菜를 얹어서 주므로 못 먹는 사람은 미리 빼달라고 말하는 것을 잊지 말자. "칭 부야오 팡 샹차이请不要放香菜[qǐng búyào fàng xiāngcài]." MRT 블루 라인 쭝샤오푸싱忠孝復興 역 근처에도 지점이 있다. **MAP ❹**

GOOGLE MAPS 아종면선 본점
ADD 峨眉街(어메이지메)8-1號
OPEN 일~목 08:00~22:30, 금·토 08:00~23:00
MRT 그린·블루 라인 시먼西門 역 6번 출구에서 도보 2분

한 번 맛보면 계속 생각나는 중독성 강한 맛, 아쫑미엔시엔

초대형 사이즈 연어초밥, 꾸웨이위위 셔우쓰 鮭魚握壽司

한입 크기로 딱 좋은 관자 꼬치, 깐뻬이 촨샤오 干貝串燒

상상 그 이상의 초대형 연어 초밥
삼미식당
三味食堂(싼웨이스탕)

초특급 사이즈의 대왕 연어 초밥으로 여행자들 사이에서 입소문 난 초밥 전문점. 여행자는 물론 현지인도 즐겨찾는 맛집이라서 식사 시간에 가면 대기 시간이 최소 30분 이상이다. 메뉴는 초밥, 사시미, 꼬치, 덮밥 등 우리에게도 친근한 일식 메뉴. 허름한 식당에 플레이팅도 없이 플라스틱 접시에 아무렇게나 내어주지만, 상상 이상으로 양이 많고 품질도 괜찮은 편이다. 물론 큰 기대를 하고 가면 실망할 수 있지만, 가성비를 따진다면 만족스러운 식사가 될 수 있다. 워낙 인기 있는 곳이라서 세심한 친절은 기대하기 힘드나, 비교적 서빙이 빠르고 깔끔한 편이다. 메뉴판에 한국어도 적혀있어 주문하긴 어렵지 않다. 참고로 현금 결제만 가능하다. **MAP ❹**

GOOGLE MAPS 삼미식당 타이베이
ADD 貴陽街(꾸웨이양지에)二段116號
OPEN 11:20~14:30, 17:10~21:00, 매주 월요일, 매월 첫째·넷째 일요일 휴무
MRT 그린·블루 라인 시먼西門 역 1번 출구에서 도보 10분

3S쉬에화빙

우유얼음으로 만든 망고빙수

삼형매
三兄妹(싼숑메이)

우리나라 여행자에게 많이 알려진 망고빙수 전문점.
연유가 섞인 우유로 만든 얼음을 갈아 사용하기 때문에
입에 넣는 순간 입 안 가득 퍼지는 고소한 맛이 가장 큰 매력이다.
마치 새벽에 소리 없이 내린 눈처럼 소복하게 쌓여있는 우유얼음의
신비로운 비주얼은 우리의 식감을 자극하기에 충분하다. 타이베이의 명
동 격인 시먼띵 한복판에 자리 잡고 있다는 지리적 장점도 무시할 수 없
을 듯. 양이 워낙 많아서 두세 명에 1개 정도 주문하면 적당하다. **MAP ❹**

GOOGLE MAPS 삼형매 빙수
ADD 漢中街(한쭝지에)23號
OPEN 11:00~23:00
MRT 그린·블루 라인 시먼西門역 6번 출구에서 도보 5분.
시먼띵 보행자 거리 안쪽에 있다.

망커쉬에화빙+빙치린

크게 붐비지 않는 가성비 훠궈 맛집

신신 말라궈
心心麻辣鍋(심심마랄과) 西門店

어느 음식점을 가든지 대기 시간이 긴 편인 시먼띵에서
번화가에서 한 블록 정도 떨어진 위치 덕분에 사람이 많
지 않으면서 가격이 합리적이고 맛도 괜찮은 무한 리필
훠궈 전문점이다. 미리 예약하면 곰돌이 우유 탕이나 고
기로 만든 케이크 등 재미있고 특별한 메뉴도 주문할 수
있다. 다른 무한 리필 훠궈 전문점과 마찬가지로, 이곳
도 2시간의 이용 제한 시간이 있다. 스마트폰을 이용해
QR코드로 주문하는 시스템이라 중국어를 몰라도 주문
하는 데 어려움이 없다. 오후 브레이크 타임이 없어서
여행자에게 특히 반가운 곳이다. **MAP ❹**

GOOGLE MAPS xin xin hot pot ximen branch
ADD 成都路(청뚤루)141號
OPEN 11:30~22:00
MRT 그린·블루 라인 시먼西門 역 6번 출구에서 도보 10분

오래된 커피집의 미학

펑따 카페이
蜂大咖啡(봉대가배) Fong Da Coffee

타이베이에서 가장 오래된 커피 전문점. 1956년 처음
문을 열어 무려 60년 이상의 역사를 자랑한다. 오랜 시
간이 지난 지금도 당시의 분위기를 그대로 유지하고 있
는 곳으로, 언뜻 보면 허름한 상점 같아 그냥 지나치기
일쑤지만 이곳의 원두의 종류와 로스팅 기술은 타이완
에서도 손꼽히는 수준이다. 아날로그 분위기를 좋아하
는 여행자라면 한 번 들러보자. 마치 타임머신을 타고
돌아간 듯 촌스럽지만, 정겨운 옛 커피집의 매력에 빠져
들지도 모를 일이다. **MAP ❹**

GOOGLE MAPS 펑다카페이
ADD 成都路(청뚤루)42號
OPEN 08:00~22:00
MRT 그린·블루 라인 시먼西門 역 1번 출구에서 도보 2분

타이베이의 서울역
타이베이 처짠 台北車站 주변
(대북차참, 타이베이 기차역) Taipei Railway Station

타이베이를 여행하는 사람이라면 누구나 한 번쯤은 꼭 들르게 되는 곳. 타이완은 이곳에서 시작된다고 해도 과언이 아닐 만큼 타이베이의 모든 교통수단이 밀집해있는 곳이다. 타이베이의 중심지답게 근처 번화가로의 이동도 편리하여 호텔 등 숙박시설도 많은 편이다.

MRT 타이베이 처짠台北車站(대북차참) 역, 산다오쓰善導寺(선도사) 역, 쭝샤오신성忠孝新生(충효신생) 역, 타이따 이위엔台大醫院(대대의원) 역, 베이먼北門(북문) 역

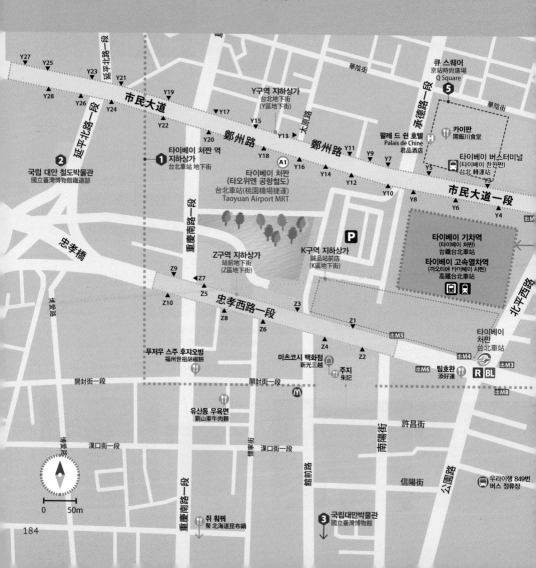

복잡해도 질서정연한 타이베이 기차역

타이베이 처짠은 타이베이의 MRT 노선 중에서도 사람들이 가장 많이 이용하는 블루 라인과 레드 라인이 만나는 역이라서 환승역의 복잡함은 기본인 데다가 타이완 각지로 가는 일반기차, 고속열차인 타이완 까오티에台湾高鐵, 시외버스, 공항버스도 모두 이곳에서 출발하기 때문에 그야 말로 타이베이에서 가장 혼잡한 곳 중 하나다.

하지만 타이베이 처짠은 예상외로 놀랍도록 고요하고 평온하다. 오가는 사람들이 제법 많은데도 시끄럽거나 무질서하거나 복잡하지 않다. 그저 가끔씩 지리를 몰라 두리번거리는 여행자들이 눈에 띌 뿐이다. 쓰레기 하나 없이 깨끗하고 커다란 역사와 그 사이를 조용히 걷고 있는 사람들. 그들이 보여주는 질서정연하고 침착한 모습은 마치 영화의 한 장면처럼 잘 정돈되어 있다.

長安西路

R5
R4
R3

R2

華陰街

R1

R구역 지하상가
中山地下街
(R區地下街)

구워꽝 커윈 버스터미널
國光客運 台北車站
出 M2

웨이펑 타이베이 처짠
微風台北車站
Breeze Taipei Station
🍴 미스터 브라운 카페
🍴 딤딤섬
🛍 순청 딴까오
🛍 수이신팡

1 타이베이 처짠 역 지하상가
台北車站 地下街

4 화산1914 문창원구
華山1914 文創園區

하오지 물만두
正豪季水餃專賣店

화산1914 문창원구 주변

北平東路

東路一段

林森北路

林森南路

산다오쓰
善導寺 (선도사)

문문 푸드
雙月食品社

푸항 떠우쟝
阜杭豆漿

구베이타오
古北饕
Goodbeitao

화산1914 문창원구
華山1914 文創園區 4

CHLIV 타이베이 화산
CHLIV Taipei Huashan

칭냐오 서점
靑鳥 書店
Bleu & Book

忠孝東路二段

金山北路

忠孝東路一段

新生南路一段

N

0   100m

5 쭝샤오신셩
忠孝新生 (충효신생)

185

거대한 지하세계를 만나다

타이베이 처짠 역 지하상가

台北車站 地下街(대북차참 지하가, 타이베이 처짠 띠샤지에)

+ Writer's Pick +

연결되지 않는 출구를 조심하자!

MRT 타이베이 처짠 역은 워낙 규모가 어마어마하여 수없이 많은 출구가 있다. M으로 시작하는 메인 출구 외에도 Y, R, K, Z구역으로 나누어져 있을 정도. 이중에서 Y, R구역, M1, M2 출구는 K, Z구역, M3~8 출구와 아예 개찰구가 달라 서로 연결되지 않는다. 물론 공항 고속철도 역까지 가면 연결되긴 하지만, 그러려면 아주 많이 걸어야 한다. 그러므로 개찰구를 통과하기 전, 반드시 자신의 목적지가 어느 구역, 어느 출구에 해당하는지 먼저 확인하고 나가자. 자칫하면 지하 역사에서 길을 잃어 한참을 헤매게 될 수도 있다.

타이베이 처짠 역의 가장 큰 특징을 꼽으라면 거미줄처럼 연결되어 있는 거대한 지하상가일 것이다. 타이완 최대 규모를 자랑하는 타이베이 지하상가는 크게 K구역, Z구역, Y구역, R구역 등으로 나뉜다. 특히 MRT 쭝샨 中山 역으로 이어지는 R구역 지하상가는 MRT 타이베이 처짠台北車站 역에서 출발하여 쭝샨中山 역을 거쳐 쐉리엔雙連 역까지 이어지며, 그 길이가 약 1km에 달한다. 게다가 무려 27개의 출입구를 갖고 있는 거대한 상권. 한번 길을 잘못 들면 빠져나올 수 없을 것 같은 대규모의 지하상가가 촘촘히 들어서 있어서 여행자들에게 또 다른 볼거리를 제공한다.

한편, K구역 지하상가의 청핀 서점 기차역 점에 있는 청핀 짠치엔띠엔誠品站前店 Eslite Taipei Station Store 푸드코트는 규모는 그리 크지 않지만 알찬 메뉴로 여행자들과 현지인들에게 인기가 높다. 스시 도시락을 비롯한 일본음식 종류가 많은 편. **MAP ⑤**

GOOGLE MAPS 2GW9+G2 중정구
MRT 레드·블루 라인 타이베이 처짠台北車站 역과 바로 연결된다.

2

어린이와 함께라면 필수 코스

국립 대만 철도박물관

國立臺灣博物館鐵道部(국립대만박물관철도부, 구월리 타이완 보우관 티에따오뿌) Railway Department Park

디오라마

1918년에 지어진 국립 철도국 건물을 개조하여 만든 박물관. 건물 한 채가 아니라 당시의 철도국 건물, 식당, 작업실 등 여러 채의 건물을 힘께 묶이서 공원 느낌의 박물관 단지로 개조하였다. 기차표, 역사, 플랫폼 등 예전 기차역 풍경을 그대로 복원해 놓아서 지루하지 않게 관람할 수 있다. 특히 어린이를 위한 체험 코스인 키즈 갤러리의 구성이 무척 다양한 편이다. 그 외에 대만 철도의 역사를 디오라마로 구성한 전시실에서는 매일 10회 정도 디오라마 쇼 공연이 있는데, 완성도가 꽤 높으므로 놓치지 말자. 기념품 숍과 식당까지 있어서 제대로 둘러보려면 최소 두세 시간 이상 소요된다. **MAP ⑤**

GOOGLE MAPS 대만총통부교통부철도국
ADD 大同區延平北路(엔핑베이루)一段2號
OPEN 09:30~17:00 월요일, 음력 설 연휴 휴무
PRICE NT$100
WEB www.ntm.gov.tw
MRT 그린 라인 베이먼北門 역에서 도보 3분. 타이베이 메인 스테이션에서 도보 20분

+ Writer's Pick +

기차에 진심인 타이완

대만에는 유독 철도 관련 박물관이 많은 편이다. 타이베이의 국립 대만 철도박물관을 비롯하여 까오슝의 보얼 예술특구에도 거의 비슷한 형태의 하마싱 철도관 (515p)이 있다. 거기에 타오위엔의 고속열차 박물관(312p)까지 더하면 큰 규모의 철도박물관만 3곳이 있는 셈이다. 모두 어린이를 위한 체험 코스가 다양하고, 정교한 디오라마 전시장까지 갖추어져 있다. 박물관은 지루하다는 편견을 깰 만큼 흥미진진하게 구성되어 있으므로 어린이를 동반한 가족 단위 여행객이나 기차에 관심 있는 사람이라면 꼭 한 번 방문해 보길 추천한다.

비오는 날 가기 좋은 곳
국립대만박물관
國立臺灣博物館(구월리 타이완 보우관)

1915년에 세워진, 타이완에서 가장 오래된 국립 박물관. 규모가 아주 크진 않지만, 워낙 오래된 박물관이라 르네상스 양식의 건축물 자체만으로도 고풍스럽다. 타이완의 역사, 문화 관련 유물들이 전시되어 있으며 내용이 어렵지 않아 중국어를 몰라도 재미있게 관람할 수 있다. 특히 화폐 박물관, 자연사 박물관도 겸하고 있어서 어린이를 동반한 여행객이라면 한 번쯤 가볼 만하다. 입장권을 사면 길 건너편의 박물관까지 두 곳을 모두 관람할 수 있다. MAP ❷

GOOGLE MAPS 국립대만박물관
ADD 中正區襄陽路(샹양루)2號
OPEN 9:30~17:00, 월요일 휴무
PRICE NT$30
MRT 레드·블루 라인 타이베이 처짠 台北車站 역 M5 출구에서 도보 10분 또는 레드 라인 타이따 이위엔臺大醫院 역 4번 출구에서 도보 1분

4
타이베이의 트렌드를 선도하는
화산1914 문창원구
華山1914 文創園區(화샨 이지우이쓰 원촹위엔취)

타이완의 디자인을 한눈에 볼 수 있는 곳. 원래 이곳은 술을 만드는 양조장이었으나 양조장이 문을 닫으면서 방치되어 있던 공장 부지를 그대로 재활용하여 복합문화창작공간, 예술단지로 재탄생하게 됐다. 꽤 넓은 부지 내에 디자이너들의 작업실을 비롯해 갤러리, 디자인 소품 전문점, 레스토랑, 카페 등이 들어서 있어서 볼거리가 무척 많은 편. 무엇보다 예술가들에게 전시와 교류의 장을 제공한다는 점에서 높은 가치를 인정받고 있으며, 타이완의 트렌드를 읽을 수 있는 대표적인 스폿으로 손꼽힌다. 골목 구석구석 레스토랑, 카페, 바 등이 많아서 밤이 되면 낮과는 또 다른 분위기를 가진 새로운 동네로 변신한다. 매주 토·일요일 정오부터 오후 8시까지는 야외 플리마켓도 열린다.

화산1914은 공장 부지를 그대로 활용한 탓에 길을 찾는 게 쉽지 않다. 그러므로 입구에 도착하면 먼저 인포메이션 센터에 들러 지도를 받고 돌아보는 것이 편리하다. 중앙에 위치한 건물들은 입구에서 가까운 쪽부터 中1, 中2 순으로 배치되어 있고, 동쪽 건물들은 東1, 東2 순서로, 서쪽 건물들 역시 西1, 西2 순서로 각각 이름이 매겨져 있다. 단, 그 순서가 명확하진 않고 갤러리 내 입점 매장도 자주 바뀌므로 인포메이션 센터의 지도를 참고하는 게 가장 안전한 방법이다. 특정 상점이나 레스토랑을 찾아가기보다는 쉬엄쉬엄 둘러보다가 끌리는 곳에 들어가는 편이 안전하다. MAP ❺

나무를 베지 않고 그대로 살린 친환경적 디자인이 돋보인다.

디자인 소품 전문점들이 많아 구경하는 재미도 쏠쏠하다.

갤러리만큼이나 다양하고 많은 레스토랑

GOOGLE MAPS 화산1914
ADD 八德路(빠더루)一段1號
OPEN 10:00~18:00(매장마다 다름),
야외공간은 24시간
WEB www.huashan1914.com
MRT 오렌지·블루 라인 쭝샤오신셩忠孝新生 역 1번
출구에서 도보 5분

Spot 1 타이베이 최고의 라테 아트를 만나다
CHLIV 타이베이 화산
CHLIV Taipei Huashan

2016년 세계 라테 아트 챔피언 바리스타가 운영하는 커피숍. 지우펀에 처음 문을 열었는데, 입소문을 듣고 일부러 찾아오는 고객들이 많아지면서 화산1914에도 지점을 오픈했다. 화려한 수상 경력에 걸맞게 예술적인 아트가 그려진 라테가 가장 유명하다. 그중에서도 대나무 숯을 넣은 진한 그레이 컬러의 차콜라테竹炭拿鐵는 다른 곳에서는 맛보기 힘든 메뉴로, 특히 인기가 높다. 미니멀하고 세련된 인테리어의 카페 분위기마저도 매력적이라 사람들의 발걸음이 끊이지 않는다.

■ 화산 華山 점
GOOGLE MAPS chliv huashan **WHERE** 화산1914 문창원구 내 西7-1관 **OPEN** 11:00~19:00 **WEB** chliv.com

■ 지우펀 九份 점
GOOGLE MAPS chliv jiufen **ADD** 瑞芳區輕便路(칭삐엔루)59-1號 **OPEN** 10:00~18:00 **MAP** ❺

Spot 2 서점과 북카페 사이 어디쯤
칭냐오 서점
Bleu & Book 靑鳥(청조)

화산1914 2층에 위치한 독립서점 겸 북카페. 규모가 그리 크진 않지만, 그래서 더 아기자기하고 사랑스러운 느낌이다. 작고 소박한 서점 분위기와 잘 어울리는 따뜻한 조명까지 더해져서 서점을 한층 더 사랑스럽게 만들어준다. 서점 한쪽에 있는 카페 공간은 서점인 듯 아닌 듯 분위기가 잘 어우러져 커피 한 잔과 함께 조용히 쉬었다 가기에 더없이 좋다. 참고로, 칭냐오青鳥(청조)는 스린, 지룽, 까오슝 등에 각각 지점을 두고 있는 독립서점 체인이다.

GOOGLE MAPS bleu & book
WHERE 화산1914 문창원구 내 2층
OPEN 10:00~21:00

190

5

쇼핑부터 식사까지 한 큐에!

큐 스퀘어

京站時尙廣場(경참시상광장, 징짠 스상광창) Q Square

타이베이 기차역 북쪽에 위치한 대형 쇼핑몰. 시외버스터미널인 타이베이 좐윈짠台北轉運站과 팔레 드 쉰 호텔Palais de Chine Hotel, MRT 타이베이 처짠 역 등과 바로 연결되어 접근성이 매우 높다. 특히 식당가의 구성이 탁월해 오로지 식사를 위해 이곳을 찾는 사람들도 적지 않은 편이다. 지하의 푸드코트는 말할 것도 없고, 식당가에도 일본식 샤부샤부 전문점 모모 파라다이스Mo-Mo-Paradise, 태국 레스토랑 크리스털 스푼Crystal Spoon, 뷔페 향식천당饗食天堂(샹스 티엔탕), 중국 최대의 훠궈 전문점 하이디라오海底撈 등 핫한 맛집이 대거 입점해 있다. MAP ❺

GOOGLE MAPS q square mall
ADD 承德路(청덜루)一段1號
OEPN 월~목·일 11:00~21:30,
　　　금·토 11:00~22:00
WEB www.qsquare.com.tw
MRT 레드·블루 라인 타이베이 처짠台北車站 역 Y3·Y5 출구와 바로 연결된다.

타이베이 처짠 주변의 식탁

타이베이의 메인 기차역이 있는 곳답게 타이베이 처짠 부근에는 다양한 맛집들이 포진해있다. 쇼핑몰의 푸드코트도 훌륭해서 선택의 폭이 넓은 편. 후다닥 먹고 이동해야 하는 사람도, 천천히 맛을 음미하며 식사를 즐기고 싶은 사람도 모두 만족할 만한 동네다.

징잉 시엔샤지아오

지우왕 시엔샤창 / 시엔샤 샤오마이황

타이베이에서 맛보는 홍콩 최고의 딤섬

팀호완

添好運(첨호운, 티엔하오윈) Tim Ho Wan

미슐랭 가이드에 소개되면서 일약 아시아 최고의 딤섬 레스토랑으로 노약한 홍콩 팀호완의 타이베이 지점. 타이완 전역에 10여 곳의 지점이 있으며(072p 참고), 입소문이 난 레스토랑답게 연일 성업 중이다. 한두 시간 대기쯤은 기본. 홍콩의 팀호완과 메뉴도 맛도 같아 홍콩에서 팀호완의 딤섬에 반했던 사람이라면 누구나 반가워할 곳이다. MAP ❺

■ HOYII 베이처짠 北車站 점
GOOGLE MAPS 팀호완 중샤오서점
ADD 忠孝西路(쭝샤오시루)一段36號
OPEN 10:00~22:00
WEB www.timhowan.com.tw
MRT 레드·블루 라인 타이베이 처짠台北車站 역 M6 출구로 나오자마자 오른쪽에 있다.

자꾸만 생각나는 새우만두

하오지 물만두

正豪季水餃專賣店(정호계수교전매점, 쩡하오지 수웨이지아오 쫜마이디엔) Haoji Dumplings Store

우리나라 여행객들 사이에서 이연복 만두 맛집으로 유명한 물만두 전문점. 특유의 향이 전혀 없이 우리나라 물만두와 거의 흡사한 맛이라 누구나 거부감 없이 맛있게 먹을 수 있다. 고기만두, 새우만두, 타이완 스타일 자장면 등의 메뉴가 있는데, 새우만두(蝦仁水餃)가 가장 인기가 많다. 늘 손님이 많아서 합석은 기본이며 살짝 불친절하게 느낄 수도 있다. 만두피가 두꺼운 편이어서 금세 포만감을 느끼는 게 아쉽다. MAP ❺

■ 쭝샤오실루 忠孝西路 점
GOOGLE MAPS haoji dumplings store
ADD 忠孝西路(쭝샤오실루)一段29巷3號
OPEN 10:30~20:00, 일요일 휴무
MRT 레드·블루 라인 타이베이 처짠台北車站 역 M7 출구에서 도보 2분

상상 그 이상의 푸드코트
웨이펑 타이베이 처짠
微風台北車站(미풍대북차참) Breeze Taipei Station

타이베이 기차역 2층에 위치한 웨이펑 타이베이 처짠은 타이완의 유명한 음식을 모두 맛볼 수 있는 거대한 푸드코트다. 에스컬레이터를 타고 2층으로 올라간 순간 상상 이상의 어마어마한 규모에 한번 놀라고, 메뉴를 고르기 위해 푸드코트를 한 바퀴 돌면서 셀 수 없이 많은 메뉴에 또 한 번 놀라게 된다. 그야말로 뭘 먹을지 고르는 것이 얼마나 어려운 건지 제대로 느낄 수 있는 곳. 심지어 야시장 메뉴와 분위기를 사랑하는 사람들을 위해 아예 야시장 코너도 따로 만들어 놓았다. 타이완 요리가 입에 맞지 않는 여행자도 이곳에서는 걱정할 필요가 없다. 한식, 스테이크, 일본식 타르트, 인도 커리 등 세계 각국 음식도 입맛대로 선택할 수 있으며, 패스트푸드 전문점도 있어서 시간이 바쁜 여행자도 충분히 한 끼 식사를 즐길 수 있다. **MAP ⑤**

GOOGLE MAPS breeze taipei station
ADD 北平西路(베이핑시루) 3號 台鐵台北車站 2F
OPEN 10:00~22:00
WEB www.breezecenter.com
MRT 레드·블루 라인 타이베이 처짠台北車站 역에서 내려 M3과 M4 출구 사이로 이어진 통로를 따라 직진하면 기차역으로 이어지는 표지판이 보인다. 기차역 2층

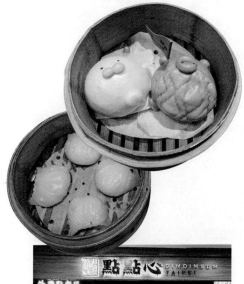

홍콩의 딤딤섬을 타이완에서
딤딤섬
點點心(점점심, 디엔디엔신) Dim Dim Sum

홍콩의 대중적인 딤섬 전문점인 '딤딤섬'의 타이완 지점. 홍콩에서 널리 알려진 곳이라서 우리나라 여행자 중에도 이곳을 알고 있는 사람이 적지 않다. 타이완의 딤섬과 달리 홍콩의 딤섬은 종류가 더 다양하고 맛도 담백해 부담 없이 즐기기에 좋다. 타이완 지점엔 홍콩식 딤섬 메뉴 중 인기 메뉴만 골라 가져와 여행자들에게는 오히려 주문이 쉽다. 이미 어느 정도 보장된 메뉴이기 때문에 대부분 우리 입맛에도 잘 맞는 편. 단, 가격은 홍콩과 동일해 타이완의 물가를 고려한다면 다소 비싸게 느껴질 수 있다. 타이완 전역에 여러 개의 지점이 있다. **MAP ⑤**(웨이펑 타이페이 처짠)

■ 타이베이 처짠 台北車站 점
WHERE 웨이펑 타이베이 처짠 내(기차역 2층)
OPEN 10:00~22:00

■ 신이 信義 점
GOOGLE MAPS 딤딤섬 신의점
ADD 忠孝東路(쭝샤오똥루)5段68號 微風 B1F
OPEN 일~수 11:00~21:30, 목~토 11:00~22:00
MRT 블루 라인 스쩡푸市政府 역 3번 출구와 연결된 웨이펑 신이微風 信義 Breeze Xinyi 지하 1층
WEB www.dimdimsum.tw   **MAP ❸**

맵지 않은 훠궈가 좋다면

쥐 훠궈
聚 北海道昆布鍋(취 배해도곤포과)

일본의 스끼야끼와 타이완 훠궈를 합친 퓨전 훠궈 전문
점. 달달한 일본식 훠궈와 매콤하고 자극적인 타이완식
훠궈의 맛이 반반씩 더해져 누구나 부담 없이 즐길 수
있는 메뉴가 되었다. 마라탕도 다른 훠궈 전문점에 비
해 매운맛이 훨씬 덜한 편이므로 맵고 자극적인 마라탕
을 좋아하지 않는다면 이곳의 훠궈가 입맛에 잘 맞을 것
이다. 고기와 채소, 디저트가 모두 포함된 세트 메뉴로
구성되어 있고, 양이 부족하면 단품 메뉴를 따로 주문할
수 있다. 최근에는 곰돌이 우유 훠궈 메뉴도 추가되어
어린이들에게 인기가 높다. **MAP ⑤**

■ 헝양 衡陽 점
GOOGLE MAPS 쥐훠궈
ADD 衡陽路(헝양루)3號 2F
OPEN 월~금 11:30~22:30, 토·일 11:00~23:00
WEB www.giguo.com.tw
MRT 레드 라인 타이따 이위엔台大醫院 역 4번 출구에서 도보 5
분. 또는 레드·블루 라인 타이베이 처짠台北車站 역 Z6 출구
에서 도보 10분

■ 소고 쭝샤오 SOGO忠孝 점
GOOGLE MAPS giguo sogo zhongxiao
ADD 忠孝東路(쭝샤오뚱루)四段45號 SOGO 백화점 11F
OPEN 월~목 11:00~21:30, 금·토 11:00~22:00
MRT 브라운·블루 라인 쭝샤오푸싱忠孝復興 역 4번 출구와 연결.
소고 백화점 쭝샤오 관

MAP ⑥

허름한 로컬 식당에서 먹는 진한 우육면 한 그릇

유산동 우육면

劉山東牛肉麵(류산동 우육면, 리우산똥 니우러우미엔)

타이베이 처짠 역 근처 좁은 골목 안쪽에 위치한 우육면 전문점. 작은 식당은 이른 아침부터 빈자리를 찾기 힘들 정도로 북적거린다. 식당은 허름하지만, 맛은 이름난 식당과 비교해도 결코 뒤지지 않을 만큼 만족스럽다. 고기도 아주 연하고 부드러운 편. 국물은 우리나라 갈비탕과 거의 비슷한 맛으로, 향이 강하지 않고 담백해 아침식사용으로도 알맞다. 우동에 가까운 굵은 면이 나오며, 만약 좀 더 얇은 면을 원한다면 '시미엔細麵'이라고 말하자. 맛은 매운맛과 담백한 맛 두 종류로, 담백한 맛인 '칭뚠 니우러우미엔清燉牛肉麵'이 좀 더 인기다. 여기에 고추기름을 넣으면 더욱 매콤하게 먹을 수 있다. **MAP ⑤**

GOOGLE MAPS 유산동 우육면
ADD 開封街一段(카이펑지에)14巷2號
OPEN 08:00~20:00, 일요일 휴무
MRT 레드·블루 라인 타이베이 처짠台北車站 역 Z6 출구에서 도보 3분

후추 섞인 만두의 유혹

푸저우 스주 후쟈오빙

福州世祖胡椒餅(복주세조호초병)

야시장마다 쉽게 찾아볼 수 있는 흔한 분식메뉴인 화덕 만두 후쟈오빙胡椒餅에도 소문난 맛집은 있다. 라오허지에 야시장饒河街夜市의 푸저우 스주 후쟈오빙(285p)이 그곳. 그러나 일정이 빡빡한 여행자들이 오로지 후쟈오빙을 먹기 위해 야시장을 찾기란 다소 무리가 있다. 이처럼 먹어보고는 싶지만 야시장까지 찾아가기 어려운 이들을 위해 MRT 타이베이 처짠台北車站 역 근처에도 매장을 오픈했다. 겉은 바삭바삭하고 안에는 부드러운 고기가 가득 들어 있는 매력만점 후쟈오빙은 뜨거울 때 호호 불어가며 먹어야 제맛. 출출할 땐 후쟈오빙 하나만으로도 제법 배 속이 든든해진다. **MAP ⑤**

GOOGLE MAPS 복주세조호초병
ADD 重慶南路(총칭난루)一段13號
OPEN 11:00~19:00, 일요일 휴무
MRT 레드·블루 라인 타이베이 처짠台北車站 역 Z10 출구에서 도보 2분

간단하고 깔끔하게 즐기는 딤섬

구베이타오
古北饕(고북도) Goodbeitao

딩타이펑, 딤딤섬, 팀호완 등처럼 든든한 체인망을 보유한 딤섬 레스토랑은 아니지만, 깔끔한 분위기와 캐주얼한 느낌이 돋보이는 딤섬 전문점이다. 1, 2층 단독 건물로 되어 있어서 규모가 아주 작은 편은 아니다. 현지인들 사이에서 입소문이 꽤 난 곳이라 식사 시간에 가면 대기 시간이 있을 수도 있다. 딤섬 메뉴가 다양한 편은 아니어도 우리나라 사람들이 좋아하는 기본 딤섬 메뉴들은 다 있다. 심지어 한국어 메뉴판도 있어서 주문하기에 편하다. 카페라고 해도 손색이 없을 만큼 인테리어가 예쁘고 세련된 편이라 들어서면서부터 기분이 좋아진다. MAP ❺

GOOGLE MAPS goodbeitao
ADD 杭州南路(항저우난루)一段9號
OPEN 11:00~21:00(수요일 ~20:00)
MRT 블루 라인 산다오쓰善導寺 역 5번 출구에서 도보 5분

줄 서서 먹는 아침식사 전문점

푸항 떠우쟝
阜杭豆漿(부항두장)

타이베이에서 손꼽히는 '떠우쟝豆漿' 전문점. 어느 시간대에 가든 20~30분의 대기 시간은 기본일 정도로 인기가 많은 식당이다. 우리나라 TV 프로그램에도 몇 차례 소개된 덕분에 우리나라 여행자도 제법 많다. 이곳의 메뉴는 지극히 평범하다. 떠우쟝, 딴빙蛋餅, 여우티아오油條 등 거리에서 흔히 볼 수 있는 아침식사 메뉴가 전부. 맛도 다른 아침 식당과 특별한 차이를 느끼긴 어렵지만, 그래도 유명한 맛집이라니 안 가보면 서운하기도. 가장 유명한 건 떠우쟝으로, 진한 맛이 일품이다. MAP ❺

GOOGLE MAPS 푸항또우쟝
ADD 忠孝東路(쫑샤오똥루)一段108號華山市場 2F
OPEN 05:30~12:30, 월요일 휴무
MRT 블루 라인 산다오쓰善導寺역 5번 출구 바로 앞 화산 시장華山市場 건물 2층

+ Writer's Pick +

푸항 떠우쟝 추천 메뉴

■ **떠우쟝** 豆漿 타이완식 두유. 설탕을 빼고 싶다면 '칭더淸더'라고 말하면 된다.

■ **시엔떠우쟝** 鹹豆漿
짭짤한 떠우쟝

■ **딴빙** 蛋餅 달걀을 넣어 만든 전병

■ **허우빙 지아딴** 厚餅夾蛋
두꺼운 전병에 달걀을 넣은 것

■ **보어빙 지아딴** 薄餅夾蛋
얇은 전병에 달걀을 넣은 것

■ **여우티아오** 油條 중국식 도넛.
떠우쟝에 넣어서 먹으면 맛있다.

주목할 만한

타이완의 오가닉 뷰티 브랜드

일명 MIT(Made In Taiwan)라 불리는 타이완 제품들은 독창적일뿐 아니라 디자인과 품질 모두 뛰어나 현지인은 물론 외국 여행자들 사이에서도 인기가 매우 높다. 이러한 인기를 바탕으로 요즘 한창 주목 받고 있는 타이완 브랜드들을 소개한다.

메이드 인 타이완 오가닉 브랜드, 쟝신비신 薑心比心

타이완에는 천연 재료를 사용해 만든 로컬 오가닉 화장품 브랜드가 꽤 많다. 그중에서도 쟝신비신은 생강으로 만든 아로마 테라피 제품군으로 인기가 높은 브랜드다. 생강이 들어간 핸드크림, 오일 등이 특히 유명하며, 이 생강 성분이 몸에 열을 내줘 손발이 차가운 사람들에겐 더없이 좋다. 실제로 핸드크림은 바르는 순간 손이 따뜻해지는 걸 느낄 수 있다. 생강 오일도 천연 재료로만 만들었기 때문에 피부가 예민한 사람도 쉽게 사용할 수 있다. 용캉 점을 비롯하여 타이베이 처짠 역 큐 스퀘어 지하 2층 등에 매장이 있다.

타이완 차로 만든 오가닉 보디용품 브랜드, 차즈탕 茶籽堂 Cha Tzu Tang

쟝신비신과 더불어 최근 인기를 끌고 있는 오가닉 보디용품 브랜드. 최근 몇 년간 고급 호텔의 어메니티나 쇼핑몰 화장실의 핸드워시 등으로 이름을 알리는 적극적인 마케팅을 펼친 결과 빠른 속도로 인기를 얻게 됐다. 가장 큰 특징은 타이완의 농장에서 직접 재배한 차를 이용해 보디용품을 제작한다는 것. 보디워시나 샴푸의 평이 특히 좋으며, 대부분 청핀 서점誠品書店에 입점해 있어서 쉽게 만날 수 있다.
WEB www.chatzutang.com

■ **용캉 永康 점**
GOOGLE MAPS 2GJH+7Q 다안구
ADD 永康街(용캉지에)28號
OPEN 12:00~20:00
MRT 레드·오렌지 라인 똥먼東門 역 5번 출구에서 도보 5분
MAP ❼

■ **뚠난 敦南 점**
GOOGLE MAPS 2GVX+CP 다안구
ADD 敦化南路(뚠화난루)1段 159號
OPEN 12:00~20:00
MRT 블루 라인 쭝샤오뚠화 忠孝敦化 역 8번 출구에서 도보 5분
MAP ❻

■ **용캉지에 永康街 점**
GOOGLE MAPS 2GMH+4X 다안구
ADD 大安區永康街(용캉지에)11-1號
OPEN 10:30~21:00
MRT 레드·오렌지 라인 똥먼東門 역 5번 출구에서 도보 2분
MAP ❼

타이베이의 압구정동
동취 東區(동구) Dong Qu

MRT 쑹샤오푸싱 역부터 국부기념관 역까지 3개 역에 걸쳐 형성된 거대한 상권인 동취는 타이베이 대표 번화가 중 하나다. 바둑판처럼 이어지는 동취의 골목을 걸으면서 유쾌 발랄 타이베이를 만나보자.

MRT 쑹샤오푸싱忠孝復興(충효부흥) 역, 쑹샤오뚠화忠孝敦化(충효돈화) 역, 궈푸지니엔관國父紀念館(국부기념관) 역

끝없이 이어지는 동취의 작은 골목들

동취는 우리나라로 치면 압구정동이나 강남역과 비슷한 분위기의 거대한 상권을 형성하고 있다. 소고 백화점遠東(위엔똥) SOGO, 브리즈 센터微風廣場(웨이펑 광창) Breeze Center 등의 백화점은 물론이고 유니클로나 자라도 이곳에 대형 플래그십 스토어를 오픈했으며, 여러 유명 레스토랑도 이곳에 지점을 두고 있어 명실공히 타이베이를 대표하는 신흥 번화가로 각광받고 있다.

하지만 동취가 진짜 매력적인 건 바로 바둑판처럼 끝없이 이어진 골목들 덕분이다. 저마다의 특색을 살린 상점들이 촘촘히 이어진 골목은 동취만의 범접할 수 없는 매력일 것. 덕분에 매일 점심시간이 되면 넥타이부대가 쏟아져 나와 음식점마다 길게 줄을 서는 진풍경을 연출하고, 주말이면 유쾌한 주말을 즐기기 위해 나온 20~30대 젊은이들로 거리는 발 디딜 틈도 없이 복잡해진다.

해가 지고 밤이 되면 동취 일대는 또 다른 모습으로 변신한다. 거리에 길거리 음식을 파는 가판들이 하나둘씩 등장하고, 골목 곳곳의 바Bar에는 훈남훈녀들이 모여든다. 세련된 럭셔리 바가 대부분인 신이信義 지역과 달리 이곳엔 주머니 가벼운 여행자도 큰 부담 없이 찾을 수 있는 소규모 바가 대부분이라 더욱 반갑다.

웅장함 속의 작은 쉼표

국부기념관

國父紀念館(궈푸지니엔관)

✦ Writer's Pick ✦

타이베이 101을
환상적으로 사진에 담고 싶다면

국부기념관은 타이베이 101을 정면으로 가장 잘 볼 수 있는 뷰포인트이기도 하다. 덕분에 날씨가 좋은 날이면 수많은 여행자와 타이베이 시민이 타이베이 101을 담기 위해 열심히 사진 찍고 있는 모습을 만날 수 있다.

1911년에 일어난 중국의 민주주의 혁명인 신해혁명辛亥革命을 통해 2000년간 계속된 전제정치에 종지부를 찍고 중국 본토에 중화민국을 수립한 중화민국 초대 임시총통인 쑨원孫文(1866~1925년). 국부기념관은 바로 이 타이완의 국부 쑨원을 기념하는 곳이다. 기념관 정면에는 높이 5.8m의 어마어마하게 큰 쑨원의 좌상이 있어서 수많은 사람들이 이곳에서 인증샷을 찍기에 바쁘다. 매일 8~9회 이루어지는 근위병 교대식도 꽤 볼 만하다.

국부기념관은 역사적 가치 외에 도심 속 공원으로도 많은 사람에게 사랑받고 있다. 시내 중심에 위치해 있어서 사람들이 잠시 들르기에 더없이 좋을 뿐 아니라 잘 가꿔진 공원과 시원한 분수는 바쁜 여행 일정에 잠시나마 여유를 갖게 해준다. 비록 '공원'이라 이름 붙진 않았지만, 공원 못지않은 찰나의 쉼과 평안함을 얻을 수 있는 특별한 공간이다. **MAP ⑤**

GOOGLE MAPS 타이베이 국부기념관
ADD 仁愛路(런아이루)四段505號
PRICE 무료
OPEN 시설 공사로 인해 2026년 12월 31일까지 내부 시설을 휴관한다. 단, 외부 공간은
　　　　 정상적으로 개방한다.
WEB www.yatsen.gov.tw
MRT 블루 라인 궈푸지니엔관國父紀念館 역 4번 출구에서 도보 1분

매일 8~9회
진행하는
근위병 교대식

타이완과 중국의 아버지
쑨원 孫文(손문)

1866년 중국 광동성에서 태어나 홍콩에서 의과대학을 마치고 의사 면허를 취득한 쑨원은 의학보다는 정치에 더 관심이 많았다. 그는 1840년 아편전쟁에서 패한 뒤 대내외적으로 최악의 상황을 맞고 있었던 청 왕실의 부패와 무능함에 분노해 비밀결사조직인 흥중회興中會를 조직하였고, 세계 각지를 다니며 세력을 규합했다.

쑨원은 민족, 민권, 민생의 삼민주의三民主義 사상을 정립한 뒤 1911년 10월 10일 신해혁명을 일으켰고, 1912년 1월 1일 청나라 황실 체제에 반대하는 중화민국을 선포하고 임시 정부의 대총통으로 선출되었다. 하지만 그것도 잠시, 당시 청나라를 장악하고 있었던 위안스카이袁世凱(원세개)가 협상에서 쑨원을 배신함으로써 신해혁명은 겨우 2년 만에 실패로 끝나고 말았다.

1916년, 위안스카이의 사망 후 쑨원은 다시 중국으로 돌아와 국민당 정부를 수립하였으나 그 후 10년간 중국은 여러 군벌들이 서로 싸우는 무정부 상태에 빠지게 되었다. 1921년 중국 공산당이 결성되면서 쑨원이 이끄는 국민당은 공산당과 상호우호협력협정, 즉 제1차 국공합작을 맺었고, 이로써 그가 그토록 간절히 꿈꾸던 중국의 통일이 눈앞에 보이는 것 같았으나 안타깝게도 그는 1925년 간암으로 생을 마감하고 말았다. 결국 쑨원의 혁명이 끝내 성공하지 못한 것이다. 현재 그의 유해는 중국의 난징南京에 묻혀 있다.

쑨원의 사망 이후 그의 정치적 후계자였던 장제스蔣介石(장개석)가 국민당을 이끌면서 마오쩌둥이 이끄는 공산당과 오랜 내전을 거듭하였으나 결국 공산당에 패하고 말았다. 해체 직전이었던 국민당 정부는 1949년 타이완 섬으로의 후퇴를 결정했다. 이로써 1949년 10월 1일에는 마오쩌둥이 중국 대륙에서 중화인민공화국을, 같은 해 12월에는 장제스가 타이완에서 중화민국을 각각 선포하기에 이르렀다. 쑨원의 삼민주의 강령과 함께 말이다. 국민당과 더불어 타이완 건국의 사상적 기반이 된 삼민주의 덕분에 쑨원은 지금도 타이완의 국부로 추앙받고 있는 셈이다. 하지만 아이러니하게도 쑨원은 중국 대륙에서도 동시에 국부로 존경받고 있으니 어쨌거나 그가 중국 근대사의 중요한 인물인 것만은 틀림없는 사실인 듯하다.

국부기념관의
쑨원 동상

②

선물하기에 좋은 누가 캔디 전문점
탕촌
糖村(당촌)
Sugar & Spice

타이완 여행의 인기 선물 품목 중 하나인 누가 캔디 전문점. 가격대가 조금 높긴 하지만, 그만큼 포장도 고급스럽고 맛도 더 부드럽다. 단독 매장을 비롯하여 백화점 안에도 매장이 많지만, 이곳 동취의 뚠난敦南 점은 규모가 비교적 크고 가격대별로 제품이 다양해 지인에게 줄 선물을 사기에도 아주 좋다. 타이중, 타이난, 까오슝 등 각 대도시에도 매장이 있다. MAP ⑥

GOOGLE MAPS 2GVX+F9 타이베이
ADD 敦化南路(뚠화난루)一段158號
OPEN 09:00~22:00
WEB www.sugar.com.tw
MRT 블루 라인 쭝샤오뚠화忠孝敦化 역 9번 출구에서 도보 5분

③

색다른 맛의 누가 크래커
캐롤 베이커리
凱樂烘焙(개락홍배, 카일러 홍뻬이)
Carol Bakery

누가 크래커는 자타공인 '단짠'의 대표주자지만, 한편으로는 단맛과 짠맛이 너무 강해서 구매를 망설이는 사람도 있다. 그런 사람에게는 캐롤 베이커리의 누가 크래커가 안성맞춤이다. 다른 브랜드의 누가 크래커보다 단맛과 짠맛이 훨씬 덜한 편이라서 처음에는 다소 밍밍하게 느껴질 수도 있지만, 먹을수록 계속 생각날 만큼 부드럽고 깊은 누가 크림 맛이 이곳의 가장 큰 특징. 게다가 누가 크림이 무척 넉넉하게 들어 있어서 다른 브랜드에 비해 훨씬 더 부드럽게 느껴진다. 펑리수와 누가 캔디도 평이 좋은 편이다. MAP ⑥

GOOGLE MAPS 캐롤베이커리
ADD 復興南路(푸싱난루)一段72號
OPEN 월~금 07:00~22:00,
　　　토·일 11:00~21:00
WEB www.clfood.com.tw
MRT 브라운·블루 라인 쭝샤오푸싱忠孝復興 역 1번 출구에서 도보 5분

④

갓 만든 우유 도넛의 달콤함
카리 도넛
脆皮鮮奶甜甜圈
(취피선내첨첨권,
추웨이피 시엔나이 티엔티엔취엔)

우리나라 여행객들 사이에서 우유 도넛 맛집으로 유명했던 카리 도넛이 동취로 이전했다. 원래 있던 곳보다 공간도 조금 넓어지고 더 쾌적해졌다. 사실 겉보기에는 특이할 게 없는 평범한 도넛이라 굳이 이걸 먹으러 일부러 와야 할까 싶은데, 일단 먹어보면 묘한 중독성이 있다. 우유 맛이 무척 진하고 쫄깃해서 앉은 자리에서 한두 개쯤은 순식간이다. 조금씩만 만들기 때문에 언제 가도 따뜻하고 갓 만든 도넛을 먹을 수 있어서 더욱 반갑다. MAP ⑥

GOOGLE MAPS 카리 도넛 중샤오점
ADD 忠孝東路(쭝샤오뚱루)三段216巷3弄12號
OPEN 11:00~19:00
MRT 브라운·블루 라인 쭝샤오푸싱忠孝復興 역에서 도보 5분

오감만족
동취의 식탁

타이베이의 대표 번화가답게 동취에도 맛집이 무척 다양한 편이다. 웬만한 프랜차이즈 맛집은 대부분 동취에 지점을 두고 있다고 해도 과언이 아니다. 메뉴의 종류도 다양해서 행복한 고민을 하게 되는 곳이다.

깔끔하고 세련된 채식 루웨이 전문점
베지 크릭
蔬河 (쑤허) Vege Creek

야시장의 인기 메뉴 중 하나인 루웨이滷味를 고급화한 채식 루웨이 전문점. 10석 정도 되는 긴 테이블 하나가 전부인 작은 식당이지만, 워낙 입소문이 난 곳이라서 식사 시간에는 대기 시간이 상당히 긴 편이다. 포장해가는 사람도 적지 않다. 입구에 놓인 작은 에코백에 원하는 채소, 버섯 재료를 담아서 카운터에 주면 즉석에서 맛있는 루웨이를 만들어 준다. 담백함과 깔끔한 국물 맛이 상당히 중독적이며, 면의 종류도 라면, 우동, 쌀국수, 당면 등 6가지 중에서 선택할 수 있다. 채소는 모두 잘 씻어 소포장까지 해 놓아 위생적이다. 참고로 면은 쌀국수와 거의 흡사한 가는 면인 '미펀米粉'이 우리 입맛에 가장 잘 맞는다. 타이베이 101, 청핀 서점, 미츠코시 백화점 지하 등 시내 곳곳에 지점이 있다. MAP ⑥

■ **동취 東區 본점**
GOOGLE MAPS vege creek yanji
ADD 延吉街 (옌지지에) 129巷2號
OPEN 11:30~14:00, 17:00~20:00
MRT 블루 라인 궈푸지니엔관國父紀念館 역 1번 출구에서 도보 5분

■ **미츠코시 新光三越 백화점 A11 점**
GOOGLE MAPS vege creek a11
ADD 松壽路 (쏭셔울루) 11號 新光三越 A11 B2
OPEN 11:00~20:45
MRT 블루 라인 스펑푸市政府 역 3번 출구에서 도보 5분, 미츠코시新光三越 백화점 A11관 지하 2층
MAP ❸

■ **청핀 난시 誠品南西 점**
GOOGLE MAPS eslite spectrum nanxi
ADD 南京西路 (난징시루) 14號
OPEN 일~목 11:00~21:00, 금·토 11:00~21:30
MRT 레드·그린 라인 쫑샨中山 역 2번 출구에서 도보 1분
MAP ❽

깔끔하고 신선한 훠궈 전문점
와규 샤브 타이베이
和牛涮台北 (화우쇄대북, 허니우샨 타이베이) Wagyu Shabu Taipei

일본 프리미엄 와규를 제공하는 무한리필 훠궈 전문점. 여행객들보다는 현지인들에게 오히려 더 유명한 곳이다. 다른 훠궈 전문점에 비해 가격대가 조금 높은 편이긴 하지만, 고기의 종류도 가격대별로 다양하고 고기를 비롯한 모든 재료가 더할 나위 없이 신선해서 만족도가 높다. 한국어 메뉴판도 준비되어 있고 김치까지 있어서 주문도 쉽고 친근하게 느껴진다. 식사 시간에는 대기 시간이 길 수 있으므로 사전 예약을 권한다. 지점이 여러 곳에 있지만, 동취의 쫑샤오똥 점의 접근성이 가장 좋은 편이다. MAP ⑥

■ **쫑샤오똥 忠孝東 점**
GOOGLE MAPS wagyu shabu zhongxiao
ADD 忠孝東路 (쫑샤오똥루) 四段128號2樓
OPEN 일~목 11:30~23:30, 금 11:30~다음 날 2:00, 토 11:00~다음 날 2:00
MRT 블루 라인 쫑샤오뚠화 忠孝敦化 역에서 도보 3분

좋은 재료에 품격 있는 서비스까지

원딩 말라꿔
問鼎 麻辣鍋(문정마랄과)

훠궈 프랜차이즈인 말라훠궈馬辣火鍋에서 오픈한 럭셔리 훠궈 브랜드. 하겐다즈 아이스크림만 무한 뷔페로 제공되고 음료를 포함한 나머지 음식은 모두 주문하는 형식이다. 가격대가 다소 높은 대신 재료의 품질이 매우 좋고 인테리어도 럭셔리하며 서비스도 나무랄 데 없이 훌륭하다. 시끌벅적한 다른 훠궈 전문점과는 달리 매우 조용한 분위기라서 여유롭게 식사를 즐기기에 더없이 좋다.

MAP ⑥

GOOGLE MAPS 원딩마라궈
ADD 忠孝東路(쭝샤오똥루)4
    段210號2F
OPEN 11:30~22:30
WEB www.wending.
    com.tw
MRT 블루 라인 쭝샤오뚠화忠孝
    敦化 역 3번 출구에서 도보 1분

가성비 좋은 핫폿 전문점

로도도 핫폿
肉多多火鍋(육다다화과, 러우뚜어뚜어 훠궈) Rododo Hotpot

최근 타이베이는 물론 타이완 전역에서 쉽게 만날 수 있는 훠궈 체인점 중 하나. 가격도 합리적이고, 타이완 전역에 지점도 매우 많아서 접근성이 좋은 편이다. 훠궈 베이스인 탕디湯底의 종류가 무려 10가지나 되고, 고기도 소고기, 돼지고기, 양고기를 각각 부위별로 주문할 수 있다. 소고기와 돼지고기 중, 인기 있는 부위만 모아서 종합세트로 만든 고기 케이크도 독특한 비주얼로 인기가 높다. 무엇보다 고기의 양이 정말 많아서 고기만으로 배를 채울 수 있을 정도다. 재료의 신선도도 양호하고 종류도 다양한 편.

MAP ⑥

■ 따안따안 大安大安 점
GOOGLE MAPS 2GVW+88 다안구
ADD 大安路(따안루)一段52巷7號
OPEN 월·금 11:30~15:30, 17:30~다음 날 01:30, 토·일 11:00~다음 날 01:30
WEB www.tworododo.com
MRT 브라운·블루 라인 쭝샤오푸싱忠孝復興 역 5번 출구에서 도보 5분

■ 시먼 西門 점
GOOGLE MAPS 2GV4+MW 완화구
ADD 漢中街(한쭝지에)42號 4F
OPEN 11:30~다음 날 03:30
MRT 블루 라인 시먼西門 역 6번 출구에서 도보 3분
MAP ④

챵러우 까오리

총지아오 위피엔

라오피후웨이

멍구 자나이떠우푸

중국요리의 새로운 재해석

친웨이관

秦味館(진미관)

중국 협서성陝西省, 산시성山西省의 요리를 비롯, 다양한 소수민족의 전통요리를 재해석한 퓨전 차이니즈 레스토랑. 느끼한 맛은 싹 빼고 마늘과 고추를 사용해 만든 매콤하면서도 담백한 요리가 대부분이라 우리나라 사람들 입맛에도 잘 맞는다. 단, 퓨전요리라서 메뉴 이름이 조금 난해한 편이니 추천 메뉴 위주로 시킨다면 성공 확률 100%일 듯. 주메뉴만큼이나 디저트도 유명한데, 가장 인기가 많은 몽고식 튀김 두부인 멍구 자나이떠우푸蒙古炸奶豆腐는 속이 빈 두부피 튀김 안에 치즈가 한가득 들어있어서 한번 먹어보면 결코 잊을 수 없는 매력적인 맛이다. MAP ⑥

GOOGLE MAPS qin wei guan
ADD 延吉街(엔지지에)138巷2號
OPEN 11:30~14:00, 17:30~21:30, 월요일 휴무
WEB qinshanshi.com
MRT 블루 라인 궈푸지니엔관國父紀念館 역 2번 출구에서 도보 6분

+ Writer's Pick +

친웨이관 추천 메뉴

■ **챵러우 까오리** 嗆肉高麗
양배추 볶음

■ **총지아오 위피엔** 蔥椒魚片
생선에 파와 고추를 넣은 볶음

■ **라차오 니우러우** 辣炒牛肉
매운 소고기 볶음

■ **캉터우차미차오러우** 炕頭菜炒肉
후추 돼지고기 볶음

■ **친웨이딴판** 秦味蛋飯
달걀볶음밥

■ **라오피후웨이** 虎皮燴
짭조름한 연두부

■ **멍구 자나이떠우푸**
蒙古炸奶豆腐 두부피 튀김 안에 치즈를 넣은 인기 디저트

미슐랭이 추천한 우육면 명가

천하삼절
天下三絶(티엔샤싼쥐에)
Tien Hsia San Jyue

2019년부터 지금까지 연속해서 미슐랭 추천 레스토랑으로 선정된 우육면 맛집. 오랜 전통을 자랑하는 허름한 우육면 노포와는 달리 럭셔리하고 깔끔한 분위기의 식당이다. 전통적인 노포의 우육면에 비해 국물이 담백하고 깔끔한 편이며, 향이 없어서 누구나 호불호 없이 먹을 수 있는 대중적인 맛이다. 특히 고기가 굉장히 연해서 식감이 무척 부드러운 편이며, 기호에 맞게 면의 종류도 고를 수 있다. 우육면 외에도 돼지갈비인 파이구排骨 덮밥도 인기가 높고, 곁들임 반찬도 다양해서 선택의 폭이 넓다. MAP ⑥

GOOGLE MAPS tien hsia san chueh
ADD 仁愛路(런아이루)四段27巷3號
OPEN 11:30~14:30, 17:30~20:30(금·토요일 ~21:00)
MRT 블루·브라운 라인 쭝샤오푸싱忠孝復興 역 3번 출구에서 도보 8분

입안에서 살살 녹는 고기가 예술

임동방 우육면
林東芳牛肉麵 (린똥팡 니우러우미엔)

2대째 내려오는 우육면 명가 중 하나. 국물은 맑은 탕의 우육면 한 종류뿐이지만, 대신 고기의 종류에 따라 메뉴가 몇 종류로 나뉜다. 밑반찬은 선반 위나 냉장고 안에서 직접 꺼내 먹고 나중에 한꺼번에 계산하면 된다. 이곳의 가장 큰 매력은 바로 고기. 입에 넣는 순간 스르르 녹아버릴 만큼 연하고 부드럽다. 그동안은 줄곧 작고 허름한 가게였는데, 몇 년 전 근처에 새로 건물을 지어 이사한 덕분에 한결 쾌적하게 식사를 즐길 수 있게 됐다. MAP ⑥

GOOGLE MAPS 임동방 우육면
ADD 八德路(빠더얼루)二段322號
OPEN 11:00~다음 날 03:00
MRT 브라운·블루 라인 쭝샤오푸싱忠孝復興 역 1번 출구에서 도보 10분

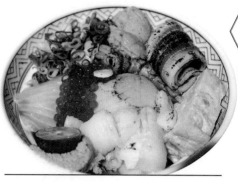

일본의 분위기까지 그대로 옮겨온 작은 식당
키친 아일랜드
Kitchen Island

여기가 맞나 싶을 만큼 소박하고 작은 입구로 들어서면 기껏해야 10석 남짓한 작은 실내가 한눈에 들어온다. 일본 가정식 전문점인 이곳은 메뉴판도 따로 없이 매일 2가지 정도의 메뉴를 정기적으로 바꿔서 내놓는다. 작고 소박한 식당의 느낌도, 조용하고 나긋나긋한 사장님의 분위기도 딱 일본 영화에서 본 듯한 풍경 그대로다. 이곳을 찾은 손님들도 일본의 어느 식당에 온 듯 아주 작은 목소리로 담소를 나눈다. 작은 규모의 식당이지만, 늘 사람이 많아 점심시간에는 대기 시간이 꽤 긴 편. 사전 예약이 가능하므로 중국어 소통이 가능하다면 전화로 예약하고 가는 게 안전하다. MAP ⑥

GOOGLE MAPS 2GRR+9W 다안구
ADD 忠孝東路(쭝샤오둥루)三段276巷12號 1F
TEL 989 234 839
OPEN 11:30~15:00, 17:00~20:30, 일요일 휴무
MRT 브라운·블루 라인 쭝샤오푸싱忠孝復興 역 2번 출구에서 도보 3분

카이센동 전문점
만저디에
瞞著爹(만착다)

동취의 골목 안쪽에 위치해 있어서 모르면 찾아가기조차 쉽지 않은 숨은 음식점이다. 하지만 현지인들 사이에서는 꽤 입소문 난 맛집이라 식사 시간에는 대기 줄이 꽤 긴 편. 근처에 100% 예약제로만 이루어지는 스시 전문점과 스시 바 지점도 있지만, 그에 비해 이곳 지점은 예약이 필수는 아니라 여행자들에게도 반가운 곳이다. 해산물 덮밥이 NT$500~800 정도로 그리 착한 가격은 아니지만, 회와 해산물이 워낙 푸짐하게 들어 있어서 먹고 나면 돈이 아깝지 않게 느껴진다. MAP ⑥

GOOGLE MAPS 만저다
ADD 八德路(빠더루)二段366巷38號
OPEN 11:30~14:30, 17:00~21:30(금~일요일은 쉬지 않고 영업)
WEB www.manjedad.com
MRT 브라운·블루 라인 쭝샤오푸싱忠孝復興 역 5번 출구에서 도보 10분. 또는 브라운·그린 라인 난징푸싱南京復興 역 5번 출구에서 도보 10분

시끌벅적 신나는 타이완식 포차

따따오 스빠하오 징즈러차오

大道18號精緻熱炒(대도18호정치열초)

우리나라로 치면 포차나 주점과 비슷한 형태인 러차오熱炒는 저녁에 가볍게 맥주 한잔하기에 좋은 곳으로, 동네마다 러차오 한두 곳쯤은 어렵지 않게 만날 수 있다. 이곳은 동취에 있는 러차오 중에서 현지인들에게 인기가 높은 곳 중 하나다. 규모가 아주 큰 편이 아니지만, 분위기가 좋고, 음식 맛도 두루 괜찮은 편이라 늘 빈 자리를 찾기가 쉽지 않다. 대부분의 타이완 사람들이 술을 많이 마시지 않기 때문에 여행자도 저녁에 안전한 분위기에서 부담 없이 한잔하기에 좋다. MRT 역에서 멀지 않아 접근성도 좋은 편. **MAP ❺**

GOOGLE MAPS 2GVV+VV 다안구
ADD 市民大道(스민따따오)四段18號
OPEN 17:00~다음 날 01:00, 월요일 휴무
MRT 브라운·블루 라인 쭝샤오푸싱忠孝復興 역
5번 출구에서 도보 8분

가볍게 즐기기에 좋은
카페 & 디저트 전문점

이름난 맛집이 많은 동취에는 식후에 즐길 수 있는 디저트 전문점과 카페도 셀 수 없이 많은 편이다. 워낙 핫한 동네라 개·폐업이 잦다는 게 단점이지만, 그만큼 새로운 트렌드도 빠르게 경험할 수 있다.

현지인이 사랑하는 전통디저트 전문점
동취펀위엔
東區粉圓(동구분원)

20년 역사를 자랑하는 펀위엔 전문점. 펀위엔뿐 아니라 떠우화와 팥죽인 홍떠우탕紅豆湯도 함께 판매하기 때문에 입맛대로 고를 수 있다. 주문하는 법도 간단하다. 먼저 떠우화豆花와 펀위엔粉圓, 팥죽 중 하나를 선택한 다음 그 위에 얹을 토핑을 고르면 된다. 토핑의 종류도 다양하고 모든 토핑이 유리로 된 진열대에 들어 있으므로 가리키기만 하면 된다. 단맛을 원하면 연유를 넣어서 먹는다. 무엇보다 이곳의 펀위엔과 떠우화는 다른 곳과는 비교도 안 될 만큼 달콤하고 부드러우니 절대 놓치지 말고 먹어보자. **MAP ⑥**

GOOGLE MAPS 둥취펀위안
ADD 忠孝東路(쭝샤오똥루)四段216巷38號
OPEN 11:00~23:00
WEB www.efy.com.tw
MRT 블루 라인 쭝샤오뚠화忠孝敦化 역 3번 출구에서 도보 5분

가볍고 담백한 두부 디저트
싸오떠우화
騷豆花(소두화)

2001년에 문을 연 아주 작은 규모의 떠우화 전문점. 우리나라 여행자보단 일본인 여행자들 사이에서 특히 인기가 높은 곳이다. 물론 현지인에게도 입소문 난 맛집이라 각종 매체에 소개된 기사가 한쪽 벽면을 가득 채울 정도다. 기껏해야 10석 남짓한 작은 규모라서 합석은 기본. 그래도 회전율이 빠른 편이라 손님이 많아도 대기 시간이 길진 않다. 기본 메뉴는 연두부 전통 디저트인 떠우화豆花 하나뿐이며, 떠우화에 넣을 토핑만 선택하면 된다. 일반적으로 계절별 과일을 넣은 떠우화 메뉴가 가장 인기 많은 편. 여름에는 망고+수박 떠우화가 단연 베스트다. **MAP ⑥**

■ 1호점
GOOGLE MAPS 싸오더우화
ADD 延吉街(엔지지에)131巷 26號 1F
OPEN 13:00~21:30, 일요일 휴무
WEB saodouhua.com.tw
MRT 블루 라인 궈푸지니엔관 國父紀念館 역 1번 출구에서 도보 3분

■ 뚠난 敦南 점
GOOGLE MAPS homeys cafe
ADD 敦化南路(뚠화난루)一段236巷36號 1F
OPEN 일~목 11:30~21:00, 금·토 11:30~21:30, 월요일 휴무
MRT 블루·브라운 라인 쭝샤오푸싱忠孝復興 역 3번 출구에서 도보 5분

오밀조밀 매력적인 동네

용캉지에 永康街(영강가) Yongkang Street 주변

동네 아이들의 웃음꽃이 까르르 터지는 골목 중앙의 놀이터. 아이를 데리고 나온 엄마들은 벤치에 앉아 도
란도란 이야기를 나눈다. 이처럼 평범한 일상 풍경은 우리에게 용캉지에의 또 다른 매력을 조곤조곤 속삭이
고. 여행과 일상이 만나는 순간, 맛과 멋이 넘치는 동네 용캉지에의 매력이 시작된다.

MRT 똥먼東門(동문) 역, 쭝쩡지니엔탕中正紀念堂(중정기념당) 역,
　　따안 썬린꽁위엔大安森林公園(대안 삼림공원) 역, 따안大安(대안) 역, 꽁관公館(공관) 역

타이베이에서 손꼽히는
매력만점 거리

용캉지에는 말 그대로 보석 같은 거리다. 타이베이를 대표하는 딤섬 레스토랑인 딩타이펑 본점이 거리 입구를 지키고 있으며, 골목 안쪽으로 들어갈수록 곳곳에 이름난 맛집 간판들이 눈에 띈다. 망고빙수의 원조 격인 쓰무시를 비롯하여 우육면으로 유명한 용캉 우육면永康牛肉麵 등 놓치지 말아야 할 맛집들이 너무 많아 선택을 앞에 두고 행복한 고민에 빠지기 일쑤. 어디 그뿐인가. 저마다의 독특한 분위기를 자랑하는 카페와 아기자기하고 사랑스러운 상점들이 좁은 골목마다 가득해 하루 종일 머물러도 지루하지 않은 동네가 바로 용캉지에다.

MRT 레드·오렌지 라인 똥먼東門 역 5번 출구로 나와 첫 번째 골목에서 우회전

+ Writer's Pick +

용캉지에를 넘어서
칭티엔지에 青田街 Qingtian Street로

용캉지에의 인기가 높아져 사람들로 붐비게 되자 조용한 여행을 선호하는 여행자들은 길 건너편 칭티엔지에青田街에 주목하기 시작했다. 사실 칭티엔지에는 현지인들 사이에서 이미 조용한 카페 골목으로 사랑받는 곳이다. 초록빛 가로수가 울창한 주택가 사이, 드문드문 보이는 카페가 주는 한가로운 매력 덕분. 용캉지에에서 맛있게 식사하고 칭티엔지에까지 쉬엄쉬엄 걸어가 마음에 드는 카페에서 커피 한 잔 즐기면 그야말로 퍼펙트 코스란 생각이다. 용캉지에를 지나 길 건너편 골목으로 들어가면 칭티엔지에가 시작된다. 용캉지에에서 도보 10분. **MAP ⑦**

GOOGLE MAPS qingtian street taipei
MRT 레드·오렌지 라인 똥먼東門 역, 그린 라인 꽁관公館 역에서 하차

타이베이를 대표하는 광장

국립 중정기념당

國立中正紀念堂(구월리 쭝쩡지니엔탕) Chiang Kai-shek Memorial Hall

GOOGLE MAPS 장개석 기념관
ADD 大安區中山南路(쭝산난루)21號
OPEN 09:00~18:00
PRICE 무료
WEB www.cksmh.gov.tw
MRT 레드·그린 라인 쭝쩡지니엔탕中正紀念堂 역 5번 출구로 나오자마자 바로 보인다.

❶ 중정기념당 입구의 누각. '자유광장' 현판이 유명하다.

❷ 기념당 좌우에는 국가희극원과 국가음악청이 있다.

1975년 장제스蔣介石(장개석) 초대 총통이 서거한 뒤 타이완 국민들과 해외의 화교들이 기금을 모아 세운 곳. 장제스의 호인 중정中正을 따서 이름을 지었으며, 1980년 완공되었다. 그 후 정권이 바뀌고 장제스蔣介石 총통에 대한 평가가 엇갈리면서 이곳의 이름도 바뀌었다가 현재는 옛 이름이 복원되었다.

국립 중정기념당은 명대 건축 양식으로 지어져 현재 타이베이에서 가장 웅장한 건축물로도 손꼽힌다. 누각에는 중국 최고의 서예가 중 하나인 왕희지王羲之의 서체로 쓴 '자유광장自由廣場' 현판이 붙어 있으며, 기념당 앞의 광장은 총면적이 25만m²에 달해 마치 서울의 시청 앞 핑징처럼 타이베이의 각종 행사가 열리는 장소로 자주 사용된다. 기념당 1층에는 장제스의 유품이 전시되어 있으며, 장제스의 나이와 동일한 89개의 계단을 따라 2층으로 가면 장제스의 좌상을 볼 수 있다. 기념당의 양옆에 있는 국가희극원國家戲劇院과 국가음악청國家音樂廳이 함께 어우러져 타이베이의 중요한 지표로서 아우라를 드러낸다.

거대한 건축물 옆으로는 초록빛 나무들 사이로 데크가 깔린 작은 오솔길이 조성되어 있어서 도심 속 작은 공원 역할도 한다. 국가음악청 1층에는 춘수이탕春水堂이 있어서 간단한 간식을 즐기거나 잠시 쉬었다 가기에 좋다.
MAP ❼

2

현지인의 아침 일상이 궁금하다면

똥먼 시장
東門市場(똥먼 스창)

이른 아침에 어딘가를 둘러보고 싶은 부지런한 여행자라면 타이베이 사람들의 아침 시장인 똥먼 시장을 추천한다. 대단한 볼거리가 있거나 쇼핑 핫 스폿은 아니지만, 타이완 사람들의 평범한 일상을 엿볼 수 있는, 날 것 그대로의 타이완 풍경이다. 이른 아침부터 오후까지만 문을 여는 시장으로, 소박한 상점들과 골목 어귀에서 유쾌한 대화를 나누는 사람들을 만나는 것만으로도 일상 같은 여행이 더욱 풍성해지는 느낌이다. 간단한 먹거리를 파는 곳도 제법 많아서 아침 식사를 해결하기에도 좋다. **MAP ⑦**

GOOGLE MAPS 동먼 시장
ADD 大安區信義路(신일루)二段B1號
OPEN 07:00~14:00, 월요일 휴무
MRT 레드·오렌지 라인 똥먼東門 역 2번 출구에서 도보 2분

3

구경만으로도 눈이 즐거운 주말

옥시장 & 꽃시장 建國假日玉市 & 花市
(건국가일옥시 & 화시, 지엔구워 지아르 위스 & 화스) Jianguo Holiday Jade Market & Flower Market

매주 주말이면 아침부터 따안 삼림공원의 동쪽 지엔구월루建國路 고가도로 아래, 런아일루仁愛路와 신이루信義路 사이 임시 건물로 사람들이 모여들기 시작한다. 주말에만 열리는 옥시장과 꽃시장에 가기 위함이다. 꽤 큰 규모의 임시 건물은 남쪽의 꽃시장과 북쪽의 옥시장으로 구성되어 있으며, 두 시장은 서로 이어져 있어 함께 둘러보기에 좋다. 꽃을 사지 않더라도 꽃에 취해 걷는 것만으로도 기분이 상쾌해지는 곳이다. 옥시장의 물건은 저렴하다곤 할 수 없으나 가격 대비 품질이 괜찮다는 평이 많다. 약간의 흥정도 가능. 1978년에 처음 문을 열었으니 40년 이상의 전통을 자랑한다. **MAP ⑦**

GOOGLE MAPS 타이베이 지앤궈 주말 꽃시장 / jianguo jade market
WHERE 지엔구월루 고가도로 아래 런아일루와 신이루 사이
OPEN 토·일 09:00~18:00
WEB www.fafa.org.tw
MRT 레드 라인 따안 썬린꽁위엔大安森林公園 역 6번 출구에서 도보 5분

햇살 예쁜 날 걷기 좋은 공원
따안 삼림공원
大安森林公園(대안삼림공원, 따안 썬린꽁위엔)

: MORE :

타이베이에서 가장 예쁜 길, 런아일루 仁愛路(인애로)

택시를 타고 송산 공항에서 시내 중심 쪽으로 이동하다 보면 갑자기 아름다운 거리가 눈앞에 펼쳐진다. 하늘을 뒤덮을 정도로 울창한 나무들이 거리 양옆으로 나란히 줄지어 있는 모습은 말로 표현하기 어려울 정도. 감탄하는 사이 빠르게 지나버려 대체 그곳이 어디였을까 내내 마음에 남던 그 길은 꽃시장과 옥시장 근처에 위치한 런아일루다. 자타가 공인하는 타이베이에서 가장 예쁜 길. 울창한 가로수들이 마치 영화의 한 장면처럼 로맨틱한 분위기를 자아내 누구라도 반하지 않을 수 없을 터. 개인적인 생각으로는 옥시장과 꽃시장도 재미있지만, 그 동네에서 가장 매력적인 핫 플레이스를 꼽자면 주저 없이 런아일루를 추천하고 싶다. 옥시장과 꽃시장이 아닌 런아일루를 보기 위해 이 동네를 찾는다 해도 말리지 않을 정도. 옥시장에서 나와 좌우를 둘러보면 눈에 띄는 그곳이 바로 런아일루의 시작이다. MAP ❷ ❻

GOOGLE MAPS jianguo jade market

어떻게 도심 한가운데 이런 공원이 있을까 감탄이 절로 나온다. 눈앞에 펼쳐지는 연둣빛 향연에 눈이 부실 정도. 추운 겨울이 없는 나라여서 그런지 공원은 사계절 내내 푸르름을 잃지 않는다. 살랑살랑 기분 좋은 바람이 부는 겨울, 햇빛 예쁜 날 종일이라도 산책을 즐길 수 있을 것 같은 곳. 1994년 3월 29일 개장해 타이베이에서 규모가 가장 큰 공원으로, 꼼꼼하게 다 둘러보려면 두세 시간은 속이 필요하다.

공원 한쪽에는 작은 호수가 있고 벤치도 곳곳에 많아 공원 구석구석이 힐링 포인트. 걷다가 만나는 다람쥐와 새들도 반가운 산책 동무. 단, 여름에는 햇살이 뜨거워 산책하려다가 더위에 지칠 수 있으니 날씨를 고려하여 방문할 것. 주말에 꽃시장과 옥시장을 함께 묶어서 가기에 좋다. MAP ❼

GOOGLE MAPS 다안 삼림공원
ADD 大安區新生南路(신성난루)2段1號
OPEN 24시간
MRT 레드 라인 따안 썬린꽁위엔大安森林公園 역 2~5번 출구로 나오자마자 바로 보인다.

5

일제 강점기 교도소의 놀라운 변신

롱진 고저스 타임 榕錦時光生活園區

(용금시광생활원구, 롱진 스꽝 성휘위엔취) Rongjin Gorgeous Time

용캉지에를 지나 조금 더 걷다 보면 일본식 건축물들이 옹기종기 모여 있는 구역이 나온다. 일제 강점기였던 1899년부터 1904년까지 교도소였던 곳으로, 이후 리모델링을 거쳐 2022년 복합문화공간으로 재탄생했다. 당시의 건축물들이 그대로 보존되어 있으며, 특히 건물 옆으로 이어진 타이베이 감옥 벽 유적은 타이베이시 기념물로도 지정되었다. 아이러니한 건 일제 강점기 시기의 감옥이었던 곳인데, 현재 이곳에 입점해 있는 레스토랑과 매장 중에는 일본 브랜드가 적지 않다는 사실. 타이완의 인기 베이글 브랜드인 하오치우好'丘(호구) Good Cho's도 입점해 있어서 반갑다(167p 참고). **MAP ⑦**

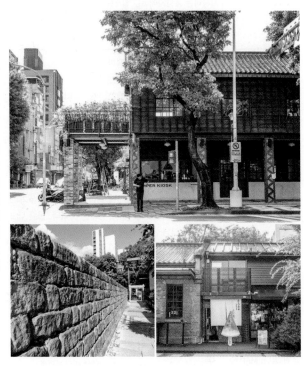

GOOGLE MAPS rongjin gorgeous time
ADD 大安區金華街(진화지에)167號
OPEN 11:00~20:00
MRT 레드·오렌지 라인 똥먼東門 역 5번 출구에서 도보 15분

+ Writer's Pick +

타이베이에서는 하오치우好'丘(호구) Good Cho's 베이글

타이베이에는 유명한 베이커리가 워낙 많아 경쟁이 치열하지만, 베이글만큼은 하오치우好'丘(호구) Good Cho's의 인기가 압도적이다. 쓰쓰난춘에 처음 매장(167p)을 연 이래로 마지마지(264p), 큐 스퀘어 등에 이어 롱진에도 제법 큰 규모의 지점이 생겼다. 일반 매장이 아닌 베이커리 카페이므로 오후에 잠시 카페 타임을 즐기기에도 좋다.

GOOGLE MAPS rongjin gorgeous time **ADD** 大安區金華街(진화지에)161號 **OPEN** 11:00~20:00 **WHERE** 롱진 고저스 타임 입구

저절로 지갑을 열게 되는

추천 상점 리스트

우리나라 여행자들이 사랑하는 용캉지에는 입소문 난 쇼핑 맛집들이 모여 있다. 각종 굿즈 소품샵도 많은 편이므로 귀국 전, 선물을 사러 들르기에 딱 좋은 동네다.

깜찍한 보물섬 같은 기념품 상점

라이 하오

來好(래호) Lai Hao

메이드 인 타이완 제품 중에서도 디자인 예쁜 상품들만 간추려놓은 기념품 매장. 1층과 지하, 2개 층으로 구성된 매장은 일단 한 번 들어가면 빈손으로 나오기 쉽지 않을 만큼 예쁘고 기발한 제품들이 가득하다. 일반 기념품 매장에 비하면 가격대가 조금 높은 편이지만, 그렇다고 부담스러울 만큼 비싼 가격은 아니어서 이왕이면 디자인 예쁘고 독특한 기념품을 사고 싶은 여행자들에게 더없이 반가운 곳일 듯하다. 청핀 서점에 입점해 있는 신진 디자이너들의 제품이나 메이드 인 타이완 오가닉 브랜드의 제품군도 다양해 선택의 폭이 넓다. MAP ❼

GOOGLE MAPS lai hao taipei
ADD 大安區永康街(용캉지에)6巷11號
OPEN 10:00~21:30
WEB www.laihao.com.tw
MRT 레드·오렌지 라인 똥먼東門 역 5번
　　 출구에서 도보 3분

단맛 덜한 커피 크래커

세인트 피터

聖比德(성비더, 성비더)

우리나라 여행객들에게 사랑받는 선물 아이템으로 누가 크래커를 빼놓을 수 없다. 대부분의 베이커리에서 쉽게 누가 크래커를 찾아볼 수 있지만, 세인트 피터는 이 누가 크래커에 커피 맛을 더한 색다른 커피 누가 크래커로 유명해진 곳이다. 물론 대표 상품인 커피 누가 크래커 외에 오리지널 격인 파 맛 누가 크래커와 누가 캔디도 있다. 다른 누가 크래커 브랜드에 비해 크기도 작고, 맛이 깔끔하면서도 덜 달아서 인기가 높다. 박스 안에 크래커가 한 개씩 각각 개별 포장이 되어 있어서 선물하기에도 좋다. 시먼띵에도 지점이 있다. MAP ❼

GOOGLE MAPS 세인트피터 동먼점
ADD 信義路(신일루)二段199號
OPEN 09:00~19:00
WEB www.sp-nougat.com.tw
MRT 레드·오렌지 라인 똥먼東門 역 6번
　　 출구 바로 앞

■ **시먼 西門 점**

GOOGLE MAPS 세인트피터 시먼점
ADD 成都路(청뚜루)27巷 25號 1F
OPEN 10:00~18:00
MRT 그린·블루 라인 시먼西門 역 6번 출구에서 도보 5분

오픈런이 필요한 누가 크래커

라뜰리에 루터스

甜滿(첨만, 티엔만) L'Atelier Lotus

우리나라 여행자들에게 압도적인 지지를 받는 누가 크래커 전문점. 아침 9시에 문을 열어 딱 한 시간만 판매하는데, 매일 아침 문을 열기 1시간 전부터 대기하는 사람들이 줄을 서기 시작한다. 쫀득쫀득한 누가와 짭짤한 대파 크래커의 단짠 조화가 환상적이라는 평이다. 한 번에 여러 박스를 구매하는 사람도 적지 않다. 포장이 세련된 것도 인기의 비결 중 하나일 듯. 참고로 현금 결제만 가능하다. MAP ❼

GOOGLE MAPS 라뜰리에 루터스
ADD 永康街31巷10號
OPEN 9:00~10:00 수요일 휴무
MRT 레드·오렌지 라인 똥먼東門 역 5번
　　 출구에서 도보 5분

216

라뜰리에 루터스의 신흥 경쟁자
라쁘띠펄 小珍珠烘焙坊
(소진주홍배방, 샤오쩐주 홍빼이팡)
La Petite Perle

원래는 동네 작은 베이커리였는데, 누가 크래커가 입소문이 나면서 지금은 누가 크래커가 이곳의 주력 상품이 되었다. 단맛이 조금 덜 하고 부드러워서 이곳의 누가 크래커를 더 선호하는 사람도 적지 않다. 라뜰리에 루터스보다 생산량이 좀 더 많아서 금세 매진되는 일은 없는 것도 반갑다. 라뜰리에에서 도보 1분 거리이므로 맛을 비교해보고 사는 것도 괜찮겠다. **MAP ⑦**

GOOGLE MAPS 라쁘띠펄
ADD 金華街(진화지에)243巷25號
OPEN 9:00~22:30 토요일 휴무
MRT 레드·오렌지 라인 똥먼東門 역 5번 출구에서 도보 5분

낱개 포장이 반가운
지아빈 베이커리 佳賓餅家
(가빈병가, 지아삔 빙지아)
Jia Vin Bakery

누가 크래커 전문점. 커피 맛, 크랜베리 맛, 우롱차 맛 등 종류가 다양하다. 커피 크래커로 유명한 세인트피터와 비교했을 때 단맛이 좀 더 강한 편이다. 펑리수도 살 수 있으며 모든 제품이 낱개 포장되어 있어서 선물하기에 좋다. 크래커가 한입 크기라 가볍게 먹기에도 좋다. 한국인 종업원이 있어서 편리하며, 지우펀에도 지점이 있다. **MAP ⑦**

GOOGLE MAPS 가빈병가
ADD 永康街(용캉지에)2-3號
OPEN 9:00~19:00 월요일 휴무
MRT 레드·오렌지 라인 똥먼東門 역 5번 출구에서 도보 2분

■ **지우펀 九份 점**
GOOGLE MAPS jia vin bakery - jiufen
ADD 基山街(지산지에)6-3號
OPEN 10:30~19:30 월요일 휴무

가격 착한 주류 전문점
가품양주
珈品洋酒(지아핀 양지우)

위스키 마니아가 많아지고 타이완 위스키인 카발란의 인기도 높아지면서 위스키는 타이완 추천 쇼핑 아이템 중 하나로 자리 잡았다. 타이완의 주류세가 우리나라보다 낮은 덕분에 위스키 쇼핑을 위해 타이완을 찾는 사람이 있을 정도다. 위스키 등의 주류는 면세점, 마트, 리쿼샵 등에서 살 수 있는데, 브랜드·매장마다 가격이 조금씩 다르다. 그중에서도 이곳은 우리나라 여행자들 사이에서 '위스키의 성지'라는 별명이 붙을 정도로 입소문이 났다. 다른 곳에 비해 가격이 저렴한 것은 물론이고 시중에서 쉽게 구할 수 없는 희귀한 주류도 많이 보유하고 있다. 매장은 매우 작고 허름하지만, 늘 손님들로 인산인해를 이룬다. **MAP ⑦**

GOOGLE MAPS 가품양주
ADD 大安區永康街(용캉지에)42號
OPEN 월~토 10:00~21:00, 일 10:00~20:00
WEB www.top9.com.tw
MRT 레드·오렌지 라인 똥먼東門 역 5번 출구에서 도보 15분

오감만족
용캉지에 주변의 식탁

용캉지에는 우리나라 사람들이 좋아하는 메뉴가 특히 많이 모여 있는 지역이다. 우육면, 딤섬, 훠궈 등 필수 메뉴들은 모두 이곳에서 맛볼 수 있을 정도. 그리 길지 않은 골목 구석구석 워낙 음식점이 많아서 입맛대로 선택하기에도 좋다.

행복한 한 끼 밥상
동문교자관
東門餃子館(똥먼 쟈오즈관)

3대가 함께 운영하는 만두 전문점. 만두 전문점이지만, 면이나 간단한 요리는 물론이고 훠궈火鍋까지 먹을 수 있는 종합선물세트 같은 음식점이다. 타이완 전통요리보다는 중국 대륙에서 먹는 중국요리가 대부분이며, 메뉴의 종류도 80여 가지에 달해 어떤 음식을 먹을지 행복한 고민에 빠지게 된다. 특별히 비싼 메뉴를 주문하지 않는다면 저렴한 가격에 푸짐한 한 끼 식사를 해결할 수 있는 곳이다. MAP ❼

GOOGLE MAPS 동문교자관
ADD 大安區金山南路(진산난루)二段31巷37號
OPEN 월~금 11:00~14:00·17:00~20:40, 토·일 11:00~14:30·17:00~21:00
WEB www.dongmen.com.tw
MRT 레드·오렌지 라인 똥먼東門 역 5번 출구에서 도보 5분

+ Writer's Pick +

동문교자관 추천 메뉴

- **시엔샤 쩡쟈오** 鮮蝦蒸餃
  새우 찐만두
- **주러우 꿔티에** 猪肉鍋貼
  돼지고기 군만두
- **화쑤 꿔티에** 花素鍋貼
  채소 군만두
- **차오칭차이** 炒青菜 채소볶음.
  각종 채소를 살짝 볶은 것
- **탕추리지** 糖醋里肌 탕수육. 우리나라 탕수육과 거의 흡사한 맛이다.
- **칭차오샤런** 青炒蝦仁 양념 없이 깨끗하게 볶은 새우볶음

주러우 꿔티에

시엔샤 쩡쟈오

탕추리지

: MORE :

딩타이펑은 다른 지점으로

용캉지에의 대표 맛집으로 타이완 딤섬 전문점인 딩타이펑鼎泰豊을 빼놓을 수 없을 것이다. 하지만 유명한 만큼 대기 시간이 어마어마하다는 사실. 타이베이 101 점과 더불어 대기 시간이 가장 긴 지점으로 손꼽힌다. 어차피 체인점마다 맛은 거의 동일하니 딩타이펑만큼은 다른 지점을 이용할 것을 권하고 싶다. 참고로 MRT 스쩡푸市政府 역 근처의 미츠코시新光三越 백화점 A4관 점이 상대적으로 대기 시간이 짧은 편이다.

미슐랭 가이드 선정 맛집의 위엄

용캉 우육면

永康牛肉麵(영강우육면, 용캉 니우러우미엔)

우리에게 많이 알려져 있는 우육면 전문점 중 하나. 용캉지에 골목 끄트머리에 위치한 곳으로, 허름한 외관과 그 앞에 길게 늘어선 대기 줄을 보면 왠지 오랜 전통과 명성을 보장해주는 것 같아서 신뢰가 간다.

벽에 걸려있는 빨간색 메뉴판의 깨알 같은 한자에 눈앞이 캄캄해질 수도 있겠지만, 매운맛과 안 매운맛 두 가지 맛 중 하나를 선택하면 된다. 이곳은 맑은 육수인 칭뚠 우육면清燉牛肉麵보다는 매운맛의 홍샤오 우육면紅燒牛肉麵이 더 맛있는 편. 종류별로 각각 양이 적은 小와 양 많은 大로 나누어 주문할 수 있다. 망고빙수 전문점인 쓰무시思慕昔(223p)가 도보 2분 거리에 있어서 시원한 망고빙수를 디저트로 즐기면 이보다 완벽할 수 없다.
MAP ❼

GOOGLE MAPS 용캉우육면
ADD 金山南路(진산난루)二段31巷17號
OPEN 11:00~20:30
WEB www.beefnoodle-master.com
MRT 레드·오렌지 라인 똥먼東門 역 5번 출구에서 도보 5분

참을 수 없는 총좌빙의 유혹

티엔진 총좌빙

天津蔥抓餅(천진총과병)

맛집 많기로 유명한 용캉지에를 걷다 보면 문득 사람들이 길게 줄을 서 있는 풍경을 만날 수 있다. 바로 용캉지에의 명물 중 하나인 티엔진 총좌빙이다. 이곳은 식사 시간이면 골목 너머까지 줄이 이어지기 일쑤인데, 심지어 좁은 골목으로 고급 세단을 몰고 와서 총좌빙을 포장해 가는 사모님도 심심치 않게 볼 수 있다. 이런 높은 인기 덕분에 총좌빙을 만드는 아주머니들의 손놀림은 거의 예술에 가까울 만큼 현란하다. 능숙하게 총좌빙을 부친 다음, 툭툭 쳐서 공기를 넣어 부풀린 뒤, 한 손으로 종이봉투를 벌려 총좌빙을 담기까지의 모든 과정에서 손이 거의 보이지 않을 정도. 부담 없는 가격대라서 더욱 반갑다. **MAP ❼**

GOOGLE MAPS 천진총좌빙
ADD 永康街(용캉지에)6巷1號
OPEN 08:00~22:00
MRT 레드·오렌지 라인 똥먼東門 역 5번 출구에서 도보 3분

늘 대기 줄이 긴 편이다.

주문하면 바로 만들어주기 때문에 더욱 맛있다.

투박해서 더욱 매력적인 국수 한 그릇

용캉 도삭면
永康刀削麵(영강도삭면, 용캉 따오샤오미엔)

주방장이 커다란 밀가루 반죽을 들고 직접 칼로 '슥슥' 밀어 던지듯 면발을 만드는 도삭면刀削麵. 이제 마지막 단계에서 면발을 잘라내는 건 기계의 몫이 됐지만, 기본적으로 수타면이라 쫄깃쫄깃한 면발은 그대로 살아있다. 용캉 도삭면의 국물은 대부분 담백해 우리나라 사람들 입맛에도 잘 맞는다. 우육면, 토마토 국수, 중국식 자장면 등이 대표 메뉴. 반찬은 따로 주문해야 하는데, 김치도 있어서 반갑다. 이곳 말고도 도삭면 전문점은 타이완 곳곳에 있으니 저렴한 가격에 국수 한 그릇이 생각난다면 꼭 한번 들러보자. MAP ❼

GOOGLE MAPS yongkang sliced noodle
ADD 永康街(용캉지에)10巷5號
OPEN 11:00~14:00, 17:00~20:30, 목요일 휴무
MRT 레드·오렌지 라인 똥먼東門 역 5번 출구에서 도보 3분

중국식 자장면, 자장미엔炸醬麵

매콤한 김치국물과 비슷한 맛의 쏸라탕 酸辣湯에 끓인 쏸라탕면 酸辣湯麵

토마토 우육면의 치명적인 매력

일품도삭면
一品刀削麵(이핀 따오샤오미엔)

용캉 도삭면과 더불어 용캉지에의 대표적인 도삭면 전문점. CNN이 타이완 최고의 토마토 우육면으로 선정했다는 광고판을 크게 내걸었다. 도삭면 특유의 쫄깃쫄깃한 면발과 담백한 토마토 국물을 자랑하는 토마토 우육면番茄牛肉麵은 이곳 자부심의 원천. 고기가 들어있지 않은 토마토 우육탕면番茄牛肉湯麵도 있다. 그 외에 얇은 전병인 딴빙蛋餅이나 만두, 볶음밥, 볶음 채소 등의 다른 메뉴도 다양한 편. 예전에는 다소 허름한 음식점이었는데, 최근 리모델링을 마치고 아주 깔끔한 분위기로 거듭났다. MAP ❼

GOOGLE MAPS 일품산서도삭면
ADD 永康街(용캉지에)10之6號
OPEN 11:00~22:00
MRT 레드·오렌지 라인 똥먼東門 역 5번 출구에서 도보 3분

품격 있는 스시 오마카세 전문점

유 스시
游壽司(유수사, 여우 셔우쓰) Yo Sushi

현지인들 사이에서 높은 인기를 누리고 있는 일식 전문점. 매시 정각 바 테이블에 손님들이 나란히 앉아 동시에 식사를 시작, 약 45분 동안 풀코스로 음식이 제공되는 방식이다. 메뉴판은 따로 없고 매일 공지되는 두세 가지의 세트 메뉴 중 고르면 된다. 식사 후 부족하면 단품으로 초밥을 더 주문할 수도 있다.

셰프들이 요리하면서 손님들의 입맛을 끊임없이 확인하며 소통하는 모습이 인상적이다. 점심 코스는 NT$500~700, 저녁 오마카세는 NT$3000 정도로 가격대가 높은 편이지만, 우리나라에서 비슷한 수준의 일식당을 생각해보면 훨씬 착한 가격이다. 용캉지에 부근에만 2곳의 지점이 있다. 워낙 인기가 많고 좌석 수가 한정돼 있어서 늦어도 2~3일 전에는 전화나 구글맵을 통해 예약을 해야 한다. 영어 예약 가능. MAP **⑦**

■ 진화 金華 점
GOOGLE MAPS yo sushi jinhua
ADD 金華街(진화지에)201號
TEL 02 2322 5531
OPEN 12:00~14:00, 17:30~21:30, 월요일 휴무
MRT 레드·오렌지 라인 똥먼東門 역 4번 출구에서 도보 8분

■ 리수이 麗水 점
GOOGLE MAPS you sushi
ADD 麗水街(리수이지에)7巷7號
TEL 02 2391 9298
OPEN 12:00~14:00, 17:30~21:30, 월요일 휴무
MRT 레드·오렌지 라인 똥먼東門 역 5번 출구에서 도보 5분

타이베이에서 만나는 고즈넉한 일본 정취

칭티엔치리우
靑田七六(청전칠육)

워낙 조용한 골목이 많은 칭티엔지에靑田街지만, 여기는 유독 더 조용하다. 들어가도 괜찮을지 망설여질 정도다. 칭티엔치리우는 지은 지 무려 80년이 넘은 일본 고택을 개조한 일식 전문점으로, 고즈넉하게 식사를 즐기려는 사람들에게 인기가 많은 곳이다. 고택 자체의 문화재로서의 가치도 높아서 원하는 사람에게는 가이드 투어도 진행하고 있다(사전에 전화나 인터넷으로 예약). 물론 자유롭게 둘러볼 수도 있고 사진 촬영도 가능하다. 일본과 타이완 사람들이 대부분이며, 식사 메뉴는 전부 일식이다. MAP **⑦**

GOOGLE MAPS 청전칠육
ADD 大安區靑田街七巷(칭티엔지에)6號
TEL 02 2391 6676
OPEN 점심 11:30~14:00, 애프터눈 티 14:30~17:00, 저녁 17:30~21:00, 매월 첫째 월요일 휴무
WEB qingtian76.tw
MRT 레드·오렌지 라인 똥먼東門 역 5번 출구에서 도보 15분

식사로도 간식으로도 좋은 깔끔한 만두 전문점

교자락

餃子樂(쟈오즐러)

여행객들이 자주 찾는 동네는 아니지만, 갈 때마다 늘
빈자리를 찾기 힘든 인기 만두 전문점. 현지인들 사이에
서는 만두 맛집으로 소문난 곳 중 하나다. 만두 종류 중
에서는 담백한 맛의 부추 고기 군만두인 하이라오시엔
러우 지엔쟈오海老鮮肉煎餃가 가장 인기 있다. 만두 외
에 토마토 탕면 판치에 딴화탕미엔番茄蛋花湯麵도 시원
한 국물 맛이 일품. 만두와 국수를 함께 먹는 게 베스트
조합이다. 만두는 5개 단위로 주문할 수 있으며, 포장도
가능하다. **MAP ❷**

■ **똥먼 東門 점**
GOOGLE MAPS happy dumpling dongfeng restaurant
ADD 復興南路(푸싱난루)一段263號
OPEN 11:30~20:00, 일요일 휴무
WEB www.happydumpling.com.tw
MRT 레드·브라운 라인 따안大安 역 6번 출구에서 도보 5분

가볍게 국수 한 그릇 뚝딱

문문 푸드

雙月食品社(쌍월식품사, 샹위에 스핀셔)
Moon Moon Food

가성비 좋고, 호불호 없는 메뉴 구성이 돋보이는 곳. 5년
연속으로 미슐랭 맛집으로 선정된 문문 푸드 칭다오 점
의 다른 지점이다. 향이 강하지 않은 편이라 메뉴 대부분
이 우리나라 사람 입맛에도 잘 맞는다. 매콤한 참깨 소스
비빔면愛恨椒芝麵, 굴찜雙月乾蚵, 루러우판滷肉飯, 농어
조개스프金鮮鱸魚蛤蜊湯 등이 추천 메뉴. 현지인들에게
도 워낙 인기가 높은 곳이므로 식사 시간에는 대기 시간
이 다소 길 수 있다. 이곳 외에도 타이베이 시내에 5~6개
지점이 있어서 접근성이 좋은 편이다. 국립 대만대학교
쿠첸푸 메모리얼 도서관(275p)에서 멀지 않으므로 함께
묶어서 들러도 좋겠다. **MAP ❷**

■ **썬린꿍위엔 森林公園 점**
GOOGLE MAPS moon moon food daan park
ADD 大安區和平東路(허핑똥루)二段52號
OPEN 11:00~20:00
MRT 브라운 라인 커지따러우科技大樓 역에서 도보 5분
WEB www.moonmoonfood.com

■ **지난 濟南 점**
GOOGLE MAPS moon moon food jinan branch
ADD 濟南路(지난루)一段7號
OPEN 11:00~14:00, 17:00~20:00
MRT 블루 라인 샨따오쓰善導寺 역에서 도보 5분

가볍게 즐기기에 좋은

카페 & 디저트 전문점

맛집 많기로 유명한 용캉지에 주변에는 망고빙수 전문점의 양대 산맥인 쓰무시와 아이스 몬스터를 위시하여 저마다의 컨셉과 스타일을 내세운 카페와 디저트 전문점이 종류별로 다양하다. 여행자들에게는 더없이 행복한 동네.

망고빙수+망고 아이스크림
=
차오지 쉬에라오 망궈쉬에화빙

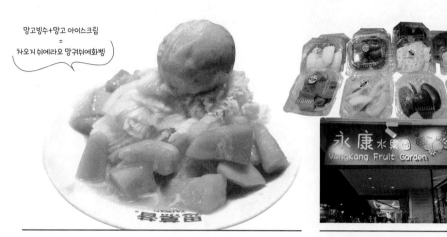

망고빙수의 대표 주자

쓰무시

思慕昔(사모석) Smoothie House

타이베이를 대표하는 망고빙수 전문점 중 하나로, 우리나라 여행자들 사이에서도 워낙 유명한 곳이라서 테이블에 앉아있으면 여기저기에서 한국말이 들릴 정도다. 첫 매장이 용캉지에 15호에 있었기 때문에 이 주소를 그대로 따서 '용캉지에 스우하오永康街15號'라는 이름으로 불리기도 한다.

쓰무시 망고빙수의 가장 큰 특징은 바로 얼린 망고를 곱게 갈아서 만든 망고얼음. 굳이 메뉴 이름을 외우지 않아도 메뉴 사진과 함께 번호가 붙어 있으니 번호로 주문하면 된다. 빙수는 일반적으로 2~3인이 1개 주문해 먹으면 딱 적당하다. MAP ❼

GOOGLE MAPS 스무시 하우스 본관
ADD 永康街(용캉지에)15號
OPEN 일~목 10:30~22:00, 금·토 10:30~22:30
WEB smoothiehouse.com
MRT 레드·오렌지 라인 똥먼東門 역 5번 출구에서 도보 3분

먹기 좋게 썰어놓은 과일 한 접시

용캉 과일가게

永康水果園(영강수과원, 용캉 쉐이구워위엔)

용캉지에 중심에 위치한 작은 과일가게. 과일을 먹기 좋게 잘라서 작은 일회용 도시락에 담아 판매한다. 과일 가격이 썩 저렴한 편은 아니지만, 과일을 사서 씻고 칼로 자르는 등의 절차가 번거로운 여행객들에게는 더없이 반가운 곳이다. 과일도 신선한 편이니, 세셜 과일을 중심으로 종류도 다양해서 입맛대로 가볍게 먹기에 좋다. 일반 마트처럼 조각 과일이 아닌 과일 자체를 살 수도 있다. 과일 도시락 외에 직접 갈아서 만든 순도 100%의 생과일주스도 있다.

MAP ❼

GOOGLE MAPS 용캉쉐이구워위엔
ADD 永康街(용캉지에)6-1號號
OPEN 09:00~22:00
MRT 레드·오렌지 라인 똥먼東門 역 5번 출구에서 도보 5분

아름다운 테라스에서 즐기는 애프터눈 티
용캉지에
永康階(영강계)

거리 이름인 '용캉지에永康街'와 마지막 한자는 다르지만 같은 발음을 갖고 있는, 중국어의 맛을 제대로 살린 멋진 이름의 카페. 멋진 이름만큼이나 카페 분위기도 매력적이다. 카페 앞을 지나다 보면 저절로 걸음을 멈추게 되는 아름다운 입구에 걸린 문패 '용캉지에永康階'는 어느새 카페의 상징이자 트레이드마크가 되었고, 2층 주택을 개조해 만든 카페 외관만으로도 따뜻하고 정겨운 분위기를 풍긴다. 럭셔리하면서도 따뜻한 분위기와 더불어 달콤하고 부드러운 디저트 종류가 특히 유명하다. MAP ❼

GOOGLE MAPS yongkang stairs

ADD 金華街(진화지에)243巷27號
OPEN 월~금 12:00~18:30, 토·일 12:00~19:00
MRT 레드·오렌지 라인 똥먼東門 역 5번 출구에서 도보 5분

나만 알고 싶은 동네 작은 커피 전문점
로스터 패밀리 커피
烘焙者咖啡(홍배자가배, 홍뻬이저 카페이)
Roaster Family Coffee

타이베이에는 분위기와 맛으로 승부하는 카페가 곳곳에 숨어있다. 로스터 패밀리 커피도 그중 하나. 언뜻 작고 평범한 커피 전문점쯤으로 보이지만, 직접 로스팅한 커피 맛이 매우 훌륭한 것으로 소문이 자자하다. 타이베이에만 3곳의 지점이 있으며, 미국의 샌프란시스코에도 지점을 둔 알짜배기 커피전문점이다. 분위기보다 커피 맛 자체를 중요하게 여기는 커피 애호가라면 이곳이 정답이다. 유명세 덕분인지 커피값은 살짝 비싼 편. MAP ❼

GOOGLE MAPS roaster family coffee taipei
ADD 金華街(진화지에)243巷7號
OPEN 08:00~22:00
MRT 레드·오렌지 라인 똥먼東門 역 5번 출구에서 도보 7분

아지트 삼고 싶은 카페
에꼴 카페
學校咖啡館(학교가배관, 쉬에샤오 카페이관)
Ecole Cafe

마치 부암동의 어느 카페에 와있는 것 같은 느낌이다. 굉장히 익숙하지만 또 한편으로는 낯선 분위기. 각종 매체나 인터넷에 여러 차례 소개된 덕분에 타이완 20~30대 사이에서는 이미 입소문 난 카페다. 이 때문에 주말에는 빈자리를 찾기가 어려울 정도. 크지도 작지도 않은 규모에 편안하면서도 세련된 분위기가 돋보이는 곳이다. 브런치나 샌드위치 등 간단한 식사 메뉴도 다양한 편이라 일상 여행자들은 더할 나위 없이 반가울 듯. **MAP ❼**

GOOGLE MAPS ecole cafe taipei
ADD 靑田街(칭티엔지에)一巷6號
OPEN 09:00~18:00
WEB ecole-cafe.blogspot.com
MRT 레드·오렌지 라인 똥먼東門 역 5번 출구에서 도보 12분

타이베이 최고의 카푸치노
카페 리베로
咖啡小自由(가배소자유, 카페이 샤오쯔여우)
Caffè Libero

40년 넘은 건축물을 카페로 개조한 곳. 상점이 자주 바뀌는 용캉지에에서 오랫동안 한자리를 지켜왔다. 분위기도 좋지만 커피 맛 좋기로 유명한 카페로, 카푸치노가 가장 유명하다. 프랜차이즈 커피전문점에 비해 가격대가 살짝 높은 편이지만, 그 가격이 결코 아깝지 않을 만큼 감동적인 커피 맛을 자랑한다. 위스키 커피, 매실주 커피 등 이곳만의 독특한 커피 메뉴도 다양하며, 카페에서 직접 만든 하우스 초콜릿도 훌륭한 편. **MAP ❼**

GOOGLE MAPS caffe libero
ADD 金華街(진화지에)243巷1號
OPEN 11:00~24:00
MRT 레드·오렌지 라인 똥먼東門 역 5번 출구에서 도보 8분

비 오는 타이베이에서는
여린 풀잎 냄새가 난다.

여행에서 비는 정말 반갑지 않은 존재임이 분명하다.
하지만 타이베이는 다르다. 세상에 이렇게 비가 잘 어울리는 도시가 또 있을까.
후텁지근한 공기는 성능 좋은 에어컨이 해결해주고
도시에는 여린 풀잎 냄새 나는 감성만 남았다.
타닥타닥 빗소리를 들으며, 찰박찰박 발자국 소리를 내며,
타이베이의 골목을 걷는 기분이라니....
비 오는 타이베이 오후 네시, 그 시간과 그 공간이 그립다.

걷기에 좋은 카페 골목
쭝산 中山(중산) Zhong Shan

MRT 쭝산역 일대는 세련되고 고급스러운 분위기가 가득하다. 하지만 쭝산의 진짜 매력은
일본과 미국의 문화가 혼재된 이국적인 분위기에 타이완의 고즈넉한 매력을 얹은
'골목'에 있다. 햇살 예쁜 날, 마음 맞는 친구와 함께 본격적으로 쭝산의 골목 탐
험에 나서보는 건 어떨까.

MRT 쭝산中山(중산) 역, 쏭쟝난징松江南京(송강남경) 역

빙찬
冰讚

中山北路二段

林森北路

중산북로이단 44巷
中山北路二段 44巷

長春路

야오양차항
嶢陽茶行

징딩러우
京鼎樓

長春

마스터 스파이시 누들
大師兄銷魂麵舖

리젠트 타이베이
Regent Taipei
晶華酒店

大同區

中山北路二段39巷

中山區

新生北路二段

멜란지 카페
Melange Cafe
米郎琪咖啡館

中山北路二段 20巷

타이베이 필름하우스
台北之家 ①
Taipei Film House

康樂公園
Kangle Park

林森公園
Lin-sen Park

타이베이 밀크 킹
台北牛乳大王

出5

出4

미츠코시 백화점
新光三越

中山北路二段16巷

27巷

南京西路

出6

마라딩지
마라 위엔양훠궈
麻辣鴛鴦火鍋

R G 쭝산
中山

하오스뚜어 쏸쏸우
好食多涮涮屋

러티엔 양성후이관 난징 점
樂天養生會館(7F)

南京西路

청핀성훠 난시 뎬
誠品生活 南西
Eslite Spectrum Nanxi

미츠코시 백화점
新光三越

춘수이탕
春水堂

南京東路

쭝산 지하서점
中山地下書街
Underground Book Street

베지 크릭
Vege Creek
蔬河

신예 欣葉台菜 Shin Yeh

르싱주쯔항
日星鑄字行

비전옥
肥前屋

中山北路一段135巷

林森北路138巷

林森北路159巷

타이베이 당대예술관
台北當代藝術館
MOCA Taipei

쓰하이 떠우쟝 따왕
四海豆漿大王

中山北路一段121巷

칭이예
青葉

林森北路133巷

中山北路一段83巷

107巷

119巷

長安西路

中山北路一段

天津街

長安東路一段

0   50m

좁은 골목길의 신비로운 매력을 탐험하는 시간

MRT 쭝산 역 일대는 독특한 역사를 지니고 있다. 일본 점령기에는 중요한 경제 중심지였다가 이후 미국 대사관이 들어서면서 미국의 영향을 받게 되었고, 거기에 타이완만의 아기자기하고 디테일한 감각이 더해져 현지인과 여행자 모두에게 사랑받는 핫 플레이스로 거듭나게 된 것이다. 그래서일까. 이국적인 멋을 뽐내는 쭝산의 골목은 왠지 조금 낯설기까지 하다.

쭝산 역 사거리 주변으로 거미줄처럼 연결된 작은 골목들은 구석구석 볼거리가 가득하다. 쭝산의 매력적인 골목을 꼼꼼히 보기 위해서는 그동안 손에 꼭 움켜쥐고 다녔던 스마트폰 지도는 잠시 닫아두고 그저 가볍게 동네 산책하듯 골목 구석구석을 느린 걸음으로 어슬렁거려보자. 쭝산의 트렌드 지수를 한 계단 높여준 라이프 스타일 복합 쇼핑몰 청핀성훠誠品生活도 놓치면 아쉬운 곳이다.

MRT 레드·그린 라인 쭝산中山 역 3번과 4번 출구 일대에 모여 있다.

+ Writer's Pick +

부티크호텔을 찾는다면 쭝산에 묵자

쭝산 역 일대는 최고급 호텔부터 중저가 부티크호텔과 저렴한 호스텔까지, 가격대별 숙소가 무척 다양하다. 그만큼 접근성이 좋다는 의미. 또한 예쁜 카페도 많아서 카페놀이 하기에도 안성맞춤인 동네. 감성만점 여행자들에게는 그야말로 즐거운 놀이터. 그러므로 세련된 부티크호텔에서 묵으면서 카페 투어를 하고 싶은 여행자라면 쭝산 역이 정답이다.

대사관저를 재활용한 복합문화공간

타이베이 필름하우스

台北之家(대북지가, 타이베이즈지아) Taipei Film House

100년이 넘는 역사를 지닌 문화재급 건축물인 타이베이 필름하우스는 한 때 미국 대사관의 관저로 쓰였던 곳이다. 닉슨 전 대통령이 부통령이었던 시절, 타이완을 방문했을 때 묵었던 곳으로도 유명하다. 1979년 미국이 중 국과 수교를 맺으면서 미국 대사가 이곳에서 철수하자 한동안 방치되어 있 다가 영화 <비정성시>의 감독인 허우샤오시엔 감독의 주도하에 예술전용 영화관으로 멋지게 재단장했다.

타이베이 필름하우스는 하나의 작은 복합문화공간이다. 1층과 야외 공간 에는 마치 영화의 한 장면 같은 카페인 유무 투 오하나 커피羊毛與花·光點 (양마오위화·꽝디엔) Youmou to Ohana Coffee와 작은 소품전문점이 있고, 2 층에는 아담한 규모의 예술영화 상영관이 자리하고 있다. 1층의 소품전문 점에는 깜찍한 소품과 디자인문구가 많으므로 꼭 한번 들러보자. **MAP ❽**

GOOGLE MAPS 타이베이 필름하우스
ADD 中山北路(쭝샨베이루)二段18號
OPEN 11:00~22:00, 카페 11:00~22:00,
    소품 전문점 일~목 12:30~19:00,
    금·토 12:30~20:00
WEB www.spot.org.tw
MRT 레드·그린 라인 쭝샨中山 역 3번 출
    구에서 도보 3분

❶ 필름하우스의 입구
❷ 2층으로 올라가는 계단도 영화 감성으
  로 가득하다.
❸ 영화 관련 기념품은 물론 다양한 디자인
  문구가 많아 구경하는 재미가 쏠쏠하다.

2

트렌드를 선도하는 쭝샨의 핫 플레이스

청핀성훠 난시 점

誠品生活 南西(성품생활 남서) Eslite Spectrum Nanxi

미츠코시 백화점 2개 관을 제외하고는 작은 상점들이 거리를 채웠던 쭝샨에 대규모 복합 라이프스타일 쇼핑몰이 등장했다. 바로 타이완의 트렌드를 선도하는 청핀성훠 난시 점이 그것. 몇 년 전 오픈 당시부터 화제를 모으더니 순식간에 쭝샨의 핫플레이스로 등극했다. 청핀 서점誠品書店뿐만 아니라 신진 디자이너들의 독특한 디자인 소품, 기념품, 문구 등 볼거리가 가득하며, 곳곳에 맛집까지 포진해 있어 일단 들어서면 쉽게 빠져나오기 힘들 만큼 흥미진진하다. 덕분에 이제는 청핀성훠 송산 문창원구 점(168p)과 더불어 청핀 서점의 베스트 지점 중 하나로 꼽힌다. 목적 없이 찾아도 구경만으로도 즐거운 곳. **MAP** **8**

GOOGLE MAPS eslite spectrum nanxi
ADD 中山區南京西路(난징시루) 14號
OPEN 일~목 11:00~22:00, 금~토 11:00~22:30
WEB meet.eslite.com
MRT 레드·그린 라인 쭝샨中山 역 1번 출구로 나오면 바로 오른쪽에 보인다.

3

지하상가의 고급스러운 대변신

쭝샨 지하서가

中山地下書街 Underground Book Street

MRT 타이베이 처짠 역부터 쭝샨 역을 지나 쌍리엔雙連 역까지는 무려 815m에 이르는 거대 지하상가가 형성되어 있다. 즉, 지하철을 타지 않고도 지하상가를 통해 3개 역을 도보로 이동할 수 있다는 의미. 그중에서도 쭝샨 역 지하상가에는 청핀 서점誠品書店에서 운영하는 쭝샨 지하서가가 자리하고 있다. 타이완의 트렌드를 선도하는 청핀 서점답게 지하상가에 거대한 공간을 내어 서점을 오픈한 것이다. 덕분에 타이베이의 많은 직장인은 퇴근길에 손쉽게 서점에 들러 독서를 즐기고 갈 수 있게 되었다고. 독서 인구가 많기로 유명한 타이완다운 스마트한 공간이라는 생각이 든다.

MAP **8**

GOOGLE MAPS eslite r79
ADD 中山區南京西路(난징시루)16號
OPEN 10:00~21:30(매장마다 다름)
WEB esliteliving.com
MRT 레드·그린 라인 쭝샨中山 역 지하

타이베이를 대표하는 모던 아트 미술관

타이베이 당대예술관

台北當代藝術館(타이베이 땅따이 이수관) MOCA Taipei

미술이나 디자인에 관심이 있는 여행자라면 한 번쯤 방문해볼 만한 곳이다. 일본 점령기에 초등학교로 쓰였던 이곳은 이후 타이베이 시청으로 사용되다가 2001년 타이베이 당대예술관으로 정식 개관하였다. 규모가 크지 않아 대단한 볼거리가 있는 건 아니지만, 근대 타이베이의 소품들을 비롯한 소소한 상설 전시를 만날 수 있다. 평소에는 관람객이 많지 않다가도 특별 전시 기간에는 사람이 부쩍 많아지기도 한다. 일부 전시를 제외하고는 플래시를 사용하지 않는 범위 내에서 사진 촬영도 가능하다. 미술관 1층의 아트숍도 꽤 볼만하니 잠시 들러보자. 단, 가방은 물품 보관함에 맡기고 들어가야 한다. MAP ❽

GOOGLE MAPS 태북당대예술관
ADD 長安西路(장안시루)39號
OPEN 10:00~18:00, 월요일 휴무
PRICE NT$100
WEB www.mocataipei.org.tw
MRT 레드·그린 라인 쭝샨中山 역 1·6번 출구에서 도보 5분

세상에 하나밖에 없는 나만의 도장

르싱주쯔항

日星鑄字行(일성주자행) Ri Xing Type Foundry

1969년에 문을 연 활판 주자소로 현재 타이완에 남아있는 마지막 활판 작업소이다. 여행객들보다 현지인들 사이에서 오히려 더 인기가 많다. 원하는 활자를 사면 앤티크한 도장으로 만들어준다. 글씨 크기, 글자 개수에 따라 가격이 달라지지만 대략 한 개에 NT$200~300 정도이다. 아주 비싸지 않은 유니크한 매력 덕분에 선물로 주기에도 좋다. 도장에 잘 맞는 스탬프와 파우치 등도 함께 살 수 있다. 주인 아주머니가 살짝 불친절하고 투박하신 게 조금 아쉽지만, 그 정도는 감수할 수 있을 만큼 유니크한 아이템이다. MAP ❽

GOOGLE MAPS ri xing type foundry
ADD 太原路(타이위엔루)97巷13號
OPEN 수·금·토 10:00~17:00, 월·화·목·일요일 휴무
WEB www.letterpress.org.tw
MRT 레드·그린 라인 쭝샨中山 역에서 도보 5분

세상 예쁜 아이템들이 가득한 소품 숍

비가 와도 괜찮아

작지만 작지 않은 박물관

사실 규모만 본다면 '박물관'이라고 하기엔 너무 작다고 생각될 수도 있다. 하지만 규모는 작아도 볼거리는 야무지고 알차다. 비 오는 날 어딜 갈까 고민된다면 이 두 곳을 추천한다.

아이와 함께 가기 좋은 미니어처 박물관

수진 박물관 袖珍博物館(시우쩐 보우관)
Miniatures Museum of Taiwan

각종 미니어처를 전시해놓은 작은 박물관. 미니어처가 무슨 큰 볼거리일까 싶겠지만, 막상 가보면 그 디테일한 제작 수준과 폭넓은 작품 세계에 빠져들게 된다. 특히 아이들에게는 더없이 재미난 볼거리가 되어준다. 그래서인지 가족 단위로 찾는 여행자가 월등히 많은 편이다. 개인이 운영하는 박물관이라 그리 규모가 크진 않으나, 꼼꼼히 둘러본다면 넉넉히 두 시간은 소요된다. 한국어 안내서도 제공하며, 플래시를 사용하지 않는 범위 내에서 사진 촬영도 가능하다. 1층의 기념품 숍에서는 각종 미니어처 재료를 구할 수 있다. **MAP ❷**

GOOGLE MAPS 수진 박물관
ADD 建國北路(지엔구워베일루) 一段96號 지하 1층
OPEN 10:00~18:00(폐장 1시간 전 입장 마감), 월요일 휴무
WEB www.mmot.com.tw
PRICE NT$250(13~18세 NT$200, 6~12세 NT$150)
MRT 그린·오렌지 라인 쏭쟝난징松江南京 역 4번 출구에서 도보 6분

역사를 기억하고 상처를 극복하는 힘

아마 박물관 阿嬤家(아마가, 아마 지아)

반일감정이 거의 없는 타이완이지만, 그럼에도 일본 식민 시대의 역사를 기억하고 상처를 극복하고자 하는 노력은 계속 이어지고 있다. 이곳은 일본 위안부 피해자 할머니를 돕기 위해 세운 여성 인권 박물관이다. 그리 크지 않은 규모의 박물관 안에는 우리나라를 포함한 전 세계의 위안부 피해자에 대한 기록과 생존자들의 이야기, 그들을 돕고자 한 그간의 노력이 가슴 먹먹하게 전시되어 있다. 참고로 '아마阿嬤'는 '할머니'를 친근하게 부르는 타이완 방언이다. **MAP ❷**

GOOGLE MAPS ama museum
ADD 承德路(청덜루)三段32號 5F
OPEN 10:00~17:00, 일·월요일 휴무
PRICE NT$30
WEB www.amamuseum.org.tw
MRT 레드 라인 민취엔시루民權西路 역 5번 출구에서 도보 5분

쭝샨의 식탁

독특한 분위기의 카페가 모여 있는 쭝샨에는 유독 브런치 카페가 많은 편이다. 거기에 저마다의 특색을 내세운 소규모 식당들이 골목 곳곳에 야무지게 숨어 있으니, 한 마디로 분위기 있게 식사하기 좋은 동네. 선택의 폭을 더욱 넓히고 싶다면 미츠코시 백화점과 청핀성훠 내에 마련된 푸드코트까지 발길을 넓혀보자.

타이베이에서 손꼽히는 장어덮밥

비전옥

肥前屋(페이치엔우) Fei Qian Wu

차 한 대가 겨우 지나갈 듯 말 듯 한 좁은 골목길에 사람들이 길게 줄을 서 있다. 매일 식사 시간이면 어김없이 벌어지는 이 진풍경은 바로 비전옥의 장어덮밥鰻魚飯(만위판) 때문이다. 장어덮밥에 뭐 그리 특별할 게 있겠냐고 생각한다면 오산. 입에 들어가자마자 사르르 녹아버리는 장어의 부드러운 식감은 한번 먹어보면 결코 잊을 수 없다. 대표 메뉴인 장어덮밥에 돼지고기 꼬치炸猪肉串(자쭈러우촨), 장어 달걀말이鰻魚蛋卷(만위딴쥐엔), 달걀말이蛋卷(딴쥐엔) 등을 곁들여 먹으면 잘 어울린다. 워낙 사람이 많아 합석이 자연스러우며, 수저와 차는 셀프서비스. MAP ❽

GOOGLE MAPS hizenya zhongshan
ADD 中山北路(쭝샨베이루)一段121巷13號
OPEN 11:00~14:30, 17:00~21:00, 월요일 휴무
MRT 레드·그린 라인 쭝샨中山 역 2번 출구에서 도보 5분

곁들여 먹으면 좋은
돼지고기 꼬치

대표 메뉴인
장어덮밥

샹총 샤치우　　치에자이 미펀

차오하이 꽈즈　　샤런 떠우푸

정통 타이완 가정식 밥상

칭이예

青葉(청엽)

1964년 처음 문을 열어 50년이 넘는 역사를 자랑하는 전통 타이완 가정식 전문점. 요리 대부분 향이 거의 없고 자극적이지 않아 매우 담백하다. 향에 민감한 사람도 충분히 만족스럽게 먹을 수 있는 수준. 가격대가 높은 타이완 전통 요리 전문점들에 비해 상대적으로 가격대도 저렴한 편이다. 물론 메뉴 가격이 천차만별이라 시가로 계산되는 최고급 메뉴도 적지 않지만, 저렴한 메뉴의 퀄리티도 충분히 훌륭하다. 메뉴판의 사진 덕분에 주문하기도 쉬운 편. 쭝샨中山 역 골목 안쪽에 있어서 찾아가기가 살짝 어렵다는 게 단점이다. MAP ❽

GOOGLE MAPS aoba zhongshan restaurant
ADD 中山北路(쭝샨베이루)1段105巷10號
OPEN 11:00~14:30, 17:15~21:30, 월요일 휴무
WEB www.aoba.com.tw
MRT 레드·그린 라인 쭝샨中山 역 2번 출구에서 도보 6분

+ Writer's Pick +

칭이예 추천 메뉴

- **옌쑤샤** 鹽酥蝦 소금과 후추로 간을 한 대하 튀김
- **셩쩡위** 生蒸魚 민물 생선찜
- **차오하이 꽈즈** 炒海瓜子 바질 소스로 볶은 조개
- **샹총 샤치우** 香蔥蝦球 새우 채소볶음
- **샤런 떠우푸** 蝦仁豆腐 새우를 넣어 담백하게 끓인 두부 전골
- **탕/차오 칭차이** 燙/炒青菜 데친/볶은 채소
- **치에자이 미펀** 切仔米粉 타이완식 쌀국수

시끌벅적 신나는 동네 아지트 같은 러차오

시엔띵웨이 셩멍하이시엔

鮮定味 生猛海鮮(선정미 생맹해선)

우리나라로 치면 포차나 주점과 비슷한 형태인 러차오 중에서도 매일 밤 사람들로 붐비는 인기 만점 러차오熱炒. 하지만, 동취나 시먼띵 일대의 러차오와는 달리 관광객은 거의 없고, 대부분이 현지인들인 동네 포차 느낌이다. 그러다 보니 영문 메뉴판이 없다는 게 단점. 만약 중국어를 못한다면 옆 테이블을 보면서 맛있어 보이는 메뉴를 주문하는 것도 괜찮은 방법이다. 가격 대비 양도 많고, 맛도 괜찮은 편이라 손님이 끊이질 않는다. 단, 테이블 간격이 좁고 사람이 많아서 실내가 조금 시끄럽다는 건 고려해야 한다. MAP ❷

GOOGLE MAPS 3G6G+548 중산구
ADD 錦州街(진쩌우지에)25號
OPEN 17:00~다음 날 02:00
MRT 오렌지 라인 쭝샨궈샤오中山國小 역 2번 출구에서 도보 5분

우롱차 샤오롱빠오는 어떤 맛일까?

징딩러우

京鼎樓(경정루)

손님의 80% 이상이 일본 여행자일 정도로 일본인들 사이에서 절대적인 지지를 받고 있는 딤섬 레스토랑. 우리나라 여행자들은 대부분 딩타이펑이나 딤딤섬, 팀호완 등을 선호하는 데 비해 일본 여행자들은 징딩러우에 거의 무조건적인 지지를 보낸다. 더욱 흥미로운 건 타이완에는 본점과 지점 딱 2곳뿐이지만, 일본에는 여러 개의 지점이 있다는 사실이다. 참고로 쭝샨 점은 지점이고 본점은 MRT 타이베이 샤오쥐딴台北小巨蛋 역 근처에 있다. 메뉴는 다른 딤섬 레스토랑과 비슷하기 때문에 주문하는 데 큰 어려움은 없으며, 우롱차 향이 진한 우롱차 샤오롱빠오烏龍小籠包가 특히 인기다. **MAP ❽**

■ **쭝샨 中山 점**
GOOGLE MAPS 진딘로우
ADD 長春路(창춘루)47號
OPEN 11:00~14:30, 17:00~22:00
MRT 레드·그린 라인 쭝샨中山 역 4번 출구에서 도보 12분

■ **징딩샤오관 京鼎小館 본점**
GOOGLE MAPS 3H32+M7 taipei
ADD 敦化北路(뚠화베이루)155巷13號
OPEN 10:30~14:00(토·일 ~14:30), 17:00~21:00, 월요일 휴무
MRT 그린 라인 타이베이 샤오쥐딴台北小巨蛋 역 5번 출구에서 도보 6분
MAP ❾

+ Writer's Pick +

징딩러우 추천 메뉴

- ■ **샤오롱빠오** 小籠包 입안에 넣었을 때 톡 터지는 육수의 맛이 일품인 만두
- ■ **차이러우 훈툰미엔** 菜肉餛飩麵 채소 물만두 국수
- ■ **우롱차 샤오롱빠오** 烏龍小籠包 우롱차를 넣은 샤오롱빠오
- ■ **차오 콩신차이** 炒空心菜 모닝글로리 볶음
- ■ **펑리 샤치우** 鳳梨蝦球 파인애플 새우

게살이 가득 통통, 시에러우 샤오마이蟹肉燒賣

진한 우롱차 향, 우롱차 샤오롱빠오

비슷한 듯 다른 샤오롱빠오

면 따로, 국물 따로, 매콤한 퓨전 우육면

마스터 스파이시 누들

大師兄銷魂麵舖(대사형 소혼면포, 따스슝 샤오혼미엔푸)
The Master Spicy Noodle

면과 국물을 따로 주는 신개념 국수 전문점. 면을 탕에 넣어서
먹는 게 아니라 면과 탕을 따로 먹는 방식이다. 우리나라 여행
자들에게는 매콤한 마라맛 우육면이 특히 인기가 많다. 매운
맛을 선호하지 않는 사람을 위해서 맑은 탕 우육면도 있는데,
우리나라의 설렁탕 맛과 거의 흡사하다. 중국 음식 특유의 향
은 거의 없고 우리나라에서 먹는 마라탕과 비슷한 맛이라 누구
나 거부감 없이 먹을 수 있다. 지점이 많고 타오위엔 공항 지하
푸드코트에도 지점이 있어서 접근성이 좋은 편이다. **MAP ⑧**

■ **쫑산 中山 점**
GOOGLE MAPS the master spicy
        noodle zhongshan
ADD 中山北路(쫑샨베일루)二段
      42巷36號
OPEN 월~금 11:30~14:30,
      17:30~21:00,
      토·일 11:30~21:00
MRT 레드·그린 라인 쫑샨中山 역
      에서 도보 6분

■ **옌지 延吉 점**
GOOGLE MAPS the master spicy
        noodle yanji street
ADD 延吉街(옌지지에)137巷
      6-1號
OPEN 11:00~14:30, 17:30~21:00
MRT 블루 라인 궈푸지니엔관國
      父紀念館 역 1번 출구에서
      도보 5분

치즈 얹은 곰돌이가 시그니처

하오스뚜어 솬솬우

好食多涮涮屋(호식다쇄쇄옥)

언뜻 보면 시내 어디서나 만날 수 있는 훠궈 전문점과 별다른 바가 없
는데, 이곳은 곰돌이 우유 훠궈로 특히 유명해진 곳이다. 머리에 노란
치즈를 얹은 귀여운 곰돌이가 훠궈 탕 속에서 서서히 녹아내리는 안
쓰러운(?) 비주얼을 보기 위해 이곳을 찾는 사람들이 적지 않다. 맛은
우리가 흔히 알고 있는 마라훠궈가 아닌 부드러운 우유 훠궈. 마치 묽
은 까르보나라 수프에 샤브샤브를 먹는 것 같은 느낌이 매우 독특하
다. 매운 걸 잘 못 먹는 사람이라면 곰돌이 우유 훠궈의 부드러운 맛
에 반하게 될 것. 타이베이 시내에 세 곳의 지점이 있는데, 난시 점이
가장 많이 알려져 있고 접근성도 좋다. 저녁 시간은 사전 예약이 필수
다. **MAP ⑧**

■ **난시 南西 점**
GOOGLE MAPS 3G3C+2G 타이베이
ADD 南京西路(난징실루)5-1號號 B1
OPEN 월~금 11:30~15:00, 17:30~22:00
      토·일 11:00~15:30, 17:00~22:00
MRT 레드·그린 라인 쫑샨中山 역에서
      도보 3분

■ **따안 大安 점**
GOOGLE MAPS 2GVW+PJ 타이베이
ADD 大安路(따안루)8號
OPEN 월~금 11:30~15:00,
      17:30~22:00 토·일
      11:00~15:30, 17:00~22:00
MRT 브라운·블루 라인 쫑샤오푸싱
      忠孝復興 역에서 도보 5분

간단하고 가격 착한 아침식사
쓰하이 떠우쟝 따왕
四海豆漿大王(사해두장대왕)

타이완 어디서나 쉽게 만날 수 있는
아침식사 전문점. 타이베이에 여러 곳
의 지점이 있지만, 여행객들에게는 이
곳 중산 점의 접근성이 가장 좋고 가
장 많이 알려져 있다. 음식점의 이름
에도 나와 있듯이 우리나라의 두유와
비슷한 콩물인 떠우쟝 豆漿이 이곳의
대표 메뉴이다. 물론 이외에도 딴빙,
여우티아오 등 일반적인 타이완 전통
아침 메뉴 대부분을 맛볼 수 있다. 한
글 메뉴판이 준비되어 있어서 주문도
어렵지 않다. 아침식사 주요 메뉴는
089p 참조. MAP ❽

GOOGLE MAPS 사해두장대왕
ADD 長安西路(창안실루)29號
OPEN 06:00~20:30(일 ~13:00)
MRT 레드·그린 라인 쫑샨中山 역에서 도보
    5분

가성비 좋은 빙수 전문점
빙찬
冰讚(삥짠)

외관상으로는 제대로 찾아온 게 맞나 싶을 만
큼 동네 허름한 분식집 같은데, 갈 때마다 늘
대기줄이 길다. 다행히 테이블 회전율이 높아
서 실제 대기 시간이 길진 않지만, 그래도 어느
정도 기다릴 각오는 하고 가야 한다. 내부 인테
리어나 메뉴 플레이팅도 세련된 핫플과는 거리
가 먼 수준임에도 여전한 인기를 구가하는 건
신선한 과일과 가성비 덕분일 듯. 특히 여름 망
고 시즌에는 푸짐하고 양 많은 생망고 빙수를
먹을 수 있어서 인기가 높다. 대부분이 일본,
한국인 여행객들이다. 단, 겨울에는 망고도 없
고 비정기적으로 임시휴업을 하는 경우가 종종
있으니 꼭 미리 확인을 하고 방문하자. MAP ❷

GOOGLE MAPS 빙찬
ADD 雙連街(솽리엔지에)2號
OPEN 11:00~21:00
MRT 레드 라인 솽리엔雙連 역에서 도보 3분

와플과 더치커피, 그 최고의 조합
멜란지 카페
米郎琪咖啡館
(미랑기가배관, 미랑치 카페이관)
Melange Cafe

점심이나 저녁이나 예외 없이 긴 줄이 늘어서는 곳. 바로 와플과 더치커피로 유명한 멜란지 카페. 이곳의 와플은 타이베이에서도 손꼽히게 맛있다는 평가를 받고 있으며, 더치커피 역시 깔끔하고 진한 맛으로 인기가 높다. 여행자보다 현지인에게 훨씬 더 사랑받는 곳으로 와플 종류도 무척 다양하다. 차는 의무적으로 꼭 주문해야 하므로 2인이 갈 경우 와플 한 개에 차 2잔을 주문하면 적당하다. MAP ❽

GOOGLE MAPS 멜란지 카페
ADD 中山北路(쭝산베이루)二段16巷23號
OPEN 07:30~18:00(토·일 09:30~)
WEB melangecafe.com.tw
MRT 레드·그린 라인 쭝산中山 역 4번 출구에서 도보 1분

쑹산역 사거리 만남의 장소
타이베이 밀크 킹
台北牛乳大王
(대북우유대왕, 타이베이 니우루따왕)
Taipei Milk King

파파야 우유로 유명한 우유 전문점. 워낙 오래된 곳이라 쭝산 역 사거리의 터줏대감처럼 든든하게 자리를 잡고 있다. 우유 전문점이긴 하지만, 음료나 디저트는 물론이고 간단한 식사류까지 다양한 메뉴가 준비되어 있다. 우리나라로 치면 편안한 느낌의 분식집과 비슷한 분위기. 인테리어가 세련되었다거나 카페처럼 아기자기한 분위기는 아니지만, 사람 많은 쭝산 역 일대에서 빈자리 많고 공간도 넓어서 편하게 쉴 수 있는 곳으로 여기만 한 장소가 없다. 쭝산 역 1번 출구 바로 앞에 있어서 접근성도 대단히 뛰어난 편. MAP ❽

GOOGLE MAPS taipei milk king nanjing
ADD 南京西路(난징시루)20號
OPEN 07:00~23:00
WEB www.facebook.com/taipeimilkking
MRT 레드·그린 라인 쭝산中山 역 1번 출구에서 도보 1분

옛 타이베이와의 조우
디화지에 迪化街(적화가) Di Hua Street

타이베이에서 이만큼 독특한 분위기의 거리가 또 있을까. 특별할 것 없는 허름한 구식 동네라고 생각한다면
오산이다. 겉만 낡았을 뿐, 그 안은 타이베이 어느 동네보다도 세련되고 트렌디하다는 사실. 디화지에를 걸
을 땐 꼼꼼하게 만지듯 걸어보자. 그러면 비로소 디화지에의 진짜 매력이 보일 것이다.

MRT 베이먼北門(북문) 역, 따챠오터우大橋頭(대교두) 역

'타이베이의 경동시장'에서 매력 만점 테마 거리로

한때 타이베이에서 가장 큰 재래시장으로 이름을 날리던 따다오청大稻埕의 중심 거리 디화지에는 동네 전체
가 하나의 거대한 문화재나 다름없다. 대부분 건물이 100년 넘은 오래된 건축물로 정부의 허가 없이는 함부
로 헐 수도, 구조를 변경할 수도 없다. 정부의 이런 꿋꿋한 보존 의지 덕분에 이곳은 타이베이에서도 손꼽히
는 관광명소가 되었다. 마치 타임머신을 타고 100년 전으로 돌아간 듯 세월의 흐름에서 비켜나 그 옛날 그 모
습을 고스란히 간직하고 있다. 변하지 않은 건 외관만이 아니다. 이곳 상점들은 타이베이 최대의 재래시장이
란 명성 그대로 여전히 약재나 말린 버섯, 건어물 등을 판매하고 있다. 말린 망고를 비롯한 말린 과일, 매실 등
도 타이베이의 다른 상점들보다 저렴한 가격에 품질도 한 수 위라는 평을 받고 있다.

메인 거리인 디화지에만 대충 돌아본다 해도 2시간이 꼬박 걸리지만, 매력적인 상점들이 워낙 많아 지루하게
느껴지지 않는다. 특히 고택을 그대로 살려 상점으로 리모델링한 덕분에 상점 뒷문을 열고 나가면 안쪽에 또
다른 상점이 있는 독특한 이중 구조의 건물이 많아 디화지에를 꼼꼼히 돌아보려면 반나절도 부족할 정도다.
복잡하게 느껴지겠지만, 이곳에서는 길을 잃어도 걱정할 필요가 없다. 디화지에는 크게 보면 그냥 하나의 길
이므로 일자로 뻗은 메인 스트리트로 언제든 돌아올 수 있다.

GOOGLE MAPS 디화제

MRT 그린 라인 베이먼北門 역 3번 출구로 나와 왼쪽 고가대로 아래로 길을 건넌 뒤 타청지에塔城街를 따라 약 400m 직진
하면 디화지에가 시작된다. 도보 7분. 또는 오렌지 라인 따챠오터우大橋頭 역 1번 출구에서 도보 5분

+ Writer's Pick +

근대와 현대의 콜라보레이션

디화지에는 끊임없이 변신을 거
듭하고 있다. 바로 '도시재생전
진기지都市再生前進基地' 즉,
'URS(Urbane Regeneration
Station)'란 이름의 프로젝트 덕
분이다. 디화지에가 속한 따다오
청 일대에서 총 5개의 URS를 지
정한 뒤, 그 스폿들을 서로 네트
워크로 연결해 옛 거리인 이곳에
가장 트렌디한 문화를 접목함으
로써 동네 전체를 워킹 투어 코스
로 조성하려는 것이다. URS의 발
음이 'yours'와 비슷한 것처럼,
디화지에를 중심으로 한 따다오
청 일대는 고즈넉한 옛 거리와 가
장 트렌디한 오늘의 타이베이를
동시에 만날 수 있는, 그래서 창의
적인 에너지의 소통이 끊이지 않
는 동네로의 변신을 거듭 중이다.

타이베이 시민의 일상을 엿보다

용러 시장

永樂市場(용러스창) Yongle Market

디화지에 초입에 위치한 전통 재래시장. 관광명소라기 보다는 서민들의 평범한 시장으로, 1층에서는 채소나 과일을 팔고 2·3층에서는 원단을 판다. 워낙 오래된 건 물이라 무척 웅장한 외관에 비해 시장 안은 지극히 소 박하고 평범한 편. 특별한 볼거리가 있는 건 아니지만, 지나는 길에 잠시 들러 타이베이 사람들의 일상을 엿볼 수 있는 곳이다. 1층에는 과일이나 간단한 먹거리를 파 는 코너도 있으므로 이곳에서 잠시 쉬었다 가도 좋다.

MAP ⑫

GOOGLE MAPS yongle fabric market
ADD 迪化街(디화지에)一段21號
OPEN 08:00~16:00, 월요일 휴무
WALK 베이먼北門 역 쪽의 디화지에 입구에서 도보 1분

: MORE :

오래된 거리가 매력적인 이유, 라오우신성

老屋新生 Taipei Old House Cultural Movement

타이베이에는 유독 오래된 건물을 허물지 않고 그대 로 활용하는 곳이 많다. 이런 흐름의 중심에는 바로 '라오우신성老屋新生' 프로젝트가 있다. 2001년부터 타이베이 정부가 추진해온 도시 재생 프로젝트로, 오 래된 건물을 리모델링해 새로운 라이프스타일을 창 조한 곳 중 매년 투표를 통해 수상작을 선정한다. 화 산1914와 디화지에의 여러 스폿들, 스린 야시장 근 처의 패션 방콕 FB 등이 수상작으로 선정된 바 있 다. 역대 수상작이 궁금하다면 홈페이지(taipeiface. com)를 방문해보자.

디화지에의 월하노인(月下老人)을 찾아서

하해성황묘

霞海城隍廟(샤하이 청황미아오)
Xiahai City-God Temple

디화지에를 걷다 보면 100년 넘은 작고 허름한 사당이 눈에 들어온다. 원하는 짝을 찾아 맺어준다는 중매의 신, 월하노인을 모신 사당이다. 이 사당의 월하노인이 타이베이 전체에서 가장 영험하다는 소문이 나면서 이 곳 하해성황묘는 타이베이 현지인은 물론 타이베이를 찾는 전 세계 싱글 남녀 여행자들의 인기 관광명소 중 하나가 되었다. 이곳에서 참배拜拜(빠이빠이)를 하게 되 면 원하는 짝을 찾게 된다는, 믿거나 말거나 한 소문 덕 분에 디화지에는 오늘도 싱글 남녀의 발길이 끊이지 않 는다. 인생의 반쪽을 간절히 찾고 있다면 한번 들러보 시길. **MAP ⑫**

GOOGLE MAPS 하해성황묘
ADD 迪化街(디화지에)一段61號
OPEN 07:00~19:00
WEB tpecitygod.org
WALK 베이먼北門 역 쪽의 디화지에 입구에서 도보 2분

3

볼거리 가득한 복합 공간

샤오이청

小藝埕 Art Yard

샤오이청은 하나의 건물이지만, 여러 컨셉의 공간으로 구성되어 있다. 일단 1층에는 작은 기념품 상점이 있고, 2층에는 카페인 루궈 커피爐鍋咖啡 Luguo Cafe, 그리고 3층에는 작은 예술극장인 쓰쥐창思劇場 Thinker's Theater이 자리하고 있다. 특히 2층의 루궈 카페를 찾는 사람이 많아서 오며가며 들르는 사람들로 늘 북적이는 곳이다. MAP ⑫

GOOGLE MAPS small arts courtyard
ADD 迪化街(디화지에)一段32巷1號
OPEN 1층 10:00~19:00, 3층 11:00~19:00
WALK 베이먼北門 역 쪽의 디화지에 입구에서 도보 1분

+ Writer's Pick +

디화지에 迪化街에서 상점 찾는 법

직선으로 길게 뻗은 길 디화지에에서는 상점을 찾는 게 어렵지 않다. 주소 체계가 매우 쉽고 정확하기 때문. MRT 베이먼北門 역에서 시작해 따챠오터우大橋頭 역 방향(북쪽)으로 길어간다고 했을 때, 홀수 지번은 오른쪽, 짝수 지번은 왼쪽에 순서대로 이어져 있다. 그러므로 특별히 가고자 하는 스폿이 있다면 주소를 보면서 찾아가는 것이 가장 손쉬운 방법. 대부분의 상점 밖 벽면에 번지수가 표기되어 있다.

Spot 커피가 맛있는 카페
루궈 커피
爐鍋咖啡 (로과가배) Luguo Coffee

독특한 분위기와 질 좋은 커피로 입소문 난 카페. 디화지에 초입의 샤오이청 2층에 위치하여 접근성이 좋은 편이다. 마치 전통 차관처럼 고풍스러운 레트로 감성이 돋보이는 곳이라서 SNS에서도 꽤 유명하다. 소위 '인스타 감성'을 담은 인증샷을 남기는 사람들도 적지 않다. 무엇보다 커피가 맛있다는 평 덕분에 단골 고객이 많이 찾는다.

WHERE 샤오이청 2층 **OPEN** 10:30~18:30 **WEB** www.luguocafe.com/pages/artyard-cafe

일몰이 아름다운 부두

따다오청 부두

大稻埕碼頭(대도정마두, 따다오청 마터우)Dadaocheng Wharf

딴수이淡水와 더불어 타이베이에서 일몰이 가장 아름답기로 손꼽히는 곳이다. 사실 이 부두는 따다오청의 역사와도 밀접한 관련이 있다. 오래전 타이완이 처음 개항하면서 많은 외국 상인이 이 부두를 통해 타이완에 들어왔고, 덕분에 디화지에 일대는 큰 번성을 누리게 된 것. 크고 넓은 부두는 지금도 많은 이들에게 산책 장소로 사랑받고 있으며, 자전거를 타기에도 좋은 곳이다. 끝없이 이어지는 상점들로 왁자지껄한 분위기인 딴수이와는 달리 조용하고 고즈넉한 분위기가 가장 큰 매력. 일몰 사진을 찍으려는 포토그래퍼들의 단골 촬영지이기도 하다. MAP ⑰

GOOGLE MAPS 대도정마두
ADD 環河北路(환허베이루)一段~民生西路(민성실루)
OPEN 24시간
WALK 베이먼北門 역 쪽의 디화지에 입구에서 도보 7분

Spot 따다오청의 일몰에 낭만 한 스푼을 더하다
따다오청 노천 푸드코트
大稻埕碼頭 貨櫃市集(대도정마두 화궤시집,
따다오청 마터우 휘꾸웨이 스지)

늦은 오후가 되면 따다오청 부두 앞의 아름다운
일몰과 함께 노천 푸드코트의 불빛도 하나둘씩
밝아지기 시작한다. 낡은 컨테이너를 개조해서
만든 노천카페와 푸드트럭의 불빛이 길게 이어진
풍경은 따다오청의 따뜻한 일몰과 더없이 잘 어
울린다. 메뉴는 햄버거, 피자, 파스타, 치킨, 분식
등 다양한 편이며, 가격도 크게 비싸지 않아서 반
갑다. 늦은 오후나 이른 저녁 무렵, 일몰을 보면
서 안주를 곁들여 가볍게 맥주나 칵테일을 즐기
다 보면 마음까지 덩달아 말랑말랑해진다.

GOOGLE MAPS dadaocheng wharf container market
WHERE 따다오청 부두 입구
OPEN 월~금 16:00~22:00, 토·일 12:00~22:00

5

단순한 서점 그 이상의 서점
꿔이메이 서점
郭怡美書店(곽이미서점, 꿔이메이 수디엔)
Kuo's Astral Bookshop

이곳을 그냥 서점이라고 부르기엔 너무 아쉽다. 서점은 기
본이고, 도서관, 커피숍, 그리고 건축 갤러리의 성격까지 모
든 걸 다 갖춘 복합 문화 공간이라고 하는 것이 더 맞는 표현
일 것이다. 무려 1922년에 세워진 옛 건물을 그대로 살려서
이토록 매력적인 공간이 완성되었다. 특히 앞 건물과 뒷 건
물의 2층과 3층이 현수 계단으로 연결된 구조는 흔히 만나
기 힘든 독특한 구조이다. 친구네 집 다락방 같은 작은 서재
도 있어서 시간 여유만 있다면 종일 이곳에 머물며 책을 읽
고 싶다. 오픈한 지 그리 오래되지 않았음에도 워낙 입소문
이 난 덕분에 평일에도 서점 곳곳에서 인증샷을 찍는 사람들
로 가득하다. **MAP ⑫**

GOOGLE MAPS kuo's astral bookshop
ADD 迪化街(디화지에)一段129號
OPEN 월~금 12:00~20:00, 토·일 11:00~22:00
WALK 베이먼北門 역 쪽의 디화지에 입구에서 도보 6분

저절로 지갑을 열게 되는
추천 상점 리스트

디화지에에는 다른 곳에 없는 독특한 아이템의 상점이 꽤 많은 편이다. 소장하고픈 인테리어 상품부터 선물하기 좋은 기념품, 부담 없이 사용할 수 있는 생활용품 등 종류와 가격대도 다양하다.

도자기로 만든 샤오롱빠오
민이청
民藝埕(민예정)

독특한 디자인의 다기가 많은 도자기 소품 전문점. 상점 안에 들어서자마자 카메라를 꺼내 들고 싶을 만큼 매장 인테리어도, 다기의 디자인도 더없이 감각적이다. 특히 민이청이 자랑하는 샤오롱빠오小籠包 다기 세트는 언뜻 봐서는 진짜 샤오롱빠오인 줄 알 만큼 모양이 흡사하다. 깨질 위험만 없다면 한 세트 사고 싶은 마음. 가격대도 다양해 수백만 원을 호가하는 장인의 작품부터 기념으로 장만할 착한 가격의 소품들까지 취향대로 고를 수 있다. 참고로 따다오청 일대에 있는 샤오이청, 민이청, 그리고 디화지에 끝에 위치한 쭝이청衆藝埕 매장은 모두 한 회사에서 운영하고 있다. MAP ⑫

GOOGLE MAPS 민이청
ADD 迪化街(디화지에)一段67號
OPEN 10:00~19:00
WEB www.artyard.tw
WALK 베이먼北門 역 쪽의 디화지에 입구에서 도보 3분

사랑스러운 패브릭 전문점
인활러
印花樂(인화락) In Blooom

작은 핸드메이드 패브릭 소품 전문점으로 시작한 인활러는 불과 몇 년 만에 타이완 전역에 매장을 둔 인기 브랜드로 자리를 잡았다. 매장의 규모는 크지 않지만, 아기자기한 소품 구경만으로도 마음이 편안해지는 느낌이다. 대부분 친환경 소재를 사용하고 색감도 편안한 파스텔 톤이 주류를 이뤄 두고두고 활용도 높은 아이템들이 눈에 꽤 들어온다. 가격대가 썩 저렴진 않지만, 한국에서는 구매하기 힘든 유니크한 디자인과 색감이 독특하면서도 매력적이다. MAP ⑫

GOOGLE MAPS inblooom together
ADD 迪化街(디화지에)一段248號
OPEN 10:00~18:00
WEB www.inblooom.com
WALK 베이먼北門 역 쪽의 디화지에 입구에서 도보 9분

건강한 비전을 가진 건강한 매장
트윈
繭裏子(견과자, 지엔구워즈) Twine

2010년 처음 문을 연 이래로 지금까지 줄곧 공정무역으로 수입한 제품만을 판매하고 있는 곳이다. 세계공정무역협회인 WFTO에서 활발한 활동을 전개하고 있는 곳으로, 매장 벽에는 공장이 위치한 나라와 공장 전경, 생산자의 사진 등이 걸려있다. 타이베이 용캉지에永康街, 까오숑의 보얼 예술특구駁二藝術特區 등 타이완 전역에 총 5개의 매장을 두고 있으며, 컨셉은 매장마다 조금씩 다르다. MAP ⑫

GOOGLE MAPS 3G55+RQ 다퉁구
ADD 迪化街(디화지에)一段213號
OPEN 10:00~19:00
WEB www.twine.com.tw
WALK 베이먼北門 역 쪽의 디화지에 입구에서 도보 8분

없는 게 없는 잡화 만물상
까오지엔
高建桶店(고건통점, 까오지엔통띠엔)

오랜 전통을 자랑하는 생활용품 전문점. 상점 바깥에 나와 있는 각종 가방류만 봐도 호기심이 절로 생긴다. 상점의 규모가 크다기보다는 취급하는 제품의 종류가 다양하다. 게다가 품질 대비 가격이 꽤 착한 편이라 우리나라에서 볼 수 없는 독특한 디자인의 제품을 합리적인 가격대에 구입할 수 있다. 제품 대부분의 가격대가 그리 높지 않아 지인들에게 줄 부담 없는 선물을 사기에도 좋다. 구경만으로도 재미있는 곳이니 꼭 한번 들러보자. MAP ⑫

GOOGLE MAPS 3G55+JQ 다퉁구
ADD 迪化街(디화지에)一段204號
OPEN 09:00~19:00
WALK 베이먼北門 역 쪽의 디화지에 입구에서 도보 8분

로맨틱한 치파오 대여 서비스
살롱 1920s
貳零年華(이영년화, 얼링니엔화) salon 1920s

서울 인사동이나 경주, 전주 등에서 쉽게 만날 수 있는 한복 대여점처럼 중국 전통의상인 치파오를 대여할 수 있는 곳이다. 치파오는 물론, 각종 액세서리, 구두 등까지 모두 풀 세트로 대여할 수 있으며 그럴싸한 장식까지 곁들여서 직접 헤어스타일 세팅도 해준다. 마치 영화의 한 장면처럼 고혹적인 디자인의 치파오를 입고 멋진 인증샷을 찍을 수 있다. 풀 세트 대여료가 NT$1,200 정도. 여행 액티비티 앱을 이용해 사전에 예약하고 방문하는 것이 편리하다. MAP ⑫

GOOGLE MAPS 살롱 1920s
ADD 迪化街(디화지에)一段87號一樓
OPEN 10:00~18:00
WALK 베이먼北門 역 쪽의 디화지에 입구에서 도보 5분

디화지에의 식탁

디화지에에는 오랜 전통을 자랑하는 맛집보다는 세련된 분위기와 감성이 돋보이는 카페와 레스토랑이 더 많은 편이다. 또한 타이완 전통 가옥의 독특한 구조 덕분에 건물 안으로 들어가 문을 하나 더 통과해야 만날 수 있는 숨은 가게도 적지 않으니 탐험하듯 숨은 핫 플레이스를 찾아보자.

옛 건축물 안에 숨어있는 현대적 감성

스타벅스 바오안 점

星巴克 保安店 (성파극 보안점, 싱바커 바오안띠엔) Starbucks

여기가 정말 스타벅스 맞나 싶을 만큼 다소 어울리지 않는 건물 안에 숨어있다. 일부러 만든 컨셉 스토어는 아니지만, 고풍스러운 옛 건물이 독특한 느낌을 자아내 여행자들 사이에서도 입소문이 났다. 무려 1926년에 지어진 전통 건축과 현대적 느낌의 스타벅스가 묘하게 잘 어우러지는 곳이다. 특히 이곳에서만 판매하는 스타벅스 텀블러가 있을 만큼 굿즈 종류가 다양하기로 입소문이 난 매장이니 한 번쯤 들러볼 만하다. 2·3층에도 좌석이 있지만, 내부와 연결되지 않으므로 밖으로 나가서 다른 문으로 올라가야 한다. MAP ⑫

GOOGLE MAPS 스타벅스 바오안
ADD 大同區保安街(바오안지에)11號
OPEN 07:00~21:30
WEB www.starbucks.com.tw
MRT 오렌지 라인 따챠오터우大橋頭 역 1번 출구에서 도보 5분

중세 유럽으로의 시간 여행

모던 모드 카페

Modern Mode & Modern Mode Café

디화지에에는 워낙 독특한 분위기의 스폿이 많기에 주의 깊게 살피지 않으면 무심코 지나치기 쉬울 만큼 입구도 작고 평범한 카페. 하지만, SNS에서는 제법 입소문이 많이 난 곳이라 주말에는 빈 자리 찾기가 쉽지 않다. 일단 문을 열고 들어서면 유럽의 작은 상점에 온 듯한 느낌이다. 처음 들어섰을 때는 규모가 작아 보이지만, 디화지에의 전통 가옥 구조답게 뒤뜰 너머에 공간이 또 숨어 있다. 냉정히 말해서 커피나 디저트류의 맛은 평범한 수준이나, 그럼에도 디화지에가 주는 특별한 감성을 잘 살린 덕분에 사람들의 발길이 끊이지 않는다. MAP ⑫

GOOGLE MAPS modern mode cafe
ADD 迪化街(디화지에)一段278號
OPEN 일~목 11:30~20:30, 금·토 11:30~24:00
WEB www.modernmode-official.com
MRT 베이먼北門 역 쪽의 디화지에 입구에서 도보 10분

시원하고 깔끔한 아몬드 두부빙수

샤수 티엔핀

夏樹甜品(하수첨품) Summer Tree Sweet

독특한 컨셉의 상점들이 끊임없이 생겨나는 디화지에를 걷다 보면 깜찍하고 사랑스러운 간판이 눈에 들어온다. 바로 아몬드 두부빙수 전문점인 샤수 티엔핀. '여름나무 디저트'라는 예쁜 이름의 이곳에서는 아몬드 우유, 두부빙수, 목이버섯 우유 등 건강한 디저트 메뉴를 주로 판매한다. 빙수 위에 얹어 먹는 토핑도 녹두, 팥, 콩 등 건강 재료로만 챙겼다. 우리에겐 다소 낯선 맛일 수 있지만, 한번 먹어보면 결코 그 맛을 잊을 수 없을 것. 쑹샨 역 청핀성취 지하 1층에도 지점이 있다. MAP ⑫

GOOGLE MAPS summer tree sweet
ADD 迪化街(디화지에)一段240號
OPEN 10:30~18:30
MRT 베이먼北門 역 쪽의 디화지에 입구에서 도보 9분

+ Writer's Pick +

샤수 티엔핀 추천 메뉴

- **싱런 떠우푸삥** 杏仁豆腐冰 아몬드 두부빙수
- **싱런 쉬에화삥** 杏仁雪花冰 아몬드빙수
- **니우나이 쉬에화삥** 牛奶雪花冰 우유 빙수
- **싱런 떠우화** 杏仁豆花 아몬드 떠우화

*빙수 위에 얹는 토핑은 직접 고를 수 있다.

고즈넉한 전통 차관

난지에더이

南街得意(남가득의) South St. Delight

디화지에의 분위기와 더할 나위 없이 잘 어울리는 전통 찻집. 시끌벅적 거리를 걷다가 이곳에 들어오면 마치 딴 세상에 온 듯 고요한 분위기에 마음이 저절로 차분해진다. 디화지에 같은 동네에서는 딱 이런 곳에서 조용히 차 한 잔을 마시며 사색에 잠겨야 할 것 같은 느낌. 직접 차향을 맡아보고 주문할 수 있으며, 차와 간단한 전통 간식이 포함된 차 세트가 가장 인기 높은 메뉴다. 민이청民藝埕(246p) 안의 나무 계단으로 올라가면 2층에 있다. MAP ⑫

GOOGLE MAPS 난찌에드어이
ADD 迪化街(디화지에)一段67號 2F
OPEN 10:00~18:30
WEB www.facebook.com/pg/TeaDelight
MRT 베이먼北門 역 쪽의 디화지에 입구에서 도보 3분

나만 알고 싶은 산책길
푸진지에 富錦街(부금가) Fujin Street 주변

MRT 쏭산지창(송산 공항) 역 주변의 푸진지에 일대는 굉장히 독특한 분위기를 지니고 있다. 오래된 가로수가 하늘을 덮을 만큼 울창한 고급 주택가에 작은 카페와 감각적인 상점들이 드문드문 이어진 이곳. 천천히 도심 산책을 즐기기에는 이만한 곳이 없다.

MRT 쏭산지창松山機場(송산기장) 역, 난징싼민南京三民(남경삼민) 역, 쭝샨궈중中山國中(중산국중) 역, 쏭쟝난징松江南京(송강남경) 역

번화하면서, 조용하면서

송산 공항에서 걸어서 20분 정도 가면 조용하면서도 뭔가 느긋한 분위기의 동네를 만날 수 있다. 바로 영화 <타이베이 카페 스토리>의 촬영 장소인 두얼 카페朵兒咖啡館가 있던 거리다. 지금은 없어진 이 카페 덕분에 여행자들에게 부쩍 알려지기 시작했지만, 사실 알고 보면 그전부터 조용히 입소문을 탔던 히든 플레이스다. 조용한 골목길에 분위기 좋은 작은 카페와 소품점들이 속닥속닥 이어져 있다. 하늘을 뒤덮는 울창한 가로수와 길가에 드문드문 눈에 띄는 작은 카페들, 한적한 주택가와 기막히게 어우러진 멋스러운 분위기는 다른 동네가 흉내 낼 수 없는 푸진지에만의 매력이다. 언뜻 보면 서울의 부암동과 느낌이 비슷하다고 해야 할까. MRT 브라운 라인 쏭산지창 역에서 20분 정도 걸어야 도착할 수 있는, 약간 불편한 대중교통마저도 흔쾌히 수용할 수 있을 만큼 이곳의 분위기는 특별하다.

비행기 골목에서 비행기와 함께 인생샷을

페이지샹

飛機巷(비기항)

우리나라 여행자들 사이에서는 아직 많이 알려지지 않았지만, 타이완의 포토그래퍼들에게는 아주 핫한 촬영 명소다. 송산 공항 바로 옆 골목인 이곳은 일명 비행기 골목이란 뜻의 '페이지샹飛機巷'. 나도 모르게 몸이 움츠러들 만큼 엄청난 비행기의 착륙 순간을 눈앞에서 카메라에 담을 수 있다. 촬영명소로 입소문이 나면서 너무 많은 사람이 몰리자 결국 기존 골목보다 덜 위험한 옆 골목으로 위치를 옮겨 포토그래퍼들을 맞고 있다. 비행기가 착륙할 때 굉음과 바람이 어마어마하므로 조심할 것. 송산 공항 홈페이지에서 미리 국제선 비행기 도착 시간을 알아보고 가면 대기시간을 줄일 수 있다. **MAP ⑨**

GOOGLE MAPS 3GCQ+29 중산구
ADD 中山區濱江街(삔장지에) 180巷
OPEN 24시간
MRT 오렌지·그린 라인 쏭장난징松江南京 역 4번 출구 바로 앞 중앙 버스 정류장에서 643번 버스 탑승, 5개 정류장을 지나 띠얼 구워차이 스창第二果菜市場에서 하차 후 건너편 골목으로 걸어가면 사람들이 모여 있는 곳이 보인다.

Fun한 인생, Fun한 소품
펀펀 타운
放放堂(방방당, 팡팡탕) FunFunTown

매장 이름부터 호기심을 자극한다. 펀Fun하고 또 펀
Fun한 동네라니, 대체 얼마나 재미있길래 이런 이름을
붙였을까. 일단 빈티지한 멋이 가득한 매장 외관에서부
터 시선을 끌기 때문에 그냥 지나치기란 쉽지 않다. 매
장 안은 한마디로 흥미진진한 보물 창고다. 전등, 가구,
소품, 디자인 문구류 등 세계 각국에서 들여온 각종 아
이디어 상품이 가득해 눈이 휘둥그레질 정도. 사고 싶
은 것도 많고 종류도 워낙 다양해 매장 안을 꼼꼼히 구
경하는 것만으로도 시간 가는 줄 모른다. MAP ➒

GOOGLE MAPS funfuntown taipei
ADD 富錦街(푸진지에)359巷1弄2號
OPEN 목~일 13:00~19:00, 월~수요일 휴무
WEB www.funfuntown.com
MRT 브라운 라인 쏭샨지창松山機場 역 3번 출구에서 도보 15분.
또는 MRT 쏭샨지창 역에서 택시로 5분

펑리수의 원조
지아더 펑리수
佳德鳳梨酥(가덕봉리소) ChiaTe

1975년에 문을 연 이래, 지점 하나 두지 않고 오로지
본점 하나로만 최고의 명성을 유지해온 베이커리. 한
국, 일본, 중국의 여행자는 물론 타이베이 현지인들 사
이에서도 높은 인기를 구가하고 있다. 실제로 추석이
나 설 연휴 즈음이면 펑리수를 사기 위해 사람들이 도
로 밖 골목까지 길게 줄을 서 있는 진풍경이 벌어지기
도 한다. 다른 브랜드에 비해 버터 맛이 강해 부드럽게
느껴지는 것이 강점. 펑리수 외에도 베이커리의 종류가
매우 다양하며, 6개짜리 미니 펑리수 세트를 판매해 인
기가 높다. MAP ➒

GOOGLE MAPS 치아더 펑리수
ADD 南京東路(난징똥루)五段88號
OPEN 08:30~20:30
WEB www.chiate88.com.tw
MRT 그린 라인 난징싼민南京三民 역 2번 출구에서 도보 2분

4

선물하기에 딱 좋은 로맨틱한 펑리수

써니힐스

微熱山丘(웨이러산치우) SunnyHills

여기가 맞나, 제대로 찾아온 걸까 헷갈린다. 카페 같은 분위기의 매장에 들어서면 어떤 제품을 사겠냐고 묻기는커녕 테이블 자리를 안내해주고 무작정 펑리수鳳梨酥 한 개와 차 한 잔을 가져다준다. 펑리수를 살지 말지는 그 다음에 결정할 문제. 맛도 훌륭하지만, 무엇보다 감성적인 포장이 돋보이는 로맨틱한 펑리수 전문점이다. 현지인보다 외국인들 사이에서 선풍적인 인기를 끌고 있어서 동네 주민 중에는 이곳을 관광명소로 알고 있는 경우도 적지 않다. 여행 성수기 때는 매장에 들어가기 위해 길게 줄을 늘어선 여행자들로 진풍경을 이루기도. 이곳 본점 외에 타오위엔 공항 제2터미널 2층과 타이중, 까오숑 등에 몇몇 팝업 매장이 있지만, 시식은 본점과 까오숑 점에서만 가능하다. **MAP ❾**

■ 본점

GOOGLE MAPS 써니힐

ADD 民生東路(민성똥루)5段36巷4弄1
號 1F

OPEN 10:00~18:00

WEB www.sunnyhills.com.tw

MRT 브라운 라인 쏭샨지창松山機場 역
또는 브라운·그린 라인 난징푸싱南
京復興 역에서 택시로 5분

■ 신이 타이베이101 점

GOOGLE MAPS 타이베이 101

WHERE 타이베이 101 쇼핑몰 지하

OPEN 일~목 11:00~21:30,
금·토 11:00~22:00

MRT 레드 라인 타이베이 101/스마오台北
101/世貿 역 4번 출구와 바로 연결

MAP ❸

푸진지에의 식탁

카페 거리로 이름난 동네답게 푸진지에에는 음식점보다는 카페가 월등히 많은 편이다. 대신 푸진지에에서 MRT로 한두 역만 가면 이름난 맛집이 꽤 많은 편이므로 식사는 그것에서 즐기고 푸진지에에서는 한가로운 커피 타임을 갖는 걸 추천한다.

신선한 초밥이 준비된 대형 해산물 마켓

상인수산
上引水産(샹인수이찬)

대형 해산물 마켓이 함께 있는 해산물 레스토랑. 우리나라에서도 인기를 끌고 있는 푸드 마켓과 비슷한 개념으로, 이곳은 해산물과 회만 전문적으로 취급한다. 마켓에서 회나 해산물을 구매할 수도 있고, 마켓 안에 있는 스시 바와 시푸드 바에서 식사를 해도 된다. 특히 스시 바는 우리나라 여행자들 사이에서도 입소문 난 곳이다. 초밥 10피스가 나오는 디럭스 스시 세트가 가격 대비 만족도가 높은 편이다. 단, 스시 바는 의자 없이 서서 먹어야 하고, 예약도 불가하여 주말에는 대기 시간이 꽤 길다. 기다리는 게 싫다면 마켓에서 회나 초밥을 따로 사서 숙소에서 즐겨보자. 푸진지에에서는 약간 떨어져 있어서 택시를 타는 게 편하다. **MAP** ❾

GOOGLE MAPS 상인수산
ADD 民族東路(민주똥루)410巷2弄18號
OPEN 07:00~22:30
WEB www.addiction.com.tw
MRT 브라운 라인 쭝산궈중中山國中 역에서 택시로 5~10분. 또는 오렌지 라인 싱티엔꿍行天宮 역에서 도보 15분. 찾기 쉽지 않으므로 택시 추천

시엔샤 쩡쟈오

한스 라웨이 쩡쟈오

허름한 시장통 오래된 만두집

치지아 만두

亓家蒸餃(기가증교, 치지아 쩡지아오)

현지인들 사이에서 입소문 난 숨은 맛집. 시장통 골목 안쪽에 위치해 여행자가 우연히 찾기란 거의 불가능할 정도지만, 막상 찾아가 보면 맛집임을 직감할 수 있을 만큼 사람이 많다. 식사 시간에는 대기 줄이 길고 합석이 기본. 그중에서도 한국 김치만두가 가장 인기 있는 메뉴란다. 단, 중국어 메뉴만 있으며, 유명 맛집인 만큼 친절을 기대하지 않는 게 좋겠다. 펑리수 전문점인 지아더 펑리수ChiaTe(254p) 근처에 있어서 펑리수를 사러 가는 김에 잠시 들르는 것도 좋다. MAP ❾

GOOGLE MAPS 3H36+2F 쏭산구
ADD 松山區南京東路(난징똥루)五段123巷4弄3號
OPEN 10:30~15:00, 16:30~21:00, 일요일 휴무
MRT 그린 라인 난징싼민南京三民 역 1번 출구에서 도보 5분

+ Writer's Pick +

치지아 만두 추천 메뉴

■ **시엔샤 쩡쟈오** 鮮蝦蒸餃
　새우 찐만두

■ **시엔러우 쩡쟈오** 鮮肉蒸餃
　돼지고기 찐만두

■ **지우차이 쩡쟈오** 韭菜蒸餃
　부추 찐만두

■ **한스 라웨이 쩡쟈오** 韓式辣味蒸餃
　한국식 김치만두

일상 여행자의 여유를 만끽할 완소 카페

푸진 트리 353

富錦樹353咖啡店(부금수353가배점) Fujin Tree 353

하루가 다르게 매장이 들고 나는 푸진지에에서 오랫동안 인기를 유지하고 있는 카페. 푸진지에 일대에만 2~3개의 매장을 운영하고 있다. 인스타그램을 비롯한 SNS에 워낙 많이 소개돼 현지인들 사이에서는 이미 소문이 자자하다. 주말에는 빈자리 찾기가 쉽지 않지만, 평일에는 괜찮은 편. 날씨가 좋은 날엔 야외 테이블에 앉아도 좋다. 우리나라의 카페와 크게 다르지 않은 편안한 분위기와 세련된 인테리어가 매력적이다. 잠시나마 일상 여행자의 여유로움을 느껴보기엔 더없이 좋은 곳. MAP ❾

GOOGLE MAPS 푸진트리 353
ADD 富錦街(푸진지에)353號
OPEN 09:00~18:00
WEB fujintreecafe.business.site
MRT 브라운 라인 쏭산지창松山機場 역 3번 출구에서 도보 15분

타이베이 북부

타이베이 관광의 정중앙

타이베이 관광의 정중앙

북쪽 타이베이엔 전통적인
관광명소가 무척 많다.
고궁박물원과 스린
야시장, 충렬사 등이 모두
타이베이 북쪽에 위치해
있는 데다가 조금 멀리에는
일몰이 아름답기로 소문난
딴수이까지 이어지니 말이다.
이처럼 북쪽 타이베이는
타이베이를 처음 찾는
여행자들이 하루 동안
둘러보기에 적합한 동선을
갖추고 있다. 딴수이나
신베이터우를 시작으로
충렬사에 들렀다가 늦은
오후 고궁박물원을 둘러보고
마지막으로 스린 야시장까지
돌아보면 알찬 하루가 끝난다.

1

거대한 중국의 역사를 만나다

고궁박물원

故宮博物院(꾸꿍 보우위엔)

1965년에 개관한 타이완 최대의 박물관으로, 런던의 대영박물관, 파리의
루브르 박물관, 뉴욕의 메트로폴리탄 박물관, 러시아의 예르미타시 박물관
과 함께 세계 5대 박물관으로 손꼽히는 타이완의 자존심이다. 중국이 아닌
타이완에 이처럼 거대한 중국 박물관이 있는 것은 사실상 장제스蔣介石(장
개석)의 역할이 가장 크다. 타이완의 총통이었던 장제스에 대한 평가는 매
우 엇갈리지만, 중국 유물에 대한 그의 사랑만큼은 타의 추종을 불허하는
게 사실이다.
1931년 9.18 만주사변 이후 일본의 침략이 거세지자 장제스는 중국의 수
많은 유물을 전부 상하이로 옮겨놓았고, 얼마 후 이를 다시 난징으로 옮겨
놓았다. 1937년 중일전쟁이 발발하자 장제스는 이 유물들을 서쪽의 몇 개
지방에 분산하여 보관하다가 1946년 다시 남경으로 돌려보냈다. 하지만
국공내전이 격화되면서 유물의 안전은 한층 더 위협받기에 이르렀고, 그는
1948년부터 유물을 타이완으로 옮기기 시작했다. 결국 그 덕분에 중국의
어마어마한 유물들이 털끝 하나 손상되지 않고 고스란히 타이완으로 옮겨
지게 되었다.

고대 중국의 신비함이 가득한 전시실

고즈넉한 인문공간에서 즐기는 한 끼 식사
싼시탕 三希堂(삼희당)

고궁박물원 4층에 위치한 레스토랑. '인문공간 人文空間'이라는 부제를 붙였을 만큼 고즈넉하고 기품있는 인테리어가 인상적이다. 식사 시간에는 대기줄이 긴 편이지만, 좌석이 많아서 회전율이 빠른 편이다. 통유리창 밖으로 박물관 정원의 초록초록한 전경이 펼쳐져 제대로 휴식을 즐기는 느낌이다. 우육면을 비롯한 식사 메뉴와 버블티와 차이니즈 티 등의 음료 메뉴 모두 다양한 편이라 선택의 폭이 넓지만, 음식 맛은 평범한 편이다. 맛은 평범하나 분위기로 압도하는 곳.

OPEN 09:00~17:00,
월요일 휴무

현재 고궁박물원에는 서예, 회화, 문헌, 옥, 도기, 칠기 등 중국의 7000년 역사를 아우르는, 약 70만 점에 달하는 유물이 보관되어 있다. 3~6개월 단위로 약 2만 건씩 돌아가며 전시하고 있으니 이곳의 유물을 모두 보려면 꼬박 10~20년의 세월이 필요한 어마어마한 규모다. 게다가 옥 배추인 취옥백채翠玉白菜를 비롯해 고궁박물원을 대표하는 상설 전시물 9~10점은 관광객들이 늘 길게 줄을 서 있어서 관람이 쉽지 않으므로 시간과 마음의 여유를 갖고 천천히 둘러보기를 권한다. MAP ❷

GOOGLE MAPS 국립고궁박물원
ADD 至善路(즈산루)二段221
OPEN 09:00~17:00, 월요일 휴관
PRICE 일반 NT$350, 국제학생증 소지자 NT$150, 18세 이하 무료
WEB www.npm.gov.tw
MRT 레드 라인 스린士林 역 1번 출구로 나와 직진하다가 큰길에서 우회전하면 바로 보이는 버스 정류장에서 255, 304, 344, 紅30, 小19, 815, 304, 小18번 등의 버스를 타고 5~10분 소요

고궁박물원의 추천 전시물

고궁박물원의 유물은 정기적으로 순환 전시되지만, 고궁박물원의 일부 상설 전시물은 특별 파견 전시를 나가지 않는 이상은 늘 만날 수 있다. 그중에서도 고궁박물원을 대표할 만한 추천 유물만큼은 놓치지 말고 꼭 만나보자.

©타이완 관광청

■ **고궁박물원의 대표 유물 옥 배추,**
취옥백채 翠玉白菜(추이위바이차이)

고궁박물원에서 가장 인기 있는 대표스타급 유물. 자연 그대로의 옥이란 게 믿어지지 않을 정도로 배추의 모양과 빛깔을 사실적으로 표현해낸 조각품이다. 청 말기(19세기) 광서황제의 왕비인 서비瑞妃가 갖고 온 혼수품이라고 전해지며, 배추는 신부의 순결과 재화를, 배추에 붙어있는 메뚜기는 자손의 번창을 바라는 길상吉祥을 의미한다.

■ **섬세함에 넋을 잃다,**
조감람핵소주 雕橄欖核小舟(띠아오간란허샤오쩌우)

청나라(17~20세기) 때는 특히 공예로 이름난 장인이 많았는데, 이 작품 역시 진조장陳祖章이라는 세공 장인이 만든 작품이다. 높이 1.6cm, 길이 3.4cm의 호두알만한 크기의 작은 배 조각이다. 세공 장인들은 주로 황실을 위해 작품을 제작했는데, 조각이 정교하고 세심하기로 명성이 자자하다. 이 조감람핵소주만 봐도 감동적일 정도의 정교함에 할 말을 잃을 수준.

■ **보기만 해도 즐거운 백자 베개,**
백자영아침 白瓷嬰兒枕(바이스 잉열선)

송나라(11~14세기) 때의 대표적인 유물 중 하나로 송대에 크게 유행했다는 백자침白磁枕, 즉 백자로 만든 베개다. 어린아이의 모습을 한 백자 베개로서 자손의 다복과 번성을 의미하는 길상을 지니고 있다. 무엇보다 보기만 해도 미소가 저절로 피어나고 즐거워지는 느낌이 들 만큼 아이의 행복한 표정이 살아있는 게 특징이다.

■ **삼겹살과 꼭 닮은 비주얼에 화들짝,**
육형석 肉形石(러우싱스)

청나라 시대의 유물. 그 모양이 마치 삼겹살처럼 생겼다 하여 우리나라 사람들에게는 일명 '삼겹살 유물'이라고도 불린다. 3단으로 층층이 나뉜 모습이 삼겹살의 껍질, 지방, 고기의 3겹과 거의 흡사하다. 하지만 실제로 이것은 천연석으로서 단지 좀 더 실감 나게 표현하기 위해 약간의 염색과 가공을 거쳤다고. 이처럼 돌이 3겹으로 나뉜 형태도 놀랍고 이를 좀 더 사실적으로 표현해낸 뛰어난 공예 기술도 놀라울 따름이다.

■ **현대 과학도 풀지 못한 신비의 유물,**
상아투화 운룡문투구 象牙透化
雲龍紋套球(샹야터우화 윈룽원타오치우)

청나라 시대의 것으로 그 누구도 재현해낼 수 없는 불가사의한 유물로 손꼽힌다. 3대에 걸쳐서 완성했다고 전해지는 이 작품은 상아를 조각해 만든 큰 공 안에 상아를 깎아 만든 16개의 작은 공이 겹겹이 들어있다. 현대 과학으로도 그 비밀을 알아낼 수 없었다고 하니 그야말로 신비로움 그 자체라고 할 수 있겠다.

고궁박물원 제대로 즐기기

사실 고궁박물원은 제대로 본다면 온종일 봐도 다 볼 수 없을 만큼 규모가 어마어마하다. 하지만 여행에서 오로지 고궁박물원에만 머물 수도 없으니 주어진 시간 안에 꼼꼼하게 둘러볼 수 있는 지혜가 필요하다.

❶ 본격적인 관람을 시작하기 전, 1층 102호의 안내센터導覽大廳(다오란따팅)에 들르는 게 좋다. 이곳은 일종의 오리엔테이션 역할을 하는 갤러리로서 박물관에 대한 전반적인 소개와 전시관의 역사, 구조 등이 영어와 중국어로 자세히 설명되어 있다. 이곳에서 대략적인 박물관의 소개와 역사를 읽어본 뒤 3층부터 내려오면서 둘러보는 게 가장 일반적인 코스다. 특히 3층은 박물관에서 가장 인기 있는 취옥백채翠玉白菜를 비롯한 유명한 유물들이 모여 있는 하이라이트 전시관이므로 꼼꼼하게 둘러보기를 권한다.

❷ 1층에 물품 보관 로커가 있으므로 대형 가방 등은 로커에 보관하는 것을 추천한다.

❸ 박물관 내에서는 음식을 먹을 수 없으며, 동영상 촬영이 일절 금지된다. 단, 플래시를 사용하지 않는 사진 촬영이 가능하다. 사진을 찍을 때는 다른 사람들의 관람에 피해를 주지 않도록 특히 주의할 것.

❹ 지하에 있는 기념품 숍에는 박물관의 유물들을 액세서리로 만든 기념품을 비롯하여 세련되고 멋진 제품이 정말 많다. 우리가 흔히 상상하는 조악하게 만든 저렴한 기념품이 아닌, 제대로 만든 기념품들이 대부분이므로 선물로 구매하기에 좋다. 기념품 숍 옆에는 우체국도 있어서 직접 엽서를 써서 바로 부칠 수도 있다. 아날로그 감성 가득한 여행자들에게 환영받는 시스템.

❺ 고궁박물원에는 한국어 오디오가이드가 준비되어 있다. 오디오가이드는 현재 중국어, 영어, 일본어, 한국어로 각각 제공되며, 1층의 음성안내 데스크에서 대여할 수 있다. 대여료는 NT$150, 대여 시 여권을 맡겨야 한다. 관람객들에게 전시물 및 작가에 대한 이야기를 들려주는 안내인인 '도슨트Docent'의 해설은 중국어와 영어로만 제공되며, 중국어는 화~일 10:30, 14:30, 영어는 화~일 10:00, 15:00에 각각 진행된다.

❻ 고궁박물원의 홈페이지는 한국어도 지원된다는 사실. 가기 전에 미리 가이드를 꼼꼼하게 읽고 가면 방대한 고궁박물원 관람이 훨씬 더 재미있을 것이다.

❼ 박물관에 오래 머무는 관람객을 위해 식사 공간도 마련되어 있다. 차만 마시는 것도 가능하므로 편한 휴식을 원한다면 4층 공간을 추천한다.

2
타이베이의 국립 현충원
충렬사
忠烈祠(쫑리에츠) Martyr's Shrine

3
타이베이 현대미술의 현주소
타이베이 시립미술관
台北市立美術館(대북시립미술관, 타이베이 스리메이수관)

1969년에 세워진 충렬사는 많은 혁명 열사와 항일 전쟁 및 내전으로 목숨을 잃은 순국선열 39만 명의 위패를 모신 곳으로 우리나라로 치면 국립 현충원에 해당한다. 우리나라의 대통령이 매년 국립 현충원을 찾아 참배하는 것과 마찬가지로 타이완의 국가 총통 역시 매년 봄과 여름 두 차례 이곳을 참배한다. 충렬사의 외관을 보면 어디선가 많이 본 듯한 느낌이 드는데, 실제로 이곳은 중국 베이징 자금성의 중심인 태화전太和殿을 모방하여 지었기 때문에 들어가는 입구와 전체적인 형상이 태화전과 거의 흡사하다.

정시마다 거행되는 위병 교대식은 놓치지 말아야 할 볼거리다. 매일 09:00~16:40 정시마다 약 20분씩 이뤄지는 위병 교대식에서의 절도 있는 위병들의 모습은 보는 이들의 감탄을 자아낸다. MAP ❷

1983년 개관한 타이완 최초의 현대미술관. 지상 3층, 지하 3층으로 이루어져 있으며, 미술작품과 자연경관이 물 흐르듯이 조화를 이룬 공간이 아름답다. 미술관의 외관은 '우물 정井'자 모양으로 지어졌는데, 이는 타이베이에서 문화의 원천이 되겠다는 시립미술관의 의지를 보여주는 디자인이다. 그저 네모반듯한 전형적인 건물의 틀을 깨는 파격적인 디자인은 그 외관만으로도 마치 하나의 거대한 예술작품을 보는 듯하다.

하드웨어의 예술성을 바탕으로 시립미술관에서는 다양한 시선에서 기획한 전시가 늘 열리고 있어서 타이베이 현대미술의 현주소를 제대로 들여다볼 수 있다. 굳이 전시를 보지 않고 미술관 주변을 산책하는 것만으로도 마음이 여유로워질 테니 잠시 가던 길을 멈추고 미술관을 걸어보는 건 어떨까. MAP ❷

GOOGLE MAPS 타이베이 충렬사
ADD 北安路(베이안루)139號
OPEN 09:00~17:00(3월 29일과 9월 3일 전날과 당일 오전은 개방하지 않음
PRICE 무료
MRT 레드 라인 지엔탄劍潭 역 1번 출구로 나와 267, 287, 646, 677, 902, 紅3번 버스를 타고 5~10분 뒤 충렬사에서 하차. 시간이 촉박한 여행자라면 고궁박물원에서 택시를 타면 된다. 약 10분 소요

GOOGLE MAPS 타이베이 시립미술관
ADD 中山北路(쫑산베이루)三段181號
OPEN 화~일 09:30~17:30(토 ~20:30), 월요일·국가공휴일 휴무
PRICE 일반 NT$30, 학생 NT$15, 특별 전 진행 시 요금 별도
WEB www.tfam.museum
MRT 레드 라인 위엔샨圓山 역 1번 출구에서 도보 10분

4

어른들을 위한 놀이터 마켓

마지마지

集食行樂(집식행락, 지스싱러) MAJI MAJI

❶❷ 마켓 중앙의 빈티지 상점들은 구경만
으로도 즐겁다.

❸❹ 세계 각국의 음식을 맛볼 수 있는 푸
드코트

2013년, 엑스포가 끝나고 한적해진 엑스포 공원 한쪽에 조성된 크리에이
티브 마켓. 어른들을 위한 놀이터를 표방한 이곳은 중앙에 있는 거대한 회
전목마를 중심으로 푸드코트와 음식점, 다양한 테마의 상점들이 넓게 자리
하고 있다. 언뜻 들으면 일본어 같기도 한 '마지'는 '친한 친구'라는 뜻의 타
이완 방언 '麻吉'의 발음이다. 영어의 'match'를 음역한 일본어 'machi'가
다시 타이완으로 들어오면서 생겨난 일종의 신조어인 셈.
이곳에는 가볍게 즐길 거리가 다양하다. 세계 각국의 음식을 저렴한 가격
에 맛볼 수 있는 푸드코트가 있어서 입맛대로 식사를 즐길 수 있고, 현지에
서 직거래로 들여온 농산품과 식품류를 판매하는 오가닉 마켓, 디자인 소
품 전문점, 보세 옷집, 테마 카페 등 구경거리가 차고 넘친다. 특히 매일 밤
중앙광장에서 맥주 축제가 열리는 여름에는 늦은 시간까지 들뜬 분위기가
이어진다. 정식 오픈 시간은 오전 11시지만, 평일에는 12시가 넘어야 대부
분 상점이 문을 열기 때문에 오후나 저녁 무렵에 잠시 들러보자. **MAP ❷**

GOOGLE MAPS 마지스퀘어
ADD 中山區玉門街(위먼지에)1號
OPEN 11:00~21:00
WEB www.majisquare.com
MRT 레드 라인 위엔샨圓山 역 1번 출구에서 도보 8분

Spot 1

구경만으로도 재미있는 유기농 마켓

션농 시장

神農市場(신농시장, 션농스창) MAJI Food&Deli

몸에 좋고 보기도 좋은 식재료를 모아놓은 마켓. 유럽의 어느 고급스러운 유기농 마켓에 온 듯한 분위기다. 요리를 좋아하는 사람이라면 반하지 않을 수 없을 만큼 다양한 식재료와 각종 소스, 식기류 등이 준비되어 있다. 굳이 뭔가를 사지 않고 구경하는 것만으로도 충분히 재미있는 곳. 타이완을 왜 요리의 천국이라 부르는지 새삼 고개가 끄덕여질 만큼 식자재의 종류가 다양하다. 마켓 한쪽에는 작은 레스토랑이 있어서 가볍게 식사나 음료를 즐기기에도 좋다.

WHERE 마지마지 초입 **OPEN** 월~금 11:30~19:00, 토·일 11:30~20:00 **WEB** majitreats.com

Spot 2

타이베이 최고의 베이글

하오치우

好'丘(호구) Good Cho's

타이난에서 시작해 2011년 쓰쓰난춘四四南村(166p)에 첫 지점을 연 이래로 타이베이 최고의 베이글로 손꼽히고 있는 하오치우의 두 번째 지점이다. 각종 디자인 소품을 함께 판매하는 쓰쓰난춘 점과 달리 이곳에서는 오로지 베이글과 아이스크림, 커피 등만을 판매한다. 따로 테이블이 없어 직접 오븐에 베이글을 데우곤 간이 벤치에 앉아서 먹어야 하지만, 베이글을 사러 온 사람들로 매장 안은 늘 왁자지껄한 분위기다. 개당 평균 NT$40~60로 가격도 부담 없는 편. 오픈형 주방이 연결되어 있어서 베이글 만드는 걸 직접 볼 수도 있다.

WHERE 마지마지 초입, 션농 시장 옆 **OPEN** 09:00~18:00 **WEB** goodchos.net

어릴 적 추억의 대관람차

미라마 엔터테인먼트 파크

美麗華百樂園(미려화백락원, 메일리화 바일러위엔) Miramar Entertainment Park

미라마 엔터테인먼트 파크는 타이베이 최초의 복합쇼핑몰로, 쇼핑몰 5층의 거대한 대관람차가 특히 유명히디. 중국어로 모티엔룬摩天輪이라고 하는 대관람차는 자타공인 쇼핑몰의 아이콘으로, 여행자들은 물론 현지인들에게도 인기가 높다. 대관람차의 높이가 무려 100m에 이르러 꼭대기까지 올라가며 타이베이의 전경이 한눈에 들어온다. 타이베이 101 전망대와 비교해도 손색없는 전경 덕분에 여행자들 사이에서 타이베이의 야경을 감상할 수 있는 핫스폿으로 떠올랐다.

대관람차가 한 바퀴 도는 데는 총 17분이 소요되며, 전체 관람차 중 2개는 크리스털 투명 바닥으로 되어있어 아래가 훤히 내려다보인다. 속도가 느리긴 하지만 높이가 워낙 높아 바람이 불면 작은 관람차가 바람에 흔들리면서 놀이기구보다 더 긴장되기도 한다. **MAP ❷**

GOOGLE MAPS 미라마 관람차 타이베이
ADD 敬業三路(징이예싼루)20號
OPEN 14:00~21:00
PRICE 쇼핑몰 11:00~22:00, 대관람차 13:00~22:00
WEB www.miramar.com.tw
MRT 브라운 라인 지엔난루劍南路 역에서 나오자마자 바로 보인다.

+ Writer's Pick +

대관람차의 깜찍하고 귀여운
센스와 배려

미라마 대관람차는 여행자뿐만 아니라 타이
베이의 연인들에게도 최고의 데이트코스로
손꼽힌다. 이러한 명성에는 미라마의 센스 만
점 배려가 숨어있다. 특별히 사람이 많지 않
은 날이라면 저녁 시간에는 연인들의 사생활
(?) 보호를 위해 승객들을 한 칸씩 걸러서 태
운다는 사실. 즉, 앞칸과 뒤 칸이 비어있기 때
문에 작은 관람차는 한 바퀴 도는 동안 둘만
의 비밀스러운 공간으로 변신하는 것이다. 이
런 세심한 배려 덕분에 타이베이의 연인들이
이곳을 특별히 더 편애하는지도 모르겠다.

: MORE :

쇼핑몰 옆 까르푸 Carrefour

미라마 엔터테인먼트 파크 바로 옆에는 까르푸가 있어서 가벼
운 식사와 쇼핑을 즐기기에 좋다. 특히 까르푸 1층 푸드코트인
푸드 리퍼블릭Food Republic 大食代은 중국의 근대 모습을 그대
로 재현해놓은 아기자기한 분위기와 부담 없는 가격으로 인기
가 높다. 그리 크지 않은 규모지만, 아시아 각국의 메뉴가 다양
하게 구성되어 있어 가벼운 한 끼 식사에 제격이다.

볼수록 새로운 초록빛

타이베이 남부

남쪽 타이베이에는 유독 초록빛 에너지가 강한 스폿이 많다. 마오콩, 국립 타이완대학교, 임가화원 등 대부분 녹음이 우거진 명소들로, 유명 관광지는 많지 않지만 볼수록 매력적인 스폿들이 여행의 재미를 배가시켜준다. 초록빛 속에서 일상처럼 유유자적 즐기는 여행을 즐기고 싶다면 남쪽 타이베이가 정답이다.

1

마음까지 상쾌해지는 초록빛 하이킹

마오콩

猫空(묘공)

MRT로 이동할 수 있는 마오콩猫空은 원래 차밭으로 유명한 동네인데, 곤돌라가 생기면서 타이베이의 대표적인 하이킹 코스로 사랑받게 되었다. MRT 똥우위엔動物園(동물원) 역에서 곤돌라를 타고 30분쯤 가다 보면 종착역인 마오콩 역에 도착한다. 곤돌라에서 내려 밖으로 나오면 3개의 갈림길이 나오는데, 그중 '녹나무 트레일樟樹步道 Camphor Tree Trail'이라 불리는 가운데 길이 하이킹 코스로 가장 유명하다. 이 코스는 작은 차밭이 끝없이 이어지고 작은 저수지도 만날 수 있으며, 그렇게 30분 정도 걸어가면 타이베이 시내를 한눈에 내려다볼 수 있는 전망대가 나온다. 가는 내내 언덕이 거의 없이 평지로만 이루어져 있어서 천천히 산책 삼아 걷기에 좋다. 멀리 교외로 나가기에는 시간의 여유가 없고 동네 공원으로 만족하자니 눈부신 초록빛이 아쉬울 때, 바로 마오콩이 정답이다. **MAP ②**

GOOGLE MAPS taipei zoo station
MRT 브라운 라인 똥우위엔動物園 역 2번 출구에서 도보 5분. MRT 역에서부터 곤돌라 정류장으로 가는 이정표가 꼼꼼히 세워져 있나.

+ Writer's Pick +

하이킹 코스 선택하기

가장 많이 알려져 있는 녹나무 트레일 코스 외에도 마오콩에는 하이킹 코스가 난이도별로 매우 다양한 편이다. 그러므로 본격적인 하이킹을 즐기려면 먼저 마오콩 곤돌라 역에 있는 여행안내센터에 방문하여 안내를 받아서 도전해보자. 목적에 맞는 하이킹 코스를 지도와 함께 아주 친절하게 소개해줄 것이다.

Spot
타이완에서 가장 긴 케이블카
마오콩 곤돌라
猫空纜車(묘공람차, 마오콩 란처)
Maokong Gondola

2007년 운행을 시작한 마오콩 곤돌라는 프랑스의 포마POMA사에서 들여온 케이블카 시스템으로, 총 길이 4.03km, 운행시간이 무려 20~30분에 달하는 타이완에서 가장 긴 케이블카다. 곤돌라는 똥우위엔動物園(동물원) 역에서 출발하여 똥우위엔난動物園南(동물원 남) 역, 즈난꿍指南宮 역, 그리고 종착역인 마오콩猫空 역까지 총 4개 역에서 정차한다. 곤돌라 한 대의 정원은 8명이지만, 일반적으로 평균 2~4명씩 탑승하게 된다. 곤돌라가 제법 가파르게 올라가서 살짝 긴장될 수 있으나, 마오콩 차밭이 한눈에 내려다보이면 어느새 긴장은 사라지고 눈부신 초록빛에 가슴까지 시원해진다. 바닥이 투명 플라스틱으로 된 곤돌라도 있으므로 스릴을 즐기려는 사람은 이용해보자. 단, 대수가 많지 않아 대기 시간이 다소 긴 편이다. **MAP ❷**

GOOGLE MAPS taipei zoo station **ADD** 新光路(신꽝루)二段30號
OPEN 평일 09:00~21:00, 주말 09:00~22:00, 월요일 휴무 **PRICE** 첫 번째 똥우위엔난動物園南 역까지 NT$70, 두 번째 즈난꿍指南宮 역까지 NT$100, 종착역인 마오콩猫空 역까지 NT$120. 1일 티켓 NT$260 **WEB** www.gondola.taipei

❷
타이베이에서 만나는 판다와 코알라
타이베이 시립동물원
台北市立動物園(대북시립동물원,
타이베이 스리 똥우위엔) Taipei Zoo

타이베이 시립동물원은 세계 10대 동물원 중 하나로, 판다와 코알라를 볼 수 있어서 아이들에게 인기가 높다. 8개의 야외 전시 구역과 6개의 실내 전시관으로 구성된 엄청난 규모를 자랑하지만, 놀이기구는 전혀 없이 오로지 동물만 있는 순수 동물원이다. 판다관을 비롯한 일부 인기 전시관은 따로 입장권을 내고 정해진 시간대에 관람해야 하나, 시간 통제가 엄격한 편은 아니다. 많이 걸어야 하므로 미리 생수와 간단한 간식을 준비하는 것이 좋다. 동물원에서 전기차(NT$5)를 타고 마오콩 곤돌라 역인 똥우위엔난動物園南 역까지 이동할 수 있으므로 아이가 있는 가족 단위 여행자라면 마오콩과 시립동물원을 함께 둘러보는 것도 좋겠다. **MAP ❷**

GOOGLE MAPS 타이베이 시립동물원
ADD 文山區新光路(신꽝루)二段30號
OPEN 09:00~17:00(폐장 1시간 전 입장 마감), 음력 설 전날 휴무
PRICE NT$100
WEB www.zoo.gov.tw
MRT 브라운 라인 똥우위엔動物園 역 1번 출구에서 도보 1분

마오콩을 충분히 즐기기 위해
알아두면 좋은 팁

가벼운 하이킹을 즐기기에도, 고즈넉한 야경을 즐기기에도 좋은 곳이 바로
마오콩이다. 동물원에도 들르고 하이킹까지 하려면 적어도 반나절 이상은
필요하니 시간 여유를 갖고 방문하는 게 좋겠다.

❶ 곤돌라 안에서 음식물 섭취는 금지되어 있다. 간혹 가방 안에 간식을 숨
겨서 올라가면서 먹는 여행자들을 볼 수는 있지만, 여행지에서 부끄러운
한국인은 되지 말자.

❷ 곤돌라에는 에어컨이 없기 때문에 여름에는 심각하게 덥다는 게 함정. 만
약 여름이라면 더위를 견뎌낼 각오쯤은 미리 해두는 게 좋다.

❸ 비바람이 많은 타이베이라 바람이 부는 날에는 케이블카가 심하게 흔들
려서 상당히 무섭다. 다행히 비가 많이 오거나 바람이 심하게 부는 날에
는 이예 안전 차원에서 운행이 정지된다니 믿고 타도 괜찮을 듯.

❹ 곤돌라는 일반 케이블카와 바닥이 투명하게 보이는 크리스털 캐빈, 두 종
류가 있다. 요금은 같지만 크리스털 캐빈은 타려는 사람이 많아서 대기
시간이 무척 길다. 기다리는 사람이 많다면 올라갈 때는 일반 케이블카를
타고 내려올 때 크리스털 캐빈을 타는 것도 시간을 절약하는 방법이다.

❺ 마오콩은 낮은 낮대로, 밤은 밤대로 아름다운 전경을 자랑한다. 그러므로
아침 일찍 올라가서 하이킹을 즐기고 난 뒤 점심식사를 하고 내려오거나,
아니면 오후 느지막이 올라가서 가볍게 하이킹을 하고 저녁식사를 마친
뒤 야경까지 보고 내려오는 코스 중 취향대로 하나를 선택하면 된다.

❻ 종착역인 마오콩 역에서 밖으로 나오면 3개의 갈림길이 있는데, 그중 가
운데 길로 가면 하이킹 코스가, 왼쪽 길로 가면 이름난 찻집이 많다.

마오콩과 타이베이 시립동물원, 어디를 먼저 볼까?

어디를 먼저 가든 정답은 없다. 마오콩을 먼저 보고난 뒤, 곤돌라를 타고 똥우위엔난動物園南 역에서 내려 전기차를 타고 동물원 후문으로 이동해도 되고, 반대로 동물원을 먼저 보고난 뒤, 후문에서 전기차로 똥우위엔난動物園南 역에 가서 곤돌라를 타고 마오콩으로 가도 된다. 단, 동물원은 정문에서부터 오르막길로 이루어져 있기 때문에 가장 편한 방법은 마오콩을 먼저 보고 난 뒤 내려오는 길에 동물원을 보는 것이다. 전기차 요금은 NT$5.

■ 마오콩에 먼저 갈 경우

MRT 똥우위엔動物園 역 → 도보 3분 → 곤돌라 똥우위엔動物園 역에서 곤돌라 탑승 → 종점인 마오콩猫空 역 하차 → 하이킹과 식사 또는 티타임 → 마오콩 역에서 곤돌라 탑승 → 똥우위엔난動物園南 역 하차 → 전기차를 타고 동물원으로 이동 → 언덕을 내려오면서 동물원 관람

■ 동물원에 먼저 갈 경우: 편한 코스

MRT 똥우위엔動物園 역 → 도보 2분 → 동물원 입장 → 동물원 내부를 운행하는 전기차 탑승 → 동물원 끝(언덕 위)에서 하차 후 언덕을 내려오며 동물원 관람 → 동물원 정문으로 나와 곤돌라 똥우위엔動物園 역으로 이동 후 곤돌라 탑승 → 마오콩 역 하차 → 하이킹과 식사 또는 티타임 후 야경 감상

■ 동물원에 먼저 갈 경우: 덜 편한 코스

MRT 똥우위엔動物園 역 → 도보 2분 → 동물원 입장 → 언덕을 올라가며 동물원 관람 → 동물원 끝(언덕 위)에서 전기차를 타고 곤돌라 똥우위엔난動物園南 역으로 이동 → 곤돌라 똥우위엔난動物園南 역에서 곤돌라 탑승 → 마오콩 역 하차 → 하이킹과 식사 또는 티타임 후 야경 감상

271

차茶로 차린 밥상
마오콩의 식탁

마오콩 곤돌라 역 부근의 대부분 음식점은 주메뉴로 우롱차를 넣은 요리를 선보인다. 어딜 가든 맛도 음식 수준도 다 비슷하다. 단지 전망이 조금씩 다를 뿐이니 지나가다가 마음에 드는 곳을 선택하면 된다.

푸짐하게 먹는 한 끼 식사
사형제 식당
四哥的店(사가적점, 쓰꺼더띠엔) Four Brothers Restaurant

여행자들에게 가장 많이 알려진 식당. 냉정히 말하면 마오콩의 다른 음식점들에 비해 특별히 더 맛있는 건 아니지만, 적극적으로 홍보를 한 덕분에 근처에 2호점까지 낼 정도로 마오콩에서 가장 손님 많은 식당 중 하나가 됐다. 메뉴 대부분이 우리나라 사람들 입맛에도 잘 맞는 편이라 한국인 여행자도 많이 찾는 곳이다. **MAP ②**

GOOGLE MAPS four brothers restaurant
ADD 文山區指南路(즈난루)三段38巷33-1號
OPEN 11:00~21:00
GONDOLA 곤돌라 종착역인 마오콩猫空 역에서 나와 왼쪽 길로 도보 5분

마오콩의 찻잎으로 만든 볶음밥
용문객잔
龍門客棧(롱먼커짠)

마오콩의 하이킹 코스로 가는 길목에 있는 레스토랑. 몇 년 전 TV 드라마에 소개된 이후 유명세를 타기 시작해 지금은 현지인들 사이에서 꽤 많이 알려진 음식점이 되었다. 용문객잔의 대표 메뉴는 마오콩의 찻잎을 넣어 만든 볶음밥 차이예 차오판茶葉炒飯. 두세 명이 먹어도 충분할 만큼 양도 넉넉하고, 느끼하지 않아서 우리 입맛에도 잘 맞는다. 대부분의 음식 가격이 NT$100~600 사이로 비교적 합리적이며, 맛도 괜찮은 편이다. 영어 메뉴가 있어서 주문하기 어렵지 않다. **MAP ②**

GOOGLE MAPS longmen restaurant
ADD 指南路(즈난루)三段38巷22-2號
OPEN 11:00~22:00, 화요일 휴무
GONDOLA 곤돌라 종착역인 마오콩猫空 역에서 나와 가운데 길로 가다 보면 오른쪽에 보인다. 도보 5분

+ **Writer's Pick** +

사형제 식당 추천 메뉴

- **자차띠꽈** 炸茶地瓜 우롱차와 함께 튀긴 고구마
- **자차 떠우푸** 炸茶豆腐 우롱차와 함께 튀긴 두부
- **청즈지띵** 橙汁鷄丁 오렌지 소스 닭고기 볶음
- **꽁바오지띵** 宮保鷄丁 매콤하게 볶은 닭고기 땅콩 볶음

용문객잔 추천 메뉴

- **차이예 차오판** 茶葉炒飯 우롱차 볶음밥
- **위샹치에즈바오** 魚香茄子煲 매콤한 소스에 가지를 넣고 푹 끓인 냄비 요리
- **차여우미엔시엔** 茶油麵線 찻잎을 넣고 만든 쌀국수
- **자샹구** 炸香菇 표고버섯 튀김

시원한 녹차 아이스크림의 유혹

마오콩 티 하우스

貓空茶屋(묘공차옥, 마오콩 차우) Maokong Tea House

따뜻한 타이완에서 하이킹을 즐기고 나면 시원한 음료나 아이스크림이 생각나기 마련이다. 마오콩 티 하우스의 소프트 아이스크림은 마오콩을 찾는 사람들에게 가장 인기 있는 간식 중 하나로, 차로 만들어서 단맛이 거의 없기 때문에 어른들이 더 좋아한다. 녹차와 우롱차, 두 가지 맛이 있다. 매장에는 아이스크림 외에도 깜찍한 포장의 차 세트가 다양해 지인에게 줄 선물을 구매하기에도 좋다. **MAP ❷**

GOOGLE MAPS mao kong tea house
ADD 文山區指南路(즈난루)三段38巷16-8號
OPEN 10:00~19:00, 월요일 휴무
GONDOLA 곤돌라 종착역인 마오콩貓空 역에서 나와 바로 길 건너편

야경이 아름다운 노천카페

마오콩시엔

貓空閒(묘공한)

마오콩 역 주변의 여러 음식점과 카페 중 비교적 저렴한 가격으로 타이베이의 야경을 즐길 수 있는 소박한 노천카페. 커피를 포함한 대부분의 음료가 NT$100~200 정도라 백만 불짜리 위치에 비하면 감사한 수준이다. 단, 커피 맛은 그저 그런 편. 현지인과 여행자들 사이에서 이미 입소문이 난 곳이라서 저녁 시간에는 빈자리 찾기가 쉽지 않으니, 조금 일찍 가서 자리를 잡는 게 좋다. 마오콩에서 가벼운 하이킹을 즐긴 뒤, 식사를 하고 마지막으로 이곳에서 타이베이의 야경을 감상하면 그야말로 완벽한 코스다. 단, 비나 태풍이 오면 영업하지 않으므로 날씨를 잘 알아보고 가자. **MAP ❷**

GOOGLE MAPS 마오쿵한
ADD 指南路(즈난루)三段38巷34號
OPEN 월~목 14:00~24:00, 금 14:00~다음 날 03:00, 토 10:00~다음 날 03:00, 일 10:00~24:00
GONDOLA 곤돌라 종착역인 마오콩貓空 역에서 나와 왼쪽 길로 가다 보면 보인다. 도보 10분

273

타이완을 이끄는 지성

국립 타이완대학교

國立臺灣大學(국립대만대학, 구월리 타이완따쉬에)

GOOGLE MAPS 2G8M+P9 중정구
ADD 羅斯福路(뤄쓰푸루)四段1號
WEB www.ntu.edu.tw
MRT 그린 라인 꽁관公館 역 3번 출구로
나오자마자 바로 오른쪽에 보인다.

국립 타이완대학교는 명실상부한 타이완 최고의 대학으로, 타이완은 물론 아시아에서도 손꼽히는 명문대학이다. 1928년 일제 식민지 시대에 '다이호쿠 제국대학'이라는 일본 분위기 물씬 풍기는 이름으로 설립되었으나, 1945년 지금의 이름으로 바꾸었다. 타이완을 움직이는 지도자와 정치인, 학자 대부분이 거의 모두 이 학교 출신이니 그야말로 타이완 최고의 지성이 모이는 곳이라고 해도 과언이 아니다.

캠퍼스에서 가장 유명한 곳은 정문에서 중앙도서관까지 일직선으로 이어지는 야자수 길. 많은 여행자가 이 길을 보기 위해 기꺼이 이곳을 찾아와 인증샷을 남긴다. 아닌 게 아니라 사진을 찍으면 정말 낭만적인 어느 외국(?) 도시처럼 멋지게 나온다. 시내의 교통수단은 스쿠터가 대세지만, 이곳은 대학가답게 자전거가 주요 교통수단이어서 곳곳에서 자전거 행렬을 만날 수 있다. 캠퍼스 주변은 대학가다운 소박한 상권이 많이 형성되어 있는 편으로, 저녁에는 작은 야시장이 형성될 만큼 활기가 넘친다. **MAP ❷**

Spot 1

명문 타이완 대학교의 모든 것

타이완 대학교 역사관

臺大校史館(대대교사관, 타이따 샤오스관)

NTU History Gallery

타이완 대학교에 방문했을 때, 캠퍼스 내의 메인 도로인 야자수 길과 더불어 꼭 가봐야 할 곳으로 빼놓을 수 없는 곳이 바로 역사관이다. 중앙도서관 안에 위치한 역사관은 타이완 대학교가 걸어온 길을 한눈에 볼 수 있도록 잘 전시되어 있다. 옛 가구들도 그대로 보존되어 있어서 기념사진을 찍기에도 좋다. 역사관 입구에 있는 기념품 상점에서는 대학교 굿즈도 판매하고 있으므로 꼭 한 번 들러보자. 꽤 탐나는 굿즈도 많으므로 수험생 지인이 있다면 선물로도 좋을 듯.

GOOGLE MAPS gallery of national taiwan university history **OPEN** 09:00~17:00 일·월요일 휴관 **WEB** historygallery.ntu. edu.tw **MRT** 타이완 대학교 정문에서 도보 5분. 좌측에 위치

Spot 2

공부하고 싶은 마음이 몽글몽글

국립 타이완대학교 쿠첸푸 메모리얼 도서관

國立臺灣大學 社會科學院 辜振甫先生紀念圖書館(국립대만대학 사회과학원 고진보 선생 기념도서관, 구월리 타이완 따쉐에 셔훼이커쉬에위엔 꾸쩐푸 시엔셩 지니엔 투수관)

Koo Chen-Fu Memorial Library

대만의 기업가인 쿠첸푸辜振甫(꾸쩐푸, 고진보)를 기념하여 만든 도서관. 공식적인 명칭은 국립 대만대학교 사회과학원 도서관이지만, '쿠첸푸 도서관'이라는 이름으로 더 많이 알려져 있다. 평범한 대학 도서관임에도 뛰어난 예술성 덕분에 건축에 관심 있는 여행객들의 발길이 끊이지 않는다. 일본의 유명 건축가인 토요 이토가 설계를, 가구 디자이너인 카즈코 푸지에가 내부 가구 디자인을 맡았다. 80여 개의 순백색 기둥이 도서관 내부를 지탱하고 있으며, 이 기둥과 연결된 130여 개의 원형 천창이 신비로운 분위기를 자아낸다. 거기에 대나무로 만든 곡선형 서가가 더해지니 도서관이라기보다는 예술 갤러리에 들어온 느낌이다. 여권을 맡기고 간단한 등록 절차를 거치면 내부 관람이 가능하다. 플래시를 사용하지 않는 범위에서 사진 촬영도 허용된다.

GOOGLE MAPS koo chen-fu library **OPEN** 월~금 08:20~22:00, 토 09:00~22:00, 일 09:00~17:00(여름·겨울방학 시즌: 월~금 08:20~21:00, 토 09:00~17:00, 일요일 휴관) **WEB** web.lib.ntu. edu.tw/koolib/ **MRT** 브라운 라인 커지따러우科技大樓 역에서 도보 10분

타이베이의 감천문화마을

보장암 국제예술촌

寶藏巖國際藝術村(바오창이옌 구워지이수촌)

1960~1970년대에 지은 낡은 건물들로 이루어진 언덕 위 허름한 주택가였던 이곳은 2006년 말부터 타이베이 시정부 주관으로 예술마을로의 변신을 위한 리모델링을 시작했다. 그리고 2010년 10월 2일, 드디어 '국제예술촌'이라는 멋진 이름으로 재탄생하기에 이르렀다. 좁은 골목길이 구불구불 이어진 작은 산간마을에 예술가들이 하나둘씩 작업실을 두기 시작하면서 독특한 분위기의 예술촌을 이루게 된 것이다. 현재 10여 개의 작업실과 마을 곳곳에 위치한 설치조형물, 벽에 그려진 벽화들이 어우러져 멋진 볼거리를 제공하고 있다. 아기자기한 재미는 물론, 마을 전체가 산기슭에 자리 잡고 있어서 전망도 좋고 사진 찍는 재미도 쏠쏠하다. 부산 감천문화마을과 분위기가 비슷하나, 이곳 보장암이 조금 더 거칠고 투박한 느낌. 사진 찍는 걸 좋아하는 여행자라면 꼭 한번 시간을 내서 들러보자. MAP ❷

GOOGLE MAPS 보장암예술촌
ADD 台灣台北市中正區汀州路三段(띵쩌울루)230巷14弄2號
OPEN 갤러리 등 11:00~22:00, 월요일 휴무
WEB www.artistvillage.org
MRT 그린 라인 꽁관公館 역 1번 출구에서 도보 12분

5

타이베이 남부의 새로운 문화 중심

청핀성훠 신띠엔 점

誠品生活 新店(성품생활 신띠엔)

하루가 다르게 영향력이 커지고 있는 청핀 브랜드의 하이라이트. 2023년 9월에 문을 열었으며, 아시아 전역의 청핀 지점 중에서 규모가 가장 크다. 그동안 타이베이 남부, 신띠엔 지역은 상대적으로 대형 쇼핑몰이 적은 편이었는데, 청핀성훠 신띠엔 점 덕분에 문화적 편리성이 한층 높아졌다. 행정구역상으로는 신베이 시에 속하지만, MRT로 연결되어 있어서 사실상 타이베이 시내 상권이다. 특히 우더풀 랜드를 비롯하여 어린이를 위한 각종 매장과 체험 코너가 준비되어 있어서 어린이를 동반한 가족 단위 여행객들에게 절대적인 환영을 받고 있다. 쇼핑몰 규모는 물론이고 입점 브랜드도 다양하며, 식당가도 잘 구성되어 있으므로 충분히 시간을 내어 들러볼 만하다. **MAP ❷**

GOOGLE MAPS xindian yulong city
ADD 新北市 新店區 中興路(쭝싱루)三段70號
OPEN 일~목 11:00~21:30,
금~토 11:00~22:00
WEB www.eslite.com
MRT 그린·옐로우 라인 따핑린大坪林 역 2번 출구에서 도보 10분

Spot 어린이도 어른도 모두가 행복한 놀이터
우더풀 랜드
木育森林(목육삼림, 무위썬린) The Wooderful Land

DIY 우드 오르골 전문 브랜드인 '우더풀 라이프Wooderful Life'에서 만든 우드 놀이터. 나무로 만든 각종 게임 도구, 놀이 기구, 퍼즐 등이 보물섬처럼 가득해서 어른이나 아이 할 것 없이 누구나 시간 가는 줄 모르고 빠져드는 곳이다. 기존의 화산1914 점에 비해 접근성이 조금 떨어진다는 단점이 있지만, 규모도 더 커지고, 선언 재료로 만드는 DIY 체험 코너도 추가되었다. 어린이를 동반한 가족 단위 여행객이라면 충분히 가볼 만하다. 우더풀 라이프 매장도 함께 있어서 더욱 반갑다. 참고로 우더풀 라이프의 DIY 코너에서는 세상에서 단 하나뿐인 나만의 오르골을 소장할 수 있어서 우리나라 여행객들 사이에서도 인기가 높으니 두 곳을 함께 둘러보기를 추천한다.

WHERE 청핀성훠 신띠엔 점 5층 **OPEN** 일~목 11:00~21:30, 금~토 11:00~22:00 **PRICE** NT$450(2시간 이용 가능) **WEB** www.wooderfulland.com **MAP ❷**

클래식한 매력 가득한 중국식 정원

임가화원

林家花園(린지아화위엔) The Lin Family Mansion and Garden

GOOGLE MAPS 임가화원
ADD 新北市 板橋區西門街(시먼지에)9號
PRICE NT$80
OPEN 09:00~17:00, 매월 첫째 월요일·음력 설 전날·음력 설 휴무
WEB www.linfamily.ntpc.gov.tw
MRT 블루 라인 푸중府中 역 1번 출구에서 도보 15분

임가화원은 타이완 속의 작은 중국이라고 느껴질 만큼 중국의 분위기가 짙은 곳이다. 이곳은 행정구역상으로는 타이베이 시가 아니라 타이베이 서남쪽 신베이新北 시의 반챠오板橋라는 동네에 위치해 있다. 1893년에 조성된 부지 6천 평의 거대한 정원으로, 정식 명칭은 '임본원원저林本源園邸(린번위엔위엔디)'지만 '임가화원'이라는 이름으로 더 많이 알려졌다.

이곳은 타이완의 거상인 린핑허우林平候 일가의 소유였으나, 1977년 린핑허우의 다섯 아들 등 린씨 일가가 정부에 일부 기증하였고, 타이베이 현(지금의 신베이 시) 정부에서도 일부 매입하였다. 그 후 복원 공사를 거쳐 1982년 말부터 시민들에게 개방되었으며, 현재 국가 2급 고적으로 등록되어 있다. 단, 주택은 개인 소유라서 가이드 투어에 참가할 때만 관람이 가능하다. 중국의 전통 가옥 양식인 사합원四合院(쓰허위엔)이 지닌 고풍스러운 멋을 고스란히 보존하고 있어 느긋하게 산책하기에 아주 좋다.

한편, 임가화원으로 가는 길에는 현지인들이 자주 찾는 재래시장이 있다. 시간 여유가 된다면 시장을 통과해 이동하면서 겸사겸사 구경하는 것도 재미있다. 단, 왁자지껄한 시장답게 오토바이도 많고 굉장히 복잡하므로 각오는 하고 들어가자.

12월 31일에 열리는 흥미진진 축제
신년맞이 불꽃놀이

타이베이에는 매년 12월 31일 밤이 되면 신년 불꽃놀이를 보기 위해 수많은 사람이 거리로 쏟아져 나온다. 이 많은 사람 틈에서 제대로 볼 수 있을지 염려되지만 걱정할 필요 없다. 짜증내거나 불평하는 사람은 찾아볼 수 없고, 모두가 즐겁게 웃고 떠드는 거리 풍경 속에서 1년의 마지막 날 밤이 더없이 즐거워질 테니 말이다.

분위기가 매력인 타이완의 불꽃놀이

사실 우리나라 여의도 불꽃놀이 수준을 기대하고 간다면 살짝 실망할 수도 있다. 길어야 10분이면 다 끝날 정도로 시간이 짧아 좋은 자리를 맡기 위해 일찌감치 자리를 잡은 사람들로서는 허무해질 정도. 또한 화려함보다는 예술적인 멋을 중시한 불꽃놀이기 때문에 '질보다 양'이라고 생각하는 사람들은 다소 심심하게 느껴질 수도 있다. 하지만 신년 불꽃놀이의 진짜 매력은 들뜬 분위기 그 자체가 아닐까. 그런 의미에서 타이베이의 불꽃놀이는 더할 나위 없이 즐겁다. 지나간 자리에 쓰레기 하나 찾을 수 없고, 자리다툼 하는 사람이나 술에 취해 흥을 깨는 사람도 없다. 대부분의 타이베이 시민은 불꽃놀이를 보고 나서도 바로 집에 돌아가지 않고 삼삼오오 모여 맛있는 야식을 먹으러 간다. 그렇게 밤을 꼬박 새우며 즐겁게 새해를 맞이하는 것이다.

어디에서 보는 게 좋을까

12월 말이 되면 시내 곳곳에 불꽃놀이에 관한 공지가 붙는다. 어디에서 볼 수 있으며, 대중교통은 어떻게 운행하는지 등에 대한 공지다. 매년 조금씩 달라지지만, 일반적으로 스쩡푸市政府와 타이베이 101 근처에 사람이 제일 많은 편이다. 그 외에도 동취東區(198p)에 위치한 국부기념관國父紀念館(200p) 마당, 샹산象山(171p), 마오콩貓空(268p) 등도 인기가 높다. 개인적으로는 국부기념관 마당이 명당이라는 생각. 불꽃놀이가 끝나고 난 뒤 놀기에도 좋고 사람도 적당히 많아 타이베이의 연말 분위기를 즐기기에 제격이다.

타이베이의 밤은 언제나 축제
야시장

타이베이의 밤 문화를 대표하는 것은 화려한 클럽이나 루프톱 바가 아니라 소박하면서도 왁자지껄한 야시장이다. 타이베이에만 여러 곳의 야시장이 있으니 일정을 끝낸 저녁, 출출해질 때쯤 동네 구경 가듯 야시장을 방문해보자.

스린 야시장

패션 방콕 FB
FB Fashion Bangkok

하화창쉬에
花藏雪

하오펑여우 량미엔
好朋友涼麵

하오따 따지파이
豪大大雞排

大南路

小南路

安平街

쭝청하오
忠誠號

114巷

R 스린
士林

야시장 입구

스린 야시장
士林夜市 ❶

101巷

大東路

文林路

承德路四段

後港街

後港街

前港街

前港街

基河路

中山北路五段

P 지엔탄
劍潭

R 劍潭
劍潭路

出1

中山北路五段

出2

承德路四段

30巷

80巷

위엔샨
圓山 R

0 ——— 100m

스따 야시장

↑ 용캉지에
永康階

국립 타이완 사범대학
國立臺灣師範大學

和平東路一段

師大路

龍泉街

龍泉街 5巷

26巷

스따 야시장
師大夜市 ❹

스위엔
師園

39巷

호호미
好好味 38巷

띵롱 루웨이
燈籠加熱滷味

師大路49巷

쉬지 성지엔빠오
許記生煎包

68巷

우마왕 스테이크
牛魔王牛排館 59巷

16巷

雲和街

師大路80巷

★

師大路

師大路83巷

雲和街

86巷

93巷

泰順街50巷

泰順街 54

龍泉街

師大路 92巷

102巷

용펑성
永豐盛

師大路117巷

泰順街 60巷

126巷

師大路135巷

龍泉街 93巷

羅斯福路三段

師大路

龍泉街

出4 出3

師大路

出5

타이띠엔 따러우
台電大樓 R

0 ——— 100m

+ Writer's Pick +

타이완 사람들은 개구리알도 먹는다?

타이완의 거의 모든 야시장마다 흔히 만날 수 있는 가판이 있다. 바로 '칭와샤딴青蛙下蛋'이라고 적혀있는 초록색 간판이 그것. 심지어 어떤 곳은 친절하게 'Frog Egg'라고까지 적어놓았다. 아무리 맛의 천국 타이완이라지만, 개구리알까지 먹다니 이건 좀 너무한 거 아닌가 싶어진다. 하지만 알고 보면 진짜 개구리알이 아니라 쩐주나이차 안에 들어가는 타피오카 젤리를 가리키는 말이다. 즉, 타피오카를 넣은 각종 음료를 파는 가판인 것. 이 타피오카 젤리의 모양이 마치 개구리알 같다고 해서 붙여진 이름이니 혹시라도 신선한(?) 개구리알을 기대하고 가지는 말자.

타이베이를 대표하는 야시장

스린 야시장

士林夜市(사림야시, 스린 이예스)

타이베이 여행자라면 누구나 예외 없이 한번은 방문하게 되는 타이베이 대표 야시장. 1909년 영업을 시작해 이미 100년이 훌쩍 넘는 역사를 자랑하는 곳으로 규모도 어마어마하다. 2011년 12월, 전면 리모델링을 한 뒤 깔끔한 형태로 재개장했다. 음식을 파는 구역과 잡화를 파는 구역은 한 블록 정도 떨어져 있기 때문에 두 구역을 모두 돌아보려면 짱짱한 체력은 필수다. 사실 스린 야시장은 이미 너무 관광지화되었고 취두부 냄새도 심해서 만족도가 썩 높지 않은 것도 사실이다. 하지만 규모가 워낙 크고 대부분의 매장이 실내에 있기 때문에 찾는 사람이 끊이지 않는다. 공식적인 영업시간은 오후 4시부터지만, 아예 온종일 영업하는 매장도 적지 않다. **MAP ⑩**

GOOGLE MAPS 스린 야시장
ADD 大東路(대동로), 大南路(대남로), 文林路(문림로), 基河路(기하로)
OPEN 16:00~24:00
MRT 레드 라인 지엔탄劍潭 역 1번 출구에서 도보 5분

❶ 해산물을 채소와 어묵과 함께 튀기고 볶아주는 코너
❷ 마음에 드는 재료를 고르면 볶아서 소스를 얹어준다.
❸ 바삭바삭한 껍질 맛이 일품, 꼬마 게 튀김

티엔푸루워(117p)
커자이지엔

Spot 1

스린 야시장의 터줏대감

쭝청하오
忠誠號(충성호)

야시장의 수많은 메뉴 중에서도 가장 대표할 만한 메뉴를 꼽으라면 아마도 '커자이지엔蚵仔煎'이라고 부르는 굴전일 것이다. 스린 야시장 역시 두 집 건너 한 집꼴로 이 굴전을 판매하고 있지만, 맛은 다 비슷비슷하다. 그중에서도 가장 유명한 곳은 스린 야시장의 터줏대감 격인 쭝청하오로, 10년 동안 같은 자리를 지켜온 곳이다. 이곳의 굴전은 우리나라의 밀가루 빈대떡과 모양은 비슷하지만, 전분으로 부치기 때문에 훨씬 더 쫀득쫀득해서 식감이 좋은 편이다. MAP ⑩

ADD 大東路(따똥루)15-32號 **OPEN** 17:00~다음 날 01:00

Spot 2

스린 야시장 대표 메뉴 초대형 치킨가스

하오따 따지파이
豪大大鷄排(호대대계배) Hot-Star Restaurant

스린 야시장의 인기 만점 아이템 중 하나. 가격 대비 양도 엄청나고 맛도 훌륭해서 늘 사람들로 인산인해를 이룬다. 여행자와 현지인 손님의 비율이 비슷할 만큼 현지에서도 인기가 높다. 야시장 입구에 있는 데다가 워낙 사람들이 길게 줄을 서 있어서 가게를 한눈에 알아볼 수 있다. 폭발적인 인기를 바탕으로 이젠 타이완 전역은 물론 우리나라를 포함한 아시아 여러 나라에도 체인점을 뒀다. MAP ⑩

WHERE 야시장 입구 왼쪽으로 바로 눈에 띈다. **OPEN** 15:30~24:00
WEB www.hotstar.com.tw

Spot 3

타이베이 시장 속의 리틀 태국

패션 방콕 FB
食尚曼谷(식상만곡, 스상만구) Fashion Bangkok

스린 야시장 근처에 위치한 태국 레스토랑. 고택을 개조해 만든 곳으로, 타이완 현지인들 사이에서는 이미 입소문 난 레스토랑이다. 일단 인테리어 자체도 고풍스럽고 음식 맛도 훌륭해 주말에는 예약이 필수다. 태국 요리는 우리나라 사람들 입맛에도 잘 맞는 편이라서 어떤 메뉴를 주문할지 고민할 필요가 없어 더욱 반갑다. 복잡한 야시장에서 정신없이 먹는 게 싫다면 이곳에서 느긋하게 저녁식사를 하고 난 뒤 쉬엄쉬엄 산책 삼아 야시장을 구경하는 것도 좋겠다. MAP ⑩

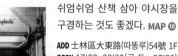

ADD 士林區大東路(따똥루)54號 1F
OPEN 17:00~22:30(금·토 ~23:30)
WEB www.facebook.com/fa.ba.bistro **MRT** 레드 라인 지엔탄劍潭 역 1번 출구에서 도보 10분

Spot 4 고소하고 달콤한 량미엔 맛집
하오펑여우 량미엔
好朋友涼麵(호붕우량면) Good Friend Cold Noodles

4년 연속 미슐랭 가이드 빕구르망 맛집으로 선정된 량미엔 전문점. 참고로 량미엔 涼麵은 땅콩+참깨 소스의 달콤하고 고소한 맛이 꽤 중독적인 타이완식 냉면이다. 이곳의 메뉴는 량미엔 하나뿐이며 계란국을 곁들여 주문할 수 있다. 국수 양과 맵기는 선택할 수 있는데, 매운 맛(大辣)은 불닭 볶음면보다 조금 덜 매운 수준이므로 매운 걸 잘 못 먹는다면 꽤 맵다고 생각될 수 있다. 식사 시간에는 대기가 꽤 있지만, 회전율이 빨라서 오래 기다리지 않아도 된다. 스린 야시장 근처이므로 스린 야시장, 고궁박물원 등에 갈 때 방문하기 좋다. **MAP ⑩**

GOOGLE MAPS good friend cold noodles **ADD** 大南路(따난루)31號 **OPEN** 16:30~23:30 매주 목요일 휴무 **MRT** 레드 라인 스린士林 역 2번 출구에서 도보 10분

Spot 5 스린야시장 근처 빙수 맛집
화창쉬에
花藏雪(화장설)

스린 야시장 근처에 위치한 빙수 전문점. 망고 빙수, 수박 빙수 등의 과일빙수는 물론 말차빙수, 흑임자 빙수, 버블티 빙수, 우유 빙수 등 빙수 종류가 매우 다양하다. 대부분의 메뉴가 NT$160~200 정도이며 입맛에 맞춰 토핑을 추가로 더 주문할 수 있다. 근처 야시장에 비하면 가격대가 조금 높은 편이지만, 매장이 무척 깔끔하고 세련된 분위기에 빙수 재료도 신선하여 방문객들의 만족도가 높다. 하오펑여우 량미엔에서도 도보 1분 거리이므로 식사 후에 디저트 코스로도 안성맞춤이다. **MAP ⑩**

GOOGLE MAPS 3GQG+WF 타이베이 **ADD** 大北路(따베이루)27號 **OPEN** 13:00~21:00 매주 목요일 휴무 **MRT** 레드 라인 스린士林 역 2번 출구에서 도보 10분

2

쾌적하고 깔끔한 추천 야시장
라오허 야시장
饒河街夜市(요하가야시, 라오허지에 이예스)

규모로 보자면 스린 야시장에 이어 타이베이에서 두 번째 큰 야시장. 현지인들에게는 스린 야시장보다 라오허 야시장의 인기가 훨씬 높다. 비록 스린 야시장보다 전체적인 규모는 작을지라도 미로처럼 복잡하지 않고, 약 600m에 이르는 직선으로 깔끔하게 조성되어 있어 걷기에도 편하고 환경도 훨씬 쾌적하기 때문이다. 여행자들의 만족도도 높은 편이므로 타이베이에서 딱 한군데 야시장만 간다면 이곳을 추천하고 싶다.

여느 야시장과 마찬가지로 음식점이 대다수를 차지하지만, 가방, 의류, 기념품 등을 파는 곳도 간간이 자리하고 있어서 구경하는 재미가 나름 쏠쏠하다. 주말에는 어깨를 부딪칠 만큼 많은 사람이 모이지만, 다들 질서를 지켜 차분히 움직이기 때문에 그다지 불편하지 않다. 이곳에서 가장 유명한 건 바로 화려한 장식이 돋보이는 입구이므로 이를 배경으로 인증샷을 꼭 남겨보자. **MAP ②**

GOOGLE MAPS 라오허제야시장
ADD 饒河街(라오허지에)
OPEN 17:00~24:00
WEB www.raohe.com.tw
MRT 그린 라인 쑹샨松山 역 5번 출구에서 도보 3분

Spot
라오허지에 야시장의 대표간식

푸저우 스주 후쟈오빙
福州世祖胡椒餅(복주세조호초병)

화덕 만두인 후쟈오빙胡椒餅이 지금처럼 타이베이를 대표하는 샤오츠 중 하나가 된 것은 이 푸저우 스주 후쟈오빙 덕분이라고 해도 과언이 아니다. 화덕에 탁 붙여서 구워내는 독특한 조리 방식으로 담백하고 후추 향 가득한 매력 만점 만두가 탄생하게 된 것. 지금은 타이베이 곳곳에서 후쟈오빙을 파는 곳을 어렵지 않게 발견할 수 있지만, 그럼에도 자타가 공인하는 최고의 후쟈오빙은 바로 이곳, 푸저우 스주 후쟈오빙이다. MRT 타이베이 처짠台北車站 역 근처에도 지점(195p)이 있지만, 본점은 이곳 라오허지에 야시장이다.

WHERE 249호   **ADD** 饒河街(라오허지에)249號
OPEN 15:30~23:00

+ Writer's Pick +

야시장에서 먹는 따끈따끈 해산물

라오허 야시장에는 다양한 먹거리가 있지만, 그중에서도 가장 눈에 들어오는 건 해산물이다. 야시장의 메뉴는 만두, 과일, 국수 등 가볍게 플길 수 있는 샤노츠가 내무문인 데 반해, 타이베이 라오허 야시장과 까오슝 리우허 야시장(524p)에는 유독 해산물 메뉴가 많은 편이다. 강력한 비주얼과 향 덕분에 그냥 지나치기란 쉽지 않다. 혹시 가격이 비싸지 않을까 걱정할 필요도 없다. 딱 부담 없이 간식으로 먹기 좋을 만큼 작은 그릇에 담아준다. 한 그릇에 NT$250~350 정도이니 해산물치고는 착한 가격. 일회용 비닐장갑까지 챙겨주는 센스에 감동하고, 쫄깃쫄깃한 새우 맛에 또 한 번 감동하게 되는 곳이다.

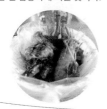

닝샤 야시장

寧夏夜市(영하야시, 닝샤 이예스)

동취東區나 쭝샨中山 등 시내 중심가를 걷다가 문득 야시장 먹거리가 생각 날 때가 있다. 시끌벅적한 야시장의 흥겨움이 간절한데, 멀리 가긴 부남스러 워 망설여진다면 바로 이곳, 닝샤 야시장이 정답이다. 작지만 알찬 야시장으로 현지인들 사이에서 높은 인기를 구가하고 있는 곳. 다른 야시장에 비하면 규모도 한참 작은 데다가 짧은 골목에 오로지 음식 가판만 이어져 있어서 야시장이라기보다는 일종의 먹자골목 같은 분위기다. 최고의 장점은 시내 중심가에 있어 접근이 편리하다는 것. 비록 매장 수도 적고 음식 종류도 상대적으로 다양하지 않지만, 같은 메뉴라도 다른 야시장보다 훨씬 더 맛있다는 게 중론이다. MAP ⑫

GOOGLE MAPS 닝샤 야시장
ADD 寧夏路(닝샤루)
OPEN 17:00~23:30
MRT 레드·그린 라인 쭝샨中山 역 5번 출구에서 도보 10분. 또는 쐉리엔雙連 역 1번 출구에 서 도보 10분

활기찬 대학가의 야시장

스따 야시장

師大夜市(사대야시, 스따 이예스)

국립 타이완 사범대학교 건너편에 있는 스따 야시장은 전형적인 대학가의 풍경이지만, 밤이 되면 동네 전체가 거대한 야시장으로 변신한다. 먹거리가 대다수를 차지하는 다른 야시장과는 달리 각종 보세의류, 소품 등을 파는 매장들이 골목마다 가득하여 구경하는 재미가 넘쳐나고, 먹거리의 종류도 다양해 그야말로 쇼핑과 식사가 모두 해결되는 최고의 야시장이라고 할 수 있다.

특히 타이베이의 대표적인 샤오츠小吃 중 하나인 루웨이滷味(110p) 맛집으로 소문난 떵롱 루웨이燈籠加熱滷味를 비롯해 철판 스테이크로 유명한 우마왕 스테이크牛魔王牛排館 등 이름난 맛집도 곳곳에 있고, 대학가답게 가격대도 부담 없는 편이다. 여행지보다는 우리나라의 어느 대학가 골목을 걷고 있는 듯한 친근감이 느껴지는 곳. 대부분 매장의 영업시간이 16:00~24:00지만, 매장별로 약간씩 차이가 있다. **MAP ⑪**

❶ 야시장 곳곳에서 만날 수 있는 루웨이 전문점

❷ 시장의 전시 공간에서는 가끔 대학생들의 작품전도 열린다.

❸ 난생 처음 보는 길거리 메뉴에 눈이 심심할 틈이 없다.

GOOGLE MAPS 스따야시장
ADD 師大路(스따루)
OPEN 월~금 16:00~23:00,
토·일 16:00~24:00
MRT 그린 라인 타이띠엔 따러우電大樓 역 3번 출구로 나와 우회전해 5분 정도 걸어가면 오른쪽으로 보이는 골목마다 미로처럼 야시장이 형성되어 있다.

Spot 1
따끈따끈한 파인애플 번 사이에 차가운 버터 한 조각

호호미
好好味(하오하오웨이)

홍콩식 파인애플 번 뽀얼뤄빠오菠蘿包 전문점. 테이블 없이 판매대만 있는 아주 작은 가게지만, 현지인과 여행자들의 발길이 끊이지 않는다. 따끈따끈한 파인애플 번 사이에 차가운 버터를 끼워주는 삥훠뽀얼뤄빠오冰火菠蘿包가 가장 인기. 특별할 것 없는 빵이 뭐 그리 맛있을까 싶지만, 막상 먹어보면 계속 생각나는 중독적인 맛이다. 스따 야시장이 본점이고, 동취에도 지점(MAP ⑤)이 있다. **MAP ⑪**

GOOGLE MAPS 호호미빵 **ADD** 龍泉街(롱취엔지에) 19-1號 **OPEN** 일~목 12:00~21:30, 금·토 12:00~22:00 **WEB** www.hohomei.com.tw **MRT** 그린 라인 타이띠엔 따러우台電大樓 역 3번 출구에서 도보 7분

Spot 2
한 개만 먹어도 든든한 수제만두

용펑셩
永豐盛(영풍성)

MRT 역에서 야시장을 향해 걸어가다 보면 사람들이 길게 줄을 서 있는 광경이 눈에 들어온다. 바로 수제만두 전문점인 용펑셩이다. 이곳에는 고기만두, 채소만두, 찐빵 등 각종 재료를 넣은 만두가 종류별로 다양하다. 그냥 만두라고 하기에는 크기가 제법 커서 왕만두라고 부르는 게 맞을 정도. 한 개만 먹어도 뱃속이 든든해져서 지갑 얇은 여행자들에게는 더없이 반가운 메뉴다. 야시장 가는 큰길가에 있어서 찾기도 쉽다. **MAP ⑪**

GOOGLE MAPS yong fung sheng **ADD** 師大路(스따루)111號 **OPEN** 06:00~23:00(월요일은 15:00~22:00) **MRT** 그린 라인 타이띠엔 따러우台電大樓 역 3번 출구에서 도보 2분

Spot 3
바삭바삭 고소한 군만두

쉬지 셩지엔빠오
許記生煎包(허기생전포)

1984년 문을 연 이래 줄곧 한 자리를 지켜온 전통 있는 매장. 메뉴는 딱 하나, 바로 동그란 군만두다. 우리나라의 고기만두와 비슷한 만두를 커다란 프라이팬에 돌돌 구워서 준다. 노릇노릇 먹음직스럽게 익어가는 만두는 보기만 해도 군침이 돈다. 부담 없는 크기에 착한 가격 덕분에 한번 먹기 시작하면 그 자리에서 10개쯤은 쉽게 먹을 수 있다. 야시장 골목을 다니다 보면 커다란 빨간 간판이 눈에 띄기 때문에 찾기도 쉽다.

MAP ⑪

GOOGLE MAPS 2GFH+RH 다안구 **ADD** 師大路(스따루)39巷12號 **OPEN** 15:00~22:00 **WEB** www.hsu-ji.com **MRT** 그린 라인 타이띠엔 따러우台電大樓 역 3번 출구에서 도보 5분

Spot 4

골라먹는 재미가 있는
옌쑤지 전문점

스위엔
師園(사원)

스따 야시장을 대표하는 샤오츠 중
하나로 옌쑤지鹽酥鷄를 빼놓을 수
없다. '시엔쑤지鹹酥鷄'라고도 부르
는 옌쑤지는 마늘과 각종 양념을 더
해 바삭하게 튀겨낸 치킨의 일종으
로, 스위엔은 타이베이 최고의 옌쑤
지 전문점 중 하나로 손꼽힌다. 대표
메뉴인 옌쑤지 외에도 각종 튀김이
종류별로 다양하며, 가판에 있는 재
료 중 먹고 싶은 것을 바구니에 골라
담아 건네면 즉석에서 원하는 소스
로 튀김을 만들어준다. 시먼띵에도
지점이 있다. **MAP ⑪**

GOOGLE MAPS shi yun taiwanese fried
chicken main store **ADD** 師大路(스따
루)39巷14號 **OPEN** 12:00~24:30 **MRT** 그
린 라인 타이띠엔 따러우台電大樓 역 3번
출구에서 도보 5분

Spot 5

큼직한 스테이크로 즐거운
한 끼 식사

우마왕 스테이크
牛魔王牛排館(우마왕우배관,
니우모어왕 니우파이관)

스따 야시장에는 대학가답게 가격
대비 양도 많고 맛도 보장된 맛집
이 직지 않은데, 대표적인 곳이 바
로 우마왕 스테이크다. 입에서 살
살 녹을 만큼 연하고 후추 향이 진
한 타이완식 철판 스테이크를 제대
로 먹어볼 수 있는 곳. 스따 야시장
에만 2곳의 지점이 있고, 라오허 야
시장과 스린 야시장에도 각각 지점
이 있다. 어디에서 먹든 가격은 동
일하고 맛도 비슷하다. **MAP ⑪**

GOOGLE MAPS 우마왕 스테이크 **ADD** 師大
路(스따루)49巷8號 **OPEN** 11:30~14:00,
17:00~22:00 **MRT** 그린 라인 타이띠엔
따러우台電大樓 역 3번 출구에서 도보
6분

Spot 6

스따 야시장에서는
루웨이가 필수

떵롱 루웨이
燈籠加熱滷味(등롱가열로미,
떵롱지아러 루웨이)

루웨이가 맛있기로 유명한 스따 야
시장에서도 가장 이름난 루웨이 전
문점. 신선하고 다양한 재료와 중
독성 강한 양념으로 인기가 높다.
이곳 때문에 좁은 골목길이 더욱
비좁아졌을 정도로 늘 사람들이 인
산인해를 이루는 곳. 원하는 재료
를 바구니에 담아 건네면 루웨이
국물에 자작하게 조리해준다. 매
운맛을 원하면 영어로 '스파이시
Spicy'를 외치거나 중국어로 '칭 뚜
어 라 이디엔請多辣一点'이라고 하
면 된다. 테이블에서 먹으려면 의
무적으로 음료수를 주문해야 한다.

MAP ⑪

GOOGLE MAPS 2GFH+RF taipei **ADD** 師大
路(스따루)43號 **OPEN** 11:30~24:00, 월
요일 휴무 **MRT** 그린 라인 타이띠엔 따러
우台電大樓 역 3번 출구에서 도보 5분

발 마사지, 샴푸 마사지, 경극

타이베이에서 누리는 특별한 재미

여행에서 관광 명소와 맛집
탐방 외에 가볍게 즐길
거리가 한두 개쯤 더해진다면
소소하면서 즐거운 추억이
한층 풍성해질 것이다.
발 마사지와 샴푸 마사지는
어디서나 쉽게 찾을 수 있어서
더욱 반갑다.

1

여행의 피로를 말끔히 씻어주는 잠깐의 휴식

발 마사지

腳底按摩(각저안마, 지아오디 안모어)

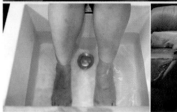

패키지 관광으로 가든 자유 여행으로 가든, 중국과 동남아 국가를 여행할
때 빼놓을 수 없는 코스가 바로 발 마사지다. 전신 풀코스로 마사지를 받는
것도 좋겠지만, 마사지를 받는 게 익숙하지 않거나 전신 마사지의 가격이
다소 부담스러운 여행자에게는 부담 없는 가격으로 여행의 피로를 풀 수
있는 발 마사지가 답이다.
발 마사지의 원조가 타이완이라는 믿거나 말거나 한 이야기가 있을 정
도로 타이완의 발 마사지 사랑은 유별나다. 심지어 번화가에는 발 마사
지 전문점이 너무 많아서 어디로 갈지 고르는 게 더 힘들 정도. 중국이
나 동남아에 비해 가격이 썩 저렴한 편은 아니지만, 그래도 큰 부담 없이
한 번쯤 받아볼만 한 가격이다. 대부분의 발 마사지가 40분 기준으로 약
NT$700~1500. 발 마사지 외에도 전신, 어깨, 등, 복부 등을 선호하는 대
로 고를 수 있고, 아로마 오일, 중국식, 타이식, 추나 등 마사지의 종류도 다
양한 편이다. 무엇보다 중국이나 동남아에 비해 가격이 살짝 비싼 만큼 위
생적이고 청결하며 서비스의 질도 높다. 그러고 보면 가격이 서비스의 질
을 결정한다는 게 틀린 얘기는 아닌가보다.

Spot 1 딱 우리나라 스타일 발 마사지
재춘관 마사지
再春健康生活館
(재춘건강생활관, 짜이춘 지엔캉 성훠관)

꽤 오랫동안 우리나라 단체 관광객들이 주로 찾는 마사지 전문점이었는데, 여행 액티비티 앱에 입점하면서 자유여행객들 사이에서도 입소문이 났다. 동남아 스타일의 부드러운 오일 마사지가 아니라 혈자리를 꾹꾹 눌러서 센 압으로 하는 마사지라서 우리나라 사람에겐 좀 더 익숙할 듯. 우리나라 여러 예능에도 자주 소개된 바 있으며 발마사지 뿐아니라 어깨, 전신 마사지 등도 인기가 높다. 여행 액티비티 앱을 통해 예약하면 할인 혜택을 받을 수 있다. **MAP ②**

GOOGLE MAPS 재춘관 마사지 **ADD** 南京東路(난징똥루)二段8號 2층 **OPEN** 9:30~23:00 **MRT** 오렌지 라인 쏭장난징松江南京 역에서 도보 5분 또는 레드·그린 라인 쭝산 中山 역에서 도보 10분

Spot 2 아프지만 시원한 마사지
밍이
明易養生會館
(명이양생회관, 밍이 양성후이관)

운동선수들이 많이 찾는 마사지 전문점으로 입소문이 난 곳. 실제로 1층 로비에는 여러 선수가 남긴 사인과 기념사진이 벽면을 가득 채우고 있다. 운동선수들을 만족시킬 정도로 다른 곳보다 마사지 압이 센 편. 아프지만 시원한 마사지를 선호하는 사람들 사이에서 특히 평이 좋다. 무엇보다 용캉지에永康街에 위치해 있어서 일정을 마치고 들르기에 편하며, 우리나라 여행자들 사이에서도 꽤 많이 알려진 곳이다. 발 마사지 60분 NT$1100. **MAP ⑦**

GOOGLE MAPS mingyi foot health east gate flagship hall **ADD** 大安區金山南路二段13巷8號 **OPEN** 12:00~23:00 **WEB** mingyi.tw **MRT** 오렌지·레드 라인 똥먼東門 역 3번 출구에서 도보 1분

+ Writer's Pick +

발 마사지 받을 때 필요한 서바이벌 중국어 회화

중국어를 한마디도 못하는데 마사지를 어떻게 받을 수 있을까? 그건 전혀 걱정할 필요가 없다. 우리에게는 만국 공통어 바디랭귀지가 있으니 말이다. 그럼에도 꼭 필요한 서바이벌 중국어를 한두 마디만 외워간다면 관리사의 호감을 얻어 더 정성스러운 서비스를 받게 될지도 모를 일이다.

- **타이 탕 러** 太燙了[tài tàng le] 물이 뜨거워요.
- **칭 쭝 이디엔** 請重一點[qǐng zhòng yìdiǎn] 좀 더 세게 해주세요.
- **칭 칭 이디엔** 請輕一點[qǐng qīng yìdiǎn] 조금 살살 해주세요.
- **쩐 수푸** 眞舒服[zhēn shūfu] 정말 시원해요.

291

Spot 3 소박하지만 친절함은 최고
러티엔 양성후이관
樂天養生會館(락천양생회관)

MRT 쭝샨 中山 역 근처에 위치한 마사지 전문점. 일본 여행자들 사이에서 입소문이 난 곳이다. 유명세를 믿고 갔다가 예상보다 훨씬 더 작고 소박한(?) 시설에 실망하는 사람도 있을지 모르겠으나, 화려한 시설의 발 마사지 전문점 못지않게 깔끔하고 위생적이며, 관리사들의 마사지 솜씨도 수준급이다. 작지만 깔끔하고 조용한 곳에서 도란도란 마사지를 받고 싶은 사람이라면 이곳이 정답이다. 대형 체인점에 비해 가격이 약간 저렴한 것도 매력. 일본 사람이 많이 찾는 곳이라서 우리에게는 압이 좀 약하다고 느껴질 수도 있으니, 이 경우 세게 해달라고 얘기하자.

■ 난징 南京 점
GOOGLE MAPS 로열 인 타이베이 난시(같은 건물 7층) **ADD** 南京西路(난징시루)1號 7F **OPEN** 13:00~23:00, 월요일 휴무 **MRT** 레드·그린 라인 쭝샨中山 역 3번 출구로 나와 직진. 도보 1분 **MAP ❽**

2
나도 한번 받아볼까?
타이완식 샴푸 마사지
台式洗髮(대식세발, 타이스 시파)

사실 샴푸 마사지라고 해서 거창한 뭔가가 있는 건 아니다. 다만 앉은 자리에서 샴푸를 해주고, 그런데도 얼굴이나 옷에 물이 전혀 튀지 않는다는 게 특이할 뿐이다. 물론 마지막 헹굼 때는 우리나라처럼 누워서 받는 절차가 필요하지만, 샴푸를 하고 두피 마사지를 해주는 동안은 그냥 편하게 앉아있으면 된다. 두피 마사지를 하는 동안 샴푸 거품으로 이런저런 모양을 만들어주는 건 일종의 서비스. 그야말로 독특한 인증샷을 찍기에 딱 좋은 이벤트가 아닐 수 없다. 그러므로 큰 기대만 하지 않는다면 시간 여유가 있을 때 한 번쯤 받아보는 것도 즐거운 추억이 될 것이다. 단, 미용실마다 가격대가 천차만별이고 마사지와 서비스 수준의 차이도 상당하므로 사전에 꼼꼼히 문의해보는 게 좋겠다. 일반적으로 쭝샨中山 일대의 미용실이 외국인 여행자를 대상으로 하는 서비스가 잘 준비되어 있는 편이다. 물론 가격도 그만큼 비싼 편임을 고려할 것.

가볍게 즐길 수 있는 알짜배기 마사지

역내 간이 마사지 코너

마사지를 받아볼 마음은 있지만 따로 마사지 전문점에 찾아갈 시간적·경제적 여유가 부족한 여행자라면 타이완의 많은 기차역이나 시내의 몇몇 MRT 역사에 있는 간이 마사지 숍을 찾아가자. 굳이 일부러 찾아가지 않아도 여행하는 동안 한두 번쯤은 만날 수 있을 정도로 곳곳에 많은 편이다.

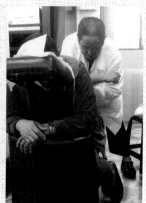

10분 단위로 받는 간편 마사지

마사지를 받는 게 일상화된 나라답게 타이완 대부분의 기차역과 몇몇 MRT 역내에는 마사지 체어 몇 개만 갖추어 놓은 간이 마사지 숍이 자리하고 있다. 마사지사는 대부분 시각장애인이며, 10분 단위로 요금이 책정된다는 점이 독특하다. 지역마다 약간의 차이는 있지만, 일반 마사지 숍보다는 훨씬 저렴해 일반적으로 10분에 NT$100~200 정도 예상하면된다. 10분이면 목과 어깨만, 20분이면 머리, 어깨, 허리, 30분이면 상반신 전체 등 시간별로 마사지 범위가 달라진다.

럭셔리 마사지 전문점이 부럽지 않다

시설이랄 것이 따로 없는 마사지 숍에 마사지사들의 서비스도 다소 투박하고 무뚝뚝하지만, 그렇다고 그들이 실력까지 없을 것이라 생각하면 큰 오산이다. 마사지사 대부분이 베테랑이라 그 어떤 럭셔리 마사지 숍 못지않게 마사지가 시원하고 피로도 확 풀린다. 실제로 퇴근 시간이면 말끔한 양복 차림의 직장인들이 눈에 많이 띌 만큼 여행자보다 현지인이 더 즐겨 찾는 곳이다. 그러고 보면 외국인 여행자들이 주로 찾는 거창한 마사지 전문점도 좋지만, 때로는 이렇게 현지인과 어우러져 따끈따끈한 타이완 문화를 경험해보는 것도 즐거운 추억이 될 것 같다는 생각이 든다.

공연 전 분장 구경부터 공연 후 사진촬영까지!

타이베이 아이

台北戲棚(태북희붕, 타이베이 시펑) Taipei Eye

최근 경극은 중국에서조차 젊은 관람객의 감소로 어려움을 겪고 있다는데, 과연 외국인이 흥미롭게 볼 수 있을지 걱정이 되기도 할 것이다. 하지만 그런 걱정은 접어두어도 좋다. 일단 타이베이 아이의 경극은 재미있다. 수많은 경극 작품 중에서 외국인도 쉽게 즐길 수 있는 작품의 일부 장면만 발췌해 공연하기 때문이다. 공연 시간도 60분 정도로 그리 길지 않아 부담이 없다. 한국어와 일본어 자막이 제공돼 줄거리를 이해하지 못할까 걱정할 필요도 없다. 또한 공연 시작 한 시간 전부터 배우들이 분장하는 모습을 로비에서 직접 볼 수 있고, 페이스 페인팅 체험도 해볼 수 있어서 더욱 흥미진진하다. 공연 후에는 배우들과 기념사진도 찍을 수 있다. 작품은 정기적으로 바뀌며, 플래시만 터뜨리지 않으면 공연 중에도 사진 촬영이 가능하다.

　　타이베이 아이는 반드시 홈페이지를 통해 사전 예약을 해야 한다. 한국인 여행자를 대상으로 할인 이벤트도 자주 진행하므로 미리 홈페이지를 통해 확인해보자. 공연은 매주 수·금·토요일 저녁 8시에 있으며, 좌석은 자유석이라 앉고 싶은 곳에 앉으면 된다. 참고로 한국어 자막 읽기가 가장 편한 곳은 무대를 바라보고 왼쪽 좌석이다. **MAP ❷**

GOOGLE MAPS taipei eye
ADD 中山北路(쭝샨베이루)二段113號3F
PRICE NT$800
OPEN 수·금·토 20:00
WEB www.taipeieye.com(한국어 지원)
MRT 레드·오렌지 라인 민취엔시루民權西路 역 8번 출구에서 도보 10분

타이완 사람들의 명랑한 취미생활

실내 새우낚시 띠아오샤 釣蝦(조하)

타이완 사람들의 취미생활은 굉장히 건전하면서도 활기가 넘친다. 야시장에서 맛있는 간식 먹기, 친구들과 교외로 나가 자전거나 바이크 타기 등이 그들의 대표적인 여가생활이다. 하지만 그중에서도 가장 명랑한 취미생활을 꼽자면 단연 실내 새우낚시일 것이다.

건전하고 소박한 낚시터

'띠아오샤釣蝦'라고 불리는 실내 새우낚시는 타이완 사람들의 취미 생활 중 하나로 꼽힌다. 타이베이 곳곳에 있는 실내 낚시터를 TV나 영화에서 보았던 음침한 도박형 실내낚시터가 아니니 오해 말자. 별다른 장식이랄 것도 없는 소박한 분위기에, 그 자리에서 잡은 새우를 잘 손질하여 꼬치에 끼운 뒤 소금을 뿌려 구워 먹는 게 전부. 지극히 건전해서 오히려 심심하게 느껴지기까지 한다. 행여 운이 따라주지 않아 새우를 거의 잡지 못했다고 해도 실망할 필요는 없다. 새우 외에도 다양한 요리를 추가로 주문해 먹을 수 있기 때문이다. 아예 푸짐한 한 끼 식사로도 손색이 없다.

초보자도 걱정 없는 실내 새우낚시

낚시가 처음인 사람도 카운터에 도움을 청하면 미끼를 끼는 법부터 낚시하는 법까지 친절하게 교육받을 수 있다. 사람이 많지 않으면 시범 삼아 서너 마리쯤 잡아주기까지 하니 도움이 필요할 땐 언제든지 카운터에 문의하자. 일반적으로 사용료는 낚싯대의 개수로 계산하며, 두 사람이 낚싯대 한 개만 빌려도 된다. 매장마다 약간씩 차이는 있지만, 대략 시간당 NT$400~600 정도다.

실내 낚시터는 대부분 타이베이 교외에 있는데, 그중에서도 MRT 스린士林 역 근처이자 양밍샨陽明山 초입인 스산루至善路 일대의 실내 낚시터가 이동하기에 가장 편하다. 주요 낚시터로는 '즈샨 시우시엔 띠아오샤至善休閒釣蝦'와 '처얼룬 띠아오샤창車輪釣蝦場'이 있다. 참고로 일본인이나 서양 여행자들에게 실내 새우낚시는 '쉬림핑Shrimping'이라 불리며, 이미 타이베이 여행의 액티비티 중 하나로 인기를 끈 지 오래다.

■ 즈샨 시우시엔 띠아오샤 至善休閒釣蝦
ADD 至善路(즈샨루)三段13號
WI-FI 무료 **OPEN** 24시간
MAP ❷

■ 처얼룬 띠아오샤창 車輪釣蝦場
ADD 至善路(즈샨루)2段485號
OPEN 10:00~다음 날 03:30, 화요일 휴무
MAP ❷

+ Writer's Pick +

실내 낚시터 가는 법

■ MRT로 가기
MRT 레드 라인 스린士林 역 1번 출구에서 255번 버스를 타고 약 30분 뒤 와이솽시치아오外雙溪橋에서 내리면 그 일대가 모두 실내 낚시터다. 또는 레드 라인 지엔탄劍潭 역 1번 출구로 나와 왼쪽에서 小18, 小19번 버스를 타고 약 30분 뒤 같은 정류장에서 하차한다.

■ 택시로 가기
MRT 레드 라인 스린 역이나 지엔탄 역에서 택시를 타고 즈산루 싼똰至善路三段에서 하차. 15분 정도 소요되며, 요금은 약 NT$170~190.

DAY TRIPS
FROM TAIPEI

더 깊숙이,
타이베이 근교

딴수이

淡水(담수)

가장 아름다운 일몰 명소

DANSHUI

淡水

IN TAIWAN

많은 이들이 타이완에 관심을 두게 해준 영화 《말할 수 없는 비밀》은 지금까지도 타이완의 명품 영화 중 하나로 손꼽히고 있다. 바로 이 영화의 배경이 된 딴수이로 잠시 시간여행을 떠나보자. 설령 그 영화를 본 적이 없다고 해도 괜찮다. 딴수이는 영화 촬영지이기 전에 타이베이에서 가장 아름다운 일몰로 소문난 명품 산책 코스이니 말이다.

타이베이에서 손꼽히는 나들이 명소

타이베이 북부, 딴수이 강과 남중국해가 만나는 항구인 딴수이는 19세기 후반까지 타이완 최대의 항만으로 번영을 누렸다. 1980년대에는 홍콩과 동남아 및 미국을 잇는 중요한 거점 역할을 했지만, 현재는 타이베이 시민들의 주말 나들이 코스로 사랑받고 있다. 시내 중심에서 지하철로 40분이면 도착하는 편리한 위치와 잘 가꾸어진 자전거도로, 그리고 아름다운 일몰까지. 사람들이 좋아할 수밖에 없는 요소를 모두 갖춘 곳이다. 해 질 무렵 부두에 앉아 가슴 먹먹한 일몰을 바라보고 있노라면 여행이 주는 힐링이 바로 이런 게 아닐까 하는 생각에 새삼 마음이 저릿해진다.

WEB www.tamsui.org.tw

딴수이 가는 법 & 딴수이 시내 교통

MRT 레드 라인 딴수이淡水 역 하차

■ 紅(홍)26번 딴수이 시내버스

紅26번 버스는 시내버스지만, 누구나 한 번쯤 꼭 타게 되는 비공식 관광버스(?)다. 요금은 거리와 관계없이 무조건 NT$15. 이국적인 건축물 홍마오청紅毛城을 거쳐 딴수이의 일몰을 볼 수 있는 위런마터우漁人碼頭까지 간다. MRT 딴수이淡水 역 2번 출구로 나와 오른쪽에 보이는 버스 정류장에서 타면 된다.

■ 자전거

딴수이는 자전거를 타기에 정말 좋은 곳이다. 딴수이에도, 건너편 마을 빠리八里에도 자전거도로가 시원스레 잘 만들어져 있기 때문. 실제로 MRT 역에서 위런마터우까지 약 1시간이면 왕복할 수 있는 거리이니 운동 삼아 한번 달려보는 것도 괜찮은 방법이다. 자전거는 강변의 자전거 대여소에서 빌리거나 유바이크를 이용하면 된다.

■ 페리

딴수이 강 건너편에 있는 작은 마을 빠리까지 가려면 딴수이 라오지에淡水老街 근처에 있는 딴수이 마터우淡水碼頭에서 페리를 타야 한다. 사실 '페리'라는 말이 무색할 정도로 약 10분이면 도착하는 짧은 거리지만, 제법 빨리 달리기 때문에 살짝 스릴이 느껴지기도 한다. 딴수이에는 딴수이 마터우와 위런마터우漁人碼頭 2개의 부두가 있으며, 딴수이 마터우에서 위런마터우까지도 페리로 연결된다. 요금은 구간별로 조금씩 다르다. 딴수이 마터우 ⇌ 빠리 구간은 편도 NT$40, 딴수이 마터우 ⇌ 위런마터우 구간은 편도 NT$100. 이지카드 사용 가능.

+ Writer's Pick +

딴수이 반나절 여행을 위한 깨알 팁

❶ 딴수이를 제대로 느끼려면 걷거나 자전거를 타는 게 가장 좋겠지만, 짱짱한 체력과 넉넉한 시간이 필수다. 따라서 갈 때는 걸어서 가고, MRT 역으로 돌아올 때는 버스를 이용하는 것도 좋은 방법이다.

❷ 딴수이 역 1번 출구로 나와 왼쪽으로 강변을 따라 걸어가면 딴수이의 맛집들이 모여 있는 딴수이 라오지에가 나온다. 강변을 따라 길게 이어진 거리도, 그보다 하나 위 블록도 전통거리라는 뜻의 '라오지에老街'라고 부른다. 볼거리도 많아 천천히 둘러보기에 좋다.

❸ 딴수이 건너편 마을 빠리로 가는 페리는 딴수이 라오지에 근처에 위치한 딴수이 마터우淡水碼頭에서 탈 수 있지만, 날씨에 따라 운항하지 않는 경우도 있으므로 매표소에서 꼭 미리 확인해보자.

❹ 딴수이는 인기 명소답게 항상 사람이 많은 편이지만, 주말은 제대로 걷기조차 힘들 만큼 인파가 몰린다. 따라서 가능한 주말은 피하는 게 현명한 선택이다.

❺ 딴수이의 일몰을 볼 수 있는 곳은 아주 많다. 딴수이 강변의 산책로를 비롯해 강변에 위치한 스타벅스 등의 카페, 그리고 작은 마을 빠리의 부두까지. 그래도 항구인 위런마터우의 나무 데크에 앉아서 보는 일몰이 가장 예쁘다는 평이다.

❻ 만약 위런마터우만 방문한다면 경전철인 LRT를 타고 위런마터우 역에서 내려 이동하는 방법도 있다.

299

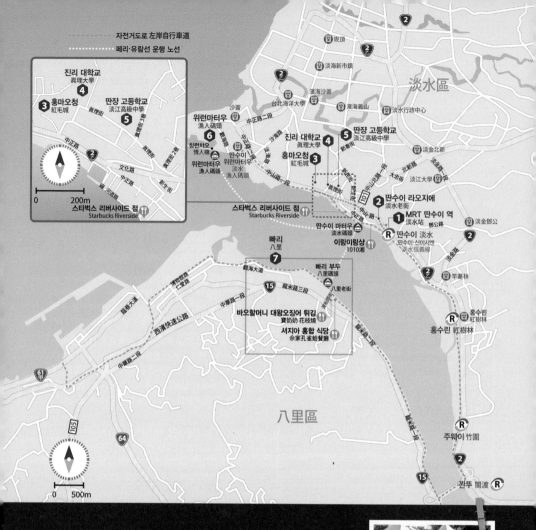

딴수이 추천 코스

■ 조금 느리게 코스 소요 시간: 약 7시간

MRT 딴수이 역 ➡ 도보 2분 ➡ 딴수이 라오지에 걷기 ➡ 딴수이 마터우에서 페리 타고 빠리로 이동 ➡ 페리 10분 ➡ 빠리 도착 ➡ 대왕오징어 튀김 먹기 ➡ 빠리에서 자전거 타기 ➡ 페리 10분+도보 10분 ➡ 다시 딴수이 역으로 ➡ 紅26 버스 타고 홍마오청 구경 ➡ 도보 7분 ➡ 진리 대학교 둘러보기 ➡ 도보 5분 ➡ 딴장 고등학교에서 영화 속 주인공 되기(비정기 개방) ➡ 도보+버스 30분 ➡ 위런마터우에서 일몰 감상 ➡ 紅26 버스 또는 페리 또는 LRT 타고 MRT 역으로 이동

■ 부지런히 코스 소요 시간: 약 3시간

MRT 딴수이 역 ➡ 도보 2분 ➡ 딴수이 라오지에 걷기 ➡ 紅26 버스 타고 홍마오청 구경 ➡ 도보 7분 ➡ 진리 대학교 둘러보기 ➡ 도보 5분 ➡ 딴장 고등학교에서 영화 속 주인공 되기(비정기 개방) ➡ 도보+버스 30분 ➡ 위런마터우에서 일몰 감상 ➡ 紅26 버스 또는 페리 또는 LRT 타고 MRT 역으로 이동

고대 중국을 닮은

MRT 딴수이 역

淡水站(담수참, 딴수이짠)

에브리데이 축제

딴수이 라오지에

淡水老街(담수로가)

고풍스러운 기와가 지하철역을 덮고 있다.

빨간 벽돌의 역사 풍경이 푸근한 분위기를 자아낸다.

강변 산책로

주말이면 발 디딜 틈 없이 사람들로 가득하다.

그래봤자 지하철역이라고 생각할 수 있지만, MRT 딴수이 역은 다르다. 역사를 나오자마자 한눈에 들어오는 길게 이어진 자줏빛 벽은 마치 고대 중국의 성벽을 보는 듯한 거대한 아우라를 드러내고 있으며, 붉은 벽 너머로 보이는 지하철역의 풍경은 마치 고대와 현대가 만나는 SF 영화의 한 장면 같다. 역 앞의 작은 광장에서는 소박한 거리공연이 펼쳐지거나 사람들이 삼삼오오 모여앉아 이야기를 나눈다. 간간이 지나가는 자전거의 행렬은 사진 찍기 좋아하는 여행자들에게는 최고의 모델이다. MAP 300p

GOOGLE MAPS 단수이역

딴수이 라오지에는 행정적으로는 중정로 中正路(쭝쩡루)를 중심으로 한 거리를 가리키지만, 사람들은 강변을 따라 이어진 거리와 그 위 블록의 길을 모두 '딴수이 라오지에'라고 한다. 제법 길게 이어지는 이 거리에는 딴수이에서 유명하다는 맛집과 기념품 가게, 카페 등이 모두 모여 있다. 단, 딴수이에서 가장 번화한 거리답게 평소에도 인산인해를 이루지만, 주말에는 그야말로 제대로 걷기조차 힘든 수준이다. 그러므로 각종 도난 분실 사고 방지를 위해 소지품에 주의를 기울여야 한다.

MAP 300p

GOOGLE MAPS 5C9R+RR 단수이구
ADD 淡水區 中正路(쭝쩡루)
MRT 레드 라인 딴수이淡水 역 1번 출구로 나와 조금만 걸어가면 오른쪽에 산책로가 보인다.

역 뒤편으로 나가면 바로 딴수이 강 산책로가 시작된다.

골목마다 흥미진진 재미난 상점이 끝없이 이어진다.

301

영국과 스페인이 만난 이국적 풍채

홍마오청

紅毛城(홍모성) Fort San Domingo

GOOGLE MAPS 홍마오청
ADD 淡水區 中正路(쭝쩡루)28巷1號
OPEN 월~금 09:30~17:00, 토·일 09:30~
18:00, 매월 첫째 월요일 휴무
PRICE NT$80
MRT 레드 라인 딴수이淡水 역 2번 출구
로 나와 紅26번 버스를 타고 홍마오
청紅毛城에서 하차. 약 15분 소요.
또는 딴수이 역에서 도보 20분

1629년 딴수이를 침략한 스페인이 타이완 지배를 공고히 하기 위한 발
판이자 기지로 삼기 위해 세운 건물. 당시에는 산 도밍고 요새Fort San
Domingo라는 이름으로 불리기도 했다. 홍마오청은 붉은색 벽돌과 아치형
기둥이 전형적인 식민지 건축의 특색을 나타내고 있는데, 1867년부터 약
100년간 영국의 영사관이었다가 1980년부터 타이완 정부 소유로 전환되
어 현재에 이르렀다. 덕분에 이곳은 스페인과 영국의 문화적 색채를 모두
지닌 매력적인 건축물로 재탄생하게 되었다. 두 채의 건물로 이루어져 있
으며, 이 중 한 채가 홍마오청, 또 다른 한 채가 영국 영사관저로 쓰였던 곳
이다. **MAP 300p**

4

옥스퍼드를 닮은 타이완 최초의 대학교

진리 대학교

眞理大學(쩐리따쉬에)

Aletheia University

1882년 서양식 스타일로 지어진 타이완 최초의 대학. 캠퍼스 중앙에 위치한 우진학당牛津學堂(니우진쉬에탕)은 영국 옥스퍼드 대학의 이름을 그대로 빌려와 옥스퍼드 칼리지Oxford College라는 이름을 붙였다고 한다. 중국식 건축 색채가 강하게 풍기는 건물에 영국식 이름을 붙인 것이 아이러니하기도 하다. 이곳은 영화 <말할 수 없는 비밀>의 촬영지인 딴쟝 고등학교 바로 옆에 위치해서 영화에 자주 등장한 덕분에 특히 유명해졌다. 진리 대학교의 대표 건축물인 옥스피드 칼리지는 타이완에서 건축사적 의의가 높다고 평가되어 국가 2급 고적으로 지정되었다. MAP 300p

GOOGLE MAPS 진리대학교
ADD 淡水區 眞理街(쩐리지에)32號
WEB www.au.edu.tw
MRT 레드 라인 딴수이淡水 역 2번 출구로 나와 紅26번 버스를 타고 홍마오청紅毛城에서 하차. 약 15분 소요. 또는 홍마오청에서 도보 7분

5

여기가 바로 거기

딴쟝 고등학교

淡江高級中學(담강고급중학, 딴쟝 까오지쭝쉬에)

Tamkang Senior High School

아름다운 감성이 돋보이는 영화 <말할 수 없는 비밀>의 무대가 되었던 학교. 영화에서는 예술 고등학교로 나오지만, 실제로는 일반계 사립 고등학교이며, 주인공이었던 주걸륜이 졸업한 학교로도 유명하다. 영화의 기억을 떠올리며 교정을 걷다 보면 문득 낯익은 풍경이 눈에 들어온다. 딴쟝 고등학교의 중심에 위치한 팔각형 탑이 딸린 건물이 바로 그곳이다. 예전에는 교정을 자유롭게 둘러볼 수 있었으나, 현재는 비정기적으로 개방하기 때문에 교정에 들어가는 게 쉽지 않게 되어 다소 아쉽다. MAP 300p

GOOGLE MAPS 타이완 담강고등학교
ADD 淡水區 眞理街(쩐리지에)26號
MRT 레드 라인 딴수이淡水 역 2번 출구로 나와 紅26번 버스를 타고 홍마오청紅毛城에서 하차. 약 15분 소요. 또는 딴수이 역에서 도보 25분. 진리 대학교에서 도보 5분

로맨틱한 노을빛의 유혹

위런마터우

漁人碼頭(어인마두)

GOOGLE MAPS 위런마터우 전망대
ADD 淡水區 觀海路(꽌하이루)199號
OPEN 24시간
MRT 레드 라인 딴수이淡水 역 2번 출구
로 나와 紅26번 버스를 타고 종점에
서 하차. 약 20분 소요

+ **Writer's Pick** +

워런마터우가 아니라
워런마터우!

인터넷을 검색해보면 많은 사람
들이 '漁人碼頭'를 '워런마터우'라
고 알고 있다. 하지만 '漁人'은 '어
부'라는 뜻의 중국어로, '위런마
터우漁人碼頭'는 'Fisherman's
Wharf'라는 뜻이다. 즉, '워런마
터우'는 잘못 알려진 발음이므로
현지에선 통하지 않는다. 반드시
'위런 [yúrén]'이라고 발음하자.

'위런漁人'은 중국어로 어부를, '마터우碼頭'는 '부두'를 뜻하는 말이다. 예전에는 타이베이에서 꽤 중요한 항구였지만, 지금은 항구로서의 기능은 거의 사라지고 타이베이에서 손꼽히는 데이트 코스가 되었다. 어업용 배가 드나들었던 부두에는 로맨틱한 목조 데크가 길게 깔려있어 길을 따라 걸으면서 타이베이에서 가장 아름다운 일몰을 볼 수 있다. 어둠이 짙게 깔리면 이제 부두 뒤편으로 보이는 '칭런챠오情人橋'를 걷기에 좋은 시간이다. 샌프란시스코의 금문교를 본떠 만들었다는 아치형 다리 칭런챠오는 총 길이가 164m로, 다리를 따라 환하게 빛나는 조명은 숨겨진 로맨틱한 감성을 자극하기에 충분하다. **MAP 300p**

페리로 10분 거리의 오밀조밀 섬마을

빠리
八里(팔리)

❶

❷

❸

❹

빠리는 딴수이 바로 건너편에 있는 작은 마을이다. 거리 풍경은 딴수이와
비슷하지만, 페리를 타고 10분 남짓 가야 하는 생경함이 주는 매력이 있다.
특히 라오지에老街 중앙에 위치한 대왕오징어 튀김은 빠리에서 꼭 먹어봐
야 할 필수 메뉴. 많은 사람이 빠리를 찾는 이유가 바로 대왕오징어 튀김을
먹기 위해서이기도 하다. 여유가 있다면 자전거 타기도 추천한다. 강을 따
라 길게 이어진 자전거도로는 빠리의 자랑거리. 딴수이보다 한적하기 때문
에 산책하거나 자전거를 타려고 일부러 빠리를 찾는 사람도 적지 않다. 단,
주말에는 사람들에게 치일 각오를 단단히 하고 가는 게 좋을 듯. **MAP 300p**

❺

GOOGLE MAPS bali ferryboat wharf
ADD 新北市 八里區(빠리취)
FERRY 딴수이 라오지에 있는 부두인 딴수이 마터우淡水碼頭에서 페리를 탄다. 편도
　　 NT$40

❻

❶❷ 페리에서 내리면 작고 소박한 마을의 부두와 만날 수 있다.
❸❹ 딴수이보다 규모는 작지만, 알차고 재미있는 빠리의 골목
❺ 딴수이와 빠리를 오가는 페리
❻ 작은 규모의 빠리 페리 탑승장

딴수이와 빠리의 식탁

딴수이와 빠리에는 맛집도 많고 메뉴도 다양하지만, 비싸고 럭셔리한 음식점보다는 조금 허름하고 소박한 음식점이 대부분이다. 지나가다 사람이 많이 몰린 곳이 있다면 그곳이 현지인 맛집일 테니 한 번 도전해보는 것도 좋겠다.

맥주와 환상궁합 초록홍합 요리 대표 맛집
셔지아 홍합 식당
佘家孔雀蛤餐廳(사가공작합찬청, 셔지아 콩취에거 찬팅)
She Jia Peacock Clam Restaurant

빠리의 대표 맛집으로 입소문 난 해산물 레스토랑. 관절 건강에 좋다고 알려진 초록홍합 요리가 대표 메뉴다. '콩취에거孔雀蛤'는 중국어로 초록홍합이란 뜻. 식당 이름이 '초록홍합 대왕'이니 자신감이 어느 정도일지 짐작이 간다. 요리의 비주얼은 소박하지만, 홍합 요리의 맛만큼은 엄지 척이다. 오히려 허름함 덕분에 맛집의 아우라가 배가되는 느낌이 들 정도. 둘이라면 홍합 요리 하나와 밥을 시켜 남은 국물에 비벼 먹기 딱 좋은 양이다. MAP 300p

GOOGLE MAPS she jia peacock
ADD 八里區渡船頭街(뚜찬터우지에)22號
OPEN 11:00~20:00
FERRY 빠리八里 부두에서 하차 후 직진. 도보 1분

유유자적 감상하는 딴수이의 일몰
스타벅스 리버사이드 점
星巴克 河岸門市(싱바커 허안먼스)
Starbucks Riverside

딴수이 일대에서 일몰을 감상할 수 있는 스폿은 꽤 많다. 그중 사람이 가장 많은 곳은 위런마터우漁人碼頭지만, 가장 쾌적하게 감상할 수 있는 곳은 아마도 이곳, 스타벅스 리버사이드 점일 것이다. 사실 여행자들 사이에 입소문이 나면서 일몰을 감상하기에 좋은 2층 테라스 자리는 맡기가 힘들어졌다. 그럼에도 불구하고 느긋하게 커피 한 잔 마시며 붉게 물든 하늘을 마음껏 감상할 수 있는 스타벅스의 위치는 여전히 매력적이다. MAP 300p

GOOGLE MAPS 스타벅스 흐어안먼시점
ADD 新北市淡水區中正路(쭝쩡루)205號
OPEN 월~금 08:00~21:00, 토·일 07:30~22:00
MRT 레드 라인 딴수이淡水 역 1번 출구에서 도보 15분

대왕오징어 튀김의 원조집

바오할머니 대왕오징어 튀김

寶奶奶 花枝燒(바오나이나이 화즈샤오)

빠리에서 꼭 먹어봐야 할 샤오츠 중 하나가 바로 대왕오징어 튀김이다. 일반 오징어 튀김보다 다섯 배쯤 굵은, 그야말로 대왕급 사이즈다. 빠리에서의 인기에 힘입어 이젠 타이베이의 거의 모든 야시장에서 이 대왕오징어 튀김을 만날 수 있지만, 그래도 원조의 힘은 유효해서 가게 앞은 늘 인산인해다. 이곳 오징어 튀김 맛의 비결은 쫄깃쫄깃한 오징어와 이 가게만의 비법으로 만든 튀김옷이다. 소스 없이 그냥 먹어도 약간 짭짤하면서도 끝 맛이 고소한 튀김옷이 이 가게의 성공 비결. 물론 입맛대로 소스를 뿌려 먹을 수도 있다. **MAP 300p**

GOOGLE MAPS 할머니오징어
ADD 八里區 渡船頭街(뚜찬터우지에)26號
OPEN 월~금 11:00~19:00, 토·일 10:00~20:00
FERRY 빠리八里 부두에서 하차 후 직진. 도보 2분

귀엽고 깜찍한 글씨로 적어둔 메뉴판

쫄깃쫄깃 씹는 맛이 일품인
대왕오징어 튀김

바오 할머니 그림이
커다랗게 걸린 대형 간판

타오위엔

桃園(도원)

어린이들의 즐거운 하루 여행 코스

TAOYUAN

桃園

IN TAIWAN

타이베이 북부에 위치한 타오위엔은 우리에게 국제공항이 있는 도시로만 알려져 있다. 하지만 알고 보면 타오위엔은 타이완의 6대 직할시 중 하나로 타이베이에서 가기에 접근성도 좋고 볼거리도 제법 많아서 하루 코스로 다녀오기에 좋은 곳이다. 특히 아쿠아리움 엑스포 파크는 어린이가 있는 가족 단위 여행객들에게는 매우 반가운 곳일 듯.

액티비티와 쇼핑과 고즈넉한 산책까지 종합선물세트

그동안 타오위엔 국제공항으로만 알려져 있었던 타오위엔이 타이베이 근교 여행지로 떠오르기 시작한 건 2020년에 문을 연 아쿠아리움 엑스 파크 덕분일 것이다. 그리고 2022년 12월에 문을 연 시립도서관까지 더해져 또 하나의 매력적인 근교 여행지가 탄생하게 되었다. 타이베이 시내에서 고속열차로 20분 정도면 도착하는 최강의 접근성 또한 타오위엔의 강점 중 하나일 듯. 특히 비가 많이 오는 타이베이에서는 비가 올 때 가기 좋은 선택지가 되어줄 것이다.

타오위엔 가는 법

■ 고속열차 高鐵(까오티에)

타이베이에서 타오위엔까지 가는 가장 빠른 방법이다. 타이베이 역에서 고속열차인 까오티에를 타면 20여 분 만에 타오위엔 역에 도착한다. 요금은 NT$160.
시립도서관을 제외하고는 대부분의 볼거리가 타오위엔 역에서 도보 가능 거리에 위치해 있기 때문에 하루 여행 코스로 접근성이 매우 좋다.

■ MRT

타오위엔 공항 MRT를 타고 까오티에 타오위엔 高鐵桃園 역에서 내린다. 약 1시간 10분 소요. 요금은 NT$150.

타오위엔 추천 코스

소요 시간: 약 4시간

엑스 파크 ➡ 글로리아 아웃렛 ➡ 까오티에 탐색관 ➡ 헝샨 서예예술관

로맨틱한 감성의 아쿠아리움

엑스 파크
Xpark

2020년 8월에 오픈한 아쿠아리움. 남부 도시인 컨딩에 있는 아쿠아리움에 비하면 규모가 아주 큰 편은 아니지만, 적당한 규모에 온 가족이 즐겁게 관람할 수 있도록 알차게 꾸며놓았다. 총 13개 전시관으로 구성되어 있으며, 전시관마다 독특한 테마로 다양한 볼거리를 제공한다. 인증샷을 찍을 수 있는 포토존도 많고, 해파리나 펭귄 등 어린이들이 좋아할 만한 관람관과 체험 코스가 많아서 시간 가는 줄 모를 만큼 흥미진진하다. 특히 색감과 디자인에 공을 많이 들인 게 느껴질 만큼 로맨틱하고 감성적인 비주얼이 돋보인다. 대형 아웃렛인 글로리아 아웃렛과 연결된 덕분에 복합문화공간으로서도 손색이 없으며, 기념품 상점의 규모도 상당하다. 단, 주말에는 관람객이 많아서 다소 불편할 수도 있으므로 되도록 주중에 가는 것을 권한다. 입장권은 인터넷의 여행 액티비티 앱을 통해서 구입하는 것이 조금 더 저렴하다. MAP 309p

GOOGLE MAPS xpark
ADD 桃園市中壢區春德路(춘덜루)105號
OPEN 일~금 10:00~18:00, 토 10:00~20:00
PRICE NT$600, 어린이 NT$270
WEB www.xpark.com.tw
MRT 타오위엔桃園 고속철도 역에서 도보 10분 (구름다리로 글로리아 아웃렛을 가로질러 가야 한다.)

쇼핑과 식사를 한 곳에서

글로리아 아웃렛

華泰名品城(화태명품성, 화타이밍핀청)
Gloria Outlets

기차를 좋아한다면 즐거운 체험 코스

고속열차 박물관

高鐵探索館(고철 탐색관, 까오티에 탄쑤어관)
Taiwan High Speed Rail Museum

타이베이 근교에서 규모가 가장 큰 아웃렛. 고가의 명품 브랜드부터 중저가 브랜드까지 골고루 입점해 있으며, 꼼꼼하게 둘러보려면 두세 시간은 걸릴 정도의 규모이다. 물론 가격만 놓고 보자면 우리나라와 비교했을 때 크게 메리트가 있는 건 아니지만, 운이 좋으면 득템의 기회를 노릴 수도 있다. 쇼핑을 하기 위해 굳이 일부러 찾아갈 필요까지는 없겠지만, 엑스 파크 아쿠아리움과 이어져 있어서 겸사겸사 함께 들르기에 좋다. 푸드코트를 비롯해 음식점도 꽤 다양한 편이므로 이곳에서 식사를 해결하는 것도 좋은 선택이다. MAP 309p

GOOGLE MAPS gloria outlets
ADD 桃園市中壢區春德路(춘덜루)189號
OPEN 월~금 11:00~21:00, 토·일 11:00~22:00
WEB www.gloriaoutlets.com
MRT 타오위엔桃園 고속철도 역에서 도보 1분

기차를 좋아하는 어린이를 동반한 여행객이라면 한 번쯤 가볼 만한 곳이다. 타이완 고속열차의 역사를 비롯해 고속열차의 모든 정보가 세밀하고 꼼꼼하게 전시되어 있다. 고속열차의 운전석 내부를 공개해 실제 앉아보고 체험해볼 수 있는 코너도 있다. 또한 타이완 전역의 기차 노선이 정교한 디오라마로 제작되어 있어서 구경하는 재미가 쏠쏠하다. 참고로, 남부 도시인 까오슝의 보얼예술특구에 위치한 하마싱 철도전시관과 거의 비슷한 구성이다. 입장료는 따로 없지만, 반드시 인터넷으로 예약해야 입장할 수 있다. MAP 309p

GOOGLE MAPS thsr operation management center
ADD 320桃園市中壢區高鐵北路一段2號
OPEN 화~토 09:30~12:30, 14:00~16:30, 일·월·공휴일 휴무
WEB tdiscovery.thsrc.com.tw
MRT 타오위엔桃園 고속철도 역에서 도보 1분

4

선택의 폭이 넓은 푸드코트의 쓰촨요리 전문점

싼완부꿔깡

三碗不過岡
(삼완불과강)

중국의 고대 소설인 수호전에 나왔던 三碗不過岡(삼완불과강, 석 잔을 마시면 고개를 넘을 수 없다는 뜻)은 독주를 가리키는 말인데, 이를 그대로 음식점 상호로 쓰고 있다. 그만큼 음식에 자신이 있다는 표현일 듯. 엑스 파크 바로 옆 건물인 미츠코시 시네마 1층 푸드코트에 있는 쓰촨요리 전문점으로, 규모는 크지 않지만 입소문이 나서 늘 사람이 많다. 엑스 파크 관람을 마치고 가볍게 식사하기에 좋은 위치이며, 메뉴 대부분이 우리나라 사람 입맛에도 잘 맞는 편이다. 이곳 외에도 미츠코시 시네마 1층의 푸드코트에는 딤딤섬을 비롯하여 꽤 많은 식당이 있으므로 입맛에 맞게 고르기에 좋다. MAP 309p

GOOGLE MAPS shin kong cinemas taoyuan qingpu
ADD 桃園市中壢區春德路(춘덜루)107號新光影城 1F
OPEN 월~금 11:00~21:00, 토·일 11:00~22:00
MRT 타오위엔桃園 고속철도 역에서 도보 10분

5

고즈넉하게 산책하기에 좋은 공원과 갤러리

헝샨 서예예술공원

橫山書法藝術公園(횡산서법예술공원,
헝샨 수파이수꽁위엔) Hengshan Calligraphy Art Park

서예에 관심이 있는 여행자라면 꼭 한 번 들러보기에 좋은 서예 공원. 공원 자체는 서예와 직접적인 관련이 없지만, 공원 안에 상당한 규모의 서예 예술관이 있어서 볼거리가 많은 편이다. 공원 안에 큰 호수가 있기 때문에 공원을 한 바퀴 다 돌려면 시간이 꽤 걸릴 정도로 제법 규모가 크다. 공원 곳곳이 아기자기하게 잘 꾸며져 있으며, 예술관에서는 상설 전시 외에 특별 전시도 자주 열리는 편이다. 시간 여유가 된다면 공원을 천천히 산책하고 예술관까지 둘러본 다음, 공원 내 카페에서 차를 한 잔 마시는 유유자적 일정을 계획해보는 것도 좋겠다. MAP 309p

GOOGLE MAPS hengshan calligraphy art park
ADD 桃園市大園區大成路二段
OPEN 24시간
MRT 타오위엔桃園 고속철도 역에서 도보 15분

수묵화 속으로 들어온 게 아닐까
헝샨 서예 예술관
橫山書法藝術館
(횡산서법예술관, 헝샨 수파 이수관)

호수를 따라 서예 예술공원을 걷다 보면 멀리서부터 예사롭지 않은 건물이 눈에 들어온다. 여러 채의 건물이 마치 예술작품처럼 이어져 있는 전경이 마치 한 폭의 수묵화를 보는 듯하다. 바로 서예 예술공원에서 놓치지 말아야 할 핫 스폿인 헝샨 서예 예술관이다. 서예 작품을 전시하는 전문 미술관인 헝샨 서예 예술관은 일단 외관부터 흑백 곡선이 유려하게 이어져 있어서 그 자체로 거대한 예술작품처럼 느껴진다. 상설 전시는 물론 특별 전시도 자주 열리므로 서예에 관심이 있다면 꼭 한 번 들러보자. 미술관을 배경으로 멋진 인생 샷을 찍을 수 있는 포토존도 많아서 더욱 반갑다.

ADD 桃園市大園區大仁路100號 **OPEN** 09:30~17:00, 화요일 휴무 **PRICE** NT$100 **WEB** tmofa.tycg.gov.tw/en

인문학적 풍취가 넘실거리는 찻집
헝샨수일방
橫山水一方(횡산수일방, 헝샨수이 이팡)

공원과 미술관까지 다 둘러보고 나면 슬슬 허기도 지고 다리도 아프기 시작한다. 그럴 때 카페만큼 반가운 곳이 또 있을까. 서예 예술관 1층에 위치한 찻집인 헝샨수일방은 커피와 중국 차, 디저트 메뉴와 딤섬류를 판매하는, 그야말로 동서양을 넘나드는 퓨전 찻집이다. 통유리창 바깥으로 호수가 한눈에 들어오는 최고의 뷰 덕분에 그냥 지나치기 쉽지 않다. 무엇보다 메뉴가 다양하고 가격도 크게 비싸지 않아 간단하게 식사를 하거나 차를 마시면서 여유로운 시간을 보내기에 부담이 없다. 고즈넉하고 세련된 내부 분위기도 마음에 든다.

ADD 桃園市大園區大仁路102號E棟 1F **OPEN** 월~금 09:30~17:30, 토·일 09:30~19:00

6

타오위엔이 자랑하는 최고의 도서관

타오위엔 시립도서관

桃園市立圖書館 新總館(도원시립도서관, 타오위엔 스리투수관 신종관) Taoyuan City Public Main Library

2022년 12월에 개관한 타오위엔 시립도서관은 개관과 동시에 각종 매체에 앞다투어 소개되면서 순식간에 타오위엔의 핫 스폿으로 떠올랐다. 도서관 바로 옆에 있는 타오위엔 아트 센터와 함께 타오위엔 문화 예술의 중심 권역을 형성하게 된 셈이다. 마치 예술 센터처럼 느껴질 만큼 아름다운 외관도 인상적이지만, 도서관 내부 또한 감각적인 공간 구성과 아름다운 인테리어에 감탄이 절로 나온다. 1층에는 일본 츠타야 서점이 입점해 있어서 서점 구경하는 재미도 빼놓을 수 없다. 시립도서관이 위치한 지역은 타오위엔 시내 중심지이긴 하나, 여행객이 찾아가기엔 교통이 다소 불편하다는 점이 유일하게 아쉬운 부분이다. **MAP 309p**

GOOGLE MAPS taoyuan city public main library
ADD 桃園區南平路303號
OPEN 일·월 08:30~16:30,
화·토 08:30~20:30,
매월 마지막 목요일·공휴일 휴관
WEB lifetree.typl.gov.tw
BUS 타오위엔桃園 고속열차 역에서 302번 버스를 타고 약 한 시간 소요. 또는 택시로 약 20분

野柳(야류)

여리우

자연이 만들어 낸 태고의 신비

YEHLIU

野柳

IN TAIWAN

타이베이에서 가장 신기하고 독특하고 기묘한 경치를 보고 싶다면 예리우가 답이다. 혹시 SF 영화의 세트장이 아닐까 싶을 만큼 난생처음 보는 전경은 보는 이들로 하여금 감탄을 자아내게 만든다.

SF 영화 속으로 들어온 듯한 기묘한 풍경

예리우는 타이베이 북동쪽에 위치한 해안공원으로, 정확한 명칭은 예리우 지질공원野柳地質公園 Yehliu Geopark
이다. 아주 먼 옛날 바닷속에 깊이 잠들어 있던 지형들이 솟아오르면서 만들어진, 마치 지구가 아닌 어느 이름 모
를 행성에 떨어진 것 같은 착각을 불러일으키는 신비한 풍경은 타이베이 여행을 더욱 특별하게 만들어준다.

예리우 가는 법

MRT 레드·블루 라인 타이베이 처짠台北車站 역 M2
출구 근처에 있는 구워꽝 커윈國光客運 버스터미널
에서 진칭쭝신金靑中心(진산金山) 행 1815번 버스
를 탄다. 버스는 10~20분 간격으로 운행하며, 약 1
시간 10분 소요, 요금은 NT$98다. 이 버스는 타이
베이 시내의 스쩡푸市府를 지나 예리우로 가므로
MRT 스쩡푸 역 2번 출구와 연결된 시정부 버스터
미널市府轉運站(스푸 좐윈짠)에서 타도 된다. 단, 예
리우가 종점이 아니라 경유 정류장이므로 미리 버스
기사에게 "예리우"라고 말해놓거나 종이에 '野柳'
라 적어서 보여주는 것을 잊지 말자. 버스 정류장에
서 예리우 지질공원 입구까지는 걸어서 약 10분 소
요. 행여 길을 찾지 못할까 걱정할 필요는 없다. 직
진 길인 데다가 워낙 관광객이 많아 사람들만 따라
가면 된다.

타이베이 기차역 동2문 옆 버스 정류장

+ Writer's Pick +

중국어를 한마디도 못 하는데
교외로 여행할 수 있을까?

시내를 벗어나 교외로 나가게 되면 아무래도 긴장할 수밖에 없다. 근교 여행은
버스로 이동할 때가 많고 중간에 갈아타야 하는 경우도 빈번하다 보니 걱정부
터 앞서기 마련. 그러나 너무 걱정할 필요는 없다. 목적지를 한자로 써서 보여
주거나 그냥 '지우펀', '예리우' 등 목적지만 말해도 친절한 버스 기사님이 모
든 것을 알아서 도와주신다. 만약 도움이 필요할 때는 언제든지 주위의 현지인
에게 도움을 청해보자. 친절하고 사교적인 타이완 사람들이 어떻게든 방법을
찾아줄 것이다.

날씨만 받쳐주면 최고의 코스

예리우 지질공원

野柳地質公園(예리우 띠즈꽁위엔) Yehliu Geopark

해수의 침식 작용에 의해 생성된 암석들이 장관을 이루는 지역으로, 공원 입구에서 5분쯤 걸어가면 그야말로 거짓말 같은 풍경이 눈앞에 펼쳐진다. 자연적인 침식과 풍화 작용으로 이렇게 신비한 형태가 만들어질 수 있다는 사실이 놀랍기만 하다. 실제로 예리우의 기암괴석들은 세계 지질학적으로도 중요한 가치가 있는 생태계 자원이란다.

예리우의 수많은 기암괴석 중에서도 가장 인기가 높은 것은 '여왕머리' 바위다. 고대 이집트 네페르티티Nefertiti 여왕의 모습을 닮아서 붙여진 이름으로, 우아한 머리장식과 콧대 높은 여왕의 고고한 자태가 그대로 느껴지는 아우라 덕분에 그녀(?)와 함께 기념사진을 찍으려는 여행자들이 늘 길게 줄을 서 있다. 단, 이곳의 매력을 제대로 느끼기 위해서는 무엇보다 날씨가 관건. 맑은 날에는 에메랄드빛 바다와 쪽빛 하늘이 수많은 기암괴석과 어우러져 경이로운 장관을 이루지만, 비가 오거나 바람이 불면 공원 곳곳이 폐쇄되곤 한다. 또, 맑은 날이라도 지나치게 더울 때는 그늘 하나 없는 뙤약볕에 쉽게 피로해지니 이래저래 자연에 의해 100% 지배되는 곳임을 인정하는 수밖에.

오전에는 단체 관광객이 거의 점령하다시피 해서 소란하므로 한적한 분위기를 원한다면 아침 일찍 서두르는 편이 좋다. 전체를 둘러보는 데 2시간 정도 소요되는데, 시간이 없을 경우 여왕머리 바위를 중심으로 1시간 정도만 둘러볼 수도 있다.

GOOGLE MAPS 예리우 지질공원
ADD 萬里區 野柳里 港東路(강똥루) 167-1號
OPEN 08:00~17:00(7·8월 09:00~18:00)
PRICE NT$120
WEB www.ylgeopark.org.tw

예리우의 최고 인기, 여왕머리 바위

SPECIAL PAGE

타이베이 근교 여행의 또 다른 방법,

택시 투어

볼거리 많은 타이베이에서 제한된 시간 안에 근교까지 둘러볼 수 있는 방법의 하나로 택시 투어가 있다. 짧은 일정으로 타이베이를 찾는 여행자들이 선호하는 여행방식 중 하나로, 이동 시간을 줄이고 쾌적하게 돌아볼 수 있다는 장점이 있다. 또한 차 한 대당 가격으로 계산하기 때문에 일행이 3~4명 정도라면 비용도 크게 부담 없다는 점도 반갑다. 하지만 장단점이 분명하기 때문에 꼼꼼한 사전 검토는 필수다. 또한 버스 투어 상품도 다양한 편이므로 상황에 맞게 선택하는 게 좋겠다.

◆ 택시 투어 코스

■ 예리우+스펀+진꽈스+지우펀
우리나라 여행자들에게 가장 인기가 많은 코스. 8~10시간 소요.

■ 양밍산+예리우+진꽈스+지우펀
동선을 고려했을 때 가장 일반적인 코스. 8~10시간 소요.

■ 예리우+진꽈스+지우펀
여유롭게 천천히 둘러보고 싶은 여행자를 위한 코스. 약 7시간 소요.

■ 진꽈스+지우펀
바쁜 여행자를 위한 핵심 코스. 4~5시간 소요.

■ 화리엔 타이루거 협곡
타이베이에서 당일로 다녀올 수 있는 가장 먼 코스. 새벽 6시에 출발해 저녁 8시까지 약 14시간 소요된다. 단, 도로 사정에 변화가 많으므로 기차로 화리엔까지 이동한 뒤, 현지에서 택시 투어를 이용하는 방법을 추천한다.

※위의 조합은 예시일 뿐이다. 택시 투어는 시간 단위로 이용하는 방식이 대부분이므로 개인적인 여행 취향이나 상황에 맞춰서 코스를 짠다. 픽업과 하차 지점도 원하는 곳으로 정할 수 있다.

◆ 어디에서 예약할까

한인 여행사나 kkday, 클룩, 마이리얼트립 등의 여행 액티비티 앱을 통해 예약하는 것이 가장 편리하다.

◆ 어떤 사항을 고려해야 할까

택시 투어 업체가 급증하면서 선택의 폭이 넓어지긴 했으나 그만큼 가격도 빠른 속도로 상승했고, 가끔은 크고 작은 분쟁도 발생한다. 그러므로 여행 액티비티 앱이 아닌 일반 택시 투어를 선택할 경우에는 합법 업체인지 여부, 보험 가입 여부, 차량 관리 상태, 이용 후기 등을 꼼꼼하게 검토한 뒤 선택하는 과정이 꼭 필요하다. 일반적으로 한국어가 가능한 투어는 조금 비싼 편이다.

◆ 택시 투어의 장단점

[장점]
- 대중교통을 이용하는 것보다 이동 시간이 2배 이상 절약되기 때문에 짧은 일정에 많은 곳을 둘러볼 수 있다.
- 길을 잃거나 버스를 잘못 타서 헤맬 염려가 없다.
- 어르신이나 아이가 있는 경우 여행의 피로감을 줄일 수 있다.
- 대중교통으로는 가기 힘든 시골 마을에도 가볼 수 있다.
- 무더운 여름이나 비가 올 때도 힘들지 않게 여행을 즐길 수 있다.
- 일행이 3~4명일 경우 경제적으로 크게 부담되지 않는 선에서 이용할 수 있다.

[단점]
- 1인당 요금을 기준으로 보면 대중교통을 이용하는 것보다 가격이 훨씬 더 비싸다.
- 일행이 적을 경우에는 비용 면에서 다소 부담스럽다.
- 스스로 찾아가며 여행하는 재미를 느낄 수 없다.
- 택시가 늘 시간에 맞춰 기다리고 있기 때문에 특별히 마음에 드는 곳을 발견해도 그곳에서만 오래 머무르기가 쉽지 않다.
- 여성 혼자 이용하는 것은 되도록 삼가야 하며, 만약 분쟁이나 사고가 발생할 경우 보호받기 어려울 수도 있다.
- 믿을 수 있는 업체인지 미리 철저하고 꼼꼼하게 검토하는 과정이 반드시 필요하다.

지우펀
九份(구빈)

누구나 영화 속 주인공이 되는 마을

JIOUFEN

九份

IN TAIWAN

해가 지고 거리에 홍등이 하나둘씩 켜지기 시작하면 지우펀은 새로운 옷을 갈아입고 여행자들을 유혹한다. 홍등의 붉은 불빛들이 춤을 추듯 넘실거리면서 우리의 마음은 불빛을 따라 일렁이고 홍등이 주는 감성에 기꺼이 취하고 싶어진다.

드라마 같은 역사를 살아온 산간마을

오래전 타이베이 북쪽에는 아홉 가구가 옹기종기 모여 살던 작은 산간마을이 있었다. 어느 날 그곳에서 금광이 발견되면서 1920~1930년대에는 아시아 최대의 탄광촌으로 타이완에서 손꼽히는 부자 마을로 번성했다. 하지만 광산업이 시들면서 마을도 쇠락하기 시작했는데, 영화 <비정성시悲情城市>가 이곳에서 촬영되면서 마을은 관광지로 변모했다. 일본의 애니메이션 <센과 치히로의 행방불명>에 나온 길의 모티브를 제공했다는 것까지 알려지면서 이젠 타이베이를 대표하는 명소로 수많은 관광객을 불러 모으고 있다. 산비탈을 따라 구불구불 이어지는 골목길과 가파른 계단, 그리고 바다와 산이 한눈에 내려다보이는 전망대까지, 현대화된 도시가 결코 흉내 낼 수 없는 감성이 곳곳에서 묻어난다.

늘 수많은 관광객이 몰리고 골목엔 취두부 냄새가 강렬하여 그 매력이 급감하고 있다는 의견도 적지 않은 게 사실이지만, 그럼에도 지우펀만이 지닌 감성은 여전히 강렬하다.

지우펀 가는 법

■ 버스

MRT 블루 라인 쭝샤오푸싱忠孝復興 역 2번 출구로 나와 오른쪽으로 보이는 버스 정류장에서 진꽈스金瓜石 행 1062번 버스를 타면 지우펀을 거쳐 진꽈스까지 간다. 버스는 15~30분 간격으로 운행하며, 지우펀 라오지에九份老街 정류장까지 약 1시간 소요. 요금은 NT$101.

■ 기차

타이베이 기차역에서 루이팡瑞芳 행 기차를 타고 루이팡 역에 내리면 역 광장 건너편에 지우펀과 진꽈스 방면으로 가는 버스가 여러 대 있다. 루이팡에서 지우펀까지 약 20분 소요. 요금은 NT$15.

타이베이에서 루이팡까지 가는 기차로는 가장 빠른 쯔챵하오自强號나 그보다 조금 느린 쥐꽝하오莒光號, 통근기차인 취지엔처區間車 등을 탈 수 있다. 구간이 짧아서 기차 등급별 소요 시간의 차이는 거의 없으니 그냥 빨리 오는 걸 타면 된다. 단, 취지엔처는 지정석이 아니므로 서서 가게 될 수도 있다. 기차는 약 30분 간격으로 운행하며, 쯔챵하오는 약 40분, 쥐꽝하오는 약 55분, 취지엔처는 약 1시간 10분 소요된다. 요금은 쯔챵하오 NT$76, 쥐꽝하오 NT$59, 취지엔처 NT$49.

지우펀에서 타이베이 시내로 돌아갈 때 직행버스인 1062번에 사람이 너무 많은 경우 이처럼 버스로 루이팡까지 간 다음, 루이팡에서 기차로 갈아타는 것도 좋은 방법이다.

지우펀 추천 코스

소요 시간: 약 2시간

지산지에 입구 ➡ 도보 1분 ➡ 라양에서 고양이 인형 구경하기 ➡ 도보 3분 ➡ 스청타오디에서 오카리나 구경하기 ➡ 도보 5분 ➡ 아쭈 쉬에짜이샤오에서 땅콩전병 아이스크림 맛보기 ➡ 도보 7분 ➡ 수치루 계단을 따라 내려가며 인증샷 남기기 ➡ 찻집에서 차 마시며 홍등이 켜지길 기다리기 ➡ 홍등이 켜지면 홍등이 넘실대는 지우펀 골목과 야경 감상하기 ➡ 타이베이로 이동

따밍이 양밍샨·온천단지 예리우
양밍샨·국가공원 지룽 진꽈스
신베이터우 **지우펀**
타이베이 핑시선 기차
타오위엔 잉꺼
찐샤
우라이 지아오시
이란

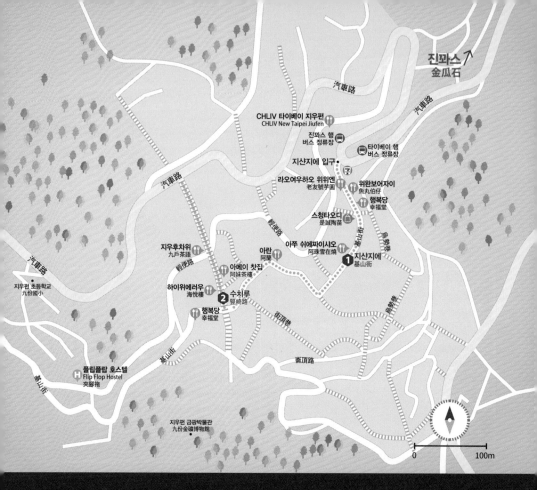

진꽈스↗
金瓜石

汽車路

CHLIV 타이뻬이 지우펀
CHLIV New Taipei Jiufen

진꽈스 행
버스 정류장

타이뻬이 행
버스 정류장

지산지에 입구🛈

라오여우하오 위위엔
老友號芋圓

위완보어자이
魚丸伯仔

행복당
幸福堂

스청타오디
是誠陶笛

지우후차위
九戶茶語

아주 쉬에짜이샤오
阿珠雪芋燒

지산지에
基山街①

아란
阿蘭

아베이 찻집
阿妹茶樓

하이위에러우
海悅樓

수치루
豎崎路②

지우펀 초등학교
九份國小

汽車路

행복당
幸福堂

街頂巷

플립플랍 호스텔
Ⓗ Flip Flop Hostel
夾腳拖

崙頂路

基山街

지우펀 금광박물관
九份金礦博物館

0   100m

: MORE :

홍등이 켜지는 환상적인 시간

홍등이 켜진 지우펀의 야경을 보고 싶디면 시긴을 질 맞춰서 가는 게 중요하다. 시기별로 약간씩 차이가 있지만, 대략 여름에는 6시 30분, 겨울에는 5시 30분 정도면 홍등이 켜진다. 매장마다 영업시간이 조금씩 다르긴 하지만, 일반적으로 저녁 7시 정도부터 하나둘씩 문을 닫기 시작해 저녁 10시에는 홍등이 거의 꺼진다. 따라서 지우펀의 매력을 제대로 느끼고 싶다면 1박을 하는 것도 좋은 방법이다.

라오지에老街? 늙은 거리?

타이뻬이 근교의 유명한 거리를 보면 너나 할 것 없이 뒤에 '라오지에老街(로가)'라는 말이 붙어 있다. 지우펀 라오지에九份老街, 딴수이 라오지에淡水老街, 우라이 라오지에烏來老街, 스펀 라오지에十分老街 등 마치 추임새처럼 따라다니는 이 '라오지에'라는 말은 우리나라로 치면 '전통 거리'쯤 되는 말이다. 즉, 어떤 특정한 지역을 가리키는 고유명사가 아니라 우리나라 인사동의 전통 거리처럼 뒤에 붙어서 'OO 전통 거리'라는 의미다. 라오지에에는 주로 전통 먹거리들과 상점들이 모여 있어서 라오지에를 걷는 것만으로도 흥미진진한 경험이 된다.

처음 만나는 지우펀

지샨지에

基山街(기산가)

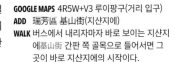

버스나 택시에서 내려 지우펀 라오지에九份老街 입구로 들어서면 제일 먼저 만나는 골목. 타이베이, 진꽈스, 지롱으로 가는 모든 버스가 이 지샨지에 앞에서 출발한다. 모든 출발과 도착이 이루어지는 지우펀의 관문이라고도 할 수 있는 곳이다.

지우펀에서 이름난 맛집들과 기념품 가게들은 거의 이 지샨지에에 몰려있다. 그야말로 지우펀의 모든 상권(?)을 책임지고 있는 메인 스트리트라고 해도 과언이 아닐 듯. 따라서 이곳에서는 빠른 발걸음보다는 느긋한 마음과 준비된 지갑이 필요하다. 급히 지나치지 말고 하나씩 하나씩 꼼꼼하게 구경하며 맛이 궁금한 간식거리는 한번 먹어보기도 하면서 천천히 둘러볼 것을 권하고 싶다. 설령 골목에서 만나는 샤오츠小吃를 모두 다 한 개씩 먹어본다고 해도 그리 부담되는 가격이 아니니 이런 생경함이 주는 즐거움을 지샨지에 안에서 한껏 만끽해보는 게 어떨까.

MAP 322p

GOOGLE MAPS 4R5W+V3 루이팡구(거리 입구)
ADD 瑞芳區 基山街(지샨지에)
WALK 버스에서 내리자마자 바로 보이는 지샨지에基山街 간판 쪽 골목으로 들어서면 그곳이 바로 지샨지에의 시작이다.

지샨지에의 기념품 & 간식

사실 지샨지에는 걷기에 쉬운 골목은 아니다. 사람도 아주 많고 취두부 냄새도 코를 찌른다. 하지만 사람이 많은 만큼 볼거리도 많고 먹거리도 많다. 취두부 냄새를 잠시 견딜 수 있다면 구경하는 재미와 먹는 재미를 알차게 느껴볼 수 있을 것이다.

행복한 버블티 타임

행복당

幸福堂(싱푸탕) Xing Fu Tang

시먼띵에 본점을 두고 있는 행복당은 우리나라 여행자들에게도 많이 알려진 버블티 브랜드 중 하나이다. 특히 이곳의 흑당 버블티는 멈출 수 없는 강렬한 맛으로 인기가 높다. 해외 지점이 많은 것에 비해 정작 타이완 내에는 시먼띵 본점 한 곳뿐이었다. 다행히 지우펀에 지점이 생겨서 많은 인기를 얻은 덕분에 현재 지우펀에만 2개의 지점을 보유하고 있다. 참고로 지우펀의 두 지점 중에서는 지샨지에基山街 가장 안쪽에 위치한 신베이 지우펀 점이 더 맛있다는 평이다. **MAP 322p**

- **신베이 지우펀 新北九份 점**
  GOOGLE MAPS 4R5V+25 루이팡구
  ADD 基山街(지샨지에)175號
  OPEN 12:00~20:00
  WEB www.xingfutang.com.tw

- **지우펀 지우따오커우 九份舊道口 점**
  GOOGLE MAPS 4R5W+P6 루이팡구
  ADD 基山街(지샨지에)5號
  OPEN 12:00~20:00

- **시먼띵 西門町 점**
  GOOGLE MAPS 싱푸탕 시먼 점
  ADD 萬華區漢中街(한쭝지에)101號
  OPEN 08:30~24:00

60년 전통의 어묵집

위완보어자이

魚丸伯仔(어환백자)

무려 60년의 전통을 자랑하는 타이완식 어묵 전문점. 신선하고 말랑말랑한 어묵 맛으로 명성이 자자하여 현지인이 더 많이 찾는 곳이다. 이 어묵을 먹기 위해 일부러 지우펀까지 찾아오는 사람이 적지 않을 정도. 대표 메뉴로는 동그란 어묵탕인 위완탕魚丸湯과 국물이 자작한 국수인 깐동펀乾冬紛 등이 있다. 동펀冬紛은 녹두 녹말로 만든 국수로, 우리나라의 당면과 거의 비슷한 모양이지만 훨씬 더 쫄깃쫄깃하다. 위완탕과 깐동펀을 같이 먹으면 가장 환상적인 조합. 타이베이의 지롱基隆 야시장에도 매장이 있다. **MAP 322p**

ADD 基山街(지샨지에)17號
OPEN 화~금 10:00~19:00,
토·일 10:00~21:00, 월요일 휴무

핸드메이드 오카리나

스청타오디

是誠陶苗(시성도묘)

핸드메이드 오카리나 진문점. 사실 오카리나는 여행지에서 사기에 그다지 평범한 아이템이 아닌데도 이곳은 늘 사람들로 북적인다. 오카리나는 크기에 따라 소리도 다른데, 작은 오카리나는 맑고 투명하고 청아한 소리인 데 비해 큰 오카리나는 묵직함과 애잔함이 진하게 묻어난다. 이곳의 오카리나는 모두 수제품으로, 가격은 NT$100~700 선이며 종류와 크기가 다양하다. 그림과 한자로 되어 있는 오카리나 연주법 설명서가 함께 들어있어서 선물하기에도 좋다. **MAP 322p**

ADD 基山街(지샨지에)8號　　**OPEN** 10:00~18:00

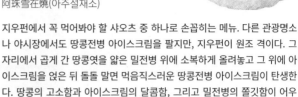

지우펀의 명물 토란경단
라오여우하오 위위엔
老友號芋圓(로우호우원)

'위위엔芋圓'은 토란을 반죽하여 빚은 일종의 경단으로, 겉보기엔 사탕이나 젤리 같은데 물에 담그면 마치 요술처럼 말랑말랑한 떡으로 변하는 샤오츠다. 지우펀에는 위위엔 가게가 셀 수 없이 많지만, 그중에서도 가장 유명한 곳은 바로 이곳. 달지 않고 부드러우면서도 쫄깃쫄깃한 맛으로 인기가 높다.

주문 방법은 간단하다. 따뜻한 것과 차가운 것 중에 선택한 뒤, 몇 가지 토핑을 추가하면 끝. 토핑은 땅콩花生仁(화성런), 녹두綠豆(뤼떠우), 팥紅豆(홍떠우), 연밥蓮子(리엔즈) 등이 있다. 개인적으로는 차가운 맛을 추천하고 싶다. 천연 재료로만 만들기 때문에 건강해지는 느낌은 보너스.
MAP 322p

ADD 基山街(지샨지에)4-4號
OPEN 08:30~20:30

타이완 원조 땅콩전병 아이스크림
아쭈 쉬에짜이샤오
阿珠雪在燒(아주설재소)

지우펀에서 꼭 먹어봐야 할 샤오츠 중 하나로 손꼽히는 메뉴. 다른 관광명소나 야시장에서도 땅콩전병 아이스크림을 팔지만, 지우펀이 원조 격이다. 그 자리에서 곱게 간 땅콩엿을 얇은 밀전병 위에 소복하게 올려놓고 그 위에 아이스크림을 얹은 뒤 돌돌 말면 먹음직스러운 땅콩전병 아이스크림이 탄생한다. 땅콩의 고소함과 아이스크림의 달콤함, 그리고 밀전병의 쫄깃함이 어우러져 최고의 간식으로 태어나는 것. **MAP 322p**

ADD 基山街(지샨지에)20號
OPEN 10:00~19:00

줄 서서 먹는 떡집
아란
阿蘭(아란)

현지인들에게 오히려 더 인기가 많은 전통 맛집. 규모도 제법 커서 매장 안에서는 적지 않은 아주머니들이 옹기종기 모여 앉아 마치 가내수공업 공장처럼 일하고 있다. 이곳의 메뉴는 떡이다. 우리나라의 쑥떡과 비슷한 맛으로, 안에 팥甜紅豆(티엔홍떠우), 녹두鹹綠豆(시엔뤼떠우), 절인 채소酸菜(쏸차이) 등 다양한 재료가 들어 있다. 팥이 들어간 티엔홍떠우가 우리 입맛에 제일 잘 맞는 편이다. **MAP 322p**

ADD 基山街(지샨지에)90號
OPEN 월~금 09:00~19:00, 토·일 09:00~20:30

325

② 지우펀 홍등의 하이라이트
수치루
竪崎路(수기로) Shuqi Road

지우펀에서 가장 유명한 홍등 명소. 좁고 가파른 계단으로 이루어진 외길로, 양옆으로는 찻집과 음식점들이 빼곡하게 들어서 있다. 평소에도 관광객들이 몰려 인산인해를 이루지만, 비가 오는 날엔 우산과 사람들이 뒤엉켜 움직이기도 쉽지 않다. 덕분에 '지옥펀'이라는 불명예스러운 별명까지 생겼을 정도. 하지만 그럼에도 홍등이 주는 로맨틱한 느낌에 반해 여전히 수많은 사람이 이곳을 찾는다.

사람 많은 지우펀에서 그나마 쾌적하게 홍등이 켜진 야경을 즐길 수 있는 방법은 바로 찻집이다. 전망 좋은 찻집에 앉아 느긋하게 야경을 감상하면 복잡한 지우펀도 한없이 사랑스러워진다. **MAP 322p**

GOOGLE MAPS shuqi road
ADD 瑞芳區 竪崎路(수치루)
WALK 지샨지에를 따라 안으로 들어가면 155號 상점 앞 작은 사거리에서 오른쪽으로 좁은 계단이 나온다. 그 계단이 바로 수치루다.

: MORE :

지우펀에서 1박하기

지우펀에 오는 여행자는 대부분 늦은 오후나 저녁 무렵 도착해서 1~2시간 정도 머물다가 서둘러 타이베이 시내로 돌아간다. 여행자들이 빠져나간 저녁 7시쯤부터 홍등이 모두 꺼지는 밤 10시까지, 그리고 이른 아침은 지우펀의 '찐' 매력을 만날 수 있는 시간이다. 그러므로 일성에 여유가 있다면 지우펀에서의 1박을 추천한다. 특히 지우펀에는 뷰가 멋진 독채 숙소도 적지 않아서 숙소에 머무는 것만으로도 힐링이 된다.

● 숙소 예약 팁
지우펀의 숙소들은 현지인에게도 인기가 높기 때문에 인기 숙소를 주말이나 성수기에 예약하려면 몇 달 전부터 서둘러야 한다. 단, 숙소 중엔 대중교통으로 접근이 어려운 곳도 있으니, 위치를 잘 확인할 것. 참고로 지우펀에서의 1박 앞뒤로 묵는 타이베이 시내 호텔을 같은 곳으로 예약하면 무거운 짐은 호텔에 맡겨놓고 가볍게 지우펀을 찾을 수 있다.

차 한 잔의 휴식
아메이 찻집
阿妹茶樓(아메이 차러우)

가파른 수치루 계단 한가운데라는 백
만 불짜리 위치에 자리한 아메이 찻집.
영화 <비정성시>의 촬영장이었딘 높
은 인지도를 바탕으로 지우펀에서 유
명한 명소 중 하나가 되었다. 찻집 입
구도, 전경도 워낙 강렬하고 화려해서
굳이 들어가지 않더라도 인증샷은 꼭
남기는 지우펀의 대표적인 뷰포인트
중 하나다. **MAP 322p**

GOOGLE MAPS 아메이차루   **ADD** 瑞芳區 崇文
里(총원리)下巷20號   **OPEN** 10:00~21:30
WALK 수치루 계단 아래로 내려가면 오른쪽에
입구가 있다.

Spot 2 홍등을 볼 수 있는 최고의 포토 스폿
하이위에러우
海悅樓(해열루) Skyline Tea House

지우펀 최고의 전망을 자랑하는 곳. 지우펀에서 홍등이 켜진 수치루를 한눈에 내려다볼 수 있는 위치로는 하이위에러우를 따라갈 곳이 없다. 특히 테라스 자리는 백만 불짜리 사진을 찍을 수 있는 최고의 포토 포인트. 그 덕에 웬만해선 빈자리를 찾는 게 쉽지 않다. 저렴한 가격은 아니지만, 전통 차 세트를 주문하면 남은 찻잎은 집에 가져갈 수도 있다. 비싼 만큼 차의 품질도 좋은 편. 여행 액티비티 앱을 통해 미리 예약을 하고 가면 기다리는 시간 없이 바로 들어갈 수 있어 편리하다. **MAP 322p**

GOOGLE MAPS 해열루경관차방 **ADD** 瑞芳區九份豎崎路(수치루)31號 **OPEN** 11:00~20:00 **WALK** 수치루를 따라 내려가다가 계단 중간 왼쪽에 있다.

Spot 3 조용하고 고즈넉한 찻집
지우후차위
九戶茶語(구호다어)

수치루 계단 아래쪽에 자리한 지우후차위에서는 창밖으로 고요하고 광활한 바다가 내려다보인다. 1층은 상점, 2층은 음식점, 3층은 찻집으로 구성되어 있으며, 3층 찻집의 바깥쪽에는 작은 테라스가 있어서 사진 찍기에도 좋다. 차 메뉴가 대부분이지만, 분위기에 들뜬 여행자들을 위해 간단한 안주와 맥주 한 병으로 구성된 맥주 세트도 준비해놓았다. 바로 옆 골목에 2호점이 있다.

MAP 322p

GOOGLE MAPS 4R5V+G8 신베이시 **ADD** 新北市瑞芳區九份輕便路(칭비엔루)300號 **OPEN** 09:00~20:00 **WEB** www.kunohe.com.tw **WALK** 아메이 찻집을 지나 수치루 계단 아래로 내려가면 왼쪽에 입구가 있다.

하이위에러우에서 바라본 아메이 찻집

비 오는 날 걷기 좋은 황금도시

진꽈스
金瓜石(금과석)

옛 황금도시 진꽈스는 옆 마을 지우펀과 함께 사람들의 주목을 받기 시작했지만, 여전히 지우펀의 인기에 눌려 마치 지우펀의 별책부록 같은 느낌으로 인식된 게 사실이다. 하지만 과연 진꽈스의 매력은 그 정도뿐일까?

찬란했던 황금도시, 그 이후

일본 점령기, 타이베이 북쪽 작은 마을 진꽈스에서 금광이 발견되면서 당시 2차 세계대전을 준비하던 일본은 이 작은 황금도시를 본격적으로 개발하기 시작했다. 하지만 금이 고갈되면서 1980년대, 결국 탄광촌을 폐쇄하기에 이르렀다. 그렇게 마을의 운명이 끝나나 싶었는데, 똑똑한 타이완 정부는 이곳을 멋진 관광도시로 개발했다. 시끌벅적 복잡한 곳보다 고즈넉하고 조용한 분위기를 좋아한다면 진꽈스가 정답이다.

진꽈스 가는 법

■ 타이베이에서

MRT 블루 라인 쭝샤오푸싱忠孝復興 역 2번 출구로 나와 오른쪽으로 보이는 버스 정류장에서 1062번 버스를 타면 지우펀과 진꽈스 황진보우관(황금박물관)金瓜石(黃金博物館) 정류장을 지나 진꽈스 취엔지탕金瓜石(勸濟堂)까지 간다. 버스는 15~30분 간격으로 운행하며, 진꽈스 황진보우관 정류장까지 약 1시간 10분 소요. 요금은 NT$113.

TIME 타이베이 발 첫차 월~금 06:55, 토·일·공휴일 07:10, 진꽈스 발 막차 월~금 21:35, 토·일·공휴일 21:30

■ 지우펀에서

지우펀 라오지에九份老街 버스 정류장에서 진꽈스 행 버스를 타고 약 10분 소요. 요금은 NT$15.

진꽈스 추천 코스

소요 시간: 2~3시간

황진보우관취 입구의 관광안내소에서 지도 받기

⬇ 도보 2분

광공식당에서 광부 도시락으로 점심식사

⬇ 도보 1분

일본식 별장, 타이즈 삔관 구경하기

⬇ 도보 2분

황금박물관 관람하기

⬇ 도보 7분

철길 따라, 오솔길 따라 산책하기

⬇

낭만호 891번 투어버스 탑승

⬇ 버스 15분

음양해, 황금폭포 구경하기

⬇

타이베이 또는 지우펀으로 이동

+ Writer's Pick +

산비탈의 알록달록 전원주택?

차를 타고 지우펀을 지나 진꽈스로 이동하다 보면 도로 옆 산 전체에 알록달록 예쁜 집들이 모여 있는 전경이 눈에 들어온다. 전원주택이 모여 있는 걸까 싶지만, 이 수많은 집은 모두 무덤. 일명 '죽은 자들의 골목'이라고 불리는 곳이다. 어찌 보면 오싹해질 풍경일 수도 있는데, 신기하게도 이집트나 그리스의 그것처럼 신비롭고 낯설기보다는 마치 동네 여느 풍경처럼 익숙하게 다가온다. 아마도 같은 동양권 국가로서 전통적인 유교, 불교 사상을 바탕으로 한 삶과 죽음에 대한 관념이 비슷한 데서 비롯된 친근감일지도 모르겠다.

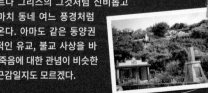

331

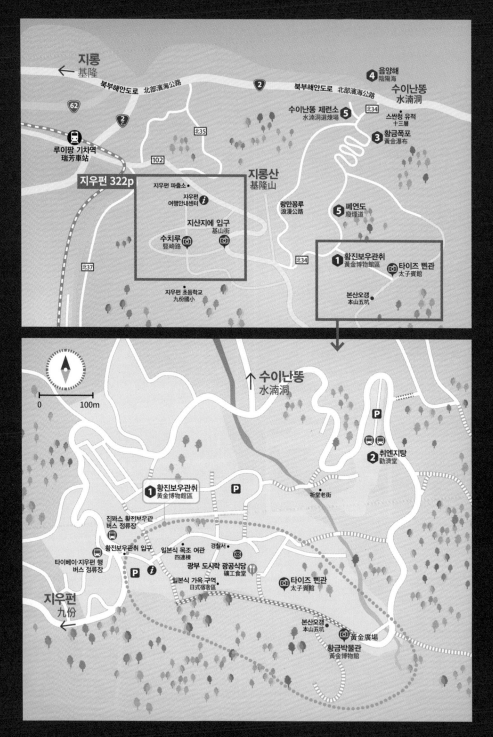

1
산책하기 좋은 고즈넉한 마을
황진보우관취
黃金博物館區(황금박물관구) Gold Ecological Park

오디오가이드를 대여하면
표식마다 멈춰 서서
오디오 안내를 받을 수 있다.

■ **진꽈스 보우관취** 金瓜石博物館區
Gold Ecological Park
GOOGLE MAPS 4V45+FV 루이팡구
ADD 瑞芳區 金瓜石 金光路(진꽝루)8號
BUS 진꽈스 황금박물관金瓜石(黃金博物館) 정류장에서 하차 후 표지판을 따라 도보 1분

여행자들은 진꽈스를 지우펀 가는 길에 잠시 짬을 내어 들르는 곳 정도로만 생각하지만, 알고 보면 진꽈스는 꽤 매력적인 관광 스폿이다. 옛 탄광기차가 다녔던 철길을 따라 도란도란 걸어볼 수도 있고, 산길을 따라 조성된 산책로까지 조금 더 깊이 들어가 볼 수도 있다. 또한 20세기 초 일본식 목조건물들이 그대로 남아있어서 근대 타이완의 색채를 느낄 수 있다는 점도 매력적이다. 타이완식 돈가스덮밥을 도시락에 담아 판매하는 일명 '광부 도시락'은 이곳에서 꼭 먹어보아야 할 별미.
관광안내소에서 한국어 무료 오디오가이드를 대여할 수 있으니 시간 여유가 있다면 오디오가이드를 이용해보자. **MAP 332p**

타이완식 일본 벤또
Spot 1 광부 도시락 광공식당
礦工食堂(광꽁스탕)

진꽈스의 명물로 꼽히는 돼지갈비덮밥 도시락 전문점. 일명 '광부 도시락'으로 불리는 쾅꽁 삐엔땅礦工便當은 타이완식 돼지갈비 덮밥을 일본식 벤또에 담은 일종의 퓨전 메뉴다. 우리나라 사람들 입맛에도 잘 맞는 편이라 부담 없는 한 끼 식사로 충분할 듯. 특히 다 먹고 난 뒤 도시락통과 진꽈스 지도가 그려진 보자기, 그리고 젓가락을 기념으로 가져갈 수 있다. 소소하지만 기발한 센스 하나로 사람들의 아날로그 감성을 제대로 자극한 상품이 아닐 수 없다.

광부 도시락은 NT$290지만, 같은 메뉴를 도시락에 싸지 않고 먹으면 NT$180이므로 굳이 도시락을 기념으로 가져가지 않을 사람이라면 음식만 주문하는 편이 낫다. 도시락 없이 주문할 경우 그냥 접시에 담아 준다. **MAP 332p**

GOOGLE MAPS 광공식당
ADD 瑞芳區 金光路(진꽝루)8-1號
OPEN 월~금 10:30~17:00, 토·일 10:30~18:00
WALK 입구에서 길을 따라 직진. 표지판이 잘 되어 있어서 표지판만 따라가면 된다.

백 년 전 아름다운 일본 별장
Spot 2 타이즈 삔관
太子賓館(태자빈관)

진꽈스에는 일본식 목조건물들이 꽤 많다. 대부분 옛날 황금 도시로서의 영화를 누릴 당시 있었던 여관으로, 100년 가까운 세월이 지난 지금까지 비교적 잘 보존되어 있다. 그중에서도 가장 아름다운 건물이 타이즈 삔관이다. '삔관賓館'은 중국어로 호텔이라는 뜻으로, 이곳은 1922년 일본 히로히토 황태자의 방문을 기대하며 지은 별장이라고 한다.

현재 타이완에 남아있는 일본식 목조 건축물 중에서 가장 정밀하고 섬세하다는 평가를 받고 있는 타이즈 삔관은 100여 년 전단 한 개의 못도 사용하지 않고 오로지 나무에 홈을 내어 연결하는 방식으로 지은 것으로 유명하다. 실내에는 들어갈 수 없고, 안쪽 정원까지만 산책할 수 있다. **MAP 332p**

GOOGLE MAPS 태자빈관
ADD 瑞芳區 金光路(진꽝루)8號
OPEN 2024년 12월 현재 내부 공사로 휴관 중/외부 정원만 관광 가능
WALK 입구에서 길을 따라 직진. 표지판이 잘 되어 있어서 표지판만 따라가면 된다.

Spot 3
세계에서 가장 큰 금괴
황금박물관
黃金博物館(황진보우관)

진꽈스의 역사를 한눈에 볼 수 있게 정리해놓은 곳. 금광이 있던 당시, 광부들이 깊은 땅속에서 채광하는 모습과 무너질 듯한 갱도를 기록한 사진과 미니어처로 제작해 놓아서 흥미진진하고 또 가슴 아픈 진꽈스의 어제와 오늘을 만날 수 있다.

황금박물관의 하이라이트는 금괴다. 이곳에 전시된 금괴는 순도 99.9%, 무게가 무려 220kg에 이르는 세계에서 가장 큰 금괴로, 그 가치가 약 300억 원에 달한다. 금괴는 유리 박스 안에 전시되어 있는데, 그 앞에 현재의 금 시세를 적용한 시가가 적혀 있고, 금괴를 실제 만져볼 수 있도록 박스 양쪽에 2개의 구멍을 뚫어놓았다. 이 금괴를 손으로 문지르고 난 뒤 그 손을 호주머니에 넣으면 부자가 된다는 이야기가 전해지고 있어 사람들은 저마다 손을 넣어서 금괴를 문지르기에 바쁘다. 이 외에도 직접 갱도를 체험해볼 수 있는 본산오갱本山五坑(번산우 컹) 코스도 준비되어 있다. 약 15분 소요되며, 입장권과 별도로 NT$50의 요금을 내야 한다. **MAP 332p**

GOOGLE MAPS 4V45+FV 루이팡구
ADD 瑞芳區 金瓜石 金光路(진꽝루) 8號
OPEN 월~금 09:30~17:00, 토·일 09:30~18:00, 매월 첫째 월요일 휴무
PRICE 박물관 NT$80, 갱도 체험 NT$50 별도
WALK 입구에서 길을 따라 도보 10분. 표지판이 잘 되어 있어서 표지판만 따라가면 된다.

❶ 세계에서 가장 큰 금괴. 문지르면 부자가 된다고.
❷ 예전 금광도시의 흔적을 볼 수 있는 전시관
❸❹ 잘 보존된 금광이 있던 당시 갱도의 모습. 내부 체험 코스는 별도의 요금이 있다.

2

거대한 관우 동상의 범접할 수 없는 아우라

취엔지탕

勸濟堂(권제당)

중화권 국가에서 삼국지 영웅 중 명장 관우의 인기는 가히 절대적이다. 소설 속 주인공을 넘어 '의義'와 '부富'를 상징하는 신으로 추앙받는 관우의 사당이 진꽈스 산속에도 있다. 그것도 높이 12m의 거대한 청동 좌상이 있는 사당이다. 관우상으로는 동남아 최대 크기를 자랑한다. 사당 바로 맞은편 정자는 사당과 관우상이 한눈에 들어오는 최고의 뷰포인트. 매년 음력 6월 24일이면 '관우 탄생의 날' 행사가 성대하게 열리니 시기와 여건이 맞는다면 방문해보자. **MAP 332p**

GOOGLE MAPS 관제당
ADD 新北市瑞芳區金瓜石祈堂路(치탕루)53號
WALK 진꽈스 황금박물관 버스 정류장에서 도보 15분. 또는 891번 버스를 타고 취엔지탕勸濟堂에서 하차

3

황금빛 바위 사이로 흩날리는 물안개

황금폭포

黃金瀑布(황진푸뿌)

말 그대로 황금빛 폭포다. 진꽈스 황금박물관 버스 정류장에서 길을 따라 아래쪽으로 약 30분쯤 걸어 내려오면 왼쪽으로 황금색 바위들이 눈에 들어온다. 선명한 황금색 바위들 사이로 순백색의 물안개가 흩날리는 모습에 눈이 부실 정도. 이곳의 바위들은 진꽈스의 광물이 섞인 모래가 침전되어 물속에 함유된 또 다른 광물과 만나면서 황금색을 갖게 되었다. 단, 물에 손을 넣는 일은 금물이다. 폭포수에 광물이 다량 함유되어 있어 강한 산성을 띠기 때문에 피부에 닿으면 해로울 수 있다. **MAP 332p**

GOOGLE MAPS 황금폭포
WALK 진꽈스 황금박물관 버스 정류장에서 길을 따라 아래쪽으로 도보 30분. 또는 891번 버스를 타고 황진푸뿌黃金瀑布에서 하차

: MORE :

진꽈스의 낭만을 싣고 달리는 891번 버스

음양해나 황금폭포, 수이난뚱 제련소 등은 놓치면 아까운 볼거리긴 하지만, 걸어서 이동하기에는 다소 부담스럽고 택시를 타기에는 거리가 애매하다. 이를 위해 생긴 버스가 바로 891번 버스로, '수금구 낭만호水金九浪漫號(수이진지우 랑만하오)'라는 로맨틱한 이름을 가진 일종의 투어버스다. 진꽈스 입구에서 출발하여 황금폭포, 수이난뚱 제련소, 음양해, 취엔지탕 등 진꽈스 근처의 관광명소를 들러서 일명 '로맨틱 가도'라 불리는 꼬불꼬불 산길 '랑만꿍루浪漫公路'를 따라 다시 진꽈스 입구로 돌아온다. 단, 버스 기사에 따라 잠시 내려서 사진을 찍을 수 있도록 시간을 주는 사람도 있지만, 때에 따라서는 안내도 정차도 없이 그냥 한 바퀴 휘리릭 돌아보고는 끝인 경우도 있다. 만약 정차하지 않는다면 잠시 세워달라고 부탁해보는 것도 나쁘지 않다. 중국어를 못해도 그냥 'Stop, Please'란 말 한마디면 OK. 만약 중국어로 말하고 싶다면 "칭 팅 이샤, 하오마?請停一下, 好嗎?(잠깐만 세워주세요)"라고 하면 된다. 거기에 "워 샹 파이짜오我想拍照(저는 사진을 찍고 싶습니다)"라고 덧붙이면 금상첨화.

WHERE 진꽈스 입구에서 출발
HOUR 한 바퀴 도는데 약 45분 소요(10:00~17:00/1시간 간격 운행)
PRICE NT$15(이지카드 사용 가능)

신비한 자연의 조화

음양해
陰陽海(인양하이)

자연의 아름다움과 신비함을 만날 수 있는 곳. 푸른빛이어야 할 바다가 황금색과 파란색으로 나뉘는 신기한 장면을 연출한다. 날씨가 맑은 날에는 바다 앞쪽이 약간 누런빛을 띠는 정도지만, 비가 많이 오면 두 색의 차이가 훨씬 더 극명하게 나타나서 마치 푸른 바다에 노란색 띠가 둘러쳐진 것처럼 보인다. 이처럼 바다가 두 가지 색깔을 동시에 나타내는 것은 바닷속으로 흘러 들어간 광물질의 영향 때문이라고 하니 자연의 신비로움이 그저 놀라울 따름이다. 음양해를 제대로 내려다보려면 버스 정류장 왼쪽 바다 쪽으로 약 30분 정도 내려가야 한다. 걸어서 가기에는 다소 불편하다는 것이 단점이다. **MAP 332p**

GOOGLE MAPS 음양해
WALK 황금폭포에서 도보 15분. 또는 891번 버스를 타고 수이난둥水滴洞에서 하차

영화롭지만 아픈 역사의 흔적들

폐연도 & 수이난둥 제련소
廢煙道(페이옌따오) & 水滴洞選煉場(수남동 선련장, 수이난둥 쉬엔리엔창)

진꽈스가 아시아 최대의 금광도시로 명성이 높았을 당시 구리를 제련하는 과정에서 생긴 연기를 산 위로 내보내는 거대한 파이프를 산 굽이굽이 만들었다. 하지만 탄광이 폐쇄되면서 파이프들은 애물단지가 되어버렸고, 지금은 군데군데 끊어진 채 흔적만 남아 '폐연도', 즉 '황폐해진 파이프'라고 불리고 있다. 직접 올라가서 보기는 어렵지만, 그 규모가 워낙 거대하여 황금폭포에서 올려다보면 어렴풋하게나마 그 형체를 볼 수 있다.

한편, 금광석에서 금을 분리하는 제련 공장인 수이난둥 제련소 역시 형체만 남은 낡은 모습 그대로 전해지고 있다. 스산한 옛 공장을 보고 있노라면 곤고했을 옛 광부노동자들의 삶의 흔적이 느껴진다. 이 모든 작업이 일본에 의한 타이완 사람들의 강제노역으로 이루어졌으며, 무분별한 채굴로 엄청난 양의 금이 일본으로 건너간 가슴 아픈 역사의 흔적을 우리 또한 깊이 새겨야 하지 않을까. **MAP 332p**

GOOGLE MAPS 4V97+8V 루이팡구
WALK 황금폭포에서 도보 15분. 또는 891번 버스를 타고 창런셔취長仁社區에서 하차

타이베이 북쪽 작은 항구도시

지룽
基隆(기릉)

KEELUNG

基隆

IN TAIWAN

야시장이 유명한 동네, 예리우나 지우펀으로 갈 때 지나는 관문 정도로만 알려져 있던 지룽이 여행자들의 타이베이 근교 필수 코스 중 하나로 자리 잡은 건 그리 오래되지 않았다. 이 좋은 곳을 왜 이제야 알았을까 싶을 만큼 볼거리 부자인 지룽으로 떠나보자.

오후 반나절 코스로 더할 나위 없는

냉정히 말하자면, 지룽이 볼거리가 아주 많은 동네는 아니다. 하지만 동선에 따른 볼거리 조합이 더없이 잘 어우러지는 덕분에 오후 반나절 정도 시간을 내어 가볍게 다녀오기 좋은 근교 여행 코스로 인기가 높다. 만약 물놀이가 가능한 여름 시즌이라면 어린이를 동반한 가족 단위 여행객들에게는 아예 하루 코스로도 충분히 다녀올 만한 매력 만점 일정이다. 지룽에서의 일정을 끝낸 후, 마지막으로 타이완에서 손꼽히는 규모의 야시장인 지룽 야시장까지 야무지게 들르는 걸 잊지 말자.

지룽 가는 법

■ 기차

타이베이에서 지룽까지 가는 가장 빠른 방법이다. 타이베이 역에서 기차를 타고 지룽基隆 역에서 하차. 약 50분 소요. 요금은 NT$41.

■ 버스

MRT 레드·블루 라인 타이베이 처짠台北車站 역 M2 출구 근처에 있는 구워꽝 커윈國光客運 버스터미널에서 1813번 버스 탑승. 약 1시간 소요. 요금은 NT$57.

지룽 추천 코스

소요 시간: 약 4시간

정빈 항구 ➡ 허핑다오 공원 ➡ 지룽 야시장

지룽 기차역

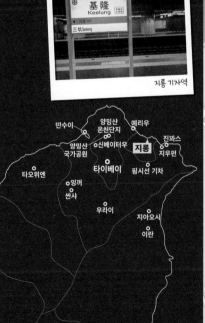

1

대만에서 만난 미니 이탈리아 부라노 섬

정빈 항구

正濱漁港 色彩屋(정빈어항 색채옥, 쩡삔위강 써차이우) Zhengbin Port Color Houses

1930년대에 개항한 이래로 타이완 북부를 대표하는 항구 중 하나로, 중요한 원양어업 기지였다. 하지만 점차 쇠락하기 시작하면서 결국 존폐 위기까지 겪기에 이르렀다. 다행히 지룽 시 정부의 지속적인 노력으로 관광 명소로의 변신에 성공했고, 지금은 지룽을 대표하는 SNS 인증샷 명소로 여행객들의 사랑을 받고 있다. 막상 가보면 생각보다 규모가 작아서 실망하는 사람도 있지만, 알록달록 컬러풀한 건물을 배경으로 찍은 사진만큼은 이탈리아 부라노 섬이 부럽지 않은 비주얼을 자랑한다. **MAP 339p**

GOOGLE MAPS zhengbin port color houses
ADD 基隆市中正區正濱路(쩡삔루)72號 202
OPEN 24시간
BUS 지룽 역에서 791, 1501번 버스를 타고 약 30분 소요. 또는 택시 10분

(Spot) 작은 항구에서 만난 작은 카페
투먼 커피
Tuman Café 圖們咖啡

정빈 항구의 상징인 알록달록 건물에는 예쁜 카페와 레스토랑이 줄지어 자리하고 있다. 투먼 커피도 그중 하나로, 커피뿐 아니라 카레, 돈가스 등 식사 메뉴도 준비되어 있어서 인기가 높다. 만약 식사 시간에 맞춰서 간다면 이곳에서 간단하게 점심과 커피까지 해결하는 것도 좋은 방법일 듯. 알록달록 건물 라인에 있는 카페이기 때문에 정빈 항구의 대표 뷰인 알록달록 건물 뷰를 볼 순 없지만, 그래도 나름 항구 뷰이기 때문에 창가 자리가 인기 있는 편이다. 참고로, 굳이 이곳 아니어도 같은 라인에 카페가 많으므로 끌리는 곳을 선택하면 된다.

GOOGLE MAPS tuman cafe **ADD** 基隆市中正區中正路(쭝쩡루)551號 **OPEN** 11:00~18:00, 목요일 휴무 **WEB** www.tumancoffee.com

2

천연 인피니티풀이 주는 경이로움

허핑다오 공원

和平島地質公園(화평도 지질공원, 허핑다오 띠즈꽁위엔) Heping Island Geopark

블루오션 풀

1600년대부터 스페인, 네덜란드, 일본 등 열강의 침략을 겪어낸 아픈 역사의 흔적을 안고 있는 섬, 허핑다오和平島가 지금의 생태지질공원으로 재탄생한 건 2018년이다. 지롱에 이런 풍경이 있었나 싶을 만큼 거대한 규모의 해안 공원이다. 예리우와 쌍둥이처럼 닮은 기암괴석을 비롯하여 생태학적으로 중요한 의의를 지닌 자원의 총집합이라고 해도 과언이 아니다.

특히 천연 인피니티풀인 '블루오션 풀藍海水池(란하이수이츠)'은 바다를 막아서 만든 약 2.5m 깊이의 천연 수영장이다. 탈의실과 샤워실까지 제대로 갖춘 수영장이지만, 실제로는 바다이기 때문에 물속에서 각종 해양생물이나 물고기들도 만날 수 있다. 수영은 물론 스노클링도 즐길 수 있다. 어린이를 위해서 60cm 깊이의 키즈 바다 수영장과 모래놀이를 할 수 있는 전용 백사장까지 따로 만들어놓은 것도 놀라울 따름이다. 참고로 수영장 이용료는 따로 없지만, 샤워시설 이용료, 물품 보관함, 수영복, 파라솔 대여료 등의 일부 요금은 추가된다.

허핑다오 공원 전체를 둘러볼 때, 길을 따라 공원을 한 바퀴 도는 건 두세 시간 정도면 충분하지만, 수영장에서 물놀이까지 즐기려면 최소한 반나절 이상 예상해야 한다. 길을 따라 공원을 한 바퀴 도는 건 두세 시간 정도면 충분하지만, 수영장에서 물놀이까지 즐기려면 최소한 반나절 이상 예상해야 한다. **MAP 339p**

GOOGLE MAPS heping island geopark
ADD 基隆市中正區平一路(핑일루)360號
OPEN 5~10월 08:00~19:00,
　　　11~4월 08:00~18:00,
　　　수영장 : 5~10월 08:00~18:00,
　　　11~4월 08:00~17:00
PRICE NT$120, 어린이 NT$60
WEB www.hpigeopark.org
BUS 지롱 역에서 101번 버스를 타고 약 30분 소요. 또는 택시 10분

불빛 가득한 거대 야시장

지롱 야시장

基隆廟口夜市(기륭묘구야시, 지롱 마오커우 이예스)

GOOGLE MAPS 지롱야시장
ADD 基隆市 仁愛區 仁三路(런싼루)
OPEN 24시간
MRT 지롱 기차역에서 쭝이루忠一路로 쭉
직진하다가 맥도날드가 있는 사거
리에서 우회전해 다시 직진하면 야
시장이 보인다.

1년 365일 불이 꺼지지 않는 거대한 맛집 골목인 지롱 야시장은 지롱을 대표하는 관광명소이자 24시간 문을 여는 야시장으로, 타이완 전체에서 손꼽히는 야시장 중 하나다. 화려한 등불의 행렬 사이로 100여 개가 넘는 가판이 길게 줄지어 있는 모습만으로도 거대한 장관을 연출하는 곳. 거리 양옆으로 등불이 이어진 메인 거리를 제외하고도 몇 블록에 걸쳐 수많은 상점이 골목마다 가득하기 때문에 야시장을 전부 다 둘러보려면 반나절은 족히 필요하다. 먹거리가 절대다수를 차지하지만, 각종 의류, 가방, 잡화 등 다양한 상점이 많아서 늦은 밤 산책 삼아 걸으며 둘러보기에도 흥미진진하다. 메뉴의 종류도 다양하지만, 그중에서도 우리나라 약밥과 비슷한 여우판油飯, 게살 수프인 팡시에껑螃蟹羹, 타이완식 어묵 티엔푸뤄天婦羅, 그리고 타이완식 튀김 샌드위치(58번 상점) 등이 지롱 야시장의 대표 메뉴로 손꼽힌다.

MAP 339p

볶음 우동, 차오우롱

펀위엔 디저트

옛 타이베이를 만나러 가는 길

잉꺼 & 싼샤

鶯歌(앵가) & 三陜(삼협)

타이베이 시내에서 반나절 정도 가볍게 휘리릭 다녀올 수 있는 곳으로 도자기 마을 잉꺼와 싼샤를 빼놓을 수 없다. 교통도 편하고 볼거리도 꽤 많아 짧은 일정의 여행에 가벼운 반나절 나들이 코스로 적당하다.

YING GE
鶯歌&三陜
SAN XIA
IN TAIWAN

타이베이의 도자기 마을 잉꺼 & 작지만 알찬 싼샤

우리나라에 이천이 있다면 타이완에는 잉꺼가 있다. 일제 강점기 시대부터 이미 타이완의 도자기 중심지로 떠오르기 시작한 잉꺼는 이제 20년 넘게 매년 여름 도자기축제가 열릴 정도로 대표적인 도자기 마을이 되었다. 타이베이에서 잉꺼까지 기차로 약 30분이면 도착한다는 점도 매력적이다. 반나절 정도면 대충 다 돌아볼 수 있을 정도의 크기도 작지도 않은 규모라 옆 동네 싼샤와 묶어 반나절 근교 여행 코스로 더없이 좋다.

잉꺼 & 싼샤 가는 법

■ 잉꺼

타이베이 처짠(기차역)台北車站에서 잉꺼 기차역까지 약 20분 간격으로 통근기차인 취지엔처區間車가 운행한다. 약 30분 소요되며, 요금은 NT$31.

■ 싼샤

잉꺼에서 버스로 20~30분, 택시는 약 15분 소요된다. 702번, 5005번 등의 버스가 다니지만, 배차 간격이 긴 편이라 일행이 2명 이상이면 택시를 타는 것도 괜찮다. 택시 기사에게 '싼샤 라오지에三峽老街'까지 가자고 하면 따로 가격 협상 없이 그냥 미터기 요금대로 간다. 요금은 NT$120~150 정도. 반대로 잉꺼로 돌아갈 때는 '잉꺼 휘처짠鶯歌火車站(잉꺼 기차역)'으로 가자고 하면 된다.

잉꺼 & 싼샤 추천 코스

소요 시간: 3~4시간

타이베이 처짠台北車站

↓ 기차 30분

잉꺼 역 도착

↓ 도보 12분

잉꺼 도자기 박물관 방문

↓ 도보 6분

잉꺼 라오지에 산책 후 점심식사

↓

버스 또는 택시를 타고 싼샤로 이동

↓ 버스 20~30분, 택시 약 15분

싼샤 라오지에 구경

↓

버스 또는 택시를 타고 잉꺼 기차역으로 이동

잉꺼 기차역

1

도자기의 모든 것

잉꺼 도자기 박물관

鶯歌陶瓷博物館(앵가도자박물관, 잉꺼 타오츠 보우관) Yingge Ceramics Museum

멀리서 봐도 도자기 박물관임을 한눈에 알 수 있을 만큼 외관부터 예술성이 진하게 느껴진다. 2000년에 개관한 이 시립 도자기 박물관은 타이완의 도자기 제작 역사를 한눈에 볼 수 있게 할 뿐 아니라 도자기에 대한 모든 방대한 지식을 알차게 정리해놓았다. 무엇보다 철저하게 관람객들의 눈높이에 맞춰 지루하지 않도록 다양한 시청각 도구를 사용해 전시해놓은 센스가 돋보인다. 박물관에서 잉꺼 라오지에鶯歌老街인 지엔샨푸울루尖山埔路까지는 구름다리로 이어져 있다. MAP 345p

GOOGLE MAPS 신베이 시립 잉거 도자기 박물관
ADD 新北市鶯歌區文化路(원화루)200號
OPEN 월~금 09:30~17:00, 토·일 09:30~18:00,
　　　매월 첫째 월요일·음력 설 전날과 당일 휴무
PRICE NT$80
WEB www.ceramics.ntpc.gov.tw
WALK 잉꺼 기차역에서 도보 12분

2

구경만 해도 즐거운 잉꺼의 잇 플레이스

잉꺼 꽝디엔

鶯歌光點(앵가광점)

잉꺼 라오지에에서 가장 큰 쇼핑몰. 오래된 상점이 대부분인 라오지에에 새롭게 오픈한 현대식 건물이라 멀리에서부터 금세 눈에 띈다. 도자기류가 대부분이지만, 그 외에도 목공예나 유리 공예 등 취급하는 품목이 다양해 구경하는 것만으로도 재미있다. 바깥의 재래 상점에 비하면 가격대가 다소 높은 편이긴 하지만, 그만큼 감각적이고 세련된 디자인의 제품이 많은 편. 작은 카페도 있어서 잠시 쉬었다 가기에도 좋다. MAP 345p

GOOGLE MAPS spot handcraft gallery
ADD 新北市鶯歌區陶瓷街(타오츠지에)18號
OPEN 10:00~19:00, 매월 첫째·셋째 화요일 휴무
WALK 잉꺼 라오지에鶯歌老街 중심에 위치

3

탐나는 소품과 다기가 무궁무진

신왕지츠

新旺集瓷(신왕집자)
The Shu's Pottery

잉꺼 라오지에에서도 인기가 높은 갤러리 겸 매장. 다른 매장에 비해 규모가 꽤 큰 데다가 독특하면서도 감각적인 인테리어가 돋보이는 곳이라서 쉽게 눈에 띈다. 매장 한쪽에서는 다양한 클래스도 운영하고 있어 운이 좋으면 도예 클래스를 구경하게 될 수도 있다. 디자인이 독특하면서도 예쁜 다기와 소품이 많을 뿐 아니라 가격도 크게 비싸지 않아서 지갑을 열지 않고 그냥 나오기가 쉽지 않으니 주의할 것. **MAP 345p**

GOOGLE MAPS shus pottery
ADD 新北市鶯歌區尖山埔路(지엔산푸울루)81號
OPEN 목~일 10:00~18:00, 수 13:00~18:00, 월·화요일 휴무
WEB www.shus.com.tw
WALK 잉꺼 기차역에서 도보 12분

4

귀엽고 따뜻한 일식 레스토랑

리리 카페

儷儷點點行餐酒館(려려점점행 찬주관,
리리디엔디엔항 찬지우관) RIRI cafe

타이완 속 일본에 온 듯한 아기자기 귀여운 일식 레스토랑. 크로켓, 돈가스, 돼지갈비 덮밥, 우육면 등 일본과 타이완의 퓨전 가정식 메뉴를 제공한다. 감동적인 수준까지는 아니지만, 우리나라 사람 누구나 맛있게 먹을 수 있는 평균 이상의 맛이다. 식사류 외에도 소프트아이스크림, 빙수, 에비수 생맥주, 칵테일 등 디저트 메뉴도 다양해서 천천히 쉬면서 식사를 즐기기에 좋다. 일본 여행객들이 많은 편이다. **MAP 345p**

GOOGLE MAPS riri cafe yingge
ADD 鶯歌區育英街(위잉지에)85號
OPEN 수·목·일 11:30~17:30,
　　　　금·토 11:30~다음 날 01:00, 월·화요일 휴무
WALK 잉꺼 라오지에鶯歌老街 중심에 위치

5

작지만 알찬 옛 거리

싼샤

三陝(삼협) San Xia

싼샤는 잉꺼에서 택시로 15분 정도면 도착하는 작은 도시다. 대단한 볼거리가 있는 건 아니지만, 잉꺼에 간 김에 잠깐 들르기에 적당한 규모다. 싼샤의 대표 볼거리는 싼샤민취엔지에三峽民權街, 허핑지에和平街, 런아일루仁愛路의 3개 거리로 이루어진 싼샤 라오지에三峽老街로, 청대 이래로 지금까지 줄곧 싼샤에서 가장 중요한 상업거리로 손꼽혀왔다. 옛 건물과 골목의 분위기를 그대로 보존한 덕분에 마치 영화세트장 같은 분위기를 느낄 수 있다.

싼샤에서 가장 유명한 먹거리는 바로 소뿔빵牛角(니우쟈오)이다. 우리나라의 소라빵과 프랑스의 크로아상을 합쳐놓은 듯한 비주얼의 소뿔빵은 자타공인 싼샤를 대표하는 핫 아이템이다. 맛은 그냥 평범한 수준이지만, 싼샤를 대표하는 간식거리인만큼 꼭 한번 먹어보자. **MAP 345p**

GOOGLE MAPS 싼샤 라오지에

타이베이에서 만나는 초록빛 자연

양밍산 국가공원

陽明山國家公園 (양밍산국가공원, 양밍샨 구워지아꽁위엔)

YANGMINGSHAN
陽明山國家公園
NATIONAL PARK
IN TAIWAN

매년 꽃 축제가 열리는 2·3월이 되면 양밍산 국가공원은 산 전체가 봄꽃으로 뒤덮인다. 양밍샨의 상징인 카라를 비롯해 수많은 꽃이 장관을 이루며 봄의 에너지를 한껏 뽐내는 시기. 흔히 만날 수 없는 이국적인 풍경이 펼쳐지니 자연을 벗삼는 여행자라면 놓치지 말아야 할 곳 중 하나다.

다양한 색깔을 지닌 매력 만점 국립공원

양밍샨 국가공원

陽明山國家公園(양명산국가공원, 양밍샨 구워지아꽁위엔) Yangmingshan National Park

외국인 여행자보다 현지인에게 오히려 더 인기가 많은 명소다. 주말이면 양밍샨 행 버스를 기다리는 사람들로 정류장이 인산인해를 이룰 정도. 등산 코스도 다양하지만, 그보다는 일반 여행자가 부담 없이 갈 수 있는 가벼운 하이킹 코스가 훨씬 더 많다. 국립공원으로 지정된 만큼 관리가 잘 되고 있으므로 언어가 통하지 않아도 다니는 데 전혀 불편함이 없다는 것도 장점. 紅5 버스 종점에서 국립공원 내를 운행하는 108번 셔틀버스를 타면 샤오여우컹小油坑, 주즈후竹子湖, 칭티엔깡擎天崗 등의 주요 스폿을 편하게 돌아볼 수 있다. 1일권 티켓(NT$60)을 구매하면 무제한 타고 내릴 수 있다. 단, 이동 시간과 셔틀버스 운행 간격(평일 30~40분, 주말 20~30분) 등을 고려했을 때 적어도 반나절 이상은 꼬박 투자해야 어느 정도 둘러볼 수 있으므로 몇 군데의 스폿을 돌아볼지는 각자의 스케줄에 맞춰 조절하자.

GOOGLE MAPS 양밍샨
ADD 金山區重和里名流路(밍리울루)1-7號
OPEN 09:00~17:30
WEB www.ymsnp.gov.tw
MRT 레드 라인 지엔탄劍潭 역 1번 출구로 나와 紅5번 버스를 타고 종점에서 하차. 약 1시간 소요/약 15분 간격 운행. 요금 NT$15

(Spot 1) 날것 그대로의 화산
샤오여우컹
小油坑(소유갱) Xiaoyoukeng

양밍샨은 타이완에서 화산 지형이 특히 발달한 산이다. 이곳 샤오여우컹은 그중에서도 휴화산 작용으로 유황을 포함한 증기가 땅 밑에서 끊임없이 솟아나는 곳으로 유명하다. 그동안 각종 매체나 인터넷을 통해 여러 차례 소개된 바 있는 명소이기도 하다. 실제로 보면 그 신기한 광경과 짙은 유황 냄새에 감탄사가 절로 나올 정도다.

GOOGLE MAPS xiaoyoukeng visitor center
BUS 108번 셔틀버스를 타고 샤오여우컹 小油坑 하차

(Spot 2) 산 위에서 만난 거대한 초원
칭티엔깡
擎天崗(경천강) Qingtiangang

108번 셔틀버스의 마지막 정차역이자 양밍샨의 하이라이트. 산속 깊은 곳에 있다고는 믿어지지 않을 만큼 광활한 초록빛 초원이다. 거짓말처럼 끝도 없이 이어지는 푸른 들판에 마음까지 탁 트이는 기분이다. 게다가 초원 여기저기에서 한가로이 풀을 뜯고 있는 소들은 초원에 드러누워 그들 틈에서 낮잠이라도 한숨 자고 싶은 마음이 들게 만든다. 이곳에서는 다시 108번 셔틀버스를 타고 양밍샨 입구로 돌아가거나, 小15번을 타고 타이베이의 MRT 지엔탄劍潭 역으로 갈 수 있다.

GOOGLE MAPS 칭티엔강 대초원
BUS 108번 셔틀버스를 타고 종점인 칭티엔깡擎天崗 하차

하루짜리 버스 여행,

하오싱 好行(호행) 버스 Taiwan Tourist Shuttle

타이베이 교외를 여행하는 방법은 여러 가지다. 시외버스를 타거나 기차를 이용할 수도 있고, 아예 편하게 택시로 이동할 수도 있다. 그리고 또 하나, 하오싱 버스라는 매력적인 교통수단도 있다.

◆ 타이완의 공식 투어버스, 하오싱 버스

하오싱 버스는 타이완 교통부 관광국에서 운영하는 투어버스로, 타이완 전역에 걸쳐 총 58개 노선으로 구성되어 있다. 타이베이가 속한 북쪽에는 총 14개 노선이 있다. 1일권 티켓을 사면 무제한으로 승하차할 수 있는데, 우리나라 여행자들 사이에서도 입소문이 꽤 많이 나서 이용하는 사람이 제법 많은 편이다. 타이베이 주변 노선 중 우리나라 사람들에게 가장 인기가 많은 코스는 지우펀, 진꽈스 등을 지나는 856번 황진푸룽黃金福隆 노선과 예리우, 주밍미술관 등을 지나는 716번 황관 북해안皇冠北海岸(황꽌 베이하이안) 노선이다.

1일권 요금은 노선마다 조금씩 다르며, 버스 안에서 기사에게 티켓을 구매할 수 있다. 이지카드도 사용 가능하다. 시간표는 관광안내소나 하오싱 버스 홈페이지를 통해 알 수 있으며, 반드시 미리 시간표를 확인하고 타는 게 안전하다. 단, 버스가 운행 시간을 정확히 준수하는 편은 아니니 시간표보다 5~10분 정도 빠르거나 늦게 도착할 수 있음을 알아두자.

TEL 0800 011765
WEB www.taiwantrip.com.tw

◆ 하오싱 버스를 이용한다면 놓치지 말아야 할 명소,
주밍미술관 朱銘美術館
(주명미술관, 주밍메이수관) Juming Museum

타이완을 대표하는 조각가 주밍朱銘이 외부의 도움 없이 오로지 사비를 들여 만든 미술관 예술품과 대자연이 공존하는 거대한 예술 공간으로, 개인이 지었다고는 믿기 힘들 만큼 어마어마한 규모를 자랑한다. 빠른 걸음으로 둘러본다 해도 최소 2~3시간은 예상해야 할 정도. 산속 깊은 곳에 있어서 예술 작품과 푸르른 자연의 조화가 매력적이다. 미술관 바로 옆에는 중화권 국가를 대표하는 가수인 등려군鄧麗君(떵리쥔)의 묘지가 있는 아름다운 공원, 쥔위엔筠園 Teresa Teng Memorial Park이 있어 함께 둘러보기에도 좋다.

GOOGLE MAPS 주밍미술관
ADD 新北市金山區西勢湖(시스후)8號
OPEN 10:00~17:00, 월요일 휴무
PRICE NT$350
WEB www.juming.org.tw
BUS 하오싱 버스 716번 황관 북해안皇冠北海岸 노선 탑승

◆ 하오싱 버스 추천 노선

★는 주요 정류장

노선명	황관 북해안 皇冠北海岸(716번) (황꽌 베이하이안)	황진푸롱 黃金福隆(856번)	베이터우 주즈후 北投竹子湖(小9번)
소요 시간/ 운행 간격	약 135분/약 1시간 간격	약 75분/평일 09:00, 12:00, 15:10, 주말 09:00, 10:00, 12:00, 13:00, 15:10	약 75분/40분 간격
가격	1일권 NT$160, 1구간 NT$15	1일권 NT$50, 1구간 NT$15	1일권 NT$180, 1구간 NT$15
출발	MRT 딴수이淡水 역 2번 출구 오른쪽 버스 정류장	루이팡瑞芳 기차역	MRT 베이터우北投 역
정류장	❶ MRT 딴수이 역 ❷ 싼즈 여우커쭝신, 밍런원화관 三芝遊客中心, 名人文化館 ❸ 베이관 펑징취 관리추(바이샤완) 北觀風景區管理處(白沙灣) ❹ 스먼똥 石門洞 ❺ 쥔위엔 筠園 ❻ 주밍미술관 朱銘美術館 (주밍메이수관)★ ❼ 진샨 라오지에 金山(老街)★ ❽ 진샨 여우커쭝신(스터우샨꽁위엔) 金山遊客中心(獅頭山公園) ❾ 지아터울리(원취엔취) 加投里(溫泉區) ❿ 예리우 띠즈꽁위엔 野柳地質公園★	❶ 루이팡 기차역 瑞芳火車站(루이팡 훠 처짠) ❷ 지우펀 九份★ ❸ 진꽈스 金瓜石★ ❹ 황금박물관 黃金博物館(황진보우관) ❺ 황금폭포 黃金瀑布(황진푸뿌)★ ❻ 수이난똥 水滴洞★ ❼ 난야난신꽁 南雅南新宮 ❽ 롱똥완 해양공원龍洞灣海洋公園 (롱똥완 하이양꽁위엔) ❾ 롱똥 쓰지완 龍洞四季灣 ❿ 아오디 澳底 ⓫ 푸롱 여행안내센터 福隆遊客中心 (푸롱 여우커쭝신)★	❶ MRT 베이터우 역 捷運北投站(지에 원 베이터우짠) ❷ 베이터우 온천박물관 北投溫泉博物館 (베이터우 원취 보우관)★ ❸ 리우황구 硫磺谷 ❹ 양밍꽁위엔 陽明公園 ❺ 차오샨싱관草山行館 ❻ 버스 환승 정류장(양밍샨) 公車轉乘站(陽明山)(꽁처 좐청짠)★ ❼ 양밍샨 여행안내센터 陽明山國家公園遊客中心 (양밍샨 구워지아꽁위엔 여우커쭝신)★ ❽ 양밍수우 陽明書屋 ❾ 주즈후 竹子湖★

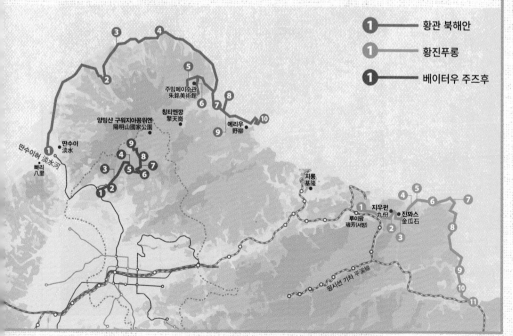

❶	황관 북해안
❶	황진푸롱
❶	베이터우 주즈후

귀여운 동화 속 세상

이란
宜蘭(의란)

YI LAN

宜蘭

IN TAIWAN

타이베이 남동쪽에 위치한 소도시인 이란은 타이완 현지인들 사이에서는 주말 여행지로 인기가 높지만 대중교통 이동이 다소 불편해서 외국인 여행자들에게는 상대적으로 덜 알려진 편이다. 이동 거리가 다소 긴 편이지만 택시나 렌터카를 이용하면 하루나 1박 2일 일정으로 꽤 즐거운 근교 여행이 될 만한 곳이므로 시간 여유가 있다면 1일 또는 1박 2일 이란 여행을 계획해보자.

어디서도 본 적 없는 동화 속 도시

이란은 외국인보다 현지인에게 더 인기 높은 여행지로, 린메이 스판 트레일林美石磐步道 Linmei Shipan Trail을 비롯해 걷기 좋은 트레킹 코스도 많다. 하지만 이란 기차역 주변의 몇몇 볼거리들을 제외한 대부분의 스팟들은 차 없이 이동하기에는 다소 불편한 게 사실. 다행히 2022년 2월부터 우리나라 여행자도 국제운전면허증을 소지하면 렌터카를 이용할 수 있게 되었으므로 일행이 3~4명 정도 된다면 렌터카를 빌려서 이란 여행을 하는 것도 좋은 방법이다.

이란 가는 법

■ 버스

MRT 블루 라인 스쩡푸市政府 역에 위치한 타이베이 시정부 버스터미널市政轉運站(스푸 환원짠)이나 타이베이 기차역台北車站(타이베이 처짠) 옆의 타이베이 버스터미널台北轉運站(타이베이 환원짠)에서 버스를 탄다.

• 시정부 버스터미널에서: 1571번 버스를 타고 종점인 이란 좐원짠宜蘭轉運站에서 내린다. 1572번 버스를 타도 괜찮지만, 이 버스는 이란 좐원짠宜蘭轉運站이 종점이 아니라서 중간에 내려야 한다. 약 1시간 소요. 요금은 NT$128.

• 타이베이 버스터미널에서: 1915, 1916번 버스를 타고 이란 좐원짠宜蘭轉運站에서 하차. 약 1시간 10분 소요. 요금은 NT$140.

• 타오위엔 국제공항에서: 타이완 동부를 여행하는 사람들이 늘어나면서 타오위엔 공항에서 타이베이를 거치지 않고 곧장 이란과 지아오시礁溪(390p)로 갈 수 있는 1661번 버스 노선도 생겼다. 타오위엔 공항 제1터미널, 제2터미널, 지아오시 버스터미널, 이란 버스터미널 등을 거쳐 뤄둥羅東 버스터미널까지 가며, 이란까지 약 1시간 15분 소요된다. 요금은 NT$250. 자세한 정류장과 운행 정보는 www.ubus.com.tw 참고.

■ 기차

타이베이 기차역에서 이란까지 가장 빠른 쯔창하오自强號를 기준으로 1시간 10~30분 소요되며, 요금은 NT$218다. 이란을 다 둘러본 뒤 냉천탕으로 유명한 쑤아오까지도 기차가 가장 편리한데, 약 30분 소요되며, 요금은 취지엔처區間車 NT$33, 쥐꽝하오莒光號 NT$39다. 단, 이란에서 쑤아오로 가는 기차는 평균 40~50분에 한 편밖에 없으며, 쑤아오에서 타이베이까지는 2시간 40분~3시간 소요되므로 만약 이란과 쑤아오를 묶어서 다녀올 경우에는 미리 기차 시간을 알아보고 일정을 잡는 게 안전하다.

+ Writer's Pick +

여기가 아닌가?

타이베이에서 버스를 타고 이동하면 이란 기차역 길 건너편에서 내리게 된다. 버스에서 내려 건너편 기차역을 향해 걸어가다 보면 여기가 아닌가? 의아해진다. 동화처럼 예쁜 기차역이라던데 눈앞에 보이는 기차역은 지극히 평범하니 말이다. 사실 그곳은 기차역의 뒤쪽 출구고, 기린이 있는 곳은 앞쪽의 꽝푸울루光復路 방면 출구다. 그러니 버스를 타고 올 경우 기차역으로 들어가 통행증通行證(통싱쩡)을 받아서 역 반대편으로 건너가자. 통행증은 역무원에게 말하면 발급해준다.

이란의 정확한 발음은?

이 책에서는 편의상 宜蘭을 '이란'이라고 표기했지만, 타이완 사람들에게 '이란'이라고 하면 제대로 알아듣지 못할 수도 있다. '이란'의 '란'은 'Ran'이 아니라 'Lan'이기 때문이다. 그러므로 '宜蘭'을 들리는 그대로의 중국어 발음으로 표기하면 '이일란'이 맞다. 단, 2음절 한자를 3음절 한글로 표기하는 것에 대한 혼란을 방지하기 위해 이 책에서는 편의상 '이란'이라고 표기한 것. 그러므로 실제로 여행할 때는 '이란'이 아닌 '이일란'이라고 발음하기를 권한다.

이란에서 렌터카 이용하기

2022년 이후 우리나라 여행자도 타이완에서 렌터카를 이용할 수 있게 되었다. 하지만 타이완은 대중교통 인프라가 잘 되어 있는 편이라 막상 대중교통보다 렌터카를 이용하는 게 더 좋은 도시는 많지 않다. 이란은 렌터카를 이용하기에 좋은, 몇 안 되는 도시 중 하나다. 도로가 복잡하지 않고 차가 많지 않아 운전하기에 좋고, 볼거리들이 서로 떨어져 있어서 대중교통으로 이동하는 게 다소 번거롭기 때문이다. 단, 타이베이에서 이란까지는 거리가 제법 되므로 타이베이에서 버스를 타고 이란까지 간 다음, 이란에서 렌터카를 빌려서 이란 시내에서만 이용하는 방법을 추천한다.

타이완의 렌터카 업체는 여러 곳이 있지만, 이란에서 차를 픽업할 경우 가장 편리한 곳은 쭝주주처中租租車다. 이란 기차역 근처에 사무실이 있어서 버스나 기차에서 내려 바로 픽업을 할 수 있기 때문이다. 렌터카에 대한 자세한 안내는 144p 참고.

쭝주주처 中租租車(Chailease) **이란 사무소**
GOOGLE MAPS zhongzuzuche yilan station
ADD 宜蘭市校舍路(샤오셔루)131號
OPEN 08:30~20:30
WEB www.rentalcar.com.tw
BUS 이란 버스 터미널에서 도보 3분

렌터카에 대한 자세한 안내는 144p 참고.

이란 추천 코스

소요 시간: 5~6시간

이란 기차역 ➡ 지미 광장 ➡ 카발란 위스키 증류소 ➡ 싼싱 파 문화관 ➡ 칭수웨이 지열공원

쭝주주처 렌터카

7
丁
이란 기차역
宜蘭車站

5
쑹싼지
松參雞

9

4 카발란 위스키 증류소
Kavalan Single Malt Distillery
金車噶瑪蘭威士忌 酒廠

7

196

196

6 싼싱 파 문화관
三星青蔥文化館
Sanshing Green Onion Culture Palace

7
丙

9

7 칭수웨이 지열공원
清水地熱公園

8 타이핑산 국가 삼림 공원
太平山國家森林遊樂區

9 지우즈저 온천
鳩之澤溫泉

0   2km

이란 기차역
(이란 처짼)
宜蘭車站

띠우띠우당 삼림광장
丟丟噹森林廣場 **2**

1

지미 광장 **3**
幾米廣場

0   100m

딴수이
양밍산
온천단지
예리우
지룽
진꽈스
양밍산
국가공원
신베이터우
지우펀
타오위엔
타이베이
핑시선 기차
잉꺼
씬샤
우라이
지아오시
이란

1

기린이 살고 있는 기차역

이란 기차역
宜蘭車站(의란차참, 이란 처짠)

宜蘭火車站前站

테마파크 쥬라기 공원 입구가 이런 모습이지 않을까 하는 생각이 든다. 벽면 전체가 마치 밀림 속처럼 초록빛으로 장식되어 있고, 입구 위에는 노란색 기린이 긴 목을 쑤욱 내민 채 사람들을 내려다보고 있다. 이렇게 사랑스러운 기차역이 또 있을까 싶을 만큼 아기자기한 풍경과 색채감에 도착하자마자 이란이 좋아지게 된다. 역 하나만으로 도시 전체에 대한 첫인상이 달라질 수 있다는 게 놀랍다. **MAP 354p**

GOOGLE MAPS yilan station
ADD 宜蘭縣宜蘭市光復路(꽝푸울루)1號

기차역 뒤쪽 출입구

이란 시민들의 휴식처, 중산공원 中山公園

2

하늘을 나는 초록빛 기차

띠우띠우당 삼림광장
丟丟噹森林廣場(주주당삼림광장, 띠우띠우당 썬린광창)
Diu Diu Dang Forest Park

사랑스러운 기차역에서 기린이 있는 쪽 출구로 나오면 제일 먼저 길 건너편의 풍경이 눈에 들어온다. 길 건너편이라 자세히 보이지는 않지만, 뭔가 초록빛으로 가득한 분위기다. 바로 일러스트레이터 지미 리아오와 건축가 황성원黃聲遠의 작품이다. '띠우띠우당 썬린'이라는 독특한 이름을 가진 이곳은 지미 광장과 더불어 지미의 작품에 등장하는 인물과 소품들로 이루어진 야외 광장이다. 마치 울창한 숲속으로 하늘을 나는 기차가 휘리릭 지나가는 것 같은 느낌이다. 기차역 바로 건너편이라 쉽게 찾을 수 있다. **MAP 354p**

GOOGLE MAPS diu diu dang forest park
OPEN 24시간
PRICE 무료
WALK 이란 기차역 꽝푸울루光復路 방면 출구로 나와 정면으로 건넌다. 도보 2분

영화 속 풍경이 살아 움직이는 곳
지미 광장
幾米廣場(기미광장, 지미 광창)

+ Writer's Pick +

타이완을 넘어 아시아 전체에 어른들을 위한 그림책 붐을 일으킨 타이완의 대표적인 일러스트레이터 지미 리아오Jimmy Liao. 그가 쓴 그림책들은 음악, 영화, 드라마 등으로 재구성되어 엄청난 인기를 누렸다. 그중에서도 영화화되어 큰 화제를 모은 <별이 빛나는 밤星空>과 <턴 레프트, 턴 라이트向左走, 向右走>를 배경으로 한 야외 갤러리가 바로 지미 광장이다. 두 작품에 등장하는 풍경과 소품, 등장인물들이 공원 곳곳에 마치 살아 있는 듯 생동감 있게 전시되어 그 어떤 공원보다도 사랑스러운 동화 속 세상을 만들었다. 마치 지미의 동화 속에 들어가 하나의 그림으로 존재하는 느낌이랄까. 그의 작품세계가 궁금하다면 홈페이지(www.jimmyspa. com)를 참고하자. **MAP 354p**

GOOGLE MAPS 지미공원 yixing rd
ADD 宜蘭縣宜蘭市宜興路(이씽루)一段
OPEN 24시간
PRICE 무료
WALK 이란 기차역을 등지고 왼쪽으로 도보 3분 직진. 만약 타이베이에서 버스를 탔다면 내린 자리에서 길 건너편 기차역으로 들어가 통행증을 받아서 플랫폼을 통과한 뒤 서쪽 꽝푸울루光復路 방면 출구로 나와야 한다.

+ Writer's Pick +
타이완 추천 쇼핑 품목 0순위, 위스키

최근 들어 위스키의 인기가 높아지면서 타이완에서의 추천 쇼핑 품목에도 위스키가 높은 순위를 차지하기 시작했다. 타이완은 우리나라에 비해 주세(酒稅)가 낮아서 주류의 가격이 상대적으로 저렴한 편이다. 또한 위스키의 종류도 다양하여 우리나라에서는 구하기 힘든 위스키도 쉽게 구매할 수 있다. 특히 타이완을 대표하는 카발란 위스키를 좋아하는 사람들이 많아지기 시작하면서 카발란의 모든 라인이 골고루 인기를 끌고 있다. 그러므로 애주가라면 타이완에서 위스키를 포함한 주류 쇼핑을 놓치지 말 것.

타이완에서 경험하는 증류소 투어

카발란 위스키 증류소

金車噶瑪蘭威士忌 酒廠(금차갈마란위사기 주창, 진처 가마란 웨이스지 지우창) Kavalan Single Malt Distillery

타이완을 대표하는 위스키 브랜드인 카발란 위스키의 증류소. 위스키의 인기가 높아지면서 카발란 위스키를 좋아하는 사람도 많아졌다. 특히 2022년 영화 <헤어질 결심>에서 카발란 위스키가 잠깐 스치듯 등장한 덕분에 더 많이 알려지게 되었다. 유럽의 도시에서나 있을 법한 위스키 증류소를 타이완에서 만날 수 있다는 사실도 반갑다. 저렴한 가격으로 시음도 할 수 있고, 투어를 신청하면 다양한 종류의 오크통을 비롯해 위스키의 제조 공정까지 자세히 볼 수 있어서 위스키 애호가들 사이에서 인기가 높다. MAP 354p

GOOGLE MAPS kavalan distillery
ADD 宜蘭縣員山鄉員山路(위엔샨루)二段326號
OPEN 09:00~18:00
BUS 이란 버스 터미널에서 1786번 버스를 타고 샤션꺼우下深溝 정류장에서 하차. 또는 752번 버스를 타고 위엔산 농훼이 청꽁펀뿌員山農會成功分部 정류장에서 하차. 약 50분 소요. 또는 택시나 렌터카로 약 20분 소요

: MORE :

투어 정보

관람은 무료지만, 예약제로 운영되므로 홈페이지, 전화 또는 이메일로 미리 예약하고 방문하자. 약 1시간 소요.

TEL (03)9229-000 #1104
WEB www.kavalanwhisky.com
E-MAIL kavalan@kingcar.com.tw
HOUR 10:00, 11:00, 13:00, 14:00, 15:00, 16:00
PRICE 무료

(Spot) 위스키 쇼핑에 식사까지

미스터 브라운 커피

酒堡伯朗咖啡館(주보백랑가배관, 지우바오 보어랑 카페이관)

카발란 증류소 내에 위치한 위스키 상점 및 카페. 1층은 카발란 위스키 판매점, 2층은 같은 기업 소속인 미스터 브라운 커피전문점으로 이루어져 있다. 2층 카페의 규모가 매우 크고, 음료뿐 아니라 간단한 식사류도 제공하기 때문에 아예 이곳에서 점심식사를 하는 사람도 적지 않다. 식사를 하지 않더라도 증류소 투어를 마치고 잠시 커피 한 잔 마시며 쉬었다 가기에 딱 좋은 분위기다. 1층의 위스키 판매점에서는 카발란에서 나온 싱글 몰트 위스키가 종류별로 갖춰져 있다. 시중보다 가격이 더 저렴한 건 아니지만, 종류는 다양한 편이다.

OPEN 09:00~18:00
WEB www.mrbrown.com.tw

⑤

시골 느낌 가득한 토속 음식점

쏭싼지

松叄雞(송삼계)

이란을 대표하는 메뉴 중 하나인 윙야오지窯燒雞 맛집. 윙야오지는 가마에 구운 로스트 치킨을 뜻하는 말로, 여행 예능 프로그램에 소개되면서 우리나라 여행자들 사이에서도 인기를 끌기 시작했다. 껍질이 바삭하고 담백하며, 고기는 쫄깃쫄깃해서 우리나라 치킨과는 또 다른 매력이 있다. 이곳은 현지인들에게 인기 있는 윙야오지 맛집 중 하나로, 전형적인 시골의 토속 음식점 분위기다. 치킨뿐 아니라 다른 메뉴들도 대부분 향신료를 거의 쓰지 않아 우리 입맛에도 잘 맞는 편이다. 영어 메뉴는 없지만, 메뉴판에 사진이 있어서 주문하기 어렵지 않다. 카발란 위스키 증류소에서 약 7km 떨어져 있어서 증류소 투어를 마치고 점심식사를 하기에 좋은 위치. 참고로, 윙야오지는 조리 시간이 오래 걸리므로 전화로 미리 예약하는 편이 좋다. **MAP 354p**

GOOGLE MAPS PMWM+MG 위안산향
ADD 宜蘭縣員山鄉隘界一路(아이지에일루)23巷111號
TEL 03 922 8223
OPEN 월·화·금 11:00~14:00, 17:00~20:00, 토·일 11:00~20:00, 수·목요일 휴무
TAXI 카발란 위스키 증류소에서 차로 약 15분 소요

⑥

처음 먹어보는 맛, 파 아이스크림

싼싱 파 문화관

三星青蔥文化館(삼성청총문화관, 싼싱 칭총 원화관)
Sanshing Green Onion Culture Palace

이란 현의 싼싱三星 마을은 파로 유명한 동네다. 동네 일대가 각종 파 관련 상점으로 가득하다. 싼싱 파 문화관은 싼싱 마을의 파를 소개하는 동네 대표 전시관. 파로 만든 모든 제품이 다 있다고 해도 과언이 아니다. 파 아이스크림을 비롯해 파기름, 파 과자, 파 사탕, 말린 파 등 신기한 상품이 워낙 많아서 구경하는 것만으로도 재미있다. 우리나라 여행객들에게 인기 있는 누가 크래커도 싼싱 마을의 파를 넣어 즉석에서 만들어 판매하는데, 일반 상점에서 파는 누가 크래커보다 파도 훨씬 많이 들어있고, 맛도 좋은 편이다. 문화관 바깥의 푸드트럭에서는 총좌빙을 비롯해 파로 만든 간식도 판매하고 있어서 출출할 때 잠시 쉬었다 가기에 좋다. **MAP 354p**

GOOGLE MAPS sanshing green onion culture
ADD 宜蘭縣三星鄉中山路(쫑산루)二段41號
OPEN 월~금 08:30~17:00, 토·일 09:00~18:00
TAXI 이란 버스 터미널, 카발란 위스키 증류소에서 약 30분 소요

7

온천수에 삶은 옥수수의 꿀맛

칭수웨이 지열공원

清水地熱公園(청수지열공원, 칭수웨이 띠러꽁위엔)

이란을 대표하는 관광명소 중 하나. 무료로 족욕을 할 수 있고, 온천수에 계란, 옥수수 등을 삶아 먹을 수 있어서 가족 단위 여행객들에게 인기가 높다. 단, 주말이나 공휴일에는 인파가 어마어마하게 몰리므로 자리를 잡는 것조차 쉽지 않다. 게다가 온천수의 유황 냄새와 붐비는 인파 탓에 쾌적한 환경을 기대하긴 어렵지만, 그 나름의 재미가 있다. 무료 족욕탕 외에 정식 노천 온천도 있으므로 시간 여유가 있다면 1시간 정도 온천까지 하는 코스도 괜찮다. 노천 온천은 남탕, 여탕으로 분리되어 있으며, 수영복, 수영모 착용은 필수다. 단, 가격이 저렴한 대신 샤워 시설은 다소 빈약한 편이다. **MAP 354p**

GOOGLE MAPS 칭쉐이 지열 공원
ADD 宜蘭縣大同鄉三星路(싼싱루)八段501巷150號
OPEN 09:00~17:00
TAXI 이란 버스 터미널, 카발란 위스키 증류소에서 약 30분 소요

■ **칭수웨이 노천 온천** 清水泉湯屋
(청수천탕옥, 칭수웨이 취엔탕우)

OPEN 09:30~16:00
PRICE NT$80(가운 대여 NT$200, 보증금 NT$300)

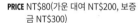

피톤치드 가득한 하루 힐링 코스

타이핑산 국가 삼림 공원

太平山國家森林遊樂區(태평산국가삼림유락구, 타이핑산 궈지아 썬린 여울러쉬)
Taipingshan National Forest Recreation Area

타이완의 3대 산림 국가 공원 중 하나. 무려 1만 2930 헥타르에 달하는 면적에 숲이 깊고 울창하여 원시림을 만날 수 있다. 울창한 숲 덕분에 일제 강점기 때 일본인들이 벌목 사업을 시작한 곳이기도 하다. 아직 우리나라 여행객들에게는 많이 알려지지 않았고 대중교통도 다소 불편하여 접근성이 떨어지는 게 아쉽다. 안개가 짙은 날이 많은 데다가 도로도 좁고 꼬불꼬불하여 운전하기가 쉽지 않으므로 렌터카도 추천하기 어렵다. 여행 액티비티 앱의 투어 프로그램을 이용하는 것이 가장 편리한 방법. 날씨가 변화무쌍하고 시내보다 기온이 5~12도 정도 낮으므로 두꺼운 옷과 우비를 준비하자. MAP 354p

GOOGLE MAPS taipingshan national forest recreation area
ADD 宜蘭縣大同鄉(따통샹)太平巷58-1號
OPEN 06:00~20:00(토·일 04:00~)
PRICE 평일 NT$150, 주말 NT$200
WEB tps.forest.gov.tw

 Spot 1 세계에서 가상 아름디운 28개 산채로 중 하나
지엔칭 화이구 뿌따오
見晴懷古步道(견청회고보도) Jianqing Huaigu Trail

일제 강점기에 나무를 수탈하기 위해 조성한 철로인 지엔칭선見晴線의 일부 구간. 녹이 슬고 짙은 이끼로 뒤덮인 옛 철길을 그대로 둔 채 깊은 숲속 초록초록한 산책로로 조성했다. 왕복 50분 정도 소요되는 0.9km의 짧은 코스이지만, 숲속 어디쯤 요정이 살고 있을 것만 같은 신비한 분위기에 한없이 오랫동안 걷고 싶어진다. 날씨가 화창해도, 비가 와도 다 저마다의 매력이 있다.

GOOGLE MAPS jianqing huaigu trail　　**ADD** 大同鄉(따통샹)太平巷58-1號
OPEN 06:00~17:00

Spot 2 보기만 해도 귀여운 노란색 꼬마기차
봉봉 열차
蹦蹦車(봉붕차, 뻥뻥처)
Bong Bong Train

일제 강점기에 원목을 운반하는 데 사용되었던 꼬마 기차로 1937년부터 운행하기 시작하여 1979년에 중단되었다. 그 후 한동안 방치되어 있다가 1991년부터 봉봉 열차라는 이름의 여행상품으로 변신하여 다시 운행을 시작하였다. 30분 간격으로 운행되며 꼬불꼬불 숲길을 달리는 노선이 생각보다 꽤 재미있다. 내려서 다음 기차가 올 때까지 가벼운 숲길 트레킹도 할 수 있어서 여행객들에게 인기가 높은 편이다. 봉봉 열차를 타기 위해 타이핑산을 찾는 사람도 꽤 많다.

GOOGLE MAPS bong bong train taipingshan station
ADD 大同鄉(따통샹)太平巷95號
OPEN 07:30~17:00, 매월 2·4주 화요일 휴무
PRICE NT$180(왕복)

9

깔끔하고 한가로운 온천탕
지우즈저 온천
鳩之澤溫泉(구지택온천, 지우즈저 원취엔)
Jiuzhize Hot Springs

일본어로 '물을 끓인다'는 뜻의 '하토노사와鳩之澤'에서 이름이 유래된 온천. 일제 강점기에 일본 벌목공들이 이용하기 위해 조성했다. 약알칼리성 탄산 온천으로 노천탕, 가족탕 등의 시설을 갖추고 있으며 야외에는 계란, 옥수수 등을 온천수에 익혀 먹을 수 있는 공간이 있다. 노천 천은 입장료를 내야 하지만, 계란, 옥수수 등을 삶아 먹는 곳은 무료이므로 온천을 하지 않아도 계란과 옥수수를 먹는 시간만으로도 충분히 재미있다. 참고로 노천온천을 이용하려면 수영복, 수영모, 수건 등은 개인이 지참해야 한다. 온천 근처에는 약 1.2km의 산책로도 있으므로 시간 여유가 있다면 초록초록한 숲길 산책까지 즐길 수 있다. **MAP 354p**

GOOGLE MAPS jiuzhize(renze) hot springs
ADD 大安區信義路(신일루)三段124號
OPEN 09:00~19:00
PRICE 10~3월 NT$250, 4~9월 NT$150

太魯閣（태로각）

타이루거 협곡

대리석으로 된 협곡

해발고도 2000m, 총면적 920㎢, 길이 20㎞에 이르는 타이루거 협곡은 대부분이 험준한 바위로만 이루어진 거대한 대리석 협곡으로, 타이완 국가공원으로 지정되어 있다. 압도적인 자연의 위대함과 경이로움을 보고 싶다면 단언컨대 타이루거 협곡이 정답이다.

타이완을 대표하는 관광지, 타이루거 협곡

타이루거 협곡은 타이완에서 꼭 가봐야 할 명소 중 하나로 손꼽히는 유명 관광지지만, 타이완의 동부에 위치해 있어서 타이베이에서 당일 코스로 다녀오기에는 살짝 벅차기도 하다. 그래도 아침 일찍부터 부지런하게 움직이면 가능할 수도 있으니 스케줄에 맞게 당일이나 1박 2일로 계획을 세워보자. 거대한 대리석 협곡이 쏟아질 듯 눈 앞에 펼쳐지는 전경은 그야말로 감동적이기까지 하다. 단, 워낙 험준한 지형이라 비가 조금만 많이 와도 길이 폐쇄되므로 출발하기 전 미리 날씨를 꼭 확인해보고 가는 게 안전하다.

WEB www.taroko.gov.tw

타이루거 협곡 가는 법

■ 기차

타이베이에서 화리엔花蓮 Hualien 역까지 기차를 타고 간 뒤, 화리엔 역에서 택시 투어나 버스 투어를 이용하는 방법이 가장 일반적이다. 타이베이 처짠(기차역)台北車站에서 화리엔 역까지 기차로 약 2시간~3시간 30분 소요되며, 가장 빠른 기차 등급인 쯔챵하오自强號(타이루거하오太魯閣號와 푸여우마하오普悠瑪號 포함)의 요금은 NT$440. 그중에서 직통 특급 기차인 타이루거하오가 가장 빠르다. 주말에는 돌아오는 기차표를 구하기 힘들 수도 있으니 미리 예약해두는 것이 좋다.

■ 버스 투어

버스 투어는 화리엔 기차역 앞에 있는 여행안내센터에서 신청할 수 있으며, 1인당 NT$700~1000 정도다. 타이베이에서 출발하는 타이루거 협곡 1일 투어 상품은 출발 시각이 미리 정해져 있는 대신 화리엔까지의 왕복 기차 티켓을 포함하고 있어서 따로 예약하는 번거로움을 줄일 수 있다는 장점이 있다. 일명 '타이완 꽌빠台灣觀巴'라고 불리는 이 버스 투어 상품은 정부 기관인 중화민국 교통부 관광국에서 운영하며, 타이완 투어버스 홈페이지에서 예약할 수 있다.

WEB www.taiwantourbus.com.tw(한글 지원)

■ 택시 투어

만약 일행이 3~4명이면 기차로 화리엔 역에 도착한 뒤 택시 투어를 이용하는 것도 괜찮은 선택이다. 미리 인터넷을 통해 예약하거나 역 앞에 서 있는 택시와 협상해 이용할 수 있다.

타이루거 추천 코스

소요 시간: 5~6시간

타이루거 협곡 입구 ➡ 차로 6분 ➡ 창춘츠 구경하기 ➡ 차로 6분 ➡ 제비집이 가득한 절벽 옌즈커우 관람하기 ➡ 차로 5분 ➡ 웅장한 절벽의 절경 지우취똥 감상하기 ➡ 차로 5분 ➡ 협곡을 잇는 다리 츠무챠오 건너보기 ➡ 차로 5분 ➡ 티엔샹에서 기념품 구경 및 점심식사 ➡ 차로 1시간 20분 ➡ 삐뤼션무 들르기 ➡ 차로 2시간 ➡ 협곡을 벗어나 아름다운 해변 치싱탄 산책 ➡ 차로 15분 ➡ 화리엔 기차역으로

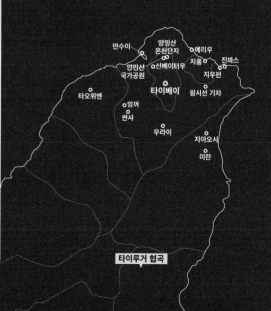

딴수이 · 양밍산 온천단지 · 예리우 · 지룽 · 진꽈스 · 지우펀 · 양밍산 국가공원 · 신베이터우 · 타이베이 · 핑시선 기차 · 타오위엔 · 잉꺼 · 싼샤 · 우라이 · 지아오시 · 이란

타이루거 협곡

타이중

르위에탄

1

아픈 역사에 대한 추모

창춘츠

長春祠(장춘사) Eternal Spring Shrine

1950년대 말 장제스蔣介石(장개석) 초대 총통은 타이완 동부에 도로를 건설하기 위해 타이루거 협곡을 관통하는 터널을 만들기로 결정했다. 그러나 단단한 대리석으로 된 협곡을 뚫는 건 거의 불가능에 가까운 작업. 기계를 사용할 경우 붕괴의 위험이 크기 때문에 무려 5천 명이 넘는 인력이 도로를 건설하고 터널을 뚫는 작업에 투입되었으며, 그 결과 무려 4년 반이라는 시간이 걸려 결국 도로와 터널을 완공할 수 있었다. 하지만 이 도로와 터널 공사의 기적 같은 성공 뒤에는 총 264명이 작업 중에 목숨을 잃는 희생이 뒤따랐다. 창춘츠는 바로 이들의 희생을 추모하기 위해 세운 사당이다. 타이루거 협곡 입구에서 약 2km 정도 들어가서 창춘챠오長春橋를 건너면 바로 보이는 창춘츠는 그리 크지 않은 규모의 사당으로 안에는 희생자 264명의 이름이 새겨진 추모대가 있다.

GOOGLE MAPS 타이완 장춘사
CAR 타이루거 협곡 입구에서 약 2.8km. 차로 약 6분 소요

*버스 투어 상품 중에는 티엔샹에서 투어를 종료하고 타이베이나 화리엔으로 돌아가는 것도 있다.

타이루거 협곡 입구

삐뤼션무 碧綠神木

티엔샹 天祥

츠무챠오 慈母橋

위에왕팅 岳王亭

지우취똥 九曲洞

엔즈커우 燕子口

창춘교 長春橋

타이루거 국가공원 관리처 太魯閣 國家公園管理處

화리엔 花蓮

링우 嶺武

창춘츠 長春祠

타이루거 협곡 입구 太魯閣峽谷入口

2

제비가 집을 짓는 절벽

옌즈커우

燕子口(연자구) Swallow Grotto

가슴 아픈 희생의 역사가 묻어있는 창춘츠를 지나 조금 더 들어가면 하늘을 가릴 만큼 좁은 절벽이 병풍처럼 이어진다. 빗살무늬의 하얀 절벽에 눈이 부시다고 생각할 무렵 신기한 광경이 눈에 들어온다. 절벽 군데군데 구멍이 나 있는 것. 이 절벽의 수많은 구멍은 침식으로 인해 자연적으로 생긴 것들로, 봄이면 제비들이 날아와서 이 구멍마다 집을 짓는다. 그리하여 이곳의 이름도 제비집, 즉 옌즈커우가 되었다. 차에서 내려 잠시 걸어볼 수 있는 곳이라서 절벽의 깊이를 더 실감 나게 느낄 수 있다. 여행자의 안전을 위해 헬멧을 지급하기도 할 만큼 자연 그대로를 보존하고 있는 터널을 걷다 보면 깎아지른 듯한 절벽 사이로 비치는 한 줄기 햇살에 마치 시간이 멈춘 듯 황홀함에 빠져든다.

GOOGLE MAPS yanzikou trail
CAR 타이루거 협곡 입구에서 약 8km. 차로 약 12분 소요

3

아슬아슬 협곡 사이를 걷는 스릴 만점

지우취똥

九曲洞(구곡동) Tunnel of Nine Turns

타이루거 협곡의 하이라이트 구간. 264명의 희생자를 남긴 협곡의 도로와 터널을 직접 걸어보는 코스다. 옆은 까마득한 낭떠러지고 반대편으로는 끝이 보이지 않을 만큼 웅장한 절벽이 맞닿아있는 이 아슬아슬한 길을 사람이 직접 뚫었다는 사실이 놀랍기만 하다. 그래서인지 기계로 뚫은 매끈한 터널이 아닌 이 울퉁불퉁 거칠고 투박한 터널의 모습에 문득 마음이 울컥해진다. 하지만 그렇기 때문에 위험도는 한층 높아졌다. 지우취똥은 비가 많이 오면 산사태 위험으로 곧바로 폐쇄되므로 반드시 미리 날씨 상황을 숙지하고 가는 것이 안전하다.

GOOGLE MAPS 주취둥
CAR 타이루거 협곡 입구에서 약 12km. 차로 약 16분 소요

웅장한 절벽을 잇는 붉은색 다리

츠무챠오

慈母橋(자모교)

지우취똥을 지나 조금 더 깊이 들어가면 거대한 협곡 사이에서 웅장한 자태를 드러내고 있는 붉은색 다리가 눈에 들어온다. 웅장한 회색빛 절벽과 붉은색이 묘한 대조를 이루는 이 다리의 이름은 '츠무챠오', 어머니의 사랑을 담은 다리라는 의미다. 징제스 초대 총통이 어머니를 기리기 위해 지은 이름이라는 설이 지배적이나 정확하지 않다. 이곳이 유명한 또 다른 이유는 바로 '위에왕팅岳王亭'이라는 이름의 정자와 아슬아슬한 구름다리 때문이다. 츠무챠오에서 조금만 들어가면 나타나는 이 위에왕팅과 그 옆의 구름다리는 여행자가 직접 걸어볼 수 있는 몇 안 되는 타이루거 협곡의 구름다리 중 하나다. 총 길이 136m에 이르는 거대한 다리임에도 걸을 때마다 제법 많이 흔들린다. 한 번에 8명 이상 올라가지 말라는 경고성 문구에 오히려 더 오싹해지지만, 그럼에도 늘 여행자들로 북적인다.

CAR 타이루거 협곡 입구에서 약 14km. 차로 약 20분 소요

GOOGLE MAPS cimu bridge xiulin

5

타이루거 협곡의 중간 정착지

티엔샹

天祥(천상)

해발 480m에 위치한 이곳은 타이루거 협곡의 중간 지점으로 관광안내소, 기념품 숍, 식당 등이 모여 있는 마을이다. '티엔샹'이라는 이름은 송나라 정치가인 위엔티엔샹文天祥의 이름을 따서 지은 것인데, 그는 송나라가 원나라에 의해 멸망했을 때 그의 재능을 아낀 원황제 쿠빌라이 칸이 전향을 권유했으나 끝내 거절하고 죽음을 택한 인물이다. 대부분의 여행자는 이곳 티엔샹에서 기념품도 구매하고, 점심식사도 하게 된다. 음식 가격은 타이베이 시내와 비슷하거나 오히려 조금 더 저렴한 수준. 그중에서도 티엔샹 입구에 있는 음식점인 '티엔샹 찬팅天祥餐廳'은 한국어 메뉴판이 있어 인기가 높은 편이다.

GOOGLE MAPS tianxiang recreation area
CAR 타이루거 협곡 입구에서 약 17km. 차로 약 25분 소요

6

안개 속 작은 쉼터

삐뤼션무

碧綠神木(벽록신목)

해발 2150m 지점인 이곳의 이름이 '삐뤼션무碧綠神木'인 것은 신목神木, 즉 신령한 나무라는 별명의 나무가 있기 때문이다. 높이 50m, 둘레 3.5m의 삼나무과에 속하는 이 나무는 무려 3000년이나 된 고목이다. 단, 나무가 도로 한가운데에 있는 데다가 워낙 운무가 짙게 뒤덮인 곳이라서 신목을 찾기는 쉽지 않다. 고도가 높은 지역이기 때문에 사방이 안개에 휩싸여 신비한 분위기를 자아낸다.

GOOGLE MAPS bilu shenmu
CAR 타이루거 협곡 입구에서 약 58km. 차로 약 1시간 40분 소요

+ Writer's Pick +

타이루거 협곡 끝까지 가고 싶다면

투어버스로 이동하면 티엔샹에서 투어가 종료된다. 그러므로 이보다 좀 더 멀리까지 가고 싶다면 택시 투어를 하는 게 좋다. 택시 투어를 하게 되면 가깝게는 삐뤼션무碧綠神木, 멀게는 정상인 링우嶺武까지 갈 수 있다. 단, 티엔샹보다 더 멀리까지 가려면 투어를 시작하기 전, 미리 동선을 정확하게 논의해야 한다.

해발 3275m의 신비한 정상
링우
嶺武(령무)

삐뤼션무에서 다시 차를 타고 한 시간 남짓 오르면 드 디어 타이루거 협곡의 정상인 링우에 도착한다. 무려 해발 3275m로 운무가 장관인 곳이다. 링우로 올라가 는 길 내내 산 아래로 구름이 보이는 전경이 이어진다. 가장 좋은 날씨는 구름이 조금 낀 살짝 흐린 날씨. 구름 이 거의 없는 맑은 날에는 운무를 제대로 볼 수 없고, 비가 오거나 구름이 너무 많으면 아예 앞이 안 보일 만 큼 구름으로 뒤덮이므로 날씨가 가장 중요한 셈이다. 단, 이곳은 길이 좁고 위험해서 버스로는 올라갈 수 없 고, 승용차나 택시만 진입할 수 있다. 또한 화리엔 역에 서 출발하는 택시도 위험하다는 이유로 정상까지 올라 가기를 꺼리는 경우도 많으니 무리해서 가진 말자.

GOOGLE MAPS wuling renhe
CAR 타이루거 협곡 입구에서 약 83km.
차로 약 2시간 30분 소요

일곱 별 에메랄드빛 해안을 걷다
치싱탄
七星潭(칠성담)

화리엔에는 타이루거 협곡 외에도 매력적인 명소가 많 은데, 그중 하나가 바로 아름다운 해변, 치싱탄이다. 이 곳은 예전에 일곱 개의 연못이 있던 곳이라고 해서 치 싱탄이라는 이름이 붙었다는 이야기도 있고, 북두칠성 이 가장 잘 보이는 곳이라서 치싱탄이라 부른다는 설 도 있다. 치싱탄은 쪽빛 바다색과 해안을 따라 길게 이 어진 자전거 도로가 가장 유명하다. 특히 치싱탄 해변 에서 리위딴鯉魚潭 해변까지 약 3km에 이르는 사선서 전용도로는 우리나라 라이더들 사이에서도 입소문이 났을 정도. 자전거 대여소는 치싱탄 근처에서 쉽게 찾 을 수 있다. 타이루거 협곡 투어를 마치고 화리엔 기차 역으로 돌아가는 길에 치싱탄에 들르는 동선이 가장 좋 다. 버스 투어나 택시 투어에 아예 치싱탄이 포함된 경 우가 대부분이다.

GOOGLE MAPS chixing lake
ADD 新城鄉 七星街(치싱지에)
BUS 화리엔 훠처짠花蓮火車站 앞 화리엔 커윈花蓮客運에서
07:10, 09:30, 11:20, 15:30에 출발하는 치싱탄 행 버스 탑
승. 약 40분 소요. 또는 택시로 약 20분

TAROKO
NATIONAL
PARK

타이루거 국립

LOVE YOURSELF
IN SPA & ON RAIL

타이베이 근교
온천 & 핑시선 기차
힐링 여행

우라이
烏來(오래)

탄산온천과 초록빛 자연의 이중주

초록빛 오솔길을 걷다 만나는 폭포와 귀여운 미니기차, 그리고 무성무취의 깔끔한 탄산온천까지. 온천과 초록빛 자연을 모두 갖춘 우라이의 매력은 비교 불가다. 자, 이제 한가롭게 초록빛 자연과 온천을 즐길 일만 남았다.

타이완 속의 또 다른 타이완

타이베이에서 동남쪽으로 약 28km 떨어진 곳에 위치한 우라이는 원래 타이완의 원주민 중 하나인 타이야족泰雅族의 오랜 터전이었다. 타이야족은 타이완의 많은 원주민 중에서도 용맹스럽기로 유명한 원주민 부족으로, 얼굴에 짙은 문신을 하고 있어 타이완을 소개하는 홍보 사진에도 여러 차례 소개된 바 있다. 안타깝게도 지금은 원주민 마을의 흔적을 거의 찾아볼 수 없고, 원주민들은 타이야족 전통 공연을 하면서 생계를 유지하고 있다.

우라이는 아름다운 자연과 더불어 탄산온천의 명소로 특히 더 유명하며, 타이베이 근교의 온천마을 중에서 풍경이 가장 아름다운 곳이기도 하다. 가장 독특한 건 에메랄드빛 계곡물이다. 바다도 아닌 계곡물이 이처럼 에메랄드빛을 띠고 있다는 것만도 놀라운데, 더 놀라운 건 이 계곡 자체가 거대한 온천이라는 사실이다. 그러니 계곡의 무료온천을 즐겨보는 것만으로도 미인탕美人湯이라는 우라이의 별명에 고개가 끄덕여질지도 모를 일이다.

우라이 가는 법

■ MRT+버스

MRT 레드·블루 라인 타이베이 처짠台北車站 역 M8 출구로 나와 왼쪽으로 조금 가다 보면 경찰서 마크 바로 앞에 작은 건널목이 나온다. 그 건널목을 건너서 왼쪽으로 가면 보이는 버스 정류장에서 849번 버스를 타고 종점에서 내리면 된다. 버스는 약 15분 간격으로 운행하며, 약 1시간 40분 소요. 요금은 NT$45. 여기에서 타면 다소 오래 걸리긴 하지만, 앉아서 갈 수 있다는 장점이 있다. 만약 서서 가더라도 빨리 가길 원한다면 그린 라인 꽁관公館 역 1번 출구 앞이나 그린 라인 신띠엔新店 역 앞 버스 정류장에서 타도 된다. 약 1시간 소요.

종점에서 하차 후 버스 진행 방향으로 직진한 뒤 작은 다리를 건너면 바로 우라이의 중심가인 우라이 라오지에烏來老街가 시작된다. 도보 5분 소요.

우라이 추천 코스

소요 시간: 3~4시간

우라이 라오지에 구경하기

↓

야꺼 샨주러우샹창에서 소시지 맛보기

↓ 도보 3분

미니기차 타기

↓ 케이블카 3분 또는 도보 25분

우라이 폭포 감상하기

↓ 케이블카 3분 또는 도보 25분+α

우라이 온천 즐기기

↓

타이베이로 이동

* 상황에 따라 온천을 먼저 하고 라오지에로 이동하는 것도 괜찮다.

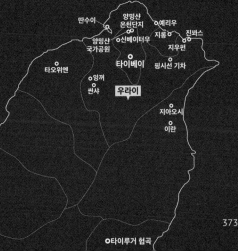

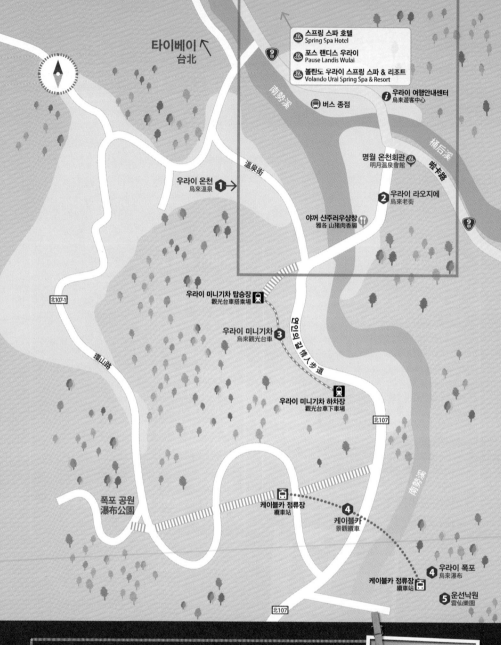

타이베이
台北

스프링 스파 호텔
Spring Spa Hotel

포스 랜디스 우라이
Pause Landis Wulai

볼란도 우라이 스프링 스파 & 리조트
Volando Urai Spring Spa & Resort

우라이 여행안내센터
烏來遊客中心

버스 종점

南勢溪

桶后溪

명월 온천회관
明月溫泉會館

우라이 온천
烏來溫泉

우라이 라오지에
烏來老街

溫泉街

야꺼 산주러우샹창
雅各 山豬肉香腸

우라이 미니기차 탑승장
觀光台車搭乘場

우라이 미니기차
烏來觀光台車

우라이 인파길 人 步道

北107-1

우라이 미니기차 하차장
觀光台車下車場

北107

環山路

폭포 공원
瀑布公園

南勢溪

케이블카 정류장
纜車站

케이블카
景觀纜車

우라이 폭포
烏來瀑布

케이블카 정류장
纜車站

운선낙원
雲仙樂園

北107

: MORE :

우라이에서
돌아오는 길에
꼭 들러보자!

우라이 행 버스가 거쳐 가는 MRT 신띠엔新店 역에는 타이완 드라마 <장난스러운 키스>의 촬영지로 유명한 호수인 삐탄碧潭 Bitan이 있다. 시내에 위치한 동네 호수라고 하기에는 제법 큰 규모다. 일부러 찾아갈 필요까진 없지만, 잠시 들러서 산책을 즐기기에는 더할 나위 없이 좋다. 우라이에서 돌아올 때 신띠엔 역에서 내려 삐탄에 들러보는 것도 괜찮은 동선이다.

삐탄 호수

피부가 호강하는 럭셔리 탄산온천

우라이 온천

烏來溫泉(오래온천, 우라이 원취엔)

우라이의 온천은 타이베이 근교의 다른 유황온천들과 달리 pH6.9~ 6.92, 평균 온도 약 80℃, 무색무미의 투명한 탄산온천으로 유명하다. 탄산온천은 피부와 심장질환, 고지혈증 등에 좋다고 전해지며, 우라이라는 지명 자체가 타이야족의 언어로 '온천'이라는 뜻이다.

우라이에서 기장 럭셔리한 온천단지는 우라이 라오지에보다 버스로 두세 정류장 이전 구역에 주로 몰려있다. 우리나라 사람들에게 많이 알려진 볼란도Volando, 포스 랜디스 우라이Pause Landis Wulai, 스프링 스파Spring Spa 등은 849번 버스를 타고 종점인 우라이에서 세 정거장 전인 쥐롱샨쌍巨龍山莊이나 두 정거장 전인 이엔띠堰堤 정류장에서 하차해야 한다. 단, 시설은 이곳 럭셔리 온천단지가 훨씬 더 좋지만, 수질만큼은 동네 위쪽인 우라이 라오지에 근처의 대중 온천들이 더 좋다는 게 현지인들의 의견이다. 대부분의 온천이 주로 개인탕이나 가족탕의 형태라서 수영복은 따로 준비해가지 않아도 된다. **MAP 374p**

GOOGLE MAPS wulai hot springs

풍경도 온천도 이보다 좋을 순 없다
볼란도 우라이 스프링 스파 & 리조트
馥蘭朵烏來渡假酒店(복란타오래도가주점, 풀란두워 우라이 뚜지아 지우디엔)
Volando Urai Spring Spa & Resort

GOOGLE MAPS 볼란도 우라이 스프링
ADD 新北市烏來區新烏路(신울루)5段
176號
TEL 886 2 2661 6555(예약)
OPEN 10:00~23:00, 수요일 휴관
WEB www.volandospringpark.com
BUS 849번 버스를 타고 종점에서 두 정
거장 전인 이옌띠壩堤에서 하차. 길
건너 세븐일레븐 바로 옆에 있다.
WALK 우라이 라오지에에서 버스 노선을
따라 도보 15분

우라이에서 가장 핫한 프라이빗 온천 중 하나. 시설, 서비스, 풍경, 수질 등 모든 면에서 거의 퍼펙트한 수준을 자랑하나, 물론 그만큼 가격도 만만치 않다. 볼란도 우라이 스프링 스파 & 리조트는 크게 대중탕과 프라이빗 온천으로 나뉘며, 프라이빗 온천은 다시 온천 룸, 온천+침대 룸, 온천+호텔 룸의 종류로 각각 나뉜다. 무엇보다 대중탕은 최대 이용 시간이 무려 4시간이며, 휴게실도 따로 있어서 만족도가 꽤 높은 편이다. 참고로 프라이빗 온천을 이용할 경우 예약은 필수. 가족 단위 여행자 중에서는 아예 이곳에서 1박을 하는 사람도 적지 않다. 식사까지 포함된 패키지 상품도 다양하며, MRT 신 띠엔新店 역에서 셔틀버스도 운행한다. 셔틀버스는 우라이 온천 이용자에 한해 이용할 수 있으며, 요금은 NT$50. 09:30~17:30까지 1일 5회 운행하며, 전화로 또는 홈페이지에서 메일로 예약해야 한다.

황후의 온천이 부럽지 않은
Spot 2 포스 랜디스 우라이
璞石麗緻(박석려치, 푸스 리즈) Pause Landis Wulai

럭셔리한 온천을 선호하는 사람들에게 인기가 높은 젠 스타일의 온천. 시끌벅적한 우라이 중심 거리와 조금 떨어져 있어서 한적하고 평화로운 분위기가 돋보인다. 호텔식으로 운영하는 온천이기 때문에 1박을 해도 되고, 당일로 온천만 즐길 수도 있다. 아예 식사까지 포함된 패키지 상품도 있으며, 가족탕의 형태도 가격대별로, 테마별로 매우 다양한 편이다. 가족탕은 크게 창문이 있는 실내탕인 '징즈 탕우景緻湯屋'와 바깥의 숲을 보면서 온천을 즐길 수 있는 반 노천탕 '주티 탕우主題湯屋'로 나뉜다. 가족탕뿐 아니라 대중탕도 시설이 훌륭하고 세면도구도 다 준비되어 있어서 편리하게 이용할 수 있다.

GOOGLE MAPS 우라이 퍼즈 란디스
ADD 新北市 烏來區 忠治里 堰堤(이옌띠)61號
OPEN 화~일 08:00~21:30,
　　　 월 13:00~21:30
WEB www.pauselandis.com.tw
BUS 849번 버스를 타고 종점에서 두 정거장 전인 이옌띠堰堤 정류장에서 하차 후 버스 반대 방향으로 도보 1분
WALK 우라이 라오지에서 버스 노선을 따라 도보 15분

가격 대비 최고의 수질

Spot 3

명월 온천회관

明月溫泉會館(밍위에 원취엔후이관)
Full Moon SPA

우라이 라오지에의 수많은 온천 중에서도 현지인들에게 가장 인기가 많은 곳 중 하나. 무엇보다 수질이 좋기로 이름난 곳이다. 온천의 형태는 대중탕과 가족탕 중 원하는 대로 고를 수 있다. 대중탕은 이용 시간에 제한이 없으며, 가족탕은 1시간 기준이지만 약간의 추가 요금을 내면 시간을 연장할 수 있다. 가족탕은 가격이 조금 비싼 대신 오붓하게 온천을 즐길 수 있을 뿐 아니라 탕의 물을 전부 새로 받기 때문에 위생적이라는 장점이 있다. 안내 데스크에 각 탕의 사진과 함께 가격이 걸려 있으므로 사진을 보고 선택하면 된다. 수건, 샴푸, 샤워젤, 생수 한 병이 제공된다.

GOOGLE MAPS 풀문 스파 **ADD** 台北縣 烏來村 烏來街(우라이지에)85巷1號 **OPEN** 08:00~22:00 **WEB** www.fullmoonspa.net **WALK** 우라이 라오지에烏來老街로 들어서는 작은 다리를 건너자마자 왼쪽

이유 있는 호사

Spot 4

스프링 스파 호텔

烏來 Spring Spa 溫泉山莊(원취엔샨좡)
Spring Spa Hotel

다른 럭셔리 온천보다 시설이 조금 낮은 편이지만, 그만큼 저렴한 곳이다. 식사가 포함된 패키지나 1박을 하는 상품 등이 종류별로 다양하게 구성되어 있다. 다른 온천과 마찬가지로 샴푸, 샤워 젤, 수건 등의 세면도구도 호텔의 어메니티 수준으로 잘 갖추고 있다. 사진을 보면서 선택할 수 있기 때문에 중국어를 못해도 나에게 맞는 온천 상품을 어렵지 않게 고를 수 있다. 오로지 온천만이 목적이 아니라 온천도 하면서 평소 누려보지 못한 나른한 휴식을 취하고 싶다면 고급스러운 온천에 반나절쯤 투자해보는 것도 괜찮은 선택일 것이다.

GOOGLE MAPS spring spa hotel **ADD** 新北市 烏來區 新烏路(신울루) 五段 66號 **OPEN** 08:00~23:00 **WEB** www.springspa.com.tw **BUS** 849번 버스를 타고 종점에서 세 정거장 전인 쥐룽산좡巨龍山莊 정류장에서 하차 후 버스 반대 방향으로 도보 2분 **WALK** 우라이 라오지에에서 버스 노선을 따라 도보 17분

ⓒ烏來 Spring Spa 溫泉山莊

2

맛있는 간식이 가득한 흥미진진 골목

우라이 라오지에
烏來老街(오래로가)

우라이의 중심가인 전통 골목으로, 그리 길지 않은 길에 이런저런 상점들과 식당, 노점 등이 가득하다. 우라이 폭포에 가기 위해 꼭 통과해야 하는 곳이기도 하다. 라오지에 안에 크고 작은 온천도 꽤 많이 있으니 이쯤 되면 우라이의 중심이라고 해도 될 듯. 주말에는 사람이 워낙 많아서 간단한 간식을 하나 먹으려 해도 줄을 서야 하지만, 주중에는 한적하고 느긋한 분위기다. 월요일에는 문 닫는 상점이 많다는 점도 알아두자.

우라이에서 꼭 먹어야 할 메뉴로는 죽통밥인 '주통판竹筒飯', 라임 버블티 '닝멍아이위檸檬愛玉', 산돼지 바비큐 꼬치 '산주러우山猪肉', 구운 떡 '카오미마수烤米麻糬', 숯불 소시지 '주러우샹창猪肉香腸' 등을 꼽을 수 있다. **MAP 374p**

GOOGLE MAPS 우라이옛길
WALK 849번 버스를 타고 종점에서 하차 후 내린 방향으로 직진한 뒤 작은 다리를 건너면 바로 라오지에가 시작된다. 도보 5분

죽통밥, 주통판

구운 떡, 카오미마수

(Spot)

타이베이 최고의 숯불 소시지

야꺼 샨주러우샹창
雅㕮 山猪肉香腸(아각 산저육향장)

라오지에에서 사람이 가장 많이 몰리는 곳 중 하나로, 자타공인 우라이의 최고 명물인 숯불 소시지 전문점이다. 타이완에서 흔히 만날 수 있는 게 숯불 소시지인데 뭐 그리 대단한 맛이겠나 싶겠지만, 현지인들을 비롯한 많은 사람으로부터 타이베이에서 가장 맛있는 숯불 소시지로 인정받았다. 역시 타이완에서는 사람들이 길게 줄을 서 있으면 무조건 따라서 서는 게 정답이다.

GOOGLE MAPS 아각산저육향장 **ADD** 烏來老街(우라이 라오지에)84號 **OPEN** 10:00~20:00

3

미니기차 타고 폭포 간다!

우라이 미니기차

烏來觀光台車(오래관광태차, 우라이 꽌꽝 타이처)

겨우 3량밖에 안 되는 장난감 같은 이 미니기차는 일제 식민지 시대에는 목재를 운반하는 산업용 기차였지만, 우라이가 관광명소로 변신한 지금은 귀엽고 깜찍한 관광 아이콘으로 재탄생했다. 크기는 작지만 제법 힘이 좋아서 라오지에 끝부터 우라이 폭포까지 총 1.6km에 이르는 산책로를 씩씩하게 올라간다. 단, 날씨가 좋지 않으면 자주 운행이 중단되는 게 아쉽다. 하지만 미니기차를 타지 못한다고 해도 그리 실망할 필요는 없다. 라오지에부터 폭포까지 도보로 15분 정도 걸리는 길은 눈부신 초록빛 아래 철길을 따라 걷는 최고의 로맨틱 산책로니까 말이다. **MAP 374p**

GOOGLE MAPS 우라이 관광열차
OPEN 09:00~17:00(7·8월 09:00~18:00)
PRICE 편도 NT$50
WALK 우라이 라오지에를 걷다 보면 끝 무렵에 기차역이 보인다. 표지판이 잘되어 있어서 찾기 어렵지 않다.

4

하늘에서 내려다보는 폭포

우라이 폭포 & 케이블카

烏來瀑布 (오래폭포, 우라이 푸뿌) & 景觀纜車(경관람차, 징꽌 란처)

우라이의 대표적인 관광명소 중 하나인 우라이 폭포는 높이가 80m, 폭이 10m로 그리 크진 않지만, 꽤 높은 곳에서 떨어져서 낙폭이 상당하다. 또한 폭포를 눈높이에서 바로 볼 수 있는 케이블카가 폭포의 매력을 한층 배가한다. 총 길이 382m에 달하는 케이블카는 올려다보기에 고개가 아플 만큼 상당히 높은 위치에 매달려있다. 사실 한눈에 보기에도 꽤 낡아 보이는 케이블카이기에 과연 안전한 걸까 하는 의심이 생기겠지만, 비가 조금만 많이 와도 바로 운행을 멈출 만큼 안전을 최우선으로 하고 있으니 걱정할 필요는 없다. 케이블카 운행 시간은 2분 40초로, 10~15분 간격으로 운행한다. 참고로 이 케이블카는 해발 500m의 산 중턱에 있는 리조트 단지, 운선낙원雲仙樂園(윈시엔러위엔)에 가기 위한 것으로, 케이블카 요금에 운선낙원의 입장료가 포함되어 있다. **MAP 374p**

GOOGLE MAPS 우라이 폭포
OPEN 케이블카 월~금 09:00~17:00, 토·일 09:00~17:30
PRICE NT$300(운선낙원 입장료 포함)
WEB www.yun-hsien.com.tw
WALK 우라이 라오지에 끝까지 가서 란성챠오覽勝橋라는 이름의 다리를 건너면 갈림길이 나오는데, 거기에서 좌회전해 강을 따라 직진하면 폭포와 케이블카가 모두 보인다. 도보 25분

welcome

5

초록빛 숲속에서의 산책
운선낙원
雲仙樂園(윈시엔러위엔) Yun Hsien Resort

시간 여유가 있는 여행자에게는 우라이의 또 다른 비밀 공간인 운선낙원을 추천한다. 우라이 폭포 앞에 있는 케이블카를 타고 폭포 위로 올라가면 거기가 바로 운선낙원이다. 어떻게 폭포 위에 이런 곳이 있을까 싶을 만큼 어마어마한 규모를 자랑한다. 거대한 생태공원인 이곳은 삼림욕 산책코스, 나비 공원, 식물원 등을 비롯해 보트를 탈 수 있는 호수, 양궁장, 사격장, 어린이를 위한 테마파크까지 그야말로 '낙원'이라는 이름이 제대로 어울릴 만큼 모든 즐길 거리를 다 갖추고 있다. 심지어 호텔까지 있어서 원한다면 아예 이곳에서 1박 2일을 즐길 수도 있다. 전부 둘러보려면 반나절 이상 필요하므로 시간에 맞춰 적절히 즐기자. 단, 워낙 숲이 울창하다 보니 겨울에도 모기가 많아서 모기 방지용 밴드나 스프레이가 필수다. **MAP 374p**

GOOGLE MAPS yun hsien resort
ADD 新北市烏來區烏來里瀑布路(푸뿌루)51-1號
OPEN 케이블카 월~금 09:00~17:00, 토·일 09:00~17:30
PRICE NT$300(케이블카 왕복요금 포함)
WEB www.yun-hsien.com.tw
BUS 우라이 폭포 근처에서 케이블카를 타고 간다.

+ Writer's Pick +

내 맘대로 뽑은
근교 여행지 베스트 오브 베스트

짧은 일정에 타이베이의 근교를 모두 둘러볼 순 없다. 여행에서는 아쉬워도 선택과 집중이 필요할 수밖에. 가장 기본적인 여행 코스로 평가되는 예리우, 진꽈스, 지우펀, 핑시선 기차 여행 외에 다른 곳을 간다면 어디를 가는 게 가장 좋을까? 취향에 따라 선호도가 조금씩 달라질 수 있지만, 지극히 개인적인 취향에 근거해 순위를 매기면 다음과 같다.

1위 : 우라이
온천에서 힐링, 미니기차 타고 폭포 감상, 운선낙원 산책까지 하루 코스

2위 : 지롱(338p)
볼거리와 놀거리와 먹을거리가 넘쳐나는 보물섬 같은 동네

3위 : 타오위엔(308p)
어린이를 동반한 가족 단위 여행객을 위한 맞춤 코스

4위 : 이란(352p)
렌터카를 이용한다면 더할 나위 없이 야무진 하루 일정 보장

5위 : 타이루거 협곡(362p)
비교적 오래 타이베이에서 머문다면 타이루거 협곡은 필수

우라이, 신베이터우, 지아오시, 양밍샨
온천 중 어디를 가야 할까?

타이베이의 온천이 아무리 유명하다고 해도 빠듯한 여행 일정에 네 지역 모두 가기에는 아무래도 시간이 부족하다. 만일 시간적인 제한 때문에 딱 한 곳의 온천만 가야 한다면 과연 어느 곳을 선택해야 할까? 이들 중 어느 곳을 선택하든지 적어도 한 번쯤은 꼭 온천에서의 느긋함과 여유로움을 즐겨볼 것을 추천하고 싶다.

◼️ 초록빛 자연 속에서 천천히 하루를 쉬다 오고 싶다면, 우라이 烏來

우라이는 말 그대로 힐링이 되는 코스다. 미니기차, 폭포, 운선낙원 등 볼거리도 꽤 많다. 특히 우라이 온천은 무색무취의 탄산온천이라 유황온천 특유의 강한 냄새를 꺼리는 사람들에게는 이 이상 좋을 수 없다. 단, 폭우나 태풍의 피해를 자주 입는 지역이라서 공사 중이거나 폐쇄될 때가 종종 있다는 게 단점이다.

◼️ 시간 촉박한 여행자를 위한 반나절 온천 여행, 신베이터우 新北投

온천만 하고 돌아오긴 좀 아쉽지만, 그렇다고 하루를 전부 투자하기에는 일정이 빠듯한 사람이라면 신베이터우가 적당하다. 너무 관광지화됐다는 게 약간의 단점이지만, 적당히 볼거리도 있고 가볍게 온천욕 하기에는 신베이터우만한 곳이 없다. 약 반나절 정도로 시간을 예상하면 충분하다.

◼️ 동부 여행을 계획한다면, 지아오시 礁溪

동부를 여행할 계획이라면 지아오시가 좋다. 화리엔花蓮, 타이동台東 등의 동부 도시로 가는 길목이라 온천 호텔에서 1박을 하고 이동하는 것도 괜찮은 선택이다.

◼️ 오로지 온천을 위한 짧은 여행, 양밍샨 온천단지 陽明山 溫泉街

마지막으로 시간은 없지만 온천은 꼭 하고 싶은 사람에게는 양밍샨 온천단지를 추천한다. 무엇보다 타이베이 시내에서 가장 가까워서 느긋하게 충분히 온천을 즐기고 와도 2~3시간이면 충분하다. 바쁜 일정의 여행자들에게는 가장 적절한 선택이 될 듯.

+ Writer's Pick +

온천을 중국어로 뭐라고 할까?

온천에서는 중국어를 못해도 괜찮다. 모든 메뉴가 사진으로 되어 있어서 바디 랭귀지만으로도 얼마든지 온천을 즐길 수 있기 때문. 하지만 그럼에도 만약의 사태를 대비하여 온천에서 필요한 중국어를 한두 마디 알아두면 마음이 든든해질 것이다. 온천 100배 즐기기를 위한 필수 단어만 쏙쏙 골라 소개한다.

- **원취엔** 溫泉 온천
- **파오탕** 泡湯 온천을 하다
- **따쭝탕** 大衆湯 = **따위창** 大浴場 대중탕
- **뉘탕** 女湯 여탕
- **난탕** 男湯 남탕
- **탕우** 湯屋 개인탕, 가족탕
- **루티엔탕** 露天湯 노천탕

신베이터우

新北投(신북투)

타이베이에서 가까운 온천 마을

XINBEITOU

新北投

IN TAIWAN

타이완 최초로 대규모 온천 개발이 시작된 타이베이 온천의 메카. 신베이터우는 여행자들에게도 가장 많이 알려진 온천단지다. 너무 멀어서 지치거나 너무 짧아서 아쉽지 않을 만큼 딱 알맞은 거리와 알맞은 양의 볼거리가 마련되어 있어서 산책하듯이 제법 알찬 반나절 여행을 즐길 수 있다.

MRT로 단숨에 가는 온천 마을

신베이터우는 타이베이 도심의 동북쪽 끝에 있어서 따로 환승할 필요 없이 MRT로 이동할 수 있다는 점이 큰 매력이다. 덕분에 반나절 정도 시간을 내서 온천도 즐기고 가볍게 산책 삼아 동네도 한 바퀴 둘러보고자 하는 여행자들에게 인기가 높다.

워낙 많이 알려지고 이미 충분히 관광지화된 온천단지이니만큼 온천이 셀 수 없이 많은데, 그중 어느 곳에 가든지 수질도, 시설도 다 비슷비슷하므로 그냥 지나가다가 마음이 끌리는 곳으로 들어가면 된다. 단, 온천 시설에 따라 요금이 천차만별이며, 수영복이 필요한 곳도 있고, 수영복 없이 그냥 들어가는 곳도 있으니 미리 잘 알아보고 가는 게 좋다. 일반적으로 수이메이水美, 수이뚜水都, 핫 스프링Hot Spring, 빌라 32Villa32 등이 유명하다.

신베이터우 가는 법

MRT 신베이터우 라인의 신베이터우新北投 역 하차. 레드 라인 베이터우北投 역에서 갈아타서 한 정거장만 가면 되는데, 이 기차는 온천 테마기차로 기차 안이 온통 온천처럼 꾸며져 있어서 독특한 기념사진을 남길 수 있다.

신베이터우 추천 코스

소요 시간: 약 3시간

MRT 신베이터우 역 ➡ 도보 7분 ➡ 베이터우 온천박물관 관람하기 ➡ 도보 1분 ➡ 베이터우 노천온천 ➡ 도보 7분 ➡ 지열곡에서 인증샷 남기기 ➡ 도보 7분 ➡ 롱나이탕 구경하기 ➡ 도보 3분 ➡ 베이터우 시립도서관 관람하기 ➡ 타이베이로 이동

아시아에서 2곳뿐인 라듐 유황온천

신베이터우 온천

新北投溫泉(신북투온천, 신베이터우 원취엔)

무색무취의 탄산온천 우라이와는 달리 이곳 신베이터우는 유황온천이라 온천에 들어서면 진한 유황 냄새가 후각을 자극한다. 특히 베이터우에서 나는 베이터우석 北投石이라는 광석에는 몸에 좋은 방사성 물질인 라듐이 소량 함유되어 있는데, 라듐을 함유한 유황온천은 아시아에서는 일본 북부 아키타 현의 다마가와玉川와 이곳 신베이터우 딱 2곳뿐이다. 또한 수온이 55~58°C로 부담 없이 온천을 즐기기에 딱 알맞은 수준이며, 타이베이에서 가장 먼저 개발된 덕분에 다른 온천단지에 비해 볼거리도 많고, 편의시설도 상당히 잘 되어 있는 편이다. MAP 385p

Spot 1 | 탁월한 수질의 노천온천
베이터우 노천온천
北投親水露天溫泉(북투친수로천온천, 베이터우 친수이 루티엔 원취엔)

신베이터우를 대표하는 노천온천. 시설은 소박하다 못해 허름하다는 느낌마저 주지만, 시설의 부족함을 탁월한 수질로 채웠다. 즉, 신베이터우의 다른 어떤 호화로운 온천보다 이곳의 수질이 훌륭하다는 평을 받고 있다는 사실. 좋은 수질을 계속 유지하기 위해 매일 2~3시간 간격으로 30분간 물을 교체하고 청소하는 시간을 갖고 있다.

가장 유명한 노천온천답게 총면적이 무려 6만㎡에 이르며, 3개의 온탕, 2개의 열탕, 그리고 1개의 냉탕으로 구성되어 있다. 남녀혼탕이기 때문에 수영복 착용은 필수. 세면도구도 각자 준비해야 한다.

GOOGLE MAPS 친수이공원노천온천 **ADD** 北投區 中山路(쭝산루)6號 **OPEN** 05:30~07:30, 08:00~10:00, 10:30~13:00, 13:30~16:00, 16:30~19:00, 19:30~22:00 **PRICE** NT$60, 보관함 이용료 NT$20 **MRT** 신베이터우 역에서 도보 8분

Spot 2 | 예스러움이 주는 온천의 품격
롱나이탕
瀧乃湯(롱내탕)

신베이터우에서 가장 오래된 온천으로, 일본이 타이완에 세운 최초의 온천식 숙소다. 히로히토 전 일왕이 다녀간 뒤로 일본 관광객들에게는 반드시 들러야 할 필수 코스가 되었다. 좋은 온천은 시설이 아닌 수질로 말하는 법. 현지인들로부터 수질만큼은 베이터우 노천온천과 더불어 베이터우에서 최고 수준이라는 평을 받고 있다. 내부 리모델링을 거쳐 2017년 5월 재개관한 이후로는 시설도 한층 업그레이드되었다. 남탕과 여탕이 나눠져 수영복은 필요 없지만, 세면도구나 수건은 따로 준비해야 한다. 수건은 온천에서 구매할 수도 있다. 2021년에는 간단한 음료와 함께 족욕을 즐길 수 있는 족욕탕도 오픈했다.

GOOGLE MAPS 룽나이탕 **ADD** 北投區 光明路(꽝밍루)244號 **OPEN** 대중탕 06:30~11:00, 12:00~17:00, 18:00~21:00, 프라이빗·가족탕 12:00~18:00(6~9월은 운영하지 않음), 수요일 휴무 **WEB** www.longnice.com.tw **MRT** 베이터우 노천온천에서 도보 1분

 비밀스럽게 위치한 럭셔리 온천 호텔

Spot 3 빌라 32
Villa 32

신베이터우에서 가장 높은 가격대를 자랑하는 초호화 온천 호텔. 대중탕이 프라이빗 온천보다 오히려 가격이 더 높다. 프라이빗 온천은 제한 시간이 1시간 30분인 데 비해 대중탕은 무려 4시간이고, 비교적 한산해서 대중탕을 프라이빗 온천처럼 즐길 수 있기 때문이다. 호텔 투숙객이 아니어도 온천만 따로 즐길 수 있다. 비밀스러운 컨셉을 추구하기 위함인지, 작은 입구만 있을 뿐 간판이나 표지판이 전혀 없어 지도를 들고 가도 그냥 지나치기 십상이다. 바로 옆에 로열 시즌스 호텔 Royal Seasons Hotel이 있으므로 그 간판을 보고 찾아가는 게 편하다.

GOOGLE MAPS villa 32 **ADD** 北投區 中山路(쭝샨루)32號 **OPEN** 10:00~23:00 **WEB** www.villa32.com **MRT** 신베이터우 역에서 도보 12분. 또는 베이터우 노천온천에서 도보 4분

 현지인도 즐겨 찾는 고급 온천

Spot 4 수미 온천회관
水美溫泉會館(수이메이 원취엔후이관)
SweetMe Hotspring Resort

신베이터우에서 높은 인지도를 구가하고 있는 온천. 시설도 깔끔하고 럭셔리할 뿐 아니라 수질 관리가 철저해서 현지인들 사이에서 인기가 높은 편이며, MRT 역에서 가깝다는 점도 반갑다. 대중탕도 남탕과 여탕으로 구분되어 있어서 수영복은 없어도 된다. 타이베이 시내에서 MRT로 바로 연결된다는 장점 때문에 숙박을 하는 경우도 종종 있다. 주말에는 사람이 많으므로 미리 예약을 하거나 도착하자마자 예약을 해둔 뒤, 마을을 돌아보고 나서 온천을 즐기는 게 안전하다.

GOOGLE MAPS sweetme hotspring **ADD** 北投區 光明路(꽝밍루)224號 **OPEN** 대중탕 금~수 09:00~22:00, 목 12:00~22:00, 가족탕 09:00~22:00 **WEB** www.sweetme.com.tw **MRT** 신베이터우新北投 역에서 도보 3분

②

오리지널 일본식 타이완 온천
베이터우 온천박물관
北投溫泉博物館(북투온천박물관,
베이터우 원취엔보우관) Beitou Hot Spring Museum

한때 동아시아 최대의 대중목욕탕으로 명성이 자자했던 이곳은 1913년 일본인이 지은 일본식 목조건물이다. 무려 100년의 역사를 지닌 건물이 이렇게 잘 보존되어 있다는 사실이 놀라울 따름이다. 1998년 10월 31일 베이터우 온천박물관으로 정식 오픈한 이래 베이터우에서 빼놓을 수 없는 주요 관광명소 중 하나가 되었다. 최근 내부 시설을 재정비해서 이전보다 볼거리가 훨씬 더 다양해졌고 재미있는 인증샷을 찍을 수 있는 포토존도 많다. 특히 일본 문화와 타이완 문화가 절묘하게 어우러져 독특한 문화 양식으로 자리 잡은 모습이 꽤 생경하면서도 흥미진진하게 느껴진다. MAP 385p

GOOGLE MAPS 베이터우 온천박물관
ADD 北投區 中山路(쭝산루)2號
OPEN 10:00~18:00, 월요일 휴무
PRICE 무료
WEB hotspringmuseum.taipei
MRT 신베이터우新北投
　　　역에서 도보 6분

③

타이베이에서 가장 아름다운 도서관
베이터우 시립도서관
北投市立圖書館(북투시립도서관,
베이터우 스리투수관)

2006년 문을 연 베이터우 시립도서관은 매력적인 외관과 아름다운 정원, 그리고 로맨틱한 발코니로 유명한 베이터우의 명소다. 또한 태양열을 이용한 자가발전 기능을 채택했을 뿐 아니라 빗물로 정원을 가꾸고 실내로 유입되는 복사열을 감소시키도록 디자인하는 등 친환경적 에코 설계로도 명성이 자자한 건축물이기도 하다. 실내의 인테리어 또한 외관만큼이나 아름다운데, 미리 데스크에서 신청서를 작성하고 여권을 제시하면 사진 촬영도 가능하다. MAP 385p

GOOGLE MAPS 베이터우 시립도서관
ADD 北投區 光明路(꽝밍루)251號
OPEN 화~토 08:30~21:00, 일·월 09:00~17:00, 공휴일 휴무
PRICE 무료
MRT 신베이터우新北投 역에서 도보 5분

4

엄청난 연기에 압도되는 지옥온천 체험

지열곡
地熱谷(띠러구)

신베이터우의 중심 도로격인 쭝샨루中山路를
따라 걷다 보면 공원 입구처럼 생긴 장소가
눈에 들어온다. 이곳은 가공되지 않은 날것
그대로의 온천이 있는 곳이다. 안쪽으로 조
금만 걸어 들어가면 유황온천의 냄새가 진동
하기 시작하고, 작은 호수처럼 생긴 온천에는
앞이 제대로 보이지 않을 정도의 수증기가 짙
게 깔려있다. 이곳이 바로 '띠러구'라고 불리
는 베이터우 온천의 진원지이다. 이곳의 온천
수는 온도가 90~100°C에 달해 가만히 서 있
기만 해도 그 뜨거운 열기에 숨이 막힐 정도
다. 마치 사후 세계의 화탕지옥이 이와 비슷
하지 않을까 싶을 만큼 비현실적인 풍
경이다. MAP 385p

GOOGLE MAPS 지열곡
ADD 北投區 中山路(쭝샨루)30-10
OPEN 09:00~17:00, 월요일·공휴일 휴무
PRICE 무료
MRT 신베이터우新北投 역에서 도보 7분

5

MRT 역 옆의 오래된 역

신베이터우 옛 기차역
新北投車站(신북투차참, 신베이터우 처짠)

MRT 신베이터우 역과 연결되어 있는 전시
공간. 1916년에 지어진 옛 신베이터우 기차
역을 작은 박물관으로 조성한 곳이다. 대단한
볼거리가 있는 건 아니지만, 옛 신베이터우의
모습을 기록한 사진도 있고 아기자기한 굿즈
도 판매하고 있다. 목조로 지어진 기차역이라
고풍스러운 분위기가 사진 찍기에도 좋다. 주
말에는 야외 공원에서 플리마켓도 열리므로
잠깐 시간을 내어 들러보자. MAP 385p

GOOGLE MAPS 신베이터우 구 역사 박물관
ADD 七星街(치싱지에)1號
OPEN 10:00~18:00, 월요일 휴무
MRT 신베이터우新北投 역 1번 출구 바로 옆

힐링하기 좋은 온천 마을

지아오시
礁溪(초계)

JIAOXI

礁溪

IN TAIWAN

최근 들어 점차 인기가 높아지고 있는 온천 도시. 타이베이에서 버스로 50분이면 도착하는 거리도 매력적이고 타이베이 동쪽에 위치해 있어서 동부 여행을 가는 길에 들르기에도 좋다.

새롭게 떠오르는 온천 도시

오랫동안 여행자들에게 사랑받아온 우라이烏來와 신베이터우新北投에 이어 새롭게 주목받고 있는 온천 도시다. 우라이와 마찬가지로 탄산 온천이어서 온천 후 피부가 매끈매끈해지는 드라마틱한 경험을 할 수 있다. 우라이는 대부분 소규모 온천인 데 비해 이곳은 비교적 규모가 큰 리조트 온천을 많이 갖고 있어 우리나라 패키지 여행코스로 많이 찾는 곳이기도 하다. 온천이 워낙 많고 가격대가 다양하며 대부분 깔끔하기까지 해 온천에 대한 만족도가 높은 편이다. 한편, 지아오시는 타이베이와 동부를 오갈 때 여행의 거점으로 삼기에도 좋은 도시다. 타이베이에서 당일로도 다녀올 수 있으며, 이란宜蘭, 터우청頭城, 뤄동羅東 등 근교 동부 도시들과도 모두 가까워 1박 2일의 짧은 여행을 계획하기에도 매력적인 코스다.

지아오시 가는 법

MRT 레드·블루 라인 타이베이 처짠台北車站 역 Y1 출구 바로 앞 타이베이 버스터미널台北轉運站이나 MRT 스쩡푸市政府 역 2번 출구와 연결된 시정부 버스터미널市府轉運站에서 버스를 탄다. 기차로 가면 1~2시간 소요되므로 기차보다는 버스를 추천!

■ 타이베이 버스터미널에서

카마란 커윈葛瑪蘭客運이 운행하는 지아오시 행 1915B번 버스나 뤄동羅東 행 1915번 버스를 탄다. 약 50분 소요. 요금은 NT$112.

WEB www.kamalan.com.tw

■ 시정부 버스터미널에서

1572번 셔우뚜 커윈首都客運 Capital Bus 버스로 약 50분 소요. 뤄동羅東 행과 지아오시 행 버스가 번갈아서 운행하며, 만약 뤄동 행 버스를 탔다면 종점이 아닌 중간에서 내리기 때문에 기사에게 미리 말해두는 게 안전하다. 요금은 NT$96.

WEB www.capital-bus.com.tw

■ 타오위엔 공항에서

뤄동羅東 행 1661번 버스 탑승. 약 1시간 40분 소요. 자세한 정류장과 운행 정보는 통리엔 커윈統聯客運 유버스 홈페이지를 참고하자.

WEB www.ubus.com.tw

지아오시 추천 코스

소요 시간: 2~3시간

지아오시 온천공원 산책하기 ➡ 도보 15분 ➡ 탕웨이꺼우 온천공원에서 족욕 체험하기 ➡ 도보 1분 ➡ 칠리 헌터에서 고추 아이스크림 맛보기 ➡ 온천 즐기기 ➡ 도보 7분 ➡ 러산 온천라멘에서 식사하기 ➡ 타이베이 또는 타이완 동부로 이동

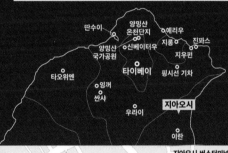

1

선택의 폭이 넓은 탄산온천

지아오시 온천

宜蘭溫泉(의란온천, 지아오시 원취엔)

+ **Writer's Pick** +

타이완의 온천에선 몸을 가리는 게 예의!

타이완 온천에서는 사람들이 맨몸으로 돌아다니는 경우가 거의 없다. 수영복을 입는 온천 시설에선 남녀가 구분된 샤워실에서조차 맨몸으로 돌아다니는 사람이 없을 정도. 대부분 수영복을 입은 채로 샤워실에 들어간 뒤, 샤워를 마치고 나서도 옷을 어느 정도 갖춰 입고 나온다. 수영복을 입지 않는 사우나 형태의 대중탕에서는 큰 수건을 걸치고 입장해 탕에 들어갈 때만 수건을 벗는다. 물론 맨몸으로 다니면 안 된다는 규정이 있는 건 아니지만, 가능하면 우리도 그들의 관습을 따라주는 게 좋겠다.

지아오시 온천은 우라이 온천과 마찬가지로 무색무취의 탄산온천이다. 온천을 하고 나면 피부가 매끈매끈해지는 드라마틱한 경험을 할 수 있어서 만족도가 높은 편이다. 최근 들어 지아오시를 찾는 여행자가 많아지고 있어서 온천도 빠르게 늘어나고 있다. 저렴한 온천부터 럭셔리한 호텔까지 가격대 폭도 넓고 온천의 형태도 다양하여 취향대로 고를 수 있어 더욱 반갑다. 대부분 버스터미널에서 도보 15분 이내에 있다. **MAP 391p**

: **MORE** :

어떤 호텔이 온천을 이용할 수 있는 호텔일까?

지아오시, 신베이터우 등 온천 단지의 럭셔리 온천 호텔들은 투숙자에게만 온천 이용 권한을 주는 경우가 꽤 많지만, 외관만 봐서는 온천만 이용하는 것이 가능한지 여부를 알 수 없다. 그러므로 마음에 드는 호텔이 있으면 일단 들어가서 프론트에 온천만 이용 가능한지를 문의하는 게 가장 빠른 방법이다. 비투숙객이 이용할 수 있는 규정이 없는 호텔이라도 만약 투숙객이 적을 경우 이용하게 해주는 곳도 적지 않다.

Spot 1 테마파크를 방불케 하는 대형 온천

찬탕 춘티엔 온천 호텔

川湯 春天溫泉飯店 (천탕 춘천온천반점, 찬탕 춘티엔 원취엔 판띠엔)

럭셔리하진 않지만, 규모가 상당히 크고 대중적인 온천 호텔. 투숙자가 아닌 사람도 온천만 이용할 수 있다. 녹차 탕, 와인 탕, 우롱차 탕 등 독특한 컨셉의 탕이 있으며, 온도도 다양해 선호대로 선택할 수 있다. 각종 수압 마사지를 즐길 수 있는 마사지 탕이 따로 있다는 것도 반갑다. 온천은 수영복을 입고 남녀 구분 없이 이용하므로 수영복과 수영모는 필수. 단, 탕 밖으로 나오면 목욕 시설은 따로 없고, 간단한 샤워만 할 수 있다. 수건은 따로 준비해가거나 온천에서 구매해야 한다.

GOOGLE MAPS chuan tang spring spa **ADD** 宜蘭縣礁溪鄉德陽路 (더양루)43號 **OPEN** 08:30~22:30 **WEB** www.chuang-tang.com. tw **WALK** 지아오시 버스터미널礁溪轉運站에서 도보 10분

Spot 2 럭셔리한 프라이빗 온천의 호사를 누리다

웰스프링 바이 실크

晶泉豐旅 (정천풍려, 징취엔펑뤼) Wellspring by Silks

우리나라 여행자들에게 인기가 높은 고급 온천 호텔. 대로변에 있어 찾기도 쉽고 럭셔리한 외관이 눈길을 끈다. 가격은 만만치 않지만, 서비스는 매우 만족스럽다. 프라이빗 온천의 경우 일체의 목욕용품을 제공하며, 수건, 유카타, 차 등도 정갈하게 준비되어 있다. 식사만 없을 뿐 일본의 료칸에 온 듯한 느낌이다. 공식적으로는 숙박객에 한해 온천을 이용할 수 있지만, 프론트에 문의하면 온천만 이용할 수도 있다.

GOOGLE MAPS 웰스프링 바이 실크 **ADD** 宜蘭縣縣溪縣溪鄉溫泉路 (원취엔루)67號 **OPEN** 09:00~20:00 **WEB** www.silksspring.com **WALK** 지아오시 버스터미널礁溪轉運站에서 도보 8분

2

산책하기 좋은 고즈넉한 공원

지아오시 온천공원

礁溪溫泉公園(초계온천공원,
지아오시 원취엔꽁위엔)

지아오시 버스터미널礁溪轉運站(지아오시 좐
윈짠) 바로 옆 언덕 위에 위치한 공원. 무료 족
욕탕이 길게 이어져 있고, 산책 코스도 잘 되
어 있어서 현지인이 많이 찾는 곳이다. 거창
한 구경거리는 없지만, 공원 한쪽에 여행안내
센터도 있어서 지아오시 시내를 본격적으로
돌아보기 전 가볍게 산책을 즐기기에 딱 좋
다. 지아오시의 또 다른 공원인 탕웨이꺼우
온천공원보다 훨씬 더 조용하고 고즈넉한 분
위기. **MAP 391p**

GOOGLE MAPS RQJG+C9 yilan
ADD 宜蘭縣礁溪鄉公園路(꽁위엔루)70巷60號
OPEN 24시간
WALK 지아오시 버스터미널礁溪轉運站에서 도보 1분

3

시끌벅적 재미난 족욕 체험 코스

탕웨이꺼우 온천공원

湯圍溝溫泉公園(탕위구온천공원,
탕웨이꺼우 원취엔꽁위엔)

동네 사람들이 모두 모인 게 아닐까 싶을 만
큼 떠들썩한 온천공원. 아주머니들은 족욕 온
천에 발을 담근 채 삼삼오오 모여 앉아 수다
삼매경에 빠져 있고, 여행자들은 그사이를 오
가며 신기한 듯 사진을 찍기도 한다. 현시인
에게는 즐거운 동네 사교의 장이고, 여행자에
게는 온천을 가볍게 체험해볼 수 있는 재미있
는 스폿이다. 감사하게도 족욕 온천 대부분은
무료라서 누구나 잠깐이나마 족욕을 즐길 수
있다. 온천 곳곳에 있는 닥터피쉬 족욕탕만
유료다.

MAP 391p

GOOGLE MAPS tangweigou hot spring park
ADD 宜蘭縣礁溪鄉德陽路(더양루)五段99-11號
OPEN 08:00~12:30, 13:00~21:30
WALK 지아오시 버스터미널礁溪轉運站에서 도보 15분

④

물속으로 반쯤 가라앉은 신비한 박물관

란양 박물관

蘭陽博物館(란양보우관) Lanyang Museum

지아오시 근처 터우청頭城이라는 작은 도시에 있는 박물관. 이란 현宜蘭縣의 자연, 지리, 역사 등을 소개하는 지역 박물관이다. 이곳이 여행자들 사이에서 유명해진 건 예술적이고 감성 넘치는 웅장한 외관 덕분이다. 마치 옆으로 누워서 물속에 반쯤 잠긴 듯한 신비한 모습은 건축 디자인의 멋과 예술성을 제대로 보여주고 있다.

지아오시에서 버스로 30분, 택시로 20분 정도면 다녀올 수 있어서 더욱 반갑다. 단, 박물관과 지아오시 버스터미널을 오가는 버스가 하루에 9편밖에 없으므로 박물관 안내 데스크에 돌아올 차편을 미리 문의한 뒤 시간에 맞춰 관람하기를 권한다.

GOOGLE MAPS 난양박물관
ADD 宜蘭縣頭城鎮靑雲路(칭윈루)3段 750號
OPEN 09:00~17:00, 수요일 휴무
PRICE NT$100, 12세 이하 NT$50
WEB www.lym.gov.tw
BUS 지아오시 버스터미널에서 131번 버스를 타고 란양보우관蘭陽博物館에서 하차. 약 30분 소요. 또는 택시로 약 20분 소요. 단, 란양 박물관에서 다시 지아오시 시내로 가려면 박물관 입구로 나와 오른쪽 대각선 건너편의 러샨 온천라멘樂山溫泉拉麺 앞 버스 정류장에서 버스를 타야 한다.

오감만족
지아오시의 식탁

지아오시 메인 거리에는 소소한 맛집들이 적지 않다. 하지만 아직까지 외국인 여행자보다는 현지인의 입맛을 겨냥한 소박한 음식점이 많은 편. 가장 무난한 메뉴를 찾는다면 온천라멘을 추천한다.

고추로 만든 아이스크림은 어떤 맛일까?
칠리 헌터
辣椒文創館(랄초문창관, 라지아오 원창관) Chilihunter

1947년 문을 열어 오랜 전통을 자랑하는 고추 식품 전문점. 이곳에서 파는 모든 식품은 전부 고추로 만들었다. 우리에게 익숙한 고추기름, 고추 절임 등은 물론이고 고추 사탕, 고추 초콜릿, 고추 과자 등의 간식 종류도 다양하며, 심지어 고추 맥주까지 있다. 물론 고추를 넣은 만큼 아주 맵다. 그중에서도 이곳의 최고 하이라이트는 고추 아이스크림. 매운 정도에 따라 1~7급까지 나뉜다. 7급 아이스크림은 먹자마자 입과 목이 마비된 듯한 느낌이 들 정도로 아주 강렬한 매운맛이다. **MAP 391p**

GOOGLE MAPS chili hunter
ADD 宜蘭縣礁溪鄉礁溪路(지아오실루)5段61號
OPEN 10:00~22:00
WEB www.chilihunter.com.tw
WALK 탕웨이꺼우 온천공원 입구를 등지고
바로 왼쪽 옆에 있다.

이란 지역을 대표하는 전통 과자 브랜드
이란빙
宜蘭餅(이란병)

세계에서 가장 얇은 전병을 만들겠다는 일념으로 연구를 거듭하여 종잇장처럼 얇은 전병을 개발했고, 이는 이란 지역을 대표하는 전통 과자가 되었다. 이란빙의 전병은 우리에게도 익숙한 맛이지만, 깜짝 놀랄 만큼 얇다. 이 밖에도 소 혀의 모양을 닮은 과자인 우설빙超薄牛舌餠(차오보어 니우셔빙)도 많이 알려져 있는데, 이 역시 다른 전병에 비하면 상당히 얇은 편이다. 물론 전병 자체가 감동적이거나 독특한 맛을 내는 건 아니지만, 비주얼이 독특하여 선물로 구매해도 좋을 듯. **MAP 391p**

GOOGLE MAPS RQGC+VR 자오시
ADD 宜蘭縣礁溪鄉礁溪路(지아오시루)五段106號
OPEN 09:00~22:00
WEB www.i-cake.com.tw
WALK 탕웨이꺼우 온천공원 입구를 등지고 바로
길 건너편 왼쪽에 있다.

동부 타이완의 인기 베이커리
이순쉬엔
奕順軒(혁순헌)

현지인들 사이에서 입소문이 자자한 베이커리. 어느 시간대에 가든 늘 사람들로 인산인해를 이룬다. 종합 베이커리라서 펑리수, 누가 캔디, 각종 빵 등 다양한 제품을 모두 만날 수 있다. 그중에서도 이곳의 대표 메뉴는 바로 롤 케이크. 일본식 부드러운 롤 케이크 안에 바삭바삭한 페스트리가 들어있어서 겉은 부드럽고 안은 바삭한 독특한 식감을 갖고 있다. 이순쉬엔의 대표적인 제품군만 모아놓은 종합 세트는 선물 아이템으로도 좋다. **MAP 391p**

GOOGLE MAPS 이순쉬엔
ADD 宜蘭縣礁溪鄉礁溪路(지아오시루)五段96號
OPEN 09:30~21:30
WEB www.pon.com.tw
WALK 탕웨이꺼우 온천공원 입구를 등지고 바로 길 건너편에 있다.

족욕과 온천 라멘의 환상적인 만남
러샨 온천라멘
樂山溫泉拉麵(락산온천랍면, 러샨 원취엔라미엔)
Rakuzan

식당 입구에 있는 작은 족욕탕이 눈길을 끄는 곳. 족욕을 하면서 라멘을 먹을 수 있는 온천 라멘 전문점이다. 실제로 식사 시간에는 족욕과 라멘을 함께 즐기는 사람이 적지 않다. 이 동네에서는 꽤 유명한 맛집이라 대기 줄이 제법 긴 편. 다행히 테이블 회전율은 빨라서 대기 시간은 길지 않다. 다양한 종류의 라멘이 준비돼 있으며, 한국식 김치 라멘도 있다. 가장 인기 있는 메뉴는 매운 라멘인 '지옥 라멘地獄拉麵(띠위 라미엔)'. 매운 정도를 따로 선택할 수 있으며, 온천 달걀도 추가할 수 있다. 뜨끈한 온천을 즐기고 난 뒤에 먹는 따끈한 온천 라멘 한 그릇은 더할 나위 없이 잘 어울리는 조합이다.

MAP 391p

GOOGLE MAPS RQGC+RV 자오시향
ADD 宜蘭縣礁溪鄉礁溪路(지아오실루)5段108巷1號
OPEN 11:30~14:30, 17:00~21:00, 수요일 휴무
WALK 탕웨이꺼우 온천공원 입구를 등지고 길 건너편 왼쪽에 보이는 이란빙宜蘭餅 왼쪽 골목으로 들어간다.

타이베이에서 가장 가까운

양밍샨 온천단지

陽明山溫泉街(양명산 온천가,
양밍샨 원취엔지에)

신베이터우와 더불어 타이베이 최고의 유황온천으로 손꼽히는 양밍샨 온천단지는 규모는 그지 않지만 온천의 고유 역할에 가장 충실한 곳이다. 즉, 오로지 온천만 하기 위해 가는 곳이다. 온천이 목적이라면 타이베이 시내에서 가장 가까운 곳에 있는 양밍샨 온천단지가 정답이다.

알짜배기 온천단지

양밍산의 온천은 신베이터우 온천과 마찬가지로 유황온천이기에 강렬한 유황 냄새가 코를 찌른다. 신베이터우 지역의 온천보다도 pH 농도가 더 높아서 탈모가 생길 우려가 있으므로 머리카락은 온천수에 직접 담그지 않는 게 좋다. 아예 비닐 캡을 주는 온천도 있을 정도. 시내에서 가깝고 규모가 그리 크지 않은 온천단지에 8~10개 정도의 온천이 옹기종기 모여 있어서 찾기는 어렵지 않다. 대부분의 온천이 남녀 구분된 노천탕 시설을 갖추고 있으므로 수영복은 준비하지 않아도 된다. 단, 양밍산 온천단지는 숙박을 하는 리조트 형태가 아닌 노천온천이 대부분이며, 온천 시간도 40분을 기준으로 한다. 이곳 역시 대중탕과 가족탕이 있으니 가족이나 친구와 함께 오붓하게 온천을 즐기고 싶은 사람은 가족탕을 이용하면 된다. 주위에 특별한 볼거리가 없기 때문인지 관광객보다는 현지인이 대부분이다.

양밍산 온천단지 가는 법

MRT 레드 라인 스파이石牌 역 1번 출구로 나와 오른쪽 횡단보도를 건너자마자 바로 보이는 버스 정류장에서 508, 535, 536번 버스를 타고 싱이루싼行義路三 또는 싱이루쓰行義路四 정류장에서 하차한다. 10~20분 소요. 요금은 NT$15. 버스에서 내리면 바로 온천단지 팻말이 보인다. 주말에는 버스 정류장 앞의 온천단지 주차장에서 각 온천으로 향하는 무료 셔틀버스가 대기하고 있을 때도 있다. 걸어서 가면 5~10분 소요.

딱 우리 스타일이야!

황츠 온천

皇池溫泉(황지온천, 황츠 원취엔)

양밍샨 온천단지의 온천 중 가장 많이 알려진 곳. 수질이 아주 좋다는 평을 받고 있다. 대중탕과 가족탕 시설을 모두 갖추고 있어서 원하는 대로 선택할 수 있으며, 온천과 식사를 함께할 수 있는 패키지 상품도 준비되어 있다. 1인이 혼자 가족탕을 이용하는 것은 안전상의 이유로 금지되어 있다. 만약 꼭 혼자서 이용하고자 한다면 안전사고가 나도 책임을 묻지 않는다는 내용의 각서까지 쓰고 들어가야 할 만큼 관리가 엄격하다. 샴푸와 샤워 젤 등은 비치되어 있지만, 수건은 없기 때문에 준비해야 한다.

GOOGLE MAPS 황츠온천
ADD 北投區 行義路(싱이루)402巷42-1號
OPEN 24시간 연중무휴
WEB www.emperorspa.com.tw
MRT 싱이루쓰行義路四 정류장에 내리면 바로 온천단지 팻말이 보인다. 도보 5분

②

교토의 온천을 타이베이에서

찬탕

川湯(천탕)

1998년 일본 교토의 온천 스타일을 그대로 본받아 만든 일본식 온천. 넓은 규모의 고풍스러운 외관은 마치 일본의 어느 고급 온천에 와있는 듯한 착각을 불러일으킨다. 이곳의 가장 큰 장점은 대중탕과 가족탕의 주중 가격이 같다는 사실. 단, 주말에 가족탕을 이용하려면 반드시 식사가 포함된 패키지 코스를 선택해야 한다. 대중탕에서는 온천에서 지급하는 샤워 캡을 꼭 써야만 탕에 들어갈 수 있을 만큼 위생 관리도 철저해 만족도가 높다. 샴푸와 샤워 젤 등은 비치되어 있지만, 수건은 없기 때문에 준비해가야 한다. 가족탕은 2인부터 이용할 수 있다.

ⓒ川湯

GOOGLE MAPS 천탕 타이완
ADD 北投區 行義路(싱이루)300巷10號
OPEN 대중탕 06:00~다음 날 02:00, 프라이빗탕 24시간
WEB www.kawayu-spa.com.tw
MRT 싱이루쓰行義路四 정류장에서 내려 오른쪽 골목을 따라가면 온천 입구가 나온다. 도보 5분

③

산속 깊은 곳 거대한 스파 리조트

티엔라이 리조트

天籟渡假酒店(티엔라이 뚜지아지우디엔)
Tienlai Resort & Spa

양밍산 깊은 곳에 자리한 대형 리조트. 온천단지와는 많이 떨어져 있는 대신 예리우野柳(316p)와 양밍산 국가공원陽明山國家公園(348p) 등의 관광명소와 가까운 편이다. 노천온천, 실내온천, 실외수영장 등을 모두 갖췄으며, 무엇보다 산속 깊은 곳에 있어 아름다운 자연 경관을 자랑하는데, 마치 숲속 한가운데서 온천을 하는 기분이 든다. 수영복과 수영모 착용이 필수. 시내에서 다소 멀리 떨어져 있는 편이라 가족 단위 여행자들은 아예 이곳에서 숙박하는 경우가 많다. 숙박비가 저렴한 편은 아니지만, 대표적인 온천 국가인 일본과 비교하면 그래도 착한 가격대다.

GOOGLE MAPS tienlai resort
ADD 金山區重和里名流路(밍리우루)1-7號
OPEN 월~금 07:00~22:00, 토·일 07:00~23:00(12:00~13:00 청소로 미개방)
PRICE 월~금 NT$900, 토·일 NT$1200, 투숙객은 무료
WEB www.tienlai.com.tw
MRT 타이베이 처짠台北車站 역 M8 출구 왼쪽에 있는 버스 정류장에서 1717번 버스를 타고 진산농창金山農場에서 하차. 약 1시간 30분 소요. 요금은 NT$130. 버스 운행 간격이 30분~1시간 정도이므로 미리 시간표를 확인하자. 버스 하차 후 도보 15분

기차를 타고 떠나는 하루 여행

핑시선

平溪線 (평계선, 핑시시엔)

PINGXI LINE
平溪線
IN TAIWAN

총 길이가 12.9km밖에 되지 않는 작은 시골길 핑시선 기차는 원래는 석탄 운송을 위해 만든 산업용 노선이었다. 하지만 탄광업이 몰락하면서 기차도 함께 존폐의 기로에 처해 있다가 관광기차로 거듭나게 된 것. 8개의 작은 마을이 이 작은 기차로 연결되어 멋진 관광 코스로 태어났다.

12개 역으로 된 마을버스 같은 시골 기차

핑시선 기차는 빠두八堵부터 징통菁桐까지 총 12개의 역으로 되어 있는 아주 짧은 노선이다(현재는 션아오션深澳線 노선과 연결되었다). 그중에서 루이팡瑞芳에서 종점인 징통까지의 9개 역이 바로 우리가 흔히 '핑시선'이라고 일컫는 구간. 9개 역 모두 다 작고 소박한 시골 마을이지만, 그중에서도 특히 허우통候硐, 스펀十分, 핑시平溪, 징통菁桐의 4개 마을이 가장 유명하다. 핑시선 1일권 티켓(NT$80)을 구매하면 하루 동안 무제한으로 타고 내릴 수 있다. 한두 역만 들를 계획이라면 굳이 1일권을 구매할 필요는 없을 듯. 워낙 작은 기차라서 좌석도 따로 없고, 그냥 빈자리에 앉으면 된다. 참고로 핑시선 기차는 가는 방향을 기준으로 오른쪽에서 보는 풍경이 더 예쁘다.

핑시선 기차 여행의 인기가 높아짐에 따라 주말에는 기차에서 내리고 타는 것 자체가 쉽지 않을 만큼 엄청나게 많은 여행자가 이곳을 찾고 있다. 그러므로 수많은 인파를 피하려면 최대한 일찍 출발하거나 주말을 피하는 게 상책이다.

WEB www.railway.gov.tw

핑시선 노선

루이팡 瑞芳 ➡ 기차 6분 ➡ 허우통 候硐★ ➡ 기차 5분 ➡ 싼띠아오링 三貂嶺 ➡
기차 7분 ➡ 따화 大華 ➡ 기차 10~16분 ➡ 스펀 十分★ ➡ 기차 4분 ➡ 왕구 望古
➡ 기차 5분 ➡ 링지아오 嶺脚 ➡ 기차 4분 ➡ 핑시 平溪★ ➡ 기차 4분 ➡ 징통 菁桐★

+ Writer's Pick +

기차에서는 역시 간식이야!

타이베이의 MRT이나 버스 안에서는 음식을 먹거나 음료수를 마시는 게 엄격하게 금지되어 있지만, 기차 안에서는 음식을 먹어도 된다. 그러므로 아침을 먹지 못했다면 타이베이 기차역 1층에 있는 패스트푸드 점이나 베이커리에서 간단한 아침을 사서 플랫폼이나 기차 내에서 먹는 것도 좋겠다. 기차에서 먹는 간식이야말로 기차 여행의 소소한 즐거움이 되어줄 테니 말이다.

천등 체험까지 하는 깨알 코스, 스펀+진꽈스+지우펀

바쁘게 시간을 쪼개서 움직여야 하는 코스. 핑시선 기차의 진짜 매력을 맛보긴 어렵지만, 시간은 제한되어 있고 천등 날리기는 꼭 해보고 싶은 여행자들을 위한 맛보기 여행 반나절 코스다.

타이베이 기차역 출발 ➡ 루이팡 역 도착 ➡ 핑시선 기차 환승 ➡ 스펀 역 도착 ➡ 천등 날리기 체험 ➡ 스펀 역 출발 ➡ 루이팡 역 도착 ➡ 루이팡 역 광장 건너편 버스 정류장에서 지우펀 또는 진꽈스 행 버스 탑승

○타이루거 협곡

도전!
핑시선
기차 타기

핑시선 기차를 타기 위해서는 일단 타이베이 기차역에서 루이팡瑞芳 역까지 기차를 타고 간 뒤, 루이팡 역에서 핑시선으로 환승해야 한다.

❶ 일단은 루이팡瑞芳 Ruifang 역까지 Go!

타이베이 기차역에서 루이팡 역까지는 세 종류의 기차가 운행한다. 가장 빠른 쯔챵하오自强號와 그다음으로 빠른 쥐꽝하오莒光號, 그리고 일종의 통근기차인 취지엔처區間車가 그것이다. 쯔챵하오는 약 45분, 쥐꽝하오는 약 55분, 취지엔처는 약 1시간 소요되니 굳이 기차 종류를 구분할 필요 없이 그냥 시간대에 맞는 기차를 타면 된다. 요금은 쯔챵하오 NT$76, 쥐꽝하오 NT$59, 취지엔처 NT$49.

기차는 약 30분 간격으로 있으며, 티켓은 타이베이 기차역 창구에서 루이팡 행 티켓을 따로 구매해도 되고, 그냥 지하철 타듯이 교통카드인 이지카드를 이용해도 된다. 단, 이지카드를 이용해 루이팡 역으로 갈 경우에는 취지엔처의 요금으로 기차의 등급에 관계없이 모든 기차를 자유롭게 탈 수 있는 대신, 지정석이 아니기 때문에 서서 가게 될 수도 있다. 한편 창구 옆의 자동판매기에서 티켓을 구매하는 경우에도 좌석을 지정할 수 없으므로 정해진 좌석에 앉아서 편히 가고 싶은 사람은 반드시 창구에서 좌석이 있는 티켓을 구매해야 한다. 참고로 쯔챵하오와 쥐꽝하오는 지정석, 취지엔처는 자유석이다.

기차는 지하 1층의 4번 플랫폼에서 탑승하며, 평균 30분~1시간 간격으로 있다. 한 플랫폼에도 여러 행선지의 기차가 정차하므로 탑승할 때 반드시 기차 번호와 시간을 꼼꼼하게 확인하고 타자. 자세한 시간표는 인터넷이나 1층 매표소, 매표소 바로 옆에 위치한 여행안내센터에 미리 물어보는 게 안전하다.

❷ 루이팡 역에서 핑시선으로 환승하기

루이팡 역에서 내려 핑시선으로 환승하는 방법은 크게 어렵지 않다. 표지판을 따라가기만 하면 길 잃을 염려도 없다. 단, 여행자들이 몰리는 주말 오전에는 루이팡 역이 굉장히 혼잡하므로 조금 서둘러 출발하는 편이 보다 쾌적한 여행을 즐길 방법이다. 핑시선 기차는 루이팡 역에서 평균 1시간 간격으로 출발한다.

❸ 무제한 승차가 가능한 1일권

핑시선 여행을 위해서는 하루 동안 무제한으로 승하차할 수 있는 1일권을 구매하는 것이 가장 편리하다.

1일권은 NT$80로 타이베이 기차역 12번 창구나 루이팡 역 플랫폼 내의 창구에서 구매할 수 있다. 좌석은 따로 지정되어 있지 않고 그냥 빈자리에 앉으면 되는 시스템이며, 이지카드도 사용할 수 있다. 기차는 평균 1시간 간격으로 그리 자주 있는 편이 아닌 데다가 평일과 공휴일의 시간표도 다르고, 또 시기마다 조금씩 변동이 있으므로 반드시 미리 시간표를 보고 잘 계산해서 다닐 것을 권하고 싶다. 자칫하면 한두 시간쯤은 쉽게 지체될 수도 있기 때문이다. 시간표는 타이베이 기차역 여행안내센터에서 구할 수 있다. 단, 1일권이 편리한 대신 요금이 크게 저렴한 편은 아니므로, 만약 여러 역을 돌아볼 게 아니라면 굳이 1일권을 구매할 필요 없이 그냥 이지카드로 탑승하는 게 경제적이다.

> 중국어 한마디!
> 지정석 : 뚜웨이하오쭈워 對號座
> 자유석 : 쯔여우쭈워 自由座

1

고양이가 살린 마을

허우통

候硐(후동) Houtong

허우통은 마을 전체가 마치 애니메이션을 보는 것처럼 아기자기하게 꾸며져 있다. 역에 걸려있는 고양이 캐릭터의 마을 지도를 시작으로 고양이 캐릭터 표지판이 곳곳에 가득하여 이곳이 고양이 마을임을 친절하게 알려준다. 원래 허우통 候硐은 '원숭이 동굴'이라는 뜻이지만, 오래전 탄광산업이 쇠퇴하고 마을도 폐허가 되어갈 무렵 마을 사람들이 길고양이들을 하나둘씩 받아주면서 지금과 같은 고양이 마을이 된 것이다.

특이한 건 이처럼 고양이 마을로 완벽하게 변신했음에도 불구하고 옛 탄광 마을의 흔적을 그대로 보존하고 있다는 사실이다. 멋진 카페 건너편에는 탄광이 있던 당시의 건물이 절반쯤 무너진 채로 보존되어 있어서 이곳의 옛 모습을 짐작할 수 있다. 기차역의 구름다리를 통해 철로 건너편으로 건너가면 본격적으로 고양이 마을이 시작된다. 크고 작은 고양이들이 골목 여기저기를 자유롭게 활보하면서 기꺼이 모델이 되어주고, 골목 곳곳에 세워진 깜찍한 표지판들이 우리 눈을 즐겁게 한다.

GOOGLE MAPS 허우통
TRAIN 루이팡瑞芳에서 핑시선 기차로 약 6분 소요

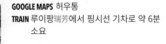

405

기찻길 옆으로 날아오르는 천등의 향연

스펀

十分(십분) Shihfen

핑시선 기차를 타지 않고 택시 투어로 스펀을 찾는 사람도 많을 만큼 스펀의 인기는 날로 높아져 가고 있다. 이처럼 스펀이 주목받고 있는 이유는 천등天燈 덕분일 것이다. 하지만 엄밀히 말하면 천등은 스펀 뿐 아니라 핑시平溪나 징통菁桐에서도 날릴 수 있다. 실제로 사람 많고 복잡한 스펀보다 상대적으로 한적한 핑시나 징통에서 천등을 날리는 여행자도 적지 않다. 그런데도 여행자들 사이에서 스펀이 가장 인기 있는 마을로 떠오르고 있는 것은 스펀의 철길이 꽤 넓어서 철로 한가운데서 멋지게 날릴 수 있으며, 또 워낙 관광객을 많이 상대한 덕분에 판매원들이 홍보서비스 차원으로 기념사진도 멋지게 찍어주기 때문일 것이다.

GOOGLE MAPS 스펀역
TRAIN 루이팡瑞芳에서 핑시선 기차로 약
　　　30분 소요

Photo by Bas Gilaap

+ Writer's Pick +

소원을 적어 날리는 천등의 추억

종이로 만든 등에 소원을 적어서 날리는 건데 뭐 그리 대수이겠냐고 생각할 수도 있겠지만, 소원을 꼭꼭 눌러 적은 천등이 하늘 높이 두둥실 날아가 나중에 작은 점이 되어 까마득히 사라지는 모습을 보면 나도 모르게 마음이 울컥해진다. 처음에는 재미로 시작했다가 나중에는 감동 어린 추억으로 남게 되는 최고의 경험이 되어줄 듯. 대부분의 상점에는 작은 천등 액세서리도 다양하게 준비되어 있어서 마음에 드는 소원이 적힌 천등 액세서리를 기념으로 구매해 가는 사람들도 많다.

 Spot 타이베이의 나이아가라 폭포
스펀 대폭포
十分大瀑布(십분대폭포, 스펀 따푸뿌)

천등과 함께 스펀이 자랑하는 또 하나의 볼거리. 대폭포
大瀑布라는 이름을 갖긴 했지만, 생각하는 것만큼 거대한
규모는 아니다. 하지만 비가 많이 오는 지역이라 실제 규
모보다 좀 더 거대하게 느껴지는 것도 사실이다.

폭포까지 가는 방법은 간단하다. 스펀의 중심 거리인 스
펀 라오지에十分老街 끝까지 간 뒤, 그 방향으로 30분
정도 더 걸어가면 폭포 입구에 도착한다. 워낙 이정표가
잘 되어 있는 데다가 가는 길이 하나밖에 없기 때문에
길을 잃을 염려는 하지 않아도 된다. 단, 걸어서 30분 이
상 소요되므로 걷기보다는 택시를 타고 이동할 것을 추
천한다.

대규모 리모델링을 거쳐 멋진 산책로가 있는 폭포 공원
으로 재탄생했으니 시간 여유가 있다면 초록빛 산책도
즐기고 폭포도 감상할 겸 한번 들러보자.

GOOGLE MAPS 스펀폭포 **ADD** 平溪區 南山里(난샨리)乾坑1號
OPEN 09:00~16:30 **PRICE** 무료 **WALK** 스펀 라오지에十分老街 거리
끝에서 도보 20분 또는 택시 5분

3

작고 소박한 마을
핑시
平溪(평계) Pingxi

원래 핑시선 기차 여행의 중심은 핑시였다. 하지만 스펀의 인기가 높아지면서 이곳은 상대적으로 덜 주목받게 되었고, 이제는 그냥 작고 아기자기한 마을이 되었다. 덕분에 사람 많고 복잡한 스펀 대신 이곳 핑시에서 천등을 날리는 여행자도 적지 않다. 비록 스펀에 비해 철길은 좁은 편이지만, 좀 더 한적하게 여유를 갖고 천등을 날릴 수 있다는 장점이 있다. 핑시의 중심가인 핑시 라오지에平溪老街도 스펀에 비해서는 훨씬 덜 상업화 되어있고 덜 복잡해 사람들의 일상을 조금이나마 엿보며 천천히 산책하기에 좋다. 특별한 볼거리랄 게 없어서 밋밋하다고 불평하는 사람도 있지만, 핑시는 오히려 그런 밋밋함이 매력인 작고 조용한 마을이다. 길거리에서 숯불 소시지 하나 사서 천천히 동네 한 바퀴 산책하는 느긋함, 핑시에서만 할 수 있는 시골 여행의 묘미다.

GOOGLE MAPS pingxi station
TRAIN 루이팡瑞芳에서 핑시선 기차로
약 40분 소요

4

핑시선의 마지막 정차역
징통
菁桐(청동) Jingtong

영화 <그 시절 우리가 사랑했던 소녀>의 촬영지로 더욱 유명해진 핑시선의 마지막 역. 야생 오동나무가 많아서 징통이라는 이름을 갖게 되었다. 지금은 오동나무가 아닌 대나무에 소원을 적어 매달아 놓은 곳이 많아서 곳곳에 빼곡하게 매달려 있는 대나무들이 징통을 상징하는 아이콘이 되었다.
징통은 옛 탄광의 모습이 가장 많이 남아 있는 곳으로도 유명한데, 기차역 건너편 언덕 위에는 석탄 공장을 그대로 카페로 만든 곳이 있어 인기가 좋다. 그 외에도 메인 거리인 라오지에老街 중심에 위치한 광업 생활관 菁桐礦業生活館(징통 광이예성훠관)이 가장 유명한 편이다. 탄광이었던 옛 핑시선의 모습을 흥미롭게 재구성하여 전시해놓은 곳으로, 핑시선의 어제와 오늘을 이해하는 데도 도움이 된다.

GOOGLE MAPS jingtong old street
TRAIN 루이팡瑞芳에서 핑시선 기차로 약 45분 소요

■ 광업 생활관
ADD 菁桐區 菁桐里(징통리)菁桐街 113-117號
OPEN 화~일 09:30~17:00, 월요일·공휴일 휴무
PRICE 무료

❶ 징통 라오지에老街 중심에 위치한 광업 생활관
❷ 탄광이었던 핑시선을 기념하는 거대한 조형물
❸ 핑시선의 모든 마을처럼 징통에도 귀여운 아이템을 파는 상점이 적지 않다.

Spot 1 시간을 거슬러 가는 느낌
징통 기차역
菁桐火車站(청동화차참, 징통 훠처짠)

징통 광업 생활관 근처에 위치한 징통의 옛 기차역. 1929년에 지어진 일본식 목조 기차역으로 무려 80년이 넘는 역사를 지닌 문화재급 건물로서 역사적 가치가 매우 높다. 오랜 역사를 지녔음에도 언뜻 보면 그냥 분위기 좋은 카페로만 여겨질 정도로 잘 보존되어 있다는 사실이 새삼 놀랍다.

GOOGLE MAPS 징통역 **WALK** 징통菁桐 역에서 도보 2분

Spot 2 이대로 잠시 시간이 멈추었으면
탄창 카페
碳場咖啡(탄장가배, 탄창 카페이) Coal Cafe

징통 역에 내려 건너편 언덕을 올라다보면 멀리 낡고 허름한 건물이 눈에 들어온다. 바로 징통에서 가장 멋진 공간, 탄창 카페. 옛 석탄 공장을 그대로 카페로 개조한 이곳은 느림의 미학, 핑시선 기차 여행의 매력을 가장 제대로 느끼게 해주는 곳이라고 해도 과언이 아니다. 늦은 오후, 카페의 창가 자리에 앉아 징통 역을 내려다보면 마치 시간이 멈춘 듯 한없이 평화로워진다. 이대로 그냥 깜깜한 밤이 되어도 좋겠다 싶을 만큼 말이다. 이곳에서 마무리하는 핑시선 기차 여행은 그래서 더욱 특별한 추억이 되어준다.

GOOGLE MAPS 탄장가배 **ADD** 菁桐區 菁桐里(징통리)菁桐街 50號 **OPEN** 월·목·금 08:00~17:00, 수 09:00~17:00, 토 08:00~19:00, 일 08:00~18:00, 화요일 휴무 **WALK** 징통菁桐 역에서 도보 5분. 징통 역에서 고개를 들면 건너편 언덕 위에 바로 보인다. 철길 건너편으로 언덕을 올라가는 길이 있다. 가는 길에 표지판이 잘 되어있다.

TAICHUNG
台中
IN TAIWAN

타이중 여행 계획

타이완
타오위엔
국제공항
송산 공항
타이베이

타이중

루강
짱화
르위에탄
화리엔
지지
지아이
아리산

타이난

타이동

까오슝

타이완의 주요 도시 이름은 꽤 직관적이라 기억하기 쉽다. 북쪽에 있으면 타이베이台北, 남쪽에 있으면 타이난台南, 중부에 있으면 타이중台中. 그중 타이중은 우리나라로 치면 대전쯤에 해당하는 곳으로, 타이완 중부의 중심도시다. 수도인 타이베이와 부산격인 까오슝高雄의 뒤를 잇는 타이완 제3의 도시로서 근처에 아리산阿里山(472p), 르위에탄日月潭(488p) 등 아름다운 자연경관을 자랑하는 명소가 많아 관광지로서도 매력이 크다.

타이중 가는 법

우리나라 ──────────→ 타이중

2024년 12월 현재 대항항공과 티웨이 항공, 진에어가 매일 1회 인천-타이중 직항 노선을 운항한다. 비행시간은 2시간 30분 정도다.

GOOGLE MAPS 타이중 국제공항
WEB www.tca.gov.tw

타이베이 ──────────→ 타이중

타이베이에서 타이중으로 가려면 고속열차인 타이완 까오티에台湾高鐵 THSR를 타는 것이 가장 편리하고 빠르다. 교통수단에 따른 소요 시간과 요금은 다음과 같다.

- **고속열차 까오티에** 高鐵 타이베이 역에서 까오티에 타이중高鐵台中 THSR 역까지 매일 약 15분 간격으로 운행하며, 요금은 NT$700, 약 1시간 소요된다.

- **일반기차 타이티에** 台鐵 가장 빠른 쯔창하오自強號를 기준으로 타이베이 역에서 타이중 훠처짠台中火車站까지 1시간 40분~2시간 30분 소요되며, 요금은 NT$375.

- **버스** MRT 레드·블루 라인 타이베이 처짠台北車站 역 Y1 출구 바로 앞에 있는 타이베이 버스터미널台北轉運站(타이베이 좐윈짠)에서 타이중 행 버스 탑승. 약 2시간 30분 소요되며, 요금은 NT$300.

타이중 시내 가기

타이베이와 달리 타이중은 고속열차역인 까오티에 타이중高鐵台中 역과 일반기차역인 타이중 훠쩌찬 (타이중 기차역)台中火車站이 많이 떨어져 있다. 고속열차 역은 타이중 시내 남서쪽 외곽 지역에, 일반 기차역은 타이중 시내에 있어서 고속열차 역에서 시내까지는 일반기차로 갈아타거나 지하철, 택시 등을 이용해야 한다. 다행히 타이중 공항이든 기차역이든 시내로 이동하는 건 그리 어렵지 않다. 시간도 오래 걸리지 않고 길 찾기도 쉬운 편이다. 만약 짐이 많거나 늦은 저녁이라면 택시를 타도 큰 부담이 없다.

타이중 공항에서

타이중 공항에서 시내까지는 공항버스를 타고 가는 게 가장 일반적이다. 요금은 NT$38~57로 시내까지 40~45분 소요되지만, 배차 간격이 20분~1시간 정도로 다소 길다는 단점이 있다. 공항에서 시내까지 택시를 탄다면 NT$500 정도 예상하면 된다. 한편, 공항에서 곧장 르위에탄으로 가는 여행자들을 위해 매일 15:20에 하오싱好行 버스가 출발한다.

고속열차역에서

까오티에 타이중 역에서 시내로 가려면 MRT를 타거나 일반기차로 갈아타고 시내로 가야 한다. 만약 숙소가 시내 중심가에 있다면 MRT를 타는 게 편리하고, 일반 기차역 근처에 있다면 일반기차로 갈아타는 게 편리하다. 까오티에 타이중 역은 일반기차역인 신우르新烏日 Xinwuri 역과 실내로 연결되어 있어서 지하철 환승하듯 일반기차로 갈아타고 시내로 이동할 수 있다. 신우르 역에서 타이중 시내의 타이중 훠처짠台中火車站까지는 기차로 12분이면 도착한다. 기차는 수시로 운행하며, 요금은 NT$15.

타이중 까오티에 역

: MORE :

고속열차역 셔틀버스 THSR Shuttle Bus

타이중 고속열차역에서 타이중 기차역이 아닌 시내의 다른 지역으로 이동하려면 MRT가 가장 편리하지만, 직행 셔틀버스를 타도 된다. 직행 셔틀버스는 현재 159, 160, 161번 3개 노선이 운행 중인데, 159번은 소고 백화점廣三SOGO百貨을 거쳐 타이중 공원台中公園까지, 160번은 펑지아 야시장逢甲夜市이 있는 펑지아 대학까지, 그리고 161번은 동해대학교東海大學 근처까지 한 번에 이동할 수 있다. 요금은 소고 백화점 NT$15, 타이중 공원 NT$37, 펑지아 대학 NT$30, 동해대학교 NT$34.

시내의 주요 교통수단은 버스와 택시, 또는 공공 자전거. 그래도 다행히 도시가 그리 크지 않고 교통 요금도 저렴하기 때문에 여행하는 데 큰 불편은 없다.

지하철 아니고 지상철, MRT

노선도는 맵북 **MAP ⓰** 참고

2021년 4월 정식 개통한 타이중 MRT는 아직 노선은 그린 라인 1개 뿐이지만, 고속열차 역인 타이중 까오티에 역과 시내 중심을 연결하면서 타이중 여행의 편리성을 한층 높였다. 덕분에 국가가극원, 국립자연과학박물관 등 시내 중심에 위치한 명소는 MRT로 갈 수 있게 되었고, 이전에는 잘 알려지지 않았던 동네도 MRT 개통으로 주목받기 시작했다. 단, 기존의 볼거리들이 모여 있는 일반기차역 쪽은 여전히 MRT가 연결되지 않으므로 버스나 택시를 이용해야 한다.

TIME 06:00~24:00/5~15분 간격
PRICE NT$20~50(현금 기준)

타이중 사람들의 일상을 오가는 버스, 꽁처 公車(공차)

지하철 노선이 많지 않은 타이중에서는 버스, 즉 꽁처가 주요 교통수단이다. 하지만 버스는 노선이 다양한 데 비해 배차 간격이 20~30분으로 긴 편이며, 정류장 표기가 모두 한자로 되어 있어서 조금 어렵게 느껴질 수 있다. 이럴 땐 구글 맵을 활용하거나 미리 여행안내센터에 들러 노선을 물어보면 쉽게 해결할 수 있다.

교통카드는 탈 때와 내릴 때 두 번 나 찍어야 하며, 앞문과 뒷문 아무 쪽으로나 타고 내릴 수 있다. 전광판에 다음 정류장이 표시되고 영문 방송도 나오지만, 그래도 잘 모르겠다면 주위 사람들에게 물어보는 것이 가장 확실한 방법이다.

여럿이라면 가성비 좋은 택시, 지청처 計程車(계정차)

버스가 다소 어렵게 느껴지는 여행자라면 택시를 이용하는 것도 좋은 방법이다. 아주 비싼 수준은 아니므로 일행이 셋 이상이라면 시내 관광은 택시를 이용하는 것이 시행착오도 줄이고 시간을 절약할 수 있는 비결이다. 시내에 택시가 많아 잡기도 쉬운 편이며, 멀리 가도 대개 NT$200를 넘지 않는다.

PRICE 기본요금 첫 1.5km에 NT$85, 이후 200m마다 NT$5 부과/23:00~다음 날 06:00에는 심야할증료 20% 추가

: MORE :

**숙소를 어디에
잡는 게 좋을까?**

2021년 4월, 10여 년의 공사 끝에 드디어 타이중 MRT가 개통했다. 하지만, 아직까지는 MRT 노선이 하나뿐이라 타이중 시내의 일부 지역만 MRT로 이동할 수 있다. 특히 고속열차 역은 MRT와 연결되어 있지만, 일반기차 역에는 MRT가 닿지 않는다는 것에 유의할 것. 따라서 타이중에 숙소를 구할 때는 이동 수단을 고려해서 지역을 선정하는 게 좋다. 만약 국가가극원 등 타이중 시내 관광을 주로 한다면 MRT 노선을 중심으로 역 근처에 숙소를 구하는 게 편리하다. 반면 르위에탄, 루강, 짱화 등 근교 여행을 할 예정이라면 MRT는 없어도 버스 터미널이 가까이 있는 타이중 일반기차역 근처에 숙소를 정하는 게 좋다.

타이중 전체

까오메이 습지
高美濕地

高美濕地

梧棲漁港漁獲直銷中心
(梧棲港觀光漁市)

西部濱海公路

福爾摩沙高速公路

台中清線

132

132

132甲

칭수이
清水

타이중 공항

中清路

中清路

臺中都會
公園

125

국제 예술거리
國際藝術街

동해대학교
東海大學

펑지아 야시장
逢甲夜市

136

소고 백화점 & MRT 스쩡푸·
원신삼림공원 역 주변 429p
국립 타이완미술관 주변 424p

국가가극원
國家歌劇院
스쩡푸 市政府

127

원신삼림공원
文心森林公園

원신삼림공원 文心森林公園

무지개마을
彩虹眷村
Rainbow Village

이펀서점
益品書屋

타이중 기차역
(타이중 훠처짠)
台中火車站

타이중 기차역 주변 416p

125

타이중 고속열차역
(까오티에 타이중짠)
高鐵台中站

신우르
新烏日

MRT 그린 라인

福爾摩沙高速公路

0 ──── 5km

타이중을 대표하는 랜드마크
타이중 기차역 주변

타이중을 찾는 여행자들이 가장 먼저 만나는 곳은 기차역일 것이다. 기차역 근처의 몇몇 버스터미널까지 더해져 다소 복잡하긴 하지만, 적지 않은 볼거리 덕분에 타이중과의 첫 만남은 마냥 설레고 즐겁다.

타이중 교통의 중심

타이중 기차역

台中火車站(대중화차참, 타이중 훠처짠) Taichung Station

현 타이중 교통의 중심, 신 기차역

타이중 기차역은 여행자들이 가장 많이 방문하는 곳 중 하나다. 특히 구 기차역은 19세기 유럽을 연상시키는 바로크 양식의 건축물로, 타이완의 많은 기차역 중에서도 가장 아름다운 곳으로 손꼽혀있다. 1917년 완공해 이미 100년이 넘은 역사를 지닌 이곳에 1995년 타이완 정부가 재건축 추진 계획을 세웠으나, 시민들의 반대로 재개발 계획이 취소됐을 정도. 현재 구 기차역은 국가 제2급 고적으로 지정되어 타이중 철도 문화공원으로 운영되고 있다.

2016년 말 구 기차역 옆에 오픈한 신 기차역은 타이중 교통의 중심지로, 고속열차를 제외한 일반기차가 모두 이곳에서 정차한다. 또한 시내버스는 물론 각 회사의 시외버스터미널도 모두 기차역 주위에 모여 있어 그야말로 타이중 교통의 핵심이라고 할 수 있다. MAP ⑰

GOOGLE MAPS 4MPP+WQ 타이중
ADD 中區台灣大道(타이완따따오)一段1號
WEB www.railway.gov.tw/taichung
BUS 300~308번을 타고 타이중 훠처짠台中火車站에서 하차. 고속열차역에서 기차 또는 택시로 약 15분 소요

고전적인 멋이 있는 구 기차역

417

낡은 기차역의 새로운 변신

타이중 철도문화공원

臺中驛鐵道文化園區(대중역철도문화원구, 타이중이 티에따오 원화위엔취)
Taichung Station Railway Cultural Park

도시재생 프로젝트에 특별한 노하우(?)를 보유한 타이완 정부는 타이중 옛 기차역사도 허물지 않고 매력적인 문화 공간으로 만들었다. 역사 내부는 전시관이 되었고, 옛 매표소와 개찰구도 그대로 두어 누구나 멋진 인증샷의 주인공이 될 수 있다. 플랫폼과 철로도 옛 모습 그대로 잘 보존되어 있으며, 일부 철로는 휴식 공간으로 재탄생했다. 옛 기차역에서 현재의 기차역까지 이어지는 공간 전체가 흥미진진한 문화 공간으로 구성된 셈이다. 일부러 찾아갈 필요까지는 없어도 기차역에 갈 때 잠시 시간을 내어 둘러보자. MAP ⑰

GOOGLE MAPS taichung station cultural park
ADD 中區台灣大道(타이완따따오)1段 1號
OPEN 11:00~21:30
WEB www.tcrp.com.tw
WALK 타이중 기차역 바로 옆

타이중 문화예술의 현주소

타이중 문화창의산업원구

台中文化創意産業園區(대중문화창의산업원구, 타이중 원화 창이 찬이예위엔취)
Taichung Cultural & Creative Industries Park

GOOGLE MAPS 타이중문화창의산업단지
ADD 南區復興路(푸싱루)三段362號
OPEN 06:00~22:00, 전시관 09:00~17:00
WEB tccip.boch.gov.tw
WALK 타이중 기차역에서 도보 10분

타이완의 5대 복합문화공간 중 하나인 타이중 문화창의산업원구는 1916년 일본 점령기 시절 타이완 최대의 규모를 자랑하는 양조장이었다. 1998년, 공장이 타이중 공업단지로 이전을 하게 되어 문을 닫은 후 리모델링을 거쳐 2009년, 문화예술단지로 옷을 갈아입었다.

다른 문화예술단지와 마찬가지로 이곳 역시 옛 공장의 모습을 그대로 보존한 채 내부만 리모델링했다. 타이베이나 까오슝에 비해 규모는 조금 작아도 오히려 아기자기하게 둘러보는 재미가 있다. 어린이들을 위한 체험 코너가 상대적으로 잘 마련되어 있어서 가족 단위 여행자들에게는 즐거운 놀이터가 될 듯. **MAP ⑰**

4

안과에서 파는 펑리수?

궁원안과

宮原眼科(꽁위엔 이옌커) Miyahara

언뜻 보면 오래된 박물관이나 병원 같지만, 이곳은 펑리수鳳梨酥 베이커리다. 일제 점령기 때 안과로 쓰였던 이 건물은 철거 위기와 화재 등 크고 작은 어려움을 겪다가 펑리수 브랜드인 '르추日出'에 매입됐다. 그리고는 외관은 그대로 둔 채, 내부만 리모델링하여 베이커리로 변신한 것. 펑리수 외에 이곳 궁원안과가 자랑하는 아이템은 아이스크림이다. 향료나 색소, 방부제 등을 전혀 섞지 않은 천연 아이스크림으로 종류가 무려 60여 가지에 이른다. 아이스크림 위에 올려 먹는 토핑 또한 종류가 다양하다. 와플로 만든 접시는 선택사항. 아이스크림 매장은 건물 옆에 입구가 따로 있다. **MAP ⑰**

GOOGLE MAPS 궁원안과
ADD 中區中山路(쭝산루)20號
OPEN 10:00~21:00
WEB www.miyahara.com.tw
WALK 타이중 기차역을 등지고 길 건너 왼쪽 쭝산루中山路로 직진. 도보 3분

5

달콤한 아이스크림 카페

제4신용합작사

第四信用合作社(띠쓰신용허쭤워셔)

궁원안과의 아이스크림이 폭발적인 인기를 끌면서 아예 근처 도보 5분 거리에 분점 격으로 아이스크림 전문 카페를 오픈했다. 이곳 역시 궁원안과와 마찬가지로 예전 은행 건물을 개조해 사용하며, 간판도 은행 이름인 '타이중 제4신용합작사臺中市第四信用合作社'를 그대로 사용하고 있다. 1, 2층은 카페, 3층은 초콜릿 매장이고, 아이스크림을 담는 와플도 매장에서 직접 만들 정도로 맛에 대한 자부심이 대단하다. 아이스크림 가격은 토핑 개수에 따라 다르지만, 대개 NT$200~300. 모든 아이스크림이 전혀 달지 않아 건강해지는 기분이다. 아주 단 맛을 원한다면 오히려 실망할 정도. 참고로 망고 아이스크림이 가장 인기다. **MAP ⑰**

GOOGLE MAPS 제4신용합작소
ADD 中山路(쭝산루)72號
OPEN 10:00~21:00
WEB www.dawncake.com.tw
WALK 궁원안과를 지나 쭝산루中山路를 따라 직진. 도보 3분

복잡하지만 그래서 더 재미난 시장 구경

제2시장

第二市場(띠얼스창) Taichung Second Market

타이완의 전통 재래시장을 만나고 싶다면 이곳이
제격이다. 겉으로 보기에는 낡고 평범한 건물이지
만, 건물 안 골목으로 들어가면 완전히 새로운 세
상이 펼쳐진다. 골목골목 이어지는 작고 허름한 가
판마다 각종 전통 먹거리인 샤오츠가 가득하고, 좁
은 골목은 늘 발 디딜 틈 없이 사람들로 인산인해
를 이룬다. 지우펀의 좁은 골목과 비슷한 분위기인
데, 그보다 더 왁자지껄하고 현지 분위기가 짙은
편이다. 구경만 하기보다는 이것저것 먹거리를 맛
보면 재미가 한층 더 배가될 것. **MAP ⑰**

GOOGLE MAPS taichung second market
ADD 中區三民路(싼민루)二段87號
OPEN 07:00~13:00 월요일 휴무
　　　　(매장마다 조금씩 다름)
WALK 타이중 기차역에서 도보 15분

타이중에서 만나는 타이완표 청계천

리우촨 강변 산책로

柳川水岸景觀步道
(류천수안경관보노, 리우촨 수웨이안 징꽌뿌빠오)
Liuchuan Riverside Walk

제2시장에서 나와 조금 걷다 보면 서울 청계천이
생각나는 강변 산책로가 나온다. 타이중 시내 중심
을 지나는 탄천인 리우촨柳川은 규모나 분위기 모
두 우리나라 청계천과 비슷하다. 날씨가 좋을 때
면 한가롭게 산책을 즐기기에 안성맞춤이다. 이 산
책로를 따라 계속 걷다 보면 미술관 길까지 이어
진다. 비록 거창한 볼거리나 이국적인 풍경은 없
지만, 느린 도보 여행을 좋아하는 여행자라면 타이
중 시내를 걸어서 둘러보기에 아주 좋은 동선이다.
MAP ⑰

GOOGLE MAPS liuchuan riverside walk
ADD 中區柳川西路(리우촨시루)三段
OPEN 24시간
WALK 타이중 기차역에서 도보 15분

도심 속의 느긋한 산책
타이중 공원
台中公園(타이중꽁위엔) Taichung Park

문학적 정취가 밴 고즈넉함
타이중 문학공원
台中文學公園(대중문학공원, 타이중 원쉬에꽁위엔)
Taichung Literary Park

타이중 사람들에게 가장 사랑받는 도심 속 공원으로, 일본 점령기인 1930년에 지어져 오랜 역사를 자랑한다. 무엇보다 공원이 갖추어야 할 모든 필요충분조건을 다 갖추고 있다. 짙푸른 녹음이 어우러진 공원은 편안한 휴식을 보장해주며, 공원 중앙의 호수는 보기만 해도 평화로움을 느끼게 한다. 또한 호수 위의 아름다운 정자 '후신팅湖心亭'은 마치 한 폭의 그림 같은 풍경을 선사한다. 특히 후신팅의 야경은 타이중에서도 손꼽히게 아름답다고 하니 시간이 되면 꼭 한번 들러보자.
MAP ⑰

GOOGLE MAPS 타이중 공원
ADD 公園路(꽁위엔루)2段37-1號
OPEN 24시간
BUS 타이중 기차역에서 300번 버스를 타고 타이중꽁위엔臺中公園(雙十路)에서 하차. 또는 도보 10분

작은 건물 한 채에 불과했던 타이중 문학관이 리모델링을 거쳐 2016년 4월 작은 공원으로 재개장했다. 규모는 크지 않지만, 세심한 인테리어 덕에 공원 곳곳에 문학적 정취가 가득하다. 1930년대에 일본 경찰들의 숙소로 사용되던 곳 중 보존 상태가 양호한 6채를 보수하여 문학공원으로 조성했고, 현재는 이 중 한 채만 문학관으로 개방하고 있다.

사실 문학관 자체는 타이완 출신 작가들을 소개하는 곳이라 볼 만한 게 많진 않다. 하지만 나무들이 울창하고 근대 가옥들과 잘 어우러져 고즈넉한 산책을 즐기기에 이 이상 좋을 수 없다. **MAP ⑰**

GOOGLE MAPS taichung wenxue park
ADD 西區自立街(지리지에)22號
OPEN 문학공원 24시간, 문학관 10:00~17:00(공휴일·월요일 휴무)
BUS 타이중 기차역에서 도보 25분

10

작지만 아기자기한 만화 골목

애니메이션 골목

動漫彩繪巷(동만채회항, 똥만차이후웨이샹) Painted Animation Lane

리우촨 강변 산책로 근처에 있는 작은 골목. 규모가 크진 않지만, 골목 가득 애니메이션 벽화가 촘촘하게 그려져 있어서 SNS 명소로 입소문이 났다. 처음에는 벽화가 한두 개뿐이다가 입소문이 나면서 하나둘씩 벽화가 계속 늘어나고 있다. 사람이 아주 많진 않으나, 평일에도 벽화를 배경으로 인증샷을 찍고 있는 10~20대 청소년들을 쉽게 만날 수 있다. 일부러 찾아갈 필요는 없고, 리우촨 강변 산책로를 따라 미술관 쪽으로 걸어서 이동하는 동선이라면 잠시 들러볼 만하다. **MAP ⑰**

GOOGLE MAPS painted animation lane
ADD 西區林森路(린썬루)100巷
OPEN 24시간
WALK 타이중 기차역에서 도보 30분. 또는 국립 타이완미술관에서 도보 15분

국립 타이완미술관 주변

세련되고 물력적인 타이중의 일상

국립 타이완미술관 주변은 미술관 길을 중심으로 맛집과 카페가 모여 있어서 맛과 멋을 동시에 누리기에 더없이 좋다. 골목마다 자리 잡은 분위기 좋은 카페를 여유롭게 탐방하기에 딱 알맞은 동네다.

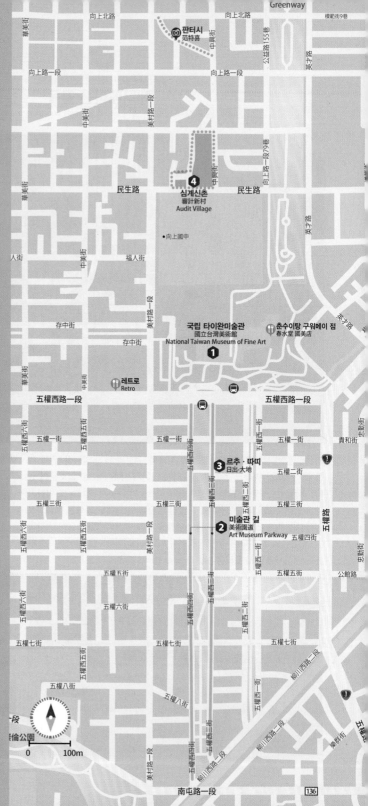

Greenway

판터시
范特喜

민생로
民生路

심계신촌
審計新村
Audit Village

●向上國中

국립 타이완미술관
國立台灣美術館
National Taiwan Museum of Fine Art

춘수이탕 구워메이 점
春水堂 國美店

레트로
Retro

五權西路一段

르추·따띠
日出·大地

미술관 길
美術園道
Art Museum Parkway

五權西路一段

0   100m

미술을 몰라도 행복해지는 곳

국립 타이완미술관

國立台灣美術館(국립대만미술관, 구월리 타이완 메이수관)
National Taiwan Museum of Fine Art

예술과 맛이 만난 멋스러운 거리

미술관 길

美術園道(미술원도, 메이수위엔따오)
Art Museum Parkway

1988년에 문을 연 국립 타이완미술관은 타이중의 최대 미술관으로 2004년 리모델링을 마치고 재개장한 이래 지금껏 시민들의 힐링 공간으로 사랑받고 있다. 미술관의 1, 2층은 특별 전시관, 3층은 상설 전시관이며, 미술관 앞마당의 거대한 나무 아래에서는 사람들이 옹기종기 모여 앉아 타이중의 계절을 만끽한다. 지하 1층의 어린이 전용 전시체험관은 계단을 내려가는 순간 눈앞에 오색찬란하고 동화 속 세상 같은 광경이 펼쳐져 환호성이 절로 나온다. 마치 귀여운 애니메이션 속으로 풍덩 들어온 느낌이라고나 할까. 아이들의 상상력을 자극할만한 코너가 많으니 어린이를 동반한 여행자라면 꼭 한번 시간을 내서 들러보자. 어른들도 쉴 새 없이 카메라 셔터를 누를 만큼 시각적 만족도가 높은 곳이다. **MAP ⑰**

GOOGLE MAPS 국립대만미술관
ADD 西區五權西路(우취엔시루)一段2號
PRICE 무료
OPEN 화~금 09:00~17:00, 토·일 09:00~18:00, 월요일 휴무
WEB www.ntmofa.gov.tw
BUS 5, 23, 30, 40, 51, 56, 71, 75, 89번 버스를 타고 메이수관美術館(五權西路) 또는 따뚠 원화풍신大墩文化中心(五權路)에서 하차

국립 타이완미술관 건너편에는 미술관만큼이나 유명한 곳이 있다. 바로 미술관 길이 그 주인공. 폭이 넓은 길 한가운데에는 짙은 초록빛 아름드리나무들이 빽빽이 서 있고, 한쪽에는 귀여운 놀이터까지 있어서 가던 길을 잠시 멈추고 벤치에 앉아 초록빛 에너지를 공급받고 싶어진다. 길 양편으로는 독특한 분위기의 레스토랑이 많아 주말이면 레스토랑을 찾는 사람들도 적지 않다. 예전보다 미식거리로서의 인기는 다소 시들해졌지만, 초록빛 매력은 여전하므로 미술관에 가는 길에 잠시 들러서 짧은 산책을 즐겨보자. **MAP ⑰**

GOOGLE MAPS 4MP7+94 시구
ADD 五權西三街(우취엔시싼지에), 五權西四街(우취엔시쓰지에)
WEB www.artgarden.tw
WALK 국립 타이완미술관 바로 건너편

3

타이중이 자랑하는 펑리수 전문점

르추·따띠
日出·大地(일출·대지)

타이완의 대표적인 전통 간식 펑리수는 현지인이든 외국인이든 누구나 즐겨 찾는 아이템이다. 그러다 보니 도시마다 유명한 펑리수 전문점이 있게 마련. 타이중에서 가장 유명한 펑리수 브랜드는 단연 '르추日出'다. 여행자들에게 가장 많이 알려진 매장은 타이중 기차역 근처의 궁원안과宮原眼科 점이지만, 좀 더 한적한 쇼핑을 원한다면 이곳을 추천한다. 매장 규모는 크지 않아도 펑리수 외에 전통 쿠키, 사탕, 케이크 등 종류가 다양하며, 포장도 세련되고 럭셔리해 선물로는 이보다 더 좋을 순 없다. 특히 이곳의 펑리수는 달거나 퍽퍽하지 않아 현지인들에게도 인기 만점. MAP ⑰

GOOGLE MAPS 4MQ7+C7 시구
ADD 西區五權西三街(우취엔시싼지에)43號
OPEN 10:00~21:00
WEB www.dawncake.com.tw
WALK 국립 타이완미술관에서 도보 5분

: MORE :

전통 타이중 펑리수의 진수, 쥔메이 스핀 俊美食品(준미식품) Jiunn Meei

타이중의 전통 펑리수 브랜드, 르추가 세련된 포장과 럭셔리한 분위기로 인기를 끄는 신진 브랜드라면 이곳은 오로지 맛으로 승부한다. 세련됨은 살짝 부족하지만, 감탄이 나올 만큼 진하고 부드러운 맛이 놀랍다. 단, 모든 지점이 중심가에서 떨어져 있어 찾아가기 쉽지 않다는 점이 아쉽다. 펑리수 10개입 NT$250.

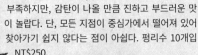

■ **타이중 원신 台中文心 점**
GOOGLE MAPS junn mei bakery 380
ADD 文心路(원신루)3段380號
OPEN 08:00~21:00
WEB www.food168.com.tw
CAR 타이중 기차역에서 택시로 약 25분 소요. 또는 펑지아 야시장에서 택시로 약 10분 소요

■ **타이중 따뚠 台中大墩 점**
GOOGLE MAPS 4MV2+H2 시구
ADD 大墩七街(따뚠치지에)188號
OPEN 08:00~21:00
MRT 원신썬린꽁위엔文心森林公園 역에서 도보 10분

4

타이완이 오래됨을 활용하는 방법

심계신촌

審計新村(션지신촌) Audit Village

도시재생 프로젝트에 뛰어난 타이완이 타이중에도 멋진 공간을 만들었다. 1969년에 지어진 이곳은 원래 공무원들의 숙소였는데, 오랜 기간 방치되어 있다가 2015년 젊은 예술가들의 창작공간으로 탄생했다. 오래되고 낡은 건물 안에는 신진 디자이너들의 작업실, 창작공간, 소품 전문점, 카페 등이 오밀조밀 모여 있어서 구경하는 재미가 쏠쏠하다. 주말에는 마당에서 플리마켓도 열려서 볼거리가 더욱 다양해진다. 젊은이들의 데이트 코스로도 인기가 높은 곳. MAP ⑰

GOOGLE MAPS shen ji new village
ADD 西區民生路368巷4弄8號
OPEN 09:00~19:00
　　　 (매장마다 조금씩 다름)
WALK 소고 백화점 뒤쪽으로 메이촌루美村路나 쭝싱지에中興街를 따라 직진하다 보면 쭝싱지에中興街의 오른쪽에 있다. 도보 17분

+ Writer's Pick +

판타지한 동네, 판터시 范特喜

심계신촌 일대는 도시재생 프로젝트의 일환으로 조성된 거대한 문화단지. 그중 하나가 심계신촌 바로 옆에 있는 '판터시范特喜 Fantasy' 골목. 아직 상점이 본격적으로 들어선 게 아니라 볼거리가 많진 않지만, 띄엄띄엄 있는 상점과 카페 등은 무척 독특한 분위기를 자랑한다. 최근 들어 눈길을 끄는 편집숍이나 카페 등이 빠른 속도로 늘어나고 있어서 조만간 이 일대가 타이중의 핫한 명소로 떠오를 것 같은 예감이다. MAP ⑰

GOOGLE MAPS fantasy story green ray

미츠코시
백화점
新光三越

카이판 開飯川食堂
딩타이펑
타이중 따위엔바이
台中大遠百
Top City

써니힐스
호놀룰루 카페

국가가극원
國家歌劇院
National Taichung Theater

台灣大道二段 中港路一段

文心路二段
文心路三段

市6

市8

青海路

青海路

何厝國小
曹國

四川路

四川路

臺中市政府廣場

臺中市政府

스펑푸
市政府

台灣大道二段 中港路一段

新市政公園

惠中路一段

惠中路二段

惠中路二段

文心路二段

大墩二十街

大墩十九街

大墩二十街

大墩二十一街

大安路一段

東興路一段

精明一街

公一之三公園

大隆路

大墩二十街

大墩十九街

大墩十九街

大安路

춘수이탕 따뚠 점
春水堂 大墩店

DIY 셔우야오 티이엔 따뚠 점
手搖體驗 大墩店

징밍이지에
精明一街
Jingming 1st Street

大墩街

大隆路

大聖街

大業街

大墩街

臺中市南屯區
東興國民小學

精誠九街

大英街

文心路二段

大墩街

大進街

大聖街

東興路二段

티엔런밍차
天仁茗茶
Ten Ren Tea

수이안꿍
水安宮

大業路

大英街

大墩街

大業路

大進街

大昌街

大業路

精誠十二街

精誠路

大英街

文心路一段

大墩十四街

大聖街

大進街

大墩十四街

大業路

우웨이차오탕
無為草堂

딩왕마라꿔 꿍이 점
鼎王麻辣鍋 公益店

칭징저 꿍이 점
輕井澤 公益店

公益路二段

원신삼림공원
文心森林公園

公益路二段

公益路二段

公益路

0   100m

大墩十四街

大聖街

大進街

大昌街

大墩街

大英街

大墩十二街

大墩十二街

大進街

大昌街

精誠十

#Walk

볼거리·먹거리의 총집합!
소고 백화점 &
MRT 스쩡푸·원신삼림공원 역 주변

타이중에서 짧은 시간만 머무는 여행자 대부분은 타이중 기차역 주변만 돌아보곤 한다. 하지만, 타이중의 진짜 중심가는 소고 백화점 주변이다. 국립자연과학박물관과 국가가극원을 비롯한 명소들이 소고 백화점에서 도보 20분 이내에 모여있다. 그리고 MRT 개통 덕분에 소고 백화점을 비롯한 타이중 중심가로의 진입이 한층 편리해졌다. MRT 노선을 중심으로 한 도보 여행 코스로 새로운 타이중을 만나보자.

■ **소고 백화점** 廣三SOGO百貨(광삼 SOGO백화, 광싼 SOGO 바이훠)
GOOGLE MAPS 타이중 소고백화점
ADD 台灣大道二段459號
OPEN 월~금 11:00~22:00, 토·일·공휴일 10:30~22:00
WEB www.kssogo.com.tw
MRT 스쩡푸市政府 역에서 도보 20분. 또는 300, 309, 310번 버스를 타고 커보어관科博館에서 하차 후 도보 1분
MAP ⑱

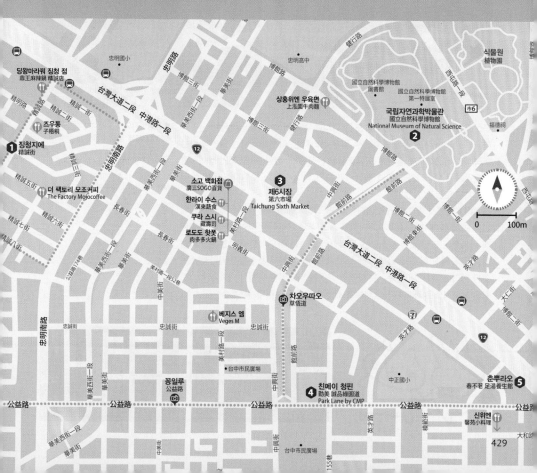

1

이국적인 풍경이 선물한 보행자의 여유

징밍이지에 & 징청지에

精明一街(정명일가) Jingming 1st Street & 精誠街(정성가) Jingcheng 5th Street

타이중에서 가장 느긋하고 여유로운 거리를 꼽자면 아마 징밍이지에일 것이다. 비록 130m 정도밖에 되지 않는 짧은 거리지만, 다른 거리와는 확연히 다른 이국적인 풍경이 사람들에게 여유로움을 선물한다. 징밍이지에에만 들어서면 거짓말처럼 분위기가 고즈넉해지는 건 차가 다니지 않는 보행자 거리이기 때문인지도 모르겠다.

징밍이지에에서 약 100m 떨어진 골목인 징청지에精誠街 일대는 징밍이지에와는 또 다른 매력을 지닌다. 과거 미군들이 주로 거주하던 지역이자 근대 일본식 가옥들이 많이 보존된 이곳은 동서양의 문화가 어우러진 독특한 분위기를 자랑한다. 특히 이 동네 카페와 레스토랑이 각종 매체에 자주 소개되면서 소위 핫한 거리로 떠오르고 있는 중. 한적한 골목에 띄엄띄엄 위치한 카페와 레스토랑은 본격적으로 카페 투어를 해보고 싶을 만큼 감각적이다. **MAP ⑱**

■ 징밍이지에
GOOGLE MAPS 징밍이지에: jingming 1st street
징청지에: jingcheng 5th street
MRT 스쩡푸市政府 역에서 도보 15분

②

어린이 여행자를 위한 선택

국립자연과학박물관

國立自然科學博物館 (구월리 쯔란커쉬에보우관)
National Museum of Natural Science

타이완 최초의 과학박물관 단지로, 자연사박물관, 스페이스 과학센터, 3D 체험관, 생명과학관, 인류문화센터, 지구 환경센터, 식물원 등이 자리 잡고 있다. 박물관이라기보다는 공원의 느낌이 들 정도로 면적도 넓고 외부의 잔디밭도 잘 조성되어 있다. 특히 타이완의 생태계를 집약한 800여 종의 식물을 보유한 식물원의 총면적은 4.5헥타르(약 1만3600평), 전면 유리로 된 온실은 높이가 31m에 달한다. 이는 타이완에서도 가장 큰 규모로, 어린이를 위한 공간이 많아 가족 단위 여행자들은 한 번 들러볼 만하다. 입장권은 전시 공간을 모두 둘러볼 수 있는 일반 전시관 통합관람권(NT$100)을 사는 것이 가장 일반적이며, 전시 공간별로 따로 구매해도 된다. MAP ⑱

GOOGLE MAPS 국립자연과학박물관
ADD 館前路(관치엔루)1號
OPEN 09:00~17:00, 월요일 휴무
PRICE 일반 전시관(생명과학관, 인류문화센터, 지구 환경센터 등) NT$100, 스페이스 과학센터 NT$100, 3D 체험관 NT$70, 식물원 NT$20
WEB www.nmns.edu.tw
MRT 스펑푸市政府 역에서 도보 30분. 또는 300, 309, 310번 버스를 타고 커보어관科博館에서 하차 후 도보 1분

③

레트로 감성이 돋보이는 마켓

제6시장

第六市場
Taichung Sixth Market

타이중의 시장 이름은 독특하다. 시장 이름이 따로 있는 게 아니라 제1시장부터 제2시장, 제3시장 등 숫자로 시장 이름이 붙여져 있다. 그중에서 여행자들에게 가장 유명한 곳은 제6시장이다. 제6시장은 파크 레인 쇼핑몰 3층에 위치한 실내 시장으로, 이름은 '시장'이지만 사실상 전통 시장을 재해석한 레트로한 감성의 마켓이다. 아기자기하고 세련된 인테리어로 구경하는 재미가 쏠쏠할 뿐 아니라 푸드코트도 있어서 간단한 식사나 디저트를 맛볼 수도 있다. 참고로, 파크레인 쇼핑몰에는 제6시장 외에도 스타벅스, 무인양품 등을 비롯한 여러 매장과 레스토랑이 입점해 있으므로 함께 둘러보는 것도 좋을 듯. MAP ⑱

GOOGLE MAPS taichung 6th market
ADD 西區健行路(지엔싱루)1049號 3F
OPEN 10:00~20:30, 월요일 휴무
WEB parklanes.com.tw/sixth-market
WALK 소고 백화점 길 건너편

■ 파크레인 쇼핑몰 金典-綠園道商場 (금전-록원도상장) Park Lane by Splendor
GOOGLE MAPS park lane by splendor
OPEN 월~금 11:00~21:30, 토·일 10:30~22:00
WEB parklanes.com.tw

4

타이중의 트렌드를 이끌다

친메이 청핀

勤美 誠品線園道(근미 성품록원도) Park Lane by CMP

타이완 최대 서점 브랜드인 청핀 서점誠品書店의 타이중 지점. 서점이라기보다는 라이프 스타일 복합 쇼핑몰이다. 서적뿐 아니라 각종 소품 전문점, 디자인 문구 매장, 디자이너 편집숍 등을 비롯한 다양한 디자이너 브랜드와 유명 브랜드숍이 입점해 있어서 그야말로 원스톱 쇼핑이 가능하다. 타이중의 20~30대가 주말에 가장 많이 찾는 곳 중 하나로, 타이중의 트렌드를 읽고 싶다면 이곳을 놓치지 말아야 한다. **MAP ⑱**

GOOGLE MAPS park lane by cmp
ADD 公益路(꽁일루)68號
OPEN 11:00~21:30
WEB www.parklane.com.tw
MRT 스쩡푸市政府 역에서 도보 30분. 또는 300, 309, 310번 버스를 타고 커보어관科博館에서 하차 후 도보 7분
WALK 소고 백화점에서 도보 8분. 또는 국립자연과학박물관에서 도보 12분

5

저녁에는 시원한 발마사지

춘뿌라오

春不著 足湯養生館(춘불배 족탕양생관)

일정이 바쁜 여행자들에게 시원한 위로가 되어주는 시간으로 발마사지만한 게 또 있을까. 춘뿌라오는 크고 깔끔한 규모를 자랑하는 발마사지 전문점이다. 일단 깔끔하고 웅장한 외관부터 신뢰를 주는 느낌. 발마사지뿐 아니라 어깨, 등, 전신 마사지 등 종류가 다양해 선택의 폭이 넓다. 서비스도 무척 만족스러운 편. 24시간 운영이라 늦은 시간에도 찾을 수 있어 편리하다. 단, 시설과 서비스가 좋은 만큼 가격대는 다소 높은 편이다. 발마사지가 NT$1000~2000 수준. **MAP ⑱**

GOOGLE MAPS 춘부라오 발마사지
ADD 西區台灣大道(타이완따따오)二段157號 **OPEN** 24시간
WALK 소고 백화점을 등지고 큰길에서 오른쪽으로 직진. 도보 12분

+ Writer's Pick +

걷기 좋은 길, 차오우따오 草悟道(초오도)

초록빛 산책로가 많기로 이름난 타이중에서도 가장 걷기 좋은 길을 꼽으라면 차오우따오를 빼놓을 수 없을 것이다. 친메이 청핀 옆부터 국립 자연과학박물관까지 도보로 약 15분 정도 걸리는 이 길은 그야말로 도심 속 초록빛의 끝판왕이라고 할 수 있다. 길 양옆으로는 세련된 건물과 레스토랑, 카페가 이어지고 길 곳곳에 멋진 조각 작품들이 초록빛과 어우러진다. 시민들은 이 초록빛 공간에서 담소도 나누고 잠시 앉아 커피도 마시면서 그렇게 순간을 즐기고 있다. 시내 중심 한가운데에 이렇게 멋진 공원이자 산책로를 길게 조성해 놓은 타이중 정부에 박수를 보내고 싶다. **MAP ⑱**

6

타이중의 랜드마크 건축물

국가가극원

國家歌劇院(구워지아 꺼쥐위엔)

National Taichung Theater

2016년에 개관한 국립예술센터로, 타이중에서 놓치지 말아야 할 볼거리 중 하나다. 인류의 원시 주거공간인 동굴과 움집을 형상화한 디자인으로 유명하며, 일본인 건축가 이토 도요의 설계로 지어졌다. 독특하면서도 예술적인 설계로 로이터 통신이 선정한 세계 9대 랜드마크 건축물 중 하나로 선정되기도 했다. 지상 6층 지하 2층으로 이루어져 있으며, 대극장, 중극장, 소극장과 야외 공간, 옥상정원 등이 있다. 그 외에 타이완의 트렌드를 선도하는 VVG 그룹의 레스토랑을 비롯해 레스토랑과 카페도 곳곳에 있다. 그중에서도 세상 예쁜 아이템들이 다 모여 있는 1층의 소품 전문점은 놓치지 말 것. MAP ⑱

GOOGLE MAPS 국립 타이중 극장
ADD 西屯區惠來路(훼이라일루)二段101號
OPEN 일~목 11:30~21:00, 금·토·공휴일 11:30~22:00, 월요일 휴무
WEB www.npac-ntt.org
MRT 스쩡푸市政府 역에서 도보 15분

7

타이중 시민들의 산책 코스

원신삼림공원

文心森林公園
(문심삼림공원,
원신썬린꽁위엔)

매일 아침 운동과 조깅, 산책을 즐기는 시민들의 발길이 끊이지 않는 공원. 관광명소라기보다는 시민들의 휴식 장소로 사랑받는 곳이다. 타이중에 MRT 노선이 개통되면서 여행자들에게까지 알려지게 되었고, 느린 도보 여행을 사랑하는 여행자들의 발길이 점차 늘어가고 있다. 거창한 볼거리가 있는 건 아니지만, 도심공원치고는 규모가 상당히 큰 편이라 울창한 초록빛 아래 산책을 하거나 잠시 쉬었다 가기에 딱 좋다. MRT 역 바로 앞에 있어서 일부러 찾아갈 필요 없이 오며 가며 잠깐 들르기에도 좋은 위치다. MAP ⑱

GOOGLE MAPS 웬신 삼림 공원   **OPEN** 24시간
ADD 南屯區文心路(원신루)一段289號   **MRT** 원신삼림공원文心森林公園 역에서 도보 1분

버블티의 메카,
춘수이탕 春水堂(춘수당)

타이완을 대표하는 음료인 쩐주나이차珍珠奶茶는 우리에겐 '버블티'라는 이름으로 더 많이 알려져 있다. 그런데 이 쩐주나이차를 최초로 개발한 곳이 바로 타이중이라는 사실, 쩐주나이차의 원조가 바로 타이중에 본점을 둔 춘수이탕이다.

따뚠 大墩 점

이국적인 정취가 매력적이며 맛집 거리로 유명한 징밍이지에의 아이콘. 정식 명칭인 따뚠 점보다 징밍이지에精明一街 점으로 더 많이 알려져 있다. 다른 지점에 비해 규모도 크고 시설도 좋아 춘수이탕의 여러 지점 중 외국인 여행자들에게 가장 많이 알려진 곳이다. MAP ⑱

GOOGLE MAPS chun shui tang dadun
ADD 大墩19街(따뚠스지우지에)9號
OPEN 일~목 08:30~22:00,
　　　　금·토 08:30~22:30
WHERE 징밍이지에精明一街 입구 바로 왼쪽에 있다.

구워메이 國美 점

국립 타이완미술관國立台灣美術館 안에 위치한 춘수이탕. 미술관을 둘러보느라 조금 피곤해진 다리를 쉬어가기에 이보다 더 좋은 장소가 있을까. MAP ⑰

GOOGLE MAPS 국립대만미술관
ADD 五權西路(우취엔시루)一段2號 B1
OPEN 11:00~22:00

원조 매장, 쓰웨이 촹스 四維創始 점

1983년, 바로 이곳에서 전통적인 차 제조 방식을 탈피한 포말 제조 방식의 쩐주나이차가 탄생했다. 매장 바로 옆에 만두 전문점 빠팡윈지八方雲集도 있어서 식사하고 디저트로 차 한 잔 즐기러 들르기에 좋은 곳. 골목 안쪽에 있어 조용하고 고즈넉한 분위기다. MAP ⑰

GOOGLE MAPS 춘수당 버블티 원조집　　**ADD** 西區四維路(쓰웨이루)30號
OPEN 08:00~22:00　　**WEB** chunshuitang.com.tw
WALK 타이중 기차역에서 도보 약 20분. 또는 택시로 약 5분 소요

◆ 춘수이탕에서 배워보는 쩐주나이차 만들기 체험

최근 들어 관광명소를 방문하고 미식을 즐기는 것 외에 그 나라의 풍습이나 요리를 직접 체험해보는 여행이 각광받고 있다. 쩐주나이차 만들기 체험 프로그램은 가족 단위 여행객이나 활동을 좋아하는 사람들에게 좋은 추억을 만들어줄 수 있는 시간이 될 것이다.

DIY 셔우야오 티이옌 手摇體驗(수요체험)

'DIY 셔우야오 티이옌'이라는 이름의 이 프로그램은 쩐주나이차의 원조인 춘수이탕에서 기획·주관한 것으로, 쩐주나이차를 직접 만들어 보는 간단한 체험 코스다. 체험은 주로 소규모 그룹 단위로 이루어지는데, 먼저 쩐주나이차의 유래와 쩐주나이차 안에 들어가는 쫄깃쫄깃한 알맹이의 정체(?)를 가르쳐준다. 그리고는 본격으로 실습 시작. 춘수이탕의 대표 메뉴인 쩐주나이차와 포말 홍차招牌红茶를 직접 만들어보고 시음해보는 순서로 이루어진다. 한 마디로 춘수이탕의 제조 비법을 공개하는 셈. 그런데 이게 다가 아니다. 체험이 끝나고 나면 멋진 수료증도 주고 쩐주나이차를 만들 수 있는 셰이커까지 선물로 준다. 이쯤 되면 거의 무료 강습 수준.

모든 매장에서 시행하진 않고 따뚠大墩 점에서만 실시하며 사전에 전화나 앱으로 예약을 해야 한다. 체험은 중국어로 진행되지만, 필요 시 영어를 섞어서 말해준다. 사실 직접 해보는 체험 프로그램이기 때문에 굳이 중국어를 몰라도 충분히 흥미진진하다. 체험 요금은 1인당 NT$595이며, 2인 이상부터 참여할 수 있다. 체험 시간은 50분. 해당 지점에 직접 연락하거나 여행 액티비티 앱 kkday를 통해서 예약할 수 있다.

WEB chunshuitang.com.tw

■ **따뚠 大墩 점 체험 정보**
TEL 04 2327 3647
OPEN 체험 시간 월~금 10:00, 15:00, 17:00/50분 간 진행

따뚠 점

타이중의 식탁

MRT 스펑푸 역 주변에는 이름난 맛집도, 독특한 분위기를 자랑하는 카페도 무척 많다. 너무 많아서 하나를 고르기가 어려울 정도. 훠궈 전문점이 모여 있는 꽁일루를 비롯하여 맛집 골목도 많으니 맛있는 한 끼를 위한 고민을 시작해보자.

확실히 다른 훠궈의 국물 맛

딩왕마라꿔
鼎王麻辣鍋(정왕마랄과)

타이중에서 최고의 훠궈 전문점으로 손꼽히는 곳이다. 무엇보다 시원하고 칼칼한 국물 맛은 딩왕마라꿔가 단연 최고라는 생각. 감동적인 맛만큼이나 서비스도 훌륭하여 식사하는 내내 최고로 대접받는 듯한 기분이다. 타이중에서의 인기를 바탕으로 이젠 타이베이와 까오슝 등 타이완 전역에 지점을 두고 있다. 다른 훠궈 전문점에 비해 마라의 매운맛이 덜 자극적이어서 우리나라 사람들 입맛에도 잘 맞는다는 평이다. 징밍 점과 꽁이 점의 접근성이 가장 좋은 편이다. MAP ⑱

WEB www.tripodking.com.tw

■ 징청 精誠 점
GOOGLE MAPS 5M44+XW 시툰구
ADD 西屯區精誠路(징청루)12號
OPEN 11:30~다음 날 01:00
MRT 스펑푸市政府 역에서 도보 15분

■ 꽁이 公益 점
GOOGLE MAPS 5M22+CF 난툰구
ADD 公益路(꽁일루)2段42號
OPEN 11:30~다음 날 04:00
MRT 수이안꽁水安宮 역에서 도보 10분

+ **Writer's Pick** +

딩왕마라꿔의 화룡점정

딩왕마라꿔의 특징 중 하나는 담백하고 맑은 탕인 쏸차이 바이러우탕酸菜白肉湯과 알싸하게 매운 탕인 마라탕麻辣湯의 환상적인 조합이다. 특히 각종 재료를 넣어서 먹다가 개인 그릇에 마라탕과 쏸차이탕을 각각 한 국자씩 넣어서 국수와 함께 먹으면 더도 덜도 말고 딱 우리나라의 김치찌개 맛이 난다. 물론 다른 훠궈 전문점도 그 맛이 크게 다르진 않지만, 그래도 이렇게 시원하고 칼칼한 국물 맛은 딩왕마라꿔가 단연 최고다.

점심 특선 메뉴가 매력적인 훠궈 전문점

칭징저
輕井澤(경정택)

웅장한 외관과 럭셔리한 분위기가 압도적이지만, 알고 보면 합리적인 가격의 훠궈 전문점이다. 무엇보다 1인용 훠궈 냄비에 나오는 1인용 세트를 주문할 수 있어서 나 홀로 여행자도 부담 없이 즐길 수 있다. 메뉴 하나를 시키면 기본적으로 채소, 고기, 밥, 디저트, 매실 주스가 함께 나오기 때문에 중국어를 모르는 여행자도 어렵지 않게 주문할 수 있다. 물론 재료를 단품으로 주문해도 된다. 낮에는 저렴한 점심 특선 메뉴도 있어서 더욱 반갑다. 타이중에 4곳, 까오슝에 2곳, 타이난에 1곳의 지점이 있다. 타이중에서는 꽁이 점이 규모도 제일 크고 접근성도 좋은 편이다. MAP ⑱

■ **꽁이 公益 점**
GOOGLE MAPS 칭징저훠궈
ADD 公益路(꽁일루)276號
OPEN 11:00~다음 날 02:00
WEB www.facebook.com/karuisawa
MRT 수이안꽁水安宮 역에서 도보 10분

■ **원신난얼 文心南二 점**
GOOGLE MAPS 4JPW+7Q 난툰구
ADD 南屯區文心南路(원신난루)58-1號
OPEN 11:00~다음 날 02:00
MRT 펑러꽁위엔豊樂公園 역에서 도보 7분

: MORE :

**타이중의 대표 맛집 거리,
꽁일루 公益路(공익로)**

타이중의 맛집은 대체로 징밍이지에精明一街 주변과 꽁일루에 몰려있다. 특히 꽁일루 일대는 타이중을 대표하는 맛집이 모두 모여 있다고 해도 과언이 아닐 정도. 덕분에 꽁일루 거리를 걷다 보면 어떤 메뉴를 먹을지 고민하다가 심각한 결정 장애를 겪게 될 수도 있다.

신선한 고기에 알싸한 국물맛이 일품

상훙위엔 우육면

上泓園牛肉麵(상홍원우육면, 상홍위엔 니우러우미엔)

셀 수 없이 많은 타이완의 우육면 전문점 중에서 우리나라 사람들에게 호불호 없이 환영받을 만한 우육면 전문점 중 하나가 바로 상훙위엔 우육면일 것이다. 심지어 300% 한국적인 입맛을 가진 여행자를 위해 김치 우육면까지 준비되어 있다. 이곳의 우육면은 일반적인 우육면과는 조금 다르다. 즉, 얇게 자른 생고기가 그대로 나온 뒤, 종업원이 그 위에 뜨거운 육수를 부어 즉석에서 고기를 익혀주는 방식이다. 일종의 샤브샤브 스타일의 우육면인 셈. 고기도 굉장히 연하고, 국물도 특별한 향 없이 담백한 편이라 누구나 거부감 없이 맛있게 먹을 수 있는 맛이다. MAP ⑱

GOOGLE MAPS 상홍원 우육면
ADD 西區博館路(보어관루)155號
OPEN 11:30~14:00, 17:00~20:00, 월요일 휴무
WALK 자연과학박물관 옆

누구나 맛있게 즐기는 퓨전 타이완 요리

신위엔

馨苑小料理(형원소요리, 신위엔 샤오랴오리) SHIN YUAN

2022년 미슐랭 맛집으로 선정된 퓨전 타이완 요리 전문점. 현지인들 사이에서도 유명한 곳이라 사전 예약 없이 방문하면 대기 시간이 길 수 있다. 식사 시간에는 빈자리를 찾기 힘든 수준. 음식 대부분에 중국 음식 특유의 향이 없고, 전통 음식을 재해석한 퓨전 요리도 많아서 누구나 맛있게 먹을 수 있다. NT$400의 최소 주문 금액이 있으며, 1인당 한화 2~3만 원 정도 예상하면 된다. 참고로 구글로 예약할 수 있으며, 예약 시 1인당 NT$400의 사전 결제가 필요하다. MAP ⑱

GOOGLE MAPS 4MX9+79 타이중
ADD 西區民生北路(민성베이루)106號
OPEN 11:30~20:30
WALK 심계신촌에서 도보 5분

담백하고 깔끔한 비건 누들 전문점

베지스 엠
Veges M

타이완은 우리나라에 비해 비건 메뉴가 더 다양한 편이라 어디서나 쉽게 비건 레스토랑을 만날 수 있다. 베지스 엠은 비건 누들 전문점으로, 타이베이에서 인기를 끌고 있는 비건 누들 전문점 베지 크릭(203p)과 같은 주문 시스템을 갖추고 있다. 즉, 소포장된 재료 바에서 먹고 싶은 재료를 고르고 누들 종류를 선택하여 주문하면 나만의 비건 누들 한 그릇이 완성된다. 면의 종류도, 국물의 종류도 다양해서 각자 취향대로 고를 수 있다. 참고로 맑은 탕과 마라탕이 우리나라 사람들 입맛에 잘 맞는 편이다. **MAP ⑱**

GOOGLE MAPS vegesm meicun rd
ADD 西區美村路(메이촌루)一段83巷10號
OPEN 11:30~20:00
WALK 소고 백화점에서 도보 3분

맛과 멋을 모두 갖춘 수타 우동

즈우통
子梧桐(자오동)

무려 3대째 운영하는 수타 우동 전문점. 조용한 골목 안쪽에 있는 점잖고 고풍스러운 음식점이다. 규모가 크진 않지만, 특별한 장식 없이 소박한 실내 인테리어가 더 정겹게 느껴진다. 이곳의 가장 큰 특징은 바로 쫄깃쫄깃한 면발. 우동의 본고장인 일본에서 먹는 것 같은 쫄깃한 면발과 진한 국물이 가히 중독적이다. 우동 외에 김치 국수도 있어서 지극히 한국적인 입맛을 가진 여행자도 맛있게 먹을 수 있다. 근처에 입소문 난 핫한 카페가 많으므로 우동 한 그릇 먹고 산책 삼아 일대를 사부작사부작 다니는 것도 느린 여행으로 좋겠다. **MAP ⑱**

GOOGLE MAPS 5M44+MR 타이중
ADD 精誠路(징청루)5-8號
OPEN 월~금 11:30~14:00, 토 11:30~13:30, 일요일 휴무
MRT 스쩡푸市政府 역에서 도보 15분
WALK 소고 백화점에서 도보 8분. 또는 징밍이지에에서 도보 3분

돼지갈비 덮밥 미슐랭 맛집
판지진
范記金之園草袋飯
(범기금지원 초대반, 판지진즈위엔 차오따이판)

4년 연속 미슐랭 빕구르망 맛집으로 선정된 곳.
1978년에 문을 열어 50년 가까운 전통을 자랑한
다. 이곳의 메뉴는 매우 심플하다. 돼지갈비와 닭
다리 튀김이 대표 메뉴. 덮밥으로 먹을 수도 있
고, 정식으로 먹을 수도 있다. 다른 메뉴도 몇 개
더 있긴 하지만, 거의 모든 사람들이 돼지갈비나
닭다리 튀김을 주문한다. 중국 음식 특유의 향이
전혀 없고, 공심채 볶음이나 한국 스타일 김치 등
곁들임 반찬도 담백해서 우리나라 사람도 누구나
맛있게 먹을 수 있다. MAP ⑱

GOOGLE MAPS chin chih yuan taichung
ADD 中區成功路(청꽁루)170號
OPEN 11:00~19:30, 목요일 휴무
WALK 타이중 기차역에서 도보 10분

타이완 스타일 짜장면
띵샨러우완
丁山肉丸(정산육환)

TV 프로그램인 '나혼자 산다'에 소개되어 유명세
를 치른 음식점. 1909년에 문을 연 100년 노포
이며, 현지인들에게는 꽤 유명한 맛집이지만, 우
리나라 여행객들에겐 많이 알려지지 않았던 곳
이다. 일종의 고기완자인 러우완肉丸은 원래 러
우위엔肉圓이라 불리는데, 향이 강해서 우리나
라 사람들에겐 다소 호불호가 있다. 반면 이미엔
意麵은 향이 거의 없고, 우리나라 짜장면과 비슷
한 맛이다. 비빔면乾과 탕면湯이 있는데, 우리나
라 사람 입맛에는 비빔면이 좀 더 잘 맞는 편이
다. 제2시장 근처에 있어서 같이 들르기에 좋다.
MAP ⑱

GOOGLE MAPS 4MVH+3P 타이중
ADD 中區臺灣大道(타이완따따오)一段370號
OPEN 11:00~18:30, 매월 둘째 수요일 휴무
WALK 타이중 기차역에서 도보 15분

타이완에서 만나는 홍콩 차찬탱

호놀룰루 카페

檀島香港茶餐廳(단도향항차찬청, 탄다오 샹강 차찬팅)
Honolulu Cafe

'차찬탱茶餐廳'은 홍콩에서 분식집을 일컫는 말로, 홍콩 어디서나 쉽게 차찬탱을 만날 수 있다. 호놀룰루 카페는 홍콩의 차찬탱을 타이완 버전으로 만든 곳으로, 메뉴는 오히려 홍콩의 차찬탱보다 더 다양하다. 한마디로 차찬탱과 딤섬 레스토랑을 합쳐놓은 듯한 분위기이며, 가격대는 차찬탱 수준으로 대중적인 편이다. 인기 딤섬 메뉴와 간단한 식사류, 그리고 디저트와 음료 메뉴까지 매우 다양해서 선택의 폭이 넓다. 맛도 타이완보다는 홍콩 요리에 더 가깝기 때문에 향이 적고 담백한 편이라 우리 입맛에도 잘 맞는다. 미츠코시 백화점 지하에 위치해 있어서 백화점 구경도 할 겸 이래저래 편리한 점이 많다. MAP 428p

GOOGLE MAPS 타이중 honolulu cafe
ADD 西屯區臺灣大道(타이완따따오)三段301號 B1F
OPEN 월~금 10:00~16:00, 17:00~21:00,
토·일 11:00~16:00, 17:00~21:00
MRT 스펑푸市政府 역에서 도보 10분. 미츠코시 백화점 지하 1층

착한 가격의 대중적인 회전초밥 전문점

쿠라 스시

藏壽司(장수사, 창셔우쓰) Kura sushi kssogo restaurant

최근 타이완 전역에 걸쳐 공격적인 마케팅을 펼치면서 인기를 끌고 있는 회전초밥 전문점이다. 본점은 일본에 있으며, 이곳 외에도 타이완의 주요 도시 곳곳에 많은 지점을 보유하고 있어서 어디서나 쉽게 찾을 수 있다. 참고로 이곳은 2015년, 타이완에서 두 번째로 오픈한 지점이다. 한 접시에 NT$40 내외로 가격대가 착한 편이라 가성비 좋은 맛집으로 인기가 높다. 대단한 맛집이라기보다는 간단하게 한 끼 해결할 수 있는 백화점 내 음식점인 셈이다. 주말이나 식사 시간대에는 대기가 좀 있다. MAP ⑬

GOOGLE MAPS kura sushi kssogo
ADD 西區臺灣大道(타이완따따오)二段459號廣三SOGO百貨 14F
OPEN 월~금 11:00~22:00, 토·일 10:30~22:00
WEB kurasushi.tw
WALK 소고 백화점 14층

+ Writer's Pick +

소박한 길거리 전통 간식
티엔티엔 만터우 天天饅頭(천천만두)

무심코 지나치기 쉬운 허름한 포장마차인데 늘 사람들이 길게 줄을 서 있다. 알고 보면 이곳은 그냥 길거리 매대가 아니라 무려 74년 동안 한 자리를 지켜온 노포다. 허리가 구부정한 할아버지가 쉬지 않고 작은 도넛을 튀기고 계신다. 상점 이름은 '만두饅頭'지만, 우리나라의 만두가 아니라 안에 팥소가 들어 있는 작은 도넛으로, 타이완의 전통 간식 중 하나다. 가격도 착해서 1개에 한화로 250원 정도. 일부러 찾아갈 필요까지는 없지만, 지나는 길이라면 한번 들러보자. 익숙한 맛인데도 꽤 맛있다. MAP ⑬

GOOGLE MAPS 4MRH+VX 타이중
ADD 中區台灣大道(타이완따따오)一段336巷
OPEN 09:00~18:00, 월요일 휴무
WALK 타이중 기차역에서 도보 15분

가볍게 즐기기에 좋은

타이중의 카페

세련된 도시 감성이 넘치는 타이중답게 감각적인 디자인과 분위기의 카페를 곳곳에서 만날 수 있다. 특히 타이중은 도보 여행하기에 딱 좋은 규모여서 매력적인 카페가 많다는 사실이 더없이 반갑다.

고즈넉하게 즐기는 차 한 잔의 위로

우웨이차오탕
無爲草堂(무위초당) Wu Wei Tsao Tang

도시 한가운데 어떻게 이런 집이 있나 싶을 만큼 조용하고 호젓한 전통 찻집이다. 중국식 정원으로 꾸민 마당에는 삭은 연못이 있고, 그 안에서 커다란 잉어들이 노닐고 있다. 차를 주문하면 품질 좋고 향기로운 아리산 우롱차를 직접 중국식 다도의 정석대로 우려 준다. 일본 가정식 세트 메뉴가 다양한 식사류도 훌륭한 편. 메뉴판에 사진이 있어서 주문하기에도 편하다. 대중교통이 썩 편리하진 않지만, 카운터에 요청하면 택시를 불러준다. 근처에 딩왕마라궈를 비롯하여 유명 음식점들이 많으니 함께 묶어서 방문해도 좋을 듯. MAP ⑱

GOOGLE MAPS 무위초당
ADD 公益路(꽁일루)二段106號
OPEN 10:30~21:30
WEB www.wuwei.com.tw
MRT 수이안꽁水安宮 역에서 도보 10분

미술관 옆 싱그러운 카페

레트로
Retro

미술관 근처 골목인 우취엔시루五權西路에 위치한 작은 카페. 언뜻 보면 평범한 것 같지만, 주말에는 빈자리를 찾기가 어려울 만큼 높은 인기를 구가하고 있다. 마치 친구네 집에 놀러 온 듯한 따스한 분위기가 매력적일 뿐 아니라 커다란 창 사이로 들어오는 늦은 오후의 햇살이 카페를 더욱 포근한 공간으로 만들어준다. 참고로 이곳의 원두는 주인장이 엄선해 세계 각국에서 직접 수입한다고 하니 커피 맛은 기대해도 좋겠다. MAP ⑰

GOOGLE MAPS retro mojo coffee
ADD 西區五權西路(우취엔시루)一段116號
OPEN 10:00~18:00
WEB www.mojocoffee.com.tw
WALK 국립 타이완미술관을 등지고 큰길에서 오른쪽으로 3분

타이중에서 손꼽히는 로스터리 카페
더 팩토리 모조커피
The Factory Mojocoffee

들어서자마자 느껴지는 진한 커피 향과 거대한 통유리 창, 2층으로 이어지는 목재 계단이 매력적인 카페. 매장에서 직접 로스팅한 원두로 만든 커피는 더없이 만족스러워 타이중의 많은 커피 애호가들이 즐겨 찾는다. 출출하다면 카페에서 직접 구운 와플을 곁들이는 것도 좋은 선택. 느끼하지 않고 부드러운 와플과 진한 커피의 궁합이 최상이다. 책을 읽거나 오후의 여유를 즐기는 사람들로 평일에도 빈자리 찾기가 쉽지 않다. 참고로 국립 타이완미술관 옆에 위치한 카페 레트로Retro와 같은 카페 체인이다. MAP ⑱

GOOGLE MAPS the factory mojocoffee
ADD 精誠六街(징청리우지에)22號
OPEN 10:00~18:00
WEB www.mojocoffee.com.tw
MRT 스쩡푸市政府 역에서 도보 17분

선물하기 좋은 펑리수
써니힐스
微熱山丘(웨이러샨치우)
新光三越 台中中港店 SunnyHills

MRT 쓰쩡푸市政府 역 근처에 위치한 미츠코시新光三越(신꽝싼위에) 백화점은 매장 구성이 알차기로 소문난 백화점 중 하나다. 우리나라 여행객들 사이에서 인기가 높은 펑리수 브랜드인 써니힐스의 타이중 지점도 이 미츠코시 백화점 10층에 위치해 있다. MRT 역에서도 도보 가능 거리라서 접근성이 좋은 편이다. 단, 테이크아웃 매장이라 시식은 불가하고 제품을 구입하는 것만 가능하다.

MAP 428p

GOOGLE MAPS 타이중 sunnyhills
ADD 西屯區臺灣大道(타이완따따오)三段301號 10F
OPEN 월~금 11:00~22:00, 토·일 10:30~22:00
WEB www.sunnyhills.com.tw
MRT 스쩡푸市政府 역에서 도보 10분

타이중 기타 지역

조금 멀어도 괜찮아

타이베이와는 달리 타이중엔 지하철이 없어서 다소 불편할 것 같지만, 다행히 대부분 볼거리와 맛집은 모두 시내 중심에 있어서 그리 어렵지 않게 이동할 수 있다. 몇몇 명소들이 시내 중심에서 조금 떨어져 있긴 하지만, 그렇다고 아주 외곽에 있는 것도 아니니 큰 부담 없이 여행 계획을 세워보자.

1

오색찬란한 동화 속 마을

무지개마을

彩虹眷村(채홍권촌, 차이홍 쥐엔촌) Rainbow Village

타이중의 한 작은 동네에 황용푸黃永阜라는 할아버지가 살고 계셨다. 2007년 도시재개발로 마을이 철거될 위기에 처하자 그림 그리기를 좋아했던 그는 자신의 집 담벼락에 그림을 그리기 시작했다. 집 담벼락만으로는 그림을 그릴 공간이 부족해 집 근처 골목 벽에까지 그림을 그렸는데, 그 화풍이 상당히 독특하여 동네에 점차 입소문이 나기 시작했다. 급기야 작은 마을 전체가 할아버지의 그림으로 뒤덮이면서 무지개마을은 타이중을 대표하는 관광명소 중 하나가 되었고, 덕분에 철거 위기에서도 벗어날 수 있었다.

마을에 들어서면 일단 눈이 아플 만큼 화려한 색채에 깜짝 놀라게 된다. 일본인 예술가 야요이 쿠사마의 작품세계를 연상케 하는 오색찬란한 무늬와 색감이 골목마다 강렬하게 빛난다. 무엇보다 사진을 찍으면 무척 예쁘게 나온다는 사실. 덕분에 인생샷 명소로 인기가 높다. 규모가 작아서 실망하는 사람도 있지만, 색감과 분위기가 워낙 독특하여 충분히 가볼 만하다. 참고로 황용푸 할아버지는 2024년 1월, 101세를 일기로 세상을 떠나셨다.

MAP ⑮

GOOGLE MAPS 4JM5+FW 난툰구
ADD 南屯區春安路(춘안루)56巷
OPEN 09:00~17:00, 월요일 휴무
BUS 30, 40, 56, 74, 617, 655, 800번 버스를 타고 링똥 커지따쉬嶺東科技大學(嶺東路) 또는 차이홍 쥐엔촌彩虹眷村에서 하차 후 남쪽으로 직진. 도보 7분

2

타이중의 대표 야시장

펑지아 야시장

逢甲夜市(봉갑야시, 펑지아 이예스) Fengchia Night Market

타이중을 대표하는 야시장으로, 타이베이의 스린 야시장과 스따 야시장을 섞어놓은 듯한 분위기다. 우리나라 명동의 밤과 비슷한 느낌이라고 해야 할까. 학교보다 오히려 야시장으로 더 유명해진 펑지아 대학 주변은 매일 저녁 거대한 야시장으로 옷을 갈아입는다. 각종 상점과 노점상, 음식점이 인산인해를 이루면서 야시장 특유의 들뜬 축제 분위기가 시작되는 것. 하지만 일부러 맛집을 따로 조사해갈 필요는 없다. 사람들이 길게 줄을 서 있으면 그게 맛집이니 말이다. 그러므로 일단 긴 줄이 눈에 띄면 그 줄에 서서 기다려보는 게 가장 좋은 방법이다. 규모나 분위기 면에서 타이완 전체를 통틀어서 최고라고 손꼽히는 야시장 중 하나이니 꼭 한번 들러보자.

MAP ⑮

GOOGLE MAPS 펑지아 야시장
ADD 逢甲路(펑지아루), 福星路(복성로)
OPEN 16:00~다음 날 02:00
BUS 타이중 기차역 앞에서 5. 25. 33, 35, 37번 버스를 타고 펑지아 따쉬에逢甲大學에서 하차. 약 1시간 소요. 그 외에도 많은 버스가 이곳에 정차한다.

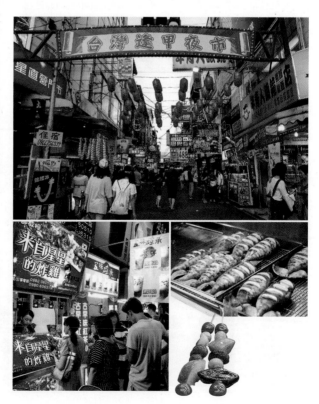

타이완에서 가장 아름다운 교회당

동해대학교

東海大學(똥하이 따쉬에) Tunghai University

평범한 대학교인 동해대학교가 유명한 관광명소가 된 것은 캠퍼스 내에 위치한 루터 예배당路思義教堂(루쓰이 지아오탕) 덕분일 것이다. 1962년 세계적인 건축가 뻬이위밍貝聿銘과 천치콴陳其寬이 설계한 이 교회는 타이중을 소개하는 가이드북마다 워낙 많이 추천한 덕분에 이곳을 보려고 일부러 캠퍼스를 찾는 사람도 적지 않다. 범선을 뒤집어놓은 모습을 하고 있으며, 무엇보다 야경이 아름답기로 유명하다. 그러므로 사진에 관심이 있다면 저녁 무렵에 방문할 것. 금빛 찬란한 예배당 지붕의 몽환적인 아름다움에 반해 쉴 새 없이 셔터를 누르게 될지도 모를 일이다. MAP ⑮

GOOGLE MAPS 타이중 동해대학교
ADD 西屯區台灣大道(타이완따따오)四段1727號
WEB www.thu.edu.tw
BUS 300, 302, 304, 307번 버스를 타고 롱종/똥하이 따쉬에榮總/東海大學에서 하차. 약 20분 소요. 정류장에서 길을 건넌 뒤 대학 정문으로 들어가 500m 정도 직진하면 왼쪽에 보인다.

: MORE :

동해대학교의 대학가, 국제 예술거리 國際藝術街(구워지 이수지에)

동해대학교에서 도보로 30분 정도 떨어진 곳에는 '국제 예술거리'라고 불리는 대학가가 형성되어 있다. 이 거리에는 각종 소품 판매점, 중고 서점, 옷가게, 카페, 바 등이 모여 있고, 주말마다 거리 공연도 자주 열린다. 무엇보다 독특한 소품점이 많아 구경하는 재미가 쏠쏠하다. 단, 동해대학교에서 걸어서 이동하기에는 조금 먼 거리이므로 택시를 이용하는 편이 효율적이다. 요금은 기본요금 수준. 상점 대부분이 오후 1시부터 문을 열기 시작하며, 낮보다는 밤이 훨씬 더 번화하고 활기차다.

GOOGLE MAPS donghai arts shopping district
ADD 龍井區藝術街(이수지에)

타이중에서 가장 아름다운 석양

까오메이 습지

高美濕地(고미습지, 까오메이 스띠) Gaomei Wetland

도시 규모가 크지 않은 타이중에서는 한 시간 이상 이동할 일은 거의 없다. 그래서인지 기차에 버스까지 타고 두 시간 가까이 이동해야 하는 까오메이 습지가 다소 멀게 느껴지는 것도 사실. 타이중 외곽에 위치한 이곳은 타이완에서 매우 중요한 생태보존지역으로, 면적이 무려 1500헥타르(453만 7500평)에 달하는 거대 습지다. 천연자원을 풍부하게 보유하고 있을 뿐 아니라 서식하고 있는 조류 개체도 120여 종에 이른다.

이곳이 유명해진 것은 풍부한 생태환경 때문만은 아니다. 까오메이 습지는 타이중에서 석양이 가장 아름답기로 소문난 곳이다. 하늘 전체가 붉게 물드는 일몰은 그야말로 로맨틱함의 최고봉. 수십 개의 거대한 풍력발전기는 그림같이 아름다운 풍경에 방점을 찍는다. 덕분에 이곳은 주말이면 수많은 사람이 찾는, 타이중에서 가장 핫한 명소 중 하나가 되었다. 오후 느지막이

방문하여 일몰을 보고 돌아오는 반나절 일정이 가장 좋겠다. 단, 타이중에서 이동거리가 꽤 긴 편이라 짧은 일정에 소화하기는 조금 벅차다. MAP ⑮

GOOGLE MAPS 가오메이 습지
ADD 清水區大甲溪出海口(따시아시 추하이커우)
OPEN 24시간
WEB www.gaomei.com.tw
TRAIN 타이중 기차역에서 칭수이清水 역까지 기차로 약 50분 이동한 뒤 178, 179번 버스를 타고 20~30분 뒤 종점에서 하차
*버스 배차 간격이 긴 편이니 쥐예커윈巨業客運 g-bus 홈페이지 (www.g-bus.com.tw)에서 미리 시간표를 확인하고 가자.
BUS 타이중 기차역 A번 승차장에서 309번 버스를 타고 No.48 Windmill 정류장에서 하차, 도보 10분
*309번 버스는 하루에 4~5회만 운행하므로 반드시 미리 시간표를 확인해야 한다. 시간이 촉박하다면 택시를 이용하거나 여행 액티비티 앱의 당일 투어 프로그램을 이용하는 것도 좋은 방법이다.

고즈넉한 이곳이 좋아

짱화
彰化(창화)

CHANGHUA

彰化

IN TAIWAN

짱화는 조용한 도시다. 거창한 관광명소보다는 골목마다 만나는 작은 사찰과 소박한 거리 풍경이 매력적인 곳. 관광이라는 말보다는 일상인 듯 여행인 듯 천천히 걷는, 여행에 딱 어울린다.

첫사랑처럼 아련한 소도시 여행

우리나라에서도 큰 인기를 끌었던 타이완 영화 <그 시절 우리가 좋아했던 소녀>에는 주인공 커쩐둥과 천이엔시가 나란히 작은 기차역 벤치에 앉아 있는 장면이 나온다. 영화의 배경이 된 도시가 바로 타이중 남서쪽에 위치한 쨩화다. 쨩화는 고즈넉한 분위기가 매력적인 소도시로, 불교 사찰이 많기로 유명한 도시이기도 하다. 타이중에서 당일치기 근교 여행을 다녀오기에 딱 좋은 거리와 규모이니 산책하듯 천천히 다녀오자.

쨩화 가는 법

■ 기차

타이중 기차역에서 기차를 타고 쨩화에서 하차. 약 30분 소요. 기차는 20~30분 간격으로 있으며, 가장 빠른 쯔챵하오自强號를 탈 경우 15분이면 도착한다. 요금은 NT$40.

■ 하오싱 버스

타이중 고속열차역에서 출발하는 6936번 타이완 하오싱好行 버스를 타고 쨩화에서 하차. 약 20분 소요되며, 요금은 NT$35. 평일에는 2시간, 주말에는 1~2시간 간격으로 운행한다.

쨩화 추천 코스

소요 시간: 3~4시간

쨩화의 주요 볼거리는 대부분 도보로 이동할 수 있다. 기차역에서 빠꽈산八卦山까지 30분이면 충분히 걸어갈 수 있고, 그 외 명소들도 모두 넉넉잡고 도보 20~30분이면 도착 가능한 거리에 있다. 단, 날씨가 더우면 적절히 택시를 이용할 것을 권한다. 시간이나 컨디션도 비용만큼 중요하므로 상황에 따라 걷기가 여의치 않을 땐 택시로 이동하자.

쨩화 기차역 도착 ➡ 도보 25분 또는 택시 5분 ➡ 빠꽈샨에서 인증샷 남기기 ➡ 도보 15분 ➡ 공묘 둘러보기 ➡ 도보 15분 ➡ 쨩화 선형차고 구경하기 ➡ 도보 10분 ➡ 쨩화 기차역

시내가 한눈에 내려다보이는 거대한 불상

빠꽈산 풍경구

八卦山風景區(팔괘산풍경구, 빠꽈산 펑징취) Eight Trigram Mountains Buddha Landscape

짱화의 대표적인 관광명소. 여행자는 물론 현지인도 자주 찾는 곳이다. 그중에서도 아시아 최대 크기(높이 22m)를 자랑하는 거대한 빠꽈산 불상八卦山大佛(팔괘산대불, 빠꽈샨 따포어)이 특히 유명하다. 음력설이나 추석 등의 명절에는 발 디딜 틈이 없을 정도로 인산인해를 이루는 곳. 불상이 있는 공원 위쪽으로 올라가면 짱화 시내가 한눈에 내려다보이는 산책로가 나오는데, 이곳 역시 빼놓을 수 없는 볼거리. 입구에서부터 이어지는 300년이 넘는 오래된 나무들을 벗 삼아 천천히 산책하기에 좋다. 입구에서 각종 알을 파는 노점들 또한 신기한 볼거리. 특히 커다란 타조알은 놓치지 말고 구경해보자. **MAP 449p**

GOOGLE MAPS baguashan
ADD 彰化市卦山路(꽈샨루)8-1號
OPEN 08:30~17:00, 야외구역 24시간
WEB www.chtpab.com.tw
WALK 짱화 기차역에서 도보 25분. 또는 택시를 타고 5분 소요

고즈넉한 짱화의 사당

공묘

孔廟(콩미아오) Confucius Temple

타이완의 모든 도시에는 공자를 기리는 사당, 즉 공묘가 있다. 짱화 역시 예외가 아닌지라 시내 중심에 고즈넉한 분위기의 공묘가 자리하고 있다. 1726년에 지어진 짱화의 공묘는 예스러운 분위기가 가장 큰 매력. 짱화에서는 유일한 국가 1급 고적이다. 대단한 볼거리가 있는 건 아니지만, 규모가 그리 크지 않기 때문에 잠시 들러 가벼운 산책을 즐기기에 좋다. 참고로 공자 탄신일인 9월 29일에는 성대한 행사가 열리니 일정이 맞으면 들러보자. **MAP 449p**

GOOGLE MAPS changhua confucius temple
ADD 彰化市孔門路(콩먼루)30號
PRICE 무료
OPEN 08:30~17:00, 월요일 휴무
WALK 빠꽈산 풍경구八卦山風景區에서 도보 15분. 또는 짱화 기차역에서 도보 10분

보기만 해도 신기한 부채꼴 차고

짱화 선형차고

彰化扇形車庫(상화선형차고, 짱화 샨싱처쿠)
Railway Round House

근대 건축물을 잘 보존하고 있는 타이완에서는 다양한 형태의 옛 건축물을 많이 접할 수 있다. 그중에서도 1922년 지어진 짱화의 선형차고는 현재 타이완에서 유일하게 현존하는 부채꼴 형태의 차고다. 이런 선형 차고는 증기 기관차가 있던 시대엔 흔히 볼 수 있었지만, 지금은 모두 사라져 타이완에서는 유일하게 이곳에서만 만날 수 있다.

또한 4량의 증기 기관차를 비롯해 옛 기차들이 차고에 함께 보관돼 있어 작은 기차 박물관이라고 해도 과언이 아닌 곳이다. 시간이 되면 2층 전망대에도 꼭 올라가 부채꼴 모양의 선형 차고를 한눈에 담아보자. 입장료는 없지만, 차고 입구에서 이름과 연락처를 기재해야 입장이 가능하다. **MAP 449p**

GOOGLE MAPS changhua roundhouse
ADD 彰化市彰美路(짱메일루)一段1-1號
PRICE 무료
OPEN 화~금 13:00~16:00, 토·일 10:00~16:00, 월요일 휴무
WALK 짱화 기차역에서 도보 10분. 역에서 거리는 가까우나 가는 길이 조금 복잡하다. 반드시 기차역 인포메이션 센터에서 꼼꼼하게 물어보고 출발하자.

루강
鹿港(록항)

삼륜차 타고 유유자적 소도시 여행

LUKANG

◇ 鹿港 ◇

IN TAIWAN

타이난과 함께 타이완의 대표적인 옛 도시로 꼽히는 루강은 독특한 매력을 지닌 곳이다. 마치 타임머신을 타고 과거로 돌아간 듯한 오래된 풍경이 주는 묘한 울림이 있다. 타이중에 숙소를 두고 짱화와 함께 묶어 당일 코스를 계획하는 게 일반적이지만, 시간적 여유가 된다면 루강에서 1박을 하는 것도 좋을 만큼 볼거리가 많은 도시다.

볼거리 많은 매력 만점 소도시

지금의 루강은 많이 알려지지 않은 소도시 중 하나지만, 청나라 때는 타이완의 무역을 담당하는 주요 항구 중 하나로 큰 번영을 누렸다. 타이완의 옛 도읍인 타이난台南과 지금은 시먼띵西門町이라고 불리는 타이베이 완화萬華 지역과 더불어 근대 타이완의 3대 무역항 중 하나였던 것. 당시의 번성했던 모습은 지금도 루강 곳곳에서 어렵지 않게 찾아볼 수 있다.

루강 가는 법

■ 타이중에서

타이중 기차역 건너편에서 지엔구월루建國路를 따라 오른쪽으로 가다 보면 쭝루 커윈中鹿客運 버스터미널이 나온다. 도보 10분. 이곳에서 루강 행 9018번 마이크로버스를 탈 수 있다. 약 1시간 10분 소요되며, 짱화를 거쳐서 루강까지 간다. 요금은 NT$94.
또는 타이중 고속열차역에서 출발하는 6936번, 6936A번 타이완 하오싱好行 버스를 타고 짱화를 거쳐 루강에서 하차한다. 6936번은 평일에는 2시간, 주말에는 1시간 간격으로 운행하며, 약 50분 소요. 요금은 NT$82. 6936A번은 매일 3회 운행하며, 짱화를 거치지 않고 바로 루강으로 간다. 약 35분 소요. 요금은 NT$71.

■ 짱화에서

짱화 커윈彰化客運 버스터미널에서 약 30분~1시간 간격으로 출발하는 루강 행 6900번 버스를 타고 종점에서 하차한다. 약 40분 소요. 요금은 NT$51. 또는 같은 곳에서 하오싱 버스 6936번을 타도 된다. 요금은 NT$47. 6900번 외에도 루강까지 가는 버스가 많으므로 소요 시간이 짧은 버스를 선택하자.

루강 여행법

볼거리 많은 루강에서는 조금 바쁘게 움직여야 한다. 루강을 둘러보는 방법은 크게 세 가지다.

❶ **걸어서 돌아보기** 시간은 조금 걸려도 루강을 가장 속속들이 알 수 있다.

❷ **무료 셔틀버스** 무료 셔틀버스는 루강의 핵심 명소를 모두 돌아볼 수 있다는 장점이 있지만, 주중에는 1시간, 주말에는 20~30분 간격으로 운행하므로 배차 간격을 맞춰야 한다는 불편함이 있다.

❸ **삼륜차三輪車 투어** 말 그대로 삼륜차를 타고 루강의 핵심 볼거리를 둘러보는 투어 프로그램이다. 자세한 내용은 454p 참고.

루강 행 마이크로버스

짱화 & 루강
여행 일정 짜기

짱화와 루강은 타이중에서 하루 코스로 돌아보기에 딱 좋은 소도시다. 둘 다 타이중에서 멀지 않고 도시 규모도 크지 않으므로 하루에 두 곳을 모두 둘러볼 수 있어 더욱 반갑다.

짱화와 루강, 어디를 먼저 볼까?

둘 중 어디를 먼저 봐도 크게 무리 없지만, 타이중에서 짱화까지는 기차 노선이 잘 되어 있으므로 타이중에서 출발한다면 먼저 짱화를 보고 난 뒤, 버스를 타고 루강으로 이동하는 편이 낫다.
루강에서 타이중으로 돌아갈 때는 쭝루 커윈中鹿客運 버스터미널에서 20~30분 간격으로 출발하는 타이중 행 마이크로버스를 타면 약 1시간 10분 소요된다. 물론 루강에서 다시 짱화로 돌아가 짱화에서 기차를 타고 타이중으로 가는 방법도 있다.

야자수가 이국적 분위기를 자아내는 짱화 기차역

어떻게 돌아보면 좋을까?

타이중에 숙소를 두고 당일 코스로 짱화와 루강을 모두 둘러보고자 할 때 시간 대비 가장 효율적인 방법은 짱화에서는 택시를, 루강에서는 삼륜차 투어를 이용하는 것이다. 물론 이 정도만으로 두 도시를 모두 만끽하기엔 부족한 시간이겠지만, 그래도 최대한 알차게 둘러볼 수 있다. 참고로 취향의 차이는 있겠으나 짱화보다는 루강에 볼거리가 더 많으니 루강에 시간을 좀 더 할애하기를 권한다.

왁자지껄 즐거운 루강의 거리

+ Writer's Pick +

삼륜차三輪車(싼룬처) 투어

시간이 빠듯한 여행자들에게 추천하는 방법으로, 삼륜차를 타고 루강의 핵심 볼거리를 둘러보는 투어 프로그램이다. 삼륜차 기사님이 자세한 가이드까지 해주니 중국어로 의사소통이 가능하다면 더할 나위 없이 좋은 현지 투어다. 삼륜차 투어를 이용하려면 사전에 예약하거나 해당 사무소까지 찾아가야 하지만, 여행안내센터에 도움을 청하면 대신 불러 준다. 도시의 절반만 돌아보는 50분 코스, 전체를 둘러보는 90분 코스, 골목까지 모두 들어가는 150분 코스, 3시간 코스로 나뉜다. 요금은 NT$400~NT$1200(2인 탑승 기준/한 대) 정도다. 그 중 90분 코스가 가장 일반적이다.

■ **루강 관광 삼륜차** 鹿港觀光三輪車 (루강 꽌꽝 싼룬처) **투어**
ADD 鹿港鎮民生路(민성루)188號
TEL 04 775 5181
OPEN 09:00~17:00
WEB www.sc-pedicab.com

1
타이완에서 가장 아름다운 사찰

용산사
龍山寺(롱샨쓰) Lung-shan Temple

우리에게는 타이베이의 용산사가 더 많이 알려졌지만, 중부의 작은 도시 루강에도 용산사가 있다. 하지만 루강의 용산사가 타이베이의 용산사처럼 향 연기로 뒤덮인 오색찬란한 사찰일 것으로 생각하면 큰 오산이다. 1653년에 지어진 루강의 용산사는 타이완의 국가 1급 고적으로, 타이베이의 용산사와는 달리 화려한 장식이라고는 찾아볼 수 없고 오히려 소박하다는 느낌이 들 정도다. 무엇보다 건물 전체가 단 한 개의 못도 사용하지 않고 지어진 것으로 유명하다. 목조 조각이 매우 아름답고 고풍스러우며, 그중에서도 팔괘 모양으로 조각된 천장 장식이 특히 유명하니 꼭 확인해볼 것. 개인적으로 타이완에서 가장 아름다운 사찰이라고 손꼽고 싶다. MAP 453p

GOOGLE MAPS lukang lungshan temple
ADD 龍山街(룽샨지에)100號
OPEN 07:00~20:00
WEB www.lungshan-temple.org.tw
WALK 짱화 커윈彰化客運 버스터미널에서 도보 20분

2
여기가 정말 골목이야?

모어루샹
摸乳巷(모유항)

'젖꼭지가 스치는 골목길'이라는 무안하리만치 직설적인 이름을 가진 이 골목은 100여 년의 역사를 가진 방화 골목이다. 길이가 60m밖에 되지 않는 짧은 골목이라 잠깐 들르기에 좋다. 특히 골목에서 폭이 가장 좁은 구간은 그 폭이 50cm에 불과해 성인 한 명이 겨우 지나갈까 말까 한 수준이라 직접 걸어보는 재미가 쏠쏠하다. 무엇보다 이런 소소한 골목까지 잘 보존하여 관광 명소로 개발한 타이완 정부에 박수를 보내고 싶다.

MAP 453p

GOOGLE MAPS mo ru lane
ADD 彰化縣鹿港鎮菜園里三民路(싼민루)38號
WALK 짱화 커윈彰化客運 버스터미널에서 도보 15분. 또는 빤비 엔징에서 도보 6분

3

이웃과 함께 나누는 기쁨

빤비엔징

半邊井(반변정) Half-side Well

만약 이곳을 몰랐더라면 무심코 지나쳤을 것이다. 거창한 표식이나 화려한 장식도 없이 골목 한 귀퉁이에 있는 빤비엔징은 말 그대로 우물의 반쪽이다. 지금은 사용하지 않고 우물의 형태만 남아있다.

특별할 것 없는 작은 우물이 유명해진 데에는 훈훈한 이야기가 숨어있다. 이곳은 원래 송나라 태조 때 감찰관을 지낸 왕유가 소유하던 우물이었다. 왕유는 우물의 절반만 걸치도록 담을 세워 바깥쪽 절반을 이웃들이 자유롭게 사용할 수 있도록 하였다. 한마디로 노블레스 오블리주의 정신을 몸소 실천한 셈이다. 그 후로 사람들은 그의 따뜻한 마음을 기리기 위해 이 우물을 잘 보존하였고, 그 결과 지금껏 사랑받는 루강의 관광명소 중 하나로 자리 잡게 되었다. 비록 거창하진 않지만, 마음 한편이 훈훈해지는 곳이니 동선이 맞는다면 꼭 한번 들러보자. **MAP 453p**

GOOGLE MAPS half sided well
ADD 彰化縣鹿港鎮瑤林街(야오린지에) 12號
WALK 짱화 커윈彰化客運 버스터미널에서 도보 12분

4

타이완 최초의 마주 사당

티엔허우꽁

天后宮(천후공) Mazu Temple

타이완에는 공자의 사당인 공묘孔廟만 있는 게 아니다. 도시마다 공묘 못지않게 눈에 띄는 곳 중 하나가 바로 바다의 신 마주媽祖를 모시는 티엔허우꽁이다. 옛 도시 모습을 잘 간직하고 있는 루강에도 당연히 티엔허우꽁이 있다. 특히 이는 루강의 3대 고적 중 하나로, 명말청초인 1591년 타이완 최초의 마주 사당으로 세워져 타이완의 여러 티엔허우꽁 중에서도 단연 아름다운 건축양식을 자랑한다. 기회가 되면 티엔허우꽁 입구 쪽에 나란히 자리하고 있는 이름난 우설병牛舌餅 전문점들을 구경해보는 것도 재미있을 듯. **MAP 453p**

GOOGLE MAPS lukang mazu temple
ADD 彰化縣鹿港鎮中山路(쭝산루)430號
OPEN 06:00~22:00
WEB www.lugangmazu.org
WALK 짱화 커윈彰化客運 버스터미널에서 도보 10분

> 입구에서 지전을 산 뒤,
> 이를 태움으로써
> 신에게 봉양한다.

5

타임머신을 타고 떠난 미로 여행

루강 라오지에

鹿港老街(록항로가)

타이완의 어느 도시에나 옛 모습을 잘 보존한 전통 거리인 라오지에老街가 있지만, 그중에서도 루강의 라오지에는 무척 흥미롭다. 다른 곳은 아무래도 관광객을 겨냥한 테마 거리처럼 조성되어 있어서 조금은 상업화된 면이 없지 않지만, 루강만큼은 다르다. 다른 도시에 비해 인공적인 부분이 거의 없고 옛날 그대로의 모습을 오롯이 잘 보존하고 있다. 게다가 스페인의 톨레도나 모로코의 페스를 연상케 할 만큼 작은 골목들이 거미줄처럼 복잡하게 얽혀있어서 '미로 여행'이라는 별명이 붙었을 정도. 그럼에도 루강의 라오지에 골목골목은 너무나 사랑스럽고 흥미진진하여 걷다가 기꺼이 길을 잃고 싶어진다. **MAP 453p**

GOOGLE MAPS lukang old street
WHERE 티엔허우꽁에서 용산사까지 이어지는 길
WALK 짱화 커윈彰化客運 버스터미널에서 도보 10분

6

루강의 새롭게 떠오르는 명소

계화항 예술촌

桂花巷藝術村(꾸웨이화샹 이수촌) Guihua Lane Art Village

최근 들어 루강에서 새롭게 떠오르고 있는 관광명소. 말 그대로 '예술마을'인 이곳은 줄여서 '루강예술촌鹿港藝術村 (루강이수촌)'이라고도 불린다. 일제 점령기 당시 일본인들의 거주지였으나, 해방 후 일본인들이 빠져나가면서 방치되어 있다가 2009년 정부의 도움을 받아 지금의 예술마을로 재탄생했다. 현재는 일본식 가옥 분위기를 그대로 살린 일종의 테마 거리로 조성되어 있으며, 각각의 건물은 예술가들의 작업실 겸 갤러리로 쓰이고 있다. DIY 체험 프로그램도 다양하게 운영하고 있고, 갤러리마다 특색을 살린 볼거리들을 제공하고 있어 그 어떤 대도시의 예술단지보다 볼거리가 풍부하고 재미있는 편이다. **MAP 453p**

GOOGLE MAPS lukang artist village
ADD 彰化縣鹿港鎮桂花巷(꾸웨이화샹)7號
OPEN 10:30~17:00(갤러리마다 조금씩 다름)
WALK 짱화 커윈彰化客運 버스터미널에서 도보 15분

JIJI LINE
集集線
IN TAIWAN

지지선

集集線 (집집선, 지지시엔)

기차를 타고 떠나는 하루 여행

타이중 근교에 위치한 지지선 기차는 타이베이 근교의 핑시선 기차와 쌍둥이처럼 닮았다. 핑시선보다 조금 더 소박한 분위기여서 느린 여행을 좋아하는 사람이라면 지지선 기차여행을 사랑하지 않을 수 없을 것이다.

타이베이 근교에는 핑시선, 타이중 근교에는 지지선

총 29.7km에 이르는 시골 기차인 지지선은 1919년 르위에탄日月潭 수력발전 프로젝트가 시작되면서 공사에 필요한 기자재를 운송하기 위해 개통되었다. 본격적으로 운영을 시작한 건 1922년. 프로젝트가 끝난 뒤인 1994년에는 관광철도로 지정돼 타이완 중부의 관광명소로 제2의 도약을 꾀하기 시작했다. 하지만 안타깝게도 1999년 9.21 대지진으로 철도가 모두 파괴되면서 노선 자체가 아예 사라질 위기에 처했다가 2001년 극적으로 복구에 성공하여 지금껏 관광명소로 사랑받고 있다. 아기자기한 볼거리들은 핑시선이 좀 더 많은 편이지만, 자연경관만 본다면 지지선의 풍경이 핑시선보다 한 수 위다. 특히 지지선은 '초록철도綠色隧道(뤼써 쑤웨이마오)'란 별명을 갖고 있을 만큼 숲속을 달리기 때문에 굳이 마을에 내리지 않고 기차를 타는 것만으로도 충분히 힐링이 된다. 단, 배차 간격이 한 시간에 한 대꼴로 긴 편이라 시간을 잘 계산해서 다녀야 한다.

지지선 노선

얼수웨이二水 Ershui 역 ➡ 기차 5분 ➡ 위엔취엔源泉 Yuanquan 역 ➡ 기차 11분 ➡ 주워수웨이濁水 Zhuoshui 역 ➡ 기차 8분 ➡ 롱취엔龍泉 Longquan 역 ➡ 기차 9분 ➡ 지지集集 Jiji 역★ ➡ 기차 12분 ➡ 수웨일리水里 Shuili 역★ ➡ 기차 5분 ➡ 처청車埕 Checheng 역★

+ Writer's Pick +

고즈넉한 풍경은 지지선이 한 수 위

핑시선과 더불어 타이완의 로맨틱한 시골 기차 여행을 대표하는 지지선 기차. 지지선 기차의 생김새는 핑시선 기차와 거의 같고 운영 시스템도 비슷하지만, 창밖으로 보이는 풍경만큼은 핑시선보다 한 수 위라는 게 개인적인 생각이다. 일단 티보면 푸른 숲속을 가로질러가는 지지선의 매력에 반하지 않을 수 없을 것. 아직은 핑시선보다 상대적으로 덜 알려져 관광객이 크게 붐비진 않기 때문에 좀 더 여유로운 시골 여행을 즐길 수 있다.

도전! 지지선 기차 타기

늘 그렇듯 여행자에게 기차는 괜히 어렵게 느껴지기 마련이다. 하지만 타이완의 기차는 쉽고 간단하다. 일단 도전하면 시행착오 없이 즐겁게 여행할 수 있으니 하루쯤 느린 기차여행을 즐겨보는 게 어떨까.

■ 타이중에서

타이중 기차역에서 기차를 타고 얼수웨이二水 역까지 간 다음 지지선 기차로 갈아탄다. 타이중에서 얼수웨이까지 가는 기차는 약 20분 간격으로 운행하며, 대부분 지정 좌석이 없는 취지엔처區間車(기차 등급에 대한 자세한 정보는 142p 참고)다. 약 1시간 5분 소요되며, 요금은 NT$72. 얼수웨이에서 지지선 기차로 갈아타고 종점인 처청車埕까지는 약 50분 소요되며, 요금은 NT$45다.

■ 르위에탄에서

르위에탄의 수이셔 여행안내센터水社遊客中心 앞에서 6671번 난터우 커윈南投客運 버스를 타고 수웨일리水里를 거쳐 처청車埕까지 간 다음, 처청에서 지지선을 타고 타이중 방향으로 거꾸로 거슬러 올라간다. 버스는 08:10부터 약 1시간 간격으로 운행하며, 처청까지 약 30분 소요된다. 요금은 NT$66.

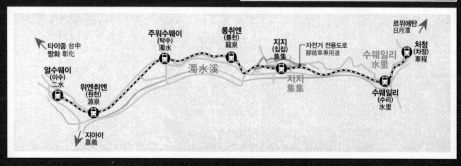

지지선에서는
시간을 느리게 쓰자

핑시선과 마찬가지로 지지선도 1일 패스가 있다. 타이중 기차역 창구나 여행안내센터에서 구매할 수 있으며, 요금은 NT$90. 1회권 요금은 처음 한 정류장이 NT$15, 이후에는 역당 NT$5~10가 추가되며, 얼수웨이부터 처청까지 중간에 내리지 않고 한번에 이동하면 NT$45다. 만약 모든 역에 다 내릴 게 아니라면 굳이 1일 패스를 살 필요 없이 각 구간마다 따로 구매하는 게 이득이다.

배차 간격은 평균 1시간 20분으로 다소 긴 편이므로 여행안내센터에서 미리 기차 시간표를 챙겨서 시간을 체크하며 다니길 권한다. 단, 지지선은 단선 철로를 이용하기 때문에 기차 두 대가 동시에 지나갈 수 없어 시간이 지체되는 경우가 종종 있으니 기차가 제때 오지 않는다고 조급해하지 말고 여유를 갖고 기다려보자. 지지선 노선을 따라 운행하는 버스도 많으므로 만약 기차 시간이 맞지 않는다면 버스를 타고 다음 역으로 이동해도 된다.

참고로 지지선은 지정 좌석이 없는 취지엔처區間車다. 티켓에 타는 시간이 따로 정해져 있지 않고 출발역과 도착역만 표기돼 있으므로 미리 티켓을 사놓고 때맞춰 이용하는 것도 가능하다.

르위에탄日月潭에서 떠나는 지지선 하루 여행

만약 르위에탄 여행을 함께 계획하고 있다면 아예 르위에탄에 숙소를 잡고 지지선 하루 여행을 즐기는 것도 괜찮은 선택이다. 지지선 노선은 타이중보다 르위에탄에서 더 가깝기 때문이다. 추천 일정은 다음과 같다.

르위에탄 → 6671번 버스 30분 → 처청 역 → 지지선 기차 → 지지 역 → 지지선 기차 → 수웨일리 역 → 6671번 버스 25분 → 르위에탄

+ Writer's Pick +

9.21 타이완 대지진

1999년 9월 21일, 타이베이 남서쪽 150km 지점에서 리히터 규모 7.3~7.7의 강력한 지진이 발생했다. 사망자만 2415명에 이르고 실종자 30여 명, 부상자 11305명 발생, 5만여 채의 건물이 완전히 무너진 엄청난 규모의 지진이었다. 타이완 전역을 충격과 공포로 몰아넣은 이 지진의 진원지는 바로 지지集集. 그래서 9.21 대지진을 '지지대지진集集大地震(지지따띠쩐)'이라고도 한다. 한국에서도 16명의 119구조대원이 구조 활동에 참여했으며, 지진 발생 87시간 만에 6세 소년을 극적으로 구출하면서 단교 이후 냉랭했던 한국-타이완 관계가 완화되는 데 큰 공헌을 한 바 있다.

1

지지선 교통의 중심지
수웨일리 역
水里(수리) Shuili Train Station

지지선 기차역 중 가장 큰 역. 타이중이나 르위에탄을 오가는 교통편 모두 수웨일리 역에 정차한다. 특별한 볼거리가 있는 건 아니지만, 소도시 특유의 고즈넉하고 정감 있는 분위기가 매력적이라 잠시 골목을 걷거나 가벼운 식사를 하기에 좋다. 무엇보다 근교 도시로의 이동이 편리하여 여행자들의 방문이 많은 편이다. 기차 시간대가 맞지 않으면 버스를 타고 지지 역이나 처청 역으로 이동할 수도 있어서 이래저래 많이 들르게 되는 곳이다. MAP 459p

GOOGLE MAPS shuili train station
ADD 南頭縣水里鄉水里村民權路(민취엔루)92號

2

자전거 타고 마을 한 바퀴
지지 역
集集(집집) Jiji Train Station

지지선의 중심 역. 1933년에 세워진 기차역으로, 고풍스러운 분위기의 역사가 유명하다. 건물 전체가 오로지 나무로만 지어져서 아날로그 감성이 풍부하게 느껴진다. 1999년 타이완 대지진 때 크게 훼손됐지만, 2001년 옛 모습을 그대로 다시 복원하였다. 비록 예전의 낡고 오래된 기차역 분위기는 사라졌어도 관광명소로서의 매력은 그대로다. 이곳은 특히 바나나가 많이 나기로 유명한 지역이어서 역 근처에 바나나로 만든 간식 상점이 많다. 그중에서도 바나나 아이스크림은 반드시 먹어봐야 할 강추 먹거리. 대부분 볼거리가 걸어서 가기에는 살짝 먼 거리이므로 자전거를 빌려 마을 한 바퀴를 돌아볼 것을 추천한다. 시골길이 워낙 예뻐서 그 자체만으로도 최고의 힐링이 될 듯. 자전거 대여소는 역 주위에 많으므로 찾기 어렵지 않다. MAP 459p

GOOGLE MAPS jiji station
ADD 南頭縣集集鎮民生路(민성루)75號

타이완에서 가장 아름다운 기차역

처청 역

車埕(차정) Checcheng Train Station

GOOGLE MAPS checceng train station
ADD 南頭縣水里鄉車程村民權巷(민취엔샹)2號

지지선 기차의 마지막 역. 산과 강으로 둘러싸인 아름다운 마을이다. 1999년 타이완 대지진 때 역사가 모두 무너졌지만, 이를 전면 복원하면서 건물 전체를 오로지 목재로만 다시 지었다. 이곳은 일제 점령기 당시 벌목 가공업의 중심지였기 때문에 기차역 곳곳에 당시의 흔적이 남아있다. 뿐만 아니라 주위에 크고 작은 저수지와 산책길 등이 잘 조성되어 있어서 타이완에서 가장 아름다운 기차역으로 손꼽힌다. 조용히 산책만 해도 그림 같은 풍경 덕분에 마음이 평화로워지는 느낌이다. 다른 역에 비해 여행안내센터의 규모가 큰 편이므로 먼저 들러서 도움을 받아보자. **MAP 459p**

CHIAYI

嘉義

IN TAIWAN

타이완의 중남부에 위치한 도시인 지아이는 관광명소보다는 아리산 여행의 관문도시로 알려져 있는 곳이다. 1906년 지아이 대지진이 발생하여 도시 대부분이 파괴되었으나 도시 재건에 힘쓴 덕분에 지금은 소박하지만 멋스러운 지아이의 면모를 갖추게 되었다. 우리나라 여행객들이 많이 찾는 도시는 아니지만, 아리산 여행을 한다면 반나절이나 하루 정도 머물면서 둘러보기에 좋은 곳이다.

맛집이 많아 더욱 반가워

냉정히 말해서 지아이가 맛으로 유명한 도시는 아니지만, 의외로 우리나라 사람 입맛에 맞는 메뉴가 꽤 많다. 특히 다른 도시에 비해 야시장도 깔끔하고 적당히 시끌벅적하여 쾌적하게 야시장의 분위기를 즐길 수 있다. 아리산에서 가장 가까운 도시이므로 시간 여유가 없다면 지아이에서 1박을 하면서 아리산을 당일 코스로 다녀올 수도 있다.

지아이 가는 법

■ 고속열차 까오티에 高鐵

타이베이 역에서 까오티에 지아이高鐵嘉義 THSR 역까지 매일 약 15분 간격으로 운행하며, 요금은 NT$1080, 약 1시간 30분 소요된다.

◆ 고속열차 지아이 역 ➡ 일반기차 지아이 역 (시내)

버스로 약 40분 소요 NT$51, 또는 택시로 약 NT$420.

■ 일반기차 타이티에 台鐵

가장 빠른 쯔챵하오自强號를 기준으로 타이베이 역에서 지아이 훠처짠嘉義火車站까지 약 3시간~3시간 30분 소요되며, 요금은 NT$598.

+ Writer's Pick +

지아이에서 아리산 가기

지아이에서 아리산까지는 기차를 타거나 하오싱 버스를 타면 된다. 기차는 일반기차역인 지아이 훠처짠 嘉義火車站에서 출발하며, 하오싱 버스는 일반기차역과 고속철도 역에서 모두 탈 수 있다. 다만, 기차는 하루에 1편밖에 없으므로 예약이 너무나 어렵다. 게다가 무려 5시간이 소요되기 때문에 아리산의 풍경을 보면서 느리게 가는 여행을 좋아하는 경우에만 기차를 타는 걸 추천한다. 참고로 기차표는 홈페이지나 지아이 기차역에서 예약할 수 있다.

❶ **기차**: 5시간 소요(아리산 지아이 기차는 4시간 소요) 하루 1편. 예약 필수
❷ **하오싱 버스**: 2시간 30분 소요. 현장에서 티켓 구입 가능. 일반기차역, 고속철도 역 모두에서 출발
❸ **택시**: 만약 일행이 있고 시간 여유가 없다면 택시를 타는 것도 고려해 볼 수 있다. 택시로는 약 1시간 30분 소요되며 비용은 NT$3000 정도.

고속열차 지아이 역

일반기차 지아이 역

타이루거 협곡

타이중

루강 짱화

르위에탄

얼수웨이   처청
지지

지아이

아리산

아리산 행 기차 매표소

지아이 시내 교통

지아이 시내에는 버스가 있긴 하지만, 배차 간격이 매우 길어서 버스를 타기가 쉽지 않다. 그러므로 도보로 이동하거나 먼 거리는 택시를 이용해야 한다.

아이본(I-bon) 키오스크

+ Writer's Pick +

지아이 시내에서 택시 타기

지아이 대부분의 명소는 도보로 이동 가능하지만, 늦은 밤이나 피곤하거나 짐이 많을 때는 차를 타야 하는 경우도 생기기 마련이다. 버스가 있긴 하지만, 배차 간격도 너무 길고 안내도 거의 없어서 버스보다는 택시를 타는 게 빠르다. 하지만, 지아이 시내에서 택시를 찾기란 하늘의 별 따기 수준. 심지어 지아이에는 우버도 없다.

이럴 때는 편의점이 답이다. 편의점에 있는 아이본(I-bon) 키오스크에서 택시를 부를 수 있다는 사실! 키오스크 단말기 화면에서 'TAXI'를 클릭하면 해당 편의점으로 택시를 부를 수 있다. 만약 잘 모르겠으면 편의점 직원에게 도움을 청하자. 매우 친절하게 택시를 불러줄 것이다. 참고로 지아이뿐 아니라 타이완 전역의 편의점 내 아이본 키오스크에서는 택시를 부를 수 있는 메뉴가 있으므로 우버를 부르는 게 여의치 않을 경우, 일단 근처 편의점을 찾는 게 가장 좋은 방법이다.

生活服務

電子發票 (中獎查詢), icash/悠遊卡/一卡通查詢, 血壓紀錄, 找工作, 行動電源租借

電子發票　　計程車叫車 Taxi

① 작고 사랑스러운 마을
히노키 빌리지
檜意森活村(회의삼활촌) Hinoki Village

지아이를 대표하는 명소로, 일제 강점기에 아리산의 편백나무를 벌목하기 위해 조성된 마을이었다. 현재 타이완에서 규모가 가장 큰 일본식 주택 마을로 편백 가공 공장과 임업국 기숙사 등 총 28채가 그대로 보존되어 있다. 지금은 잘 보존되어 있는 28채 가옥에 기념품 숍, 카페, 디저트 전문점, 음식점 등이 자리하고 있다. 마을 규모도 제법 큰 편인데다가 주말에는 마을 한가운데서 거리 공연도 종종 열리므로 시간을 충분히 두고 둘러보자. **MAP 466p**

GOOGLE MAPS hinoki village
ADD 共和路(꽁헐루)370號
OPEN 10:00~18:00
WEB www.hinokivillage.com.tw
WALK 지아이 기차역에서 도보 20분 또는 택시 5분

Spot 1 인생 에그롤을 만나다
푸이쉬엔
福義軒(복의헌) Fuyishan

지아이에서 가장 오래된 제과 브랜드로 1951년에 시작하여 무려 70년이 넘는 역사를 지니고 있다. 푸이쉬엔의 대표 메뉴는 에그롤. 에그롤이 맛있어봤자라고 생각한다면 오산이다. 푸이쉬엔의 에그롤은 부드러움과 달콤함이 기막힌 조합을 이루어 한입 베어 문 순간 탄성이 저절로 나온다. 매장에서 한 개씩 맛보기 주문도 할 수 있는데, 주문 즉시 만들어주기 때문에 따끈따끈한 에그롤을 맛볼 수 있다. 박스로 사지 않더라도 한 개는 꼭 맛보기를 추천한다. 지아이에 세 곳의 매장이 있지만, 히노키 빌리지 점이 가장 접근성이 좋다.

ADD 共和路(꽁헐루)372號(T15A) **OPEN** 10:00~18:00(토·일·공휴일 09:00~) **WEB** www.fuyishan.com.tw

Spot 2 여기 일본일까 타이완일까
썬카페이
森咖啡(삼가배) morikoohii

외관부터 앤티크한 분위기가 인상적인 일본식 카페. 일본식 주택에 있는 일본식 카페여서 마치 일본의 어느 소도시에 온 듯한 느낌이다. 말차 빙수 등 빙수류가 가장 인기가 많은 편으로 양도 많고 비주얼도 좋아서 테이블마다 인증샷을 찍는 사람들이 적지 않다. 아리산의 원두로 만든 아리산 핸드 드립 커피도 이곳의 인기 메뉴 중 하나다.

ADD 共和路(꽁헐루)199巷1號(T12B) **OPEN** 10:00~18:00

②

한적한 양조장의 변신
지아이 문창원구
嘉義文化創意產業園區(가의문화창의산업원구)
Chiayi Cultural & Creative Industries Park

③

카페만으로도 방문할 이유가 충분
지아이 시립미술관
嘉義市立美術館(지아이 스리 메이수관, 가의시립미술관)
Chiayi Art Museum

도시재생 프로젝트의 강국답게 지아이에도 문화 예술 단지가 조성되어 있다. 타이완 최초의 고량주 생산지였던 지아이 양조장이었던 곳을 문화 예술 단지로 리모델링한 곳이다. 일제 강점기 건축물은 물론이고 술병 컨베이어 벨트, 저장탱크, 자재 창고 등도 모두 옛 모습 그대로 보존되어 있다. 규모가 꽤 큰 편으로 예술가의 작업실, 전시 공간, DIY 공방 등이 있다. 다만 주중에는 한적한 공원 느낌에 사람도 많지 않아 다소 썰렁한 분위기. 주말에는 야외 플리마켓이 열려서 나름 볼거리가 많으므로 주말에 방문해 보자. MAP 466p

GOOGLE MAPS chiayi cultural & creative industries park
ADD 中山路(쭝산루)616號
OPEN 10:00~18:00, 월요일 휴무/실외구역 24시간 개방
WEB www.g9cip.com
WALK 지아이 기차역에서 도보 3분

밖에서 보면 1936년에 지어진 근대식 옛 건물이지만, 안쪽으로 들어가면 현대식 건물인 본관이 대로변의 근대식 옛 건물과 하나로 연결되어 있다. 건축물 자체가 독특하고 아름다우므로 미술관 전시를 보지 않더라도 내부를 둘러보는 것만으로도 인상적이다. 1층에는 청핀서점과 미술관 카페가 있으며, 특히 미술관 카페는 앤티크한 인테리어와 분위기로 인기가 높다. 오히려 미술관보다 카페를 찾는 사람이 더 많다고 해도 과언이 아닐 정도. MAP 466p

GOOGLE MAPS chiayi art museum
ADD 廣寧街(광닝지에)101號
OPEN 09:00~17:00, 월요일 휴무
PRICE NT$50
WEB chiayiartmuseum.chiayi.gov.tw
WALK 지아이 기차역에서 도보 5분

Spot 시립미술관의 하이라이트
쇼와 J11 갤러리
昭和J11咖啡館(소화 J11 가배관,
자오허 J11 카페이관)
J11 Gallery

시립미술관 1층에 위치한 카페. 마치 영화 세트장처럼 세련되고 앤티크한 분위기로 인기가 높다. 주말에는 빈자리 찾는 게 쉽지 않을 만큼 지아이의 핫플로 인정받았다. 커피의 맛도 좋고 가벼운 디저트도 판매하므로 바로 옆에 있는 청핀 서점도 둘러볼 겸 잠시 카페 타임을 즐기기에 좋다.

GOOGLE MAPS chiayi art museum
ADD 廣寧街(광닝지에)101號
OPEN 10:00~20:00(토 12:00~), 월요일 휴무
WALK 지아이 시립미술관 1층

 4

깔끔하고 즐거운 지아이 대표 야시장
원활루 야시장
文化路觀光夜市(문화로 관광야시, 원활루 이예스) Wenhua Road Night Market

지아이를 대표하는 야시장. 야시장을 즐기는 현지인과 여행객들로 저녁마다 시끌벅적 흥겨움을 자랑한다. 매일 오후 5시부터 밤 11시까지 문화로文化路에 차량을 전면 통제하기 때문에 야시장에 사람이 많아도 걷기 불편하거나 복잡하진 않다. 위생과 청결도도 비교적 잘 관리되고 있어서 대부분의 상점이 깔끔한 편이다. 음식뿐 아니라 소소한 게임 코너도 많으므로 여행의 밤을 즐기기에 안성맞춤이다. **MAP 466p**

GOOGLE MAPS wenhua road night market
ADD 文化路(원활루)
OPEN 15:30~23:00
WALK 지아이 기차역에서 도보 20분 또는 택시 5분

또 하나의 거대한 박물관 단지

고궁남원

故宮南院(꾸꿍난위엔) Southern Branch of the National Palace Museum

GOOGLE MAPS 아시아 예술 문화 박물관
ADD 嘉義縣太保市東勢里故宮大道
(꾸꿍따따오)888號
OPEN 화~금 09:00~17:00, 토·일
09:00~18:00, 월요일 휴관
PRICE 입장료 NT$150(까오티에 탑승권
소지 시 NT$100), 한국어 오디오가
이드 NT$120
WEB south.npm.gov.tw
BUS 까오티에 지아이高鐵嘉義 역 2번 출
구 앞에서 고궁남원 행 무료 셔틀
버스(하루 10회) 또는 106, 166,
7212, 7235빈 버스로 10~20분

2015년 12월에 개관한 고궁박물원의 남부 분원. 정식 명칭은 '국립고궁박물원 남부원구國立故宮博物院 南部院區'지만, 편의상 '고궁남원'이라고 부른다. 타이베이 고궁박물원보다 박물관 내부 규모는 작지만, 야외에 각종 전시 공간 및 공원이 매우 잘 조성되어 있어서 하나의 거대한 테마파크처럼 느껴진다. 전체 부지가 워낙 넓어서 박물관 단지 내에서 작은 셔틀버스를 운행할 정도. 타이베이에서 지아이까지는 까오티에高鐵로 1시간 30분 정도면 도착하므로 박물관 관람에 관심 있는 여행자라면 당일로도 충분히 다녀올 수 있다.

오감만족
지아이의 식탁

지아이는 맛으로 유명한 도시가 아닌데도 맛집이 적지 않다. 특히 칠면조 덮밥은 우리나라 사람 누구나 호불호 없이 먹을 수 있는 맛이다. 지아이의 재발견이라고 해도 지나치지 않다. 거기에 식후 디저트로 자몽 녹차까지 더하면 금상첨화.

쫄깃쫄깃한 칠면조 덮밥
아홍스 훠지러우판
阿宏師火雞肉飯(아굉사 화계육반) Ah Hong Shi Turkey Rice

지아이를 대표하는 메뉴인 칠면조 덮밥 전문점 중 가장 유명한 곳 중 하나다. 이름난 맛집답게 늘 대기 줄이 긴 편이지만, 회전율이 높아서 금세 자리가 난다. 단, 손님이 워낙 많기 때문에 합석은 기본이고 세심한 친절함도 기대하긴 어렵다. 칠면조 덮밥인 훠지러우판火雞肉飯이 대표 메뉴이며 여기에 계란을 추가하면 더 맛있다. 어릴 적 먹었던 간장 계란밥과 거의 흡사한 맛이다. 양이 조금 적긴 하지만, 가격이 착해서 더욱 반갑다. 한 그릇에 NT$30, 한화로 1500원 정도다. **MAP 466p**

GOOGLE MAPS ah hong shi turkey rice
ADD 光華路(꽝활루)108號
OPEN 10:30~20:00, 매월 2·4주 월·화요일 휴무
WALK 지아이 기차역에서 도보 20분 또는 택시 5분, 원활루 야시장에서 도보 5분

지아이의 양대 대표 칠면조 덮밥 전문점
타오청싼허 훠지러우판
桃城三禾火雞肉飯(도성삼화 화계육반)

아홍스 훠지러우판과 더불어 지아이에서 인기가 높은 칠면조 덮밥 전문점. 메뉴도 가격도 분위기도 아홍스와 거의 비슷하다. 다만, 아홍스는 고기가 쫄깃쫄깃하고 타오청싼허의 고기는 좀 더 부드러운 맛이 특징이라 입맛에 따라 평이 엇갈린다. 두 곳 모두 사람이 많은 맛집이라 어느 정도의 대기 줄은 각오해야 하지만, 다행히 회전율이 높으므로 오래 기다리진 않아도 된다. 곁들임 반찬의 종류는 이곳 타오청싼허가 아홍스보다 좀 더 다양한 편이다. **MAP 466p**

GOOGLE MAPS FFM6+HH 대만 자이시
ADD 民權路(민취엔루)97號
OPEN 10:00~19:00, 목요일 휴무
WALK 히노키 빌리지에서 도보 10분

자꾸만 생각나는 자몽 녹차
위엔싱 위샹우
源興御香屋(원흥어향옥)

차의 종류가 다양하기로 유명한 타이완에서 자몽 녹차 하나로 지아이 최고의 차 전문점으로 떠오른 곳이다. 말 그대로 자몽 맛이 나는 녹차인데 그 상큼함과 시원함은 다른 곳이 흉내 낼 수 없다는 게 모두의 평가다. 대표 메뉴인 자몽 녹차 외에도 타이동의 대표 메뉴인 히비스커스 아이스티 등 각종 과일 차 메뉴가 다양하다. 어떤 메뉴를 주문해도 다 맛있으므로 오며 가며 한 번씩 맛보자. 당도와 얼음의 양도 조절 가능하다. 참고로 자몽 녹차는 '푸타오여우 뤼차葡萄柚綠茶'라고 한다. 도보 5분 거리에 지점이 있으므로 사람이 많으면 지점으로 갈 것. **MAP 466p**

GOOGLE MAPS FCHX+WP 대만 자이시
ADD 中山路(쭝샨루)321號(지점: 中正路(쭝쩡루)329號)
OPEN 10:00~20:00(토 ~21:00, 일 ~20:30), 월·화요일 휴무
WALK 지아이 기차역에서 도보 20분 또는 택시 5분, 원활루 야시장에서 도보 1분

타이완을 대표하는 명산

아리샨

阿里山(아리산)

자타공인 타이완을 대표하는 관광명소인 아리샨은 타이완 8경 중 하나로 우리나라의 산세와는 전혀 다른 풍경이 특히 매력적인 곳이다. 타이완 중부 여행에서 빼놓을 수 없는 스폿이므로 적어도 1박 2일 정도는 시간을 내어 아리샨을 걸어보자.

타이완 여행의 화룡점정, 아리샨

타이완에 대해 잘 모르는 사람도 아리샨만큼은 한 번쯤 들어본 적이 있을 만큼 많이 알려진 곳이다. 공식 명칭은 '아리샨 국가풍경구阿里山國家風景區(아리샨 구워지아 펑징취)'로 산 전체가 거대한 관광지인 셈이다. 그중에서도 세계 3대 고산철도에 속하는 아리샨 삼림열차는 절대 놓치지 말아야 할 아리샨 관광의 하이라이트다. 눈부신 일출과 싱그러운 하이킹 등 즐길 거리가 워낙 많아 시간 여유만 있다면 아리샨에서 일주일쯤 머물면서 마음을 내려놓고 싶어진다.

GOOGLE MAPS 아리샨 국가삼림공원 **PRICE** NT$300 **WEB** www.ali-nsa.net l recreation.forest.gov.tw

아리샨 가는 법

*기차 및 버스 운행시간과 요금은 변동될 수 있음

아리샨까지 가는 가장 일반적인 방법은 타이베이나 타이중에서 고속열차를 타고 까오티에 지아이高鐵嘉義 THSR Chiayi 역까지 가거나 일반기차를 타고 지아이嘉義 Chiayi 역까지 이동한 뒤 하오싱 버스를 타고 들어가는 것이다.

■ 타이베이 ➡ 지아이

- **고속열차인 까오티에**台湾高鐵 **THSR를 탈 경우:** 약 15분 간격으로 운행하며, 약 1시간 30분 소요. 요금은 NT$1180.
- **일반기차를 탈 경우:** 20분~1시간 간격으로 운행하며, 가장 빠른 쯔챵하오自強號 기준으로 3시간~3시간 30분 소요. 요금은 NT$598.

■ 타이중 ➡ 지아이

- **까오티에를 탈 경우:** 타이중 기차역에서 신우르新烏日 Xinwuri 역까지 이동한 뒤 신우르 역과 실내로 연결된 까오티에 타이중 역에서 탑승한다. 기차는 약 15분 간격으로 운행하며, 약 25분 소요. 요금은 NT$410.
- **일반기차를 탈 경우:** 타이중 기차역에서 약 20분 간격으로 운행하며, 쯔챵하오 기준 약 1시간 20분 소요. 요금은 NT$224.
- **버스를 탈 경우:** 타이중 기차역 앞 구워꽝 커윈國光客運 버스터미널에서 1870번 버스 탑승. 매일 06:00~ 22:00, 30~40분 간격으로 출발. 약 1시간 30분 소요. 요금은 NT$200.

■ 지아이 고속열차역 ➡ 아리샨

까오티에 지아이高鐵嘉義 역 바로 앞 하오싱好行 버스 정류장에서 아리샨-A선 하오싱 버스 7329번이 매일 09:30, 10:10, 11:00(펀치후奮起湖 경유), 13:10에 출발한다. 약 2시간 40분 소요. 요금은 NT$278. 교통카드를 사용할 수 있으며, 현금 탑승 시 거스름돈을 주지 않으므로 미리 잔돈을 준비해야 한다.

■ 지아이 일반기차역 ➡ 아리샨

- **버스를 탈 경우:** 지아이 일반기차역 바로 앞 하오싱好行 버스 정류장에서 아리샨 행 7322·7322A·7322C(하오싱 버스 B번)·7322D번이 06:05~13:55에 하루 10회 운행한다. 그중 09:40·12:10 출발편은 아리샨 근처의 작은 마을인 펀치후를 경유해 간다. 약 2시간 40분 소요. 요금은 NT$240. 교통카드를 사용할 수 있으며, 현금 탑승 시 잔돈을 미리 준비하자.
  WEB www.taiwantrip.com.tw
- **기차를 탈 경우:** 아리산 익스프레스林鐵本線(림철본선. 린티에 번시엔) Alishan Express No.5가 매일 10:00에 운행한다. 약 5시간 소요. 요금은 NT$750(아리샨 국가공원 입장료 NT$150 포함).
  WEB afrts.forest.gov.tw

■ 지아이 일반기차역 ➡ 펀치후 ➡ 아리샨

아리샨 익스프레스 기차를 타고 아리샨 가는 길목에 있는 작은 마을, 펀치후까지 간 뒤, 다시 아리샨 익스프레스 기차를 타거나 하오싱 버스를 타고 아리샨까지 갈 수 있다.
지아이 역에서 펀치후까지의 기차는 아리샨 익스프레스 N0.1과 N.5가 매일 09:00(No.1), 10:00(No.5) 2회 운행한다. 약 2시간 20분 소요.

WEB afrts.forest.gov.tw

■ 르웨이탄 ➡ 아리샨

매일 08:00(주말은 08:00, 08:30 하루 2회)에 수이셔 여행안내센터(492p) 앞에서 위엔린 커윈員林客運에서 운행하는 르웨이탄 행 6739번 버스로 약 3시간 30분 소요. NT$336.

+ Writer's Pick +

아리샨에서 지아이까지

하오싱 버스: 지아이 고속열차역까지 10:10(펀치후 경유)·13:30·14:40·16:40, 지아이 일반기차역까지 09:10~17:10에 하루 10회(09:10·14:10은 펀치후 경유) 운행한다. 약 2시간 40분 소요. **기차:** 지아이 일반기차역까지 아리샨 익스프레스 No.5가 매일 11:50 운행. 약 4시간 소요.

아리샨과 르위에탄,

어디를 먼저 가는 게 좋을까?

여행 일정을 짤 때 동선을 정하는 건 늘 쉽지 않다. 특히 타이중, 아리샨, 르위에탄처럼 이동 시간이 비슷할 때는 더욱 고민이 된다. 물론 정답은 없겠지만, 여행 취향에 따라 좀 더 효율적인 동선이 있으니 꼼꼼하게 검토해 동선을 정해보자.

여행지의 순서 정하기

중부 타이완의 핵심 명소인 타이중, 아리샨, 르위에탄 일정을 계획할 때 어느 곳을 먼저 가는 게 좋을까? 정답부터 말하면 '어딜 먼저 가도 상관없다.' 지리적 위치상 삼각형을 이루는 동선이기 때문이다. 단, 일정이 촉박한 경우에는 버스 시간대를 고려하여 어디에서 더 오래 머무를지를 결정하는 게 중요하다.

먼저 아리샨에서 르위에탄으로 가는 버스는 매일 13:00에 1회(주말은 13:00, 14:00 2회) 운행하며, 3시간 30분~4시간 소요된다. 즉, 르위에탄에 도착하면 대략 오후 5시쯤이다. 반대로 르위에탄에서 아리샨까지는 매일 08:00와 09:00에 버스가 출발한다. 아리샨에 도착하면 대략 정오가 조금 넘는 셈. 참고로 타이중에서 르위에탄까지는 버스로 약 2시간, 타이중에서 아리샨까지는 고속열차+버스로 약 3시간 10분 소요된다.

여행지의 비중에 따라 결정하자

만약 타이중을 기점으로 하여 4박 5일 일정으로 아리샨, 르위에탄을 둘러본다고 했을 때, 르위에탄을 먼저 방문한다면 그곳에서 쓸 수 있는 시간은 반나절뿐이다. 다음 날 아침 버스를 타고 아리샨으로 이동해야 하기 때문. 하지만 반대로 아리샨에 먼저 가서 1박을 하고 오후에 출발해 르위에탄에 도착하면 다음 날 르위에탄에서 타이중으로 돌아오는 하오싱好行 버스의 막차 시각인 19:25까지 르위에탄에서 조금 더 느긋하게 시간을 보낼 수 있다. 물론 그 대신 타이중에서 머무는 시간은 그만큼 짧아진다. 타이중이 아닌 타이베이에서 출발해 아리샨과 르위에탄을 돌아볼 계획이라면 경우의 수는 또 달라진다. 이처럼 어디에서 출발하는지, 어디를 더 중점적으로 볼 건지에 따라 동선은 달라질 수 있다. 이동의 편의성은 큰 차이가 없으므로 어디에서 좀 더 오래 머물지를 기준으로 자신의 여행 스타일에 맞게 동선을 정해보자. 개인적으로는 '타이중 ➡ 아리샨 ➡ 르위에탄 ➡ 타이중'의 동선을 추천한다(058p 추천 일정 참고).

■ 지역별 이동 방법 및 소요 시간

지역별 이동 방법	소요 시간
타이중 ➡ 아리샨	고속차차 탑승 시 약 3시간 10분 소요 (타이중 → 지아이: 고속열차 약 25분/지아이 → 아리샨: 버스 약 2시간 40분)
타이베이 ➡ 아리샨	고속차차 탑승 시 약 4시간 10분 소요 (타이베이 → 지아이: 고속열차 약 1시간 30분/ 지아이 → 아리샨: 버스 약 2시간 40분)
지아이 고속열차역 ➡ 아리샨	하오싱 버스 09:30, 10:10, 11:00, 13:10 출발. 약 2시간 40분 소요
지아이 일반기차역 ➡ 아리샨	하오싱 버스 06:05~14:10 하루 8편 출발. 약 2시간 40분 소요 기차 10:00 하루 1편 출발. 약 5시간 소요
아리샨 ➡ 지아이 고속열차역	하오싱 버스 10:10, 13:30, 14:40, 16:40 출발. 약 2시간 40분 소요
아리샨 ➡ 지아이 일반기차역	하오싱 버스 09:10~17:10 하루 8편 출발. 약 2시간 40분 소요 기차 11:50 하루 1편 출발. 약 4시간 소요
타이중 ➡ 르위에탄	하오싱 버스 07:20~17:45 약 40분 간격으로 출발. 약 2시간 소요
르위에탄 ➡ 타이중	하오싱 버스 07:25~19:25 약 40분 간격으로 출발. 약 2시간 소요
타이베이 ➡ 르위에탄	버스 07:00~17:00 하루 6~9편 출발. 약 4시간 소요
르위에탄 ➡ 타이베이	버스 07:40~17:50 하루 6~8편 출발. 약 4시간 소요
아리샨 ➡ 르위에탄	버스 평일 13:00, 주말 13:00·14:00 출발. 약 3시간 30분~4시간 소요
르위에탄 ➡ 아리샨	버스 08:00 출발. 약 4시간 소요

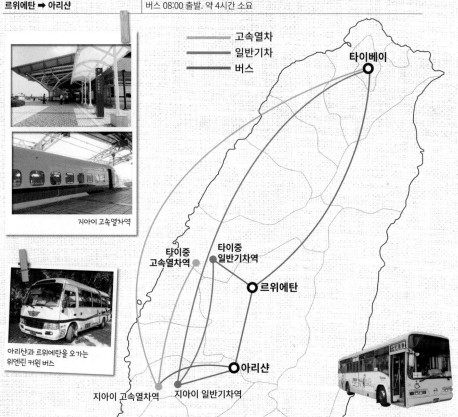

고속열차
일반기차
버스

타이베이

지아이 고속열차역

타이중
고속열차역

타이중
일반기차역

르위에탄

아리샨

지아이 고속열차역   지아이 일반기차역

아리샨과 르위에탄을 오가는
위엔린 커윈 버스

알아두면 힘이 되는

아리샨 여행 팁

아리샨을 제대로 여행하기 위한 크고 작은 팁을 모아두었다. 몰라도 여행할 순 있지만, 알아두면 아리샨을 시행착오 없이 좀 더 잘 여행할 수 있는 소소한 팁 모음이다.

모든 중심은 아리샨 버스터미널 阿里山 轉運站(아리샨 좐윈짠)

아리샨 여행의 중심은 아리샨 버스터미널阿里山 轉運站(아리샨 좐윈짠)이다. 아리샨 입구에 있는 버스터미널을 시작으로 중앙 광장의 세븐일레븐, 여행안내센터, 아리샨 삼림열차 역 등 아리샨의 모든 편의시설이 입구 근처에 모여 있다. 2017년 5월 아리샨 버스터미널이 오픈하면서 버스 승하차는 모두 터미널에서 이루어진다. 티켓 구매와 예약은 세븐일레븐에서도 가능하며, 삼림열차 티켓은 아리샨 삼림열차 역 매표소에서 살 수 있다.

아리샨에 도착하여 숙소 체크인을 마치고 나면 가장 먼저 해야 할 일이 다음 날 일출열차 티켓 예약이다. 워낙 사람이 많아서 예약해놓지 않으면 꼭두새벽부터 티켓 구매에 시간을 허비할 수 있으므로 반드시 사전에 예약해놓는 게 안전하다. 단, 일출열차 티켓은 전날 13:00~16:30에만 예약할 수 있다. 해 뜨는 시각에 따라 기차 출발 시각이 조금씩 바뀌므로 전날 매표소 앞에 공지된 출발 시간표를 꼭 챙겨서 알아둘 것. 호텔에 따라서는 일출열차 티켓 구매를 대행해주는 곳도 많다.

+ Writer's Pick +

르위에탄 행 버스 티켓은 당일 구매!

아리샨에서 르위에탄까지는 매일 13:00(주말은 13:00, 14:00)에 버스가 출발한다. 사전 예약은 불가하며, 출발 당일 08:00 이후부터 세븐일레븐 또는 아리샨 버스터미널에서 티켓을 구매할 수 있다. 주말에는 승객이 몰릴 수도 있으므로 아침에 미리 사두는 게 안전하다.

아리샨 삼림열차 역

아리샨 버스터미널

중앙 광장의 세븐일레븐

+ Writer's Pick +

하이킹과 일출 감상, 무엇을 할까?

이건 둘 중 하나를 고를 수 없는 문제다. 하이킹은 하이킹대로, 일출 감상은 일출 감상대로 그 매력이 상당하기 때문. 그러므로 기왕 아리샨까지 갔다면 하이킹과 일출을 다 경험해보자. 특히 가벼운 산책 수준의 하이킹부터 본격적인 등산까지 난이도에 따라 코스가 매우 다양하므로 등산을 좋아하는 사람이라면 아예 3일 정도 머무르면서 모든 코스를 골고루 다녀보는 것도 좋겠다. 자세한 하이킹 코스는 여행안내센터에 가면 추천받을 수 있다.

이것만은 꼭 준비하자

- **우비나 우산** 아리샨은 기본적으로 늘 안개가 많은 데다가 시도 때도 없이 비가 오므로 우비나 우산은 필수다. 개인적으로 우산보다는 걷기 편한 우비에 한 표.

- **바람막이 점퍼 또는 경량 패딩** 타이완은 추울 일 없는 동남아 국가지만, 아리샨만큼은 예외다. 여름에도 기온이 갑자기 떨어질 때가 있으므로 바람막이 점퍼를 준비해가는 게 안전하며, 가을부터는 경량패딩이 필요할 만큼 쌀쌀해진다. 심지어 일부 호텔에서는 전기담요나 난로를 준비해둘 정도.

- **선크림과 선글라스**: 아리샨은 날씨가 좋을 때 자외선 지수가 상당히 높은 편이다.

- **등산화나 트레킹화** 거창한 등산화까지는 아니더라도 최소한 트레킹화는 준비하는 게 좋다. 비가 오면 바닥이 상당히 미끄럽기 때문.

- **모기약** 동남아 기후의 산이기 때문에 한겨울을 제외한 거의 모든 시기에 모기가 아주 많다. 모기에 잘 물리는 체질이라면 모기 방지약이나 스프레이 등을 꼭 준비하자.

📌 아리산 하이킹 추천 코스

타이완을 대표하는 명산인 아리산을 돌아보는 방법은 무척 다양하다. 본격적인 등산부터 가벼운 하이킹까지 시간대별, 난이도별 수많은 코스가 있다. 가장 일반적이면서 기본적인 산책 수준의 하이킹 코스는 자오핑沼平 역에서 선무神木 역까지의 1시간 30분 코스. 사실 빠른 걸음으로 걸으면 1시간도 채 걸리지 않는 거리다. 하지만 목적은 스피드가 아닌 감상. 자연을 만끽하면서 사진도 찍고, 그렇게 천천히 걸어보자. 선무 역에서 아리산 역까지도 기차를 타지 않고 계속 걸어갈 수 있으며, 선무 역 주변에 난 여러 갈래의 하이킹 코스를 좀 더 경험해보는 것도 좋겠다. 또 다른 코스가 궁금하다면 세븐일레븐 건너편 여행안내센터에 문의해보자.

■ 가벼운 하이킹 코스 ❶ 소요 시간: 약 2시간

자오핑沼平 행 삼림열차 탑승 ➡ 기차 10분 ➡ 자오핑 역에서 하차, 하이킹 시작 ➡ 하이킹 1시간 30분 ➡ 선무神木 역 도착, 아리산 행 기차 탑승 ➡ 기차 10분 ➡ 아리산 역 도착 ➡ 아리산 주변 산책

■ 가벼운 하이킹 코스 ❷ 소요 시간: 약 2시간

자오핑沼平 행 삼림열차 탑승 ➡ 기차 10분 ➡ 자오핑 역에서 하차, 하이킹 시작 ➡ 하이킹 1시간 ➡ 수산거목水山巨木(수이산 쥐무) 도착 ➡ 하이킹 1시간 ➡ 자오핑 역

■ 일출 감상 겸 하이킹 코스 소요 시간: 약 1시간 30분

쭈산祝山 행 삼림열차 탑승 ➡ 기차 30분 ➡ 쭈산 역 도착, 아리산 일출 감상 ➡ 하이킹 1시간 ➡ 아리산 역 도착

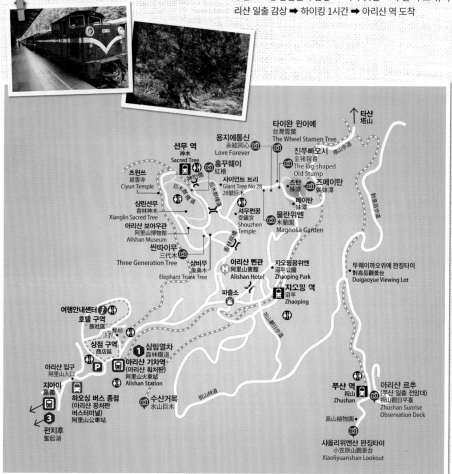

아리샨 숲속을 달리는
삼림열차
森林鐵道(썬린티에따오) Alishan Forest Railway

아리샨 여행은 삼림열차를 빼놓고는 이야기할 수 없다. 아리샨의 초록빛 숲속을 가로질러 달리는 빨간색 삼림열차는 페루의 안데스산 철도, 인도 다르질링의 히말라야 등산철도와 더불어 세계 3대 고산철도 중 하나로 손꼽힌다. 본래는 목재를 운반하던 기차로, 1912년 지아이嘉義에서 아리샨까지 이어지는 총 길이 71.4km의 본선이 완공되었다. 이후 관광열차로 재탄생하였으나, 9.21 대지진 때 파괴되었다. 지금은 중간 지점인 지아이嘉義에서 펀치후奮起湖 역을 지나 스쯔루十字路 역까지의 본선이 복구되어 열차가 운행하고 있고, 아리샨에서 출발하는 쭈샨선祝山線, 자오핑선沼平線, 선무선神木線 3개의 관광 노선은 독립적으로 운행 중이다. 참고로 이 3개의 관광 노선은 출발역(아리샨 역)과 종착역, 단 2개 역만으로 구성되어 있다. **MAP 477p**

TEL 0800 765 888 **WEB** afrch.forest.gov.tw

+ Writer's Pick +

노송나무 객차, 푸썬하오 운행

2023년 3월, 아리산 삼림열차의 상징처럼 여겨졌던 빨간색 객차가 럭셔리한 노송나무 객차를 새롭게 선보였다. '푸썬하오福森號 Formosensis'라는 이름으로 선보인 노송나무 객차는 총 6량으로 이루어져 있으며, 좌석도 이전보다 업그레이드되었다. 기존의 빨간색 객차와 함께 운행하지만, 여행사의 관광상품으로만 이용할 수 있으며 가격대도 고가여서 다소 아쉽다.

푸썬하오

: MORE :
**삼림열차
티켓 예매**

삼림열차를 타는 이용객 대부분은 탑승 당일 또는 전날, 창구에서 기차표를 구입하지만, 사전에 온라인으로도 예약할 수 있다. 특히 일부 개통된 지아이 역에서 펀치후 역까지의 구간은 이용자가 적지 않으므로 사전에 예매하는 것이 안전하다. 온라인 예매는 출발 14일 전 06:00(타이완 시각)부터 가능하다. 단, 온라인으로 예매를 해도 지아이 역 창구에서 다시 발권을 받아야 한다(여권 지참).
좌석이 따로 지정되지 않는 자오핑 선, 선무 선은 차편도 많고 이용객이 몰리지 않으므로 굳이 사전에 예약하지 않아도 된다. 일출 열차인 쭈샨 선은 전날 창구에서 예약하는 경우가 가장 많긴 하나, 사전에 온라인 예매를 하는 것도 편리하다.

■ **예매 오픈**
창구 예매: 출발 12일 전 06:00   **온라인 예매:** 출발 14일 전 06:00(타이완 시각)
*쭈샨선은 탑승 전날 12:00까지만 예매 가능
WEB afrts.forest.gov.tw

Spot 1
숲속을 구불구불
자오핑선
沼平線(소평선, 자오핑시엔)

자오핑선의 종착역인 자오핑沼平 Chaoping 역은 1914년 완공된 역으로 개통 당시에는 아리산 본선 기차의 종착역이었다. 일본의 목조 기술로 지어진 역사라서 그런지 일본의 어느 시골 기차역을 보는 듯한 느낌이다. 가벼운 하이킹을 즐기려는 여행자들로 늘 붐비는 곳.

기차는 매일 아리산 역에서 09:00~11:30, 13:00~15:30(자오핑 역에서 출발하는 막차는 15:45) 30분 간격으로 출발하며, 운행 시간은 계절별로 조금씩 다르다. 11:30~13:00에는 운행하지 않는다는 것을 꼭 기억해두자. 아리산 역에서 자오핑 역까지 약 6분 소요되며, 요금은 편도 NT$100.

Spot 2
신비롭고 아름다운 노선
션무선
神木線(신목선, 션무시엔)

해발 2138m 위의 션무선은 원래 션무神木 Sacred Tree 역 근처의 3천 년된 사이프러스 나무로 유명했는데, 안타깝게도 자연재해로 쓰러지고 훼손되어 지금은 그 흔적만 남아있다. 하지만 션무 역은 여전히 오래된 고목들로 둘러싸여 아름다운 숲속 역으로 모두에게 사랑받고 있다. 특히 아리산 역으로 오갈 때 중간에 꺾어지는 구간이 나오는데, 이때가 바로 삼림열차 구간 최고의 뷰포인트다. 삼림열차에서만 경험할 수 있는 이 차창 밖 코너링 풍경을 절대 놓치지 말자. 다행스러운 건 친절하게도 '이제 곧 꺾어지는 구간이 나오니 사진 찍을 사람은 준비하세요'라는 센스 만점 방송이 나온다는 사실. 단, 중국어로만 방송하기 때문에 뭔가 방송이 나오면 그때가 코너 직전이라고 생각하면 된다.

션무선은 매일 09:45~11:45, 13:15~16:15(션무 역에서 출발하는 막차는 16:30) 30분 간격으로 출발하며, 운행 시간은 계절별로 조금씩 다르다. 아리산 역에서 션무 역까지 약 7분 소요되며, 요금은 편도 NT$100.

Spot 3 새벽 숲을 달리는 일출열차
쭈샨선
祝山線(축산선, 쭈샨시엔)

아리샨 일출을 보는 가장 일반적인 방법은 '일출열차'라 불리는 쭈샨선 열차를 타고 산 위로 올라가는 것이다. 해발 2451m 위를 달리는 쭈샨선은 1986년에 완공된 노선으로 총 길이가 6.25m에 이른다. 출발 시각은 매일 해 뜨는 시각에 따라 조금씩 달라지는데, 당일 일출 시각보다 평균 한 시간 일찍 출발한다. 또한 해가 뜨고 나서 30~40분 후에는 다시 아리샨 행 기차가 출발하니 일출을 감상하기엔 적당한 시간이다. 아리샨 역에서 쭈샨祝山 Zhushan 역까지는 약 30분 소요되며, 요금은 편도 NT$150.
일출을 보고 난 후에는 굳이 기차를 타기보단 천천히 걸어 내려올 것을 권한다. 약 1시간 정도 소요되는 상쾌한 새벽 하이킹을 즐길 수 있다.

 Spot 4 타이완에서 가장 아름다운 일출
아리샨 르추
阿里山 日出(아리산 일출)

아리샨의 날씨는 변화무쌍하다. 안개도 잦고 구름도 많아 일출을 볼 수만 있어도 감사해야 할 수준. 하지만 맑은 날씨에 보는 아리샨의 일출은 타이완에서 가장 아름다운 일출로 손꼽힌다. 덕분에 평일에도 캄캄한 새벽마다 일출열차인 쭈샨선을 기다리는 사람들로 역이 붐비므로 기차 출발 시각보다 20분쯤 일찍 역에 도착하는 것이 좋다. 티켓을 예약해두는 것은 기본.
쭈샨 역에서 내리면 역사 바로 앞에 전망대가 보인다. 그곳도 좋지만, 명당은 기차역을 등진 채 오른쪽으로 5분 정도 걷다 보면 나오는 또 다른 전망대. 상대적으로 사람도 적고 일출도 잘 보여 혼자만 알고 싶을 정도. 일출을 본 뒤 쭈샨 역 앞 상점에 들러 모닝 토스트를 사 먹으면 퍼펙트 코스다. 맛은 우리나라의 토스트와 거의 흡사하다.

GOOGLE MAPS 아리산 일출 전망대

2

내 마음이 걷는 대로
아리샨 하이킹 코스

아리샨에서 삼림열차만 타는 건 2% 아쉽다. 가장 퍼펙트한 일정은 삼림열차를 잠깐 타고 내린 다음, 가벼운 하이킹을 즐기는 것. 경사가 심한 곳이 거의 없어서 누구나 쉽게 걸을 수 있다.

아리샨의 하이킹 코스는 셀 수 없을 만큼 많다. 아리샨 역에서 출발하는 코스만 해도 매우 다양한 편. 시간대도 다양해 1시간짜리 가벼운 산책부터 3시간 이상의 등산까지 취향대로 선택할 수 있다. 그중에서도 가장 많은 선택을 받는 건 비교적 쉽고 짧은 자오핑沼平-션무神木 구간의 하이킹 코스다. 삼림열차를 타고 자오핑 역에서 내린 뒤 거기에서부터 션무 역까지 걷는 노선으로, 천천히 걸어도 1시간 30분 정도면 션무 역에 도착한다. 물론 체력과 시간만 허락한다면 션무 역에서 다시 삼림열차를 타지 않고 아리샨 역까지 계속 걸어도 괜찮다. 그렇게 해도 넉넉잡고 2시간 30분이면 충분하다. 길이 워낙 잘 만들어져있는 데다가 단체 관광객도 적지 않아 사람들 뒤만 잘 쫓아가면 길 잃을 염려는 없다.

Spot 1

그림처럼 아름다운 2개의 연못

즈메이탄

姉妹潭(자매담)

자오핑 역에서 출발하여 제일 먼저 만나게 되는 아름다운 연못. 2개의 연못이 연이어 있는 형태로 각각 '언니 호수' 즈탄姉潭과 '동생 호수' 메이탄妹潭으로 불린다. 이유인즉슨, 과거 한 남자를 동시에 사랑했던 자매가 사랑 때문에 자매의 정을 포기할 수 없어 결국 10m 떨어진 연못에서 각각 몸을 던져 자살하였다는 것이다. 그리하여 자매의 애틋한 우애를 기리고자 이곳의 이름을 즈메이탄이라고 지었다고. 현실에 존재하지 않는 듯한 몽환적인 분위기가 매력적이며, 안개 낀 날이면 그 신비로움이 배가돼 모두의 탄성을 자아낸다. MAP 477p

GOOGLE MAPS sister ponds

Spot 2

돼지를 꼭 닮은 나무

진쭈빠오시

金猪報喜(금저보희) The Pig-shaped Old Stump

즈메이탄을 지나 조금 더 걷다 보면 사람들이 옹기종기 모여 있는 광경이 눈에 들어온다. 그곳은 바로 진쭈빠오시. 이름 그대로 딱 돼지의 모습을 한 노송나무다. 나무 위에 이끼가 짙게 둘러있는 모습이 더욱 돼지와 닮아 실감 난다. 신기한 건 나무는 분명 표정을 지을 수 없는데도 이름 때문인지 왠지 행복한 웃음을 머금고 있는 듯하다는 사실. 덕분에 진쭈빠오시 앞은 늘 사람들의 발길이 끊이지 않는다. MAP 477p

GOOGLE MAPS GR97+JC 아리산향

Spot 3

처음 보는 신기한 나무

타이완 윈이예

台灣雲葉(대만운엽) The Wheel Stamen Tree

지나가다 저절로 걸음을 멈추게 되는 독특한 외관의 나무. 어디선가 본 듯한데 또 조금 다른 것도 같고 알쏭달쏭 신기한 형태를 보이고 있다. 알고 보니 타이완과 일본 오키나와에만 있는 희귀종이란다. 겉은 활엽수, 안은 침엽수의 독특한 구조로 원시적인 형태의 활엽수라고 할 수 있다. 빙하기 시대에 있던 종으로서 해발 1800~2800m 지역에서만 자란다고 하니 굉장히 진귀한 나무인 것 같아 더욱 자세히 들여다보게 된다.

MAP 477p

GOOGLE MAPS GR97+MC 아리산향

Spot 4 사랑이 이루어지는 곳
용지에통신
永結同心(영결동심) Love Forever

언뜻 봤을 땐 두 그루의 나무가 만나 한 그루의 연리지가 된 줄 알았다. 그런데 자세히 보니 두 그루의 나뭇가지들이 서로 뒤엉켜 절묘하게 하트 모양을 이룬 것이었다. 그것도 아주 예쁜 모양이라 볼수록 신기하고 놀랍다. 이곳에서 사진을 찍으면 사랑이 이루어진다는 이야기가 있어서인지 하트 앞에는 기념사진을 찍으려는 사람들이 장사진을 이룬다. **MAP 477p**

GOOGLE MAPS GR97+H8 아리산향

Spot 5 봄이 아름다운 정원
물란위엔
木蘭園(목란원) Magnolia Garden

이름 그대로 목련 정원이다. 4~6월에는 수많은 종류의 목련들이 흐드러지게 피어 그야말로 장관을 이룬다. 여왕의 정원이 부럽지 않은 곱고 단아한 정경에 누구라도 반하지 않을 수 없을 듯. 다른 계절에는 이토록 아름다운 정원을 만날 수 없어 못내 아쉽지만, 봄에 찾는 사람에겐 그야말로 선물 같은 곳이다. 만약 봄에 아리산을 방문한다면 이곳만큼은 꼭 들러보자. **MAP 477p**

GOOGLE MAPS GR96+8V 아리산향

Spot 6 세월의 아우라가 느껴지는 나무
홍꾸웨이
紅檜(홍회) Taiwan Red Cypress

원래 션무 역 앞에는 3천 년 된 사이프러스 나무가 있었다. 하지만 세월이 지나면서 그 흔적만 남게 되었고 지금은 천 년 된 붉은 사이프러스 나무가 그 자리를 대신하고 있다. 사실 우리가 보기에는 천 년 묵은 사이프러스 나무도 충분히 경이롭고 아름답다. 오래된 만큼 크기도 엄청나서 둘레가 6.2m, 높이가 무려 24.1m에 이른다. 덕분에 어디 있나 찾을 필요 없이 션무 역 앞에 서면 바로 보인다. 그 주변에는 아주 오래된 사이프러스 나무들이 꽤 많아서 하나하나 표지판을 읽으며 찾아보는 재미도 쏠쏠하다. **MAP 477p**

GOOGLE MAPS sacred tree station

Spot 7

영화 속 풍경 같은 기차역

션무 기차역

神木火車站(신목화차참, 선무 훠처짠)

해발 2138m에 있는 기차역. 특히 안개가 있거나 살짝 흐린 날이면 마치 SF영화에 나오는 가상의 공간처럼 신비롭고 몽환적인 분위기로 가득하다. 시간만 충분하다면 이 초록빛 숲속 역사의 플랫폼에 앉아 몽환적인 아름다움에 잠잠히 머물러보고 싶어진다. 아리샨에서의 일정이 빠듯한 여행자들은 기차를 타고 션무 역까지 간 다음, 주변의 숲길을 가볍게 돌아보는 걸로 하이킹을 끝내기도 하는데, 사실 그렇게만 걷고 끝내기엔 아쉬운 풍경이다. **MAP 477p**

GOOGLE MAPS sacred tree station

Spot 8

3대에 걸쳐 자라는 나무

싼따이무

三代木(삼대목) Three Generation Tree

아리샨에는 2천 년 이상 된 신목神木이 즐비하다. 천년 정도 된 나무는 기본일 정도. 그중에서도 가장 진귀한 신목을 꼽는다면 단연 싼따이무일 것이다. 이나무는 말 그대로 3대에 걸쳐 자라는 나무로, 약 1만년 전 1대목一代木이 죽은 뒤 250년이 지나 2대목二代木이 그 위에 자랐고, 2대목이 죽고 약 300년이 지난 후 다시 그 위에 3대목三代木이 자라고 있다. 1대목은 약 1만 년 이상, 2대목은 3천 년, 3대목은 약 천년의 역사를 가진 셈이다. 싼따이무 옆에는 죽은 고목의 그루터기가 있는데, 이 모습이 코끼리 코를 닮았다고 하여 샹비무象鼻木(상비목)라는 이름이 붙기도 했다. 션무 역에서 도보 5분 거리. **MAP 477p**

GOOGLE MAPS GR85+JM 아리샨향

: MORE :

또 다른 하이킹 코스의 반환점, 수산거목 水山巨木(수이샨 쥐무) Shuishan Giant Tree

여행자들에게 가장 많이 알려진 하이킹 코스는 자오핑-션무 구간이지만, 그 외에 비교적 가볍게 즐길 수 있는 코스로 자오핑-수산거목水山巨木 구간을 추천한다. 이 구간은 원래 삼림열차 노선 중 하나였으나 열차 운행이 중단된 이후, 하이킹 코스로 개방되었다. 자오핑 역에서 출발해서 2700년 된 거목인 수산거목까지 옛 철길을 따라갔다가 다시 돌아오는 코스로 왕복 약 2시간이 소요된다. 언덕 없이 평지로만 이루어진 쉬운 코스이지만, 갔다가 다시 돌아오는 왕복 코스라 조금 단조롭게 느껴질 수도 있다.

GOOGLE MAPS GR43+39 아리샨향

3

작고 사랑스러운 산속 마을

펀치후

奮起湖(분기호) Fenchihu

지아이에서 아리샨으로 가는 길에는 해발 1400m에 위치한 펀치후라는 작은 산속 마을이 있다. 1시간이면 휘리릭 둘러볼 수 있는 규모지만, 근처에 소소한 볼거리가 많아 잠시 머무르기에 좋다. 지아이 역에서 펀치후 역을 지나 아리샨까지 가는 삼림열차는 9.21 대지진 이후 운행이 오랫동안 중단되었다가 최근 다시 운행을 시작했다. 다만 기차는 여전히 운행 편수도 많지 않고 시간도 꽤 많이 소요된다. 따라서 열차에 비해 상대적으로 이동시간이나 대기 시간이 짧은 버스를 이용하는 사람이 더 많다. 그래도 여전히 열차나 버스 모두 운행 편수가 적은 탓에 교통편이 다소 불편한 게 사실. 이 때문에 찾는 여행객이 많지 않지만, 시간 여유가 있다면 잠시 들러도 좋을 만한 곳이다. 펀치후 근처의 펜션에서 하룻밤 머무는 느린 일정도 추천한다.

GOOGLE MAPS fen chi hu station

+ Writer's Pick +

펀치후까지 가는 법

펀치후는 지아이에서 아리샨까지 가는 길목에 있기 때문에 오가는 길에 들르기 좋다. 지아이 역에서 펀치후까지는 버스나 기차를, 펀치후에서 아리샨까지는 버스를 이용하는 것이 일반적이다.

■ 기차

약 2시간 30분 소요되며, 요금은 NT$384.

• **지아이 일반기차역 → 펀치후**
  09:00, 10:00
• **펀치후 → 지아이 일반기차역**
  13:30, 14:30

■ 버스 *기차 및 버스 시간대와 요금은 변동될 수 있음

지아이 역에서 펀치후까지는 버스로 약 1시간 50분, 펀치후에서 아리샨까지는 약 1시간 소요된다. 요금은 각각 NT$251(지아이→펀치후), NT$98(펀치후→아리샨). 운행시간은 다음과 같다.

• **지아이 고속열차역 → 펀치후** 11:00
• **지아이 일반기차역 → 펀치후** 09:40, 12:10
• **펀치후 → 아리샨** 11:30, 12:50, 14:00(일반 버스)
• **아리샨 → 펀치후** 09:10(일반 버스), 10:10, 14:10
• **펀치후 → 지아이 고속열차역** 11:10
• **펀치후 → 지아이 일반기차역** 09:58, 14:58

조금 특별한

아리산의 숙소

아리산은 1박 2일 일정이 가장 일반적이다. 숙소는 아리산 여행안내센터 뒤쪽으로 저렴한 호텔들이 모여 있다. 하지만, 아리산을 제대로 즐기고 싶다면 조금 비싸도 꼭 아리산 국립공원 내의 호텔에서 묵기를 권하고 싶다. 한편 아리산에서 2박 이상을 할 수 있는, 조금 특별한 아리산 여행을 가고 싶은 여행자에게는 아리산에 도착하기 전, 먼저 아리산 근처 작은 마을의 민쑤民宿에서 하룻밤 묵는 것을 추천한다. 참고로 민쑤民宿는 우리나라의 펜션과 비슷한 개념의 숙박 형태다.

아리산 기차역 주변의 숙소

단언컨대 아리산 최고의 호텔, 아리산 삔관

阿里山賓館(아리산 빈관) Alishan House

아리산 국립공원 내 호텔 중 최고를 꼽는다면 단연 이곳, 아리산 삔관이다. 이곳은 우선 위치부터 300점이다. 삼림열차 선무 역과 자오핑 역 중간 지점에 있고 아리산 역에서도 도보 15분이면 도착하기 때문에 일출열차를 제외하고는 삼림열차를 탈 일이 없다. 덕분에 호텔 밖으로 나가자마자 바로 하이킹 코스가 시작되므로 하루에도 몇 번씩 원하는 만큼, 원하는 코스로 다양한 하이킹을 즐길 수 있다.

어디 그뿐일까. 호텔 전망대에서 보는 운해와 일몰은 눈물이 날 만큼 감동적이다. 그 어떤 스폿보다 아름다운 일몰을 만날 수 있는 최고의 장소. 물론 가격이 만만치 않고 예약 자체가 쉽지 않을 정도로 인기가 많아서 적어도 두세 달 전에는 예약해야 한다. 아리산 버스터미널에서 무료 셔틀버스를 운행하고 있다.

GOOGLE MAPS 아리산 호텔 **ADD** 阿里山鄉香林村(샹린촌)16號 **TEL** 05 2679 9811 **PRICE** NT$1만2000~(조식, 석식 포함) **WI-FI** 무료 **WEB** www.alishanhouse.com.tw **BUS** 아리산 버스터미널에서 무료 셔틀버스 이용(07:00~20:30, 약 10분 간격 수시 운행)

저렴한 숙소를 찾는다면

교통도 편하고 가격도 많이 비싸지 않은 숙소들은 대부분 아리산 여행안내센터 뒤쪽에 모여 있다. 여행안내센터 옆에 있는 계단으로 내려가면 작은 골목에 모텔급 호텔들이 옹기종기 모여 있는데, 대부분이 2~3성급 호텔로 서비스 수준과 시설, 가격대가 비슷하다. 간단한 조식과 모닝콜 서비스를 제공하며, 평일 기준 1박에 NT$4000~6000 정도. 숙소에 큰 기대를 하지 않는다면 하룻밤 머물기엔 나쁘지 않다. 아리산 관광안내센터를 등지고 왼쪽으로 난 계단을 따라 내려가면 숙소들이 모여 있는 골목이 바로 나온다.

■ **고산청대반점** 高山青大飯店(까오산칭 따판띠엔)
GOOGLE MAPS 가우 산 칭 호텔 **ADD** 阿里山鄉中正村(쭝쩡촌)43號 **TEL** 05 267 9988 **WI-FI** 무료 **WEB** 33333.com.tw

■ **청산별관** 青山別館(칭산비에관) Cing Shan Hotel
GOOGLE MAPS cing shan hotel **ADD** 阿里山中正村(쭝쩡촌)42號 **TEL** 05 267 9533 **WI-FI** 무료 **WEB** chinshan villa.com.tw

■ **등산별관** 登山別館(떵산 비에관) Ali-Shan Dengshan Hotel
GOOGLE MAPS ali-shan dengshan hotel **ADD** 阿里山鄉中正村(쭝쩡촌)47號 **TEL** 05 267 9758 **WI-FI** 무료

■ **앵산대반점** 櫻山大飯店(잉산 따판띠엔) Ying Shan Hotel
GOOGLE MAPS ying shan hotel **ADD** 阿里山鄉中正村(쭝쩡촌)39號 **TEL** 05 267 9803 **WI-FI** 무료 **WEB** ying-shan.com.tw

■ **고봉대반점** 高峰大飯店(까오펑 따판띠엔)
Ali-Shan Kaofeng Hotel
GOOGLE MAPS ali-shan kaofeng hotel **ADD** 阿里山鄉中正村(쭝쩡촌)41號 **TEL** 05 267 9411 **WI-FI** 무료 **WEB** kaofeng.okgo.tw

■ **만국별관** 萬國別館(완구워 비에관) Wankou Hotel
GOOGLE MAPS 완쿠 호텔 **ADD** 阿里山鄉中正村(쭝쩡촌)45號 **TEL** 05 267 9777 **WEB** wanguo.emmm.tw

민쑤民宿(민속)에서 묵는 특별한 아리샨 여행

친구네 집에 온 것 같은 따뜻한 환대,
차미우 茶米屋(다미옥) David's House

지아이 역에서 아리샨 행 하오싱好行 버스를 타고 한 시간쯤 가다 보면 시딩隙頂이라는 작은 마을이 나온다. 차미우茶米屋는 우롱차 재배가 주 수입원인 이 작은 마을에 위치한 민쑤民宿, 즉 펜션이다. 방이 딱 한 개밖에 없는 작은 민쑤임에도 이미 꽤 입소문이 난 곳이라서 타이완 현지인들은 물론 홍콩, 싱가포르, 중국, 독일 등에서 온 많은 여행자가 묵곤 한다.

이곳의 가장 큰 매력은 민박 주인 부부의 따뜻한 대접이다. 차가 없는 외국인 여행자들을 위해 근처 음식점까지 차로 데려다주기도 하고, 고산 우롱차를 재배하는 차밭 사이를 거닐 수 있도록 직접 가이드를 해주기도 한다. 저녁이면 아름답기로 이름난 하이킹 코스 겸 일몰 명소인 얼이옌핑 뿌따오二延平步道에 같이 올라 가슴 먹먹한 일몰을 감상할 수 있도록 동행해준다. 다음 날 아침, 정성스럽게 만든 아침식사까지 받으면 마치 친구네 집에 놀러 온 듯한 기분이 들 정도다. 워낙 친절하기로 이름난 타이완 사람들이지만, 그들이 보여주는 마음은 친절 그 이상의 정情이라는 생각이다.

GOOGLE MAPS davids house chiayi **ADD** 嘉義縣番路鄉公田村隙頂(시딩)42-2號 **TEL** 092 835 8269, 092 121 3117 **WI-FI** 무료 **WEB** davidshouse.xyz **BUS** 지아이 고속열차·일반기차역에서 아리샨 행 하오싱 버스를 타고 시딩隙頂 정류장에서 하차. 약 1시간 10분 소요. 건너편 시딩구워샤오隙頂國小 바로 옆에 있다.

아리샨 깊은 산속에서 머무는 힐링 숙박,
라우야 홈스테이 神禾民宿(션허민쑤) Lauya Homestay

각종 호텔 예약 사이트에서 높은 평점을 자랑하는 펜션. 테라스에서 바라보는 전망이 특히 아름다운 곳으로 유명하다. 펜션의 정원은 공들여 가꾼 흔적이 역력하며, 각종 피규어와 작은 화분 등으로 가득한 1층의 로비는 먼지 하나 없이 잘 정리되어 있어서 들어서면서부터 신뢰가 간다. 특히 가장 큰 룸인 3~4인실은 전망과 시설 모두 더할 나위 없이 탁월하여 늘 인기가 높은 편이다.

무엇보다 이곳은 아리샨이 한눈에 보이는 전망을 자랑하므로 그저 테라스에 앉아만 있어도 일상의 스트레스가 모두 사라지는 기분이다. 차로 5분 거리에는 펀치후 마을이 있어서 택시를 불러 잠시 다녀오기에도 좋다. 시간 여유만 된다면 이곳에서 2~3일쯤 머물면서 고즈넉한 휴가를 즐기고 싶어진다. 근처에 걷기 좋은 하이킹 코스도 다양한 편이라 느린 여행을 즐기기에 이보다 좋을 수 없을 듯. 사장님에게 문의하면 하이킹 코스와 식사 장소 등에 대한 정보를 꼼꼼하게 알려준다. 지아이 역에서 아리샨으로 향하는 하오싱 버스의 중간 지점 정류장 바로 앞이라 찾기가 매우 쉽다는 점도 반갑다.

GOOGLE MAPS 아리샨 라우야 홈스테이 **ADD** 嘉義縣阿里山鄉樂野村(러이예촌)樂野301附3號 **TEL** 092 861 8654 **WI-FI** 무료 **WEB** airbnb.com.tw/p/alishanlauyahomestay **BUS** 지아이 고속열차·일반기차역에서 아리샨 행 하오싱 버스를 타고 샹후디上湖底 정류장에서 하차. 약 1시간 30분 소요. 버스에서 내리자마자 바로 앞에 입구가 있다.

타이완 최대의 고산 호수

르위에탄
日月潭 (일월담)

SUN MOON LAKE

日月潭

IN TAIWAN

르위에탄은 타이완에서 가장 큰 고산호수로 아리산, 타이루거 협곡과 더불어 타이완의 3대 비경 중 하나로 손꼽힌다. 타이완 중부를 여행한다면 빼놓지 말고 꼭 들러야 할 핵심 명소 중 하나다.

해와 달을 닮은 호수, 르위에탄

바다처럼 거대한 호수 르위에탄은 호수 중앙에 있는 작은 섬인 랄루拉魯島 Lalu를 중심으로 동쪽은 해, 서쪽은 달의 모습을 닮았다고 하여 르위에탄日月潭이라고 불린다. 해발 760m, 수심 30m에 총면적 793헥타르로 2000년 국가풍경구로 지정되었다. 호수 주위가 산으로 겹겹이 둘러싸여 있어서 마치 깊은 산 속 어느 신비로운 땅에 들어와 있는 듯한 느낌이 드는 곳. 특히 저녁에는 에메랄드빛 호수와 붉은 석양이 어우러져 매혹적인 풍광을 자아낸다. 반면 해 질 무렵보다 새벽 호수의 은은한 빛을 더 사랑하는 사람도 적지 않다. 어느 쪽을 택하든 타이완 최대 천연 내륙 호수로서의 압도적인 아우라만큼은 다른 곳과 비교할 수 없을 것이다.

르위에탄 가는 법

르위에탄은 타이중에서 가는 경우가 가장 많지만, 타이베이에서도 버스로 4시간 정도 소요되므로 1박 2일 일정으로 다녀올 만하다.

■ 타이베이에서

MRT 레드·블루 라인 타이베이 처짠台北車站 역 Y1 출구 바로 앞에 있는 타이베이 버스터미널台北轉運站(타이베이 좐윈짠)에서 구워꽝 커윈國光客運 1833번 버스 탑승. 종점에서 내리면 수이셔 여행안내센터水社遊客中心(수이셔 여우커쭝신, 492p)가 보인다. 07:00~17:00, 하루 6~9회 운행하며, 약 4시간 소요된다. 요금은 편도 NT$470, 왕복 NT$900.

■ 타이중에서

타이중 기차역을 등지고 오른쪽 지엔구월루建國路를 따라 계속 직진하여 도보 10분 거리에 있는 난터우 커윈南投客運 사무실 앞에서 6670번 하오싱好行 버스 탑승. 종점에서 내리면 수이셔 여행안내센터水社遊客中心가 보인다. 버스는 07:50~19:50, 30~50분 간격으로 있으며, 1시간 40분~2시간 소요. 요금은 편도 NT$195, 왕복 NT$360. 일부 시간대는 구족문화촌에도 정차한다. 단, 계절에 따라 운행 시간과 간격이 바뀔 수 있으니 미리 확인하는 게 안전하다. 6670번 하오싱 버스는 타이중 고속열차 역도 지나므로 만약 타이중 고속열차 역에서 출발한다면 굳이 기차역 근처 정류장까지 갈 필요 없이 고속열차 역 버스 승강장에서 6670번 버스를 타면 된다.

타이중에서 르위에탄까지는 교통카드를 사용해도 되지만, 패키지 티켓(491p)을 구매하는 게 가격 면에서 훨씬 유리하다. 참고로 승용차로 가면 1시간 10분 정도 걸리는 비교적 가까운 거리다.

■ 타이중 공항에서

하오싱 버스 노선 중 1일 1회, 15:20에 버스가 타이중 공항에서 출발해 까오티에 타이중高鐵台中 역에 잠시 정차했다가 르위에탄으로 향한다. 요금은 NT$260. 르위에탄 패키지 티켓을 구매할 사람은 까오티에 역에 정차했을 때 사면 된다.

■ 아리샨에서

아리샨 버스터미널阿里山 轉運站(아리샨 좐윈짠)에서 르위에탄 행 6739번 버스 탑승. 위엔린 커윈員林客運에서 13:00 하루 1회(주말은 13:00, 14:00 하루 2회) 운행하며, 약 3시간 30분 소요. 요금은 NT$337. 티켓은 아리샨 역 세븐일레븐에서 구매할 수 있다.

+ Writer's Pick +

르위에탄에서 다른 도시로 가는 법

■ 타이중까지

수이셔 여행안내센터 앞에서 07:25~19:25에 운행하는 타이중 행 하오싱 버스가 타이중 고속열차역과 일반기차역에 정차한다. 30~50분 간격으로 자주 운행하니 따로 예약할 필요는 없다. 단, 계절에 따라 운행 시간과 간격이 바뀔 수 있으니 시간표를 미리 확인하는 게 안전하다. 대체로 오전 시간이 한가하고 오후와 주말에는 사람이 많으므로 여유롭게 나와 있는 게 좋다. 1시간 40분~2시간 소요. 타이중 공항 행 버스는 12:40에 출발해 14:30에 공항 도착(까오티에 타이중 역 무정차).

■ 아리샨까지

매일 08:00(주말은 08:00, 08:30 하루 2회)에 수이셔 여행안내센터 앞에서 위엔린 커윈林客運에서 운행하는 아리샨 행 6739번 버스 탑승. 약 3시간 30분 소요.

■ 기타 도시까지

르위에탄에서 타이베이, 처청車程 등 기타 도시로 가는 버스가 다양한 편이며, 모두 수이셔 여행안내센터 앞에서 출발한다. 만약 짐이 없다면 버스를 타고 처청에 가서 지지선 기차를 타고 타이중으로 돌아가는 일정도 고려해보자.

알아두면 힘이 되는
르위에탄 여행 팁

크게 수이셔 마을, 이다샤오 마을, 그리고 구족문화촌으로 나뉘는 르위에탄은 볼거리도 즐길 거리도 다양한 편이라 적어도 1박 2일 정도는 머물 것을 권한다. 자전거나 유람선, 케이블카 등을 이용하여 여유롭게 둘러보자.

르위에탄을 돌아보는 방법

르위에탄을 돌아보는 가장 좋은 방법은 유람선과 셔틀버스, 자전거의 힘을 빌리는 것이다. 가장 편리하면서도 효율적인 방법은 유람선. 각각의 스폿들을 시간 대비 가장 효과적으로 돌아볼 수 있다. 셔틀버스는 시간대를 맞추기가 어렵지만 그래도 나름 편한 수단이며, 자전거는 르위에탄을 가장 낭만적으로 즐길 방법. 만약 1박 2일 코스를 계획한다면 하루는 유람선, 하루는 자전거를 추천한다. 물론 오롯이 두 발로 걷는 산책도 르위에탄을 느끼기에 부족함이 없다.

■ 유람선 Shuttle Boat

호수 위를 다니는 유람선은 여러 업체에서 운영하고 있다. 하지만 노선과 요금이 다 동일하므로 아무거나 타도 상관없다. 유람선은 업체마다 약 20~30분에 한 대씩 운항하며, 수이셔 부두水社碼頭 Shuishe, 현광사玄光寺 Syuanguang, 이다샤오伊達邵 Ita Thao에 순서대로 정선한다. 모든 유람선이 한 방향으로만 운항하므로 수이셔 → 현광사 → 이다샤오 → 수이셔의 노선을 꼭 기억할 것. 유람선 탈 때 주는 시간표를 잘 보관했다가 이에 맞춰 일정을 잡는 것이 편하다.

TEL 049 285 6428 **PRICE** 1일권 NT$300, 1회권 NT$100 **OPEN** 09:00~17:00(이다샤오에서 수이셔로 돌아오는 마지막 유람선은 17:40)

■ 자전거

단언컨대 자전거야말로 르위에탄을 가장 낭만적으로 즐길 방법이다. 물안개를 머금은 새벽녘에 타도, 햇빛 찬란한 오후에 타도, 노을빛이 따뜻한 저녁에 타도 저마다의 매력이 넘쳐난다. 르위에탄에는 호수 전체에 자전거 도로가 잘 형성되어 있는데, 그중에서도 수이셔 부두부터 샹샨向山 여행안내센터까지 약 3km에 이르는 구간이 가장 유명하다. 미국 CNN 여행 사이트로부터 '세계에서 가장 아름다운 자전거 도로'로 선정되기도 했다. 샹샨 여행안내센터까지는 약 40분 코스로 크게 힘들진 않으며, 속도감 있는 전기 자전거도 대여할 수 있다. 일반 자전거 대여료는 시간과 관계없이 하루 약 NT$200. 대여점(07:00~19:00)은 수이셔 부두 주변에서 쉽게 찾을 수 있다.

■ 셔틀버스 遊湖巴士(여우후 빠스) Round-the-Lake Bus

만약 유람선 시간대를 맞추는 게 어렵다면 셔틀버스遊湖巴士를 이용하는 것도 괜찮은 방법이다. 요금도 유람선보다 저렴하다. 단, 유람선에 비해 시간이 좀 더 오래 걸리고, 배차 간격이 들쑥날쑥하여 시간표를 꼼꼼히 체크해야 한다는 단점이 있다. 배차 시간표는 여행안내센터에서 받을 수 있다.

TEL 049 298 4031 **PRICE** 1일권 NT$80 **OPEN** 08:00~17:20/20~40분 간격 운행

■ 산책

수이셔 여행안내센터水社遊客中心 뒤쪽에서 시작되는 한삐 산책로涵碧步道(한삐뿌따오)는 호수를 따라 1.5km가량 이어진다. 처음부터 끝까지 나무 데크로 잘 조성돼 있어 걷는 느낌도 아주 좋다. 사실 어디부터 어디까지가 한삐 산책로인지 계산할 필요는 없다. 르위에탄 곳곳에는 많은 산책로가 있기에 그냥 사부작사부작 걷다 보면 그 길이 바로 내가 꿈꾸던 아름다운 산책길이니 말이다.

■ 숙소

르위에탄은 타이완에서도 손꼽히는 관광지라서 대부분 숙소가 시설 대비 다소 비싼 편이다. 특히 전망이 좋으면 시설과 관계없이 가격이 치솟는다. 숙소는 주로 르위에탄의 북쪽인 수이셔 부두 근처와 남쪽인 이다샤오 근처에 밀집해 있다. 멋진 전망을 자랑하는 고급 호텔은 이다샤오 쪽에, 배낭여행자들을 위한 저렴한 숙소는 버스터미널이 있는 수이셔 부두 쪽에 많은 편이다. 그러므로 교통과 가격을 중시한다면 수이셔 부두 쪽에 숙소를 정하는 게 좋고, 교통은 조금 불편해도 전망 좋고 한가로운 휴식을 보장받고 싶다면 이다샤오 쪽에서 찾는 게 현명한 선택이다.

🛶 르위에탄 추천 코스

시간 여유만 있다면 오래 머물면서 유유자적 여행 겸 휴식을 즐기는 게 좋겠지만, 만약 정해진 시간 안에 돌아봐야 한다면 적어도 1박 2일을 추천한다. 물론 부지런히 다니면 하루 안에도 다 볼 순 있지만, 자전거도 타고 호수의 아침, 점심, 저녁을 모두 누리려면 적어도 1박 2일은 필요하다는 생각이다. 참고로 호수 한 바퀴를 도는 데는 약 4시간 소요된다.

■ 당일 여행 추천 코스 소요 시간: 약 8시간

수이셔 부두에서 유람선 탑승 → 유람선 10분 → 현광사에서 르위에탄 감상하기 → 유람선 10분 → 이다샤오에서 산책과 식사 후 케이블카 탑승하기 → 구족문화촌 구경하기 → 버스 20분 또는 케이블카+유람선 → 수이셔 부두에서 인증샷 남기기 → 도보 5분 → 르위에탄 일몰 감상하기

■ 1박 2일 추천 코스

[1일차] 수이셔 부두에서 유람선 탑승 → 유람선 10분 → 현광사에서 르위에탄 감상하기 → 유람선 10분 → 이다샤오에서 산책 후 식사하기 → 르위에탄 일몰 감상하기

[2일차] 자전거 타기 → 상산 여행안내센터에서 잠시 휴식 → 자전거 타기 → 버스 20분 → 이다샤오에서 케이블카 탑승하기 → 구족문화촌 구경하기 → 버스 20분 → 수이셔 부두에서 인증샷 남기기 → 르위에탄 산책하기 → 다음 여행지로 이동

+ Writer's Pick +

알뜰한 여행자에게 안성맞춤, 난터우 커윈南投客運의 패키지 티켓

르위에탄을 여행하는 방법은 여러 가지만, 그중에서 경비를 가장 절약하는 방법은 패키지 티켓을 구매하는 것이다. 바로 난터우 커윈이라는 회사에서 판매하는 '르위에탄 하오싱 타오피아오日月潭好行套票'라는 티켓이다. 타이중~르위에탄 왕복 하오싱 버스 티켓과 구족문화촌 입장권, 케이블카 1일 패스, 유람선 1일 패스, 셔틀버스 1일 패스 등 르위에탄 여행에 필요한 여러 항목을 종류별, 컨셉별로 구성해 놓았다. 가격대도, 구성 항목도 다양하므로 취향과 일정에 따라 선택할 수 있다.

티켓은 타이중 기차역에서 도보 10분 거리에 있는 난터우 커윈 사무소(06:00~22:00)와 르위에탄 수이셔 여행안내센터 바로 옆의 티켓 오피스(09:30~18:00), 까오티에 타이중 역의 난터우 커윈 데스크(07:30~18:00)에서 구매할 수 있다.

491

르위에탄 여행의 중심지

수이셔 부두

水社碼頭(수사마두, 수이셔 마터우) Sun Moon Lake Shuishe Pier

GOOGLE MAPS shuishe pier
ADD 南投縣魚池鄉水社村中山路(쭝샨루)555號

르위에탄 북쪽에 위치한 부두. 대부분의 장거리 버스가 이 수이셔 부두 근처에 정차하며, 모든 유람선도 이곳에서 출발한다. 여행안내센터도 이곳에 있기 때문에 사실상 르위에탄 여행의 시작점이라고 해도 과언이 아닐 듯. 이러한 교통의 편리함 덕분에 대부분 여행자는 이 일대에 숙소를 잡는다. 부두 뒤쪽으로는 번화한 상점가가 이어지므로 쇼핑을 하거나 식사를 하기에도 좋다. **MAP 491p**

 Spot 1 르위에탄 여행은 이곳에서부터
수이셔 여행안내센터
水社遊客中心(수사여객중심, 수이셔 여우커쭝신) Shueishe Visitor Center

르위에탄 여행을 시작하고 마치는 곳. 대부분 르위에탄 행 버스의 하차 지점이자, 르위에탄에서 다른 도시로 이동하는 버스의 승차 지점이 바로 이곳 수이셔 여행안내센터 앞이다. 그리 크지 않은 규모지만, 르위에탄에 관한 정보는 모두 이곳에서 얻을 수 있다. 각종 티켓이나 패스 구매도 이곳에 문의하면 친절하게 알려준다. 본격적으로 여행을 시작하기 전에 꼭 먼저 들러서 필요한 정보를 얻어가자.

GOOGLE MAPS shueishe visitors center **ADD** 南投縣魚池鄉水社村中山路(쭝샨루)163號 **TEL** 049 285 5662 **OPEN** 월~금 09:00~17:00, 토·일 09:00~17:30 **WEB** www.sunmoonlake.gov.tw

Spot 2

샤오족 邵族의 전통요리

마페이관
碼啡館(마배관)

수이셔 여행안내센터 근처의 하버 리조트 호텔碼頭休閒飯店 Harbor Resort Hotel 1층에 있는 음식점. 난터우南投 지역의 원주민인 샤오족의 전통 요리를 먹을 수 있는 곳이다. 커다란 바나나 잎 위에 푸짐하게 담겨 나오는 세트 요리는 보기만 해도 군침이 돈다. 그리 비싸지 않은 가격에 전통 디저트까지 꼼꼼하게 챙겨준다. 세트메뉴 외에 단품 요리 또한 훌륭한 편이며, 메뉴 대부분이 모두 입맛에 잘 맞아서 가격 대비 만족스러운 수준이다.

GOOGLE MAPS 11 mingsheng st **ADD** 南投縣魚池鄉名勝街(밍성지에)11號 **OPEN** 11:00~20:00 **WALK** 수이셔 부두 바로 앞

+ Writer's Pick +

마페이관 추천 메뉴

❶ **샤오주 펑웨이 타오찬** 邵族風味套餐 샤오족 전통 요리세트

❷ **파오차이 떠우푸궈** 泡菜豆腐鍋 두부김치냄비

❸ **쏸샹 산주러우** 蒜香山豬肉 마늘소스 멧돼지고기볶음

2

자전거 하이킹의 반환점

샹샨 여행안내센터
向山遊客中心(샹샨 여우커쭝신)
Xiangshan Visitor Center

예술미가 돋보이는 건축물로 유명한 샹샨 여행안내센터는 자전거 하이킹의 반환점으로 많이 알려져 있다. 수이셔 마을에서 약 3.5km 떨어져 있어서 자전거 도로를 따라 가볍게 자전거 하이킹을 한 뒤, 샹샨 여행안내센터에 도착해 잠시 휴식을 취하고 다시 수이셔 마을로 돌아오는 1~2시간의 가벼운 하이킹 코스로 딱 적당하다. 여행안내센터 외에도 카페와 기념품 상점이 있어서 잠시 쉬기에도 좋다. 워낙 건물 자체와 주변 경관이 아름다워서 사진을 좋아하는 사람도 많이 찾는다. **MAP 491p**

GOOGLE MAPS xiangshan visitor center
ADD 南投縣魚池鄉日月村中山路(쭝샨루)599號
OPEN 09:00~17:00

3

호수가 보이는 앞마당
현광사
玄光寺(쉬엔꽝쓰)

수이셔 부두에서 유람선을 타면 도착하는 첫 번째 정류장. 유람선에서 내리자마자 보이는 사찰이 바로 현광사다. 현광사는 1955년에 세워진 사찰로, 중국 당나라 고승인 현장법사의 사리를 모셨던 곳으로 유명하다. 하지만 아쉽게도 몇 년 전 그 사리는 현광사에서 도보 30분 거리에 있는 현장사玄奘寺(쉬엔짱쓰)란 절로 옮겨졌다. 그런데도 여전히 이곳이 여행자들에게 사랑받는 것은 르위에탄을 한눈에 바라볼 수 있는 최고의 위치 덕분. 날씨만 좋으면 하늘과 호수가 맞닿은 듯 이어지는 풍경이 한눈에 들어와 보는이의 감탄을 자아낸다. 단, 언제가도 단체사진 찍는 여행자들이 인산인해를 이루는 통에 제대로 된 사진을 건지기가 쉽지 않다는 게 단점.

MAP 491p

GOOGLE MAPS 수이셔 현광사
ADD 南投縣魚池鄉日月村中正路(쭝쩡루)338號
OPEN 08:00~17:00
FERRY 현광사玄光寺 유람선 부두에서 내리자마자 바로 보인다.

4

르위에탄의 또 다른 중심지
이다샤오
伊達邵(이달소)

수이셔 부두 일대와 함께 르위에탄의 양대 중심거리로 손꼽히는 곳. 유람선의 마지막 부두로, 고급 호텔과 각종 상점이 옹기종기 모여 있다. 원주민인 샤오족邵族이 모여 살던 마을로, 숯불 소시지, 홍차 아이스크림 등 각종 먹거리가 풍부하고 소소한 기념품 상점도 제법 많아 구경하는 재미가 쏠쏠하다. 시간대가 맞으면 이 동네에서 식사하는 것도 괜찮겠다.

구족문화촌九族文化村으로 가는 케이블카 정류장도 이다샤오에 있다. 이다샤오에서 케이블카 정류장까지 이어지는 데크 산책로는 이다샤오 관광의 백미. 걷기 좋게 조성된 산책로 덕분에 케이블카를 타러 가는 발걸음이 한층 더 가벼워진다. **MAP 491p**

GOOGLE MAPS yidashao wharf
ADD 南投縣魚池鄉日月潭畔(르위에탄판)
FERRY 이다샤오伊達邵 유람선 부두 또는 버스로
    이다샤오 정류장에서 하차

Spot **티18**

직접 재배한 르위에탄의 차

朝霧茶莊(조무다장, 차오우차짱) Tea18

르위에탄과 아리산 일대에서 직접 재배한 차를 파는 상점. 분위기 좋은 카페를 겸하고 있어서 차 마시며 잠시 쉬었다 가기에 안성맞춤이다. 무엇보다 이곳에서 판매하는 차는 100% 모두 직접 재배한 것이라고 하니 더욱 신뢰가 긴다. 생각보다 기격은 비싸지 않으며, 르위에탄의 특산품인 아쌈 홍차와 아리산의 우롱차가 가장 인기다. 이곳의 또 다른 대표 메뉴는 홍차 아이스크림. 달지 않으면서 홍차 맛이 진하게 우러나는 이 아이스크림에는 맛본 사람만이 알 수 있는 깊이가 있다.

GOOGLE MAPS tea18 yuchi **ADD** 南投縣魚池鄉德化街(더화지에)10-1號 **OPEN** 09:00~21:00 **WEB** www.tea18.com.tw **FERRY** 이다샤오伊達邵 유람선 부두에서 도보 3분

+ Writer's Pick +

르위에탄 아쌈 홍차와 에그 롤

르위에탄에는 르위에탄의 특산품인 아쌈 홍차와 아리산 우롱차를 주로 판매하는 차 전문점이 매우 많다. 가격도 그리 비싸지 않고 품질도 비슷하므로 지나가다 마음에 드는 곳에서 구매하면 된다. 이외에 르위에탄 홍차로 만든 에그 롤도 인기 쇼핑 품목. 홍차 특유의 진한 향이 녹아 있어서 일반적인 에그 롤과는 차원이 다른 맛이다.

호수 위를 다니는 케이블카
르위에탄 케이블카
日月潭纜車(르위에탄 란처) Sun Moon Lake Ropeway

르위에탄과 구족문화촌九族文化村을 연결하는 케이블카. 르위에탄에서 구족문화촌으로 이동하는 가장 편리한 교통수단이다. 총 길이 1877m로 약 7분이면 구족문화촌에 도착한다. 하지만 케이블카가 지금처럼 높은 인기를 구가하는 관광코스로 자리매김한 것은 이런 편리성보다는 압도적인 풍경 덕분이다. 가장 높은 곳이 해발 1044m에 달해 가는 동안 르위에탄이 한눈에 내려다보인다. 케이블카는 8인승 크기로 해日를 상징하는 빨간색과 달月을 상징하는 노란색, 호수潭를 상징하는 파란색을 사용해 만들었다. 구족문화촌 입장권을 갖고 있으면 무료로 이용할 수 있어 더욱 반갑다. 참고로 이다샤오에서 케이블카 정류장까지 이어지는 0.9km가량의 데크 산책길은 고즈넉하고 평화로운 분위기로 명성이 자자하다. **MAP 491p**

GOOGLE MAPS sun moon lake ropeway
ADD 南投縣魚池鄉日月村中正路(쫑쩡루)102號
PRICE NT$380
OPEN 월~금 10:30~16:00, 토·일·공휴일
10:00~16:30, 매철 셋째 수뇨일 유부
WEB www.ropeway.com.tw
FERRY 이다샤오伊達邵 유람선 부두에서 데
크 산책로를 따라 도보 20분

타이완 원주민을 만나러 가는 길

구족문화촌

九族文化村(지우주 원화촌) Formosa Aboriginal Culture Village

르위에탄에만 머물러도 충분히 행복하지만, 그래도 반나절이나 하루 정도 시간을 더 보태 조금 다른 곳을 둘러보길 권하고 싶다. 그 대표적인 곳이 타이완 원주민들의 삶을 볼 수 있는 테마파크인 구족문화촌이다.

우리나라로 치면 민속촌쯤에 해당하는 구족문화촌은 타이완에 살던 9개 원주민 부족인 아미족雅美族(야메이주), 아미족阿美族(아메이주), 태아족泰雅族(타이야주), 새하족賽夏族(싸이샤주), 추족鄒族(쩌우주), 포농족布農族(뿌농주), 비남족卑南族(뻬이난주), 로개족魯凱族(루카이주), 배만족排灣族(파이완주)의 문화를 소개하는 테마파크다. 총면적이 무려 62헥타르(약 18만7500평)에 이르는 구족문화촌은 단순한 민속촌의 수준을 뛰어넘어 2천여 그루의 매화나무를 비롯하여 원시 삼림을 방불케 하는 수만 그루의 나무들이 걷는 것만으로도 평안함을 선사한다. 이에 더해 정성스럽게 꾸민 유럽식 정원과 가족 단위 여행자들을 위한 놀이기구까지 완비되어 있어서 그야말로 종합선물세트 같은 테마파크라고 할 수 있다. 나무가 워낙 많다 보니 곳곳에 모기 방지 로션이 비치돼 있을 정도로 모기가 많으므로 이에 대한 대비를 하는 게 좋다. **MAP 491p**

GOOGLE MAPS formosa aboriginal culture village
ADD 南投縣魚池鄉大林村金天巷(따린춘)45號
PRICE NT$980(케이블카 왕복 요금 포함)
OPEN 케이블카 10:30~16:00, 토·일·공휴일 10:00~16:30/구족문화촌 월~
　　금 09:30~17:00, 토·일·공휴일 09:30~17:30(시설마다 다름)
WEB www.nine.com.tw
BUS 르위에탄에서 케이블카 탑승. 또는 타이중에서 난터우 커윈南投客運
　　의 6670B번 일부 시간대 버스 이용

+ Writer's Pick +

구족문화촌 둘러보기

구족문화촌은 크게 세 구역으로 나뉜다. 유럽 스타일의 정원인 구주화원歐洲花園(어우저우 화위엔) European Garden, 롤러코스터를 비롯한 각종 놀이기구가 모여 있는 환락세계歡樂世界(환러 스지에) Joy to the World, 그리고 원주민 거주지를 재현해놓은 원주민 부락 경관구原住民部落景觀區(위엔쭈민 뿔루워 징관취) Aboriginal Village Park가 그것. 워낙 규모가 거대하여 다 둘러보려면 적어도 3~5시간은 필요하다. 내부를 운행하는 케이블카까지 있을 정도. 그중에서도 원주민 부락 경관구는 구족문화촌의 핵심 구역이므로 꼭 들러보자.

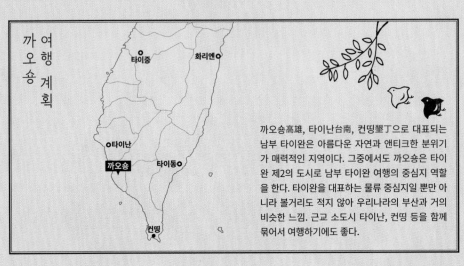

까오슝高雄, 타이난台南, 컨띵墾丁으로 대표되는 남부 타이완은 아름다운 자연과 앤티크한 분위기가 매력적인 지역이다. 그중에서도 까오슝은 타이완 제2의 도시로 남부 타이완 여행의 중심지 역할을 한다. 타이완을 대표하는 물류 중심지일 뿐만 아니라 볼거리도 적지 않아 우리나라의 부산과 거의 비슷한 느낌. 근교 소도시 타이난, 컨띵 등을 함께 묶어서 여행하기에도 좋다.

까오슝 가는법

| 우리나라 | → | 까오슝 |

현재 우리나라에서 까오슝 국제공항高雄國際機場(까오슝 구워지 지창) Kaohsiung International Airport까지는 인천공항과 부산 김해공항에서 항공편이 출발하고 있다. 대한항공(KE), 아시아나항공(OZ), 중화항공(CI), 에바항공(BR), 티웨이항공(TW), 제주항공(7C), 에어부산(BX) 등이 운항하고 있으며, 인천과 김해공항에서 모두 약 3시간 소요된다.

GOOGLE MAPS 가오슝 국제공항
ADD 前鎮區中山四路(쭝샨쓸루)4號
WEB www.kia.gov.tw

| 타이베이 | → | 까오슝 |

타이베이에서 까오슝으로 가려면 고속열차인 타이완 까오티에台湾高鐵 THSR를 타는 것이 가장 편리하고 빠르다. 교통수단에 따른 소요 시간과 요금은 다음과 같다.

- **고속열차 까오티에** 高鐵 타이베이 기차역에서 고속열차인 까오티에를 타면 까오티에 주워잉高鐵左營 THSR Zuoying 역까지 1시간 30분~2시간 소요된다. 까오티에는 매일 06:30~22:30 운행하며, 배차 간격은 대략 15분, 요금은 NT$1630다.

- **일반기차 타이티에** 台鐵 가장 빠른 쯔챵하오自强號를 기준으로 타이베이 기차역에서 까오슝 훠처짠(기차역)高雄火車站까지 약 5시간 소요되며, 요금은 NT$843다.

- **버스** MRT 레드·블루 라인 타이베이 처짠台北車站 역 Y1 출구 바로 앞에 있는 타이베이 버스터미널台北轉運站(타이베이 좐윈짠)에서 까오슝 기차역 앞까지 구워꽝 커윈國光客運 1838번 버스로 약 5시간 걸린다. 요금은 NT$590.

까오슝 시내가기

해외나 타이완의 다른 도시에서 까오슝으로 들어오는 관문은 공항과 고속열차역, 그리고 일반기차역이다. 이들은 모두 MRT로 연결될 뿐만 아니라 공항에서 시내 중심까지도 길어야 30분이면 도착하니 도심으로의 이동은 그 어떤 도시보다 편리한 편이다.

까오슝 공항에서

까오슝 국제공항高雄國際機場은 규모가 그리 크진 않지만, 국제선과 국내선이 모두 있는 타이완 제2의 공항이다. 국제선은 상하이, 쿤밍, 광저우 등 중국의 도시들과 홍콩, 마카오, 도쿄, 호찌민, 인천 등 아시아 도시들에서 주로 취항한다. 시내까지는 공항과 연결된 MRT 레드 라인 까오슝 구워지지창高雄國際機場 역에서 바로 연결되기 때문에 쉽게 시내로 이동할 수 있다. 시내 중심까지 15~30분 소요.

고속열차역에서

타이완의 다른 도시에서 고속열차인 타이완 까오티에台湾高鐵 THSR를 타고 가면 까오티에 주워잉짠高鐵左營站 THSR Zuoying Station에 도착하게 된다. 여기에서 시내까지는 MRT로 바로 연결되므로 편하게 이동할 수 있다. 고속열차역의 MRT 역명은 레드 라인 R16 주워잉左營 역. 까오슝 근교의 불교단지인 불광산佛光山(539p)이나 타이완 최남단 도시 컨띵墾丁(584p)으로 향하는 버스도 주워잉 역 앞에서 탈 수 있다.

GOOGLE MAPS thsr zuoying station
ADD 左營區高鐵路(까오티에루)105號
WEB www.thsrc.com.tw
MAP ⑲

일반기차역에서

고속열차를 제외한 모든 기차는 까오슝의 일반기차역인 까오슝 휘처짠高雄火車站 Kaohsiung Station에 정차한다. MRT 레드 라인 R11 까오슝 처짠高雄車站 역 바로 앞에 있어서 교통도 편리한 편이다. 교외로 가는 버스도 모두 이 근처에서 출발하니 까오슝에 머무는 동안 적어도 한 번 이상은 들르게 될 곳.

GOOGLE MAPS kaohsiung train station
ADD 左營區站前路(짠치엔루)5號
WEB www.railway.gov.tw
MAP ⑲

: MORE :

까오슝의 일반기차역과 고속열차역은 다르다

까오슝의 고속열차역을 일반기차역과 혼동하지 말자. 두 역은 MRT로 약 10분 떨어져 있으며, 아예 역 이름 자체가 다르니 주의할 것. 일반기차역은 까오슝 휘처짠高雄火車站 Kaohsiung Station(MRT 레드 라인 R11 까오슝 처짠高雄車站 역과 연결)이며, 고속열차역은 까오티에 주위잉짠高鐵左營站 THSR Zuoying Station(MRT 레드 라인 R16 주위잉左營 역과 연결)이다.

까오티에 주위잉짠에 정차 중인 고속열차 ← / → 까오슝 휘처짠

까오슝 시내교통

타이베이와 마찬가지로 까오슝엔 MRT가 있어서 여행하기에 매우 편리하다. 특히 공항도 시내와 멀지 않은 위치에서 MRT로 연결되어 있으므로 도시 여행을 즐기기엔 최적의 조건이다.

가장 편리한 방법, MRT & LRT

까오슝을 여행하는 가장 편리한 교통수단은 MRT와 LRT다. 까오슝에는 MRT 2개 라인과 경전철인 LRT 1개 라인이 있는데, MRT 레드 라인은 R로, 오렌지 라인은 O로 표기하며, LRT 그린 라인은 C로 표기한다. 역마다 고유 번호가 있어서 기억하기도 쉽다. LRT 그린 라인은 지상에서 운행하는 트램 형태의 경전철로, 2015년 10월에 첫 운행을 시작했다. 운행 시간은 오렌지 라인 06:00~다음 날 00:44, 레드 라인 06:00~다음 날 00:21, 그린 라인 07:00~22:00.

WEB www.krtc.com.tw

: MORE :

까오슝 MRT 요금체계

까오슝 MRT의 기본요금은 NT$20며, 운행 거리에 따라 요금이 인상되는 방식이다. 즉, 출발 지점으로부터 5~17km는 2km당 NT$5씩, 17~20km 구간은 3km당 NT$5씩 추가된다. 참고로 LRT 요금은 NT$30부터 시작한다.

크게 부담 없어 더욱 반가운, 택시

MRT나 버스와 비교하면 택시 요금이 부담스러운 건 사실이다. 그러나 까오슝의 도시 규모가 그리 크지 않기 때문에 시간에 쫓기거나 몸이 피곤할 때는 택시를 적절히 이용하는 것도 괜찮은 선택이다. 기본요금은 NT$85. 200m마다 NT$5씩 추가되며, 야간(23:00~다음 날 06:00)에는 20% 할증 요금이 적용된다.

교외로 나갈 때 유용한, 시외버스

까오슝 시내는 지하철이 워낙 잘 연결되어 있어서 버스를 탈 기회는 많지 않다. 그보다는 외곽의 작은 소도시로 1일 여행을 떠나기 위해 시외버스를 탈 일이 많을 듯. 타이중과 마찬가지로 종합 시외버스터미널이 따로 없고, 각각의 버스 회사 사무실 앞에서 타는 형태다. 버스 회사 대부분이 까오슝 기차역을 등지고 왼쪽 거리에 옹기종기 모여 있어서 찾기는 크게 어렵지 않다. 회사마다 운행 시간과 요금이 조금씩 다르니 여러 회사가 운행하는 경우에는 비교해보고 타는 게 좋겠다. 참고로 시내버스 기본요금은 NT$12로 상당히 저렴한 편.

: MORE :
**교통카드,
아이패스**

까오슝에서는 이지카드悠遊卡(여우여우카)와 더불어 아이패스一卡通(이카통) ipass도 많이 사용한다. 아이패스의 사용방법과 정책은 이지카드와 동일하다. 지하철 요금 15% 할인을 비롯해 교통수단별로 할인 혜택을 제공하고 있으며, 충전해서 사용할 수 있다. MRT 역이나 편의점에서 구매할 수 있으며, 카드 가격은 NT$100.
아이패스 외에 여행자를 위한 정기권도 있는데, 개시한 날로부터 정해진 기간 안에 무제한으로 MRT를 탑승할 수 있다. MRT 이용이 많은 여행자에게 적당하다. 1일(24시간) 패스는 NT$180, 2일(48시간) 패스는 NT$280.

WEB www.i-pass.com.tw

이지카드   아이패스

: MORE :
**까오슝의
숙소**

까오슝에는 호텔이 꽤 많은 편이고, 여러 군데 지점을 두고 있는 프랜차이즈 호텔도 많다. 덕분에 예약하기도 어렵지 않고 가격도 그리 비싸지 않아서 발품을 많이 파는 만큼 가격대비 만족도 높은 호텔을 구할 수 있다. 일반적으로 메일리다오 역 근처에 숙소를 구하는 것이 비교적 편리하다.

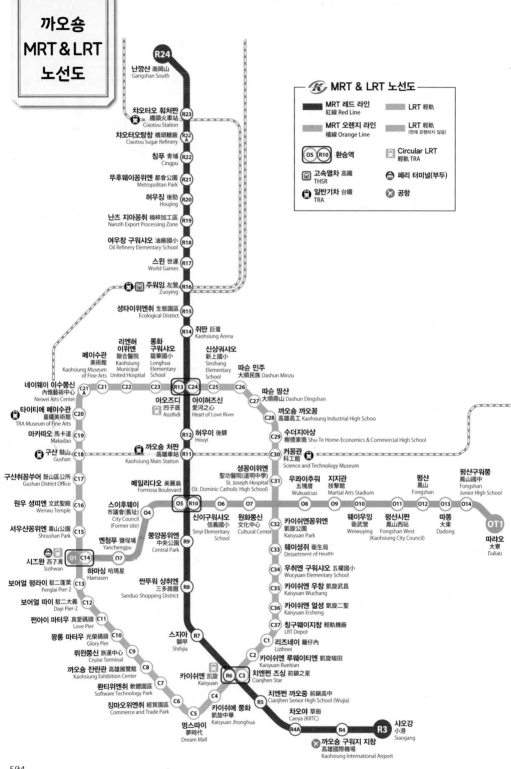

까오숑
MRT & LRT
노선도

MRT & LRT 노선도
- MRT 레드 라인 紅線 Red Line
- MRT 오렌지 라인 橘線 Orange Line
- LRT 輕軌
- LRT 輕軌 (현재 운행하지 않음)
- O5 R10 환승역
- Circular LRT 輕軌 TRA
- 고속열차 高鐵 THSR
- 페리 터미널(부두)
- 일반기차 台鐵 TRA
- 공항

R24 난깡산 南岡山 Gangshan South
R23 차오터오 훠처짠 橋頭火車站 Ciaotou Station
R22A 차오터오탕창 橋頭糖廠 Ciaotou Sugar Refinery
R22 칭푸 青埔 Cingpu
R21 뚜후웨이꽁위엔 都會公園 Metropolitan Park
R20 허우징 後勁 Houjing
R19 난즈 지아꽁취 楠梓加工區 Nanzih Export Processing Zone
R18 여우창 구워샤오 油廠國小 Oil Refinery Elementary School
R17 스원 世運 World Games
R16 주워잉 左營 Zuoying
R15 성타이위엔취 生態園區 Ecological District
R14 쥐딴 巨蛋 Kaohsiung Arena

C21A 네이웨이 이수쭝신 內惟藝術中心 Neiwei Arts Center
C21 메이수관 美術館 Kaohsiung Museum of Fine Arts
C22 리엔허 이위엔 聯合醫院 Kaohsiung Municipal United Hospital
C23 롱화 구워샤오 龍華國小 Longhua Elementary School
R13 C24 아오즈디 凹子底 Aozhidi
C25 신샹궈샤오 新上國小 Sinshang Elementary School
C26 따순 민주 大順民主 Dashun Minzu
C27 따순 띵산 大順鼎山 Dashun Dingshan
C28 까오숑 까오꽁 高雄高工 Kaohsiung Industrial High School
C29 수더지아샹 樹德家商 Shu-Te Home-Economics & Commercial High School
C30 커꽁관 科工館 Science and Technology Museum

C20 타이티에 메이수관 臺鐵美術館 TRA Museum of Fine Arts
C19 마카따오 馬卡道 Makadao
C18 구산 鼓山 Gushan
R12 허우이 後驛 Houyi
R11 까오숑 처짠 高雄車站 Kaohsiung Main Station

C17 구산취꽁쑤어 鼓山區公所 Gushan District Office
C16 원우 성미엔 文武聖殿 Wenwu Temple
R13 아이허즈신 愛河之心 Heart of Love River

C15 셔우샨꽁위엔 壽山公園 Shoushan Park
Q1 C14 시즈완 西子灣 Sizihwan
메일리다오 美麗島 Formosa Boulevard
O5 R10
성꽁이위엔 聖功醫院(道明中學) St. Joseph Hospital (St. Dominic Catholic High School)
C31
O6 O7
우콰이추워 五塊厝 Wukuaicuo
O8 지지관 技擊館 Martial Arts Stadium
O9 O10 웨이우잉 衛武營 Weiwuying
O11 핑샨시판 鳳山西站 Fongshan West (Kaohsiung City Council)
O12 핑샨 鳳山 Fongshan
O13 따똥 大東 Dadong
O14 핑샨구워쭝 鳳山國中 Fongshan Junior High School
OT1

스이후웨이 市議會(舊址) City Council (Former site)
O4
신이구워샤오 信義國小 Sinyi Elementary School
O32 카이쉬엔꽁위엔 凱旋公園 Kaisyuan Park
O33 웨이성쥐 衛生局 Department of Health
따라오 大寮 Daliao

C14 Q7 엔청푸 鹽埕埔 Yanchengpu
R9 중양꽁위엔 中央公園 Central Park
원화쭝신 文化中心 Cultural Center

C13 하마싱 哈瑪星 Hamasen
C34 우취엔 구워샤오 五權國小 Wucyuan Elementary School

보어얼 펑라이 駁二蓬萊 Penglai Pier-2
R8 싼뚜워 상취엔 三多商圈 Sanduo Shopping District
C35 카이쉬엔 우창 凱旋武昌 Kaisyuan Wuchang

C12 보어얼 따이 駁二大義 Dayi Pier-2
C36 카이쉬엔 얼성 凱旋二聖 Kaisyuan Ersheng

C11 펀아이 마터우 真愛碼頭 Love Pier
R7 스지아 獅甲 Shihjia
C37 칭구워이지창 輕軌機廠 LRT Depot

C10 꽝룽 마터우 光榮碼頭 Glory Pier
C1 리즈네이 籬仔內 Lizihnei

C9 뤼윈쭝신 旅運中心 Cruise Terminal
C2 카이쉬엔 루웨이티엔 凱旋瑞田 Kaisyuan Rueitian

C8 까오숑 잔란관 高雄展覽館 Kaohsiung Exhibition Center
카이쉬엔 凱旋 Kaisyuan
R6 C3 치엔쩐 즈싱 前鎮之星 Cianjhen Star

C7 콴티위엔취 軟體園區 Software Technology Park
C4 치엔쩐 까오쭝 前鎮高中 Cianjhen Senior High School (Wujia)

C6 징마오위엔취 經貿園區 Commerce and Trade Park
C5 멍스따이 夢時代 Dream Mall
카이쉬에 쭝화 凱旋中華 Kaisyuan Jhonghua
R5 차오야 草衙 Caoya (KRTC)
R4A R4 R3 샤오강 小港 Siaogang
까오숑 구워지 지창 高雄國際機場 Kaohsiung International Airport

504

까오숑
광역도

橋頭火車
R24 난깡샨 南岡山
Gangshan South
R23
R22
MRT 레드 라인
R21
22
R20 楠梓火車
186
R19
1
17
10
R18
183
R17
주워잉 고속열차역(까오티에 주워잉짠)
高鐵左營站
R16 Zuoying(THSR)
10
R15
리엔츠탄 풍경구 蓮池潭風景區
싼니우 우육면 三牛牛肉麵 左營
구워마오 마을 딩타이펑 鼎泰豐
國賀社區 한신 아레나 한라이 수스 漢來蔬食
Guomao Community R14 漢神巨蛋購物廣場
루이펑 야시장 澄清湖 183
瑞豐夜市
R13 이 스카이 몰
C24 1 E Sky Mall
17 LRT
R12
까오숑 기차역(까오숑 훠처짠) R10
高雄火車站 R11 O5 1
Kaohsiung Main Station 183
웨이우잉 벽화마을 後庄
衛武營迷彩村 25
R10 O6 鳳山
O4 O5 O7
C32 O8 O9
MRT 오렌지 라인
R9 O10 O11 O12 O13 O14 OT1
따라오
시즈완 O1 C14 O2 웨이우잉 국가예술문화센터 大寮
西子灣 衛武營 國家藝術文化中心 Daliao
National Kaohsiung Center 25
R8 for the Arts(Weiwuying)
183
MRT 시즈완 역 주변 506p R7 MRT 메일리다오 역 주변 522p
183甲
쿠라 스시
드림몰 藏壽司 1 183
統一夢時代購物中心 R6 C3
까오숑의 눈 대관람차
高雄之眼摩天輪 88
카이판 開飯川食堂 R5 183甲
카일린 凱林
딤딤섬 點點心 25
R4A
까오숑 국제공항
(까오티에 구워지 지창)
高雄國際機場 17
R4 Kaohsiung International Airport

샤오강
R3 小港
Siaogang

N

0   2km

항구도시 까오숑의 랜드마크
MRT 시즈완 역 주변

MRT 시즈완西子灣 역 일대는 바다와 맞닿아 있어서 항구 도시 까오숑의 분위기를 만끽할 수 있다. 까오숑을 대표하는 관광명소도 많은 편이라 곳곳에 여행자들이 모여든다.

MRT 시즈완西子灣(서자만) 역, 옌청푸鹽埕埔(염정포) 역, 스이후웨이市議會(시의회) 역

1
페리 타고 가서 자전거 타고 살랑살랑
치진
旗津風景區 (기진풍경구, 치진 펑징취) Qijin

Spot
1
치진으로 가는 관문
구샨 선착장
鼓山輪渡站 (고산륜도참,
구샨 룬뚜짠)
Gushan Ferry Pier Station

치진으로 가는 페리를 타는 곳. 선착장의 규모가 크진 않지만, 분위기만큼은 제대로다. 일단 선착장에 도착하면 배를 탄다는 생각에 뭔가 거창한 여행이라도 떠나는 듯 마음이 들썩인다. MRT 시즈완西子灣 역에서 선착장까지 걸어가는 길에 있는 빙수 가게에서 빙수 한 그릇 먹고 치진 행 페리를 타면 퍼펙트 코스. 도심 한가운데 바닷가 분위기가 물씬 풍기는 곳이 있다는 것만으로도 색다른 재미가 있다.

GOOGLE MAPS 구샨 페리 선착장 **ADD** 鼓山區濱海一路(삔하이일루)109號 **TEL** 07 551 4316 **OPEN** 05:00~다음 날 02:00 **WEB** kcs.kcg.gov.tw

까오슝 앞 바다에 있는 치진旗津은 총 길이 11.3km, 폭 200m에 이르는 작은 모래섬이다. 원래는 섬이 아니라 왼쪽 끝이 타이완 본토와 연결된 반도였는데, 1967년 까오슝 제2 항구의 개통으로 분리되면서 섬이 되었다. 실제로 MRT 시즈완西子灣 역에서 이곳 치진까지는 약 10분간 페리를 타야 한다.

치진을 가장 잘 돌아보는 방법은 바로 자전거. 섬의 규모가 걷기에는 조금 크고 차를 타고 돌아보기에는 조금 작기 때문이다. 자전거는 거리 곳곳에 있는 자전거 대여점에서 빌릴 수 있으며, 대여료는 2인용 전동 자전거 기준으로 시간당 NT$300(4인용은 NT$600) 정도이며, 대여 시간이 길면 대여료를 할인해주기도 한다. **MAP ㉑**

GOOGLE MAPS qi jin old street
ADD 旗津區海岸路(하이안루)10號
PRICE 페리 NT$30(교통카드 NT$20)
MRT 오렌지 라인 O1 시즈완西子灣 역 1번 출구에서 도보 10분

507

치진 해안 공원

旗津海岸公園(기진해안공원, 치진 하이안꽁위엔) Qijin Coastal Park

치진에 가면 해야 할 일이 참 많다. 자전거도 타야 하고, 해산물도 먹어야 하며, 아름다운 해변을 따라 유유자적 산책도 즐겨야 한다. 그리고 또 하나, 빼놓으면 아쉬운 미션 중 하나가 무지개교회 앞에서 인증샷 찍기일 것이다. 사실 냉정히 말하면 그저 해변에 있는 몇몇 조형물일 뿐이지만, SNS에서 유명해지면서 여행자들 사이에서는 인증샷 필수 코스가 되었다. 일몰 시각에 맞춰서 찍으면 베스트 타이밍이다. 해안 공원 곳곳에 여러 설치미술 작품이 있지만, 그중에서도 '무지개교회旗津彩虹教堂(치진 차이홍 지아오탕)'와 '치진 바다 진주旗津海珍珠(치진 하이쩐주)'가 가장 유명하다. 참고로 바다 진주는 타이완의 유명 예술가 린슌롱林舜隆의 작품이다.

GOOGLE MAPS qijin coastal park **ADD** 旗津區旗津三路(치진싼루)990號 **OPEN** 09:00~17:00 **FERRY** 치진 선착장旗津輪渡站에서 도보 10분

+ Writer's Pick +

서핑을 좋아한다면 치진으로

한겨울을 제외하고 치진에서 흔히 볼 수 있는 풍경 중 하나가 바로 서핑이다. 치진은 파도가 높지 않고 물의 온도도 적당해서 서핑하기에 좋은 조건을 갖춘 곳으로 손꼽힌다. 아예 서핑만을 목적으로 치진을 찾는 사람도 적지 않다. 서핑 숍도 많은 편이며 한국인 강사를 둔 곳도 있다. 또한 초보자 강습 코스도 다양해서 서핑을 처음 배우는 사람도 쑥스럽지 않게 처음부터 찬찬히 서핑을 배울 수 있어 더욱 반갑다.

사진을 좋아한다면 치진으로

치진은 서핑 명소이기도 하지만, 인증샷 명소로도 인기가 높은 곳이다. 워낙 해변이 길게 이어져 있기 때문에 그 자체만으로도 사진 찍기 좋은 명소들이 많지만, 그 외에도 인증샷을 찍을 수 있도록 조성해 놓은 스폿들이 곳곳에 자리하고 있다. 굳이 일부러 찾아가지 않아도 해안을 따라 걷다 보면 그냥 지나치기 힘든 인증샷 명소들을 연이어 만날 수 있다. 자전거를 대여하면 꽤 멀리까지 가볼 수 있으니 시간 여유를 갖고 천천히 치진을 즐겨보자.

Spot 3

치진의 아이콘
까오슝 등대
高雄燈塔(고웅등탑, 까오슝 떵타)
Kaohsiung Lighthouse

서양 건축양식이 매력적인 등대. 1918년에 완공돼 제법 긴 역사를 자랑한다. 치진 한가운데 위치한 산인 치허우산旗后山 위에 있어 치진에서 가장 높은 곳이기도 하다. 덕분에 등대 위에서 한눈에 내려다보이는 치진의 경치가 한 폭의 그림처럼 아름답다. 치진 선착장에서 걷기엔 조금 멀고, 자전거를 타고 가기에 딱 좋은 거리. 산 중턱부터는 자전거를 세워놓고 걸어 올라가야 하기 때문에 날씨가 더우면 살짝 힘들게 느껴질 수도 있지만, 아름다운 선경을 보는 순간 그 정도 운동쯤은 기꺼이 감수하고 싶어진다.

GOOGLE MAPS 고웅등대 **ADD** 旗津區旗下巷(치샤 상)34號 **PRICE** 무료 **OPEN** 10:00~21:00 **FERRY** 치진 선착장旗津輪渡站에서 자전거로 5분. 또는 도보 20분

> 메뉴 이름을 몰라도 진열대에서 재료만 고르면 알아서 맛있게 요리해준다.

Spot 4

치진의 하이라이트
해산물 거리

사선서를 타고 까오슝 등대旗后燈塔까지 다녀오면 어느새 식사시간. 이제 치진의 하이라이트, 해산물 만찬을 즐길 시간이다. 선착장 바로 앞에서 시작되는 해산물 거리는 메인 스트리트 끝까지 길게 이어져 있다. 맛과 가격은 다 비슷하니 그냥 끌리는 곳에 들어가면 된다. 음식점 입구에 진열된 수많은 종류의 해산물 중 마음에 드는 재료를 고르고, 원하는 조리법을 말하면 그대로 만들어준다. 물론 따로 말하지 않아도 재료에 가장 잘 맞는 조리법으로 알아서 만들어주므로 중국어를 몰라도 얼마든지 쉽게 주문할 수 있다.

+ Writer's Pick +

해산물 주문을 위한 서바이벌 중국어

- **차오** 炒 [chǎo] 볶다
- **자** 炸 [zhá] 튀기다
- **쩡** 蒸 [zhēng] 찌다
- **쏸룽차오** 蒜茸炒 [suàn róng chǎo] 다진 마늘을 넣고 볶다
- **쟈오이옌** 椒盐 [jiāo yán] 짭짤하게 튀기다

Spot 5

골라 먹는 재미가 있는 철판구이 해산물 마켓

펑처이짠

風車驛站(풍차역참) Fengcheyi Station

해산물 마켓 형태로 운영되는 철판구이 전문점. 마트처럼 냉장고에서 먹고 싶은 재료를 꺼내서 결제하면 즉석에서 철판 요리를 만들어 준다. 해산물이 주를 이루지만, 등심, 안심 등 스테이크 종류도 다양하고 품질도 좋은 편이다. 랍스터는 시가로 제공되는데, 우리나라에 비해 저렴한 수준이라 가성비가 꽤 좋다. 참고로 관자, 새우 등 해산물 몇 종류에 랍스터까지 주문할 경우, 1인당 5만 원 정도 예상하면 된다. 버섯, 야채 등도 종류가 다양하며, 양배추 볶음과 밥은 무한 제공된다. 단, 페리 터미널에서 다소 떨어져 있으므로 우버를 부르거나 자전거로 이동해야 한다.

GOOGLE MAPS fengcheyi station **ADD** 旗津區中洲二路(쫑쩌우얼루)289-1號 **OPEN** 월·목 17:00~21:00, 금 12:00~15:00, 17:00~21:00, 토·일 12:00~21:00, 화·수요일 휴무 **CAR** 치진 선착장에서 차로 10분

2

까오슝에서 만난 이탈리아 부라노 섬

부라노

高雄彩色島(고웅채색도, 까오슝 차이써다오) Burano

치진 섬으로 가는 페리 터미널인 구산 선착장 옆에 이탈리아 부라노 섬이 들어섰다. 타이베이 근교인 지롱의 정빈 항구와 거의 비슷한 형태여서 마치 정빈 항구에 온 듯한 느낌이 들기도 한다. 그야말로 오로지 인증샷을 찍기 위해 조성한 포토존이다. 아쉽게도 정박해 있는 배도 많고 각도도 마땅치 않아 정면에서 전체를 배경으로 찍을 수는 없지만, 그럴듯한 여행 인증샷을 찍기엔 부족함이 없다. 주말엔 플리 마켓도 열려서 볼거리가 꽤 많은 편. 페리 터미널 바로 옆이므로 가는 길에 잠시 들러보자. **MAP ㉑**

GOOGLE MAPS burano kaohsiung
ADD 鼓山區濱海一路(삔하이일루)57巷3弄57號
OPEN 24시간
MRT 오렌지 라인 O1 시즈완西子灣 역 또는 LRT 하마싱哈瑪星 역에서 도보 5분

3

까오숑에서 만나는 영국
다거우 영국영사관
打狗英國領事館(타구영국영사관, 다거우 잉구워 링스관)
The Official Residence of British Consulate at Takao

1858년 중국이 아편전쟁에 패한 뒤, 청나라 정부와 영국 정부는 텐진조약을 맺고 타이완의 4개 항구를 개방했다. 그리고 1865년, 까오숑에 처음으로 영국 영사관이 들어섰다. 다거우 영국영사관은 타이완에 지어진 최초의 바로크 양식 건축물로, 아직까지 예전 그대로의 아름다움과 최고의 전망을 간직하고 있다. 야트막한 언덕 위에 있어서 2층에 올라가면 까오숑의 풍경이 한눈에 들어오므로 야외 카페에서 여유롭게 커피 타임을 갖는 것도 좋겠다.

길게 연결된 층계를 따라 언덕 아래로 내려가면 해안을 따라 멋진 산책로가 조성된 시즈완 풍경구西子灣風景區(시즈완 펑징취)와 이어진다. 시간 여유가 있다면 영사관을 둘러본 뒤 시즈완 해안가를 따라 산책을 즐기는 것도 괜찮은 선택일 듯. 참고로 시즈완 풍경구에서 바라보는 일몰은 까오숑에서도 아름답기로 소문났다. MAP ㉑

GOOGLE MAPS 가오숑 영국영사관
ADD 鼓山區蓮海路(리엔하이루)20號
PRICE NT$99
OPEN 화~금 10:00~19:00, 토·일
　　　 09:00~19:00, , 수요일 휴무
MRT 오렌지 라인 O1 시즈완西子灣 역
　　　 1번 출구 바로 길 건너편에서 橘1,
　　　 99번 버스를 타고 시즈완(잉구워
　　　 링스관띠)西子灣(英國領事館官邸)
　　　 정류장에서 하차. 또는 구산 선착
　　　 장鼓山輪渡站에서 도보 15분

+ Writer's Pick +

영사관 이름에 왜
'다거우 打狗(개를 때리다)Takao'
가 붙었을까?

사실 '다거우'는 까오숑의 옛 이름이다. 15세기경, 까오숑에 살고 있던 원주민 부족 중 하나인 마카따오馬卡道(Makatao) 족은 일본과 중국의 해적을 막아내기 위해 가시 대나무인 자죽刺竹을 심어 방어벽을 세웠고, 이로 인해 까오숑은 '죽림竹林'이라는 이름으로 칭해졌다. 이후 중국 한족에 의해 원주민 부족어인 '竹林(Takao)'와 발음이 비슷한 '打狗(Takao)'로 불리다가, 일제 점령기인 1924년 '打狗'의 의미가 좋지 않다고 판단하여 다시 'Takao'의 일본식 한자인 '高雄(Kaohsiung)'으로 명칭을 바꾸었다.

511

치진 가는 길에 들러보자
까오숑 빙수 거리

MRT 시즈완西子灣 역에서 구샨 선착장으로 걸어가는 길에는 특색 있는 골목이 하나 있다. 일명 '빙수 거리'라 불리는 삔하이일루濱海一路가 바로 그곳. 그리 길지 않은 거리에 빙수 전문점이 두 집 건너 하나씩 있어서 지나는 사람들을 강렬하게 유혹한다. 그중에서도 현지인과 여행자들에게 절대적인 지지를 얻고 있는 대표 주자 2곳을 소개한다.

📌 먹다 지칠 것 같은 양의 위엄, 하이즈빙 海之冰(해지빙) Dock's Sea Ice

빙수 거리의 대표 주자. 건물의 한쪽 벽면을 뒤덮는 거대한 간판 덕분에 어디에서나 쉽게 눈에 띈다. 인테리어라고 할 것도 없을 만큼 허름한 가게지만, 빙수 종류가 무려 100가지가 넘는다. 게다가 1인분부터 20인분까지 주문할 수 있는데, 양이 워낙 많아서 4인분만 시켜도 어마어마한 양에 깜짝 놀랄 듯. 타이베이의 고급스러운 망고빙수에 비하면 비주얼은 다소 약할지 모르나 푸짐함에서만큼은 타의 추종을 불허한다. **MAP ㉑**

GOOGLE MAPS 하이즈빙 **ADD** 鼓山區濱海一路(삔하이일루)76號 **OPEN** 11:00~23:00, 월요일 휴무 **MRT** 오렌지 라인 O1 시즈완西子灣 역 1번 출구에서 도보 5분. 또는 구샨 선착장鼓山輪渡站 입구를 등지고 건너편 거리의 왼쪽에 있다.

+ Writer's Pick +

**빙수 주문을 위한
서바이벌 중국어**

- **쉬에화삥** 雪花冰 재료를 얼린 다음, 그걸 갈아서 베이스 얼음으로 사용한 빙수. '주 재료명+雪花冰'의 형태로 표기한다.

- **니우나이삥** 牛奶冰 얼린 우유를 갈아 베이스로 사용한 빙수. '주 재료명+牛奶冰'의 형태로 표기한다.

- **차오메이** 草莓 딸기

- **카페이** 咖啡 커피

- **뿌띵** 布丁 푸딩

- **삥치린** 冰淇淋 아이스크림

📌 저렴한 가격에 넉넉한 인심, 푸취엔 福泉(복천)

하이즈빙과 함께 까오숑 빙수 거리의 양대 산맥으로 손꼽히는 곳. 특히 망고빙수만큼은 푸취엔이 한 수 위라는 평이다. 사실 둘 중 어디를 가도 괜찮을 만큼 우열을 가리기 힘든 수준이다. 무엇보다 양 많고 저렴한 가격이 감사할 따름. 1981년에 처음 문을 열어 지금까지 그 자리를 지키고 있다. **MAP ㉑**

GOOGLE MAPS 하이즈빙(길 건너편) **ADD** 鼓山區濱海一路(삔하이일루)91號 **OPEN** 일~목 10:30~22:30, 금·토 10:30~23:00 **MRT** 오렌지 라인 O1 시즈완西子灣 역 1번 출구에서 도보 5분. 하이즈빙 바로 앞집

까오슝의 예술 1번지

보얼 예술특구

駁二藝術特區(박이예술특구, 보어얼 이수터취) The Pier-2 Art Center

타이완은 도시마다 제법 큰 규모의 예술단지를 조성해놓았다. 거대한 자금을 들여 지은 럭셔리한 예술단지가 아니라 사용하지 않는 옛 건물을 활용하여 멋진 예술단지로 재탄생시킨 것이다. 까오슝을 대표하는 예술단지인 보얼 예술특구 역시 원래 일본 점령기 시대에는 부둣가의 창고였던 곳이다. 타이완 정부는 이 창고를 허물지 않고 낡음 그대로를 활용하여 멋진 공간으로 재탄생시켰다. 예술에 조예가 깊지 않아도 여유롭게 둘러보며 사진 찍기 놀이하기에 더없이 좋다. 규모가 꽤 큰 편이라 꼼꼼하게 둘러보려면 3~4시간은 필요하다. 인기 펑리수 브랜드인 서니힐스 매장도 입점해 있어서 방문한 김에 펑리수를 구매하는 사람도 많다. MAP ㉑

GOOGLE MAPS 보얼예술특구
ADD 鹽埕區大勇路(따용루)1號
PRICE 무료(단, 일부 전시는 유료)
OPEN 월~목 10:00~18:00, 금~일 10:00~20:00, 일부 전시관은 월요일 휴무
WEB pier2.org
MRT 오렌지 라인 O2 옌청푸鹽埕埔 역 1번 출구에서 도보 5분

보얼의 서니힐스 매장

기차로 가득한 거대한 철도 공원

하마싱 철도문화공원

哈瑪星鐵道文化園區(합마성철도문화원구, 하마싱 티에따오 원화위엔취)

GOOGLE MAPS 하마싱 철도문화원구
ADD 鼓山區鼓山一路32號
OPEN 24시간
MRT 오렌지 라인 O1 시즈완西子灣 역
또는 LRT 하마싱哈瑪星 역에서 도
보 5분

+ Writer's Pick +

하마싱 哈瑪星(합마성)
Hamasen이 뭘까?

하마싱은 '해안 철도'라는 뜻의 일
본어인 '하마센はません'에서 유
래된 말이다. 1908년 일본은 까
오슝 항구의 바다 매립지에 신시
가지를 건설했고, 그곳이 크게 발
전하면서 까오슝은 타이완 남부
를 대표하는 항구도시가 되었다.
이 신시가시에 해안 철도가 건설
되면서 이 지역을 해안 철도라는
의미의 '하마센'이라고 부르게 된
것이다. 즉, 하마싱은 까오슝 발전
의 출발지점인 셈이다. 현재 하마
싱 일대는 보얼 예술특구, 하마싱
철도문화공원 등을 포함한 거대
관광명소로 변모하였다. 대중교
통 인프라도 잘 조성되어 있어서
MRT와 경전철 LRT 등을 이용하
여 하마싱 일대를 편하게 둘러볼
수 있다.

까오슝 최초의 기차역이자 타이완 최대의 화물 역인 다거우打狗 역 일대를
공원으로 재단장한 곳이다. 엄밀히 말하면 보얼 예술특구에 포함된 공간이
지만, 워낙 규모가 크고 위치도 기존 구역에서 조금 떨어져 있기 때문에 언
뜻 보면 아예 다른 명소처럼 느껴진다. 철도 박물관과 외부 공원으로 구성
되어 있으며, 공원 광장에는 옛날 기차를 비롯해 객차를 활용한 설치미술
작품들이 곳곳에 전시되어 있어서 멋진 포토존이 많다. 단, 규모가 워낙 거
대하고 그늘도 거의 없으므로 더운 계절에는 모자나 양산을 꼭 준비하는
게 좋다. MAP ㉑

Spot
1

옛 기차역과의 조우
다거우 역 이야기관
舊打狗驛故事館(구타구역고사관,
지우 다거우이 구스관) Takao Railway Museum

하마싱 철도문화공원 입구에 있는 작은 박물관. 사실상 박물관이라기보다는 옛 다거우打狗 역 사무실을 그대로 복원한 공간이다. 규모가 크지 않아 가볍게 휘리릭 둘러보기 좋다. 거창한 전시품은 없지만, 옛 사무실을 배경으로 소소하게 인증샷도 찍을 수 있어서 나름 재미있다. 옛날 기차표, 스탬프, 영수증 등 소소한 소품까지 꼼꼼하게 잘 전시되어 있다. 일부러 갈 필요까지는 없지만, 철도문화공원 가는 길에 잠깐 시간을 내어 들르기에 좋다.

GOOGLE MAPS 다카오 철도이야기관 **ADD** 鼓山區鼓山一路(구산일루)32號 **OPEN** 10:00~18:00, 월요일 휴관

Spot
2

흥미진진 인증샷 명소
하마싱 철도관
哈瑪星台灣鐵道館(합마성대만철도관, 하마싱 타이완
티에따오관) Hamasen Museum of Taiwan Railway

하마싱 철도문화공원에 있는 철도박물관. 타이베이에 있는 국립 대만 철도박물관과 거의 비슷한 형태지만, 규모는 타이베이보다 조금 더 작은 편이다. 그래도 어린이를 위한 소소한 체험 코스와 인증샷을 찍을 수 있는 포토존이 곳곳에 있어서 지루하지 않게 관람할 수 있다. 타이베이 철도박물관과 마찬가지로 타이완 전역의 철도 노선을 보여주는 디오라마가 이곳의 하이라이트. 철도관 관람을 마친 뒤, 꼬마 기차까지 타면 철도문화공원을 한 바퀴 둘러볼 수 있다.

GOOGLE MAPS Hamasen Museum of Taiwan Railway **ADD** 鼓山區鼓山一路(구산일루)99號 펑라이蓬萊 B7, B8 창고 **OPEN** 월~목 10:00~18:00, 금~일 10:00~19:00, 화요일 휴관 **PRICE** 철도관 NT$149, 꼬마 기차 NT$149, 철도관+꼬마 기차 NT$219

: MORE :

보얼 예술특구 일대 반나절 추천 코스

매년 점점 더 규모가 커지고 있는 보얼 예술특구 일대는 제대로 둘러보려면 적어도 반나절은 예상해야 한다. 만약 느린 여행을 좋아하는 사람이라면 하루를 온전히 보얼 예술특구 일대에서 머물러도 괜찮을 정도다. 워낙 면적이 넓어서 걷는 거리도 만만치 않기 때문에 중간중간 카페에서의 휴식 타임도 꼭 필요하다. 치진 섬과 더불어 까오슝의 메인 스폿으로 손꼽히는 보얼 예술특구를 잘 즐길 수 있는 추천 코스를 소개한다. 참고로 일몰과 야경 감상이 하이라이트이므로 반나절 코스라면 오후 2시경에 시작하기를 추천한다.

보얼 예술특구

따강대교

❶ **MRT 시즈완西子灣 역** 또는 **LRT 하마싱哈瑪星 역에서 출발** ★
시즈완 역 → 하마싱 철도문화공원(철도관 관람, 꼬마 기차 탑승) → 짠얼쿠(시간이 부족하면 생략 가능) → 보얼 예술특구 → 따강대교 앞에서 일몰 감상 → 따강대교 건너기 → 따강창 410에서 야경 감상

❷ **MRT 옌청푸鹽埕埔 역** 또는 **LRT 보얼따이駁二大義 역에서 출발**
옌청푸 역 → 따강창 410 → 따강대교 건너기 → 보얼 예술특구 → 하마싱 철도 문화공원 → 짠얼쿠에서 야경 감상

까오슝 항구의 새로운 핫 스폿

짠얼쿠

棧貳庫(잔이고)
KW2 Kaohsiung Port Warehouse No.2

하마싱 철도문화공원에서 바다 쪽으로 걸어가다 보면 거대한 부두를 만나게 된다. 예전에 한국과 일본 등에 수출할 바나나를 배에 싣던 부두라고 하여 '바나나 부두'라고 불리는 곳이다. 이 바나나 부두 앞에 있는 길고 큰 건물이 바로 '짠얼쿠 KW2'다. 이곳은 일본 강점기에 수출용 설탕을 보관하는 창고였는데, 한동안 방치되어 있다가 2018년 복합쇼핑몰로 멋지게 재탄생했다. 까오슝 산업 발전의 역사를 그대로 품고 있는 이곳은 화물의 편리한 반입 반출을 위해 내부에 기둥을 하나도 세우지 않은 것이 특징이다. 1, 2층으로 구성되어 있으며 각종 소품 판매 상점과 카페, 음식점들이 입점해 있어서 구경하는 것만으로도 재미있다. 통유리창 밖으로 보이는 바다 뷰는 덤이다. **MAP ㉑**

GOOGLE MAPS kaohsiung port warehouse no.2
ADD 鼓山區蓬萊路17號
OPEN 일~목 10:00~21:00, 금·토 10:00~22:00
WEB www.kw2.com.tw
MRT 오렌지 라인 O1 시즈완西子灣 역에서 도보 3분

매력 만점 어묵 뷔페
Spot 1 국민시장 어묵 요리

國民市場魚丸料理(국민시장어환
요리, 구워민 스창 위완 랴오리)

짠얼쿠 1층에 있는 어묵 요리 전문점. 짠얼쿠에 있는 많은 음식점 중에서도 부담 없이 가볍게 먹을 수 있는 메뉴여서 인기가 높다. 식사 시간이나 주말에는 대기 줄이 꽤 길지만, 테이블 회전율이 높은 편이라서 실제 대기 시간이 길진 않다. 이곳은 간이 뷔페와 비슷한 방식이다. 즉, 빈 그릇에 먹고 싶은 어묵을 골라 담아 계산하면 이를 살짝 데쳐서 준다. 어묵 외에 라면도 넣을 수 있어서 한 끼 식사로도 충분히 든든하다. 소스는 셀프바에서 입맛에 맞게 추가할 수 있으며, 향도 없고 담백한 맛이라 우리나라 사람들도 호불호 없이 맛있게 먹을 수 있다.

OPEN 월~금 10:00~21:00,
토·일 10:00~22:00

타이완을 대표하는 커피 체인
Spot 2 루이자 커피

路易莎咖啡(로이사가배, 루이샤 카페이)
Louisa Coffee

짠얼쿠에서 가장 큰 규모를 자랑하는 커피 전문점. 1, 2층에 걸쳐 있으며 특히 2층 좌석에서는 가장 멋진 뷰를 만날 수 있어서 인기가 높다. 루이자 커피는 타이완에서 가장 많은 매장을 보유한 로컬 커피 브랜드 중 하나로, 최근 몇 년간 공격적으로 매장을 확대하고 있다. 짠얼쿠에서도 가장 좋은 자리에 있어서 늘 빈 자리 찾기가 쉽지 않다. 커피 외에도 샌드위치를 비롯해 간단한 식사 메뉴도 다양한 편이라 아예 식사까지 이곳에서 해결하는 것도 괜찮은 선택이다.

OPEN 일~목 10:00~21:00, 금·토 10:00~22:00
WEB www.louisacoffee.com.tw

7

낡은 항구 창고가 거대한 쇼핑 단지로
따강챵 410
大港倉 410
(대항창 410)
Kaohsiung Port Depot 410

8

매일 한 번 회전하는 다리
따강대교
高雄港 大港橋
(고웅항 대항교, 까오슝강 따강챠오)
Great Harbor Bridge

9

까오슝의 새로운 랜드마크
까오슝 팝 뮤직센터
高雄流行音樂中心
(고웅유행음악중심,
까오슝 리우싱 인위에쭝신)
Kaohsiung Music Center

보얼 예술특구를 시작으로 까오슝 항구 일대는 끊임없이 변신을 거듭하고 있다. 따강대교, 까오슝 팝 뮤직센터, 짠얼쿠에 이어 2022년 2월에는 7~10번 낡은 창고 4곳이 쇼핑몰로 변신했다. 바로 따강챵大港倉 410이 그것. 서로 사이좋게 마주 보고 있는 쇼핑몰 안에는 편집숍, 기념품 숍, 카페, 음식점 등이 입점해 있다. 어디서든 멋진 바다 뷰를 볼 수 있는 위치 덕분에 사람들의 발길이 끊이지 않는다. 특히 저녁이 되면 7~10번 쇼핑몰 사이의 광장에 노천 마켓이 열리고, 따강대교를 중심으로 눈부신 야경까지 펼쳐져서 명실상부한 까오슝의 명소로 떠오르고 있다. **MAP ㉑**

GOOGLE MAPS kaohsiung port depot 410
ADD 鼓山區蓬萊路(펑라이루)6-6號
OPEN 일~목 10:00~21:00,
　　　 금·토 10:00~22:00
WEB www.kw2.com.tw
MRT 오렌지 라인 O2 옌청푸鹽埕埔 역에서 도보 10분 또는 LRT 보얼따이駁二大義 역에서 도보 3분

2020년에 개통한 따강대교는 타이완 최초의 수평 회전교이자 아시아에서 가장 긴 교차 항만 회전교다. 따강대교 덕분에 서로 마주 보고 있는 보얼 예술특구와 까오슝 항구 창고 기지 사이의 거리가 도보 30분에서 도보 2분으로 크게 단축되었고, 항구 창고 기지 일대도 인파로 북적이게 되었다. 최대 하이라이트는 매일 오후 세 시에 거행되는 다리 회전 쇼. 약 30분에 걸쳐 다리가 천천히 수평으로 회전한다. 이를 보기 위해 매일 적지 않은 여행객들이 시간에 맞춰서 모인다. 참고로 월~목은 매일 오후 3시, 금~일은 매일 오후 3시, 7시에 회전하며, 회전하는 동안에는 통행이 중단된다. **MAP ㉑**

GOOGLE MAPS great harbor bridge
ADD 鹽埕區 Light Rail Dayi Pier-2 Station
OPEN 08:00~22:00
MRT 오렌지 라인 O2 옌청푸鹽埕埔 역에서 도보 10분, 경전철 보얼따이駁二大義 역에서 도보 1분

까오슝항 11~15번 부두에 위치한 까오슝 뮤직센터는 2021년 10월에 오픈하자마자 까오슝의 새로운 랜드마크로 떠올랐다. 스페인 건축팀과 타이완 팀이 함께 설계했으며, 마치 바다에서 파도를 일으키는 듯한 건물 외관의 디자인은 멀리서도 한눈에 들어올 만큼 아름답다. 뮤직센터 덕분에 까오슝의 야경이 한 단계 업그레이드된 셈이다. 내부에는 다양한 규모의 전시·공연 공간, 작업실 등이 있다. 특히 약 5000명을 수용할 수 있는 실내 공연장은 세계부동산연맹(FIABCI)이 주관하는 '글로벌 건설 우수상' 공공건축 부문 2021 금상을 수상한 바 있다.
MAP ㉑

GOOGLE MAPS J79Q+7F 옌청구
ADD 鹽埕區真愛路1號
OPEN 10:00~22:00, 월요일 휴무
WEB kpmc.com.tw
MRT 오렌지 라인 O2 옌청푸鹽埕埔 역에서 도보 10분, 경전철 쩐아이마터우真愛碼頭에서 도보 2분

교량의 몸체는 조개 모양과 고래의 등 라인에서 착안하여 디자인했다.

10

까오슝을 로맨틱하게 만드는 힘

아이허

愛河(애하) Love River

자타공인 까오슝의 '로맨틱'을 책임지고 있는 아이
허는 '사랑의 강'이라는 뜻의 이름으로 까오슝의 중
심을 흐르고 있는 12km의 강이다. 고즈넉한 분위
기가 매력적이며 산책로가 잘 조성되어 있어 가벼
운 산책을 즐기기에 좋다. 유명 관광지답게 매일
16:00~23:00 아이허를 오가는 관광용 유람선과 작
은 곤돌라가 운행되고 있긴 하지만, 막상 유람선을
타는 사람은 많지 않다. 무엇보다 아이허 강변 자체
가 홍콩이나 호주 시드니처럼 화려한 야경을 자랑하
는 곳이 아니므로 그저 소박하고 고즈넉한 산책을 즐
기는 데 한 표 주고 싶다. 만약 로맨틱함을 좀 더 누
리고 싶다면 유람선보다는 곤돌라를 추천한다. 요금
은 NT$200이며, 약 30분간 아이허를 천천히 운행한
다. **MAP ㉑**

GOOGLE MAPS J7FQ+WM 첸진구
ADD 前金區河東路(허똥루), 民生二路(민성얼루)
MRT 오렌지 라인 O4 스이후웨이市議會 역 2번 출구에서 도보
7분

11

까오슝의 미래, 청년 마켓

옌청 띠이 퍼블릭 마켓

鹽埕第一公有零售市場(염정제일공유영수시장, 옌청 띠이 꽁여우 링셔우스창)
Yancheng 1st Public Market(YY Market)

옌청 띠이 퍼블릭 마켓은 1949년에 문을 연 재래시
장이었으나, 이후 쇠퇴의 길을 걷다가 2022년 청년
창업을 지원하는 청년 마켓으로 변신했다. 공식적인
명칭보다는 YY Market이라는 이름으로 더 많이 알려
져 있으며, 까오슝 청년들에게 창업의 기회를 제공하
고 있다. 시장이 오픈한 지 아직 오래되지 않아서 문
을 연 상점이 많진 않지만, 점차 매장도 늘어나고 분
위기도 살아날 것으로 기대된다. 일부러 찾아갈 필요
까진 없지만, 근처를 지나게 된다면 한 번쯤 들러볼
만하다. **MAP ㉑**

GOOGLE MAPS yancheng 1st public market
ADD 鹽埕區瀨南街(라이난지에)141-7號
OPEN 07:00~12:00, 16:00~22:00(매장마다 조금씩 다름)
MRT 오렌지 라인 O2 옌청푸鹽埕埔 역 3번 출구에서 도보 5분

오감만족
시즈완 주변의 식탁

시즈완 주변에는 까오슝을 대표하는 맛집이 꽤 많은 편이라 선택의 폭이 넓다. 특히 오랜 전통을 자랑하는 밀크티 전문점들이 MRT 옌청푸 역 일대에 밀집해 있으므로 꼭 한 번 방문해보자.

담백한 국물이 자꾸 생각나는 국수 한 그릇
항원 우육면
港園牛肉麵(강위엔 니우러우미엔)

타이완의 국민 메뉴인 우육면牛肉麵(니우러우미엔) 전문점. 이 집에는 매운맛의 홍샤오 우육면紅燒牛肉麵은 없고, 담백한 맛의 칭뚠 우육면清燉牛肉麵 한 종류만 있다. 만약 매운맛을 원한다면 테이블 위의 고추기름 소스를 넣어 먹는 것도 한 방법. 국물은 우리나라 갈비탕과 거의 흡사하지만, 고기는 갈비탕보다 훨씬 더 연하다. 타이베이에서 먹는 맛과 비교하면 국물이 좀 더 담백한 편이다. 가격도 타이베이보다 훨씬 더 착해 우육면 한 그릇에 NT$120다. 1호점과 2호점이 거의 붙어 있고, 두 곳 중 어디를 가도 맛은 동일하다. MAP ㉑

GOOGLE MAPS 항원우육면
ADD 鹽埕區五福四路(우푸쓰루)55號(1호점), 53號(2호점)
OPEN 10:30~20:00
MRT 오렌지 라인 O2 옌청푸鹽埕埔 역 4번 출구에서 도보 8분

깔끔하고 남백한 밀크티
쌍페이 나이차
双妃奶茶(쌍비내차) Shuang Fei Milk Tea

전통적인 밀크티 전문점. 최근 인기를 끌고 있는 버블티 전문점들과는 달리 얼음을 넣지 않고 생우유를 사용하여 맛이 담백하고 깔끔하다. 각각 홍차, 우롱차, 보이차, 녹차와 우유를 섞은 밀크티를 판매하며, 당도는 정해져서 나온다. 지점이 따로 없어 매장이 이곳 하나뿐이지만, 현지인들 사이에서는 이미 유명한 곳. 기본적으로 타피오카 펄(쩐주)이 들어있지 않으나, 요청하면 무료로 넣어준다.

MAP ㉑

GOOGLE MAPS shuang fei milk tea
ADD 鹽埕區新樂街173號
OPEN 09:00~21:00
MRT 오렌지 라인 O2 옌청푸鹽埕埔 역 3번 출구에서 도보 1분

밀크티 하나만 오래오래
화다 나이차
樺達奶茶(화달내차) Hua-da Milk Tea

1982년에 문을 연 전통 밀크티 전문점. 쌍페이 나이차와 마찬가지로 얼음을 넣지 않고 생우유로 만든 전통적인 밀크티로 유명하다. 보이차, 홍차, 우롱차 등을 넣어서 만들며, 타피오카 펄(쩐주)은 요청 시 넣어준다. 현지인들 사이에서 인기를 얻어 까오슝 곳곳에 지점을 뒀으며, 타이베이에도 진출하여 지점이 있다. 본점은 이곳 옌청푸 점이다. MAP ㉑

GOOGLE MAPS J7FP+F8 옌청구
ADD 鹽埕區新樂街101號
OPEN 09:00~22:00
MRT 오렌지 라인 O2 옌청푸鹽埕埔 역 2번 출구에서 도보 2분

만화방의 재발견

부킹
Booking

언뜻 보면 그저 평범한 카페 같지만, 안으로 들어서면
새로운 세상이 펼쳐진다. 우리나라도 만화방이 날로 발
전하고 있는 것처럼 부킹 또한 까오슝을 대표하는 만화
책 전문 북카페로 인기가 높다. 물론 중국어로 된 만화
책밖에 없긴 하지만, 굳이 만화책을 보지 않아도 카페
자체의 분위기만으로도 만족스럽다. 음료뿐 아니라 식
사 메뉴도 다양한 편. 특히 이곳의 대표 메뉴 중 하나인
우육면은 향이 강하지 않아서 우리나라 사람들 입맛에
도 잘 맞는다. 그 외에 간단한 식사류나 디저트, 음료 구
성도 훌륭한 편이다. **MAP ㉛**

GOOGLE MAPS J7GM+J8 가오슝
ADD 鹽埕區瀨南街(라이난지에)177號
OPEN 11:30~19:00, 수요일 휴무
WEB booking.qdm.tw
MRT 오렌지 라인 O2 옌청푸鹽埕埔 역
　　　2번 출구에서 도보 5분

백 년의 역사를 품고 있는 고즈넉한 공간

히후미테이 북카페
書店喫茶一二三亭(서점흘차일이삼정)

백 년이 넘도록 시즈완 골목 안쪽 조용한 곳에서 자리를
지켜온 북카페. 1914년 일제 강점기에 고급 요정으로
문을 연 이래로 타이완의 근대와 현대를 모두 걸어온 유
서 깊은 곳이다. 일본 교토의 어느 카페를 연상시킬 만
큼 일본 느낌이 강하긴 하지만, 동시에 타이완 특유의
정서도 갖고 있어서 무척 독특한 분위기를 자아낸다. 커
피, 차, 주스 등의 음료는 물론이고 롤케이크, 팬케이크
등의 디저트 메뉴도 다양하다. 더불어 치킨 커리 등의
식사 메뉴도 준비되어 있어서 가볍게 식사까지 함께하
기에도 좋다. 참고로 카페 이름의 '喫'은 '먹다'라는 뜻의
중국어 '吃'의 고어체이다. **MAP ㉛**

GOOGLE MAPS 히후미테이 서점 카페
ADD 鼓山區鼓元街(구위엔지에)4號 2층
OPEN 10:00~18:00
MRT 오렌지 라인 O1 시즈완西子灣 역 또는 LRT 하마싱哈瑪星
　　　역에서 도보 5분

근대 은행에서 누리는 한가로운 오후
지우 싼허인항
舊三和銀行(구삼화은행)

일제 강점기에 세워진 건축물인 산와
은행三和銀行 건물을 그대로 살려서 복
원한 카페. 건물 외관도 옛 건물 양식
그내로이고 내부 역시 근대 은행의 분
위기를 느낄 수 있다. 좌석이 넓고 외부
정원도 있어서 어느 시간대든지 크게
붐비지 않는다. 커피를 포함한 음료의
종류도 다양할 뿐 아니라 디저트와 식
사류도 있기 때문에 간단하게 식사를
해결하기에도 충분하다. 레트로한 실
내 분위기는 물론 디저트 메뉴도 비주
얼에 신경을 많이 쓴 덕분에 인증샷을
찍기에도 좋다. **MAP ㉑**

GOOGLE MAPS sanwa bank kaohsiung
branch vestige
ADD 鼓山區臨海三路(린하이싼루)7號
OPEN 10:00~19:00
MRT 오렌지 라인 O1 시즈완西子灣 역 또는
LRT 하마싱哈瑪星 역에서 도보 5분

까오슝의 교통 중심지
MRT 메일리다오
역 주변

까오슝을 찾는 여행자들이 가장 자주 지나치는 곳 중 하나가 MRT 메일리다오 역 근처다. 대단한 관광명소는 없지만, 까오슝 기차역을 비롯하여 리우허 야시장, 훠꿔 거리 등이 이 일대에 있어서 오며 가며 자주 지나치게 되는 동네다.

MRT 메일리다오美麗島(미려도) 역, 싼뚜워샹취엔三多商圈(삼다상권) 역, 스지아獅甲(사갑) 역, 스이후웨이市議會(시의회) 역, 까오슝 처짠高雄車站(고웅차참) 역, 카이쉬엔凱旋(개선) 역

세계에서 두 번째로 아름다운 지하철역

메일리다오

美麗島(미려도) Formosa Boulevard 역

타이완에서 가장 아름다운 지하철역을 꼽으라면 단연 이곳일 것이다. 미국 CNN이 뽑은 '세계에서 가장 아름다운 지하철역' 2위를 차지한 이곳은 까오슝에서 손꼽히는 관광명소가 되었다. 비결은 MRT 역사 안에 있는 '꽝즈총딩光之穹頂' 즉, '빛의 돔'이란 이름의 건축물 덕분. 총면적이 무려 660㎡, 높이가 50m에 이르는 이 작품은 세계 유명 건축가들이 함께 설계를 맡아 독일에서 직접 공수해온 6000개의 유리 조각으로 탄생시킨 예술품이다. MAP ㉑

GOOGLE MAPS formosa boulevard station
ADD 新興區中正二路(쭝쩡얼루)
MRT 레드·오렌지 라인 R10·O5 메일리다오美麗島 역

: MORE :

MRT의 눈, 싼뚜워샹취엔 三多商圈 Sandou Shopping District 역

MRT 싼뚜워샹취엔 역에도 '지에윈 즈 이엔捷運之眼' 즉, 'MRT의 눈'이라는 별명을 가진 아름다운 건축물이 있다. 멀리 갈 필요 없이 지하철에서 내리면 바로 보인다. 플랫폼 중앙에 있는 거대한 원기둥꼴의 유리 엘리베이터가 그것. 지하철이 지나다니는 플랫폼 한가운데 있는 이 작품은 천장의 방사형 불빛과 기가 막히게 어우러져 마치 SF영화의 한 장면에 들어와 있는 듯한 느낌을 준다. MAP ㉑

GOOGLE MAPS 산둬상권 역 　**ADD** 苓雅區中山二路(쭝산얼루)
MRT 레드 라인 R5 싼뚜워샹취엔三多商圈 역

타이완의 대표 야시장

리우허 야시장

六合夜市(육합야시, 리우허 이예스)

명실공히 까오슝을 대표하는 전통 야시장 중 하나. 시내 한가운데에 있어서 교통이 편한 데다가 MRT 역에서도 가까워서 접근성이 상당히 좋은 편이다. 워낙 많이 알려진 탓에 주말에는 사람들로 인산인해를 이루는 게 단점이지만, 한편으로는 그래서 더 마음이 들뜨고 즐거워진다. 다른 야시장에 비해 해산물 종류가 특히 다양한 편이므로 해산물을 좋아하는 여행자라면 이곳 리우허 야시장을 놓치지 말자. MAP ㉑

GOOGLE MAPS 리우허 야시장
ADD 新興區六合二路(리우허얼루)
OPEN 17:00~다음 날 01:00
MRT 레드·오렌지 라인 R10·O5 메일리다오美
麗島 역 11번 출구에서 도보 3분

+ Writer's Pick +

쩡 라오파이 파파야 우유 鄭老牌木瓜牛奶

(정로패목과우내, 쩡 라오파이 무꽈 니우나이)

리우허 야시장 입구에 들어서면 왼편으로 길게 늘어선 줄이 제일 먼저 눈에 들어온다. 바로 파파야 우유 전문점이다. 무려 1965년부터 한 자리를 지켜온 노포다. 파파야 우유 외에도 각종 생과일을 갈아서 만든 생과일 우유와 생과일주스를 판매하지만, 대표 메뉴는 역시 파파야 우유. 어차피 파파야를 갈아서 우유와 조합해서 만든 메뉴인데 맛있어 봤자 라고 생각한다면 큰 오산이다. 이곳의 파파야 우유는 다른 곳과는 아예 수준이 다르다는 게 모두의 평가. 한번 먹어보면 계속 생각나는 중독적인 맛이다.

GOOGLE MAPS 정노패목과우내
ADD 新興區六合二路(리우허얼루)1號
OPEN 17:00~다음 날 02:00

3

백화점 옥상의 어린이 놀이터
탈리 백화점
大立(대립, 딸리)
Talee's Department Store

1984년에 문을 연 오래된 일본식 백화점. A관과 B관, 두 채의 건물로 구성되어 있다. B관은 1984년 개관 당시의 옛 건물 그대로인 반면, 신관인 A관은 네덜란드의 건축가가 설계한 곡선형 건물 외관으로 압도적인 아우라를 자랑한다. A관 1, 2층에는 츠타야 서점이 입점해 있으며, 레스토랑 구성도 다양한 편이고 카페도 많아서 식사를 해결하기에 좋다. 특히 B관 12층과 루프탑에는 어린이 전용 테마파크가 있다. 12층은 실내 게임손, 루프탑 옥상은 어린이용 어트랙션이 가득하다. 워낙 오래된 백화점이라 놀이기구들도 꽤 낡고 허름하지만, 그래도 어린이들이 잠시 놀기에는 큰 불편함이 없을 듯.

MAP ㉑

GOOGLE MAPS talee department store
ADD 前金區五福三路(우푸싼루)57號
OPEN 11:00~21:30
WEB www.talee.com.tw
MRT 레드 라인 R9 쭝양꽁위엔中央公園 역 2번 출구에서 도보 8분. 또는 레드·오렌지 라인 R10·O5 메일리다오美麗島 역에서 도보 20분

4

야경이 예쁜 촬영 명소
까오슝 시립도서관 총관
高雄市立圖書館 總館(고웅시립도서관 총관, 까오슝 스리투수관 종관)

까오슝을 대표하는 도서관인 까오슝 시립도서관은 시민들에게 사랑받는 도서관인 동시에 외국인 여행자들의 야경 촬영 명소로 인기가 높다. 외관만 아름다운 게 아니라 내부도 예술적인 설계로 명성이 자자하므로 꼭 한 번 들어가 볼 것을 권하고 싶다. 도서관 곳곳에서 공부에 열중하고 있는 청소년들을 보면 우리나라와 크게 다르지 않은 풍경에 타이완이 낯설지 않게 느껴지기도 한다. **MAP ㉑**

GOOGLE MAPS 까오슝 시립도서관 신총관
ADD 前鎮區新光路(신꽝루)61號
OPEN 10:00~22:00, 월요일 휴무
WEB www.ksml.edu.tw/mainlibrary
MRT 레드 라인 R8 싼뚜워샹취엔三多商圈 역 2번 출구에서 도보 8분

+ Writer's Pick +

독서의 나라 타이완

타이완의 도시마다 아름다운 도서관이 있고, 청핀 서점이 타이완의 트렌드를 선도하는 것은 타이완의 활발한 출판 시장과 무관하지 않을 것이다. 아시아에서 출판 산업이 가장 발달한 타이완은 인구 대비 신간 출간 비율이 세계 2위일 만큼 독서가 대중화된 나라다. 어디에서든 늘 책을 읽는 것이 평범한 일상이 된 타이완이 새삼 대단해 보이기도 한다.

5

나 혼자 알고 싶은 그림책 서점

샤오팡즈수푸

小房子書舖(소방자서포)

독립서점이 많기로 유명한 타이완답게 까오슝에서도 독립서점을 곳곳에서 만날 수 있다. 샤오팡즈수푸는 그중에서도 그림책 서점으로 유명한 곳이다. 규모는 그리 크지 않지만, 2층으로 된 서점 안에는 어린이들이 좋아할 그림책이 가득하다. 그림책 자체가 글자가 많지 않기 때문에 중국어를 몰라도 얼마든지 재미있게 볼 수 있다. 특히 어린이를 동반한 가족 단위 여행객에게는 꼭 한 번 방문해보기를 추천하는 곳이다. 책을 좋아하는 어린이라면 시간 가는 줄 모르고 빠져들 만한 책이 가득한 보물섬 같은 서점이다. MAP ㉑

GOOGLE MAPS J8C3+2JF 가오슝
ADD 苓雅區文橫二路(원헝얼루)115巷15號
OPEN 10:00~18:00, 월·화요일 휴무
MRT 레드 라인 R8 싼뚜어상취엔三多商圈 역 6번 출구에서 도보 12분

6

동네 어귀 사랑스러운 독립서점

타카오 북스

三餘書店(삼여서점, 싼위수디엔) Takao Books

독립서점이 많기로 둘째가라면 서러운 타이완에서 타카오 북스는 까오슝의 인문학 트렌드를 선도하고 있는 독립서점 중 하나다. 규모가 크진 않지만, 아기자기한 분위기에 따뜻한 감성 한 스푼이 더해져서 누구나 머물고 싶은 서점이 되었다. 현실적으로 여행객이 참석하는 건 쉽지 않겠지만, 다양한 인문학 강좌도 자주 열리는 편이다. 서점을 좋아한다면 중국어를 모르는 사람도 서점 분위기 자체만으로 한 번쯤 가볼 만하다. 여행객들이 많지 않은 동네라 복잡하지 않고 평범한 까오슝 일상의 느낌을 경험해 보기에도 좋다. MAP ㉑

GOOGLE MAPS takao books
ADD 新興區中正二路(쭝쩡얼루)214號
OPEN 13:30~21:00, 화요일 휴무
WEB www.takaobooks.tw
MRT 오렌지 라인 O7 원화풍신文化中心 역 1번 출구에서 도보 3분

7

까오슝의 트렌드를 선도하는 라이프 스타일 복합문화공간

MLD 타일뤼

MLD 台鋁(MLD 대려)

8

까오슝의 야경과 미식을 한꺼번에

드림몰

夢時代(몽시대, 멍스따이) Dream Mall

까오슝에서 가장 힙한 장소를 꼽는다면 MLD 타일뤼를 빼놓을 수 없다. 이곳은 원래 일본 식민지 시대에 알루미늄 공장으로 세워져 근대 타이완의 알루미늄 산업을 선도하던 공장 지대였다. 공장이 문을 닫은 후 그대로 남겨진 건물은 리모델링을 거쳐 트렌디한 복합문화공간으로 재탄생하게 되었다.

MLD는 'Metropolitan Living Development'의 약자로, 라이프 스타일과 관련된 다양한 아이템을 만날 수 있는 흥미진진한 공간이다. 유기농 마트를 비롯해 레스토랑, 서점, 레스토랑, 카페, 영화관 등이 입점해 있다. 하이라이트는 2층에 위치한 서점. 서점인지 갤러리인지 구분이 가지 않을 만큼 스타일리시한 인테리어를 자랑하므로 꼭 한번 들러보자. MAP ㉛

GOOGLE MAPS mld cinema
ADD 前鎮區忠勤路(쭝친루)8號
OPEN 11:30~21:30(매장마다 조금씩 다름)
WEB www.mld.com.tw
MRT 레드 라인 R7 스지아獅甲 역 4번 출구에서 도보 10분

+ Writer's Pick +

MLD 여행 완벽 동선!

MLD는 까르푸, 이케아와 나란히 붙어 있어서 같이 둘러보기에도 좋다. 특히 까르푸 안에는 KFC, 스시 익스프레스 등 가격대별 음식점이 매우 다양하므로 MLD 구경을 마치고 까르푸에서 마트 쇼핑을 한 뒤, 저녁까지 해결하는 것도 괜찮겠다.

까오슝을 대표히는 대형 쇼핑몰 중 하나. 옥상에 있는 대관람차로 더욱 유명해졌다. 쇼핑의 목적보다는 맛집이 많은 쇼핑몰로 명성이 자자하다. 우리에게 친근한 스타벅스(1층)를 비롯하여 딤섬 전문점인 딤딤섬點點心(지하 1층), 해산물 뷔페인 향식천당饗食天堂(9층), 버블티 전문점인 춘수이탕春水堂(1층), 훠궈 전문점인 마라훠궈新馬辣(6층) 등 타이완의 유명 음식점 체인이 대거 입점해 있어서 선택의 폭이 넓다. 까오슝 공항과 멀지 않으므로 도착하는 날이나 귀국일에 잠시 들르기에도 좋다. MAP ㉛

GOOGLE MAPS 드림몰
ADD 前鎮區中華五路(쭝화울루)789號
OPEN 월~목 11:00~22:00, 금 11:00~22:30,
　　　　토 10:30~22:30, 일 10:30~22:00
WEB www.dreammall.com.tw
MRT 레드 라인 R6 카이쉬엔凱旋 역에서 도보 10분 또는 LRT C5 멍스따이夢時代 역에서 도보 3분

Spot
1

까오슝 시내를 한눈에
까오슝의 눈 대관람차
高雄之眼摩天輪(고웅지안마천륜, 까오슝즈엔 모어티엔룬)
Kaohsiung Eye Ferris Wheel

드림몰이 우리나라 여행객들 사이에서 유명해진 건 옥상의 대관람차 덕분일 것이다. 어떻게 이런 대관람차를 쇼핑몰 옥상에 설치할 생각을 했을까 신기할 정도로 거대한 크기를 자랑한다. 생각보다 높고 아주 느린 속도로 움직여서 막상 타면 제법 아찔하고 무섭다. 특히 늦은 밤에는 탑승객도 많지 않고 정적이 감돌아 더 긴장되기도 한다. 야경이 화려하진 않지만, 타이완 특유의 소박하고 정겨운 감성이 느껴지는 풍경에 마음이 따뜻해진다. 대관람차 옆으로는 어릴 적 보았던 촌스러운 놀이기구들까지 나란히 있어서 더욱 친근하고 정겹다.

WHERE 드림몰 9층 **OPEN** 월~목 12:00~22:00, 금 12:00~22:30, 토 10:30~22:30, 일 10:30~22:00 **PRICE** NT$150(여권을 제시하면 NT$120)

Spot
2

밥도둑 메뉴가 한가득
카이판
開飯川食堂(개반천식당, 카이판 찬스탕)

꿔바 샤런 쯔쯔샹
(토마토 소스, 새우,
버섯 누룽지탕)

드림몰 3층에 위치한 쓰촨요리 전문점. 드림몰에 있는 많은 음식점 중에서 상대적으로 덜 알려지긴 했으나, 우리나라 사람 입맛에는 호불호 없이 가장 잘 맞을 식당 중 하나이다. 타이베이는 물론이고 신베이, 타오위엔, 타이중, 까오슝, 타이난 등 타이완 전역에 많은 지점을 보유하고 있다. 귀여운 판다가 트레이드마크이며, 주로 대형 쇼핑몰이나 백화점 안에 입점해 있어서 찾기도 어렵지 않다. 어떤 메뉴를 주문해도 실패할 가능성이 매우 낮으므로 안심하고 주문해도 괜찮다. 가격 또한 합리적인 수준이라 더욱 반갑다.

WHERE 드림몰 3층 **OPEN** 월~금 11:30~15:00, 17:30~21:30, 토·일 11:00~16:00, 17:00~21:30 **WEB** www.kaifun.com.tw

+ Writer's Pick +

카이판 추천 메뉴

❶ 꿔바 샤런 쯔쯔샹
　鍋巴蝦仁滋滋響 토마토 소스, 새우, 버섯 누룽지탕

❷ 마포어 샤오떠우푸
　麻婆燒豆腐 마파두부

❸ 꽁바오지띵 宮保雞丁
　땅콩 닭고기 볶음

❹ 쏭반쭈판 수이리엔
　松阪豬攀水蓮 수련 볶음

❺ 티에한러우칭 鐵漢柔情
　연두부 튀김

❻ 자인쓰쥐엔 炸銀絲捲
　꽃빵 튀김

오감만족
메일리다오 주변의 식탁

메일리다오 주변의 맛집으로는 훠궈 거리를 빼놓을 수 없다. 일부러 훠궈 거리를 조성한 건 아니지만, 치시엔얼루七賢二路
일대에 훠궈 전문점들이 하나둘씩 모이면서 이제는 훠궈 전문점들이 밀집한 일명 훠궈 거리가 된 것이다.

타이중에서 온 훠궈 전문점
딩왕마라궈
鼎王麻辣鍋(정왕마랄과)

타이중에서 최고의 훠궈 전문점으로 손
꼽히는 곳으로, 타이중의 인기를 바탕으
로 현재는 타이완 전역에 지점을 두고
있다. 마라의 매운맛이 덜 자극적이고
적당히 매콤한 편이라서 우리나라 사람
들 입맛에 잘 맞는 편이다. 무엇보다 서
비스가 과하게 느껴질 만큼 친절하기 때
문에 식사하면서 친절함에 먼저 기분이
좋아지는 곳이다. **MAP ㉑**

GOOGLE MAPS J8M2+WF 신싱구
ADD 新興區七賢二路(치시엔얼루)16號
OPEN 11:30~다음 날 05:00
WEB www.tripodking.com.tw
MRT 레드·오렌지 라인 R10·O5 메일리다오美
　　　麗島 역 11번 출구에서 도보 4분

80년 선통의 훠궈 진문점
샨터우 훠궈
汕頭泉成沙茶火鍋(산두천성사차화과, 샨터우 취엔청 샤차 훠궈)
Shantou Chuan Cheng Hotpot Zhongshan Main Restaurant

대형 프랜차이즈가 많은 훠궈 전문점 사이에서 80년 동안 꿋꿋하게 자리
를 지켜온 노포. 여행객보다는 현지인들 사이에서 더 많이 알려진 곳으로
식사 시간이면 빈자리를 찾기 힘들 만큼 여전한 인기를 구가하고 있다.
다른 훠궈 전문점에 비해 소스의 종류가 다양하지 않고 땅콩 소스와 비슷
한 맛의 샤차沙茶 소스만 제공되는 게 조금 아쉽긴 하다. 그래도 매콤한
소스를 원하면 종업원에게 홍고추를 따로 요청할 수 있다. 마라 훠궈와는
달리 국물이 덜 자극적이므로 순한 맛의 훠궈를 좋아하는 사람에게는 반
가운 곳일 듯. **MAP ㉑**

GOOGLE MAPS J8J2+QG 가오슝
ADD 新興區中山橫路(쭝산헝루)7號
OPEN 11:00~다음 날 01:00
MRT 레드·오렌지 라인 R10·O5 메일리다오美麗島 역 1번 출구에서 도보 1분

호불호 없이 맛있는 광동 요리 전문점

위에핀 쭝찬팅

悦品中餐廳(열품중찬청) Yuepin Restaurant

하가우, 샤오마이, 창펀 등으로 대표되는 홍콩식 딤섬을 먹고 싶다
면 까오슝에서는 이곳, 위에핀 레스토랑이 정답이다. 우리나라 사
람들에게 많이 알려진 딤섬 메뉴는 물론이고, 광동요리 메뉴가 매
우 다양한 편이라 어떤 메뉴를 주문해도 대부분 입맛에 잘 맞는 편
이다. 호텔 레스토랑인 것에 비하면 가격도 무척 합리적이다. 음식
주문에 앞서 차를 먼저 주문해야 하는데, 보이차, 재스민차, 우롱
차 등 차 메뉴 또한 익숙해서 어렵지 않게 주문할 수 있다. MAP ㉑

GOOGLE MAPS 열품항식찬청
ADD 新興區林森一路(린썬일루)165號 호텔 두아(Hotel Dua) 3층
OPEN 11:30~14:00, 17:30~21:00
WEB www.hoteldua.com
MRT 레드·오렌지 라인 R10·O5 메일리다오美麗島 역 6번 출구에서 도보 3분

활기 넘치는 까오슝의 아침 풍경

싱롱쥐

興隆居(흥륭거)

아침 식사를 사 먹는 문화를 가진 타이완에서는 아침
식사 전문 식당을 심심치 않게 찾아볼 수 있다. 싱롱쥐
는 까오슝에서 손꼽히는 아침 식사 전문점 중 하나. 매
일 아침 싱롱쥐 앞에는 주문할 차례를 기다리는 사람들
로 인산인해를 이룬다. 다행히 포장하는 사람들이 많아
서 대기 시간이 길진 않다. 타이완의 전통 아침 메뉴는
모두 있는데, 그중에서도 고기만두인 탕빠오湯包, 중국
식 빈대떡인 딴빙蛋餅, 중국식 바게트 안에 쏸차이와 여
우티아오油條를 넣은 샤오빙燒餅, 진한 두유인 떠우장豆
漿은 이곳에서 꼭 먹어봐야 할 필수 메뉴다. 가격까지 착
해서 더욱 반갑다. MAP ㉑

GOOGLE MAPS 흥륭거
ADD 前金區六合二路(리우허얼루)186號
OPEN 04:30~11:30 월·화요일 휴무
MRT 오렌지 라인 O4 스이후웨이市議會 역 1번 출구에서 도보 3분

70년 노포의 아우라

라오쟝 홍차 니우나이

老江紅茶牛奶(로강홍차 우내)

까오슝에만 10여 곳의 지점이 있는 홍차 우유 전문점.
1953년에 처음 문을 연 이래로 무려 70년의 역사를 자
랑하는 노포이다. 이곳은 본점이라 일부러 찾아오는 사
람도 적지 않다. 대표 메뉴인 홍차 우유는 홍차와 우유
를 섞은 밀크티인데, 배합 비율이 환상적이라 그 어떤
밀크티보다도 맛있다는 평을 받는다. 24시간 영업이긴
하지만, 딴빙, 토스트, 샌드위치 등 아침 식사로 즐기기
좋은 메뉴가 많다. 한국 여행객들도 종종 찾는 곳이라
한글 메뉴판이 준비되어 있다. 직접 만들어서 판매하는
누가 크래커도 한국 여행객들에게 인기가 높다. MAP ㉑

GOOGLE MAPS 라오지앙/노강홍차우내
ADD 新興區南台路(난타일루)51號
OPEN 24시간
WEB laochiang.com
MRT 레드·오렌지 라인 R10·O5 메일리다오美麗島 역 1번 출구에
서 도보 3분

가성비 좋은 브런치 카페
미니.디 커피
MINI.D COFFEE

까오슝, 타이난, 타이중에 많은 지점을 보유하고 있는 브런치 카페. 샐러드, 베이글 등의 간단한 브런치 메뉴부터 토스트, 샌드위치, 피자 등 한 끼 식사로도 손색이 없는 메뉴까지 종류와 구성이 매우 다양한 편이다. 커피 맛도 훌륭하고, 가볍게 즐길 수 있는 디저트도 많아서 행복한 고민에 빠지게 만드는 곳. 가격대가 합리적이며, 무엇보다 아침 일찍 문을 열기 때문에 아침 식사를 하기에 좋다. 우리나라의 카페에 온 듯한 분위기의 미니멀하고 깔끔한 디자인도 반갑다. MAP ㉑

■ 까오슝 쯜리 自立 점
GOOGLE MAPS J7MX+76 가오슝
ADD 前金區自立二路(쯜리얼루)117號
OPEN 07:30~22:00
MRT 레드·오렌지 라인 R10·O5 메일리다오美麗島 역 1번 출구에서 도보 10분

+ Writer's Pick +

쩡쫑 파이구판 추천 메뉴

■ **쩡쫑 파이구판** 正忠排骨飯
  원조 돼지갈비 덮밥

■ **헤이후지아오 쭈파이판**
  黑胡椒豬排飯 후추 돼지갈비 덮밥

■ **지파이판** 鷄排飯 치킨까스 덮밥

■ **꽁바오지띵판** 宮保鷄丁飯
  땅콩 닭고기 덮밥

달콤하고 중독적인 돼지갈비 덮밥
쩡쫑 파이구판
正忠排骨飯(정충배골반)

1991년에 오픈한 쩡쫑 파이구판은 훠궈 거리에 있는 돼지갈비 덮밥 전문점이다. 달달한 소스에 쫀쫀한 식감이 매력적인 타이완 표 돼지갈비라고 할 수 있겠다. 채소 반찬 코너에서 원하는 메뉴를 고르면 밥 위에 채소 반찬과 돼지갈비를 얹어서 준다. 돼지갈비 외에도 닭고기, 소시지, 닭 날개 등 밥 위에 얹는 메인 메뉴들이 다양하다. 테이블 수는 많지 않고, 자리에서 먹는 사람보단 도시락으로 사 가는 사람이 훨씬 많다. 메뉴 당 NT$90~120 정도로 꽤 저렴한 가격이어서 주머니 가벼운 여행자에게는 더욱 반갑다. 까오슝에만 10개가 넘는 지점을 보유하고 있고, 타이중에도 7개의 지점이 있다. MAP ㉑

GOOGLE MAPS J7MX+F7 신싱구
ADD 新興區七賢二路(치시엔얼루)109號
OPEN 10:30~20:00
WEB www.jengjong.tw
MRT 레드·오렌지 라인 R10·O5 메일리다오美麗島 역 11번 출구에서 도보 7분

깔끔하고 담백한 비건 레스토랑

메이수자이

美蔬齋 Mei Shu Zhai

작은 동네 식당이지만, 식사 시간마다 빈자리를 찾기 힘들 만큼 입소문이 난 현지인 추천 찐 맛집이다. 각종 유기농 비건 재료와 한약재 등을 사용하여 만든 메뉴들은 비채식주의자도 맛있게 먹을 수 있을 만큼 식감이 좋고 맛도 풍부하다. 대부분 세트 메뉴로 구성되어 있으며, 창의적인 메뉴가 많아서 골라 먹는 재미가 있다. 향이 강하지 않고 담백한 맛이 특징이며, 깔끔한 플레이팅 덕분에 먹기 전부터 흐뭇해진다. 건강한 한 끼 식사를 원한다면 기꺼이 일부러 찾아가도 괜찮은 곳이다. MAP ㉛

GOOGLE MAPS J8J7+RJ 신싱구
ADD 新興區六合路(리우허루)197號
OPEN 11:00~13:30, 17:00~19:30, 수요일 휴무
MRT 오렌지 라인 O6 신이궈샤오信義國小 역 5번 출구에서 도보 5분

신선한 소고기로 승부하는 훠궈 전문점

니우라오 따싼니우러우

牛老大涮牛肉(우로대쇄우육)

조금 허름해도, 조금 불편해도 훠궈에서 소고기의 신선함이 중요한 미식가라면 이곳이 반가울 것이다. 여기에는 마라탕도 없고, 무한 리필도 아니며, 미소를 띤 친절함도 기대할 수 없다. 하지만, 이곳의 강점은 당일 도축된 생고기만을 사용한다는 사실. 고기의 신선도만큼은 최고라고 자부할 수 있다. 고기 외의 재료는 냉장고에서 스스로 가져다 먹은 뒤, 나중에 접시로 한꺼번에 계산한다. 참고로 당일 고기가 모두 소진되면 아예 주문을 받지 않기 때문에 사전 예약은 필수다. MAP ㉛

GOOGLE MAPS J7CW+VM 가오슝
ADD 前金區自強二路(쯔창얼루)18號
OPEN 수~일 11:30~14:00, 16:00~24:00, 화 16:00~24:00, 월요일 휴무
MRT 레드 라인 R9 쭝양꽁위엔中央公園 역 2번 출구에서 도보 15분

깔끔한 국물의 훠궈 전문점

무팟

牧鍋(목과, 무궈) Moopot

일본의 스끼야끼와 타이완식 훠궈를 조합한 퓨전 스타일의 훠궈 전문점. 매운 국물도 선택할 수 있지만, 마라 향이 거의 없는 순하게 칼칼한 맛이다. 사골로 우려낸 국물을 베이스로 했기 때문에 우리나라 사람들 입맛에도 낯설지 않다. 가격대가 약간 높은 편이긴 하지만, 숙성 소고기의 품질이 좋고 그 외의 다른 재료들도 무척 신선하다. 백화점 안에 있는 레스토랑이라 내부 인테리어도 깔끔하고 조용한 분위기에서 쾌적한 식사를 즐길 수 있다는 게 강점이다. MAP ㉛

GOOGLE MAPS talee department store
ADD 前金區五福三路(우푸싼루)57號 탈리백화점 A관 지하 1층
OPEN 월~금 1:00~14:20, 17:00~21:30, 토·일 11:00~21:30
MRT 레드 라인 R9 쭝양꽁위엔中央公園 역 2번 출구에서 도보 10분

+ Writer's Pick +

알아두면 힘이 되는 타이완 훠궈의 종류

우리나라 사람들에게 익숙한 건 중국 쓰촨성에서 온 마라 훠궈麻辣火鍋일 것이다. 혀끝이 얼얼해질 만큼 강렬한 마라 향에 각종 한약재를 더해 매운맛을 깊고 부드럽게 구현해 낸 것이 타이완 마라 훠궈의 특징. 소스의 종류도 가장 다양한 편이다. 반면 샨터우 훠궈汕頭火鍋는 중국 광동성 산터우에서 건너온 훠궈로, 담백한 국물에 말린 해산물로 만든 샤차 소스로 간을 했다. 일명 샤차 훠궈沙茶火鍋라고도 하며, 깔끔한 국물과 샤차 소스가 특징이다. 이외에도 신선로 모양의 냄비에 백김치 국물을 쓰는 쏸차이 바이러우궈酸菜白肉鍋나 돌솥 냄비에 먹는 스터우 훠궈石頭火鍋 전문점도 종종 찾아볼 수 있다.

속이 든든한 보양식 죽 전문점
스얼위에
十二月(십이월)

탈리 백화점 A관 8층 식당가에 위치한 죽 전문점. 타이중에서 시작해 현재 타이중, 타이베이, 타이난 등 여러 도시에 지점을 두고 있으며, 까오슝에서는 이곳이 유일하다. 이곳의 메인 메뉴는 다양한 종류의 죽. 진흙으로 만든 커다란 뚝배기에 각종 재료를 넣어서 끓인 죽은 든든한 보양식으로도 손색이 없다. 죽 메뉴가 메인이지만, 쓰촨요리 위주의 각종 식사 메뉴와 간단한 딤섬, 디저트류도 종류별로 다양한 편이라 푸짐한 한 끼 식사로 더없이 좋은 곳이다. MAP ㉛

GOOGLE MAPS talee department store
ADD 前金區五福三路(우푸싼루)57號大立百貨A館 8F
OPEN 11:00~21:00
WEB www.12moon.com.tw
MRT 레드 라인 R9 쭝양꽁위엔中央公園 역 2번 출구에서 도보 8분

타이완 최대의 회전초밥 전문점
쿠라 스시
藏壽司(장수사, 창셔우스) KURA SUSHI

타이완 현지인들 사이에서 가성비 좋은 회전초밥 전문점으로 인기가 높은 곳. 본점은 일본에 있으며, 타이완 전역에 적지 않은 지점을 보유하고 있다. 거의 모든 지점이 긴 대기 시간을 자랑할 만큼 높은 인기를 구가한다. 지점 대부분이 쇼핑몰이나 백화점에 입점해 있으나, 이곳은 단독 건물로 이루어진 타이완 최대 규모의 지점으로 글로벌 플래그십 스토어라고 불리기도 한다. 심지어 이곳에서만 맛볼 수 있는 한정 메뉴도 따로 준비되어 있을 만큼 특별한 지점이다. 물론 그만큼 사람도 많으므로 예약을 하고 가는 걸 권한다. MAP ㉛

GOOGLE MAPS kura sushi(global flagship store)
ADD 前鎮區中山三路(쫑산싼루)11號
OPEN 월~금 11:00~22:00, 토·일 10:30~22:00
WEB www.kurasushi.tw
MRT 레드 라인 R6 카이쉬엔凱旋 역 3번 출구 바로 앞

MRT 웨이우잉 역 주변

까오슝의 예술성을 책임지는

여행객들에게 많이 알려진 MRT 웨이우잉 역 근처의 명소는 딱 2곳뿐이다. 하지만, 이 2곳의 아우라는 결코 작지 않다. 까오슝의 예술성을 책임지고 있는 이곳은 낮에도 밤에도 충분히 아름답다.

---

①

서사기 있는 아름다운 예술센터

웨이우잉 국가예술문화센터

衛武營 國家藝術文化中心(위무영 국가예술문화중심,
웨이우잉 구워지아 이수 원화 쭝신)
National Kaohsiung Center for the Arts(Weiwuying)

까오슝을 대표하는 예술센터인 웨이우잉 국가예술문화센터는 타이완에서 가장 큰 문화예술 관련 건축물로, 네덜란드 건축가 프란신 하우벤Francine Houben이 설계를 맡았다. 총면적이 무려 9.9ha(약 3만 평)에 이르는 이곳은 오페라 극장과 콘서트홀을 비롯하여 총 4개의 실내 공연장과 야외극장, 중앙 잔디밭으로 구성되어 있다. 특히 실내 콘서트홀은 아시아에서 가장 큰 파이프오르간을 보유하고 있으며, 타이완에서 유일하게 빈야드 스타일로 설계되어 최고의 소리를 보장한다. 공연을 보지 않아도 건축물 자체의 아름다운 예술미가 워낙 돋보이는 곳이므로 꼭 한 번 방문해볼 만한 가치가 있다. 저녁이면 야외극장과 중앙 잔디밭에 시민들이 자유롭게 휴식을 취하는 풍경에 덩달아 마음이 평화로워지기도 한다. 센터 곳곳에 카페, 레스토랑, 기념품 숍, 디자인 소품 전문점 등이 있어서 실내를 구경하는 재미도 있다. 주말에는 야외 정원에서 플리마켓이 열려서 또 다른 매력을 자랑한다. MAP ⑲

GOOGLE MAPS 웨이우잉 국가예술문화센터
ADD 鳳山區三多一路(싼뚜워일루)1號
OPEN 11:00~20:00

WEB www.npac-weiwuying.org
MRT 오렌지 라인 O10 웨이우잉衛武營 역
6번 출구로 나와 바로 오른쪽

2

알록달록 사랑스러운 벽화마을

웨이우잉 벽화마을

衛武營迷迷村(위무영미미촌, 웨이우잉 미미촌)

웨이우잉 국가예술문화센터 근처에는 작고 사랑스러운 벽화마을이 있다. '비밀스러운 마을' 이라는 뜻의 '미미촌迷迷村'이라는 별명을 지닌 이 마을은 마을 전체가 거대한 갤러리라고 해도 과언이 아닐 만큼 마을의 모든 벽면이 알록달록 벽화로 장식되어 있다. 마을 규모는 그리 크지 않지만, 보이는 모든 벽마다 벽화가 가득 그려져 있어서 꼼꼼하게 둘러보려면 시간이 한참 걸린다. 아직 여행자들에게 많이 알려진 곳이 아니라 여유롭게 마을을 구경하기에 좋다. 단, 관광명소라기보다는 시민들이 실제로 사는 거주 공간이므로 예의를 갖추는 걸 잊지 말자. MAP ⑲

GOOGLE MAPS J8GV+VH 링야구
ADD 苓雅區尚勇路(상용루)6號
MRT 오렌지 라인 O10 웨이우잉衛武營 역 5번
　　　출구에서 도보 5분

535

MRT 주워잉 역 주변

까오슝 북부 여행의 거점

까오슝 고속열차역이 위치한 MRT 주워잉 역은 교외로 가는 버스가 많이 정차하는 곳이기도 하다. 컨딩을 비롯하여 근교의 불교 단지인 불광산 등으로 향하는 노선들이 모두 주워잉 역에서 출발한다. 까오슝 기차역과 더불어 교통의 중심지로 손꼽히는 주워잉 역 주변을 만나보자.

MRT 주워잉左營(좌영) 역,
　　　성타이위엔취生態園區(생태원구) 역,
　　　쥐딴巨蛋(거단) 역

---

①

도심 속 평화로운 호수
리엔츠탄 풍경구
蓮池潭風景區(련지담풍경구, 리엔츠탄 펑징취)

면적이 무려 축구장 50개 넓이인 42헥타르에 이르는 리엔츠탄 풍경구는 까오슝을 대표하는 관광명소 중 하나로 손꼽히는 곳이다. 도심 한가운데 있어서 접근성이 좋은 데다가 호수의 풍경 또한 더할 나위 없이 아름답고 평화롭다. 인공적인 느낌이 다소 강하다는 의견도 있지만, 호수의 이름 그대로 연꽃 향기 가득한 풍경은 길을 걷는 것만으로 마음을 평안하게 해준다. 특히 호수 남쪽에 위치한 탑인 용호탑龍虎塔(롱후타)은 리엔츠탄 풍경구의 대표적인 볼거리. 1976년 완공된 쌍둥이 탑으로, 두 탑의 입구가 각각 호랑이와 용의 입 모양으로 되어 있어 재미있다. 참고로 용의 입으로 들어가 호랑이의 입으로 나오면 행운이 온단다. 탑 꼭대기에 서면 리엔츠탄의 풍경이 한눈에 들어오니 꼭 한번 올라가 볼 것. **MAP ⑬**

GOOGLE MAPS 용호탑
ADD 左營區翠華路(추이화루)1435號
PRICE 무료
OPEN 08:00~18:00
MRT 레드 라인 R15 성타이위엔취生態園區 역 2번 출구로 나와 바로 앞에 보이는 버스 정류장에서 紅35번 버스를 타고 리엔츠탄蓮池潭에서 하차. 약 7분 소요

Spot 1 싼니우 우육면

리엔츠탄의 대표 맛집

三牛牛肉麵(삼우우육면, 싼니우 니우러우미엔)

리엔츠탄 풍경구를 방문했을 때 들르기에 가장 좋은 맛집을 꼽으라면 바로 이곳 싼니우 우육면일 것이다. 여행자들에게는 많이 알려져 있지 않지만, 현지인들 사이에서는 제법 입소문이 난 오래된 맛집이다. 식사시간에 가면 대기 줄이 꽤 긴 편. 하지만 테이블 회전율이 빨라서 대기 시간이 아주 길진 않다. 입구에서 주문서를 내고 결제를 마치면 빈자리로 안내해주는 시스템이다. 국수는 일반 면, 가는 면, 수제비 면 중에서 선택할 수 있으며, 반찬은 계산할 때 주문하면 된다. 양이 꽤 많고 국물이 담백해 우리나라 사람들 입맛에도 잘 맞는 편이다. MAP ⑲

GOOGLE MAPS 삼우우육면
ADD 左營區勝利路(셩리루)85號
OPEN 월~금 11:00~15:00, 17:00~20:30, 토·일 11:00~20:30, 화요일 휴무
MRT 리엔츠탄에서 도보 4분

2

전문화된 대규모 야시장

루이펑 야시장

瑞豐夜市(서풍야시, 루이펑 이예스)

리우허 야시장과 함께 까오슝을 대표하는 양대 야시장이다.
외국인 여행자들에겐 리우허 야시장이, 현지인들에겐 루이펑
야시장이 더 유명한 편. 규모가 상당히 크지만, 구역이 잘 나
뉘어 있어서 돌아보기에 편리하다. 유일한 단점은 워낙 핫한
야시장이라 사람이 어마어마하게 많다는 것. 그러므로 해가
지기 직전, 야시장 오픈 시간에 맞춰서 가는 게 가장 쾌적하
게 야시장을 즐길 방법이다. 중국식 양꼬치와 타이완식 스테
이크, 그리고 철판요리 전문점인 루르마랭Lourmarin의 철판
요리 정식 등이 유명하다. MAP ⑲

GOOGLE MAPS 루이펑 야시장
ADD 鼓山區裕誠路(위청루)1128號
OPEN 화~목~일 17:00~24:00, 월·수요일 휴무
MRT 레드 라인 R14 쥐딴巨蛋 역 1번 출구에서 도보 3분

3

까오슝의 작은 홍콩

구워마오 마을

國貿社區(국무사구, 구워마오 셔취) Guomao Community

홍콩의 촬영명소인 익청빌딩과 비슷한 느낌이라 '작은 홍콩
小香港(샤오 샹캉)'이라는 별명을 가진 이 동네는 언뜻 보면 그
냥 평범한 아파트 단지다. 원래 해군들의 거주지였던 이 아파
트 단지가 유명해진 건 전적으로 SNS 덕분. 몇몇 포토그래퍼
들이 SNS에 이 아파트 사진을 올리면서 입소문이 나기 시작
했고, 이젠 까오슝 내의 이름난 촬영 명소 중 하나가 되었다.
타원형의 13개 동으로 이루어진 이 아파트 단지는 하늘을 올
려다보면 아파트 동 3~4개가 마주 보며 둥근 원 모양을 만드
는 신기한 구조다. 단, 이곳은 실제로 주민들이 거주하는 아
파트 단지이므로 사진을 촬영할 때 큰 소리로 떠들거나 주민
들에게 카메라를 향하는 등 실례를 범하는 일이 없도록 세심
하게 주의하자. MAP ⑲

GOOGLE MAPS guomao community
ADD 左營區果貿社區果峰街(구워펑지에)3巷
MRT 레드 라인 R16 주워잉左營 역 2번 출구에서 도보 12분. 또는 택시로
5분

4

거대한 불교 복합 단지

불광산
佛光山(포어꽝샨)

❶

Photo by Falco

+ Writer's Pick +

불광산 가는 법

MRT 레드 라인 R16 주워잉左營 역 1번 출구(고속열차역에서 내린 경우에는 2번 출구) 앞에 있는 버스 정류장에서 까오슝 커윈高雄客運이 운행하는 불광산 직행버스인 하포어 콰이시엔哈佛快線 E02번 버스를 타거나 이다 월드義大世界를 거쳐서 가는 이따 커윈義大客運 8501번 버스를 타고 포어투워 지니엔관佛陀紀念館 또는 포어꽝샨佛光山 정류장에서 내린다. 8501번 버스는 약 1시간 소요, 요금은 NT$66. E02번 버스는 약 40분 소요, 요금은 NT$70.

❷

❸

타이완에서 가장 큰 불교 단지로, 타이완의 불교를 대표하는 곳이라고 할 수 있다. 오랜 역사와 전통을 자랑하는 곳은 아니지만, 규모 면에서 타의 추종을 불허한다. 아예 산 전체가 하나의 불교 관련 복합단지라고 할 수 있을 만큼 거대한 규모를 자랑하는 곳이다.

대표적인 볼거리는 불타기념관佛陀紀念館과 불광산사佛光山寺. 워낙 규모가 커서 이 두 곳을 돌아보려면 셔틀버스로 이동해야 한다. 셔틀버스는 기념관까지 가는 초록색 중형 버스와 산사에서만 운행하는 흰색 골프카가 있으며, 운행 시간은 09:00~17:00, 요금은 NT$20다. 버스 티켓을 구매하면 당일에 한해 무제한으로 탑승할 수 있다. 단, 배차 간격이 5~20분으로 때에 따라서는 꽤 기다려야 할 수 있음을 고려할 것. 참고로 만향원滿香園(만샹위엔) 정류장에서 탑승할 경우 셔틀버스 티켓은 정류장 바로 앞 기념품 상점에서 구매할 수 있다.

GOOGLE MAPS 불광산불타기념관
ADD 大樹區統嶺里統嶺路(통링루)1號

❶ 마치 사열대처럼 한 줄로 길게 이어진 불타기념관 탑의 행렬
❷ 불타기념관의 입구 역할을 하는 예경대청禮敬大廳. 각종 편의 시설이 있다.
❸ 불광산의 또다른 사찰 단지, 불광산사

Spot **1** 산 하나가 거대한 사찰
불광산사
佛光山寺(포어꽝샨쓰)

냉정히 말해 불광산사가 다른 사찰에 비해 특별히 더 아름답거나 고풍스러운 것은 아니다. 하지만 산 전체가 거대한 사찰인 만큼 그 규모만으로도 충분히 둘러볼 만하다는 생각이다. 물론 꼼꼼하게 다 둘러보기도 쉽지는 않다. 핵심적인 곳만 걸어서 꼬박 1시간이 소요될 정도. 시간이 부족하다면 셔틀버스를 타고 올라갔다가 걸어서 내려오는 코스도 괜찮다.

GOOGLE MAPS 불광산대웅보전 **PRICE** 무료 **OPEN** 09:00~17:00 **BUS** 포어꽝샨佛光山 정류장에서 하차 후 정류장 바로 앞에 있는 만샹위엔滿香園 정류장에서 셔틀버스 탑승(정류장 앞 기념품 상점에서 버스 티켓을 미리 구매한다.)

❶ 불광산사 입구
❷ 금빛 불상을 향해 올라가는 길목에 빼곡하게 이어진 작은 불상들
❸ 거대한 규모의 사찰 단지다.
❹ 불광산사의 보물, 금빛 불상

❶ 부처의 진신사리가 모셔져 있는 본관
❷ 불타기념관의 하이라이트, 대불
❸ 본관 내부에도 볼거리가 다양하다.

GOOGLE MAPS 불타기념관 **TEL** 07 656 3033 **PRICE** 무료 **OPEN** 월~금 09:00~ 18:00, 토·일 09:00~19:00, 화요일 휴무 **WEB** www.fgs.org.tw **BUS** 포어투워 지니엔관佛陀紀念館에서 하차

Spot **2** 모두를 압도하는 불상의 위엄
불타기념관
佛陀紀念館(포어투워 지니엔관) Buddha Memorial Center

불광산 관광의 실질적인 하이라이트. 부처의 사리를 공양하기 위해 세운 기념관으로, 입구에 세워져 있는 높이 108m의 거대한 금빛 불상 덕분에 진입로에 들어선 순간 그 아우라에 압도당한다. 기념관 내부에서 엘리베이터를 타면 웅장하고 호화로운 불상 바로 가까이 올라갈 수 있다. 내부의 규모 외부 못지않게 크기 때문에 시간적 여유가 있다면 안내데스크에 문의해 가이드를 받는 것도 괜찮다. 참고로 우리나라의 몇몇 스님이 와 계신 덕분에 사전에 전화 예약하면 한국어 가이드를 받을 수도 있다. 물론 운 좋게 한국인 스님이 안내데스크에 계신다면 예약 없이도 가이드를 받을 수 있다. 진입로에 전시된 홍일弘一 대사의 그림과 성운星云 대사의 글씨가 특히 유명하니 놓치지 말 것.

5

놀이동산과 아웃렛의 만남

이다 월드

義大世界(이따 스지에) EDA World

+ Writer's Pick +

이다 월드 가는 법

불타기념관이나 MRT 주워잉左營 역 입구에서 이따 커윈義大客運 8501번 버스를 타고 이다 월드에서 하차한다. 불타기념관 → 이다 월드 약 30분, 불광산 → 이다 월드 약 25분 소요.

TIME 월~금 08:20~19:15(약 1시간 간격), 토·일 08:20~20:30(약 30분 간격)

ROUTE 불타기념관─불광산─이다 월드─MRT 주워잉 역

PRICE NT$65(불타기념관 ↔ 이다 월드 NT$29, 이다 월드 ↔ MRT 주워잉 左營 역 NT$37). 현금을 내고 탑승할 경우에는 영수증을 보관하고 있다가 내릴 때 다시 내야 한다.

WEB www.edabus.com.tw

까오슝을 대표하는 초대형 복합문화단지. 호텔을 비롯하여 대형 쇼핑몰, 명품 아웃렛, 영화관, 놀이동산 등이 들어선 거대한 규모를 자랑한다. 특히 타이완에서 가장 크고 높은 대관람차가 있는 곳으로 유명하다. 쇼핑몰 꼭 대기에 있는 대관람차는 자체의 높이도 무려 80m에 달해 웬만한 놀이기구보다 무섭다. 가족 단위 여행자에게는 쇼핑과 놀이를 한 번에 해결할 수 있는 최고의 스폿일 듯.

이다 월드는 불광산 근처에 있어서 함께 묶어서 여행하기에 좋다. 쇼핑몰 1층 입구에 불타기념관佛陀紀念館과 MRT 주워잉左營 역을 오가는 버스 정류장이 있어서 교통도 편리한 편이다. 불광산과 함께 둘러본다면 하루 코스로 적당하다. **MAP ⑲**

GOOGLE MAPS eda outlet
ADD 大樹區學城路(쉬에청루)一段12號
PRICE 놀이동산 NT$899, 대관람차 NT$200
OPEN 놀이동산 09:00~17:30, 토 09:00~20:00, 대관람차 14:00~22:00, 쇼핑몰 월~금 11:00~22:00, 토·일·공휴일 10:00~22:00
WEB www.edaworld.com.tw
BUS 이따 스지에義大世界 버스 정류장 바로 앞

바다거북을 만나러 가는 길

샤오리우치우

小琉球(소류구)

LIUQIU
ISLAND

小琉球

IN TAIWAN

액티비티나 체험을 좋아하는 여행객이라면 도시 여행인 까오슝이 다소 심심하게 느껴질 수 있다. 활동적인 여행객을 위한 까오슝 근교 여행지로 샤오리우치우 小琉球를 빼놓을 수 없다. 일정이 빠듯하다면 당일로, 여유가 있다면 1박 2일로 바다거북을 만나러 떠나보자.

바다거북의 천국, 샤오리우치우

최근 들어 해양 스포츠를 즐기는 사람이 많아지면서 우리나라 여행객들 사이에서 샤오리우치우의 인기가 급상승하고 있다. 샤오리우치우는 까오숑 근교, 핑동의 남부에 위치한 산호초 섬으로, 스쿠터를 타고 섬 전체를 일주해도 1~2시간이면 충분할 만큼 작은 섬이다. 바다거북이 많기로 유명하여 1년 사계절 내내 스노클링이나 스킨 스쿠버 등을 하러 오는 사람들이 끊이지 않는다. 얕은 바다에서도 바다거북을 만날 수 있기 때문에 어린이도 충분히 스노클링 체험을 할 수 있다. 까오숑 시내에서 약 두 시간이면 도착하는 짧은 이동 거리도 장점이다.

까오숑에서 샤오리우치우 가는 법

까오숑 시내에서 샤오리우치우까지 가려면 먼저 동류 페리 터미널 Dongliu Ferry Terminal까지 가서 샤오리우치우 행 페리를 타야 한다.

■ 동류 페리 터미널 東琉線船運服務中心
(동류선운복무중심, 똥리우시엔 촨윈푸우쭝신)

GOOGLE MAPS dongliu ferry terminal
ADD 屏東縣東港鎮朝隆路(차오룽루)43號

■ 까오숑에서 동류 페리 터미널 가는 법

동류 페리 터미널까지는 버스나 택시를 이용할 수 있다. 버스를 탈 경우, 9117, 9117A, 9127번을 타고 동강짠東港站 Donggang Station 정류장에서 하차. 시내에서 약 1시간 40분 정도 소요된다. 버스 정류장에서 동류 페리 터미널까지도 도보로 약 15분 정도 걸리므로 버스를 기다리는 시간까지 합하면 2시간 이상 소요되는 셈이다.

이처럼 버스는 배차 간격도 길고 소요 시간도 꽤 걸리므로 버스보다는 택시나 여행사의 셔틀버스를 추천한다. kkday나 클룩 같은 여행 액티비티 앱을 통해 쉽게 예약할 수 있으므로 사전에 차량을 예약할 것을 추천한다. 택시나 셔틀버스를 이용하면 약 50분 정도 소요된다.

■ 동류 페리 터미널에서 샤오리우치우 가는 법

페리 터미널에서 샤오리우치우까지는 페리로 20~30분 정도 소요된다. 터미널에 여러 페리 업체의 창구가 나란히 있으며, 어느 업체의 페리를 이용하든 소요 시간은 비슷하다. 그러므로 전광판에 게시된 시간표를 확인하고 가장 빠른 페리를 타면 된다. 운임은 왕복 NT$450 정도이다. 참고로 여행 액티비티 앱을 통해 페리, 셔틀버스, 스쿠터 등의 패키지 상품을 예약하면 조금 더 저렴한 편이다.

+ Writer's Pick +

샤오리우치우에서 놓치지 말아야 할 아이템

■ 샤오리우치우 맥주

우리나라에도 지역 맥주가 있듯이 샤오리우치우에도 샤오리우치우 맥주가 있다. 파스텔 색감의 맥주 캔이 외관부터 호감을 불러일으킨다. 사실 냉정히 말해서 맛은 특별할 게 없는 타이완 스타일 과일맥주이긴 하다. 그래도 여행의 추억을 위해 한 번쯤 맛보기를 추천한다. 동네 상점 어디서나 쉽게 살 수 있다.

■ 거북이 굿즈

바다거북 섬답게 곳곳에서 거북이 굿즈를 판매하고 있다. 생각보다 귀엽고 타이완 스타일이 살아 있어서 한두 개쯤 기념으로 사볼 만하다. 가격도 그리 비싸지 않고 완성도도 꽤 있는 편이므로 오며 가며 마음에 드는 거북이 굿즈를 골라 보자.

알아두면 힘이 되는 샤오리우치우 여행 팁

❶ 만약 멀미를 한다면 미리 멀미약을 준비하는 게 안전하다. 동류 페리 터미널에서 샤오리우치우까지는 페리로 20~30분 정도밖에 걸리지 않지만, 생각보다 배가 꽤 많이 흔들리므로 멀미가 날 수 있다.

❷ 당일로 다녀온다면 상관없겠지만, 샤오리우치우에서 1박을 한다면 캐리어는 기차역의 짐 보관소에 맡기고 가벼운 백 팩 정도만 들기를 권한다. 도착해서 캐리어를 끌고 이동하는 게 생각보다 번거롭다. 참고로 기차역에는 짐 보관소인 싱리팡行李房이 있으며, 보관료도 비싸지 않다(24시간에 NT$50 정도).

❸ 샤오리우치우에 도착하면 먼저 스쿠터나 전기 자전거를 대여할 것을 추천한다. 물론 짧은 시간 동안 해양 스포츠만 즐 기고 바로 까오숑으로 돌아간다면 굳이 대여하지 않아도 되지만, 그렇게 가기엔 살짝 아쉽기도 하다. 그러므로 시간 여유가 있다면 섬을 한 바퀴 돌아보는 것도 좋을 듯. 참고로 대여료는 스쿠터, 전기 자전거 모두 1일에 NT$400~500 정도이다. 단, 생각보다 속도가 빨라서 자전거를 타지 못하거나 겁이 많은 사람은 어려울 수도 있다. 대여 업체에서 연 습할 시간을 충분히 주므로 일단 연습을 좀 해보고 대여 여부를 결정하자.

❹ 스쿠터나 전기 자전거 대여는 여행 액티비티 앱을 통해 예약하는 게 편리하지만, 터미널 근처에도 대여 업체들이 많으 므로 도착해서 타보고 결정해도 된다. 만약 1박을 할 경우에는 숙소를 통해서도 빌릴 수 있다.

❺ 만약 1박을 할 경우엔 페리 터미널에서 도보 가능한 거리에 숙소를 구하는 게 편리하다. 숙소의 컨디션만 본다면 멀리 떨어진 곳에 더 좋은 곳이 많지만, 스쿠터를 능숙하게 잘 탈 수 없는 여행자에겐 이동이 불편할 수 있다.

화병석
花瓶石
Vase Rock

코랄 카페
灰窯人文咖啡 ❷
미인동
美人洞
Beauty Cave

마리안느
瑪麗安創意冰品

샤웨이시엔하이시엔
夏味鮮海鮮

바이샤웨이 페리 터미널
白沙尾渡船碼頭

대중부장
大眾浮潛

디스커버 라메이
探索拉美
Discover Lamay

0 ──── 500m

쿠로시오 다이빙
跌落潛水
Kuroshio Diving

산주꺼우
山豬溝

우궤이똥
烏鬼洞

+ Writer's Pick +

겨울에도 바다에 들어갈 수 있을까?

타이완 남부의 따뜻한 날씨 덕분에 겨울에도 해양 스포츠가 가능하다. 잠수복을 입고 들어 가기 때문에 크게 추위를 느끼진 않는다. 단, 아무래도 겨울에는 여행객이 상대적으로 적 은 편이므로 문 닫은 상점도 있고 하여 동네가 조금 썰렁한 느낌이다. 반면 그만큼 한가로운 분위기라 오히려 더 좋아하는 사람들도 있다.

샤오리우치우의
추천 액티비티

샤오리우치우를 찾는 여행객들의 주요 목적은 바다거북을 만나는 것. 만나는 방법으로는 스노클링, 스킨 스쿠버, 프리 다이빙 등이 있다. 겁 많은 여행객을 위해서 배 아래 칸의 유리창을 통해 바다거북을 만나는 세미 잠수함 투어 상품도 준비되어 있다. 가격대는 스노클링 체험이 NT$400~500 정도로 우리나라보다 조금 더 저렴하다. 단, 안전이 가장 중요하므로 자신의 담력이나 체력, 컨디션에 맞는 액티비티를 선택해보자.

🚩 우리나라 여행객들의 단골 업체,
대중부잠 大眾浮潛 (따쭝푸치엔)

샤오리우치우를 찾는 우리나라 여행객 대부분이 이용하는 스노클링 업체. 페리 터미널에서 가깝고 한글 안내서도 준비되어 있다. 단, 현지인들에게도 많이 알려진 곳이라 잠수복을 비롯한 용품들이 약간 낡았다는 점이 아쉽다. 그래도 친절하고 안전에도 주의를 기울이고 있어서 인기가 높다. 일반 그룹 스노클링은 NT$400, 개인 스노클링은 NT$600 정도이며, 만약 스노클링 장소까지 이동할 스쿠터가 없다면 이동 비용이 추가된다.

GOOGLE MAPS 대중부잠 **ADD** 琉球鄉三民路(싼민루)277號 **OPEN** 08:00~16:00 **WALK** 페리 터미널에서 도보 5분

🚩 유리창 밖으로 만나는 바다거북,
디스커버 라메이 探索拉美

(탐색립미, 탄쑤어 라메이)
Discover Lamay

편안하게 바다거북을 만나고 싶은 여행객을 위한 업체. 카약이나 패들보드, 유람선 등 조금 더 안전한 체험 코스가 준비되어 있다. 그중에서도 가장 안전한 건 '탄쑤어 하이양探索海洋(탐색해양)' 체험. 배를 타고 바다로 나가서 배 아래 칸의 창문을 통해 바다거북을 만나는 투어 상품이다. 유리창을 통해 만나는 게 조금 아쉽긴 하지만, 그래도 꽤 많은 바다거북을 만날 수 있다. 매일 6~7회 운행한다.

GOOGLE MAPS discover lamay **ADD** 琉球鄉碼頭15號929(15번 부두) **OPEN** 08:00~16:00 **PRICE** NT$380(약 40분 소요) **WEB** www.discover-lamay.com **WALK** 페리 터미널 바로 앞

+ Writer's Pick +

체험할 때 알아두면 좋은 팁

❶ 준비물로는 수영복, 방수팩, 아쿠아 슈즈, 갈아입을 속옷, 수건, 세면도구 등이 있다. 수건이나 세면도구가 비치되어 있긴 하지만, 각자 준비하는 게 좀 더 편리하긴 하다.

❷ 모든 업체에서는 기본적으로 사진과 영상을 촬영해서 제공해 준다. 스킨 스쿠버 체험은 풀 영상까지 충분히 찍어주기 때문에 굳이 개인 장비를 준비할 필요는 없다.

❸ 체험하면서 만나는 바다거북은 절대로 손으로 만져서는 안 된다. 만약 손으로 만질 경우, 벌금이 어마어마하므로 어글리 코리언이 되지 않도록 특별히 주의하자.

디스커버 라메이

🚩 조금 더 깊은 바다로,
쿠로시오 다이빙 酷落潛水

(혹락잠수, 쿨루워 치엔수웨이) Kuroshio Diving

우리나라 여행객들에겐 많이 알려지지 않은 곳이지만, 현지인들에겐 스킨 스쿠버 체험 업체로 인기가 높다. 스킨 스쿠버나 프리 다이빙 체험으로 유명하다. 모든 체험은 1대1로 이루어지므로 스킨 스쿠버 자격증이 없는 사람도 얼마든지 할 수 있다. 무거운 산소통을 메고 깊은 바다로 들어가는 게 다소 무섭긴 하지만, 조금만 용기를 내어 도전한다면 한 번도 경험하지 못한 신비한 바다 속 세상을 만나게 될 것. 홈페이지를 통해 미리 예약을 하면 페리 터미널로 픽업, 샌딩 서비스도 제공한다.

GOOGLE MAPS kuroshio diving **ADD** 琉球鄉杉板路(샨반루)95號 **OPEN** 08:00~18:00 **WEB** sites.google.com/view/kuroshiodiving **CAR** 페리 터미널에서 차로 10분

쿠로시오 다이빙

1

이토록 투명한 물빛이라니

화병석

花瓶石(화핑스) Vase Rock

샤오리우치우를 대표하는 명소 중 하나. 페리 터미널에서 도보로 이동 가능한 거리라 액티비티만 즐기고 돌아가는 여행객들도 잠시 들르기에 좋다. 이름 그대로 화병 모양을 한 거대한 암석이다. 이곳이 유명해진 건 스노클링을 하기에 가장 좋은 장소이기 때문. 깜짝 놀랄만큼 투명한 물빛을 자랑하며, 조금만 안쪽으로 걸어가도 바다거북을 쉽게 만날 수 있다. 덕분에 스노클링이나 스킨 스쿠버 체험을 하는 여행객들이 화병석 주위에 끊이지 않는다. 이대로 시간이 잠시 멈추어도 좋겠다는 생각이 들 만큼 평화롭고 청량한 풍경이다. **MAP 544p**

GOOGLE MAPS 994J+78 류추 향
ADD 屏東縣琉球鄉(리우치우샹)
OPEN 24시간
WALK 페리 터미널에서 도보 10분

2

산호초 바위 사이를 걷다

미인동

美人洞(메이런똥) Beauty Cave

샤오리우치우는 산호초 섬이기 때문에 섬의 규모에 비해서 산세가 꽤 험한 편이다. 섬의 모든 스폿을 다 둘러보려면 적어도 2~3시간은 소요되며, 언덕이나 좁은 도로도 많아서 스쿠터가 익숙하지 않은 사람은 다소 무서울 수 있다. 미인동은 화병석과 더불어 샤오리우치우를 대표하는 명소로, 해안의 트레일을 따라 산호초 바위를 둘러보는 곳이나. 코스가 길거나 험하진 않아서 20~30분 정도면 충분히 볼 수 있다. 참고로 입장료 NT$120을 내면 미인동 외에 산호초의 원시림을 둘러보는 트레일 코스 '샨주꺼우山豬溝(산저구)'와 산호초 바윗길과 동굴을 걷는 '우궤이똥烏鬼洞(오귀동)'까지 3곳을 모두 둘러볼 수 있다. 단, 샨주꺼우山豬溝와 우궤이똥烏鬼洞은 경사가 조금 가파르고 각각 1~2시간 정도씩은 예상해야 한다. **MAP 544p**

산주꺼우

우궤이똥

GOOGLE MAPS beauty cave liuqiu township
ADD 琉球鄉環島公路(환다오 꽁루)
OPEN 07:00~18:00
PRICE NT$120
CAR 페리 터미널에서 차로 5분

오감만족
샤오리우치우의 식탁

가성비 좋은 해산물 레스토랑
샤웨이시엔하이시엔
夏味鮮海鮮(하미선해선)

페리 터미널에서 가장 가까운 해산물 레스토랑. 비수기에는 많은 음식점이 문을 닫지만, 이곳은 비수기에도 꾸준히 영업을 한다는 게 가장 큰 장점이다. 엄청나게 감동적인 맛이라고까지는 할 수 없지만, 가격도 맛도 서비스도 모두 평균 이상이다. 메뉴판이 한자로만 되어 있어서 주문하기 쉽진 않으므로 옆 테이블에서 맛있어 보이는 메뉴를 가리켜서 주문하는 것도 좋은 방법일 듯. 모든 메뉴에 중국 음식 특유의 향이 거의 없기 때문에 어떤 메뉴를 주문해도 괜찮은 편이다. **MAP 544p**

GOOGLE MAPS 993J+3C 류추 향
ADD 琉球鄉民生路(민성루)35號
OPEN 11:00~14:00, 17:00~20:00
WALK 페리 터미널에서 도보 10분

거북이 푸딩의 치명적인 귀여움
마리안느
瑪麗安創意冰品(마려안창의빙품,
마리안 촹이삥핀) Marianne

샤오리우치우의 메인 도로인 민성루民生路 입구에 위치한 빙수 전문점. 길 입구에 있어서 오가며 가장 눈에 많이 띄는 카페 중 하나이다. 과일빙수와 생과일주스, 생과일 아이스크림 등 다양한 종류의 디저트가 준비되어 있다. 그중에서도 가장 인기 있는 메뉴는 거북이 푸딩. 거북이 푸딩과 아이스크림이 세트로 제공되는 이 메뉴는 샤오리우치우 인증샷을 찍기에 더없이 좋은 메뉴이다. 덕분에 이곳을 찾는 여행객 대부분은 거북이 푸딩을 모델로 인증샷을 찍느라 분주하다. **MAP 544p**

GOOGLE MAPS marianne liuqiu
ADD 琉球鄉民生路(민성루)58號
OPEN 월~금 10:00~21:00,
토·일 10:00~22:00
WEB marrianeliuqiu.mystrikingly.com
WALK 페리 터미널에서 도보 10분

스타벅스가 아쉽지 않아
코랄 카페
灰窯人文咖啡(회요인문가배,
훼이야오 런원카페이) Coral Cafe

워낙 작은 섬이라 제대로 된 카페를 찾기가 쉽지 않겠다고 생각할 수 있겠지만, 코랄 카페 덕분에 그런 걱정은 접어두어도 된다. 커피에 일가견이 있는 카페 사장님 덕분에 샤오리우치우에서도 맛있는 라테와 핸드드립 커피를 즐길 수 있다는 사실. 카페 규모는 크지 않지만, 워낙 맛있기로 입소문이 나서 손님이 끊이지 않는다. 건물 위층은 B&B 숙소이며, 1층만 카페로 운영하고 있다. 숲을 등진 채 앞으로는 멀리 바다가 보여서 잠시 나른한 휴식을 즐기기엔 더없이 좋은 풍경이다. **MAP 544p**

GOOGLE MAPS coral cafe minzu road
ADD 琉球鄉民族路(민쥴루)10號
OPEN 10:30~18:00
WALK 페리 터미널에서 도보 10분

소박한 까오슝 근교 도시

치샨 & 메이농
旗山(기산) & 美濃(미농)

타이완의 주요 도시들이 그러하듯 까오슝 역시 근교에 작고 매력적인 소도시가 적지 않다. 그중에서도 대표적인 곳이 바로 치샨과 메이농. 자전거를 타야 하는 메이농과 달리 치샨은 뚜벅뚜벅 느긋하게 마을을 구경할 수 있어 가벼운 여행을 선호하는 여행자에게 인기가 높다. 마을 규모 자체가 메이농보다 조금 작아서 짧은 시간 안에 둘러보기에도 적당한 편. 만약 넉넉한 하루 일정으로 치샨을 돌아본다면 메이농도 함께 둘러볼 것을 추천한다.

QISHAN
旗山 & 美濃
MEINONG
IN TAIWAN

작은 마을 치샨과 메이농

치샨은 한때 '바나나 왕국香蕉王國'이란 별명을 가졌을 만큼 바나나 산지로 유명한 곳이었는데, 바나나의 인기가 시들해지면서 도시화하지 못하고 작은 마을로 남았다. 대신 바나나 왕국의 옛 명성을 잘 활용하여 특색 있는 주말 여행지로 변신했다. 바나나 마을답게 바나나와 관련된 기념품이나 간식거리들이 다양한데, 그중에서도 바나나 아이스크림은 이곳의 대표 메뉴이니 꼭 한번 먹어보자.

메이농은 타이완 원주민 중 하나인 커지아客家 사람들의 마을로, 마을 규모는 치샨보다 조금 더 큰 편이다. 현지인들이 메이농을 찾는 주된 이유는 메이농의 대표 먹거리인 '반티아오板條'를 먹기 위함이다. 반티아오는 50여 년의 역사를 지닌 커지아 족의 전통 메뉴로, 투명하면서도 쫄깃쫄깃한 면발이 특징이다. 그 외에도 메이농의 특산품인 종이우산을 파는 상점들과 소박한 시골길이 산책하기에 좋은 소소한 볼거리를 제공한다. 단, 안타깝게도 반티아오 전문점들을 제외하면 메이농의 주요 볼거리는 대부분 조금 멀리 떨어져 있어서 자전거를 타거나 택시를 대절해야 한다. 버스터미널 근처에 자전거 대여점이 많이 있으니 자전거를 타고 마을을 돌아보는 것도 좋겠다.

치샨 & 메이농 가는 법

■ 까오슝에서 치샨 가기

MRT 레드 라인 R16 주워잉左營 역 2번 출구 앞의 버스 정류장에서 E01A, E01B, E25번 버스를 타고 치샨 버스터미널인 치샨 좐윈짠旗山轉運站에서 하차한다. 30분~1시간 간격으로 운행하며, 약 40분 소요. 요금은 NT$70.
또는 MRT 레드 라인 R11 까오슝 처짠高雄車站 역 1번 출구로 나와 왼쪽으로 가면 나오는 노란색 간판의 까오슝 커윈高雄客運 버스터미널에서 E25, E28번 버스를 타고 치샨 버스터미널에서 하차한다. 약 1시간 20분 소요. 요금은 NT$108. 참고로 E01B, E25, E28번 버스는 치샨을 거쳐 메이농으로 간다.

■ 까오슝 커윈 高雄客運 버스터미널
ADD 三民區南華路(난화루)245號
GOOGLE MAPS VFMM+CR 치산구

■ 까오슝에서 메이농 가기

MRT 레드 라인 R16 주워잉左營 역 2번 출구 앞의 버스 정류장에서 E01B, E25번 버스가 치샨을 거쳐 메이농 버스터미널美濃站로 간다. 30분~1시간 간격으로 운행하며, 약 1시간 소요. 요금은 NT$88.
또는 MRT 레드 라인 R11 까오슝 처짠高雄車站 역 1번 출구로 나와 왼쪽으로 가면 나오는 노란색 간판의 까오슝 커윈高雄客運 버스터미널에서 E25, E28번 버스를 타고 치샨을 거쳐 메이농 버스터미널에서 하차한다. 약 1시간 간격으로 운행하며, 약 1시간 40분 소요. 요금은 NT$136.

■ 치샨에서 메이농 가기

치샨의 까오슝 커윈高雄客運 버스터미널에서 E01B, E25, E28번 버스를 타고 메이농 버스터미널에서 하차. 30분~1시간 간격으로 운행하며, 20~30분 소요. 요금은 NT$32.

치샨

中山公園
中山公園

•시장
平和街
旗山國小
華中街
101 수제만두
旗山101包子
파출소
華中街
永樂街
3
中華路高旗公路
치샨 라오지에
旗山老街
永安街
크림 퍼프
Cream Puff
鳳梨泡沫
메이농 →
永福街
旗山天主堂
永平街
復興街
治新街
치샨 옛 기차역
旗山車站
中山南街一巷
까오슝 커윈 버스터미널
高雄客運旗山車站
博愛醫院
愛平路
大同街
3
0 100m
樂和街
旗新街
中山路
旗南一路
29
29
28

치샨 & 메이농 추천 코스

소요 시간: 3~5시간

까오슝 주워잉 역에서 출발 ➡ 버스 40분 ➡ 치샨 도착 ➡ 치샨 옛 기차역 돌아보기 ➡ 치샨 라오지에 산책 ➡ 메이농으로 출발 ➡ 버스 20분 ➡ 메이농 도착 ➡ 메이농 우 반티아오에서 점심식사 ➡ 메이농 거리 구경 ➡ 까오슝으로 출발 ➡ 버스 40분 ➡ 까오슝 주워잉 역 도착

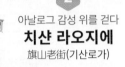

1

그 자체로 멋진 관광명소
치샨 옛 기차역
旗山車站(기산차참, 치샨 처짠)
Qishan Train Station

치샨에 도착하면 제일 먼저 만나는 랜드마크와도 같은 곳이다. 1910년에 세워진 기차역으로, 유럽과 일본의 건축 양식을 혼합한 독특한 건축양식이 돋보인다. 한때는 마을의 쇠락과 함께 해체 위기에 봉착했으나 성공적인 전략 덕분에 지금은 치샨의 대표적인 관광명소로 멋지게 변신했다. 역사 내부에는 작은 전시장과 기념품 상점이 있어서 구경하기 좋다. **MAP 549p**

GOOGLE MAPS qishan train station
ADD 旗山區中山路(쭝샨루)1號
OPEN 월·수~금 10:00~18:00,
토·일 08:00~19:00, 화요일 휴무
BUS 치샨 버스터미널旗山轉運站 앞에 있는 패밀리마트를 등지고 오른쪽으로 가다 세븐일레븐 있는 사거리에서 우회전, 우체국 옆 골목으로 좌회전해 조금 가면 오른쪽에 보인다. 도보 5분

2

아날로그 감성 위를 걷다
치샨 라오지에
旗山老街(기산로가)

치샨의 실질적인 중심거리. 쭝샨루中山路를 주축으로 주변의 작은 골목들이 미로처럼 얽혀있다. 타이완의 모든 라오지에老街가 그러하듯 이곳 역시 옛 건축물 대부분이 그대로 보존되어 있어서 마치 근대 영화의 세트장을 걷는 듯 신기하고 흥미진진하다. 무엇보다 거리 자체의 예스러운 분위기 덕분에 볼거리의 종류와 관계없이 아날로그 감성 풍부한 산책을 하게 해주어 고맙다. **MAP 549p**

GOOGLE MAPS qishan old street
ADD 旗山區中山路(쭝샨루)
WALK 치샨 옛 기차역을 통과하여 반대편으로 건너가면 치샨 라오지에旗山老街가 바로 시작된다.

 Spot 1
파인애플 거품처럼 달달한 치샨의 대표 간식
크림 퍼프
菠蘿泡芙(파라포부, 뽀얼루어 파오푸) Cream Puff

중국어로 '뽀얼루어菠蘿'는 파인애플, '파오푸泡芙'는 퍼프라는 뜻이다. 치샨에서 꼭 먹어봐야 할 간식거리로 손꼽히는 크림 퍼프는 이름 그대로 '파인애플 퍼프'처럼 달콤한 맛을 지닌 파인애플 소보로빵이자 이를 파는 가게 이름이기도 하다. 예전에는 파인애플 맛 빵만 있었는데, 이젠 우유 맛, 초콜릿 맛, 토란 맛, 딸기 맛, 바나나 맛 등 다양한 맛의 소보로빵이 생겨나 지나가는 사람들을 강렬하게 유혹한다. 문 닫는 시간이 따로 있는 게 아니라 준비한 빵이 다 팔리면 문을 닫기 때문에 서둘러서 가는 게 빵을 득템할 안전한 방법.

GOOGLE MAPS VFPJ+QR 치산구 **ADD** 旗山區中山路(쭝샨루)66號 **OPEN** 10:00~소진 시까지 **WALK** 치샨 옛 기차역에서 치샨 라오지에旗山老街를 따라 도보 3분

Spot 2
치산을 대표하는 건강 만두
101 수제만두
旗山101包子(기산101포자,
치산 101 빠오즈)

그래봤자 만두인데 뭐 얼마나 특별하겠냐고 생각할지 모른다. 하지만 이곳의 만두는 조금 다르다. 우선 밀가루부터 일반 밀가루가 아니다. 천연 발효해 만든 밀가루 반죽으로 피를 만들어 색소나 방부제가 일절 들어가지 않는다. 그야말로 '건강 만두'인 셈. 게다가 초콜릿 만두, 치즈 만두, 견과류 만두 등 참신한 메뉴가 많고, 가격도 저렴하여 치산의 대표 만두로 손꼽힐 만큼 인기가 많다. 주소가 101호여서 가게 이름도 그냥 101이란다.

GOOGLE MAPS 치산 101만두 **ADD** 旗山區中山路(풍산루)101號 **OPEN** 08:30~18:30, 화요일 휴무 **WALK** 치산 옛 기차역에서 치산 라오지에 旗山老街를 따라 도보 약 5분

메이농의 대표 먹거리
메이농 우 반티아오
美濃吳板條(미농오판조)

메이농 버스 정류장 건너편 거리에는 반티아오 전문점이 경쟁하듯 이어져 있다. 반티아오 전문점이 아닌 곳을 찾는 게 더 빠를 정도인 이곳에서도 유명한 곳 중 하나가 바로 메이농 우 반티아오다. '우吳 씨 성을 가진 사람이 만든 반티아오'란 뜻의 이름으로, 식사시간에 가면 빈자리 찾기가 힘들 정도로 인기가 많다. 볶음국수와 국물 있는 탕 국수의 두 종류로 주문할 수 있는데, 둘 다 우리나라 사람들 입맛에 잘 맞는 편이다. 개인적으로는 볶은 반티아오에 한 표. 데치거나 볶은 채소를 함께 주문해 먹으면 궁합이 아주 잘 맞는다. 굳이 이곳이 아니어도 메이농 시내 곳곳에 반티아오 전문점이 많으므로 지나다가 끌리는 곳으로 들어가는 것도 괜찮을 듯.

GOOGLE MAPS 메이농 우씨 반티아오
ADD 美濃區中正路一段(쫑쩡루 이똰)20號
OPEN 화~금 09:00~18:00 : 토~일 09:00~19:00, 월요일 휴무
WALK 까오슝 커윈高雄客運 메이농 버스터미널美濃站 바로 건너편

+ Writer's Pick +

메이농 우 반티아오 추천 메뉴

- **차오 이예 리엔차이** 炒野蓮菜 메이농 특산 채소볶음
- **자 떠우푸** 炸豆腐 튀긴 두부. 겉은 바삭, 안은 야들야들한 두부 그대로다.
- **파오차이** 泡菜 한국식 김치
- **차오 반티아오** 炒板條 볶은 반티아오
- **탕 반티아오** 湯板條 국물 있는 반티아오

타이난 여행 계획

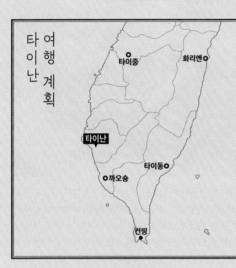

타이중   화리엔◯

타이난

타이동◯

◯까오숑

컨딩

타이난台南은 타이완의 옛 수도이자 '맛'으로 유명한 도시다. 우리나라의 경주와 비슷한 타이완의 고도古都로서 타이완의 옛 모습을 가장 잘 간직하고 있어 관광지로서의 명성이 점차 높아지는 추세다. 인구가 200만 명이 채 되지 않음에도 타이난이 타이베이, 신베이, 타이중, 까오숑과 함께 타이완의 제5대 도시로 선정된 것은, 그만큼 많은 국가 유적을 보유하고 있기 때문일 것이다. 우리나라에서 한 번에 가는 직항은 없으며, 까오숑이나 타이베이에서 이동해야 한다.

타이난 가는 법

| 타이베이 | → | 타이난 |

타이베이에서 타이난으로 가려면 고속열차인 타이완 까오티에台湾高鐵 THSR를 타는 것이 가장 빠르다. 교통수단에 따른 소요 시간과 요금은 다음과 같다.

- **고속열차 까오티에** 高鐵 타이베이 기차역에서 고속열차를 타면 까오티에 타이난高鐵台南 역까지 약 1시간 45분 소요된다. 06:30~22:00, 약 30분 간격으로 운행하며, 요금은 NT$1350.

- **일반기차 타이티에** 台鐵 가장 빠른 쯔챵하오自強號를 기준으로 타이난 훠쳐찬台南火車站까지 약 4시간 30분 소요된다. 요금은 NT$738.

- **버스** MRT 레드·블루 라인 타이베이 처짠台北車站 역 Y1 출구 바로 앞에 있는 타이베이 버스터미널台北轉運站(타이베이 좐윈짠)에서 구워꽝 커윈國光客運 1837번 버스를 타고 약 4시간 30분 걸린다. 06:00~다음 날 02:20, 1시간(금·일요일은 30분~1시간) 간격으로 운행하며, 요금은 NT$480.

| 까오숑 | → | 타이난 |

- **고속열차 까오티에** 高鐵 까오숑의 까오티에 주워잉高鐵左營 역에서 까오티에를 타고 약 15분 소요된다. 까오티에는 06:30~23:00, 약 30분 간격으로 운행하며, 요금은 NT$140.

- **일반기차 타이티에** 台鐵 까오숑 기차역에서 일반기차를 탈 경우 가장 빠른 쯔챵하오를 기준으로 약 35분 소요되며, 요금은 NT$106.

타이난 시내 가기

까오슝이나 타이중과 마찬가지로 타이난 역시 고속열차역인 까오티에 타이난高鐵台南 역과 일반기차역인 타이난 훠처잔台南火車站은 거리가 많이 떨어져 있다. 까오티에 역은 시내 외곽에, 타이난 기차역은 시내 중심에 있어서 까오티에 역에서 타이난 시내까지는 택시, 버스를 타거나 일반기차로 환승해야 한다. 택시는 약 20분 소요되며, 요금은 NT$500 전후. 일반기차로 환승한다면 까오티에 역과 이어진 샤룬沙崙 역에서 통근 기차인 취지엔처區間車를 타면 된다. 20~30분 소요. 요금은 NT$25.

가장 가성비 좋은 방법은 버스이다. 타이난 까오티에 역에서 치메이 박물관을 거쳐 타이난 시내까지 운행하는 H31번 버스는 까오티에 티켓 소지 시 무료로 이용할 수 있다. 공묘孔廟 건너편을 비롯해 시내 곳곳에 정류장이 있으며, 배차 간격은 약 30분이다. 시내에서 까오티에 역으로 이동할 때도 마찬가지로 까오티에 티켓 소지 시 무료로 이용할 수 있다.

■ **까오티에 타이난 역** 高鐵台南站
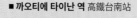
GOOGLE MAPS hsr tainan station
ADD 歸仁區歸仁大道(꾸웨이런 따따오)100號
WEB www.thsrc.com.tw

■ **타이난 일반기차역** 台南火車站
GOOGLE MAPS X6W7+R5 둥구
ADD 東區前鋒路(치엔펑루)210號
WEB www.railway.gov.tw
MAP 557p

다른 도시로 가는 가장 빠른 방법,
까오티에 타이난 역

타이난 일반기차역

타이난 시내 교통

안핑安平을 제외한 타이난의 주요 관광명소 대부분은 시내 서쪽 중심가에 있으며, 도보 20분 이내에 다닐 수 있을 만큼 옹기종기 모여 있다. 반드시 차를 타고 이동해야 하는 곳은 안핑, 화위엔 야시장, 기차역 부근 정도. 따라서 시내에서는 조금 멀어도 그냥 걸어다니는 게 가장 편할 뿐 아니라 타이난의 매력을 제대로 느끼는 빙법이다.

타이난 구석구석을, 하오싱 好行 버스

88번과 99번, 두 노선으로 이루어진 하오싱 버스는 타이난의 가장 중요한 교통수단으로, 시내의 거의 모든 명소를 들르기 때문에 다른 교통수단을 이용할 일이 거의 없다.

88번은 공묘孔廟, 츠칸러우赤嵌樓, 션농지에神農街 등 시내 주요 명소에 정차하는 순환버스다. 99번 버스는 시내를 직선으로 관통하여 안핑에 들렀다 도심 외곽에 위치한 치구 소금산七股鹽山까지 운행한다. 단, 현재는 한시적으로 휴일과 공휴일에만 운행하고 있다. 99번 역시 주말과 공휴일에만 운행한다. 타이난 기차역 출발 기준 08:20~16:20까지 1~2시간 간격으로 6회 운행한다. 배차 간격이 길고 시기별로 시간표가 조금씩 바뀌므로 미리 타이난 기차역 앞에 있는 여행안내센터에서 시간표를 받아두자.

시내에서는 교통카드를 사용하는 게 가장 편리하다. 따로 티켓을 사려면 기차역 앞 버스 정류장 매표소에서 구매할 수 있다.

HOUR 88번 토·일·공휴일
10:00~20:00(1시간 간격)/
99번 토·일·공휴일
08:20~16:20(1~2시간 간격)
*시기에 따라 운행 시간과 배차
간격이 달라질 수 있음
PRICE NT$18
WEB www.taiwantrip.com.tw

크게 부담 없어 더욱 반가운, 택시

하오싱 버스의 배차 간격이 다소 길다 보니 시간에 쫓기는 여행자는 종종 마음이 급해지기 마련이다. 이 때는 택시가 가장 좋은 대안이다. 대부분의 관광명소가 도심 안에 모여 있어서 택시비가 그리 많이 나오지 않기 때문. 단, 택시를 잡기가 다소 어려운 편이라 콜택시를 이용하는 게 가장 현명한 방법이다.

: MORE :

타이난에서 택시를 잡으려면?

타이난 거리에서 빈 택시를 발견하기란 절대 쉽지 않다. 운이 나쁘면 버스를 기다리는 시간만큼 택시를 기다려야 할 수도 있다. 이럴 땐 세븐일레븐을 찾아보자. 세븐일레븐에 있는 아이본 (I-bone) 키오스크를 통해 택시를 부를 수 있다는 사실. 만약 사용법을 모르겠다면 점원에게 도움을 청해도 된다. 물론 정해져 있는 규정은 아니어서 매장이 바쁠 때는 거절하기도 하지만, 대부분 도와준다. 여행안내센터가 상대적으로 적은 타이난에서는 세븐일레븐이 그 역할을 어느 정도 대신해주는 것이다.

타이난에서도 U-Bike

타이난에도 공공자전거인 U-Bike를 이용할 수 있다. 도시 규모가 크지 않은 타이난에서는 차를 타는 것보다 자전거를 이용하는 게 오히려 더 편리하기 때문에 U-Bike가 특히 유용하다. 요금은 30분에 NT$10. 신용카드로 요금을 지불하거나 타이완 유심 이용자의 경우 홈페이지를 통해 타이완 전화번호로 인증 번호를 받은 뒤 교통카드로 요금을 계산할 수 있다. 도심 곳곳에 무인 대여소가 있어서 빌리기도, 반환하기도 어렵지 않다.

WEB www.youbike.com.tw/region/tainan/

: MORE :

타이완의 역사가 곧 타이난!

타이난台南은 타이완에서 가장 먼저 세워진 고대도시로, 1620년대 네덜란드 점령 당시 타이난을 행정수도로 삼으면서 본격적으로 도시의 기틀이 세워졌다. 17세기에는 네덜란드의 식민지이기도 했는데, 1662년 명나라 때 장군 쩡청꽁鄭成功이 네덜란드인들을 물리치면서 독립을 되찾았다. 덕분에 쩡청꽁은 지금껏 타이난의 영웅으로 칭송받고 있으며, 도시 곳곳에서는 그의 동상이 심심치 않게 눈에 띈다.

: MORE :

타이난의 숙소

타이난에는 현대식 호텔보다는 타이난만의 독특한 분위기를 살린 부티크호텔이나 작은 B&B가 훨씬 많다. 도시 규모가 작아 대부분의 명소를 도보로 이동할 수 있기 때문에 BCP 문창원구, 공묘, 하이안루 부근에 숙소를 잡는 것이 편리하다.

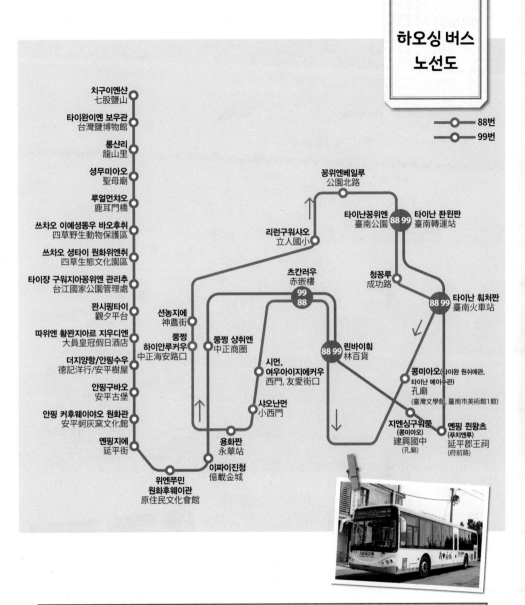

: MORE :

타이난은 모든 곳이 인포메이션 센터?

안핑 지역에 가면 입구에 '問路店(원루띠엔)'이라는 연두색 간판을 달고 있는 상점을
쉽게 만날 수 있다. 중국어로 '길 물어보는 곳'이란 뜻의 이 간판은 타이난의 민간 여
행안내센터로, 길을 모를 땐 이 마크가 걸려있는 상점에 들어가 물어보면 된다는 뜻
이다. 워낙 친절하기로 소문난 타이완 사람들이 '問路店'까지 지정해놓았으니, 정말
친절의 '끝판왕'이 될 기세.

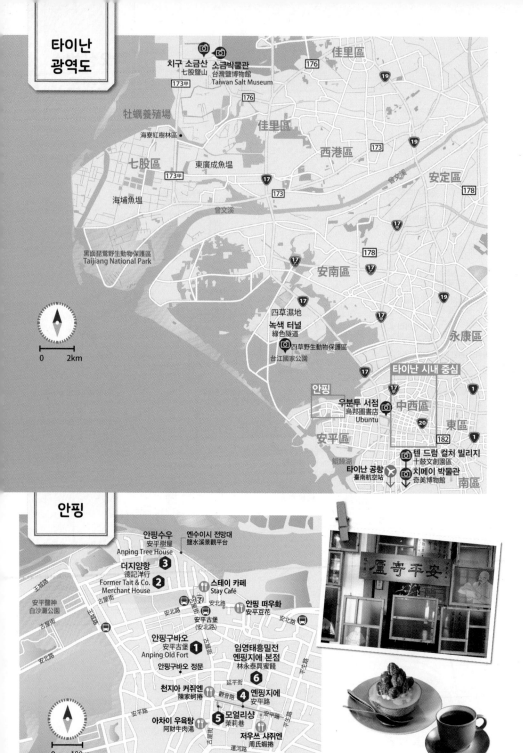

타이난 광역도

치구 소금산
七股鹽山
소금박물관
台灣鹽博物館
Taiwan Salt Museum

佳里區

牡蠣養殖場

海寮紅樹林區

佳里區

西港區

七股區

東廣成魚塭

安定區

海埔魚塭

黑面琵鷺野生動物保護區
Taijiang National Park

安南區

永康區

四草濕地
녹색 터널
綠色隧道

四草野生動物保護區
台江國家公園

0   2km

타이난 시내 중심

안핑

우분투 서점
烏邦圖書店
Ubuntu

中西區

東區

텐 드럼 컬처 빌리지
十鼓文創園區

치메이 박물관
奇美博物館

타이난 공항
臺南航空站

南區

안핑

안핑수우
安平樹屋
Anping Tree House

엔수이시 전망대
鹽水溪景觀平台

더지양항
德記洋行
Former Tait & Co.
Merchant House

3

2

스테이 카페
Stay Café

안핑 떠우화
安平豆花

안핑구바오
安平古堡
Anping Old Fort

1

임영태흥밀전
엔핑지에 본점
林永泰興蜜餞

안핑구바오 정문

6

천지아 커쥐엔
陳家蚵捲

엔핑지에
安平路

4

아차이 우육탕
阿財牛肉湯

모얼리샹
茉莉巷

5

저우쓰 샤쥐엔
周氏蝦捲

0   100m

文成路

文成路二段

和緯路三段

和緯路二段

和緯路一段

西門路四段

화위엔 야시장
花園夜市

海安路三段500巷

立賢路一段

海安路三段338巷

立賢路二段

文賢路

文賢路二段

文賢路

文賢路一段

小北觀光夜市

民德國中

文賢國中

國立臺南第二高級中學

臺南公園

公園北路

公園北路

臺南公園
(北門路)

하오싱버스 기·종점
臺南轉運站/臺南公園(公園站)

공원국소
公園國小

180

구워꽝 커윈 버스터미널
國光客運台南站
和欣客運

統聯客運

타이난 기차역
(타이난 훠처짠)
台南火車站

FE21' 메가 쇼핑몰
FE21' Mega 大遠百

올드 시티의 골목길

치우지아 오징어국수
邱家小卷米粉

선농지에
神農街

샤오쥐엔 미펀멍
小卷米粉萌

이핀탕
一品塘

하이안루
海安路

츠칸러우
赤嵌樓
Chihkan Tower

뚜샤오위에 초칸러우 점
度小月

로도도 핫퐛
肉多多火鍋

衛生福利部
臺南醫院

우분투 서점
烏邦圖書店
Ubuntu

TCRC 바
Bar TCRC

야티엔 과일 전문점
阿田水果店

위청 과일 전문점
裕田水果

우위엔
吳園藝文中心

타이청 과일 전문점
泰成水果店

쩡싱지에
正興街

위엔타이난 측후소
原台南測候所

쥐엔웨이지아
蜷尾家

난청롱스
南埕衖事

뚜샤오위에 쫑쩡루 본점
度小月

캉러 시장
康樂市場

永福國小

츠칸 관차이반
赤嵌棺材板

中正路

국립대만문학관
國立台灣文學館

湯德章
紀念公園 青年路

하야시 백화점
林百貨

타이난 시립미술관
台南美術館
Tainan Art Museum

타이난 시립미술관
2관

공묘
孔廟
Tainan
Confucian
Temple

타이난 시립미술관
台南美術館
Tainan Art Museum

푸쫑지에
府中街

타이완 헤일룬
台灣黑輪

핀퐁 커피
品蓬咖啡

커얼린 타이빠오
克林台包

아이즈청 샤런판
矮仔成蝦仁飯

좁은 문 카페
窄門咖啡

182

BCP 문창원구
藍晒圖文創園區

타이난 시립박물관
台南市立博物館
Tainan City Museum

182

리리 과일 전문점
莉莉水果店

공묘 주변

미츠코시 백화점
新光三越 台南新天地

이링이링샹 1010湘
카이판 開飯川食堂
딤딤섬 點點心
팀호완 添好運

台灣南英商工

國立台南大學附小

水萍塭
公園

夏林路

進學國小

中山國中

國立台南大學

府前路二段

0 200m

① ② ③ ④ ⑤ ⑥ ⑦ ⑧

안핑 安平 (안평)Anping

타이난을 대표하는 관광명소

안핑은 타이완에서 가장 먼저 개발된 지역 중 하나로 타이난 시내의 서쪽에 있다. 관광 포인트가 워낙 많은 데다가 동네 분위기 자체가 소박하면서도 고풍스러워서 제대로 돌아보려면 적어도 반나절은 걸린다.

BUS 99번 하오싱好行 버스를 타고 안핑구바오安平古堡 또는 더지양항/안핑수우德記洋行/安平樹屋 정류장에서 하차, 약 30분 소요

안핑이 한눈에 내려다보이는 요새

안핑구바오
安平古堡(안평고보) Anping Old Fort

붉은색 외관이 고풍스러운 안핑구바오는 1624년 네덜란드가 타이완을 점령한 이후 타이완에 지은 첫 번째 요새다. 1600년대 건축물이라고는 믿어지지 않을 만큼 웅장한 외관을 잘 보존하고 있다. 이제는 군데군데 낡고 허물어진 곳이 많지만, 그럼에도 분위기만큼은 충분히 멋스럽다. 특히 안핑구바오의 전망대에 오르면 안핑 지역 전체가 한눈에 내려다보이니 겉만 훑어보지 말고 꼭 전망대에 올라보자. **MAP ㉓**

GOOGLE MAPS 질란디아 요새
ADD 安平區國勝路(구워성루)82號
PRICE NT$70
OPEN 08:30~17:30
BUS 99번 하오싱好行 버스를 타고 안핑구바오安平古堡에서 하차 후 도보 2분

②

동양과 서양의 만남

더지양항

德記洋行(덕기양행)

Former Tait & Co. Merchant House

③

자연의 위대한 힘

안핑수우

安平樹屋(안평수옥)

Anping Tree House

안핑구바오를 나와 안핑수우安平樹屋 방면으로 조금 걸어가다 보면 전형적인 식민지 건축양식의 더지양항이 눈에 들어온다. '양항洋行'은 서양 상점, 즉 외국 상인이 타이완에서 개설한 무역사무소를 가리키는 말이다. 그중에서도 더지양항은 영국의 무역상이 세운 상점으로, 지어진 지 벌써 100년이 넘었는데도 거의 훼손된 부분 없이 완벽하게 잘 보존되어 있다. 안핑 지역에 남아있는 5개의 양항 중 가장 온전한 형태로 남아있는 곳이다. MAP ㉝

GOOGLE MAPS 덕기양행
ADD 安平區古堡街(구바오지에)108號
PRICE NT$50
OPEN 08:30~17:00
BUS 99번 하오싱好行 버스를 타고 안핑구바오安平古堡에서 하차 후 도보 1분

안핑의 여러 가지 볼거리 가운데 가장 독특한 풍경을 자랑하는 곳. 허름한 창고 같은 건물이 거대한 나무로 완전히 뒤덮여 있다. 캄보디아의 탐프론을 연상케 하는 이곳은 1867년 세워진 더지양항의 창고였다가 일제 점령기에 어느 일본 회사의 사무실 겸 창고로 쓰이게 되었다. 제2차 세계대전 이후 아무도 사용하지 않는 공간이 된 이곳은 우리에게 '반얀트리'라는 이름으로 더 잘 알려진 용수나무로 뒤덮여 마치 나무가 집을 삼켜버린 듯한 풍경이 되어버렸다. 관광명소로 재탄생한 지금도 나무의 그 무서운 파워(?)는 그대로 보존되어 다소 기괴하기까지 한 모습을 자아낸다. MAP ㉝

GOOGLE MAPS anping tree house
ADD 安平區古堡街(구바오지에)
　　104號
PRICE NT$70
OPEN 08:30~17:30
WALK 더지양항 건물 뒤편

+ Writer's Pick +

다른 안핑을 만나는 법,
옌수이시 전망대 鹽水溪景觀平台(염수계 경관평대, 옌수이시 징꽌핑타이)

더지양항과 안핑수우 뒤쪽으로 조금만 더 들어가면 조용하고 한적한 자전거 도로가 나온다. 안핑의 시끌벅적한 분위기와는 전혀 다른 이 길을 따라 걷다 보면 깔끔하고 호젓한 강변 산책로가 쭉 이어진다. 굳이 자전거를 타지 않아도 잠시나마 한가로운 산책을 즐길 수 있으니 시간 여유가 있다면 이 길을 꼭 한번 걸어보자.

타이완에서 가장 오래된 골목

옌핑지에

延平街(연평가)

'타이완 제1거리臺灣第一街'라는 별명을 가진 이곳은 네덜란드 사람이 처음 만든 골목이다. 그리 길지 않고 폭도 좁은 골목이지만, 예스러운 느낌을 고스란히 유지하고 있어서 골목을 걷는 것만으로도 독특한 분위기가 느껴진다. 타이난 특산인 새우 과자를 비롯해 각종 특산품, 기념품 전문점도 많아서 구경하는 재미도 있다. 안핑에서 가장 오래된 느낌을 잘 간직하고 있는 골목이므로 꼭 한번 들러보자. MAP ㉓

GOOGLE MAPS 안평노가(입구)
ADD 延平街(옌핑지에)
WALK 안핑구바오安平古堡를 오른쪽에 두고 돌이 깔린 구바오지에古堡街를 따라가다 보면 왼쪽으로 옌핑지에延平街 입구가 보인다.

꽃향기처럼 사랑스러운 골목길

모얼리샹

茉莉巷(말리항)

언뜻 보면 특별할 것 없는 평범한 골목길이지만, 한 걸음만 들어가면 아기자기한 분위기에 반하지 않을 도리가 없다. 실제로도 수많은 포토그래퍼에게 사랑받는 포토 스폿이다. 그리 길지 않은 작은 골목일 뿐인데, 구불구불 이어진 모양과 붉은색 벽돌이 멋스럽게 어우러져 나만 알고 싶은 비밀스러운 공간으로 탄생했다. '말리꽃 골목'이라는 사랑스러운 이름에 딱 어울리는 곳이다. MAP ㉓

GOOGLE MAPS 2526+6P 타이난
ADD 安平區觀音街(관인지에)68號, 延平街(옌핑지에)93號
WALK 옌핑지에延平街로 진입하자마자 오른쪽에 미로처럼 좁은 길이 보인다.

허름해도 내공이 느껴지는 곳

임영태흥밀전

林永泰興蜜餞(린용타이싱미지엔) chycutayshing

무려 130년이 넘은 절인 과일, 말린 과일 전문점. 타이완 정부로부터 '우수 100년 점포優良百年老店'라는 칭호까지 받았다. 모든 제품에 인공색소를 전혀 넣지 않는 가게로 유명해 상점 안은 늘 발 디딜 틈이 없을 정도로 손님이 많다. 안핑 지역의 대표적인 옛 거리인 옌핑지에延平街에 있어서 옌핑지에를 걷다가 잠시 들르기에 좋다. 단, 약간의 향이 있으니 시식해보고 구매하는 편이 안전하다. MAP ㉓

GOOGLE MAPS 임영태흥밀전
ADD 安平區延平街(옌핑지에)84號
OPEN 11:30~19:00, 화·수요일 휴무
WEB www.chycutayshing.com.tw
WALK 옌핑지에延平街로 진입해 130m 정도 가면 왼쪽에 보인다. 도보 2분

오감만족
안핑의 식탁

안핑은 타이난의 대표 관광지답게 음식점도 메뉴별로 다양한 편이다. 일반적으로 간식거리나 소박한 음식점들은 옌핑지에 근처에 모여 있다. 너무 많아서 고르기가 힘들 정도이니 꼼꼼하게 살펴보고 취향에 맞는 맛집을 잘 선택해보자.

타이난에만 있는 전통 메뉴
아차이 우육탕
阿財牛肉湯(아재우육탕)

타이완에서 빼놓을 수 없는 대표 메뉴 우육면牛肉麵. 맛의 메카인 타이난에서는 우육면에서 한 걸음 더 나아간 우육탕牛肉湯 전문점을 곳곳에서 만날 수 있다. 그날 도축한 고기를 그날 안에 모두 소진하는 것으로 유명해진 우육탕은 타이난에만 있는 전통 메뉴다. 타이난에는 오랜 전통을 자랑하는 우육탕 전문점이 꽤 많은데, 이곳 아차이 우육탕도 그중 하나다. 우육면보다 좀 더 진한 국물을 맛보고 싶은 미식가 여행자에게는 이곳의 우육탕을 추천한다. 우육탕 외에 소의 한 부위만 넣어 끓인 탕도 따로 주문할 수 있으며, 우육면, 소고기 훠궈 등 일반 요리 메뉴도 무척 다양한 편이다. MAP ㉓

GOOGLE MAPS a cai beef soup
ADD 安平區古堡街(구바오지에)5號
OPEN 12:00~21:00
WALK 옌핑지에延平街 입구를 바라보고 구바오지에古堡街를 따라 오른쪽으로 130m 정도 가면 오른쪽에 있다. 도보 2분

까올리차이 니우러우 高麗菜牛肉 : 양배추 소고기 볶음

차오 콩신차이 炒空心菜 : 모닝글로리 볶음

니우러우 차오판 牛肉炒飯 : 소고기 볶음밥

허름하지만 간판이 큼직해서 눈에 잘 띈다.

561

바삭바삭 굴튀김 롤
천지아 커쥐엔
陳家蚵捲(진가가권)

안핑 지역에는 유독 굴로 만든 샤오츠가 많다. 그중에서도 대표적인 샤오츠가 바로 굴튀김 롤. 굴을 롤 형태로 말아 바삭하게 튀긴 메뉴여서 가볍게 간식으로 먹기에 좋다. 그중에서도 천지아 커쥐엔은 안핑에서 가장 유명한 굴튀김 롤 전문점 중 하나다. 굴튀김 롤인 '커쥐엔蚵捲'과 굴전인 '커자이지엔蚵仔煎', 굴튀김인 '커자이쑤蚵仔酥' 등 굴로 만든 샤오츠와 새우튀김 롤인 '샤쥐엔蝦捲' 등이 인기 메뉴. MAP ㉓

GOOGLE MAPS 천쟈 커쥬엔 식당
ADD 安平區安平路(안핑루)786號
OPEN 10:00~20:30
WEB www.cjkj.com.tw
WALK 옌핑지에延平街 입구를 바라보고 구바오지에古堡街를 따라 오른쪽으로 조금만 가면 바로 보인다. 도보 1분

굴튀김 롤, 커쥐엔

함께 먹으면 좋은 굴전, 커자이지엔

전통을 자랑하는 새우튀김 롤 전문점
저우쓰 샤쥐엔
周氏蝦捲(주씨하권)

천지아 커쥐엔이 굴튀김 롤 전문점이라면 저우쓰 샤쥐엔은 새우튀김 롤 전문점이다. 50년의 역사를 자랑하는 오래된 맛집으로 천지아 커쥐엔과 메뉴는 거의 비슷하지만 새우튀김 롤이 특히 더 유명한 편이다. 이곳 안핑점을 포함하여 타이난에 4개, 까오슝에 2개의 지점이 있으며 늘 사람이 많은 편이라 빈자리를 찾기가 쉽지 않다. 천지아 커쥐엔에 비해 튀김옷이 얇아서 좀 더 담백한 맛이라는 평이 많다. MAP ㉓

GOOGLE MAPS X5X7+W6 안핑구
ADD 安平區安平路(안핑루)125號
OPEN 09:30~19:00
WEB www.chous.com.tw
WALK 안핑구바오安平古堡에서 도보 5분

스무디가 맛있는 카페
스테이 카페
Stay Cafe

버스에서 내려 더지양항 쪽으로 걸어가다 보면 오른쪽으로 동화 속 그림처럼 예쁜 집이 나온다. 한눈에 카페라는 걸 알 수 있을 만큼 밖에서부터 따뜻한 기운이 느껴진다. 이곳은 원래 안핑의 5개 양항 가운데 하나로, 외관은 옛 모습 그대로 둔 채 내부만 카페에 맞게 전면 리모델링했다. 날씨가 덥거나 비가 내리는 날이면 여기만큼 좋은 휴식처는 없을 만큼 위치와 분위기 모두 매력적이다.
MAP ㉗

GOOGLE MAPS stay cafe anping
ADD 安平區安北路(안베일루)160號
OPEN 토~화 08:30~19:00, 목·금 10:30~19:00, 수요일 휴무
BUS 99번 하오싱好行 버스를 타고 안핑구바오安平古堡에서 하차 후 도보 1분

+ Writer's Pick +

안핑 떠우화 추천 메뉴

- **찬통 바이떠우화** 傳統白豆花
  하얀 연두부(토핑 2가지 고를 수 있음)

- **주탄 헤이떠우떠우화** 竹炭黑豆豆花
  대나무 숯 검은 연두부(토핑 2가지)

- **샹농 시엔나이 떠우화** 香濃鮮奶豆花
  우유를 넣은 연두부(토핑 2가지)

더위를 식혀줄 시원한 건강 간식
안핑 떠우화
安平豆花(안평두화)

먹으면 저절로 건강해질 것 같은 타이완의 전통 간식 '떠우화豆花'. 우리나라로 치면 '달콤한 연두부'쯤에 해당하는 음식이다. 타이완 사람들은 물론 해외에서 온 여행자들에게도 사랑받는 타이완 전통 디저트 메뉴 중 하나. 이곳은 타이난에서 이름난 떠우화 전문점으로 늘 사람들의 발길이 끊이지 않는다. 50년의 역사를 자랑하며 세계적인 영화 감독 이안이 좋아하는 곳으로도 유명하다. 워낙 종류가 다양해 골라 먹는 재미가 쏠쏠하며, 타이난에만 4개의 지점이 있다. MAP ㉓

GOOGLE MAPS 2536+4Q 안핑구(2호점)
ADD 安平區安北路(안베일루) 141-6號
OPEN 월~금 10:00~22:00, 토·일 09:00~22:00
WEB www.tongji.com.tw
BUS 99번 하오싱好行 버스를 타고 안핑구바오安平古堡에서 하차 후 도보 2분

공묘 주변

걷기 좋은 동네

공묘 주변을 시작으로
거미줄처럼 이어진 타이난의
골목들은 앤티크한 타이난을
제대로 만날 수 있는 도심
산책의 하이라이트 구간이다.
타이완에서 가장 오래된
공묘를 가볍게 둘러보는
것으로 타이난 도보 여행을
시작해보자.

1

타이완 최초로 공자를 모신 사당

공묘

孔廟(콩미아오) Tainan Confucian Temple

공자를 모신 사당인 공묘孔廟는 타이완 대부분의 도시마다 하나씩 있다.
타이완 사람들에게 공자의 영향력은 대단한 수준이기에 매년 공자 탄생일
인 9월 28일이 되면 각 도시의 공묘마다 공자 탄생일을 기리는 성대한 의
식이 거행되곤 한다. 그중에서도 이곳은 1665년 타이완 최초로 지어진 공
묘다. 청대에는 학교로 쓰이기도 했으며, 현재 국가 1급 고적으로 지정되
어 있다. 워낙 오래된 건축물이라 화려하거나 거창한 볼거리는 없지만, 예
스러운 매력으로 가득한 곳이라서 그것만으로도 충분히 걸어볼 만하다. 총
15개의 건축물이 있으며, 그중에서 대성전만 유료로 입장한다. **MAP ㉔**

GOOGLE MAPS 타이난 공자묘
ADD 中西區南門路(난먼루)2號
PRICE 대성전 NT$40
OPEN 08:30~17:30
BUS 88번 하오싱好行 버스를 타고 콩미아오孔廟에서 하차 후
버스 진행 반대 방향으로 가면 바로 길 건너편에 보인다.

2

나만 알고 싶은 보석 같은 골목

푸쭝지에

府中街(부중가)

공묘 맞은편에 있는 이 작은 골목은 불과
얼마 전까지만 해도 타이난에서 가장 핫
한 거리 중 하나였다. 골목에 들어서면서
부터 만나는 짙은 가로수길은 오래됨의
미학을 뽐내며 이 짧은 거리의 작은 골목
을 특별한 곳으로 만들어주었다. 션농지
에와 마찬가지로 청대의 옛 거리를 그대
로 보존한 채 조성한 곳이라서 아날로그
감성이 가득하다. 예전에 비해 인기가 다
소 꺾이긴 했지만, 분위기만큼은 여전히
고즈넉하고 여유롭다. **MAP ㉔**

GOOGLE MAPS fuzhong st tainan
PRICE NT$70
WALK 공묘의 남쪽 입구 바로 건너편

1관

2관

③

근대와 현대의 절묘한 어울림

타이난 시립미술관

台南市美術館(대남시미술관) Tainan Art Museum

2018년에 개관한 시립미술관으로 타이완의 근현대 미술작품을 주로 전시한다. 특히 독특한 건축양식으로 유명한 타이난 시립미술관 1관은 두 채의 건물이 하나로 연결되어 있는데, 그중 오래된 건물은 1931년 완공되어 일본 식민지 시절에 타이난 경찰서로 사용되던 곳이다. 현재 타이난 시 고적으로 지정되어 있으며, 지상 3층, 지하 1층에 총 10개의 전시실이 있다. 옛타이난 경찰서와 하나의 건물처럼 연결된 신관은 오각형의 현대식 건축물로, 햇빛의 각도에 따라 달리 비치는 빛을 활용한 예술성이 돋보이는 곳이다. 굳이 미술 작품을 감상하지 않더라도 근대와 현대가 절묘하게 어우러진 건축 양식 자체로 충분히 방문해볼만 한 가치가 있다. 참고로 1관에서 도보 7분 거리에는 시립미술관 2관이 있으므로 미술에 관심이 있다면 2관까지 한 번에 둘러보아도 좋겠다. MAP ②

GOOGLE MAPS 타이난 시립미술관 1
ADD 1관 中西區南門路(난먼루)37號
2관 中西區忠義路(쫑일루)二段1號
OPEN 화~금·일 10:00~18:00,
토 10:00~21:00, 월요일·음력설 전날
~음력설 다음 날 휴무
PRICE NT$200(1·2관 모두 관람 가능)
WEB www.tnam.museum
WALK 88번 하오싱好行 버스 콩미아오孔廟
정류장 바로 앞. 공묘의 대각선 건너
편/2관은 1관 정문에서 도보 7분

---

④

정원이 예쁜 박물관

타이난 시립박물관

台南市立博物館(대남시립박물관, 타이난 스리보우관)
Tainan City Museum

이곳은 원래 네덜란드의 침략을 막고 명나라 부흥 운동을 전개한 쩡청꽁鄭成功(정성공) 장군을 기념하는 정성공문물관鄭成功文物館이었다. 그러다가 타이난 400주년이 되는 2024년을 앞둔 2023년 12월에 타이난 시립박물관으로 새롭게 개관했다. 타이완의 옛 수도인 타이난의 400년 역사를 조망할 수 있는 유물이 전시되어 있으며, 상설 전시 외에 특별전도 자주 열린다. 규모가 그리크진 않지만, 박물관 앞 정원을 비롯하여 고즈넉한 공간이 많아서 유유자적 한가로이 돌아보기에 좋다. MAP ②

GOOGLE MAPS X6P5+W7 중시구
ADD 中西區開山路(카이산루)152號
OPEN 09:00~17:00, 수요일 휴관
WEB tcm.tainan.gov.tw
WALK 공묘에서 도보 10분

---

⑤

근대 건축물의 고즈넉함에 반하다

국립대만문학관

國立台灣文學館(구월리 타이완 원쉬에관)
National Museum of Taiwan Literature

1916년 완공한 일본 점령기 시대의 건축물. 1949~1969년에는 공군사령부, 1969~1997년에는 타이난 시정부 등으로 쓰이다가 2013년 10월, 국립 타이완 문학관으로 정식 개관했다. 영국 빅토리아풍 석조 건축물의 웅장한 외관 덕분에 들어가기 전부터 관심이 생긴다. 타이완 문학의 흐름을 보여주는 전시 공간으로 구성되어 있으며, 각종 문학 관련 강연도 자주 열린다. 1층의 작은 커피숍은 고즈넉한 문학관의 정취를 오롯이 느낄 수 있어 잠시 쉬었다 가기에 좋다. MAP ②

GOOGLE MAPS 국립대만문학박물관
ADD 中西區中正路(쫑쩡루)1號
OPEN 09:00~18:00, 월요일 휴무　**PRICE** 무료
WEB www.nmtl.gov.tw
BUS 88번 하오싱好行 버스를 타고 콩미아오孔廟에서 내리면 바로
길 건너편에 있다. 또는 타이난 기차역에서 도보 15분

근대 감성의 앤티크한 백화점
하야시 백화점
林百貨(린바이훠) Hayashi

이름 그대로 일본 근대 양식의 백화점
으로, 1932년 처음 문을 열어 제2차 세
계대전의 종전과 함께 문을 닫았다가
2014년 지금의 모습으로 재개장하였
다. 이곳의 판매 컨셉은 매우 독특하다.
인테리어 스타일과 분위기는 앤티크한
근대 양식 그대로인데, 실제로 판매하
는 제품은 가장 트렌디한 타이완의 디
자인 소품, 기념품, 특산품이다. 규모는
크지 않지만, 근대 양식을 그대로 보존
하고 있는 건물 내부와 근대식 엘리베
이터, 그리고 각각 맡점이 디자인 소품
등을 구경하는 것만으로도 충분히 재미
있다. 6층 전망대에는 작은 일본 신사
가 있으며 타이난 시내가 한눈에 내려
다보인다. MAP ❷

GOOGLE MAPS 하야시 백화점
ADD 中西區忠義路(쭝일루)二段
　　　63號
OPEN 11:00~21:00
WEB www.hayashi.com.tw
WALK 공묘에서 도보
　　　8분

우연히 지나가다 한 번쯤
위엔타이난 측후소
原台南測候所(원대남측후소, 위엔타이난 처허우쑤워)

공묘 근처를 걷다 보면 거대한 원통형 옛 건물이 눈길을 끈다. 그냥 지
나치기에는 아쉬울 만큼 호기심이 저절로 생기는 외관이다. 이곳은 일
제 강점기 초기인 1898년에 설립된 타이완 최초의 기상 관측소 중 하
나로, 현재 타이완에 남아있는 기상 관측소 중 가장 오래된 곳이다. 건
물 중앙에는 지금이 약 12m에 달하는 거대한 원통형 타워가 있다. 현

재는 기상 센터로서의 역할은 하지 않
고 일종의 기상 박물관이 되었다. 일
부러 찾아갈 필요까지는 없지만, 지나
다가 보이면 잠시 들러보자. MAP ❷

GOOGLE MAPS 원타이난 측후소
ADD 中西區公園路(꽁위엔루)21號
OPEN 9:00~17:00, 토·일요일 휴무
WEB south.cwb.gov.tw
WALK 공묘에서 도보 10분

여행 속 평화로운 어느 오후
우위엔
吳園藝文中心(오원예문중심, 우위엔 이원쭝신)

대단한 볼거리를 기대하고 가면 실망할 수도 있지만, 무심코 들렀다가
의외로 오래 기억에 남는 곳이다. 1911년에 세워진 옛 공회당 건물로,
당시에는 시민들의 중요한 모임 공간이었다. 1950년대부터 보수 공사
를 거듭하다가 결국 일부 공간만 보존되었다. 규모는 그리 크지 않지만,
고즈넉하고 한가로운 분위기가 일품이라 잠시 쉬었다 가기에 좋다. 개
인적으로는 해 질 무렵부터 이른 저녁 시간이 제일 아름답다는 생각. 분
명 낯선 곳인데 마치 우리 동네에 앉아 있는 듯한 친근한 느낌이 인상적
이다. 1층에는 작은 전통찻집이 비밀스럽게 숨어있다. MAP ❷

GOOGLE MAPS 오원
ADD 中西區民權路(민취엔루)二段30號
OPEN 08:00~22:00(1층 전시 공간은 10:00~17:00)
WALK 공묘에서 도보 10분

오감만족
공묘 주변의 식탁

공묘 주변에는 건너편 푸쫑지에를 중심으로 오랫동안 한자리를 지켜온 맛집들이 적지 않다. 특히 산책 삼아 천천히 걷다가 과일이나 커피 등 가벼운 디저트를 즐기기에 좋은 곳이 많은 편이다.

예사롭지 않은 아이스크림 전문점
난청롱스
南埕衖事(남정항사) Tainan Long Story

작은 골목 안, 낡은 건물이 타이난을 대표하는 핫플 중 하나로 주목받게 된 건 디자인 덕분일 것이다. 일본의 유명 건축가인 소우 후지모토가 설계를 맡아 빛과 초록빛 자연을 절묘하게 활용한 예술적인 건축물로 재탄생하게 되었다. 입장료를 내면 도슨트의 안내에 따라 건물 내부를 돌아보고, 입장료에 포함된 NT$150 쿠폰을 사용하여 아이스크림을 주문할 수 있다. 8층 높이의 건물 곳곳에 휴식 공간이 많아서 잠시 쉬었다 가기에도 좋다. 공간 자체가 주는 안락함이 매력적인 곳. MAP ㉔

GOOGLE MAPS tainan long story
ADD 中西區中正路(쭝쩡루)38,40號
OPEN 10:30~19:00, 화요일 휴무
PRICE 평일 NT$300, 주말 NT$350
WEB www.longstory.com.tw
WALK 공묘에서 도보 5분

엄마가 깎아준 것 같은 과일 한 접시
리리 과일 전문점
莉莉水果店(리리수과점, 리리 수이궈띠엔)

무려 70년의 전통을 자랑하는 과일 전문점. 생과일주스, 빙수 등도 함께 판매해 여행자들이 자주 찾는다. 워낙 입소문 난 곳이라서 주말에는 빈자리 찾기가 힘들 정도. 다른 과일 가게에 비하면 가격대가 살짝 높은 편이지만, 그만큼 양이 많고 종류도 다양하다. 유명한 곳이니만큼 회전율도 빨라 과일이 매우 신선하다. 먹고 싶은 과일만 따로 주문할 수도 있고, 여러 가지 과일을 골고루 먹을 수 있는 종합 과일綜合水果(쫑허 수이구워)을 선택할 수도 있다. 종합 과일은 과일의 종류와 양에 따라 가격이 조금씩 달라지며, 일반적으로는 NT$100~200선이다. 현금 결제만 가능. MAP ㉔

GOOGLE MAPS lily fruit
ADD 府前路(푸치엔루)1段199號
OPEN 11:00~22:00, 수요일 휴무
WEB www.lilyfruit.com.tw
WALK 공묘에서 도보 2분

+ Writer's Pick +

타이난에만 있는 과일 가게

빙수 전문점들이 대부분인 타이완의 다른 도시와는 달리 타이난에는 각종 과일을 깎아서 한 접시 담아주는, 말 그대로 '과일 전문점'이 많다. 타이난에만 이런 과일 전문점이 있는 건 애플망고의 본고장이자 제철 과일이 워낙 풍부한 타이난의 지리적 특성 덕분인 듯. 그러므로 타이난에서는 과일 전문점에서 다양한 열대과일을 맛보는 걸 놓치지 말자.

좁은 골목에 숨어있는 카페

좁은 문 카페

窄門咖啡(착문가배, 자이먼 카페이)

워낙 많은 매체에 소개돼 이젠 관광명소가 되다시피
한 카페. 이름 그대로 굉장히 좁은 골목 안에 있는 카페
다. 건물과 건물 사이에 난 입구의 폭이 불과 38cm에
불과해 성인 한 명이 겨우 지나갈 수 있을까 말까 한 정
도. 카페 내부는 살짝 촌스럽다 싶을 만큼 60년대 아날
로그적인 분위기가 짙게 느껴지며, 창밖으로 내려다보
이는 공묘의 붉은색 담장이 특별한 느낌을 자아낸다.

MAP ㉔

GOOGLE MAPS 착문가배
ADD 中西區南門路(난먼루)67號2F
OPEN 월~금 11:30~19:00, 토·일 11:00~20:00, 수요일 휴무
WALK 공묘에서 도보 3분

꼭꼭 숨어 있는 골목 안 커피 맛집

핀퐁 커피

品蓬咖啡(품봉가배, 핀펑 카페이) Pinpong Coffee

푸중지에의 작은 골목 안쪽에 숨어 있는 작은 카페. 오
래된 고택의 레트로한 분위기를 그대로 살려서 입구부
터 예사롭지 않은 느낌이다. 핸드드립 전문점이라 커피
의 종류도 다양한 편이다. 사장님이 직접 커피 메뉴를
하나씩 소개하고 추천해 줄 만큼 커피에 열정적이다.
디저트도 커피와 함께 곁들이기에 좋은 메뉴들로 구성
되어 있어서 커피 애호가들에게는 꽤 많이 알려진 곳.
단, 비정기적으로 문을 닫는 날이 종종 있으므로 미리
확인을 해보고 가는 게 안전하다. MAP ㉔

GOOGLE MAPS X6Q4+R2 중시구
ADD 府前路(푸치엔루)一段196巷17號
OPEN 12:00~20:00, 수요일 휴무
WALK 공묘에서 도보 5분

다양한 종류의 전통 만두 전문점
커얼린 타이빠오
克林台包(극림대포) KLIN

타이난 최초의 미니 슈퍼마켓이자 베이커리를 결합한 복합 상점. 1956년 문을 열었으니 60년 이상의 역사를 자랑한다. 지금도 그 인기는 여전하여 만두를 사려고 일부러 이곳을 찾는 현지인들로 상점 안은 늘 바글바글하다. 만두의 종류가 워낙 다양해 무엇을 고를지 고민이 될 정도다. 대부분의 만두가 우리 입맛에도 잘 맞는 편이며, 현지인들에게는 양념한 돼지고기가 들어있는 빠바오 러우빠오八寶肉包가 가장 유명하다. 만두는 개당 NT$20~30 정도. MAP ②

GOOGLE MAPS klin tainan baozi
ADD 中西區府前路(푸치엔루)一段218號
OPEN 08:00~20:00
BUS 공묘에서 도보 1분

포장마차를 닮은 어묵 전문점
타이완 헤일룬
台灣黑輪(대만흑륜)

푸쫑지에의 끄트머리쯤 가면 사람들이 낮은 목욕탕 의자에 옹기종기 모여 있는 풍경을 만나게 된다. 바로 길거리 어묵 전문점인 타이완 헤일룬 앞이다. 빈자리를 찾기 어려울 정도로 늘 인산인해를 이루는 이곳의 가장 큰 강점은 바로 착한 가격. 크기는 작지만, 대부분의 어묵이 개당 NT$2~5, 한화로 200원 정도이다. 종류도 다양하고 쫄깃쫄깃 맛도 좋아서 쉼 없이 꼬치를 집어 들게 된다. 야외의 허름한 천막 밑 테이블에서 쭈그리고 앉아 먹는 것 또한 나름 소소한 재미. 맛과 위생에 대해서 다소 호불호가 갈리긴 하지만, 재미 삼아 몇 꼬치 먹고 가기엔 분위기도 맛도 괜찮다. MAP ②

GOOGLE MAPS X6R4+4J 중시구
ADD 中西區開山路(카이샨루)74號
OPEN 월~토 10:00~18:30, 일 09:00~19:00, 화·수요일 휴무
WALK 공묘 건너편 푸쫑지에의 끝

: MORE :
헤일룬黑輪과 티엔푸루워天婦羅는 어떻게 다를까?

일본의 영향이 짙은 타이완 사람들은 일본과 마찬가지로 어묵을 즐겨 먹는다. 타이완 남부에서는 어묵을 '헤일룬黑輪'이라고 하지만, 북부에서는 어묵을 '티엔푸루워天婦羅'라고 부른다. 둘 다 어묵을 일컫는 말이긴 하지만, 맛과 형태가 조금 다르다는 사실!
먼저 '티엔푸루워'는 일본어 '덴뿌라'에서 유래된 말로, 튀긴 어묵을 그릇에 담아 오이무침과 함께 먹는다. 지룽 야시장의 티엔푸루워가 대표적이며 주로 타이완 북부에서 만날 수 있다. 좀 더 직접적으로 음역하여 '티엔불라甜不辣'라고 부르기도 한다. 반면 '헤일룬'은 일본어 '오뎅'에서 유래된 말로, 티엔푸루워에 비해 좀 더 작고 얇고 동글동글한 어묵을 소시지, 야채 등과 함께 꼬치에 끼워서 먹는다. 주로 타이난과 까오슝 등의 타이완 남부에서 길거리 음식으로 만날 수 있다.

올드 시티의 골목길

발길 닿는 대로 타박타박

타이난 시내에는 소소한 볼거리나 작은 상점, 맛집들이 오밀조밀 모여 있다. 그리고 그곳들은 대부분 쉬엄쉬엄 걸어서 다닐 수 있을 정도의 거리다. 먼저 구글 맵스에 가고 싶은 곳을 몇 군데 찍어둔 다음 발길 닿는 대로, 마음 가는 대로 올드 시티 타이난의 골목을 마음껏 걸어보자.

---

①

타이난을 대표하는 고적

츠칸러우

赤嵌樓(적감루) Chihkan Tower

타이난에서 가장 오래된 관광명소 중 하나로 역사적으로 의미가 깊은 고적이다. 타이완을 점령한 네덜란드가 행정센터 또는 무기를 보관할 요새로 사용하기 위해 1653년 이곳을 처음 지었다. 이후 1662년 명나라 쩡청꽁鄭成功(정성공)이 이끄는 군대가 네덜란드인들을 몰아내는 과정에서 허물어질 위기에 처했으나, 쩡청꽁의 군대는 이곳을 허무는 대신 사령부로 사용했다. 하지만 안타깝게도 19세기에 지진으로 파괴되었고, 그 후 여러 차례 복구를 거치는 과정에서 예전의 네덜란드식 요새 양식은 약간의 흔적만 남게 됐다. 한편 이곳은 야경이 아름다운 곳으로도 유명하다. 밤이면 건물 곳곳에 은은한 조명이 비치면서 화려한 도시의 야경과는 또 다른 고풍스럽고 단아한 멋을 느낄 수 있다. 만약 일정이 빠듯하다면 해가 지고 난 뒤 느지막이 찾아도 좋을 듯하다. MAP ㉔

GOOGLE MAPS 츠칸러우
ADD 中西區民族路(민쥴루)2段212號
PRICE NT$50
OPEN 08:30~21:00
PRICE NT$70
BUS 공묘에서 도보 15분

2
사진 찍기 좋은 골목
션농지에
神農街(신농가)

메인 거리인 하이안루에서 연결된 작은 골목. 그리 길지 않은 골목이지만, 타이난에서 가장 빈티지한 매력이 넘치는 곳이다. 골목을 새로 리모델링한 게 아니라 옛 모습을 그대로 둔 채 그 자리에 카페나 소품 전문점, 공방 등이 하나둘씩 들어선 형태라 아날로그적 감성이 특히 돋보인다. 워낙 많은 영화의 촬영지로 소개된 덕분에 타이완 내에서는 이미 유명한 곳이며, 주한 타이완 관광청에서 촬영한 타이완 홍보 영상을 통해 우리나라에도 소개된 바 있다. MAP ㉔

GOOGLE MAPS 션농지에
ADD 中西區神農街(션농지에)
WALK 츠칸러우에서 도보 12분

3
독특한 매력이 넘치는 예술거리
하이안루
海安路(해안로)

특별할 것 없는 평범한 거리였던 하이안루의 변신이 시작된 건 2004년쯤부터다. 거리에 벽화들이 하나둘씩 생겨났고, 분위기 좋은 카페와 음식점들이 속속 들어서면서 션농지에를 중심으로 한 하이안루 일대는 현지인과 여행자들의 시선을 끌기 시작했다. 그 결과 지금은 타이난에서 손에 꼽는 관광명소가 되었고, 각종 매체에서 즐겨 찾는 촬영 장소로 인기를 구가하고 있다. MAP ㉔

GOOGLE MAPS haian road art street
ADD 中西區海安路(하이안루)
WEB www.smoa.art
BUS 88번 하오싱好行 버스를 타고 션농지에 神農街에서 하차
WALK BCP 문창원구BCP 藍晒圖文創園區에서 도보 3분

4

예스럽지만 세련된 골목
쩡싱지에
正興街(정흥가)

5

타이난에서 가장 아름다운 서점
우분투 서점
烏邦圖書店(오방도서점, 우빵투 수띠엔) Ubuntu

선농지에에서 도보로 10분 정도 떨어진 골목인 쩡싱지에는 최근 찾는 이가 부쩍 늘어난 핫한 골목이다. 엄밀히 말하면 쩡싱지에와 그 옆의 궈화지에國華街 일대까지 모두 포괄하는 구역으로, 사실 현지인 사이에서는 예전부터 맛집이 많은 골목으로 통했다. 그 첫 번째 주자는 궈화지에에 위치한 오징어국수 전문점 치우지아 샤오쥔에 미펀邱家小卷米紛. 이후 아이스크림 전문점 쥐엔웨이지아蜷尾家 들이 SNS 명소로 떠오르면서 쩡싱지에는 급부상하게 되었다. 더불어 이 골목만의 아기자기한 느낌도 한층 짙어졌다. 그리 길지 않은 골목이지만, 요목조목 구경거리가 많은 쩡싱지에의 인기는 앞으로도 한동안 이어질 것 같은 예감이다. **MAP ②④**

GOOGLE MAPS zhengxing shopping district
WALK 선농지에에서 도보 5분. 또는 츠칸러우에서 도보 15분

타이완의 수많은 독립 서점 중에서 딱 하나만 고르라고 한다면 주저하지 않고 이곳을 선택하고 싶을 만큼 사랑스러운 서점이자 북카페이다. 안핑 운하 바로 앞에 있어서 테라스 좌석에서 운하를 내려다보며 휴식과 독서를 즐길 수 있다. 규모가 아주 크진 않지만 알차게 잘 꾸며져 있으며 카페 공간도 꽤 넓은 편이다. 책 외에 소품류도 다양해서 중국어를 모르는 사람도 구경할 게 많다. 무엇보다 운하 앞 서점과 카페라는 공간 자체가 주는 평화로움이 너무나 매력적이어서 할 수만 있다면 온종일 머무르고 싶은 마음이다. **MAP ②②④**

GOOGLE MAPS ubuntu west central
ADD 中西區環河街(환허지에)129巷27號 2F
OPEN 일~목 08:30~20:30, 금·토 08:30~22:00, 화요일 휴무
WALK 선농지에에서 도보 10분

6

타이난의 트렌드를 책임진다!

BCP 문창원구

BCP 藍晒圖文創園區(람쇄도문창원구, 란샤이투 원촹위엔취)
Blueprint Cultural & Creative Park

미츠코시 백화점 신티엔띠新光三越 新天地 점 건너편으로 눈부시게 새파란, 그렇지만 낡은 건물들이 눈길을 끈다. 최근 타이난의 자타공인 잇 플레이스인 BCP 문창원구다. 일본 식민지 시대에 사법부의 기숙사로 쓰이던 낡은 목조 건물들을 내부만 리모델링하여 복합문화예술단지로 재구성했다. 디자이너의 작업실, 소품 전문점, 디저트 전문점, 카페 등이 골목마다 오밀조밀 모여 있고, 벽화를 비롯해 사진 찍기 좋은 스폿이 너무도 많아서 꼼꼼하게 다 구경하려면 최소 2~3시간은 걸린다. 타이난에서 잘나가는 디자인 브랜드는 모두 모여 있다고 해도 과언이 아닐 듯. **MAP ㉔**

GOOGLE MAPS 블루프린트 문화창의공원
ADD 南區西門路(시먼루)一段689巷 12號
OPEN 12:00~21:00, 화요일 휴무 (매장마다 조금씩 다름)
WEB bcp.culture.tainan.gov.tw
BUS 1, 2, 5, 11, 18번 버스를 타고 미츠코시 백화점 신티엔띠新光三越 新天地에서 하차 후 도보 1분

타이난 올드 시티 골목의 식탁

올드 시티 골목 곳곳에는 현지인과 여행자 모두에게 사랑받는 오랜 맛집이 무척 많다. 덕분에 식사는 물론 간단한 디저트와 커피까지 풀코스로 즐길 수 있다. 걸어서 둘러보는 도보여행 코스이니만큼 곳곳에 숨어있는 맛집을 매의 눈으로 잘 찾아보자.

단자이미엔의 원조
뚜샤오위에
度小月(도소월)

단자이미엔擔仔麵은 자타공인 타이난을 대표하는 면 요리로, 타이난의 많은 단자이미엔 전문점 중 가장 유명한 곳이 바로 뚜샤오위에다. 이곳은 1892년 처음 문을 연 이래로 계속 승승장구를 거듭하여, 현재는 타이베이를 비롯한 전국 각지에 지점을 둔 명실상부한 단자이미엔 대표 전문점이 되었다. 단자이미엔의 유래는 굉장히 소박하다. 어부들이 일이 없을 때면 북청 물장수처럼 나무통 2개에 삶은 국수를 담아 어깨에 지고 다니면서 팔았는데, 그 나무통의 이름이 바로 '단자이擔仔'였던 것. 뚜샤오위에는 타이난에만 3곳의 매장이 있으며, 오픈 키친 형태로 단자이미엔 만드는 과정을 직접 볼 수 있어 재미있다. 가격도 매우 착해 한 그릇에 NT$50밖에 되지 않는다. 다만 그만큼 양이 다소 적은 게 아쉽다.

+ Writer's Pick +

뚜샤오위에 추천 메뉴

■ **단자이미엔** 擔仔麵

■ **황진샤쥐엔** 黃金蝦捲
　새우튀김 롤

■ **커자이쑤** 蚵仔酥 굴 튀김

■ **츠칸러우 赤嵌樓 점**
GOOGLE MAPS 도소월 츠칸러우점
ADD 民族路(민줄루)二段216號
OPEN 10:30~22:00, 화요일 휴무
WEB www.dosyue.com.tw
WALK 츠칸러우赤嵌樓 입구를 바라보고
　　　왼쪽에 바로 보인다.
WEB www.noodle1895.com
MAP ㉔

■ **쭝쩡루 中正路 본점**
GOOGLE MAPS 도소월 본점
ADD 中西區中正路(쭝쩡루)16號
OPEN 11:00~20:00
WALK 공묘孔廟에서 도보 8분
MAP ㉔

■ **쭝쩡루 中正路 2호점**
GOOGLE MAPS 도소월 중정점
ADD 中西區中正路(쭝쩡루)101號
OPEN 11:00~14:30, 17:00~20:50
WALK 공묘孔廟에서 도보 10분
MAP ㉔

좁은 골목 끝, 아시아 50대 Bar의 위엄
TCRC 바
Bar TCRC

작은 도시 타이난에 이렇게나 핫한 바가 있을 줄 누가 알았을까. 심지어 아시아 50대 바 Asia's 50 Bar에 선정된 곳이다. 덕분에 예약이 하늘의 별따기 수준이다. 매월 1일에 당월 예약을 받는데, 주말 예약은 시작과 동시에 마감되므로 예약 자체가 쉽지 않다. 설령 예약하지 못했더라도 포기하진 말자. 당일에 전화를 해보거나 20시에 오픈 런을 하면 당일 취소 건에 한해 입장이 가능하기도 하다.

고택을 개조해서 만든 바는 신비로움 그 자체이다. 처음 들어설 때는 규모가 작아 보이지만, 안으로 들어갈수록 비밀스러운 공간이 계속 이어진다. 칵테일은 말할 것도 없이 퍼펙트하다. 만약 주문하기 어렵다면 바텐더에게 추천을 부탁하는 것도 좋은 방법이다. 그야말로 타이난에서 놓치지 말아야 할 곳 중 하나다. **MAP ㉔**

GOOGLE MAPS bar tcrc
ADD 中西區新美街(신메이지에)117號
TEL 06 222 8716
OPEN 20:00~다음 날 02:00, 일요일 휴무
WEB www.facebook.com/TCRCbar
WALK 츠칸러우에서 도보 5분

혀끝에서 살살 녹는 오징어국수
치우지아 오징어국수
邱家小卷米粉(구가소권미분,
치우지아 샤오쥐엔 미펀)

이곳의 메뉴는 딱 하나뿐이다. 일명 '오징어국수'라고 불리는 '샤오쥐엔 미펀小卷米粉'. 맛도 심플하고 담백하다. 맑은 국물에 가는 곤약 느낌의 국수와 오징어가 들었을 뿐인데 신기하게도 돌아서면 계속 생각나는 중독적인 맛을 지녔다. 특히 입에서 살살 녹는 오징어는 어떻게 만들었는지 비법이 궁금할 만큼 부드럽다. 국수를 빼고 오징어만 넣은 오징어탕으로도 주문할 수 있다. 향신료를 넣지 않아 밍밍하다고 느껴질 수도 있지만, 그 밍밍함이 매력이다. 가게가 위치한 궈화지에國華街 골목 근처에는 작은 분식점들이 다닥다닥 모여 있어서 구경하는 재미도 쏠쏠하다. 현금 결제만 가능. **MAP ㉔**

GOOGLE MAPS X5XX+MR 중시구
ADD 國華街(궈화지에)三段251號
OPEN 11:00~17:00, 월요일 휴무
WALK 하이인루海安路와 션눙지에 교차점
　　　에서 도보 5분

어릴 적 먹던 간장밥이 생각나는 맛
아이즈청 샤런판
矮仔成蝦仁飯(왜자성 하인반)

1922년 문을 열어 오랜 전통을 자랑하는 맛집. 여행자들보다 현지인 사이에서 더 이름난 곳이다. 이곳의 대표 메뉴는 새우볶음밥이다. 냉동 새우를 넣어서 간장과 함께 볶은 밥으로, 집에서 아무렇게나 볶아도 만들 수 있을 것 같은 친근한 맛이지만 묘하게 맛있다. 밥만 먹으면 살짝 심심하니 데친 채소인 탕칭차이燙清菜를 함께 곁들여 먹어 보자. 2019년에 전면 리모델링을 한 덕분에 쾌적한 분위기에서 식사를 즐길 수 있게 되었다. **MAP ㉔**

GOOGLE MAPS X5QW+H3 중시구
ADD 海安路(하이안루)1段66號
OPEN 08:30~19:30, 화요일 휴무
WEB www.shrimprice.com.tw
WALK BCP 문창원구BCP 藍晒圖文創園區에서 도보 5분

매콤한 음식이 생각날 땐
이링이링샹
1010湘(1010상)

쓰촨 요리보다 더 매운맛으로 인정받는 후난 요리 전문점. 참고로 1010은 '모든 면에서 완벽하다'라는 뜻의 사자성어 '十全十美'를 의미한다. 타이베이를 비롯해 타이완 전역에 지점을 두고 있다. 대부분 메뉴가 매콤한 편이라 우리나라 사람들 입맛에도 잘 맞는다. 가격대는 1인당 NT$400~500선으로 타이난의 다른 음식점에 비해 다소 높지만, 그만큼 만족도도 높다. BCP 문창원구 건너편 미츠코시 백화점 내에 있어서 분위기도 무척 쾌적하고 고급스럽다. 추천 메뉴는 172p 참고. **MAP ㉔**

GOOGLE MAPS 1010 restaurant tainan
ADD 中西區西門路(시먼루)一段658號6F
OPEN 월~금 11:00~15:00, 17:00~22:00, 토·일 11:00~22:00
WEB www.1010restaurant.com
WALK BCP 문창원구BCP 藍晒圖文創園區 바로 건너편에 있는 미츠코시新光三越 백화점 6층

타이난을 대표하는 메뉴
츠칸 관차이반
赤崁棺材板(적감관재판)

단자이미엔과 더불어 타이난을 대표하는 메뉴로 손꼽히는 관차이반. 순수한 타이완 음식이라기보다는 동양과 서양의 맛이 합쳐진 듯한 느낌이다. 토스트를 노릇노릇하게 구운 다음 네모난 식빵의 속을 파내고 그 안에 진한 스튜를 넣어 만들며, 스튜에는 해산물, 닭고기, 각종 채소 등이 푸짐하게 들어간다. 그 형태가 마치 관처럼 생겼다고 해 관차이반이란 이름이 붙었다. 타이난 대부분 음식점과 야시장에서 관차이반을 맛볼 수 있지만, 그중에서도 츠칸 관차이반은 타이난에서 손꼽히는 관차이반 전문점이다. 단, 캉러 시장康樂市場 안에 있어서 찾기가 다소 어려우므로 못 찾을 땐 주변사람들에게 도움을 청해보자. **MAP ㉔**

GOOGLE MAPS 츠칸관차이반
ADD 中西區中正路(쭝쩡루)康樂市場180號
OPEN 11:30~20:30
WEB www.guan-tsai-ban.com.tw
WALK 하이안루海安路와 쩡싱지에正興街의 교차점에서 남쪽으로 도보 3분

깔끔한 식당에서 담백한 국수 한 그릇

샤오쥐엔 미펀멍
小卷米粉萌(소권미분맹)

허름한 시장통 분위기의 식당들 틈에서 단연 깔끔한 분위기가 돋보이는 식당. 오징어로 만든 메뉴로만 구성되어 있다. 가장 인기 있는 메뉴는 오징어 쌀국수蔬菜小卷米粉湯(수차이 샤오쥐엔 미펀탕). 담백한 국물에 반들반들한 쌀국수와 쫄깃쫄깃한 오징어, 그리고 토란, 당근, 고구마 등의 야채가 듬뿍 들어 있다. 향이 전혀 없어서 누구나 호불호 없이 맛있게 먹을 수 있는 건강한 맛이다. 메뉴 대부분이 NT$100 정도라서 가격도 부담이 없다. 식당 외관의 커다란 오징어 간판 덕분에 멀리서도 한눈에 들어온다. MAP ②

GOOGLE MAPS 소권미분맹 타이난
ADD 中西區民族路(민줄루)三段12號
OPEN 10:00~19:00, 화·수요일 휴무
WALK 츠칸러우에서 도보 10분

타이난 애플망고에 친절함은 덤

이핀탕
一品塘(일품당)
Handmade Almond Cheese

엄밀히 말해 이곳은 빙수가 아닌 수제 아몬드 치즈手工杏仁奶酪(셔우꽁 싱런 나일라오) 전문점이다. 그런데도 이곳의 망고빙수는 타이완 최고라고 해도 과언이 아닐 만큼 감동에 가까운 수준이다. 사실 자세히 보면 특별한 소스랄 것도 없이 오로지 망고만 한 가득 들어있고, 여기에 직접 만든 우유를 조금 넣었을 뿐이다. 타이완에서 최고로 손꼽히는 타이난의 애플망고를 아낌없이 담아준 덕분에 이런 감동적인 맛이 탄생한 듯. 단, 12~2월은 냉동 망고를 사용하기 때문에 맛이 덜하므로 아몬드 빙수를 추천한다. MAP ②

GOOGLE MAPS 일품당 하이난루점
ADD 中西區海安路(하이안루)二段193號
OPEN 09:30~22:30
WALK 션농지에神農街에서 도보 1분

+ Writer's Pick +

이핀탕 추천 메뉴

- **망구워 위엔즈** 芒果原汁
  망고 주스
- **망구워 니우나이빙** 芒果牛奶冰
  망고빙수
- **차오메이 니우루빙** 草莓牛乳冰
  딸기 우유빙수
- **싱런 나일라오 위위엔 니우루빙** 杏仁奶酪芋圓牛乳冰
  아몬드 토란 우유빙수
- **훙떠우 싱런 나일라오 니우루빙** 紅豆杏仁奶酪牛乳冰
  단팥 아몬드 우유빙수

홋카이도가 부럽지 않은 소프트아이스크림

쥐엔웨이지아
蟳尾家(권미가)

언뜻 보면 한자로만 이루어진 간판과 매장 분위기 덕분에 일본의 상점 같은 느낌이다. 하지만 이곳은 순수 타이완 브랜드로, 타이완 목장의 신선한 우유로 만든 수제 아이스크림 전문점이다. 당일 판매하는 아이스크림의 종류는 딱 2가지뿐. 시 솔트Sea Salt와 말차, 우롱차 등 몇몇 메뉴 중에서 매일 2개의 맛이 돌아가면서 제공된다. 영업시간도 짧고 비정기적인 휴무일도 많지만, 워낙 인기가 많은 SNS 맛집이라 언제 가도 사람이 많다. 아예 대기표가 준비되어 있을 정도. 그래도 회전율이 빠르기 때문에 대기 시간이 아주 길진 않다. MAP ②

GOOGLE MAPS 권마가감미처산보첨식
ADD 中西區正興街(찡싱지에)92號
OPEN 11:00~20:00(목요일 ~17:00)
WALK 하이안루海安路에서 찡싱지에正興街의 동쪽 방향으로 진입해 도보 1분

규모는 작지만 신선한 과일이 한가득
위청 과일 전문점
裕成水果(위청 수이궈) Yu-cheng Fruit

타이난에는 유독 과일 가게가 많다. 'OO水果'라는 상호의 과일 가게들은 과일로 만든 빙수가 아닌 생과일주스나 과일 자체를 먹을 수 있는 곳이다. 거창한 플레이팅도 없고, 그저 집에서 먹듯 과일을 먹기 좋은 크기로 잘라주는 게 전부다. 이곳 역시 타이난의 수많은 과일 가게 중 하나로, 규모는 아주 작지만 과일의 신선도로 입소문이 났다. 각종 생과일주스와 과일 접시들이 있고, 이 중 가장 인기 있는 종합 과일 접시는 정해진 가격 없이 그날 나온 과일의 종류와 주문하는 인원수에 따라 값이 조금씩 달라지는 시스템. 대략 1인당 NT$70~120 정도 예상하면 된다. 현금 결제만 가능. MAP ㉔

GOOGLE MAPS yu cheng fruit store
ADD 民生路(민성루)1段122號
OPEN 12:00~24:00, 월요일 휴무
WALK 찡싱지에正興街의 동쪽 끝 지점에서 도보 4분

타이난 최초의 파파야 우유
아티엔 과일 전문점
阿田水果店(아전수과점, 아티엔 수이구워띠엔)

골목 어귀의 허름한 과일 전문점. 1962년에 문을 연 이래로 줄곧 이 자리를 지켜왔다. 아예 간판에 '타이난 최초의 파파야 우유'라고 써놓을 만큼 파파야 우유에 대한 자부심이 대단하다. 대표 메뉴인 파파야 우유뿐 아니라 망고 우유, 구아바 우유, 파인애플 우유 등, 각종 과일을 갈아 만든 우유가 다양한 편이다. 물론 다른 과일 전문점과 마찬가지로 각종 제철 과일을 먹기 좋은 크기로 잘라서 담아주는 과일 접시도 있다. 가게는 허름하지만, 맛은 결코 허름하지 않은 과일 맛집이다. MAP ㉔

GOOGLE MAPS 아티엔 과일가게
ADD 中西區民生路(민성루)一段168號
OPEN 12:30~22:30, 화요일 휴무
WALK 츠칸러우에서 도보 10분

허름한 가게에서 즐기는 달콤한 과일
타이청 과일 전문점
泰成水果店(태성수과점, 타이청 수이구워띠엔)

겉보기에는 크게 독특할 게 없는 허름한 과일 가게지만, 빈자리를 찾기가 힘들 만큼 사람이 많다. 역사는 무려 80년. 그냥 과일만 파는 게 아니라 각종 생과일주스와 과일 접시, 과일 빙수 등을 판매한다. 실제로도 과일을 사 가는 사람보단 테이블에 앉아 각종 과일 메뉴를 먹고 가는 사람이 훨씬 많은 편. 무엇보다 과일이 신선하고 가격도 저렴해 여행 중 잠시 쉬면서 리프레시하기에 딱 좋다. 중국식 멜론인 하미과 위에 각종 과일을 얹어주는 빙수 '꽈꽈빙瓜瓜冰'이 가장 인기다. 현금 결제만 가능. MAP ㉔

GOOGLE MAPS X5VW+QV 중시구
ADD 中西區正興街(찡싱지에)80號
OPEN 월~금 12:00~18:00, 토·일 12:00~19:00, 목요일 휴무
WALK 쥐엔웨이지아 바로 맞은편

맛으로는 타이완 최고 수준

화위엔 야시장 花園夜市 (화원야시, 화위엔 이예스)

❶❷ 야시장 입구부터 왁자지껄 흥이 느껴진다.

❸ 다른 야시장과는 급이 다른 굴전

❹ 타이완 사람들이 좋아하는 게임 코너

GOOGLE MAPS 화원 야시장
ADD 北區海安路(하이안루)三段533號
OPEN 목·토·일 17:00~24:00
BUS 타이난 기차역에서 0左 버스를 타고 약 15분 후 화위엔 이예스花園夜市에서 하차

타이난의 야시장은 타이완의 다른 도시와는 조금 다른 형태를 지니고 있다. 어느 특정한 장소에서만 열리는 게 아니라 요일에 따라 지역을 바꿔가면서 열린다. 즉, 몇 개의 야시장이 매일 동네별로 돌아가면서 열리는 방식. 그중에서 규모가 가장 크고 유명한 야시장은 바로 목·토·일요일에만 열리는 화위엔 야시장이다. 입구에 들어서면 다시 같은 곳으로 되돌아 나오기가 쉽지 않을 만큼 거대한 규모를 자랑한다. 하지만 화위엔 야시장의 진짜 매력은 규모가 아니라 '맛'이다. 타이완의 어떤 야시장보다도 맛집이 많고 메뉴도 다양하며, 맛도 더 훌륭하다. 심지어 같은 굴전이라도 화위엔 야시장의 굴전은 아예 수준 자체가 다르다는 사실. 단, 그 유명세만큼이나 사람이 아주 많아서 사람들에 치일 각오쯤은 하고 가야 한다. 야시장에서 저녁 한 끼를 해결해도 좋을 만큼 메뉴가 다양한 편이다. **MAP ㉔**

야시장 대표 메뉴인 굴전, 커자이지엔 蚵仔煎

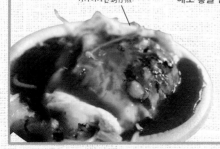

볶음 국수, 차오미시엔 炒米線

느리게 걷는

타이난 근교 도시

타이난의 근교는 교통이
썩 편하진 않지만, 그래도
볼거리가 꽤 다양한 편이다.
시간 여유가 있다면 조금 느린
여행으로 근교의 스폿들을
둘러보기를 추천한다. 아마
타이난의 또 다른 매력을
발견할 수 있는 기회가 되어줄
것이다.

초록빛 맹그로브 숲이 만든

녹색 터널
綠色隧道(녹색수도, 뤼써쑤이따오)

정식 명칭은 '쓰차오 성타이 원화위엔취四草生態文化園區'이지만, 그보다는
'녹색 터널'이라고 더 많이 불린다. 울창한 맹그로브 숲이 마치 터널처럼 하
늘을 뒤덮어서 생긴 별명이다. 유람선을 타고 이 맹그로브 숲 사이를 천천히
지나면서 만나는 풍경이 꽤 환상적이다. 새 소리만 들리는 고요한 초록빛 숲
을 유유자적 배를 타고 돌아보는 고즈넉한 시간은 타이난 여행에 특별한 추
억이 되어줄 듯. 유람선은 특별한 배차 간격 없이 사람이 차면 출발한다(단,
오후 12~1시는 점심시간). 운항 시간은 약 30분. 운항 중에는 배 안에서 일어
설 수 없지만, 하이라이트 구간에서는 사진 촬영을 위해 잠시 배를 세워준다.
멋진 사진을 찍고 싶다면 맨 앞자리나 양쪽 끝자리에 앉기를 추천한다.
녹색 터널은 배를 타고 30분이면 둘러볼 수 있는 짧은 코스다. 비록 시간은
짧지만 풍경만큼은 무척 독특해 지금까지와는 조금 다른 타이난 여행의 추
억을 만들 수 있을 것이다. **MAP ㉒**

GOOGLE MAPS 쓰차오 녹색터널
ADD 安南區四草里大衆路(따쭝루)360號
OPEN 08:00~16:00
PRICE NT$200
WEB www.4grass.com
BUS 99번 하오싱好行 버스를 타고 쓰차오
성타이 원화위엔취四草生態文化園區
에서 하차. 또는 시내버스 2번을 타고
쓰차오 四草에서 하차

+ Writer's Pick +

버스 배차 시각이 애매할 땐
택시를 이용하자!

녹색 터널로 가는 99번 하오싱好
行 버스는 평일 배차 간격이 거의
한 시간으로 시간을 잘 못 맞추면
버스를 기다리다가 시간이 훌쩍
지나버릴 수도 있다. 녹색 터널에
서 가장 가까운 명소인 안핑까지
는 택시비로 약 NT$250~300가
예상되므로 만약 일행이 3~4명이
라면 시간 절약을 위해 택시를 타
는 것도 괜찮은 방법이다.

어마어마한 규모에 한 번, 아름다운 산책로에 두 번 반하다!

치메이 박물관

奇美博物館(기미박물관, 발음법) Chimei Museum

타이완 치메이Chimei 그룹의 창업주가 자신의 소장품을 전시해놓은 개인 박물관. 개인 소유라고는 믿어지지 않을 만큼 그 규모가 어마어마하다. 미술품과 악기 등은 물론 동물 표본까지 전시품의 종류가 다양하고, 심지어 로댕의 조각품도 많다. 또한 박물관 앞의 야외 공원도 규모가 엄청난 수준. 조경도 무척 잘 되어 있어서 한가롭게 산책을 즐기기에 더없이 좋다. 박물관에 관심 없는 사람도 오로지 산책을 목적으로 찾아도 괜찮을 정도다. 타이난에서 굳이 박물관에 갈 필요가 있을까 싶기도 하지만, 만약 일정이 여유롭다면 치메이 박물관은 한가로운 산책을 위해 한 번쯤 방문해볼 만한 곳이다. 워낙 엄청난 규모의 공원이라 여유롭게 쉬다 오기에 좋다. 박물관만 둘러보려면 약 2시간, 가벼운 산책까지 겸하려면 반나절 정도 예상해야 한다. 내부는 촬영이 불가하며, 음식물도 반입할 수 없다. MAP ㉒

GOOGLE MAPS 치메이 박물관
ADD 仁德區文華路(원화루)二段66號
OPEN 09:30~17:30(외부는 09:00~18:30), 수요일 휴관
PRICE NT$200
WEB www.chimeimuseum.org
TRAIN 타이난 기차역에서 바오안保安 역까지 취지엔처區間車로 약 6분간 이동한 뒤 바오안 역에서 도보 8분. 취지엔처는 10분 간격으로 운행하며, 바오안 역부터 표지판이 잘 되어 있어 찾아가기는 어렵지 않다.

+ **Writer's Pick** +

바오안保安 역으로 떠나는 하루 여행

치메이 박물관과 텐 드럼 컬처 빌리지로 가기 위해 내리게 될 바오안保安 역은 작고 예쁜 시골 간이역이다. 기차역 근처에 특별한 볼거리는 없지만, 조용한 시골길을 걷는 느낌이 참 좋다.
바오안 역에서 치메이 박물관과 텐 드럼 컬처 빌리지가 모두 도보 가능 거리이므로 두 곳을 묶어서 하루 여행 코스로 계획해보는 것도 타이난의 또 다른 매력을 만나는 시간이 되어줄 것이다. 만약 시간 여유가 있다면 역 주변을 돌아보며 한가로운 동네 산책을 즐겨보는 것도 좋겠다.

타이난을 대표하는 예술 문화 마을

텐 드럼 컬처 빌리지

十鼓文創園區(십고문창구, 스구 원촹위엔취) Ten Drum Cultural Village

1909년에 지어진 옛 설탕 공장을 드럼 악단 그룹인 '스구지 러퇀十鼓擊樂團(십고격악단) Ten Drum Art Percussion Group'이 인수하여 조성한 문화 창의 예술 단지. 공장 시설을 그대로 살려서 아주 독특하고도 예술적인 공간으로 만들었다. 7.5ha(약 3000평)에 이르는 상당한 규모의 예술 단지에는 다양한 포토존은 물론이고 각종 액티비티 코스까지 다양하다. 낡은 공장 부지를 그대로 살렸기 때문에 모든 시설이 녹슬고 낡았지만, 그 낡음의 미학이 오히려 더 매력적으로 다가온다. 워낙 면적이 넓고 옥상에서 바라보는 일몰 또한 놓치지 말아야 할 포인트 중 하나이므로 제대로 즐기려면 최소 반나절 이상은 필요하다. MAP ㉒

GOOGLE MAPS ten drum cultural village
ADD 台南市仁德區文華路二段326號
OPEN 월~금 10:00~17:20, 토·일 09:30~20:20
PRICE NT\$469(17:30 이후 입장할 경우 NT\$270)
WEB tendrum.com.tw
TRAIN 타이난台南 역에서 바오안保安 역까지 기차 6분, 바오안 역에서 도보 15분

+ Writer's Pick +

추천 액티비티

번지점프, 암벽 등반 등 곳곳에 크고 작은 액티비티 고니가 많지만, 가장 인기 있는 액티비티는 집라인과 공중그네다. 특히 직원이 직접 당겨주는 공중그네는 아날로그 감성이 가득해서 저절로 웃음이 나는데, 막상 타보면 생각보다 무섭다.

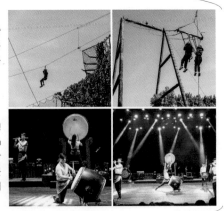

놓치지 말아야 할 공연

텐 드럼의 하이라이트는 매일 2회(11:00, 15:00. 시간은 변경될 수 있음) 있는 스구 팀十鼓擊樂團 Ten Drum Art Percussion Group의 공연이다. 세계 여러 대회에서의 수상 경력을 자랑하는 이들의 공연은 예술을 향한 그들의 열정이 더해져 사뭇 감동적이기까지 하다. 우리나라의 난타 공연과 비슷하면서 또 조금 다른 느낌이다.

4

거대한 화이트 소금산
치구 소금산
七股鹽山(칠고염산, 치구이옌샨) Qigu Salt Mountain

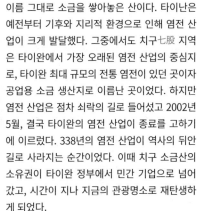

이름 그대로 소금을 쌓아놓은 산이다. 타이난은 예전부터 기후와 지리적 환경으로 인해 염전 산업이 크게 발달했다. 그중에서도 치구七股 지역은 타이완에서 가장 오래된 염전 산업의 중심지로, 타이완 최대 규모의 전통 염전이 있던 곳이자 공업용 소금 생산지로 이름난 곳이었다. 하지만 염전 산업은 점차 쇠락의 길로 들어섰고 2002년 5월, 결국 타이완의 염전 산업이 종료를 고하기에 이르렀다. 338년의 염전 산업이 역사의 뒤안길로 사라지는 순간이었다. 이때 치구 소금산의 소유권이 타이완 정부에서 민간 기업으로 넘어갔고, 시간이 지나 지금의 관광명소로 재탄생하게 되었다.

치구 소금산은 약 6층 건물 높이의 거대한 소금산으로 언뜻 보면 새하얀 설산처럼 보이기도 한다. 비록 생각보다 규모는 작지만, 새하얀 소금산이 궁금하다면 시간을 내어 찾아가 보자. 단, 타이난 시내에서 버스로 1시간 넘게 걸리는 데다가 주위에 덜렁 소금산 하나만 있어 다소 허무하게 느껴질 수도 있다. 하지만 우리나라에서 볼 수 없는 독특한 전경을 만날 수 있다는 점은 꽤 매력적이다. 관심이 있다면 소금산 근처에 있는 소금박물관台灣鹽博物館(타이완 이옌 보우관) Taiwan Salt Museum에도 들러보자. **MAP ㉒**

GOOGLE MAPS qigu salt mountain
ADD 七股區鹽埕里(이옌청리)66號
PRICE NT$50
OPEN 3월~10월 09:00~18:00, 11월~2월 08:30~17:30, 음력 설 휴무
WEB cigu.tybio.com.tw
BUS 타이난 기차역 앞 버스 정류장에서 하오싱好行 버스 99번을 타고 종점인 치구 이옌샨七股鹽山에서 하차. 버스는 주말에만 08:20부터 약 30분 간격으로 운행하며, 약 1시간 40분 소요

KENTING
墾丁
IN TAIWAN

컨띵 여행 계획

타이중
화리엔
타이난
까오슝
타이동
컨띵

타이완 최남단 헝춘반도恒春半島에 있는 컨띵墾丁은 에메랄드빛 바다가 특히 유명한 열대 기후의 도시로서 일명 타이완의 하와이라고 불린다. 여행자와 타이완 현지인 모두에게 사랑받는 휴양지이며, 스쿠버 다이빙, 스노클링 등 해양 스포츠도 다양하게 즐길 수 있다. 까오슝에서 버스로 2시간이면 도착할 수 있다는 점도 매력적이다. 1984년 타이완의 첫 번째 국가 공원으로 지정됐다.

컨띵 가는 법

| 까오슝 | ➡ | 컨띵 |

❶ 버스: 까오슝 주워잉 역 출발

까오슝 고속열차역과 연결된 MRT 주워잉左營 Zoying 역 2번 출구 앞의 하오싱 버스 컨띵 콰이시엔墾丁快線 Kenting Express 티켓 판매소에서 티켓을 구매한 뒤, 매표소 옆 계단으로 내려와 1층 버스 정류장에서 9189번 버스를 탄다. 내릴 때는 종점이 아닌 컨띵 파이러우墾丁牌樓에서 내려야 함을 기억할 것. 버스 기사에게 말하면 세워준다. 매일 08:30~19:10, 약 30분 간격으로 운행하며, 약 2시간 30분 소요. 요금은 편도 NT$352. 좀 더 자세한 정보는 하오싱 버스 홈페이지에서 검색할 수 있다.

❷ 버스: 까오슝 기차역 출발

까오슝 기차역 앞에서 출발하는 컨띵 리에처墾丁列車 9117번 버스를 타고 컨띵墾丁에서 내린다. 약 30분 간격으로 운행하며, 중간에 정차하는 정류장이 많아서 시간이 조금 더 오래(약 3시간) 걸린다는 단점이 있다. 요금은 편도 NT$352.

■ 컨띵 리에처 墾丁列車
TEL 07 237 1230
WEB www.kt-bus.com

■ 하오싱 버스 컨띵 콰이시엔
墾丁快線
TEL 07 862 5388
WEB www.taiwantrip.com.tw

❸ 택시

까오숑에서 컨딩까지 택시로 이동할 경우 약 1시간 30분 소요
된다. 우버를 부르거나 숙박하고 있는 호텔에 부탁하면 된다.
kkday나 클룩 같은 여행 액티비티 앱을 통해서도 예약할 수 있
다. 일정이 빠듯한 여행자라면 아예 까오숑에서 출발하는 컨딩
1일 택시 투어를 이용하는 것도 하나의 방법이겠다.

컨딩 시내 교통

컨딩 시내를 둘러보는 가장 저렴하고 일반적인 방법은 일종의 시내버스인 컨딩 지에처다. 편리하게
둘러보기 위해 투어버스나 택시 투어를 이용하는 사람도 많으니 상황에 맞는 방법을 이용하자.

시내버스, 컨딩 지에처 墾丁街車 Kenting Street Car

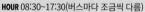

컨딩 시내를 다니는 일반버스. 오렌지 라인(101번)과
블루 라인(102번), 그리고 주말과 공휴일에만 운행하는
그린 라인(103번)이 있다. 노선마다 조금씩 차이는 있
지만, 배차 간격이 30분~1시간(그린 라인은 1일 5회)으
로 긴 편이므로 미리 노선과 시간표를 확인하는 게 안전
하다. 1일 동안 무제한 탑승이 가능한 1일권은 NT$150
이며, 교통카드를 사용할 수 있다. 정류장은 홈페이지에
서 확인할 수 있다.

HOUR 08:30~17:30(버스마다 조금씩 다름)
PRICE 기본요금 NT$23, 컨딩~헝춘 NT$40(거리에 따라 차등
　　　적용)
WEB www.ptbus.com.tw

투어 버스, 타이완 꽌빠 台灣觀巴 Taiwan Tour Bus

컨딩 시내를 돌아보는 가장 편리한 방법. 일종의 시내
투어 상품으로, 오전 코스와 오후 코스로 나뉜다. 속성
으로 여행하고자 하는 여행자들은 아예 하루에 두 코스
를 다 끝내기도 한다. 식사나 일부 관광지의 입장료는
포함되지 않으며, 필요 시 대략적인 가이드도 해준다.
자세한 정보는 587p 참고.

PRICE NT$500~
WEB taiwantourbus.com.tw

택시

아이가 있거나 일정이 바쁜 여행자들은 좀 더 편하게 택
시 투어를 선택하는 경우가 많다. 물론 컨딩에서도 숙소
에 문의하면 투어할 수 있는 택시와 연결해준다. 택시
투어에 대한 자세한 정보는 587p 참고.

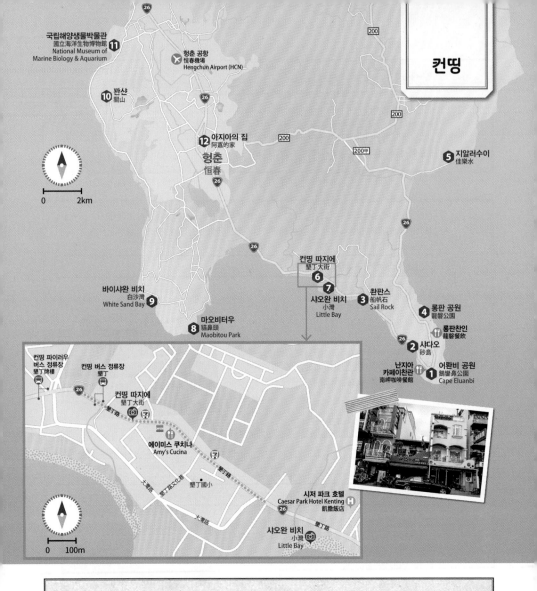

컨띵

11 국립해양생물박물관
國立海洋生物博物館
National Museum of
Marine Biology & Aquarium

헝춘 공항
恒春機場
Hengchun Airport (HCN)

10 꽌샨
關山

12 아지아의 집
阿嘉의家

헝춘
恒春

5 지알러수이
佳樂水

6 컨띵 따지에
墾丁大街

7 샤오완 비치
小灣
Little Bay

3 챤판스
船帆石
Sail Rock

4 롱판 공원
龍磐公園

롱판찬인
龍磐餐飮

9 바이샤완 비치
白沙灣
White Sand Bay

8 마오비터우
貓鼻頭
Maobitou Park

2 샤다오
砂島

1 난지아
카페이찬관
南岬咖啡餐館

어롼비 공원
鵝鑾鼻公園
Cape Eluanbi

0 ——— 2km

컨띵 파이러우
버스 정류장
墾丁牌樓

컨띵 버스 정류장
墾丁

컨띵 따지에
墾丁大街

7

에이미스 쿠치나
Amy's Cucina

墾丁路文化巷

墾丁國小

시저 파크 호텔
Caesar Park Hotel Kenting
凱撒飯店

샤오완 비치
小灣
Little Bay

0 ——— 100m

: MORE :

활동적인 여행자에게 유용한 스쿠터 & 자전거

컨띵에서는 스쿠터나 전기 자전거도 유용한 교통수단이다. 메인 스트리트인 컨띵루墾丁路는 차가 많아서 다소 위험할 수 있으나 그 외의 지역은 스쿠터나 전기 자전거를 타고 돌아보기에 좋다. 구석구석 다니는 여행을 선호하는 여행자에게 안성맞춤. 숙소에 문의하거나 스쿠터 대여점이 많이 자리한 컨띵루에서 쉽게 대여할 수 있다. 스쿠터 대여료는 스쿠터의 종류에 따라 다소 차이가 있지만, 전동스쿠터의 경우 1일 NT$800, 6시간에 NT$600 정도며, 따로 면허가 필요 없이 여권만 있으면 대여할 수 있다. 참고로 전동스쿠터는 중국어로 '띠엔뚱처電動車'라고 한다. 단, 안전 운전은 필수임을 꼭 기억하자.

컨띵을 둘러보는
네 가지 방법

컨띵에 오래 머무를 계획이라면 어떤 방법으로 돌아보든 상관없지만, 대부분 여행자가 당일이나 1박 2일, 길어야 2박 3일 정도 머물기에 동선을 잘 짜는 것이 관건이다. 제한된 시간 내에 컨띵을 좀 더 꼼꼼하게 돌아볼 수 있는 스마트한 방법 두 가지를 소개한다.

🚩 타이완 꽌빠 台灣觀巴 Taiwan Tour Bus

타이완 관광청에서 운영하는 투어 버스. 컨띵을 돌아볼 수 있는 가장 가성비 좋은 방법이다. 어디를 갈지 고민할 필요 없이 컨띵의 관광명소를 동선에 맞춰 안내해준다. 출발 장소가 따로 정해져 있지 않고 묵고 있는 숙소로 직접 픽업하러 와주니 편리하다. 사전에 인터넷으로 직접 예약하거나 여행안내센터游客中心에 예약을 부탁하면 된다. 기본 투어 외에도 온천 투어, 해양 스포츠 투어 등 다양한 프로그램도 있으므로 취향대로 선택할 수 있다. 일반적으로 까오슝에서 아침에 출발하여 오후 투어에 참여하고, 다음 날 아침 오전 투어를 하고 난 뒤 오후에 까오슝으로 돌아가는 1박 2일 일정이 가장 무난하다.

TEL 08 8882 900
WEB taiwantourbus.com.tw

타이완 꽌빠 투어 코스

■ 오전 투어
헝춘반도恒春半島의 동쪽 해안을 도는
반나절 코스 恒春半島東海岸線半日遊
HOUR 08:00~12:00
PRICE NT$700(1인 기준, 어린비 공원 입장료 포함)
STOP 룽판 공원龍磐公園, 샤다오砂島,
어린비 공원鵝鑾鼻公園,
찬판스船帆石 등

■ 오후 투어
헝춘반도의 서쪽 해안을 도는
반나절 코스 恒春半島西海岸線半日遊
HOUR 13:30~18:00
PRICE NT$1000(1인 기준, 해양박물관·마오비터우 입장료 포함)
STOP 해양박물관海生館,
마오비터우貓鼻頭, 꽌산關山 등

■ 1일 투어
헝춘반도의 동서쪽 해안을 모두 도는
1일 코스 恒春半島全島旅遊線一日遊
HOUR 08:00~18:00
PRICE NT$2000(1인 기준, 어린비 공원·해양박물관·마오비터우·꽌산 입장료 및 점심식사 포함)
STOP 룽판 공원, 어린비 공원, 찬판스, 해양박물관, 마오비터우, 꽌산 등

🚩 택시 투어

아이가 있는 가족 단위 여행자나 일행이 3~4명 정도인 경우에는 택시 투어를 이용하는 것도 하나의 방법이다. 컨띵의 택시 투어는 아예 까오슝에서부터 택시를 대절하거나 컨띵에 도착해 택시 투어를 이용하는 경우 두 가지로 나뉜다. 까오슝에서 출발하는 택시 투어는 하루 평균 NT$5000~7000이며, 컨띵에서 대절하면 반나절(4시간)에 NT$2500~3000, 하루(8시간)에 NT$3500~4500선이다. 가격은 시기별로 약간의 차이가 있으며, 예약은 여행 액티비티 앱을 이용하거나 숙소에 문의하는 게 가장 편리한 방법. 단, 보험 가입 여부 등 안전 관련 조항을 꼼꼼하게 확인해 선택하는 것을 잊지 말자.

🚩 렌터카

2022년 이후 우리나라 여행자도 타이완에서 렌터카를 이용할 수 있게 되었다. 컨띵은 외국인 여행자가 렌터카로 둘러보기에 좋은 여행지 중 하나로 꼽힌다. 까오슝에서 렌터카를 픽업하여 1박 2일 정도 이용하는 게 가장 일반적이며, 비용은 소형 승용차 기준으로 NT$4000~ 5500 정도다. 주중과 주말, 성수기와 비수기, 차량의 종류, 보험 적용 범위 등에 따라 가격이 천차만별이므로 꼼꼼하게 비교해보고 선택하자. 렌터카 이용에 대한 자세한 정보는 144p 참고.

🚩 여유롭게 천천히

만약 여유로운 일정을 좋아해서 모든 스폿을 다 가기보다는 취향에 맞는 몇 군데만 둘러보고 싶다면 굳이 투어를 이용할 필요는 없다. 매번 이동할 때마다 우버를 불러도 충분하다. 참고로 컨띵 어디에서나 우버가 잘 잡히는 편이다.

타이완 최남단의 등대

어란비 공원

鵝鑾鼻公園(아란비공원, 어란비꿍위엔) Cape Eluanbi

타이완을 대표하는 관광명소 중 하나로, 공원 안에 타이완 최남단의 등대인 어란비鵝鑾鼻 등대가 있다. 1883년 처음 지어진 어란비 등대는 청일전쟁과 제2차 세계대전을 거치면서 여러 차례 파괴와 재건을 반복했다. 지금의 등대는 제2차 세계대전 이후 다시 세워진 것으로, 높이가 21.1m이다. 그리 크진 않지만, 새하얀 등대가 초록빛 공원과 잘 어우러진다. 공원에는 해안 산책로도 잘 조성되어 있으므로 시간 여유가 있다면 해안 산책로를 천천히 거닐어보는 것도 좋겠다. 눈으로 보이진 않지만, 바다 건너로 멀리 필리핀과 마주하고 있다. **MAP ㉕**

GOOGLE MAPS eluanbi park
ADD 屏東縣恒春鎮鵝鑾里鵝鑾路(어란루) 301號
PRICE NT$60
OPEN 공원 4~10월 06:30~18:30, 11~3월 07:00~17:30
등대 4~10월 09:00~18:00, 11~3월 09:00~17:00, 월요일 휴무
BUS 컨띵 지에처墾丁街車를 타고 어란비鵝鑾鼻 정류장에서 하차 후 도보 3분. 또는 타이완 꽌빠台灣觀巴 오전 투어 이용

Spot 타이완 최남단에 자리 잡은 카페
난지아 카페이찬관
南岬咖啡餐館(남갑가배찬관)
South Cape Café Brunch

어롼비 공원 입구에 위치한 작은 카페. 빨간색 외관이 멀리서부터 한눈에 들어온다. 그늘도 거의 없고 쉴 곳이 마땅치 않은 어롼비에서 잠시 쉬었다 가기에 더없이 좋은 곳이다. 오랜 시간 그 자리를 지키고 있는 카페라서 세련되진 않아도 따뜻하고 정겨운 느낌이다. 음료 외에 간단한 브런치 메뉴도 다양한 편이다. 특히 브런치를 주문하면 타이완 지도 모양으로 된 접시에 플레이팅 해주기 때문에 인증샷을 찍기에도 예쁘다. 참고로 NT$100의 최소 주문 금액 기준이 있으며 현금 결제만 가능하다.

GOOGLE MAPS south cape cafe brunch taiwan
ADD 恆春鎮燈塔路(명딜루)185 1號
OPEN 09:00~17:00
WEB southcafe.uukt.com.tw
WALK 어롼비 공원 입구

2

긴띵에서 가장 아름다운 해변
샤다오
砂島(사도)

샤다오는 컨띵의 많은 해변 중에서도 가장 아름다운 곳으로 손꼽히는 곳이다. 무려 40km에 달하는 긴 백사장에 눈부신 하얀 모래가 끝도 없이 이어진다. 알고 보면 샤다오의 모래는 보통 모래가 아니라 순도 98%, 즉 탄산칼슘이 무려 98% 가까이 함유된 세계적으로 희귀한 천연자원이다. 하지만 관광객이나 밀수꾼들이 모래를 몰래 담아가는 사태가 끊이지 않는 바람에 결국 모래를 보호하는 차원에서 해변의 출입을 통제하기에 이르렀다. 현재는 유리문 바깥에서 멀찌감치 볼 수 있으며, 대신 입구에 있는 전시관에서 모래를 직접 만져볼 수는 있다. **MAP** ㉕

GOOGLE MAPS WR7X+62 헝춘
ADD 屏東縣恒春鎮鵝鑾里砂島路(샤다오루)224號
PRICE 무료
OPEN 08:00~17:00
BUS 타이완 꽌빠台灣觀巴 오전 투어 이용. 또는 택시 투어를 이용한다.

3

바다색에 먼저 반할지도 몰라

촨판스

船帆石(선범석) Sail Rock

4

별이 쏟아지는 밤

롱판 공원

龍磐公園(용반공원, 롱판꽁위엔)

사람의 옆모습을 한 거대한 바위가 바다 한가운데 불쑥 솟아있다. 바위의 이름은 촨판스. 마치 범선의 돛 모양 같이 생겼다고 하여 붙여진 이름이다. 이 바위는 바다가 융기하면서 수면 위로 올라왔으며, 높이가 50m에 이를 정도로 거대한 크기를 자랑한다. 하지만 이곳에 와서 바위만 보고 뒤돌아서기에는 바다 색깔이 매우 곱고 예쁘다. 비록 해수욕은 할 수 없지만, 눈부시게 맑은 바다를 옆에 두고 잠시나마 느긋하게 산책을 즐기고 싶어진다. MAP ㉓

GOOGLE MAPS WRJF+FG 헝춘
ADD 屏東縣恒春鎮船帆路(촨판루)600號
BUS 타이완 관빠台灣觀巴 오전 투어 이용. 또는 택시 투어를 이용한다.

어란비 공원에서 조금 떨어진 곳에 위치한 해안 공원. 공원 입구에 들어서면 나도 모르게 감탄사가 터져 나올 만큼 아름다운 풍경을 자랑한다. 독특한 모양의 석회암과 깎아지른 듯한 절벽, 그리고 하늘과 맞닿은 짙푸른 에메랄드빛 바다에 무덤덤하기란 결코 쉽지 않다. 굉장히 뻔한 표현이지만, 한 폭의 그림 같다는 말밖에는 할 수 없을 만큼 눈부신 풍경이다. 밤이면 쏟아질 듯한 많은 별을 감상할 수 있는 곳으로 특히 유명하다. MAP ㉓

GOOGLE MAPS longpan park parking
ADD 屏東縣恒春鎮龍磐公園(롱판꽁위엔)
BUS 타이완 관빠台灣觀巴 오전 투어 이용. 또는 택시 투어를 이용한다.

: MORE :
컨띵의 숙소

휴양지의 성격이 강한 컨띵은 기본적으로 다른 도시에 비해 숙소 가격이 비싼 편이며, 시기별로 가격 차이도 꽤 난다. 대체로 4~10월이 더 비싸고, 11~3월은 조금 저렴한 편. 대중교통을 이용할 경우 메인 스트리트인 컨띵루墾丁路 주변에 있는 호텔에서 묵는 걸 추천한다. 컨띵에서는 아주 럭셔리한 리조트나 저렴한 B&B가 주를 이루며, 중급 수준의 호텔은 상대적으로 적은 편이라 숙소를 정하기가 쉽지 않다. 호텔 예약사이트를 이용하는 게 가장 편리한 방법이다.

5

바닷가 기암괴석의 향연

지알러수이
佳樂水(가락수)

태평양의 강한 바람과 침식작용으로 만들어진 해안가의 바위들을 둘러볼 수 있는 공원. 데미파크외 코끼리 버스 같은 작은 유람차를 타고 편도 약 2.5km의 해안을 감상하는 곳이다. 소요 시간은 왕복 약 30분. 누워있는 돼지, 타이완 지도, 개구리, 달팽이 등 저마다 재미있는 별명을 가진 바위들이 끊임없이 이어진다. 유람차 기사가 가는 내내 가이드처럼 각각의 바위에 대해 소개해준다. 단, 설명은 중국어로만 진행된다. **MAP ㉕**

GOOGLE MAPS jialeshuei scenic garden
ADD 屏東縣滿州鄉滿州村中山路(쭝산루)43號
OPEN 08:00~17:30
PRICE NT$80
BUS 컨딩 지에처墾丁街車를 타고 지알러수이佳樂水에서 하차. 또는 택시 투어를 이용한다.

Spot 조금 특별하고 기분 좋은 추억

롱판찬인
龍磐餐飲(용반찬음)

인적이 드문 도로변에 위치한 허름한 음식점. 하지만 날이 어둑어둑해지면 어디선가 손님들이 하나둘씩 모여들어 금세 빈자리 하나 없이 가득 친다. 롱판 공원에서 차로 3분 거리에 있는 이곳은 타이완 전통 요리 전문점으로, 모든 음식에 향이 거의 없어서 우리나라 사람들 누구나 호불호 없이 맛있게 먹을 수 있다. 특히 이곳의 스무디는 생과일을 그대로 갈아서 만든 진한 맛으로 인기가 높다. 가격대도 합리적이라 더욱 반갑다. 밤이 되면 인적 드문 도로에 이곳만 환히 빛나는 불빛을 보면서 괜히 마음이 따뜻해진다.

GOOGLE MAPS WV93+2C 헝춘 진
ADD 恆春鎮坑內路(캉내일루)13號
OPEN 11:30~14:30, 17:00~20:00, 화·수요일 휴무
CAR 롱판 공원에서 차로 3분

6

컨띵의 가장 번화한 중심가

컨띵 따지에
墾丁大街(간정대가)

컨띵의 메인 스트리트인 컨띵루墾丁路에서도 가장 번화한 거리. 에이미스 쿠치나 Amy's Cucina, 우스푸 루웨이吳師傅魯味 등 여행자들에게 잘 알려진 레스토랑과 함께 각종 기념품 상점, 물놀이 용품 매장, 카페 등이 모두 모여 있다. 까오슝에서 오는 컨띵 콰이시엔墾丁快線 버스의 정차지이자 숙소 대부분이 다 이 근처에 모여 있어 명실상부 컨띵의 중심이라고 할 수 있다.

밤이 되면 컨띵 따지에는 새로운 옷으로 갈아입는다. 바로 야시장이 시작되는 것. 밤마다 거리 전체가 거대한 야시장으로 변신하는 컨띵 따지에는 타이베이의 스린 야시장이 부럽지 않을 만큼 어마어마한 규모를 자랑한다. 거리를 걷는 것만으로도 마음이 들뜨고 콧노래가 절로 나올 정도니 컨띵 따지에의 매력은 밤을 새워 이야기해도 끝이 없을 듯하다. **MAP ㉕**

GOOGLE MAPS 컨딩 야시장
BUS 까오슝에서 컨띵 콰이시엔墾丁快線을 타고 컨띵墾丁 또는 컨띵 파이러우墾丁牌樓에서 하차

7

작지만 사랑스러운 해변

샤오완 비치
小灣(소만) Little Bay

GOOGLE MAPS WRR3+GX 헝춘
ADD 屏東縣恒春鎮墾丁路(컨띵루)6號
BUS 까오슝에서 컨띵 콰이시엔墾丁快線을 타고 샤오완 小灣에서 하차
WALK 컨띵 따지에墾丁大街에서 도보 15분. 시저 파크 호텔Caesar Park Kenting 바로 건너편

컨띵 따지에에서 가장 가까운 해변으로, 컨띵 중심지에서 도보 15분 정도면 도착한다. 시저 파크 호텔Caesar Park Kenting 바로 건너편이라 마치 호텔의 전용 해변처럼 느껴질 정도. 해변의 규모는 그리 크지 않지만, 가볍게 산책을 즐기거나 해수욕을 하기에는 불편함이 없다. 해변 한쪽에는 시저 파크 호텔에서 운영하는 노천카페가 있어서 늦은 시간까지 로맨틱한 해안가의 밤을 만끽할 수 있다. **MAP ㉕**

8

타이완의 남쪽 끝
마오비터우
貓鼻頭(묘비두) Maobitou Park

헝춘반도 서남쪽 끄트머리에 위치한 곳으로, 어롼비 등대와 더불어 타이완의 남쪽 끝 지점에 해당한다. 바다의 풍화 작용으로 바위들이 독특한 지형을 이루고 있는데, 그중에서도 산호초 바위의 모습이 마치 고양이가 웅크리고 있는 것 같다고 하여 '마오비터우貓鼻頭'란 이름이 붙었다. 바위들의 모습도 신기하지만, 이를 보기 위해 해안을 따라 만들어 놓은 구불구불 산책길도 더없이 매력적이다. **MAP ㉔**

GOOGLE MAPS maobitou park
ADD 屛東縣恒春鎭貓鼻頭公園(마오비터우꽁위엔)
PRICE NT$30
OPEN 08:00~17:30
BUS 컨딩 지에처墾丁街車를 타고 마오비터우貓鼻頭에서 하차.
또는 타이완 꽌빠台灣觀巴 오후 투어 이용

9

영화 '라이프 오브 파이'의 촬영지
바이샤완 비치
白沙灣(백사만) White Sand Bay

헝춘반도의 서쪽에 있는 해수욕장. 컨딩에서 인기가 높은 해변 중 하나로 꼽히며, 특히 노을이 아름답기로 이름난 곳이다. 우리에겐 영화 '라이프 오브 파이'의 촬영지로 많이 알려져 있다. 기암괴석과 부드러운 모래, 에메랄드빛 바다, 그리고 아름다운 노을까지 그야말로 모든 걸 다 갖춘 해변이라고 할 수 있다. 여름에는 해수욕도 즐길 수 있어 더욱 반갑다. 단, 유명한 만큼 관광객도 많은 편이라 시간대에 따라서는 다소 시끌벅적하고 복잡한 해수욕장을 만나게 될 수도 있다. **MAP ㉓**

GOOGLE MAPS kenting baishawan
ADD 屛東縣恒春鎭水泉里白砂路
BUS 컨딩 지에처墾丁街車를 타고 바이샤白沙에서 하차. 또는 택시 투어 이용

10

먹먹하게 아름다운 일몰
꽌샨
關山(관산)

'산'이라고 하면 힘들게 정상을 향해 올라가야 할 것 같지만, 꽌샨은 다르다. 등산할 필요 없이 그냥 차로 이동하면 된다. 게다가 정상에서는 여기가 산이 맞나, 바닷가 도시가 맞나 싶을 만큼 광활하고 푸른 초원이 펼쳐진다. 사실 이곳을 찾는 사람 대부분은 등산이 목적이 아니라 일몰을 보기 위해 산에 오른다. 꽌샨에서 보는 일몰이 컨딩에서 가장 아름답다고 모두가 입을 모을 정도. 타이완 꽌빠의 오후 투어 버스를 타면 가이드가 시간에 맞춰 데려다주기 때문에 일몰을 놓칠까 염려할 필요는 없다. **MAP ㉕**

GOOGLE MAPS XP89+HF 헝춘진
ADD 屛東縣恒春鎭水泉里樹林路(수린루)
BUS 타이완 꽌빠台灣觀巴 오후 투어를 이용하여 꽌샨關山에서 하차

거대한 아쿠아리움

국립해양생물박물관

國立海洋生物博物館(구월리 하이양 성우 보어우관) National Museum of Marine Biology & Aquarium

GOOGLE MAPS 2MWX+CH 핑동
ADD 屏東縣車城鄉後灣村後灣路(허우완루)2號
PRICE NT$450
OPEN 09:00~17:30
(7·8월 평일 09:00~18:00,
7·8월 주말 08:00~18:00)
WEB www.nmmba.gov.tw
BUS 컨띵 지에처墾丁街車를 타고 하이성관海生館에서 니리면 바로 보인다. 또는 타이완 꽌빠台灣觀巴 오후 투어 이용

컨띵이 자랑하는 관광명소 중 하나로, 중국어로는 줄여서 '하이성관海生館'이라고 불린다. 하이성관이 자랑하는 가장 큰 볼거리는 바로 아시아에서 가장 긴 해저터널. 그 터널을 지나면 무려 폭 16m, 높이 4m의 수족관이 기다리고 있다. 우리나라의 아쿠아리움보다 관람객이 적은 편이라 여유롭게 둘러볼 수 있다. 어린이를 동반한 가족 단위 여행자에게는 더할 나위 없이 즐겁고 반가운 관광명소다. **MAP** ㉔

컨띵과는 또 다른 느낌, 헝춘의 명소

아지아의 집

阿嘉的家(아가적가, 아지아 더 지아)

타이완 영화 '하이쟈오 7번지海角七號'의 촬영지인 이 곳은 영화 주인공인 아지아阿嘉가 살던 집이다. 현재 사람이 거주하진 않고 영화의 기념관으로 운영되고 있다. 내부를 둘러보려면 입장료를 내야 하지만, 이 영화를 특히 좋아하는 사람이 아니라면 굳이 들어갈 필요는 없다. 안에는 영화의 스틸컷이나 소품, 자료 등이 전시되어 있다. 거창한 볼거리는 없지만 근처 골목도 아기자기하고, 특히 도보 3분 거리에 헝춘 고성恒春古城의 남문이 있으므로 함께 묶어서 둘러보기에 좋다. MAP ㉓

GOOGLE MAPS 헝춘 아가의집
ADD 屏東縣恒春鎮光明路(꽝밍루)90號
OPEN 09:00~18:00
PRICE NT$50, 1층은 무료
BUS 컨띵에서 택시로 15분 또는 헝춘 버스터미널恒春站에서 도보 3분

+ **Writer's Pick** +

컨띵에서 헝춘은 어떻게 갈까?

헝춘恒春은 컨띵 근처에 위치한 소도시로, 타이완의 옛 모습을 많이 보존하고 있는 곳 중 하나다. 영화 '하이쟈오 7번지'의 촬영지로 유명해졌으며, 지금은 컨띵을 찾는 여행자들이 잠깐씩 들르는 코스가 되었다. 컨띵에서 택시로 약 10분, 스쿠터로 약 20분 정도면 도착하기 때문에 시간 여유가 있다면 잠시 들러보자. 컨띵과는 또 다른, 소박하고 색다른 느낌의 소도시를 만나게 될 것이다.

GO EAST, WHERE
NATURE SHINE

눈부신 자연의 힘,
동부 타이완

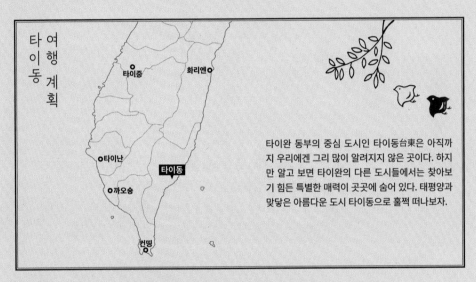

타이동 여행 계획

타이완 동부의 중심 도시인 타이동台東은 아직까지 우리에겐 그리 많이 알려지지 않은 곳이다. 하지만 알고 보면 타이완의 다른 도시들에서는 찾아보기 힘든 특별한 매력이 곳곳에 숨어 있다. 태평양과 맞닿은 아름다운 도시 타이동으로 훌쩍 떠나보자.

타이동 가는 법

타이완을 여러 차례 다녀온 여행자에게도 타이동은 낯설다. 가장 큰 이유는 낮은 접근성. 동북에서 서남으로 이어진 중앙산맥이 가로막고 있는 탓에 고속열차가 연결되지 못하고 오로지 일반기차만 운행한다. 사실 태평양과 맞닿은 타이완의 동부 해안은 눈부시게 아름다운데, 불편한 교통 탓에 꼭꼭 숨어있는 것이다. 비록 교통은 조금 불편해도 더 늦기 전에 타이동으로 한 번 떠나봄이 어떨까. 우리나라에서 타이동까지는 직항 노선이 없기 때문에 먼저 타이베이나 까오슝으로 간 다음, 기차나 비행기, 버스를 이용해야 한다.

타이베이 ──────────────→ **타이동**

- **일반기차 타이티에** 台鐵 가장 빠른 쯔창하오自强號를 기준으로 타이베이 기차역에서 타이동 훠처짠台東火車站까지 3시간 30분~6시간 소요된다. 요금은 약 NT$783. 운행 편수가 하루에 10회 정도뿐인 데다가 그나마 가장 빠른 3시간 30분 소요되는 기차는 하루 2~3회 운행이 전부이므로 빠른 이동이 쉽지 않다. 특히 타이동에서 타이베이로 가는 기차표는 구하기가 더 어려우므로 최대한 일찍 예매해놓는 게 안전하다.

- **항공** 타이베이 송산 공항에서 국내선을 이용하며, 40~50분 소요된다. 만다린 항공華信航空과 유니항공立榮航空이 매일 5~6편 운행하고 있으며, 요금은 NT$2000~2500 정도다. 기차와 비행기가 한화로 약 5만원 정도밖에 차이가 나지 않으므로 만약 빠른 기차편을 구하지 못했다면 비행기를 타는 게 더 나을 수도 있다.

: MORE :

국제선 티켓을 제시하면 국내선 수하물 무게 제한이 Up!

타이완 국내선 항공편은 전 항공사 모두 수하물 무게 제한이 10kg이다. 타이베이 등 다른 도시를 함께 둘러보는 일정이라면 다소 부족한 무게. 하지만 국제선 예약 티켓만 있으면 20kg으로 늘려 준다. 바로 이어지는 연결편 일정이 아니어도 괜찮다. 수하물 무게가 초과한다면 당황하지 말고 귀국하는 국제선 티켓을 제시하자.

| 까오슝 | ──────────→ | 타이동 |

타이완 남부 까오슝高雄에서 타이동까지는 기차나 버스로 이동한다.

■ **일반기차 타이티에 台鐵** 까오티에 주워잉짠高鐵左營站에서 타이동 훠처짠台東火車站까지 가장 빠른 쯔챵하오를 기준으로 2~3시간 소요되며, 요금은 약 NT$362.

■ **버스** 까오슝 기차역 앞에 있는 버스터미널에서 출발하는 구워꽝 커윈國光客運 1778번이 하루 4회 (03:00, 07:00, 12:30, 17:30) 타이동 좐윈짠台東轉運站까지 운행한다. 약 3시간 30분 소요. 요금은 NT$540.

타이동 시내가기

타이동은 워낙 작은 도시라 공항과 기차역 모두 시내와 그리 멀리 떨어져 있지 않다. 두 곳 모두 택시로 15~20분 정도면 시내 중심가에 도착할 수 있어서 매우 편리하다.

타이동 공항에서

타이동 공항인 타이동 항콩짠台東航空站 Taitung Airport은 시내에서 그리 멀리 떨어져 있지 않다. 버스로도 갈 수 있지만, 배차 간격이 다소 긴 편이므로 시간 절약을 위해 택시를 타는 것도 괜찮다. 택시로는 15분 정도 소요되며, 요금은 NT$200 전후. 버스를 탈 경우 시내 중심의 타이동 버스터미널台東轉運站까지 8128번을 타고 약 40분 소요되며, 요금은 NT$25.

GOOGLE MAPS 타이동공항
ADD 台東市民航路(민항루)1100號
WEB www.tta.gov.tw
MAP 26

타이동 기차역에서

타이동 기차역인 타이동 훠처짠台東火車站 Taitung Train Station
은 규모가 그리 크진 않지만, 이용하는 사람은 꽤 많은 편이다.
단, 도시 외곽에 있어 시내 중심에서 이동하려면 버스나 택시를
타야 한다. 거리가 멀지 않으므로 배차 간격이 긴 버스보다는 택
시를 타는 게 좀 더 효율적일 수 있다. 기차역에서 시내 중심까
지는 택시로 15~20분 소요되며, 요금은 NT$200~220.

GOOGLE MAPS taitung train station
ADD 台東市岩灣路(옌완루)101巷
598號
WEB www.railway.gov.tw/taitung
MAP ㉖

타이동 버스터미널에서

기차역이 여행의 기점이 되는 다른 도시와는 달리 타이동의
중심은 버스터미널인 타이동 환윈짠台東轉運站 Taitung Bus
Station이다. 시내버스는 물론이고 시외버스, 하오싱好行 버스
등 타이동을 오가는 모든 버스가 정차하는 곳이다. 타이동에서
가장 큰 쇼핑몰도 버스터미널 바로 앞에 있고, 대부분의 관광 명
소도 터미널에서 도보로 이동할 수 있다. 그러므로 어느 곳을 가
든 버스터미널에서 출발하는 게 가장 편리한 방법이다. 터미널
1층에는 여행안내센터遊客中心가 있다.

GOOGLE MAPS taitung bus station
ADD 鐵花路(티에화루)369號
OPEN 월~금 08:30~17:30, 토·일·공휴
일 08:00~18:00
CAR 타이동 공항 또는 기차역에서 택
시로 약 15분
MAP ㉗

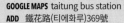

: MORE :

숙소는 버스터미널 근처에!

타이완을 여행할 때 숙소는 그 도시의 기차역 부근에 구할 때가 많다. 하지만 타이동은 다르다. 기
차역이 도시 외곽에 있어 시내로 이동하기에 불편하고 주위에도 편의시설이 거의 없다. 그러므로
동선을 고려한다면 버스터미널 근처에 숙소를 구하는 게 가장 좋다.

타이동 시내 교통

타이동 시내에서는 일부 명소를 제외하고는 대부분 걸어서 이동할 수 있다. 하지만 동부 해안선을 비롯하여 시내와 조금 떨어진 스폿을 방문할 때는 버스나 택시를 이용해야 한다. 그러므로 시내 교통에 대한 기본적인 정보를 잘 알아두면 편리하다.

주요 관광 명소를 잇는 마을버스, 푸여우마 꽁처 普悠瑪 公車

시내 주요 명소를 연결하는 작은 마을버스. 버스터미널에서 출발해 티에화촌鐵花村, 하이삔 공원海濱公園, 타이동 삼림공원台東森林公園, 타이동 야시장台東夜市 등을 돈다. 단, 운행 간격이 약 40분이므로 미리 시간표를 확인하는 것이 안전하다. 시간표는 타이동 버스터미널 내의 여행안내센터에서 얻을 수 있다. 요금은 NT$25.

사실 대부분 명소는 타이동 버스터미널에서 도보 30분 이내이므로 웬만하면 그냥 걸어 다녀도 된다. 푸여우마 꽁처 외에도 몇 개 노선의 시내버스가 다니지만, 여행자들이 이용할 일은 거의 없다.

WEB www.kbus.com.tw

동부 해안선 투어에 안성맞춤, 하오싱 好行 버스

타이완 교통부 관광국에서 운영하는 투어 버스인 하오싱 버스는 타이완 전역을 50여 개의 노선으로 나눠 운행한다. 타이동에 개통된 하오싱 버스는 동부 해안선 코스와 세계 열기구 축제가 열리는 루이예 까오타이鹿野高台 코스 2개 노선이 있다. 매일 2회 운영하며, 타이동 버스터미널에서 출발한다. 타이동 근교를 둘러보는 가장 편리하고 효율적인 방법의 하나로, 자세한 내용은 612p 참고.

TEL 0800 011765
WEB www.taiwantrip.com.tw

공항이나 기차역까지 괜찮은 선택, 택시

기차역이나 공항을 오갈 때 말고는 타이동에서 택시를 탈 일은 거의 없다. 버스터미널 앞을 제외하고는 시내에서 택시를 찾아보기도 쉽지 않은 일. 그러므로 택시를 타야 한다면 타이동 버스터미널 앞으로 가거나 숙소, 음식점에 콜택시를 불러달라고 부탁해야 한다. 첫 1km까지는 NT$100, 230m 추가될 때마다 NT$5씩 붙고, 시간 거리 병산제를 적용한다. 야간에는 할증 요금이 있다.

: MORE :
타이동 열기구 축제

하오싱 버스 루이예 까오타이鹿野高台 노선을 타면 매년 6월 말~8월 초, 타이동 근교의 초원인 루이예 까오타이에서 열리는 열기구 축제台灣國際熱氣球嘉年華(타이완 구워지 러치치우 지아니엔화)를 즐길 수 있다. 이 열기구 축제는 세계적으로도 유명해 매년 여름이면 축제를 즐기기 위해 세계 각국의 사람들이 모인다. 여러 나라에서 모인 열기구가 온 하늘을 뒤덮는 이색 풍경은 보는 이들에게 벅찬 감동을 안겨줄 듯.

©balloontaiwan.taitung.gov.tw

타이동
시내

타이동 기차역
(타이동 훠처짠)
台東火車站

馬亨亨大道

四維路三段　四維路二段

四維路一段

루쓰후
鷺鷥湖
Egret Lake

타이동 삼림공원
台東森林公園
Taitung Forest Park **6**

타이동 공항
(타이동 항콩짠)
台東航空站

開封街　　開封街　　強國街

四維路二段

博愛路

強國街

타이동
삼림공원
입구

馬亨亨大道

正氣路

新生路

博愛路

四維路一段

中華路一段

四維路一段

中正路

Liyushan Park
鯉魚山公園

正氣路

博愛路

平等街

까르푸
Carrefour
家樂福

타이동 야시장
(정칠루)
台東夜市(正氣路) **4**

롱수샤 미타이무
榕樹下米苔目

中華路二段

타이동 야시장
(쓰웨일루)
台東夜市(四維路) **4**

四維路一段

티에화촌
鐵花村
Tiehua Music Village **1**

철도예술촌
鐵道藝術村
Railway Art Village **2**

천지아 마수
陳家麻糬
Chen's mochi

라오동타이
미타이무
老東台米苔目

양지지아 띠꽈수
楊記家傳地瓜酥

中正路

中正路

11

쇼타임 플라자
Showtime Plaza 秀泰廣場 **3**

平等街　正氣路

大同路

中華路一段

타이동 버스터미널
(타이동 쫜윈짠)
台東轉運站

新生路

新生路

大同路

하이삔 공원
海濱公園
Seashore Park **5**

11

正氣路

0　　200m

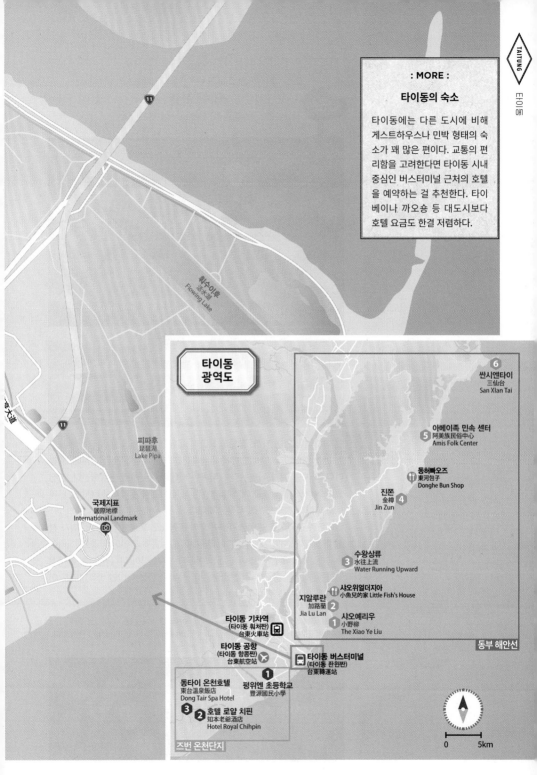

: MORE :

타이동의 숙소

타이동에는 다른 도시에 비해 게스트하우스나 민박 형태의 숙소가 꽤 많은 편이다. 교통의 편리함을 고려한다면 타이동 시내 중심인 버스터미널 근처의 호텔을 예약하는 걸 추천한다. 타이베이나 까오슝 등 대도시보다 호텔 요금도 한결 저렴하다.

타이동 광역도

원수이후
湧水湖
Flowing Lake

6 싼시엔타이
三仙台
San Xian Tai

5 아베이족 민속 센터
阿美族民俗中心
Amis Folk Center

동허빠오즈
東河包子
Donghe Bun Shop

진쭌
金樽 **4**
Jin Zun

3 수왕상류
水往上流
Water Running Upward

샤오위얼더지아
小魚兒的家 Little Fish's House

지알루란 **2**
加路蘭
Jia Lu Lan

1 샤오예리우
小野柳
The Xiao Ye Liu

피파후
琵琶湖
Lake Pipa

국제지표
國際地標
International Landmark

동부 해안선

타이동 기차역
(타이동 훠처짠)
台東火車站

타이동 공항
(타이동 항콩짠)
台東航空站

1 타이동 버스터미널
(타이동 환윈짠)
台東轉運站

동타이 온천호텔
東台溫泉飯店
Dong Tair Spa Hotel

평위엔 초등학교
豐源國民小學

3
2 호텔 로얄 치핀
知本老爺酒店
Hotel Royal Chihpin

즈번 온천단지

0   5km

#Walk

타이동 시내

걷는 것만으로도 좋아

타이동 시내는 한가롭다.
어디를 가도 번잡하거나
시끄러운 곳은 없다. 사람이
많이 모이는 야시장에 가도
다른 대도시처럼 왁자지껄
인파에 치이지 않고 딱
적당하게 흥겹고 즐겁다.
여유롭게 산책을 즐기기
좋은 고즈넉한 분위기야말로
타이동의 가장 큰 매력이다.

①

밤의 낭만이 반짝반짝 빛나는 예술거리

티에화촌

鐵花村(철화촌) Tiehua Music Village

옛 기차역이 있던 자리, 철도국 창고에 세워진 이곳의 낮은 황량하게 느껴
질 만큼 조용하다. 옛 철길에서 기념사진을 찍는 사람들만 간혹 눈에 띌 뿐
이다. 하지만 해가 뉘엿뉘엿 넘어가면 티에화촌은 부쩍 분주해진다. 상점
들이 하나둘 문을 열고 거리에 매월린 등불에도 불이 켜지기 시작한다. 비
로소 티에화촌의 시간이 시작된 것이다.

티에화촌은 타이동의 예술가들이 모여 공동으로 조성한 음악 마을이자 상
설 마켓이다. 매일 저녁 작은 야외무대에서는 음악 공연이 열리고, 거리에
는 작은 등불이 끝도 없이 길게 이어진다. 그저 걸어 다니기만 해도 마치
동화 속 세상에 온 것처럼 신비로운 이곳. 저녁 등불 하나만 바라보아도 이
곳에 올 이유는 충분하다. **MAP ㉗**

GOOGLE MAPS tiehua music village
ADD 新生路(신생루)135巷26號

OPEN 17:00~22:00, 월·화요일 휴무
WALK 타이동 버스터미널 바로 옆에 있다.

2

낡은 기차역의 드라마틱한 변신

철도예술촌

鐵道藝術村(티에따오 이수촌) Railway Art Village

옛 기차역을 리노베이션해 조성한 작은 예술 단지. 2001년 타이동 기차역이 도시 외곽으로 이전한 뒤, 타이동 정부에서는 버스터미널 옆에 있던 옛 기차역을 허물지 않고 건물을 그대로 보존하여 '철도예술촌'이라는 이름의 감성적인 공간을 만들었다. 이곳은 현재 디자이너들의 작업실과 창고, 그리고 각종 크고 작은 전시 공간으로 사용되고 있다. 옛 철길도 그대로 남아있고 역명이 새겨진 옛 표지판도 그대로여서 기념사진을 찍기에도 더없이 좋다. 티에화촌과 연결돼 있으므로 함께 둘러보는 것도 좋다. MAP ㉗

GOOGLE MAPS 철도예술촌
ADD 鐵花路(티에화루)371號
OPEN 24시간
WEB www.ttrav.org
WALK 타이동 버스터미널 바로 옆에 있다.

3

타이동에서 가장 현대적인 쇼핑몰

쇼타임 플라자

秀泰廣場(수태광장, 시우타이 광창) Showtime Plaza

2013년에 문을 연, 타이동의 유일한 현대식 쇼핑몰. 복합 영화 상영관을 비롯해 비교적 규모가 큰 유니클로와 나이키 매장이 입점해 있고, 2층에는 3~4개의 음식점도 있다. 깔끔하고 쾌적한 곳에서 식사를 하고 싶다면 이곳도 좋은 선택. 여름 더위를 피해 잠시 시원한 에어컨 바람을 쐬고 싶을 때 쉬었다 가기에도 딱 좋다. **MAP** ㉗

GOOGLE MAPS Q42X+W4 타이동
ADD 新生路(신성루)93號
OPEN 11:00~22:00(식당은 14:30~17:30 브레이크 타임)
WALK 타이동 버스터미널 바로 건너편에 있다.

4

작지만 와자지껄 즐거운 야시장

타이동 야시장

台東夜市(대동야시, 타이동 이예스)

타이동의 야시장은 요일에 따라 두 장소로 나눠서 열린다. 목~토요일에는 쩡칠루正氣路에서, 일요일에는 쓰웨일루四維路에서 각각 문을 여는 것. 두 곳 중 규모가 더 큰 쩡칠루 야시장은 낮에 각종 채소와 과일을 판매하는 상점이 모여 있어서 정식 명칭보다는 '과일 거리'라는 뜻의 '수이궈지에水果街'라는 이름으로 더 많이 불린다.

다른 대도시에 비하면 야시장의 규모가 작은 편이긴 하지만, 흔히 볼 수 있는 야시장의 메뉴 대부분을 다 만날 수 있다. 무엇보다 음식의 가격이 워낙 착해 이곳에서 저녁을 해결해도 괜찮겠다. 쩡칠루 야시장은 타이동의 최고급 호텔인 쉐라톤 호텔 바로 앞에 위치한 덕분에 외국인 여행자들이 많이 찾는다. **MAP** ㉗

■ **쩡칠루 正氣路 야시장**
GOOGLE MAPS 타이동 야시장
ADD 正氣路(쩡칠루)
OPEN 목~토 17:00~23:00
WALK 티에화촌鐵花村에서 도보 5분
MAP 602p

■ **쓰웨일루 四維路 야시장**
GOOGLE MAPS siwei night market
ADD 四維路(쓰웨일루)一段464號
OPEN 일 18:00~24:00
WALK 타이동 버스터미널에서 도보 15분
MAP 602p

5

일몰이 아름다운 바닷가 공원

하이삔 공원

海濱公園(해빈공원, 하이삔꽁위엔) Seashore Park

타이동 삼림공원과 이어져 있는 해안공원. 가슴이 탁 트이는 광활한 바다가 한눈에 들어오는 아름다운 공원이다. 특히 일몰이 아름답기로 소문난 곳이라서 늦은 오후에 가서 일몰까지 보고 오면 딱 좋다. 해안을 따라 각종 노점이 이어져 있어서 간단한 간식을 즐기기에도 좋다. 여행자는 물론 현지인에게도 사랑받는 핫 플레이스라 늘 사람들이 많은 편. 바다를 바라보고 왼쪽 끝, 삼림공원과 이어진 쪽에는 하이삔 공원의 트레이드마크인 빨간색 액자 조형물과 국제지표가 있으니 놓치지 말자. 자전거를 타고 삼림공원과 하이삔 공원을 함께 둘러보는 게 가장 좋은 코스다. MAP ㉗

GOOGLE MAPS haibin park
ADD 大同路(따통루)의 끝
OPEN 24시간
WEB www.taitungcity.gov.tw
WALK 타이동 버스터미널에서 도보 20분

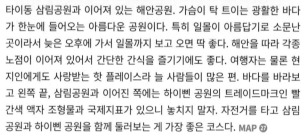

✦ Writer's Pick ✦

거대한 지구본, 국제지표

國際地標(구어지 띠뱌오)
International Landmark

하이삔 공원의 트레이드마크이자 포토 스폿인 국제지표國際地標는 언뜻 거대한 지구본처럼 생겼다. 이는 타이동의 역사, 인문, 자연을 상징하는 조형물로, 여러 부족이 융합하여 거대한 힘을 발휘하는 타이동의 생명력을 구현한 작품이다. 밤이 되면 이 원형 조형물에 불이 켜져 신비로운 야경을 만날 수 있다. 낮과 밤 모두 독특한 아름다움을 지닌 조형물이니 놓치지 말자.

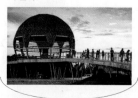

자전거를 타고 달리는 숲속 공원

타이동 삼림공원

台東森林公園(대동삼림공원, 타이동 썬린꽁위엔) Taitung Forest Park

GOOGLE MAPS 타이동 삼림공원
ADD 華泰路(화타이루)300號
OPEN 07:30~19:30
PRICE NT$30
WALK 타이동 버스터미널에서 도보 20분

동네 공원이 이렇게 울창할 수 있다는 게 놀라울 만큼 거대한 규모의 도심 공원. 초록빛 숲길은 물론이고 각각 루쓰후鷺鷥湖, 휘수이후活水湖, 피파후琵琶湖라는 이름을 지닌 호수가 3개나 있다. 그중에서도 피파후의 정경은 그림처럼 아름답기로 유명하다. 입구에서 피파후까지 이어지는 길은 삼림공원의 하이라이트 코스. 공원의 규모가 워낙 기대하여 다 돌아보려면 자전거는 필수다. 날씨 좋을 때 자전거를 타고 공원을 다니면 그야말로 힐링 코스. 바로 옆 하이삔 공원과 이어져 있어서 자전거로 한꺼번에 둘러보는 것도 좋겠다. 자전거는 공원 입구에 대여소가 있어서 손쉽게 빌릴 수 있다. 대여료는 3시간에 NT$100 정도다. **MAP ㉗**

타이둥
더 깊게 알아보기!

분명히 같은 타이완인데, 왠지 느낌이 좀 다르다. 우리에겐 다소 생경하게 다가오는 타이둥에 대해 좀 더 깊이 알아보자.
타이둥은 어떤 도시일까?

Step 1. 원주민의 도시, 타이둥

타이둥은 타이완에서 원주민의 비율이 가장 높은 도시다. 전체 인구의 30% 이상이 원주민이며, 중앙산맥이 가로막고 있는 지리적 불편함 때문에 개발이 늦어져 상대적으로 원주민 문화가 가장 잘 보존된 지역이기도 하다. 현재도 5개의 원주민 부족이 살고 있으며, 그중 아메이阿美 족의 인구가 가장 많다.

Step 2. 타이둥을 상징하는 여섯 가지 컬러

타이둥은 도시의 상징으로 6개 컬러를 선정했다. 타이둥에 가기 전, 6개의 도시 컬러와 각각의 상징을 알아두면 여행이 좀 더 풍성하고 즐거워질 것이다.

❶ **붉은색 紅 - 루어션화 洛神花** 타이둥에서 많이 나는 붉은 색 꽃으로, 우리에겐 '히비스커스'라는 이름으로 많이 알려져 있다. 루어션화에 대한 자세한 소개는 617p 참고.

❷ **파란색 蘭 - 란바오스 蘭寶石** 타이둥에서 나는 파란 보석, 타이둥의 푸른 바다와 하늘을 상징하기도 한다.

❸ **노란색 黃 - 진쩐화 金針花** 루어션화와 더불어 타이둥을 대표하는 꽃. 우리나라에서는 '원추리꽃'으로 알려졌다.

❹ **초록색 綠 - 스지아 釋迦(석가)** 타이둥을 대표하는 과일. 스지아에 대한 자세한 내용은 아래를 참고.

❺ **하얀색 白 - 따오미 稻米** 중국어로 '쌀'이란 뜻이다. 참고로 타이둥의 근교 마을 츠샹池上은 타이완 최대의 쌀 생산지다.

❻ **김은색 黑 - 카페이 咖啡(커피)** 타이둥은 아리산과 함께 타이완의 커피 생산지로 유명하다.

Step 3. 타이둥에서 꼭 먹어야 할 네 가지 음식

미타이무 米苔目

쌀과 고구마로 만든 미타이무는 우리나라의 잔치국수와 우동 사이쯤 되는, 약간 굵은 면을 가리킨다. 타이둥을 대표하는 국수로, 비벼 먹는 건면과 시원한 국물 맛으로 먹는 탕면으로 나뉜다.

띠꽈수 地瓜酥

직접 말린 고구마 칩. 일종의 천연 고구마 칩이라고 할 수 있을 것이다. 과하게 달지 않으면서 바삭거려서 선물용으로 구매하는 사람이 많다. 그중에서도 양지지아 띠꽈수楊記家地瓜酥(611p)가 가장 유명하다.

스지아 釋迦(석가)

석가모니의 머리를 닮았다고 하여 지어진 이름. 신맛은 전혀 없고 오로지 단맛만 있는 신기한 과일이다. 망고스틴과도 맛이 비슷하나 좀 더 말캉말캉하고 부드러운 느낌. 올록볼록 튀어나온 부분을 손으로 뜯어낸 뒤 수저로 떠먹는다.

스지아 아이스크림

타이둥을 대표하는 과일인 스지아 맛 아이스크림은 오로지 타이둥에만 있다. 그중에서도 빤지우班鳩의 빤지우 삥치린班鳩冰淇淋은 그 진한 맛에 타이둥에서도 가장 맛있는 스지아 아이스크림으로 통한다.

오감만족
타이동의 식탁

자타공인 타이동을 대표하는 메뉴는 국수 요리의 일종인 '미타이무米苔目'다. 사실 특별한 맛은 아니지만, 그래도 타이동에서만 먹을 수 있는 메뉴이니 놓치지 말자.

타이동에서 꼭 먹어봐야 할 국수
롱수샤 미타이무
榕樹下米苔目(용수하 미태목)

타이동을 대표하는 국수 미타이무米苔目로 타이동에서 가장 유명한 집. 언제 가도 늘 사람들이 길게 줄을 서 있다. 메뉴는 국물 없는 건면과 국물 있는 탕면으로 나뉜다. 건면이라고 해도 아예 볶음국수 정도는 아니고, 약간 자작하게 국물이 있어서 국물을 많이 먹지 않는 사람에겐 건면이 나을 수도 있다. 매콤한 맛을 좋아한다면 테이블에 있는 고추기름을 조금 넣어 먹으면 훨씬 맛있게 느껴질 것. 곁들여 먹는 작은 반찬류는 국수를 주문하면서 직접 골라오면 된다. MAP ㉗

GOOGLE MAPS Q533+V8 타이동
ADD 中華路(쭝활루)一段362號
OPEN 10:30~14:30, 16:30~20:30
WALK 타이동 버스터미널에서 도보 11분

롱수샤 미타이무와 양대산맥!
라오동타이 미타이무
老東台米苔目(로동대 미태목)

롱수샤 미타이무와 더불어 타이동 미타이무 맛집의 양대 산맥으로 손꼽히는 곳이다. 1955년 문을 열어 오랜 역사를 자랑하는 곳이기도 하다. 메뉴와 가격은 모두 롱수샤 미타이무와 동일하다. 사람이 워낙 많기 때문에 일단 자리를 잡고 난 뒤 입구 카운터로 나와 주문을 하고 다시 자리로 돌아가면 음식을 가져다준다. 미타이무 위에 가득 얹은 가다랑어포 덕분에 더욱 시원한 국물을 마실 수 있다. 국수와 함께 곁들여 먹을 수 있는 반찬도 함께 주문할 수 있는데, 우리 입맛에는 두부나 오이무침이 잘 맞는 편이다. MAP ㉗

GOOGLE MAPS Q533+59 타이동
ADD 大同路(따통루)151號
OPEN 11:30~15:00, 17:00~20:30, 목요일 휴무
WALK 타이동 버스터미널에서 도보 10분

달콤하고 바삭해 계속 생각나는 고구마 칩

양지지아 띠꽈수

楊記家傳地瓜酥(양기가전지과소)
Yang Potato-Zenfa Original Store

타이동을 대표하는 전통 간식 중 하나인 띠꽈수地瓜酥는 말린 고구마를 얇게 썰어 튀긴 다음 시럽을 뿌려 만든 달콤 바삭한 과자다. 고구마 칩이 다 비슷한 맛일 거라고 기대한다면 오산. 가장 유명한 띠꽈수 브랜드인 이곳의 띠꽈수는 처음에는 살짝 밍밍하게 느껴지지만, 먹을수록 계속 생각나는 중독성을 지녔다.

타이동에 3곳의 지점이 있지만, 라오동타이 미타이무 바로 옆에 위치한 본점의 접근성이 가장 좋다. 단, 본점은 문 닫는 시간이 정해져 있지 않고 그날 준비된 상품이 다 팔리면 영업을 종료하기 때문에 되도록 서둘러 가는 게 좋다. 물론 문을 닫은 후에도 근처 판매 대행 상점에서 대표적인 제품 종류는 구매할 수 있다. MAP ㉗

GOOGLE MAPS yang potato zenfa original
ADD 大同路(따통루)149-1號
OPEN 10:00~18:00
WEB www.yangpotato.com
WALK 라오동타이 미타이무 바로 옆집

일본과 타이완을 섞어놓은 듯 달콤한 모찌

천지아 마수

陳家麻糬(진가마서) Chen's mochi

3대째 이어져 오는 80년 전통의 모찌 전문점. 이곳의 모찌는 타이동 사람들이 특히 좋아하는 간식 중 하나다. 여러 가지 맛의 모찌가 있어서 선택의 폭이 넓으며, 어떤 맛을 먹든 다 부드럽고 달콤해 입에서 살살 녹는다. 안타깝게도 냉장 보관이라서 한국으로 가져갈 수는 없지만, 식사 후 가볍게 디저트로 즐기기엔 안성맞춤이다. 모찌 한 개에 NT$35로 아주 저렴한 가격은 아니나, 감탄이 나올 만큼 쫄깃하고 부드러워 일단 먹고 나면 돈이 아깝단 생각이 들지 않는다. 시내 곳곳의 지점 중 롱수샤 미타이무 건너편에 있는 따통루 지점의 접근성이 가장 좋다.

MAP ㉗

GOOGLE MAPS Q532+MQ 타이동　　　**WEB** www.chensmochi.com.tw
ADD 大同路(따통루)213號　　　　**WALK** 타이동 버스터미널에서 도보 10분
OPEN 09:30~21:00

동부 해안선 東部海岸線 (동뿌 하이안시엔)

눈부신 명소를 만나는 하오싱 버스 하루여행

타이동 근교의 동부 해안선을 따라가는 근교 여행은 타이완 동부 여행의 백미라고 해도 과언이 아닐 것이다. 하오싱 버스로 연결되어 있어서 힘들이지 않고 돌아볼 수 있다는 점이 더욱 반갑다.

타이완 동부의 보석 같은 명소를 만나는 여행

교외 명소들을 가장 효율적으로 둘러볼 수 있는 타이완의 교통수단인 하오싱好行 버스. 타이완 교통부 관광국에서 운행하는 홉 온 홉 오프Hop-On Hop-Off 형태의 이 버스는 타이동의 근교 스폿들을 둘러볼 때도 매우 유용하다. 가장 인기 있는 노선은 동부 해안선 코스 8101번!

1일 코스(9시간 소요)인 8101A와 오전 반나절 코스(4.5시간 소요) 8101B, 오후 반나절 코스(4.5시간 소요) 8101C까지 총 3편이 매일 1회씩 운행된다. 모두 타이동 버스터미널에서 출발하며, 1일 코스인 8101A는 08:30, 오전 반나절 코스 8101B는 08:00, 오후 반나절 코스 8101C는 13:40에 출발한다. 운행 횟수와 시간 등은 변동될 수 있으므로 미리 홈페이지를 통해 확인하는 게 안전하다. 운행 횟수가 많지 않으므로 하오싱 버스로는 일부 장소만 둘러본 뒤, 교통이 편리한 가까운 스폿은 다음 날 일반 버스로 방문하는 것도 좋은 방법이다. 요금은 1일권 NT$399, 반일권 NT$250.

WEB www.hodiway.com/tw

하오싱 버스 동부해안선 8101번 주요 정류장

❶ 타이동 버스터미널臺東轉運站(타이동 촨윈짠)
❷ 타이동 기차역臺鐵臺東站(타이티에 타이동짠)
❸ 샤오예리우小野柳
❹ 지알루란加路蘭
❺ 진쫀金樽
❻ 아메이족 민속 센터阿美民俗中心(아메이 민수쭝신)
❼ 수왕상류水往上流(수이왕상리우)
❽ 싼시엔타이三仙台
❾ 똥허치아오東河橋

1

타이둥에서 만난 작은 예리우

샤오예리우

小野柳(소야류) The Xiao Ye Liu

타이베이 근교의 예리우野柳와 비슷한 풍경이라 하여 붙여진 이름. 바닷가의 기암괴석은 분위기가 꽤 비슷하지만, 전반적인 풍경은 사뭇 다르다. 이곳에는 걷고 싶은 생각이 절로 드는 아름다운 산책로가 훨씬 더 잘 조성돼 있다. 또한 코코넛 나무 구역, 반얀트리 구역 등 희귀한 열대 나무나 식물들을 테마로 한 생태 구역도 다채로운 편. 제대로 둘러보려면 최소한 2시간 정도는 필요하다. MAP ②

GOOGLE MAPS Q5WW+7F 타이둥
ADD 松江路(쑹쟝루)一段500號
OPEN 24시간
BUS 하오싱好行 버스 동부해안선
東部海岸線 노선을 타고 샤오예리우
小野柳에서 하차

+ Writer's Pick +

샤오예리우 달빛 투어

매년 4~10월에는 타이완 관광국 주관으로 야간 투어가 진행된다. 일~목요일은 신청자가 10명 이상인 경우에만 진행하며. 금·토요일에는 인원수와 관계없이 열린다. 가이드와 함께 별자리·반딧불도 보고, 샤오예리우 일대에 서식하는 동식물을 관찰하며 지질·생태학적 특징을 배우는 것이 주목적. 투어에 참여하려면 전화나 페이스북 메신저를 통해 예약하면 된다.

WHERE 샤오예리우 미니 카페Mini Cafe 앞
TIME 18:30/19:00(약 1시간 소요)
TEL 089-281238
PRICE NT$150
WEB www.facebook.com/Eastcoast.Taitung

광활한 초원과 에메랄드빛 바다의 기막힌 어울림

지알루란

加路蘭(가로란) Jia Lu Lan

GOOGLE MAPS R54W+GQ 타이동
ADD 台11線157公里處(꽁리추)
OPEN 24시간
BUS 하오싱好行 버스 동부해안선東部海岸線 노선을 타고 지알루란加路蘭에서 하차. 또는 타이동 버스터미널에서 버스로 30분

타이동 동부 해안선의 명소 중 가장 아름다운 풍경으로 손꼽히는 곳. 그야말로 눈부시게 아름다운 해안공원으로, 태평양이 한눈에 내려다보인다. 바다를 보고 있으면 순수 자연의 청정함이 온몸으로 느껴질 정도. 그뿐만 아니라 공원 앞 광활한 초록빛 벌판에는 예술적인 대형 조각품들이 곳곳에 놓여 있어서 인생샷 찍기에도 더없이 좋다. 날씨만 좋다면 바닷소리를 들으며 온종일이라도 머물 수 있을 것 같은 이곳. 하오싱 버스로도 갈 수 있지만, 일반 버스를 타도 20~30분이면 도착한다. 만약 하오싱 버스로 가보고 싶은 곳이 많다면, 지알루란은 나중에 일반 버스로 따로 찾아 여유롭게 둘러봐도 괜찮겠다. **MAP ㉖**

3

작은 착시 현상이 가져온 재미난 경험

수왕상류

水往上流(수이왕상리우) Water Running Upward

이곳은 신기하고 기묘한 볼거리보다는 단순한 착시 현상 때문에 사람들 사이에서 유명해졌다. 미세한 오르막 경사로인 좁은 농수로와 그 옆에 내리막으로 난 큰길이 있어, 큰길 아래쪽에서 농수로와 옆에 난 길을 함께 보면 마치 물이 위로 흐르는 듯 진기하게 느껴진다. 단지 이 길을 보는 게 목적이라면 굳이 이곳에서 내릴 필요는 없지만, 길 안쪽의 매력적인 작은 공원과 함께라면 충분히 들러볼 만하다. 원주민들의 연주를 듣고 가벼운 산책을 즐길 수 있는 초록빛 공원은 여행의 분주함에서 벗어나 잠시 느긋한 휴식을 취하기에 더없이 좋은 분위기다. MAP ㉖

GOOGLE MAPS V699+98 둥허향
ADD 959台東縣東河鄉都蘭村(란쿤)
OPEN 24시간
BUS 하오싱好行 버스 동부해안선東部海岸線 노선을 타고 수왕상류水往上流에서 하차

4

술잔을 닮은 아름다운 해변

진쭌

金樽(금준) Jin Zun

타이완 동부해안 중 가장 곱고 예쁜 해변으로 손꼽히는 곳이다. 고운 모래들이 덮고 있는 긴 백사장과 에메랄드빛 바다를 보고 있으면 시간이 멈춘 듯 마음이 한없이 평온해진다. '金樽'은 '금으로 만든 술잔'이라는 뜻으로, 해변의 모양이 술잔을 닮았다고 하여 붙여진 이름이다. 워낙 아름다운 해변이라 카페와 전망 스폿이 해변 옆으로 죽 이어져 있다. 해변 바로 옆에 위치한 카페는 진쭌을 가장 잘 볼 수 있는 최고의 장소. 시간이 된다면 잠시 카페에서 여유로운 티타임을 즐기는 것도 좋겠다. MAP ㉖

GOOGLE MAPS jinzun beach
ADD 東河鄉七里橋(칠리챠오)11號
OPEN 24시간
BUS 하오싱好行 버스 동부해안선東部海岸線 노선을 타고 진쭌金樽에서 하차

5

아메이 족의 독특하고 열정적인 문화를 만나다

아메이족 민속 센터

阿美族民俗中心(아미족 민속중심,
아메이주 민쑤쫑신)

타이동 일대에 가장 많이 거주하고 있는 원주
민 소수민족 중 하나인 아메이阿美 족의 역사
와 풍습을 전시해놓은 문화센터. 아름다운 바
닷가에 자리하고 있어서 안으로 들어가기 전
부터 이미 그림처럼 아름다운 전경을 만날 수
있다. 무려 2000명이나 수용할 수 있는 옥외
무대와 광장에서는 크고 작은 공연과 음악회
가 종종 열린다. 센터 내부에는 어린이를 위한
각종 체험 공간이 마련돼 있어서 아이들에게
도 즐거운 놀이터다. 그중에서도 가장 유명한
건 매일 옥외 무대에서 열리는 아메이 족의 민
속공연. 무료 공연이지만, 내용이 알차고 수준
도 상당히 높은 편이니 놓치지 말자. MAP ㉖

GOOGLE MAPS amis folk center
ADD 成功鎮新村路(신촌루)25號
OPEN 월~토 09:00~17:00, 일 13:30~17:00,
　　　 수요일 휴무
BUS 하오싱好行 버스 동부해안선東部海岸線 노선을
　　　 타고 아메이 민쑤쫑신阿美民俗中心에서 하차

+ Writer's Pick +

아메이 족은 모계혈족

아메이 족은 타이완에 남은 17개 소수민족 중 하나로, 현재 그 숫
자가 가장 많은 편이다. 아메이 족의 가장 큰 특징은 타이완에서
유일한 모계혈족이라는 사실. 실제로 아메이 족은 지금도 '남자
가 여자에게 시집간다男的嫁給女的'라는 표현을 쓴다.

6

신선이 쉬러 내려온 신비로운 아치형 다리

싼시엔타이

三仙台(삼신대) San Xian Tai

하오싱 버스 동부 해안선 코스에서 가장 유명한 명소 중 하나.
전해지는 이야기에 따르면 오래전 세 명의 신선이 이곳에 쉬러
내려왔다가 3개의 기암괴석으로 변했다고 한다. 각종 매체에 자
주 등장한 8개의 아치로 이루어진 다리 '빠공챠오八拱橋 Eight-
arch Bridge'는 싼시엔타이의 트레이드마크. 다리 너머에까지
약 1.57km에 달하는 해안 산책로가 잘 조성되어 있으므로 시
간이 된다면 산책로를 따라 가벼운 하이킹을 즐겨보는 것도 좋
겠다. 단, 다리를 건너 등대까지 다녀오는 산책로를 다 걸으려면
2시간 정도는 예상해야 한다. MAP ㉖

GOOGLE MAPS sanxiantai arch bridge
ADD 成功鎮三仙里基翬路(지후일루)74號
OPEN 08:30~17:00
BUS 하오싱好行 버스 동부해안선東部海岸線 노선을 타고 싼시엔타이三仙
　　　 台에서 하차

오감만족
타이동 동부 해안선의 식탁

타이동 근교의 해안에는 음식점보다 예쁜 노천카페가 더 많다. 화려진 않지만, 태평양을 바라보는 뷰 하나만으로도 충분히 만족스럽다. 힐링은 이런 곳에서 해야 하나보다.

큼지한 만두 한 개에서 전해지는 소박한 행복
동허빠오즈
東河包子(동하포자) Donghe Bun Shop

타이동에서 가장 큰 만두 전문점. 타이동 일대에서 입소문이 난 맛집이다. 어느 시간대에 가도 늘 사람들이 길게 줄을 서 있고, 그날 만든 만두가 다 팔리면 시간과 관계없이 영업을 종료하므로 조금 서둘러 가는 게 안전하다. 만두 종류는 매우 다양하며, 어떤 맛을 먹어도 다 맛있다. 그중에서도 고기만두인 러우빠오肉包와 죽순만두인 주쑨빠오竹筍包가 가장 인기 메뉴. 한 개만 먹어도 배부를 정도로 크기도 크다. MAP 26

GOOGLE MAPS donghe bun shop
ADD 南東河15隣420號(스우린)
OPEN 06:00~18:00
WEB www.donghe.com.tw
CAR 타이동 버스터미널에서 차로 40분

그림처럼 아름다운 테라스에서 만나는 에메랄드빛 바다
샤오위얼더지아
小魚兒的家(소어아적가) Little fish's House

동부 해안선에서 가장 인기 있는 카페. SNS에선 몇 년째 동부 해안의 핫 스폿으로 사랑받고 있어서 언제 가도 사람이 많다. 좋은 자리에 앉으려면 아예 오전 시간에 가는 게 안전하다. 이곳의 가장 큰 매력은 백만 불짜리 전경. 테라스에 앉으면 울창한 야자수와 그 너머로 에메랄드빛 태평양이 한눈에 들어온다. 게다가 바로 앞이 해변이라 테라스를 통해 그대로 해변으로 걸어 나가도 될 정도다. 음료 외에 케이크, 샌드위치, 토스트 등도 있어서 간단한 식사도 가능하다. 특히 타이동에서만 맛볼 수 있는 루어션화洛神花 차는 향은 물론이고 꽃잎을 씹는 식감도 독특해 특히 인기가 높다. MAP 26

GOOGLE MAPS little fishes kitchen
ADD 卑南鄉富山村杉原(샨위엔)32號
OPEN 10:00~17:00
WEB www.facebook.com/littlefishs0913916875
BUS 타이동 버스터미널에서 차로 30분

+ Writer's Pick +

마성의 빨간 꽃, 루어션화 洛神花

중국어로 '루어션화'라고 불리는 빨간색 꽃은 인도가 원산지로, 타이완에서는 타이동에서만 난다. 우리나라에서는 '히비스커스'라는 이름으로 알려져 있으며, 디톡스 용도로 많이 쓰이는 허브차이기도 하다. 타이동을 대표하는 꽃답게 곳곳에서 각종 쿠키, 케이크, 음료 등에 이 꽃을 넣어 만든다. 그중에서도 이 꽃과 열매로 만든 차는 여성에게 특히 좋다고 하여 지역에서 인기가 매우 높다. 뜨겁게도 차갑게도 마실 수 있으며, 차를 마시고 난 뒤 꽃잎도 먹을 수 있다. 보기와는 달리 아주 쫄깃쫄깃하고 달콤한 식감이므로 꼭 한 번 맛보자.

즈번 온천단지

知本溫泉 (즈번 원취엔) Zhiben Hot Spring

화려하진 않지만 수질은 대만족

타이동에서 버스로 50분 정도 걸리는 즈번 온천단지는 타이베이 근교의 우라이烏來(372p)나 지아오시礁溪(390p)처럼 무색무취의 깔끔한 탄산온천이다. 단, 일본 식민지 시대에 처음 개발한 탓에 시설은 조금 낙후된 편. 온천단지는 크게 내온천과 외온천으로 나뉘는데, 외온천에는 서민들을 위한 저렴한 온천이 모여 있고, 내온천에는 상대적으로 시설이 좋은 고급 온천 호텔이 많다. 일반적으로 여행자는 내온천에 있는 호텔 온천을 이용하는 편이다.

BUS 타이동 버스터미널에서 썬린여울러취森林遊樂區 행 8129번 버스를 탄다. 요금은 NT$51~66. 온천이 밀집한 즈번 온천 정류장까지는 약 50분 소요된다. 만약 어느 온천을 갈지 미리 정해두었다면 버스를 타고 해당 온천 앞에서 내리면 된다.

TRAIN 타이동 훠처짠台東火車站에서 기차를 타고 10~15분 소요된다. 즈번知本 Zhiben 역에서 내린 다음 택시로 이동한다. 택시 요금은 기본요금 수준

즈번 온천단지는 럭셔리한 멋은 없지만, 수질이 빼어나기로 유명하다. 사우나식 온천보다는 수영복을 입고 들어가는 노천 온천의 형태가 많아서 산의 정취를 감상하며 유유자적 즐기기에 좋다.

1

타이완에서 가장 아름다운 초등학교

펑위엔 초등학교

源國民小學(풍원 국민소학, 펑위엔 궈민샤오쉬에)
Fong Yuan Elementary School

그리스 산토리니의 건축물을 보는 듯한 신비로운 분위기의 펑위엔 초등학교는 '타이완에서 가장 아름다운 초등학교'라는 별명을 지녔다. 햇살이 예쁜 날에는 순백색 건물이 햇살에 비쳐 반짝반짝 빛이 나며, 비현실적인 느낌을 자아낼 정도다. 단, 코로나19 이후 현재까지 학교 안으로의 출입은 불가능하다. 일부러 찾아갈 필요는 없지만, 즈번 온천 가는 길에 잠시 들르면 좋을 장소다. **MAP ㉓**

GOOGLE MAPS fong yuan elementary school
ADD 中華路(쭝화루)四段392號
OPEN 토·일 07:00~17:00
BUS 타이동 버스터미널에서 8129번 버스를 타고 펑위엔 구워샤오豊原國小에서 하차

2

쾌적하게 즐길 수 있는 온천과 수영장

호텔 로얄 치핀

知本老爺酒店(지본로야주점, 즈번 라오예 지우디엔)
Hotel Royal Chihpin

즈번 온천단지에서 가장 럭셔리한 호텔. 온천의 규모가 크진 않지만, 시설은 가장 좋은 편이다. 물론 타이베이 근교의 온천보다는 시설이 한참 떨어지지만, 그레도 즈번 온천단지에서 이 정도 시설은 찾아보기가 쉽지 않다. 무엇보다 수질이 잘 관리되고 있다는 평이다. 온천 이용객은 온천과 옆으로 나란히 이어진 수영장도 함께 이용할 수 있다. 반드시 수영복과 수영모를 지참해야 하며, 수건, 샴푸, 샤워젤은 제공된다. MAP ㉖

GOOGLE MAPS hotel royal chihpin
ADD 954卑南鄉溫泉村龍泉路(롱취엔루)113巷23號
TEL 08 951 0666
OPEN 09:30~22:00
WEB www.hotelroyal.com.tw/chihpen
BUS 타이둥 버스터미널에서 8129번 버스를 타고 칭쥐에쓰清覺寺에서 하차. 건너편의 가파른 언덕으로 올라간다.

3

온천에서 삶아 먹는 고구마와 달걀의 묘미

동타이 온천호텔

東台溫泉飯店(동태온천반점, 동타이 원취엔 판띠엔)
Dong Tair Spa Hotel

ⓒ東台溫泉飯店

즈번 온천단지에서 가장 많이 알려진 온천. 시설은 다소 낡았지만, 즈번 온천단지에서 규모가 가장 크고 다양한 즐길 거리가 준비돼 있어서 인기가 높다. 수영복을 입고 들어가는 형태의 온천으로, 탕의 종류가 다양하고 수압 마사지를 받을 수 있는 탕도 따로 마련돼 있다. 고구마, 달걀 등을 온천수에 삶아 먹을 수 있어서 마치 우리나라에 온 듯 정겹다. 단, 샤워 시설이나 탈의실 시설 등은 조금 낡은 편이다. MAP ㉖

GOOGLE MAPS dong tair spa hotel
ADD 卑南鄉溫泉村龍泉路(롱취엔루)147號
TEL 08 951 2918
OPEN 06:30~23:00
WEB www.dongtair-spa.com.tw
BUS 타이둥 버스터미널에서 즈번온천 행 8129번 버스를 타고 종점 바로 전 정류장인 동타이판띠엔東台飯店에서 하차

길에서

- **지에윈짠 짜이날리** 捷運站在哪里?
  [jiéyùnzhàn zài nǎli] MRT 역이 어디인가요?
- **지에윈짠 쩐머저우** 捷運站怎么走?
  [jiéyùnzhàn zěnme zǒu]
  MRT 역에 어떻게 가나요?
- **꽁처짠** 公車站 [gōngchēzhàn] 버스 정류장
- **훠처짠** 火車站 [huǒchēzhàn] 기차역
- **찬팅** 餐廳 [cāntīng] 식당
- **시셔우지엔** 洗手間 [xǐshǒujiān] 화장실
- **셔우피아오추** 售票處 [shòupiàochù] 판매처
- **판띠엔** 飯店 [fàndiàn] 호텔

쇼핑할 때

- **뚜어샤오치엔?** 多少錢? [duōshǎoqián] 얼마예요?
- **타이꾸웨일러** 太貴了 [tài guì le] 너무 비싸요.
- **피에니 이디엔, 하오마** 便宜一点, 好嗎?
  [piányi yìdiǎn, hǎo ma] 조금만 싸게 해주세요.
- **칭 게이워 칸칸** 請給我看看 [qǐng gěi wǒ kànkan]
  좀 보여주세요.
- **커이 쇼카마?** 可以刷卡嗎? [kěyi shuākǎ ma]
  신용카드 쓸 수 있나요?
- **다저** 打折 [dǎzhé] 세일
- **다 빠저** 打八折 [dǎ bā zhé] 20% 세일
- **싱** 行! [xíng] 오케이!

음식점에서

- **칭 부야오 팡 샹차이** 請不要放香菜
  [qǐng búyào fàng xiāngcài] 고수는 빼주세요.
- **마이딴** 買單 [mǎidān] 계산해 주세요.
- **워 야오 셔우쥐** 我要收据 [wǒ yào shōujù]
  영수증 주세요.
- **A : 지웨이?** 幾位? [jǐwèi] 몇 분이세요?
  B : 량 兩/**싼** 三/**쓰거런** 四個人
  [liǎng/sān/sì ge rén] 2/3/4명이에요.
- **칭 다빠오** 請打包 [qǐng dǎbāo] 포장해 주세요.
- **흔하오츠** 很好吃 [hěn hǎochī] 매우 맛있어요.
- **쏸** 酸 [suān] 시다.
- **티엔** 甜 [tián] 달다.
- **라** 辣 [là] 맵다.

- **시엔** 咸 [xián] 짜다.
- **칭 지아차** 請加茶 [qǐng jiāchá]
  차를 리필해 주세요.
- **칭 지아수웨이** 請加水 [qǐng jiāshuǐ]
  물을 더 주세요.
  *훠꿔 레스토랑에서 육수 리필 시 사용
- **카이수웨이** 開水 [kāishuǐ] 뜨거운 물
- **렁수웨이** 冷水 [lěngshuǐ] 차가운 물
- **피지우** 啤酒 [píjiǔ] 맥주
- **까올량지우** 高粱酒 [gāoliángjiǔ] 고량주
- **컬러** 可樂 [kělè] 콜라
- **카페이** 咖啡 [kāfēi] 커피

그 밖의 유용한 단어

- **시엔진** 現金 [xiànjīn] 현금
- **신용카** 信用卡
  [xìnyòngkǎ] 신용카드
- **피아오** 票 [piào] 표, 티켓
- **인항** 銀行 [yínháng] 은행
- **미엔페이** 免費
  [miǎnfèi] 무료
- **야진** 押金 [yājīn] 보증금

- **지청처** 計程車
  [jìchéngchē] 택시
- **지에윈** 捷運 [jiéyùn] MRT
- **꽁처** 公車
  [gōng chē] 버스
- **모토처** 摩托车
  [mótuōchē] 오토바이
- **지아오타처** 脚踏車
  [jiǎotàchē] 자전거

- **훠처** 火車 [huǒchē] 기차
- **흔 피아오량** 很漂亮
  [hěn piàoliang] 매우 예쁘다.
- **웨이셩즈** 衛生紙
  [wèishēngzhǐ] 화장지
- **찬진즈** 餐巾纸 [cānjīnzhǐ] 냅킨
- **띠엔화** 電話 [diànhuà] 전화
- **셔우지** 手機 [shǒujī] 휴대폰

타이완 필수 상황별 회화

타이완은 굳이 중국어를 하지 못해도 영어만으로 충분히 여행이 가능한 나라다. 하지만 간단한 중국어 표현을 알아둔다면 여행이 훨씬 더 즐거워질 것이다. 여기에 적힌 발음은 모두 외래어 표준 표기법이 아닌 최대한 실제 중국어에 가까운 발음을 적어두었으니 여러 번 반복하여 읽으면서 기억해보자.

기본 어휘

A : **씨에씨에** 謝謝 [xièxie] 감사합니다.
B : **부커치** 不客氣 [búkèqi] 천만에요.
A : **뚜웨이부치** 對不起 [duìbuqǐ] 미안합니다.
B : **메이꽌시** 沒關係 [méi guān xi] 괜찮아요.

- **스** 是 [shì] 네.
- **부스** 不是 [bú shì] 아니요.
- **쩨이거** 這個 [zhèi ge] 이것
- **네이거** 那個 [nèi ge] 저것
- **여우** 有 [yǒu] 있다
- **메이여우** 沒有 [méi yǒu] 없다
- **워 스 한구워런** 我是韓國人 [wǒ shì hánguórén] 저는 한국인입니다.
- **지엔따오니 흔까오씽** 見到你很高興 [jiàndào nǐ hěn gāoxìng]
  만나서 반갑습니다.
- **워 부후웨이 쟝 구워위** 我不會講國語 [wǒ búhuì jiǎng guóyǔ]
  저는 중국어를 할 줄 모릅니다.
- **쩔리 여우런마** 這里有人嗎? [zhèli yǒu rén ma] 여기 사람 있나요?
  *자리를 물어볼 때
- **칭빵망** 請幫忙 [qǐng bāngmáng] 좀 도와주세요.
- **짜이지엔** 再見! [zàijiàn] 안녕히 가세요. *헤어질 때 인사말
- **워야오 위띵** 我要預訂 [wǒ yào yùdìng] 예약하려고 합니다.
- **웨이** 喂 [wéi] 여보세요. *전화할 때
- **쩐머양** 怎麼樣? [zěnmeyàng] 어때요?
- **선머스허우** 什麼時候? [shénmeshíhou] 언제?

숫자

- **링** 零 [líng] 0
- **이** 一 [yī] 1
- **얼** 二 [èr] 2
- **싼** 三 [sān] 3
- **쓰** 四 [sì] 4
- **우** 五 [wǔ] 5
- **리우** 六 [liù] 6
- **치** 七 [qī] 7
- **빠** 八 [bā] 8
- **지우** 九 [jiǔ] 9
- **스** 十 [shí] 10
- **얼스** 二十 [èrshí] 20
- **싼스** 三十 [sānshí] 30
- **이바이** 一百 [yi bǎi] 100
- **얼바이** 二百 [èrbǎi] 200
- **싼바이** 三百 [sānbǎi] 300
- **이치엔** 一千 [yi qiān] 1000
- **량치엔** 兩千 [liǎngqiān] 2000
- **싼치엔** 三千 [sānqiān] 3000

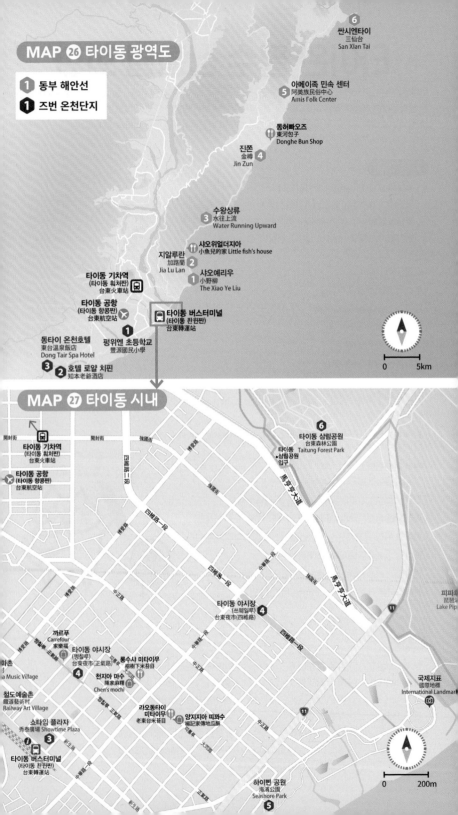

MAP 26 타이동 광역도

1 동부 해안선
1 즈번 온천단지

싼시엔타이
三仙台
San Xian Tai
6

아메이족 민속 센터
阿美族民俗中心
Amis Folk Center
5

동허빠오즈
東河包子
Donghe Bun Shop

진쭌
金樽
Jin Zun
4

수왕상류
水往上流
Water Running Upward
3

샤오위얼더지아
小魚兒的家 Little fish's house

지알루란
加路蘭
Jia Lu Lan
2

샤오예리우
小野柳
The Xiao Ye Liu
1

타이동 기차역
(타이동 훠처짠)
台東火車站

타이동 공항
(타이동 항콩짠)
台東航空站

타이동 버스터미널
(타이동 좐윈짠)
台東轉運站

동타이 온천호텔
東台溫泉飯店
Dong Tair Spa Hotel
3

펑위엔 초등학교
豐源國民小學
1

호텔 로얄 치핀
知本老爺酒店
2

0 —— 5km

MAP 27 타이동 시내

타이동 기차역
(타이동 훠처짠)
台東火車站

타이동 공항
(타이동 항콩짠)
台東航空站

타이동 삼림공원
台東森林公園
Taitung Forest Park
6

타이동
삼림공원
입구

타이동 야시장
(쓰웨일루)
台東夜市(四維路)
4

피파
琵琶
Lake Pip

까르푸
Carrefour
家樂福

타이동 야시장
(쩡칠루)
台東夜市(正氣路)
4

롱수샤 미타이무
榕樹下米苔目

천지아 마수
陳家麻糬
Chen's mochi

라오동타이 미따이무
老東台米苔目

양지지아 띠꽈수
楊記家傳地瓜酥

화촌
a Music Village

철도예술촌
鐵道藝術村
Railway Art Village

쇼타임 플라자
秀泰廣場 Showtime Plaza
3

타이동 버스터미널
(타이동 좐윈짠)
台東轉運站

국제지표
國際地標
International Landmark

하이삔 공원
海濱公園
Seashore Park
5

11

0 —— 200m

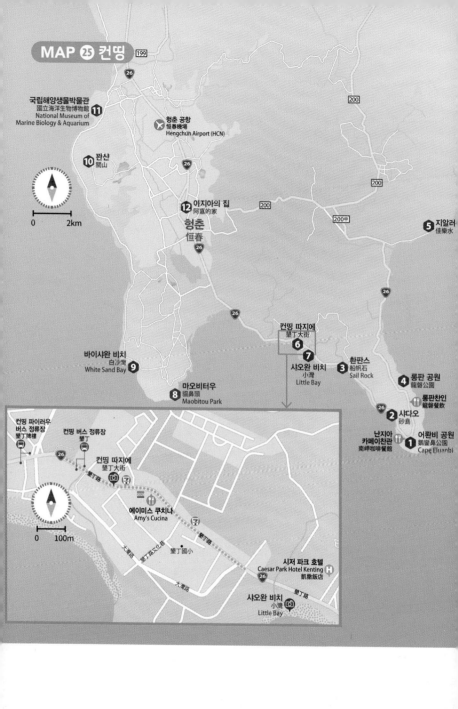

MAP 25 컨띵

국립해양생물박물관
國立海洋生物博物館
National Museum of
Marine Biology & Aquarium 11

꽌샨
關山 10

헝춘 공항
恒春機場
Hengchun Airport (HCN)

아지아의 집
阿嬤的家 12

헝춘
恒春

199
26
200
200
26
200
200甲
26

지알러
佳樂水 5

N
0   2km

26

26

바이샤완 비치
白沙灣
White Sand Bay 9

마오비터우
貓鼻頭
Maobitou Park 8

컨띵 따지에
墾丁大街 6

샤오완 비치
小灣
Little Bay 7

환판스
船帆石
Sail Rock 3

롱판 공원
龍磐公園 4

롱판찬인
龍磐餐飲

샤다오
砂島 2

난지아
카페이찬관
南岬咖啡餐館 1

어롼비 공원
鵝鑾鼻公園
Cape Eluanbi 1

컨띵 파이러우
버스 정류장
墾丁牌樓

컨띵 버스 정류장
墾丁

컨띵 따지에
墾丁大街

에이미스 쿠치나
Amy's Cucina

시저 파크 호텔
Caesar Park Hotel Kenting
凱撒飯店 H

샤오완 비치
小灣
Little Bay

墾丁路
大灣路
墾丁路文化巷
墾丁國小
大灣路
墾丁路
26

N
0   100m

26

MAP 24 타이난 시내 중심
1 공묘 주변
1 올드 시티의 골목길
0
200m
화위엔 야시장
花園夜市
和緯路三段
和緯路二段
文成路
海安路三段500巷
立賢路一段
海安路三段338巷
小北觀光夜市
小北路
文賢國中
民德國中
國立臺南第二高級中
公園北路
臨安路二段
西門路三段
海安路三段
公園南路
臺南公園
하오싱버스 기·종점
臺南轉運站/臺南公園(公園路)
北門路二段
臺南公園
(北門路)
立人國小
公園國小
成功路
忠義路三段
치우지아 오징어국수
邱家小卷米粉
샤오쥐엔 미펀멍
小卷米粉萌
강쥐
港聚
선농지에
神農街
2
하이안루
海安路
3
이핀탕
一品塘
뚜샤오위에
츠칸러우 점
度小月
츠칸러우
赤嵌樓
Chihkan Tower
1
成功國小
統聯客運
구워광 커윈 버스터미널
國光客運台南站
和欣客運
타이난 기차역
(타이난 훠처짠)
台南火車站
TCRC 바
Bar TCRC
우분투 서점
烏邦圖書店
Ubuntu
5
로도도 핫폿
肉多多火鍋
衛生福利部
臺南醫院
中山路
民族路二段
우위엔
吳園藝文中心
8
아티엔
과일 전문점
阿田水果店
위청 과일 전문점
裕成水果
타이청 과일 전문점
泰成水果店
쩡싱지에
正興街
4
쥐엔웨이지아
蜷尾家
民生路一段
위엔타이난 측후소
原台南測候所
7
中正路
난청롱스
南埕衖事
뚜샤오위에
쭝쩡루 2호점
度小月 中正旗艦店
永福國小
뚜샤오위에 쭝쩡루 본점
度小月
湯德章
紀念公園
캉러 시장
康樂市場
츠칸 관차이반
赤嵌棺材板
5
국립대만문학관
國立台灣文學館
하야시 백화점
林百貨
6
공묘
孔廟
Tainan
Confucian
Temple
1
3
타이난 시립미술관
台南市美術館
Tainan Art Museum
타이난 시립미술관
2관
2
푸쭝지에
府中街
타이완 헤일룬
台灣黑輪
182
府前路一段
忠義國小
패루
좁은 문 카페
窄門咖啡
핀퐁 커피
品逢咖啡
커얼린 타이빠오
克林台包
KLIN
建興國中
리리 과일 전문점
莉莉水果店
아이즈청 샤런판
矮仔成蝦仁飯
BCP 문창원구
藍晒圖文創園區
6
타이난 시립박물관
台南市立博物館
Tainan City Museum
4
미츠코시 백화점
新光三越 台南新天地店
이링이링샹 1010湘
카이판 開飯川食堂
딤딤섬 點點心
팀호완
添好運
台灣南英商工
台南女中
樹林街二段
國立台南大學附小
國立台南大學
南寧街
進學國小
中山國中
夏林路
西門路一段
海安路一段
南門路
府連路

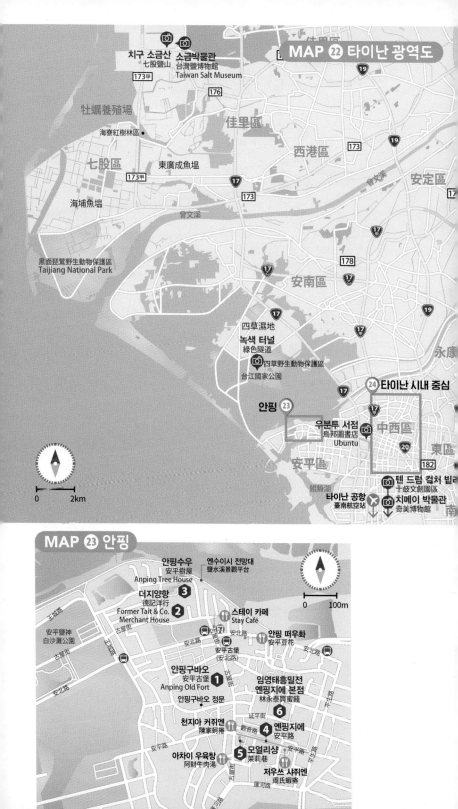

MAP 22 타이난 광역도

치구 소금산
七股鹽山
소금박물관
台灣鹽博物館
Taiwan Salt Museum

173甲

176

牡蠣養殖場

海寮紅樹林區

佳里區

西港區

173

19

安定區

17

七股區

173甲

東廣成魚塭

曾文溪

海埔魚塭

17

173

17甲

黑面琵鷺野生動物保護區
Taijiang National Park

178

17

安南區

17

17甲

19

四草濕地

녹색 터널
綠色隧道

17

17甲

四草野生動物保護區

台江國家公園

24 타이난 시내 중심

안핑 23

17甲

中西區

東區

우분투 서점
烏邦圖書店
Ubuntu

20

182

안平區

安平區

南

鯤鯷湖

타이난 공항
臺南航空站

텐 드럼 컬처 빌리
十鼓文創園區

치메이 박물관
奇美博物館

0 2km

MAP 23 안핑

안핑수우
安平樹屋
Anping Tree House

엔수이시 전망대
鹽水溪景觀平台

더지양항
德記洋行
Former Tait & Co.
Merchant House

3

스테이 카페
Stay Café

2

7

안핑 떠우화
安平豆花

安北路

安北路

安北路

안핑구바오
安平古堡
Anping Old Fort

1

임영태흥밀전
엔핑지에 본점
林永泰興蜜餞

6

안핑구바오 정문

천지아 커쥐엔
陳家蚵捲

4

엔핑지에
安平路

아차이 우육탕
阿財牛肉湯

5

모얼리샹
茉莉巷

安平路

저우쓰 샤쥐엔
周氏蝦捲

安平路

延平街

觀音路

安平路

0 100m

安平鹽神
白沙灘公園

延河路

0 100m

❶ MRT 시즈완 역 주변
① MRT 메일리다오 역 주변

구산
鼓山
18 鼓山車站

中華橫路

力行街

鼓岩國小

鼓岩路

興隆路

線川街

구산취꿍쑤어
鼓山區公所 **17**
Gushan District Office

까르푸
家樂福

壽山動物園

원우 셩띠엔
文武聖殿 **16**
Wenwu Temple

市7

부킹
Booking

쌍페이 나이차
双妃奶茶

화다 나이차
樺達奶茶

和平公園

시즈완 풍경구
西子灣風景區

高雄忠烈祠

셔우샨꿍위엔
壽山公園 **15**
Shoushan Park

엔청 띠이 퍼블릭 마켓
鹽埕第一公有零售市場
Yancheng 1st Public Market
(YY Market)

市7

11

엔청푸
鹽埕埔 **02**

항원 우육면
港園牛肉麵

다거우 영국영사관
打狗英國領事館
The Official Residence of
British Consulate at Takao

3

구산 선착장
鼓山輪渡站

신빈·이치엔
新濱·駅前

지우 싼허인항
舊三和銀行

하이즈빙
海之冰
Dock's Sea Ice

빙수 거리
濱海一路

2

부라노
高雄彩色島
Burano

高雄港站
(舊打狗驛)

하마싱 철도문화공원
哈瑪星鐵道文化園區 **5**

하마싱 철도 박물관
哈瑪星臺灣鐵道館

신빈·이치엔
新濱·駅前

시즈완
西子灣 **01** 주유소

景觀路

히호미테이
북카페
書店喫茶
一二三亭

하마싱
哈瑪星
Hamasen

국민시장 어묵 요리
國民市場魚丸料理 **14**

뽀얼 펑라이구
駁二蓬萊
Penglai Pier-2 **13**

보얼 예술특구
駁二藝術特區 **4**
The Pier-2 Art Center

보어얼 따이
駁二大義
Dayi Pier-2 **12**

찐아이 마
真愛

Lov

까오슝 등대
旗后燈塔

해산물 거리
海岸路

치진 선착장
旗津輪渡站

6
짠얼쿠
루이자 커피
樓貳庫
Louisa Coffee
路易莎咖啡

KW2 Kaohsiung
Port Warehouse No.2

따강창 410
大港倉 410
Kaohsiung Port Depot 410

7

8
따강대교
高雄港 大港橋
Great Harbor Bridge

치진
旗津風景區 **1**
Qijin

高雄港

치진 해안 공원
旗津海岸公園
Qijin Coastal Park

펑처이짠
風車驛站

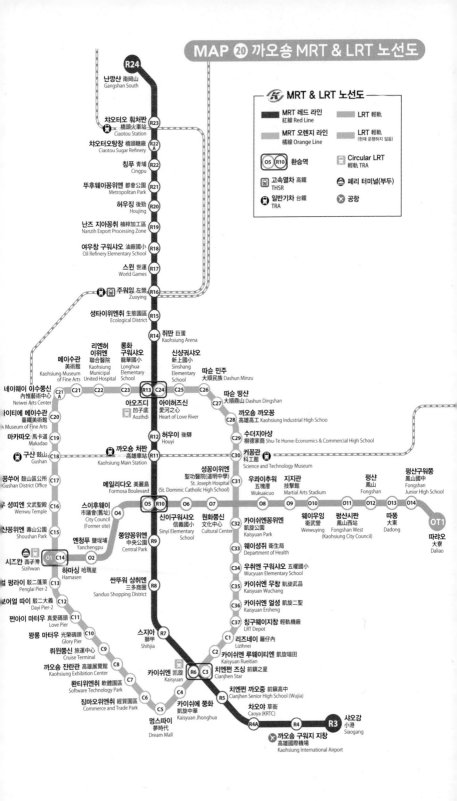

판터시
范特喜

신위엔
馨苑小料理

심계신촌
審計新村
Audit Village

●向上國中

民生路

福人街

五權路

국립 타이완미술관
國立台灣美術館
National Taiwan Museum of Fine Art
❶

춘수이탕 구워메이 점
春水堂 國美店

레트로
Retro

五權西路一段

르추·따띠
日出·大地
❸

미술관 길
美術園道
Art Museum Parkway
❷

타이중 문학
台中文學公
Taichung Literar
❾

애니메이션 골목
動漫彩繪巷
Painted Animation Lane
❿

忠信國小

南屯路一段

南屯路一段

自由路一段

마오리
苗栗

MAP ⑭ 타이완 중·남부

타이중 궈지지창
臺中(台中)國際機場
(대중 국제공항)

까오티에 타이중
高鐵台中

타이중
台中

타이중
台中

타이루거 협곡
太魯閣峽谷

신
新

타이완(대만)
해협
台湾海峡

신우르
新烏日

루강
鹿港

짱화
彰化

화리엔
花蓮

화리
花蓮

짱화
彰化

지지선 기차 集集線

주워수웨이
濁水

롱취엔
龍泉

처청
車埕

르위에탄
日月潭

얼수웨이
二水

위엔취엔
源泉

지지 수웨일리
集集 水里

난터우
南投

윈린
雲林

지아이
嘉義

까오티에 지아이
高鐵嘉義

지아이
嘉義

아리산
阿里山

태평양
太平洋

타이난
台南

까오슝
高雄

타이난
台南

까오티에 타이난
高鐵台南

메이농
美濃

치샨
旗山

타이동
台東

까오티에
주워잉
高鐵左營

즈번온천
知本

타이동
台東

까오슝 궈지 지창
高雄國際機場
(고웅 국제공항)

까오슝
高雄

핑똥
屏東

샤오리우치우
小琉球

헝춘
恒春

컨띵
墾丁

바스 해협
巴士海峡

━━━ 일반 기차
┄┄┄ 고속열차(까오티에

MAP ⑫ 디화지에

台北大橋

民權西路

出3

出1 出2

따챠오터우
大橋頭

民權西路

모던 모드 카페
Modern Mode &
Modern Mode Café

환하쾌속도로
環河快速道路

연평북로 일단
延平北路一段

永樂國小

太平國小

涼州街

慈聖宮

스타벅스 바오안 점
星巴克 保安店

중경북로 이단
重慶北路二段

涼州街

雙連國小

錦西街

蔣渭水 紀念公園

原台北警察署

인활러 따다오청 점
印花樂 In Bloooom

샤수 티엔핀
夏樹甜品

涼州街

연평북로 일단
延平北路一段

트윈
Twine
蕴裏子

保安街

까르푸
Carrefour

까오지엔
高建桶店

歸綏街

歸綏街

私立聖心幼稚園

靜修女中

꿔이메이 서점
郭怡美書店
Kuo's Astral Bookshop

民生西街

民生西街

蓬萊國小

따다오청 부두
大稻埕碼頭
Dadaocheng Wharf

살롱 1920s
貳零年華 salon 1920s

朝陽茶葉
公園

닝샤 야시장
寧夏夜市

따다오청 노천 푸드코트
大稻埕碼頭 貨櫃市集

하해성황묘
霞海城隍廟

민이청 民藝埕

난지에더이
南街得意 South St. Delight

延平河濱
公園

샤오이청
小藝埕
Art Yard

용러 시장
永樂市場

重慶北路二段

日新國小

루꿔 커피
爐鍋咖啡
Luguo Coffee

南京西路

南京西路

南京西路

西寧北路

長安西路

長安西路

天水路

長安西路

重慶北路一段

承德路一段

長安西路

太原路

市立聯合醫院中興院區

華陰街

베이먼
北門

타이베이 버스터미널
(타이베이 좐윈짠)
台北轉運站

鄭州路

鄭州路

타이베이 기차역
(타이베이 쳐짠)
台鐵台北車站

玉泉公園

棧橋

環河快速道路

出2

出1

出3

民權東路四段　　民權東路五段

民權國小

權公園

浦遠街

新中街

民生東路五段 137巷

富民生態公園

民生東路五段

新中街

民生東路五段 138巷

延壽路

延壽路

延壽路330巷

聯公園

健康路

치지아 만두
亓家蒸餃

西松國小

리우싱지
6星集足體
養身會館

出1

난징쌈민
南京三民

出4

G

出2　出3

❸

지아더 펑리수
佳德鳳梨酥
ChiaTe

南京東路

MAP ⑩ 스린 야시장

패션 방콕 FB
FB Fashion Bangkok
食尚曼谷

하화창쉬에
花藏雪

하오펑여우 량미엔
好朋友涼麵

大南路

小南街

하오따 따지파이
臺大大雞排
야시장 입구

安平街

쭝청하오
忠誠號

R
스린
士林

114巷

文林路

101巷

스린 야시장
士林夜市 ❶

大東路

星河路

承德路四段

後港街

後港街

前港街

巷街

劍潭路

出1

中山北路五段

P
지엔탄
劍潭

R

後港街 4巷

劍潭路

承德路四段

前港街

基河路

20巷

80巷

出2

위엔샨
圓山

R

0　　100m

MAP ⑪ 스따 야시장

↑
용캉지에
永康階

和平東路一段

和平東路一段

龍泉街

龍泉街 5巷

국립 타이완 사범대학
國立臺灣師範大學

師大路

스따 야시장
師大夜市

26巷

스위엔
師園

호호미
好好味

38巷

떵롱 루웨이
燈籠加熱滷味

師大路49巷

쉬지 성지엔빠오
許記生煎包

39巷

우마왕 스테이크
牛魔王牛排館

59巷

68巷

雲和街

雲和街

16巷

師大路80巷

師大路83巷

龍泉街

泰順街50巷

86巷

93巷

龍泉街

泰順街 54

師大路 92巷

雲和街

泰順街

羅斯福路三段

용펑성
永豐盛

102巷

師大路 117巷

126巷

師大路135巷

龍泉街

泰順街60巷

龍泉街93巷

出4

出3

師大路

出5

R
타이띠엔 따러우
台電大樓

出2

0　　100m

상인수산
上引水産

페이지샹
飛機巷

五常國中

쏭산지창
松山機場

송산 공항
(쏭산지창)
松山機場

BR 出3

民權東路三段

民權東路三段

民權東路四段

편편
FunFunT 放

敦北公園

富錦街

푸진 트리 353
富錦樹353咖啡店

쏭산궈쫑
中山國中
中山國中

松青超市

民生東路二段

써니힐스
SunnyHill
微熱山丘

國立臺北大學
臺北校區

이링이링샹
1010湘

興安街139巷

民權東路三段106巷

光復北路

民生東路四段

民族國小

民生東路四段

4

民生東路五段

民生東路三段

民生東路三段

民生東路四段

屯化北路

民生東路四段112巷

介壽國
中

長春路

興安街174巷

民生東路四段80巷

民生國小

屯化北路199巷

光復北路230巷

光復北路

三重縣
松山

長春路

台北長庚
紀念醫院

健康路15巷

치로티
Cha for Tea
喫茶趣

마라딩지
마라 위엔양휘꿔
馬辣頂級
麻辣鴛鴦火鍋

징딩러우
징딩샤오관 본점
京鼎樓 京鼎小館

中華公園

健康路

三重縣松山

南京東路三段330巷

IKEA
브리즈 센터
Breeze Center

出8 出7 出6

BR G 出5

난징푸싱
南京復興

南京東路三段

敦化國中

出1 出5

南京東路四段

타이베이 샤오쥐단 台北小巨蛋

G 出3 出4

타이베이 스타디움

南京東路段133巷

南京東

페이지샹

빙찬
冰讚

징딩러우
京鼎樓

25巷

中山北路二段 44巷

長春路

야오양차항
嶢陽茶行

마스터 스파이시 누들
大師兄銷魂麵鋪

리젠트 타이베이
Regent Taipei
晶華酒店

中山北路二段39巷

新生北路

中山北路二段

南京西路23巷

大同區

中山區

멜란지 카페
Melange Cafe
米郎琪咖啡館

中山北路二段 20巷

타이베이 필름하우스
台北之家 ❶
Taipei Film House

康樂公園
Kangle Park

林森公
Lin-sen P

타이베이
밀크 킹
台北牛乳大王

中山北路二段16巷

27巷

미츠코시 백화점
新光三越

南京西路

하오스뚜어 솬솬우
好食多涮涮屋

京西路

出4

쫑샨
中山

出3

러티엔 양성후이관 난징 점
樂天養生會館(7F)

林森北路

마라딩지
출1
R G
위엔양훠궈
馬辣頂級
麻辣鴛鴦火鍋

出2

南京西路

中山北路一段13巷

南京東路一段

쫑샨 지하서가
中山地下書街
erground Book Street

청핀성훠 난시 점
誠品生活 南西
Eslite Spectrum Nanxi

미츠코시 백화점
新光三越

춘수이탕 春水堂

南京東路

베지 크릭
Vege Creek
蔬河

신예 欣葉台菜 Shin Yeh

天津街

林森北路138巷

르싱주쯔항
日星鑄字行

中山北路一段135巷

南京西路12巷

베이 당대예술관
當代藝術館
A Taipe

비전옥
肥前屋

中山北路一段121巷

林森北路1

쓰하이 떠우장 따왕
四海豆漿大王

中山北路一段

칭이예
青葉

林森北路

119巷

中山北路一段83巷

107巷

長安西路

天津街

長安東路一段

0   50m

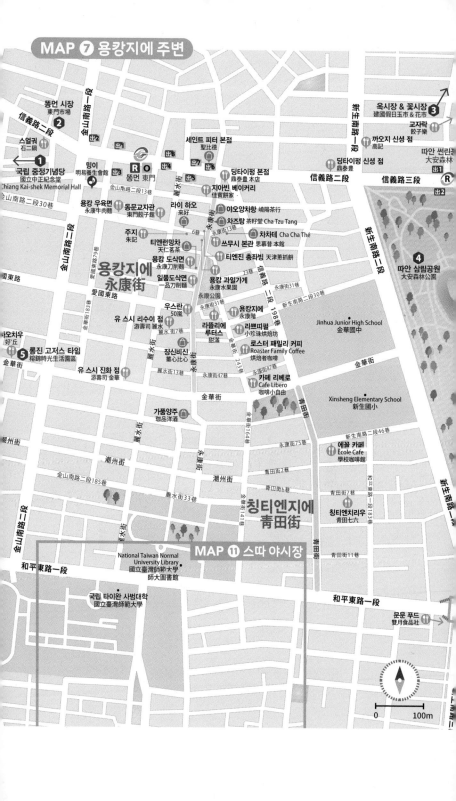

信義路二段
똥먼 시장
東門市場 ❷
金山南路一段
信義路二段
스얼궈
石二鍋
❶
국립 중정기념당
國立中正紀念堂
Chiang Kai-shek Memorial Hall
金山南路二段30巷

밍이
明易養生會館
R 똥먼 東門

세인트 피터 본점
聖比得

딩타이펑 본점
鼎泰豐 木店

지아빈 베이커리
佳賓餅家

용캉 우육면
永康牛肉麵
동문교자관
東門餃子館

라이 하오
來好

야오양차항 嶢陽茶行

차즈탕 茶籽堂 Cha Tzu Tang

주지
朱記

티엔런밍차
天仁茗茶

용캉 도삭면
永康刀削麵

차차테 Cha Cha Thé

쓰무시 본관 思慕昔 本館

티엔진 총좌빙 天津蔥抓餅

일품도삭면
一品刀削麵

용캉 과일가게
永康水果園

용캉지에
永康階

金山南路二段79巷
愛國東路

용캉지에
永康街

우스란
50嵐

유 스시 리수이 점
游壽司 麗水

라뜰리에
루터스
甜溫

라쁘띠펄
小珍珠烘焙坊

장신비신
薑心比心

로스터 패밀리 커피
Roaster Family Coffee
烘焙者咖啡

愛國東路183巷

國東路

好丘

롱진 고저스 타임
榕錦時光生活園區
金華街

유 스시 진화 점
游壽司 金華

麗水街13巷

金華街

카페 리베로
Cafe Libero
咖啡小自由

가품양주
珮品洋酒

潮州街

金山南路二段185巷

麗水街33巷

칭티엔지에
青田街

永康街75巷

青田街2巷

靑田街6巷

에꼴 카페
Ecole Cafe
學校咖啡館

新生南路二段46巷

칭티엔치리우
青田七六

靑田街7巷

新生南路一段183巷

National Taiwan Normal
University Library
國立臺灣師大學
師大圖書館

국립 타이완 사범대학
國立臺灣師範大學

和平東路一段

문문 푸드
雙月食品社

옥시장 & 꽃시장
建國假日玉市 & 花市 ❸

교자락
餃子樂

까오지 신성 점
高記

딩타이펑 신성 점
鼎泰豐

따안 썬린공
大安森林

信義路二段

信義路三段

따안 삼림공원
大安森林公園 ❹

Jinhua Junior High School
金華國中

Xinsheng Elementary School
新生國小

青田街11巷

和平東路一段

0   100m

MAP 6 동취

八德路二段

임동방 우육면
林東芳牛肉麵

復興南路一段

BR 난징푸싱
G 南京復興

만저디에
嘸著爹

브리즈 센터
微風廣場
Breeze Center

市民大道三段　市民大道四段

따따오 스빠하오 징즈러차오
大道18號精緻熱炒

캐롤 베이커리
Carol Bakery 凱樂烘培 ③

復興南路一段

호호미
好好味
107巷

로도도 핫궈
肉多多火鍋

17巷
52巷
135巷
31巷
160巷
51巷
190巷
75巷

大安路一段

101巷
160巷
190巷

탕촌
糖村 ②

敦化南路一段

P
147巷
181巷 40弄

장신비신
薑心比心
161巷
187巷
177巷

181巷 10巷
147巷

出8
出7

딩왕마라궈
鼎王麻辣鍋

마라딩지
마라 위엔양훠궈
麻辣鴛鴦火鍋
復興店
出1

BR 푸싱
B 忠孝復興
出2

소고 백화점 쭝샤오 관
SOGO 忠孝館
出5
한라이 수스 漢來蔬食
쥐 훠궈 聚北海道昆布鍋
出4

忠孝東路四段

출3

와규 샤브 타이베이
和牛涮台北

B
쭝샤오
뚠화
忠孝敦化
出5
出6

딩타이펑
鼎泰豐
키친
아일랜드
Kitchen
Island
카일린
釧林

소고 백화점 푸싱 관
SOGO 復興館

지우펀, 진꽈스 핵
1062번
버스 정류장

싸오떠우화 뚠난 점
驫豆花
232巷
236巷
236巷

소고 백화점 뚠화 관
SOGO 敦化館
233巷

170巷 18弄

카리 도넛
脆皮鮮奶甜甜圈 ④

96巷
106巷
236巷
101巷
71巷
71巷

21巷

196巷
143巷

219巷
211巷

大安路一段 116巷
126巷
2巷
27巷
116巷
119巷
敦化南路一段 252巷
252巷
270巷
270巷

차차테
Cha Cha Thé

천하삼절
天下三絶

27巷 4弄
144巷
91巷
71巷
91巷
247巷
105巷

仁愛敦南圓環

仁愛路三段　런아이루　仁愛路　仁愛路四段
仁愛敦南圓環
仁

安和路一段

0　　　100m

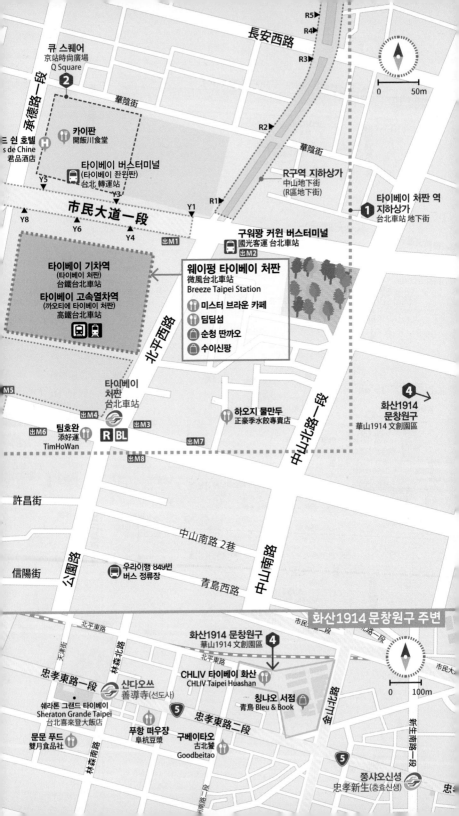

큐 스퀘어
京站時尚廣場
Q Square

카이판
開飯川食堂

三 쉔 호텔
s de Chine
君品酒店

타이베이 버스터미널
(타이베이 좐윈짠)
台北 轉運站

市民大道一段

타이베이 기차역
(타이베이 처짠)
台鐵台北車站

타이베이 고속열차역
(까오티에 타이베이 처짠)
高鐵台北車站

長安西路

R구역 지하상가
中山地下街
(R區地下街)

타이베이 처짠 역
지하상가
台北車站 地下街

구워꽝 커윈 버스터미널
國光客運 台北車站

웨이펑 타이베이 처짠
微風台北車站
Breeze Taipei Station

미스터 브라운 카페
딤딤섬
순청 딴까오
수이신팡

타이베이
처짠
台北車站

팀호완
添好運
TimHoWan

하오지 물만두
正豪季水餃專賣店

화산1914
문창원구
華山1914 文創園區

許昌街

中山南路 2巷

우라이행 849번
버스 정류장

青島西路

信陽街

公園路

北平西路

中山北路一段

中山南路

화산1914 문창원구 주변

화산1914 문창원구
華山1914 文創園區

CHLIV 타이베이 화산
CHLIV Taipei Huashan

忠孝東一段

林森北路

샨다오쓰
善導寺 (선도사)

쉐라톤 그랜드 타이베이
Sheraton Grande Taipei
台北喜來登大飯店

칭냐오 서점
青鳥 Bleu & Book

忠孝東路一段

忠孝東路二段

푸항 떠우쟝
阜杭豆漿

구베이타오
古米饕
Goodbeitao

문문 푸드
雙月食品社

林森南路

쭝샤오신성
忠孝新生 (충효신생)

金山北路

天津街

北平東路

新生南路一段

삼미식당
三味食堂

MAP ④ 시먼띵

桂林路

桂林路

0 ────── 100m

洛陽街

西寧南路

華西街

西園路一段

西昌街

華西街

화시지에 야시장
華西街夜市

시창지에 야시장
西昌街夜市

용산사
龍山寺 **2**

뽀피랴오 역사거리
剝皮寮歷史街區 **3**

廣州街

광쩌우지에 야시장
廣州街夜市

廣州街

152巷

康定路

和平西路三段

出1

BL 롱샨쓰
龍山寺

出2

和平西路三段

出3

康定路

용산사 주변

42巷

漢中街

漢口街二段

34巷

삼형매
三兄妹

西寧南路

漢中街

보행자 거리

武昌街二段

로도도 핫폿
Rododo Hotpot
肉多多火鍋

武昌街

西陽街

50巷

청핀 서점 시먼띵 점
誠品書店 西門店

50巷

7

峨嵋街

中華路一段

신신 말라꿔
心心麻辣鍋 西門店

마라딩지
마라 위엔양훠궈
馬辣頂級麻辣鴛鴦火鍋 西門店

아쫑미엔시엔
阿宗麵線

成都路

峨嵋街

西寧南路

27巷

행복당
幸福堂

峨嵋街

秀山街

지꽝 상상지
爾光香香雞

出5

平

펑따 카페이
蜂大咖啡

成都路

창의16공방
創意16工房

시먼훙러우
西門紅樓 **1**

出6

G BL
시먼 西門

出4

出1

衡陽路

萬華區

76巷

66巷

58巷

昆明街

西寧南路

內江街

內江街

漢中街

出3

出2

寶慶路

삼미식당
三味食堂

용산사
龍山寺 **2**

뽀피랴오 역사거리
剝皮寮歷史街 **3**

長沙街

까르푸 꾸이린 점
Carrefour
家樂福 **4**

中華路一段

延平南路

0 ────── 100m

MAP ❸ 신이

光復南路

청핀성훠
誠品生活

송산 문창원구
松山文創園區 ❻

낫 저스트 라이브러리
不只是圖書館
Not Just Library

基隆路一段

孝東路五段 71巷

유니 유스타일 백화점
Uni-UStyle Taipei Store

스펑푸
市政府

忠孝東路五段

출5 궈푸지니엔관
國父紀念館
출3 출4

카이판 開飯川食堂

출1

출4

忠孝東路四段

시정부 버스터미널
(스푸 잔원판)
市府轉運站

출2

웨이펑 신이
微風信義
Breeze Xinyi

출3

국부기념관
國立國父紀念館

32巷

딤딤섬 點點心

미츠코시 백화점 A4관
新光三越 A4館

신차오 반점 心潮飯店

26巷

逸仙路

인파라다이스 샥샥
INPARADISE 饗饗

웨이펑 쏭까오점
微風松高
Breeze Song Gao

松高路

딩타이펑 鼎泰豊

仁愛路四段

市府路

미츠코시 백화점 A8관
新光三越 A8館

르 메르디앙 타이베이
Le Meridien Taipei
台北寒舍艾美酒店

팀호완 添好運

타이베이 탐색관
台北探索館
Discovery Center of Taipei ❺

탭 비스트로 장먼
Tap Bistro Zhangmen
掌門精釀啤酒

구름다리

이링이링샹 1010湘

미츠코시 백화점 A9관
新光三越 A9館

미츠코시 백화점 A11관
新光三越 A11館

타이베이
시정부
台北市政府

신예 欣葉台菜

이치란
一蘭

베지 크릭
蔬河

그랜드 하얏트 타이베이
Grand Hyatt Taipei
台北君悅大飯店

松壽路

키키 레스토랑
KiKi餐廳

Att 4 Fun

松壽路

마라딩지 마라 위엔양훠귀
馬辣頂級 麻辣鴛鴦火鍋 信義旗艦

타이베이 101
台北101 ❶

신이 웨이시우잉청
信義威秀影城

松智路

市府路

웨이펑 난샨
微風南山 (미풍남산)
Breeze Nan Shan

P

松仁路

출1 출5

딩타이펑 鼎泰豊

출4

카일린 凱林

야오양차항 嶢陽茶行

써니힐스 SunnyHills 微熱山丘

信義路五段

R

지미의 달 버스
幾米月亮公車 ❷

타이베이101/스마오
台北101/世貿

출2

출3

松智路

松仁路

信義路

쓰쓰난춘
四四南村 ❹

하오치우
好丘 Good Cho's

N

0   100m

MAP ❷ 타이베이 광역도

치뎬
奇岩

R MRT 딴수이·신이시엔
淡水信義線(담수신의선)

치리안
기哩岸

스파이
石牌

밍더
明德

R 즈산
芝山

곽원익 박물관

스린짠 총좌빙

스린 야시장

스린
士林

지엔탄
劍潭

10

스린 야시장

처얼룬 띠아오샤청 🚇

조산 시우시엔 띠아오샤 🚇

고궁박물관

미라마 엔터테인먼트 파크

지엔난루
劍南路

시후
西湖

따후공위엔
大湖公園

네이후
內湖

BR MRT 원후시엔
文湖線(문호선)

후쩌우
葫洲

충렬사

따즈
大直

강치엔
港墘

원더
文德

타이베이 시립미술관

MRT 풍허·신루시엔
中和新蘆線(중화신로선)

샤오
小

아마 박물관

12 디화지에

타이베이차오
台北橋

따차오터우
大橋頭

위엔산
圓山

마지마지

시엔띵웨이 성명하이시엔

페이지샹

송산 공항
松山機場(쏭산지창)

9 푸진지에 주변

라오허 야시장

G MRT 쏭산 신띠엔시엔
松山新店線(송산신점선)

난징싼민
南京三民

쿤양
昆陽

난강
南港

BL MRT 반난시엔
板南線(판남선)

4A

MRT 풍허·신루시엔
中和新蘆線(중화신로선)

빙찬

8 쭝샨

A1

쭝샨
中山

타이베이 아이

까오지

재준파
마사지

4 시먼띵

시먼
西門

5

MRT 반난시엔
板南線(판남선)

국립 중정기념당

타이베이 처짠 주변

옥시장 & 꽃시장

3 신이

타이베이 101

R MRT 딴수이·신이시엔
淡水信義線(담수신의선)

교자락

7 용캉지에 주변

11 스따 야시장

문문 푸드

스따 야시장 국립 타이완대학교

보장암 국제예술촌

BR MRT 원후시엔
文湖線(문호선)

타이베이 시립동물원

마오콩 곤돌라

난스자오
南勢角

MRT 풍허·신루시엔
中和新蘆線(중화신로선)

시우랑차오
秀朗橋

샤오삐탄즈시엔
小碧潭支線(소벽담지선)

MRT 환장시엔
環狀線(환장선)

Y

청핀성훠 신띠엔 점

우더풀 랜드

G MRT 쏭산·신띠엔시엔
松山新店線(송산신점선)

신띠엔
新店

용문객잔

마오콩시엔

사형제 식당

마오콩
猫空

마오콩
티 하우스

MAP ❶ 타이완 전도

양밍샨
구워지아공위엔
陽明山國家公園

신베이터우
新北投

양밍샨 온천단지
陽明山(溫泉)

쑹샨지항
松山機場
(송산공항)

타이완 타오위엔 궈지지창
臺灣桃園國際機場
(대만 타오위엔 국제공항)

지우펀
九份

예리우
野柳

지룽
基隆

딴수이
淡水

루이팡
瑞芳

타이베이
台北(臺北)

진과스
金瓜石

타오위엔
桃園

까오티에 타오위엔
高鐵桃園

잉꺼
鶯歌

싼샤
三陝

신베이 시
新北市

허우퉁
候硐

타오위엔
桃園

타이완(대만) 해협
台湾海峡

신주
新竹

우라이
烏來

징퉁
菁桐

핑시
平溪

스펀
十分

지아오시
礁溪

이란
宜蘭

마오리
苗栗

이란
宜蘭

타이중 궈지 지창
臺中(台中)國際機場
(타이중 국제공항)

까오티에 타이중
高鐵台中

타이중
台中

신우르
新烏日

타이중
台中

타이루거 협곡
太魯閣峽谷

루강
鹿港

쌍화
彰化

화리엔
花蓮

화리엔
花蓮

태평양
太平洋

쌍화
彰化

얼수웨이
二水

르위에탄
日月潭

처청
車埕

지지
集集

난터우
南投

윈린
雲林

까오티에 지아이
高鐵嘉義

지아이
嘉義

아리샨
阿里山

지아이
嘉義

타이난
台南

까오숑
高雄

타이베이 MRT

타이동
台東

까오티에 타이난
高鐵台南

메이농
美濃

치샨
旗山

타이난
台南

즈번온천
知本

까오티에
주위잉
高鐵左營

타이동
台東

까오숑
高雄

까오숑 궈지 지창
高雄國際機場
(고웅 국제공항)

핑퉁
屏東

샤오리우치우
小琉球

헝춘
恒春

컨띵
墾丁

바스 해협
巴士海峡

일반 기차
고속열차(까오티에)

이 책의 지도에 사용된 기호

- ❶ 📷 관광·쇼핑·미식 명소
- 🛍 상점
- 🍴 식당·카페·바
- Ⓗ 숙소
- ♪ 엔터테인먼트
- ♨ 온천
- 🛈 여행안내센터
- Ⓟ 주차장
- Ⓜ 맥도날드
- ✈ 공항
- 🚄 주요역·고속열차(까오티에)역
- 🚉 일반 기차역
- Ⓑ 타이베이 MRT
- ⇄ 타이중 MRT
- 出1 기차역·지하철역 출구
- 🚠 케이블카 정류장
- ⚓ 항구·선착장
- 🚌 버스 터미널
- 🚏 버스 정류장

축척 & 방위표

0 ————— 100m

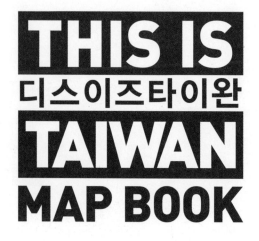

THIS IS
디스이즈타이완
TAIWAN
MAP BOOK

TERRA